"十二五"普通高等教育本科国家级规划教材

给 排 水 科 学 与 工 程 本 科 系 列 教 材

新形态教材

# 高层建筑给水排水工程

(第4版)

GAOCENG JIANZHU
JISHUI PAISHUI GONGCHENG

主　编　张　勤　刘鸿霞
副主编　邹　建　刘智萍
主　审　曾雪华　杨文玲

重庆大学出版社

## 内容提要

本书共5章,主要内容包括高层建筑给水系统、消防给水系统、热水系统、排水系统、给水排水工程配套设施等方面的基本理论,对其设计原则和计算方法也进行了较全面系统的介绍,并附有1个工程设计计算举例和3个工程实例的简介。

本书可作为给排水科学与工程(给水排水工程)专业、建筑环境与设备工程专业教学用书,也可作为给水排水工程、建筑设备安装专业技术人员的参考用书。

**图书在版编目(CIP)数据**

高层建筑给水排水工程 / 张勤, 刘鸿霞主编. -- 4版. -- 重庆 : 重庆大学出版社, 2023.10

给排水科学与工程本科系列教材

ISBN 978-7-5689-0234-2

Ⅰ. ①高… Ⅱ. ①张… ②刘… Ⅲ. ①高层建筑—给水工程—高等学校—教材②高层建筑—排水工程—高等学校—教材 Ⅳ. ①TU82

中国国家版本馆CIP数据核字(2023)第199240号

"十二五"普通高等教育本科国家级规划教材
给排水科学与工程本科系列教材
**高层建筑给水排水工程**
(第4版)
主　编　张　勤　刘鸿霞
副主编　邹　建　刘智萍
主　审　曾雪华　杨文玲
责任编辑:范春青　　版式设计:范春青
责任校对:刘志刚　　责任印制:赵　晟
*
重庆大学出版社出版发行
出版人:陈晓阳
社址:重庆市沙坪坝区大学城西路21号
邮编:401331
电话:(023) 88617190　88617185(中小学)
传真:(023) 88617186　88617166
网址:http://www.cqup.com.cn
邮箱:fxk@cqup.com.cn (营销中心)
全国新华书店经销
重庆长虹印务有限公司印刷
*
开本:787mm×1092mm　1/16　印张:26.5　字数:580千
2009年8月第1版　2023年10月第4版　2023年10月第10次印刷
印数:13 001—16 000
ISBN 978-7-5689-0234-2　定价:59.00元

# 第 4 版前言

高层建筑给水排水和消防工程是保障人民生命财产安全和城市安全运行的重要设施,也是实现节水、节能、环保和低碳发展的重要途径。为深入贯彻党的二十大精神,落实教材国家事权,建设教育强国,不断适应新时代的发展要求、紧跟新技术的发展趋势,充分保障高层建筑工程的可靠性、安全性、经济性和可持续性,特对本书再次进行了修订,以更好地为高层建筑给水排水和消防工程的教学提供科学、规范、先进的技术参考。

2016 年以来,住房和城乡建设部陆续印发《深化工程建设标准化工作改革的意见》等文件,提出政府制定强制性标准、社会团体制定自愿采用性标准的长远目标,明确了逐步用全文强制性工程建设规范取代现行标准中分散的强制性条文的改革任务,逐步形成由法律、行政法规、部门规章中的技术性规定与全文强制性工程建设规范构成的"技术法规"体系。在此背景下,国家批准并颁布了《建筑给水排水与节水通用规范》(GB 55022—2021)、《消防设施通用规范》(GB 55036—2022)和《建筑防火通用规范》(GB 55037—2022),同时《自动喷水灭火系统设计规范》(GB 50084—2017)也于 2018 年 1 月 1 日实施。为保证本书与现有规范及标准的一致性,同时考虑本书自出版以来部分用户的反馈意见,本次重点对生活给水、生活排水、室内、外消防给水、热水供应、小区给水排水、雨水排水以及管道直饮水等系统的相关内容进行了深度修订,配套了微课视频、项目案例以及重要知识点 PPT 等数字资源。

本版教材基本保持了上一版本的总体框架和结构,对书中的部分内容进行了更新。全书由张勤、刘鸿霞主持修订。其中,绪论、第 1 章由王春燕、刘智萍(重庆大学)共同修订,第 2 章由刘鸿霞(重庆大学)、邵圆媛(重庆大学)、刘淼(东南大学)、邹建(重庆中设培杰工程技术咨询有限公司)共同修订,第 3 章由张勤(重庆大学)、邹建共同修订,第 4 章由许萍(北京建筑大学)、孙洁(华通设计顾问工程有限公司)共同修订,第 5 章由谢庆(中国建筑西南设计研究院有限公司)、刘鸿霞、邵圆媛共同修订;附录Ⅰ由刘智萍修订;附录Ⅱ由刘淼、刘智萍共同修订,案例库由李波、石永涛、刘光胜、杨久洲、谢庆共同修订。

在本书修订过程中得到了重庆大学、中国建筑西南设计研究院有限公司、重庆大学建筑设计研究院有限公司、北京建筑大学、东南大学、山东建筑大学、华通设计顾问工程有限公司、总参工程兵第四设计研究院、北京市水利科学研究所、同济大学等国内许多教学、设计、科研、工程顾问等同行单位的支持和帮助。编者参考了多方文献和资料,吸收了其中的技术成果和丰富的实践经验,在此谨致感谢。

由于编者水平所限,书中不足、错误在所难免,敬请读者批评指正。

编　者

2023 年 7 月

# 第 3 版前言

2014 年 8 月国家批准并发布了《建筑设计防火规范》(GB 50016—2014),将原《建筑设计防火规范》(GB 50016—2006)、《高层民用建筑设计防火规范》(GB 50045—95,2005 年版)两本规范进行合并、调整,在深刻吸取近年来的火灾事故教训、总结消防科研成果等方面的基础上,进行了全面的修订与补充。该规范已于 2015 年 5 月 1 日起正式实施。2014 年,国家标准《消防给水及消火栓系统技术规程》(GB 50974—2014)正式颁布并于 2014 年 10 月 1 日起实施。为保证本书与现有规范及标准的一致性,同时考虑本书自出版以来部分用户的信息反馈,特进行本次修订。同时对生活给水、生活排水、热水供应、居住小区给水排水、雨水排水以及管道直饮水等系统的相关内容进行了局部调整。

第 3 版教材基本保持了上一版本的总体框架和结构,对书中的部分内容进行了更新。本书绪论、第 1 章由王春燕、刘智萍(重庆大学)负责修订,第 2 章由刘静(山东建筑大学)、刘鸿霞(重庆大学)、邵圆媛(重庆大学)、刘敍(东南大学)共同修订,第 3 章由张勤(重庆大学)修订,第 4 章由许萍(北京建筑工程学院)、孙洁(华通设计顾问工程有限公司)共同修订,第 5 章由刘鸿霞、邵圆媛共同修订;附录Ⅰ由刘智萍修订;附录Ⅱ由刘敍、刘智萍修订。全书由张勤、刘鸿霞主持修订。

本书在修订过程中得到了重庆大学、重庆大学建筑设计研究院、北京建筑工程学院、东南大学、山东建筑大学、华通设计顾问工程有限公司、总参工程兵第四设计研究院、北京市水利科学研究所、同济大学等国内许多教学、设计、科研、生产单位同行的支持和帮助。同时,编者还参考有关文献和资料,吸收了其中的技术成果和丰富的实践经验,在此谨致感谢。

由于编者水平及时间所限,书中不足、错误在所难免,敬请读者批评指正。

编 者

2016 年 7 月

# 第 2 版前言

2009 年 10 月国家批准并发布了《建筑给水排水设计规范》（GB 50015—2003，2009 版），对生活给水、生活排水、热水供应、居住小区给水排水、雨水排水以及管道直饮水等系统的相关技术措施、设计参数、节能原则等进行了局部调整、修订与补充。该规范已于 2010 年 4 月 1 日起正式实施。2014 年，国家标准《民用建筑节水设计标准》（GB 50555—2010）也正式颁布并于 2010 年 12 月 1 日起实施。为保证《高层建筑给水排水工程》与现有规范及标准的一致性，同时考虑本书自出版应用以来部分用户的信息反馈，特进行本次修订。

第 2 版教材基本保持了原版的总体框架和结构，对书中的部分内容进行了更新。本书绪论、第 1 章由王春燕（重庆大学）负责修订，第 2 章由王春燕、刘静（山东建筑大学）、刘焱（东南大学）共同修订，第 3 章由张勤（重庆大学）修订，第 4 章由许萍（北京建筑工程学院）、孙洁（华通设计顾问工程有限公司）共同修订，第 5 章由许萍、孙洁和刘焱共同修订。附录Ⅰ由刘智萍（重庆大学）修订，附录Ⅱ由刘焱修订。全书由王春燕、张勤主持修订。

本书在修订过程中得到了重庆大学、重庆大学建筑设计研究院、北京建筑工程学院、东南大学、山东建筑大学、华通设计顾问工程有限公司、总参工程兵第四设计研究院、北京市水利科学研究所、同济大学等国内许多教学、设计、科研、生产单位同行的支持和帮助。同时，编者还参考有关文献和资料，吸收了其中的技术成果和丰富的实践经验，在此谨致感谢。

由于编者水平及时间所限，书中不足、错误在所难免，敬请读者批评指正。

编　者

2011 年 6 月

# 第 1 版前言

本书是在重庆建筑大学杨文玲主编的《高层建筑给水排水工程》(重庆大学出版社,1996)的基础上补充、完善而成的。杨文玲及所有编者对我国高层建筑给水排水工程的贡献值得称赞,在本书中也采用了该版本的许多资料与成果。

自 21 世纪以来,国家对《建筑给水排水设计规范》《建筑设计防火规范》《高层民用建筑设计防火规范》等一大批本行业的规范进行了修订、补充和完善。高层建筑给排水工程所涉及的内容越来越多,对其设计深度、标准化的要求也越来越规范,原教材已经不适应时代发展的要求。为此,我们尽量收集了国内近年来的研究成果和工程经验,纳入了新规范的一些观点、内容,结合多年给排水科学与工程专业的教学经验,在基本保持原书特色的基础上,对一些章节进行了调整和增减,力求反映本学科的最新成就。

全书按 70 学时左右撰写,对高层建筑给水系统、消防设施、热水供应、排水系统及其他常见的与给排水专业直接相关的配套设施、隔声减振等方面的基本理论、设计原则和计算方法进行了较为系统的阐述。

本书绪论、第 1 章由王春燕(重庆大学)编写,第 2 章由王春燕、刘静(山东建筑大学)、刘焱(东南大学)共同编写,第 3 章由张勤(重庆大学)编写,第 4 章由许萍(北京建筑工程学院)、刘晓冬(总参工程兵第四设计研究院)共同编写,第 5 章由许萍、廖日红(北京市水利科学研究所)和刘焱共同编写。附录Ⅰ由刘智萍(重庆大学)编写,附录Ⅱ由刘焱编写。全书由王春燕、张勤主编,曾雪华、杨文玲主审。

本书在编写过程中得到了重庆大学、重庆大学建筑设计研究院、北京建筑工程学院、东南大学、山东建筑大学、总参工程兵第四设计研究院、北京市水利科学研究所、同济大学等国内许多教学、设计、科研、生产单位同行的支持和帮助。同时,编者还参考了有关文献和资料,吸收了其中的技术成就和丰富的实践经验,在此谨致感谢。

由于编者水平及时间所限,书中缺点、错误在所难免,敬请读者批评指正。

编　者
2009 年 1 月

# 目　录

# 绪　论

“高层建筑给水排水工程”是高等工科院校给排水科学与工程(给水排水工程)专业的一门专业技术课程,也是一门比较年轻的学科。它是在“建筑给水排水工程”的基础上,着重介绍高层建筑给水、排水、消防及热水供应等方面的基本理论、设计原则和计算方法等知识。

高层建筑是指楼高、层数多的工业与民用建筑,目前世界各国尚无划分高层与低层建筑的统一标准。例如:美国规范规定大于等于7层或建筑高度大于等于22~25 m的建筑为高层建筑;日本规范规定大于等于11层或建筑高度大于等于31 m的建筑为高层建筑。1972年国际高层建筑会议提出9层以上建筑为高层建筑,40层以上建筑(高度在100 m以上)为超高层建筑。我国根据经济情况及消防能力,规定凡建筑高度大于27 m的住宅建筑(包括设置商业服务网点的住宅建筑)和建筑高度超过24 m的非单层公共建筑,都属于高层建筑。

100多年来,随着各国经济和科技的发展,高层建筑在世界各大中城市如雨后春笋般出现,一时成为城市现代化的标志,在一定程度上反映了一个国家或地区经济与科学技术的水平。高层建筑由于具有节省日益紧张的城市建设用地,促进商业贸易及旅游业发展等优点,并且有利于城市规划,给现代化城市增添壮丽的景观,因而它在经济建设中占有相当重要的地位。近年来,高层建筑的高度与日俱增,“世界第一高楼”的称号不断地让位于新的建筑。

高层建筑楼高、层数多、建筑面积大、功能复杂、使用人数多、火灾危险性大,因而对建筑、结构、建筑设备(包括给排水、采暖、通风、空调、燃气、供配电及通信等)比低层建筑有更高的要求。这就必须通过精心的设计、施工与有效的管理,各专业有机的密切配合,才能保证其运行安全和使用舒适、方便、卫生。

建筑设备是保证和完善建筑功能的重要因素,直接影响到建筑的品质和等级,是高层建筑不可缺少的重要组成部分。建筑设备投资在高层建筑总投资中所占的比例为30%~40%,比在普通低层建筑总投资中所占的比例大得多。譬如一栋高层宾馆,通常要求全天有冷热水和饮用水供应,有中央空调,并且附设了商场、餐饮、酒吧、舞厅、游泳池、桑拿浴室、健身房、邮电、银行等,为此设置了水泵房、锅炉房、厨房、洗衣房、冷冻机房、备用发电机房、变配电室、通信机房、消防控制室、保安监控室等,实行自动控制与微机管理,相当于一个小型的现代化城市。一座宾馆,其新颖优美的外形与豪华的装修固然可以吸引顾客,但各种建筑设备的优质服务所提供的安全、舒适的环境,才能长期留住旅客。由于建筑设备关系到高层建筑的经济效益和社会效益,因而越来越受到人们的重视。

高层建筑给排水工程是高层建筑设备工程中最基本、最重要的组成部分之一,它不仅包括低层建筑中常见的生活给排水、消火栓给水等方面的设施,还包括:能够实现自动报警、自行启动的自动喷水灭火、气体或水喷雾灭火等系统;能够营造良好环境氛围的水体景观;具备对外服务功能的游泳池、洗浴中心;成片的高层智能化小区的管网综合等。另一方面,即便是最普通的生活给排水和消火栓系统,由于楼层高度的变化及建筑功能的复杂化,也面临新的问题:须满足管道防振、降噪的要求;满足长、直、大流量排水管道的通气要求;对卫生器具的标准和管道材料质量的要求;对水泵和水加热器等设备的可靠性要求;气体灭火系统的合理组合与分配;各种管道敷设与建筑、结构及其他设备专业的相互配合、协调的要求等。因此,高层建筑给排水工程虽然在基础理论和相关学科方面与一般的建筑给排水工程基本相同,但在技术的深度与广度方面,在设计和施工的难度方面,管理与安全的实施方面,都远远超过了一般建筑的给排水工程。

近年来,在国内外高层建筑飞速发展,高层建筑给排水工程的理论研究、设计计算、新型设备材料的研制、施工工艺和维护管理等方面都取得了较大的进展,主要表现在以下方面:

①部分设计计算公式采用简便的经验方法。例如:给水排水设计秒流量的计算,国外采用概率统计公式,这种计算比较准确,使用方便。

②节水、节能,高效、低耗的新型设备不断出现。例如:变频调速水泵和叠压供水技术的较广泛应用,新型燃油(气)锅炉、太阳能水加热器、热泵水加热系统等。

③推广使用方便舒适、造型美观、节水、低噪、多功能卫生器具。例如:节水消音型大便器,具有沐浴和保健作用的漩涡浴盆,超声波漩涡浴盆,真空排水卫生器具等。

④给水附件多品种、多功能、美观、节水。例如:缓闭止回阀、减压阀、定流量阀、定流量水嘴、定水量水嘴、泡沫水嘴、自动调温水嘴、自动给水水嘴等。

⑤重视水质保障,增强防水质污染措施的相关要求。

⑥电子技术的发展加速了给水排水工程技术的更新。由于在给水、排水、热水及消防等系统中采用的自动控制,使系统性能可靠,效率提高,并且节水节能和方便管理。

⑦推广小区中水、雨水回用技术的应用,对节约用水、减少环境污染开辟了新的前景。

⑧对生活给水系统,更加注重节水、节能和使用的舒适。而对于平时一般不投入使用的消防系统,更强化系统的安全可靠性,如提高消火栓系统的分区压力值等。

⑨建筑工业化施工迅速发展。在工厂预制卫生间、厨房、浴室及厕所等,运至现场拼

装，提高了安装质量，大大加快了施工进度。

⑩管材薄壁化、多样化趋势和连接方式的多样化。在满足压力要求的情况下，连接方式的多样化和方便化使管材的薄壁化变得可能，而薄型管壁更有利于减少材料，降低生产和运输成本。新型管材不断涌现，为保证管道系统的安全、美观创造了条件。

我国的高层建筑绝大部分始建于20世纪80—90年代，经过的发展，高层建筑给排水工程在设计、施工与管理方面积累了一定的经验。但是，适合我国国情的给水、排水设计秒流量计算公式还有待进一步完善，消防给水系统的改进、新能源的开发与利用、设备材料的更新、隔声与防振、计算软件的进一步开发等课题都有待于探索。因此，在学习国外先进技术的同时，我们应结合国情，认真总结经验，研究适合我国的设计计算方法，制定有关定额和标准，研制新材料、新设备，挖掘节水节能潜力，提高施工与管理水平，这是从事建筑给水排水工程技术人员的一项光荣而艰巨的任务。

# 1　高层建筑给水系统

## 1.1　高层建筑给水系统概述

### 1.1.1　高层建筑给水系统的分类

高层建筑多为民用建筑,具有层数多、高度大、功能复杂的特点。对于标准较高的旅游宾馆、饭店、医院、综合楼等,对给水的水质、水量和水压均有较高的要求。但就其用途而言,给水的基本系统仍与低层建筑一样,分为生活、生产和消防 3 种。根据建筑物的性质和用途,还可按水质的不同要求将上述 3 种基本系统进一步细分。

**1)生活给水系统**

(1)生活冷水系统

这是高层建筑给水系统的主要组成部分,也是高层建筑中使用范围最广、用水量最大的系统,一般用于盥洗、淋浴、洗涤、烹调、饮用等,常作为其他几种给水系统的水源。水质应符合国家《生活饮用水卫生标准》要求,并应具有防止水质污染的措施。

(2)生活热水系统

在旅馆、公寓、医院等高层建筑中,生活热水系统通常是不可缺少的给水系统之一,主要用于盥洗、沐浴和洗涤餐具、衣物等。水质除应符合《生活饮用水卫生标准》的相关规定外,对水中碳酸盐硬度也有一定的要求。

(3)饮用水给水系统

在高层建筑中,由于建筑的性质和用户的饮水习惯不同,饮用水的供应方式也不相同,有集中或分散供应的开水系统和冷饮水系统。水质应符合《饮用净水水质标准》,通常需采用特殊工艺将自来水进行深度处理,供人们直接饮用。

(4)中水系统

各种排水经处理后,达到规定的水质标准,可在生活、市政、环境等范围内作为杂用的非饮用水称为中水。使用中水对节约用水、减少环境污染、保护水体具有重要意义。

**2)生产给水系统**

(1)软化水系统

当城市给水中的碳酸盐硬度较高时,为防止热交换器或沸水器等结垢和节省洗衣房、厨房的洗涤剂用量,在某些标准较高的旅游宾馆和公寓中,常集中或分散设置软化水系统,以保证生活用水的硬度指标符合使用要求。

(2)循环冷却水系统

对设有空调和冷藏设备的建筑,常需要大量冷却水以便将空调机和冷冻机中制冷系统产生的热量带走,循环冷却水系统是为完成这一任务而设立的一种专用给水系统。循环冷却水的补充水应符合一般冷却水水质要求,并尽量采用低温水。

(3)游泳池及观赏水池给水系统

在旅游宾馆、对外公寓等建筑中,常设游泳池、游乐池、观赏水池等,这些水池用水量较大,一般自成系统,循环使用。池水水质须根据水池使用功能,合理确定卫生标准,确保安全、卫生。

**3)消防给水系统**

消防给水系统可分为消火栓和自动喷水灭火系统。消防给水系统对水质无严格要求,但必须按照建筑设计防火的相关规范保证足够的水量和水压。

### 1.1.2 高层建筑给水系统的组成

高层建筑室内给水(冷水)系统由引入管、水表节点、加压和贮水设备、管网及给水附件5部分组成。其中引入管、水表节点的设计和安装要求与低层建筑物相同,升压和贮水设备通常是高层建筑必不可少的设施,给水管网及附件有自身的特点。

我国城市给水管网大都采用低压制,一般城镇管网压力为0.2~0.4 MPa,无法满足高层建筑上部楼层供水的水压要求,必须借助升压设备将水提升到适当的压力;另一方面,当室外给水管网不允许直接抽水或给水引入管不可能从室外环网的不同侧引入时,均应设贮水池以保证高层建筑的安全供水。此外,由于消防、安全供水、流量调节及水压保证的需要,不同功能的贮水池(箱)常常是高层建筑的重要设备。

与低层民用建筑相比,高层建筑给水管网及附件具有以下特点:

①系统管网必须进行竖向分区。高层建筑给水管网在竖直方向上被划分为若干供水区,以提供相应楼层的供水。

②管网一般布置呈环状。高层建筑的卫生器具和用水设备数量多,用水量大,如管网呈枝状布置,一旦断水,影响范围较大,从供水可靠性出发,高层建筑给水管网一般呈环状。

③竖直干管通常敷设在专用的管道竖井内,水平干管布置在专用管道层或技术(夹)层内。建筑物的防火分区、不均匀沉降等因素对管道的布置和敷设有一定的影响。

④给水附件的形式、类别、数量多,标准高。高层建筑给水系统管路长,用水点多,对供水可靠性及节水节能、消声减振、水质保护的要求较高,因此,给水控制附件的形式、类别、数量较一般低层建筑多。由于建筑标准高,因此对卫生器具的造型、质量、色泽及使用舒适性及配水附件的质量、外观和使用上也提出了较高的要求。

⑤施工安装及维护工作量较大,技术水平要求较高,需与建筑内其他工种密切配合。

### 1.1.3 给水系统的竖向分区

对给水系统进行合理的竖向分区，是高层建筑给水设计中必须认真解决的重要问题，也是高层建筑给水系统区别于低层建筑给水系统的主要特征。

给水系统的竖向分区是指建筑物内的给水管网和供水设备根据建筑物的用途、层数、使用要求、材料设备性能、维修管理、节约供水、能耗及室外管网压力等因素，在竖直方向将高层建筑分为若干供水区，各分区的给水系统负责对所服务区域供水。

当建筑物很高，给水系统未进行竖向分区，则底层卫生器具必将承受较大的压力，带来一系列问题，主要表现为：

①龙头开启时呈射流喷溅，影响使用，浪费水量。

②开关水嘴、阀门时易形成水锤，产生噪声和振动，引起管道松动漏水，甚至损坏。

③水嘴、阀门等给水配件容易损坏，缩短使用期限，增加了维护工作量。

④建筑下部各层出流量大，导致顶部楼层水压不足、出流量过小，甚至出现负压抽吸，造成回流污染。

⑤不利于节能。理论上讲，分区供水比不分区供水要节能。

假定某一高层建筑总高为 $h$，总用水量为 $Q$，竖向分成 $n$ 区，各区高度相同($h/n$)，用水量相同($Q/n$)，水的密度为 $\gamma$，总的给水能耗为 $E$，每个分区能耗分别为 $E_1, E_2, \cdots, E_n$，则总给水能耗：

$$
\begin{aligned}
E &= E_1 + E_2 + \cdots + E_n \\
&= \gamma\left(\frac{Q}{n}\right)\left(\frac{h}{n}\right) + \gamma\left(\frac{Q}{n}\right)\left(\frac{2h}{n}\right) + \cdots + \gamma\left(\frac{Q}{n}\right)\left(\frac{nh}{n}\right) \\
&= \gamma\left(\frac{Q}{n}\right)\left(\frac{h}{n}\right)(1 + 2 + \cdots + n) \\
&= \gamma\left(\frac{Q}{n}\right)\left(\frac{h}{n}\right)\frac{n(n+1)}{2} \\
&= \frac{(n+1)}{2n}\gamma Qh
\end{aligned}
$$

当 $n \to \infty$ 时，$E = \gamma Qh/2$。

上述能耗计算表明：随着高层建筑分区数的增加，给水总能耗逐渐下降，最大下降值接近不分区能耗值的50%。

综上所述，高层建筑给水系统必须进行合理的竖向分区，使水压保持在一定的范围。但若分区压力值过低，势必增加分区数，并增加相应的管道、设备投资和维护管理工作量。因此，分区压力值应根据供水安全、材料设备性能、维护管理条件，结合建筑功能、高度综合确定，并充分利用市政水压以节省能耗。

高层建筑给水分区静压值究竟多少为宜，目前国内外还没有统一规定。英联邦国家常以15~20层作为分区依据，而国内高层建筑根据建设年代不同，分区压力差异很大。例如：上海旧有的几座高层建筑(国际饭店、和平饭店、上海大厦等)从上到下只有1个给水系统(即1个分区),设置屋顶水箱,最低卫生器具处的静水压力达0.7~0.8 MPa;建于1989年的重庆扬子江假日饭店共23层,21层以下均由屋顶水箱供水,最低配水点所受静水压达0.8 MPa左右。实践证明,上述建筑给水系统使用情况良好。而建于1968年的广州宾馆,分区水压是依据当时市场供应的管材附件,预先安装并进行渗漏试验确定的,其分区最大水压不超过0.27 MPa。

表1.1为美国、日本等国推荐的给水分区压力值。

**表1.1 各国高层建筑分区静水压力值** 单位:MPa

| 国 别 | 办公楼 | 公寓、旅馆 | 国 别 | 办公楼 | 公寓、旅馆 |
|---|---|---|---|---|---|
| 美 国 | ≤0.55 | ≤0.55 | 苏联 | ≤0.60 | ≤0.60 |
| 日 本 | 0.40~0.50 | 0.30~0.35 | 澳大利亚/新西兰 | ≤0.50 | ≤0.50 |

我国现行《建筑给水排水设计标准》(GB 50015,以下简称《建水规》)规定:分区供水不仅是为了防止损坏给水配件,同时可避免过高供水压力造成不必要的浪费,故卫生器具给水配件承受的最大工作压力不得大于0.60 MPa;竖向各分区最低卫生器具配水点处的静水压不宜大于0.45 MPa。对静水压大于0.35 MPa的入户管(或配水横管),宜设减压或调压措施。

在分区中要避免过大的水压,同时还应保证各分区给水系统中最不利配水点的出流要求,一般不宜小于0.1 MPa。

此外,高层建筑竖向分区的最大水压并不是卫生器具正常使用的最佳水压。常用卫生器具正常使用的最佳水压宜为0.15~0.2 MPa。为节省能源和投资,在进行给水分区时要考虑充分利用城镇管网水压,高层建筑的裙房以及附属建筑(如洗衣房、厨房、锅炉房等)由城镇管网直接供水对建筑节能有重要意义。

## 1.2 给水方式

### 1.2.1 高层建筑的给水方式

高层建筑给水方式主要是指采取何种水量调节措施及增压、减压形式来满足各给水分区的用水要求。给水方式的选择关系到整个供水系统的可靠性、工程投资、运行费用、维护管理及使用效果,是高层建筑给水的核心。

高层建筑给水方式可分为高位水箱、气压罐和无水箱3种给水方式。

**1)高位水箱给水方式**

其供水设备包括离心水泵和水箱,主要特点是在建筑物中适当位置设高位水箱,储存、调节建筑物的用水量和稳定水压,水箱内的水由设在底层或地下室的水泵输送。高位水箱给水方式可分为并联、串联、减压水箱和减压阀4种。

(1)高位水箱并联给水方式

各分区独立设高位水箱和水泵,水泵集中设置在建筑物底层或地下室,分别向各分区供水。

优点:各区给水系统独立,互不影响,供水安全可靠;水泵集中管理,维护方便;运行动力费用经济。

缺点:水泵台数多,高区水泵扬程较大,压水管线较长,设备费用增加;分区高位水箱占建筑楼层若干面积,给建筑平面布置带来困难,减少了使用面积,影响经济效益。

(2)高位水箱串联给水方式

水泵分散设置在分各区的楼层中,下一分区的高位水箱兼作上一给水分区的水源。

优点:无高压水泵和高压管线;运行动力费用经济。

缺点:水泵分散设置,连同高位水箱占楼层面积较大;水泵设置在楼层,防振隔声要求高;水泵分散,管理维护不便;若下一分区发生事故,其上部数分区供水受影响,供水可靠性差。

(3)减压水箱给水方式

整栋建筑的用水量全部由设置在底层或地下层的水泵提升至屋顶水箱,然后再分送至各分区高位水箱,分区高位水箱只起减压作用。

优点:水泵数量最少,设置费用降低,管理维护简单;水泵房面积小,各分区减压水箱调节容积小。

缺点:水泵运行动力费用高;屋顶水箱容积大,在地震时存在鞭梢效应,对建筑物安全不利;供水可靠性较差。

(4)减压阀给水方式

其工作原理与减压水箱给水方式相同,不同处在于以减压阀代替了减压水箱。

与减压水箱给水方式相比,减压阀不占楼层房间面积,但低区减压阀减压比较大,一旦失灵,对阀后供水存在隐患。

如图 1.1 所示,就高位水箱的 4 种给水方式而言,由于设置了水箱,增加了水质受污染的可能,因此水箱设置数量越多,水质受到污染的可能性就越大;其次,水箱总要占用空间,并有相当的重量,水箱容积越大,对建筑和结构的影响就越大;此外,水箱的进水噪声容易对周围房间环境造成影响。

**2)气压给水设备给水方式**

其供水设备包括离心水泵和气压水罐。其中气压水罐为一钢制密闭容器,使气压水罐在系统中既可储存和调节水量,供水时利用容器内空气的可压缩性,将罐内储存的水压送到一定的高度,可取消给水系统中的高位水箱。

如图 1.2 所示为气压给水设备的并联和减压阀给水方式。

气压给水设备给水方式的主要优缺点见 1.5.2 节。它可配合其他供水方式,使用在高层建筑局部几层的生活及消防给水系统中,以解决局部供水压力。

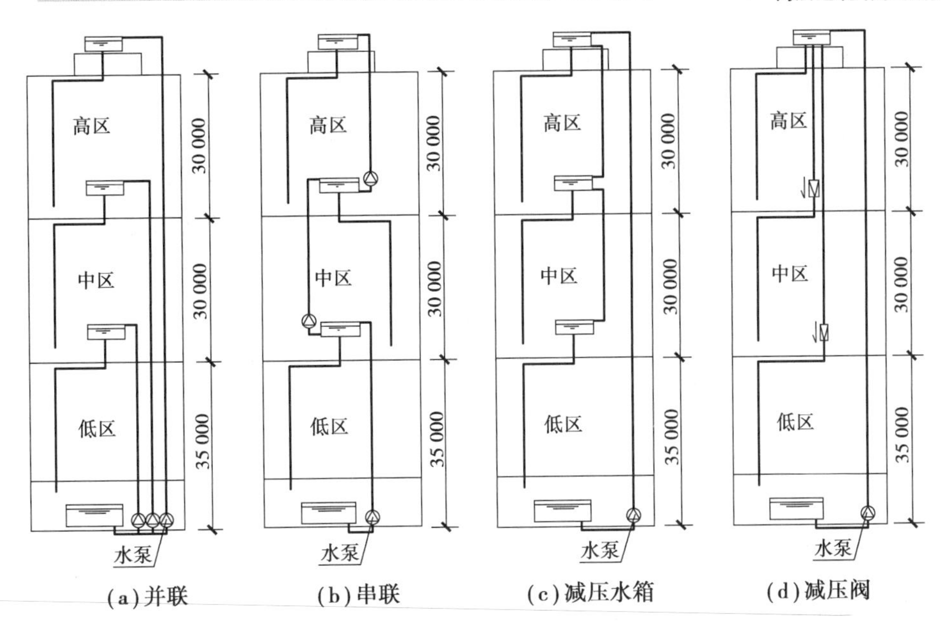


图 1.1 高层建筑高位水箱给水方式

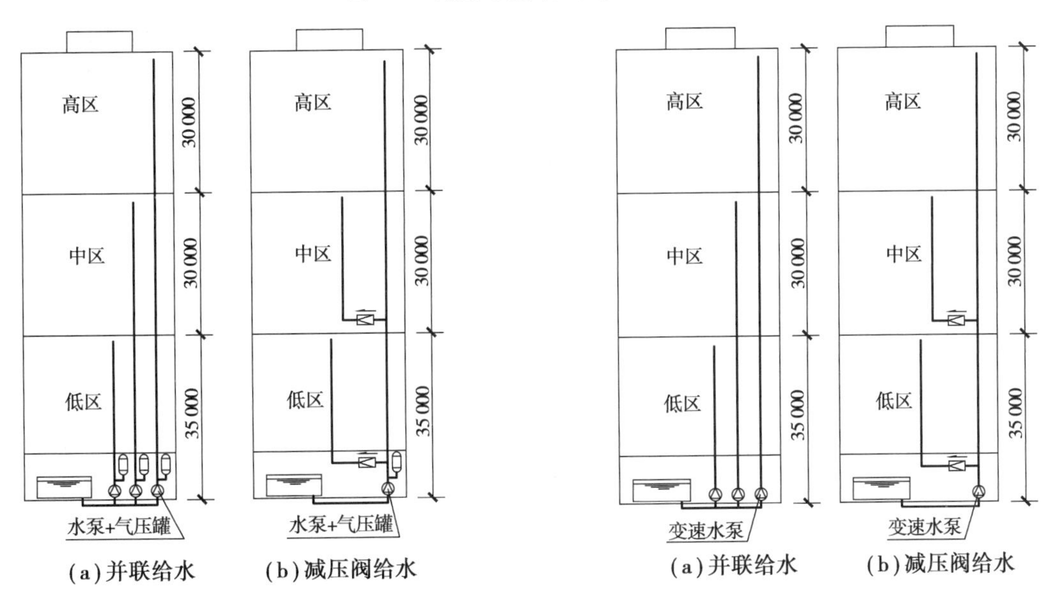


图 1.2 气压给水设备给水方式

图 1.3 无水箱给水方式

3）无水箱给水方式

近年来，人们对水质的要求越来越高，国内外高层建筑采用无水箱的调速水泵供水方式成为工程应用的主流。无水箱给水方式的最大特点是：省去高位水箱，在保证系统压力恒定的情况下，根据用水量变化，利用变频设备来自动改变水泵的转速，且使水泵经常处于较高效率下工作。缺点是变频设备相对价格稍贵，维修复杂，一旦停电则断水。

如图 1.3 所示为无水箱并联给水方式和无水箱减压阀给水方式。

### 1.2.2 各种给水方式的比较

为了直观地分析比较各给水方式水泵的耗能情况,假设如下:某一建筑采用同样的分区和不同的给水方式,如图 1.1 ~ 图 1.3 所示;各分区的供水负荷分别占建筑物供水总负荷的比例为:低区占 50%,中区占 25%,高区占 25%;各分区管道的水头损失设定为该区高度的 10%;各分区的水泵效率相同。则表 1.2 中水泵扬水功率计算方法如下:

**1)高位水箱给水方式**

高位水箱并联给水: $(0.25Q\times95+0.25Q\times65+0.5Q\times35)\times1.1=63.25Q$

水泵轴功率 $63.25Q/102\eta$ (100%)

高位水箱串联给水: $(0.25Q\times30+0.5Q\times30+Q\times35)\times1.1=63.25Q$

水泵轴功率 $63.25Q/102\eta$ (100%)

减压水箱或减压阀给水: $Q\times95\times1.1=104.5Q$

水泵轴功率 $104.5Q/102\eta$ (165%)

**2)气压罐给水方式**

由于气压水罐配套水泵的扬程以罐内平均压力工况确定,而管道系统相对简单,故假定气压给水设备给水方式的压力为扬水高度的 1.4 倍,而管道的水头损失比水箱供水方式高 5%,则:

气压给水设备并联给水: $(0.25Q\times95+0.25Q\times65+0.5Q\times35)\times1.4\times1.05=84.525Q$

水泵轴功率: $84.525Q/102\eta$ (134%)

气压给水设备减压阀给水: $Q\times95\times1.4\times1.05=139.65Q$

水泵轴功率: $139.65Q/102\eta$ (221%)

**3)无水箱给水方式**

设计压力下,调速水泵根据系统用水量的变化来调节转速,随着水泵转速 $n$ 的降低,水泵效率也随之下降。此外,系统的管道布置形式与气压给水设备给水方式相同,故假定水泵运行的平均效率为高位水箱给水方式的 85%,而管道的水头损失比水箱供水方式高 5%,则:

无水箱并联给水: $(0.25Q\times95+0.25Q\times65+0.5Q\times35)\times1.05/0.85=71.03Q$

水泵轴功率: $71.03Q/102\eta$ (112%)

无水箱减压阀给水: $Q\times95\times1.05/0.85=117.35Q$

水泵轴功率: $117.35Q/102\eta$ (186%)

上述各式中 $Q$ 为流量,以 L/s 计,$\eta$ 为水泵效率。

将水泵能耗、设备费、运营动力费、占地面积、对水质污染的可能性以及管理方便程度共 6 个方面,对高层建筑常用的上述 3 大类给水方式进行简单比较,结果列于表 1.2 中。

表 1.2 高层建筑各种给水方式比较

| 类 型 | 给水方式 | 水泵扬水功率/% | 设备费用 | 运营动力费用 | 水质污染可能性 | 占地面积大小 | 管理方便程度 |
|---|---|---|---|---|---|---|---|
| 高位水箱给水方式 | 并 联 | 100 | B | A | D | D | A |
| | 串 联 | 100 | B | A | D | D | B |
| | 减压水箱 | 165 | A | C | D | C | A |
| | 减压阀 | 165 | A | C | C | C | A |
| 气压罐给水方式 | 并 联 | 134 | C | B | B | B | B |
| | 减压阀 | 221 | C | D | B | B | B |
| 无水箱给水方式 | 并联 | 112 | D | A | A | A | B |
| | 减压阀 | 186 | D | D | A | A | B |

注:A,B,C,D 为优劣顺序。

从表 1.2 可知,各种给水方式各有优劣,工程中需结合建筑的实际情况进行综合比较,在建筑甚高、竖向分区比较多时,往往还要采用多种给水方式相结合的混合给水形式。

## 1.3 水质污染原因及防污染措施

### 1.3.1 水质污染原因

高层建筑与低层建筑一样,生活给水系统的水质应符合现行国家标准《生活饮用水卫生标准》(GB 5749—2022)的要求,生活杂用水系统的水质应符合现行行业标准《生活杂用水水质标准》的要求。如果给水系统设计、施工、维护、管理不当,就可能出现水质污染。导致建筑给水系统水质污染的常见原因有:

(1)位置或连接不当

埋地式生活饮用水贮水池与化粪池、污水处理构筑物、渗水井、垃圾堆放点等污染源之间没有足够的卫生防护距离;水箱与厕所、浴室、盥洗室、厨房、污水处理间等相邻;饮用水系统与中水、回用水等非生活饮用水管道直接连接;给水管道穿过大、小便槽;给水与排水管道间距不够或相对位置不当等都是造成水质污染的隐患。

(2)设计缺陷

贮水池或水箱的进出水管位置不合适,在水池、水箱内形成死水区;贮水池、水箱总容积过大,水流停留时间过长且无二次消毒设备;直接向锅炉、热水机组、水加热器、气压水罐等有压容器或密闭容器注水,而注水管上没有采用能防止倒流污染的措施等设计缺陷也会造成水质污染。

(3)材料选用不当

镀锌钢管在使用过程中易产生铁锈,出现“赤水”;UPVC 管道在生产过程中加入的重金属添加剂,PVC 本身残存的单体氯乙烯和一些小分子,在使用的时候会转移到水中;塑料管如果采用溶剂粘接,胶粘剂很难保证无毒;混凝土贮水池或水箱墙体中石灰类物质渗出,导致水中的 pH 值、Ca、碱度增加;混凝土中可能析出钡、铬、镍、镉等金属污染物;金属贮水设备防锈漆脱落等都属于材料选择不当引起的水质污染。

(4)施工问题

当地下水位较高时,贮水池底板防渗处理不好;贮水池与水箱的溢流管、泄水管间接排水不符合要求;配水件出水口高出承接用水容器溢流边缘的空气间隙太小;管道接口密闭不严均可能导致水质污染。

(5)管理不善

贮水池、水箱等贮水设备未定期进行水质检验,未按规范要求进行冲洗、消毒;通气管、溢流管出口网罩破损后未能及时修补;人孔盖板密封不严密;配水龙头上任意连接软管,形成淹没出流等管理问题,也是水质污染的重要因素。

### 1.3.2 防水质污染措施

防水质污染措施应符合“同质水从宽,异质水从严”的原则,特别是城镇给水管道与自备水源的供水管道直接连接,由生活饮用水管道供给回流污染高危场所和设备用水时,必须严格采取防止水质污染措施。主要包括 4 个方面:

(1)空气隔断

通过设置最小空气间隙防止虹吸回流造成的饮用水污染。具体包括饮用水给水配件、补水管口不得被任何液体或杂质淹没。其最小空气间隙:

①卫生器具和用水设备等不得小于出水口直径的 2.5 倍;

②生活饮用水池(箱)的进水管口的最低点高出溢流边缘的空气间隙应等于进水管管径,且最小不得小于 25 mm,最大可不超过 150 mm;

③从生活饮用水管网向消防、中水和雨水回用等其他用水的贮水池(箱)补水时,其进水管口最低点高出溢流边缘的空气间隙不应小于 150 mm。

(2)管道隔断

通过在管道上设置处置措施避免饮用水污染,分为两类:从饮用水管道端接出,供水下游端有可能产生反压回流的情形设置倒流防止器;从饮用水管道接出,供水管道下游端自由出流,有可能产生虹吸回流的场所设置真空破坏器。

设置倒流防止器的场所包括:水泵直接从城市管网中吸水;从城市不同侧引入小区或单体建筑呈环网的引入管;利用城市水压供水的有温有压容器;由居住区、园区、厂区和建筑物内生活饮用水管道接出的消防用水管道,以及连接对健康有危害管道等或有害有毒可能污染的设备。

设置真空破坏器的场所包括:用水器具、游泳池、循环冷却水集水池等构筑物补水空气间隙不足进水管直径的2.5倍时；生活饮用水池（箱）进水管淹没出流；供水下游端为自由出流、地下或自动升降的喷灌；从生活饮用水管道接出消防（软管）卷盘。

倒流防止器分为3类：

①高安全减压型倒流防止器。第一、二级阀瓣密封压差分别大于13.8 kPa和6.9 kPa，总水头损失70～100 kPa，设置在防止高危险的有毒污染场所，比如：供给垃圾处理站、动物养殖场的冲洗管道等。

②低阻力减压型倒流防止器。第一、二级阀瓣密封压差分别大于6.9 kPa和3.5 kPa，总水头损失≤40 kPa，设置在防止中危险的有害污染场所，比如：生活饮用水管必须与非生活饮用水管道连接时，从室内饮用水管道上单独接出消防管道等。

③双止回阀组倒流防止器。第一、二级阀瓣密封压差均大于6.9 kPa，总水头损失≤40 kPa，设置在轻度污染场所，如上述设置倒流防止器场所中的前条。

倒流防止器应安装在便于维护的地方，不得安装在有腐蚀性、污染的环境，可能结冻或被水淹没的场所。减压型倒流防止器排水口不得直接接至排水管，应采用间接排水。

（3）避免滞留变质

坚持生活饮用水池（箱）与消防用水的水池（箱）分设、有条件合并的原则，同时采取其他避免水质污染的有效措施。

具体内容包括：供单体建筑的生活饮用水池（箱）应与其他用水的水池（箱）分开设置；当小区的生活贮水量大于消防贮水量，且合用水池内的水循环设计更新周期不大于48 h时，小区的生活水池（含水区分片的生活水池）与消防水池可合并设置。此外，还应采用设置水消毒装置解决饮用水贮水时间过长，设置导流墙解决水池（箱）内水流短路等措施。

（4）安装躲避

生活饮用水管道应避开毒物污染区，当条件限制不能避开时，应采取防护措施。

具体内容包括：埋地式生活饮用水贮水池周围10 m以内，不得有化粪物、污水处理构筑物、渗水井、垃圾堆放点等污染源；周围2 m以内不得有污水管和污染物。当达不到此要求时，应采取防污染的措施；给水管道不得穿过大、小便槽，且立管离大、小便槽端部不得小于0.5 m，当立管距离大、小便槽端部≤0.5 m时，在大、小便槽端部应有建筑隔断措施；建筑物内埋地敷设的生活给水管与排水管之间的最小净距，平行埋设时不宜小于0.5 m，交叉埋设时不应小于0.15 m，且给水管应布置在排水管的上面；室外给水管道与污水管道交叉时，给水管道应敷设在上面，且接口不重叠；当给水管道敷设在下面时，应设置钢套管，套管两端采用防水材料封闭等。

此外，对最易受到水质污染的饮用水池（水箱），可采取的防污染措施还包括：合理布置进出水管道，避免产生水流死角；对人孔、通气管、溢流管设置防止生物进入水池（箱）的措施；饮用水箱不接纳消防管道试压水、泄压水等回流水或溢流水；泄空管和溢流管的出口，不直接与排水构筑物或管道相连接，采取间接排水方式；采用不影响水质的水池（箱）材质、衬砌材料和内壁涂料。当然，合理的清洗制度、严格的管理更是水质良好的保证。

## 1.4 给水管网的布置和敷设

高层建筑给水方式确定以后，即可根据土建设计图，考虑建筑物的构造、建筑标准及供水需求，合理选择给水管材及附件，布置管道，要求满足供水安全可靠，节约材料，便于施工及维护管理等条件，力求美观，并与建筑室内设计相协调。

### 1.4.1 给水管材的选用及管网布置

**1）给水管材的分类**

目前，国内外普遍使用的给水管材有金属、非金属和复合管材三大类。

（1）金属管材

金属管材具有机械加工性能优良，水力条件较好，使用寿命长的优点，建筑给水中常用的金属管有薄壁不锈钢管、热浸镀锌钢管与铜管三种。

薄壁不锈钢管采用卡压、环压、法兰或焊接等连接方式，因可能发生电化学腐蚀，故一般不宜和其他材料相接，可通过增加管材厚度来增强管道耐压能力；热浸镀锌钢管采用螺纹、法兰、卡箍或焊接方式，依靠镀锌层作阴极保护，不宜用于热水系统；铜管性能稳定，使用寿命长，大管径采用法兰或焊接的连接形式，小管径常用的是薄壁紫铜管，承插钎焊连接，在宾馆、酒店、高档住宅中使用较多。

（2）非金属管材

非金属管材是指各式塑料管，具有节钢、节能，耐腐蚀，外观光滑、美观，比重小，施工、运输方便等优点，同时具有线膨胀系数大、易变形、承压能力有限、抗紫外线能力较差等缺点。目前，建筑生活给水中常用的塑料管有硬聚氯乙烯管（UPVC）、聚乙烯或交联聚乙烯管（PE 或 PEX）、聚丙烯管（PP-R）和聚丁烯管（PB）和 ABS 塑料管等。其中硬聚氯乙烯管和 ABS 塑料管不宜用于热水系统或温度较高（超过 60 ℃）的安装环境中。

（3）复合管材

复合管材是金属与非金属相结合的管道，它能发挥金属与非金属各自的优点，克服两者的缺点，既保留了塑料管耐腐蚀、不结垢、输水性能良好的优点，也保持了金属管强度高的优势。目前，使用较广泛的复合管主要有铝塑复合管，钢塑复合管和铜塑复合管。

**2）管材的选择**

选择冷水给水管材的原则是：综合考虑管材的各项性能（包括机械强度、耐压性、耐腐蚀性、耐热性、保温性、水流阻力、线性膨胀系数等），管材价格，使用寿命，安装及维护的难易，对卫生条件的影响等，以确保在经济能力允许的条件下，管材使用的安全、卫生。选用不同的管材时，要注意采用相应的水力计算公式或图表。

室内明敷或嵌墙敷设：一般可采用给水塑料管、复合管、薄壁不锈钢管、薄壁铜管，以及经可靠防腐处理的钢管或热镀锌钢管。

敷设在地面找平层内:宜采用 PP-R 管、PE(PEX)管、PVC-C 管、铝塑复合管、耐腐蚀的金属管材;当采用薄壁不锈钢管时,应有防止管材与水泥直接接触的措施。管径均不得大于 DN25。

埋地管道应具有耐腐蚀和能承受相应地面荷载的能力:当 DN>75 mm 时,宜采用有内衬防腐材料的给水球墨铸铁管、给水塑料管和复合管;当 DN≤75 mm 时,可采用给水塑料管和复合管,或经可靠防腐处理的钢管,如热浸锌钢管或热浸锌无缝钢管。

室外明敷管道,一般不宜采用铝塑复合管和给水塑料管。

给水泵房、水箱间内宜采用法兰连接的衬塑钢管、涂塑钢管及配件。

**3)给水附件**

给水附件分为配水附件和控制附件两类。配水附件是指装在卫生器具及用水点的各式水龙头,用以调节和分配水流,如普通冷(热)水龙头、盥洗龙头及混合龙头等;控制附件的作用是开启和关闭水流、调节水量,常用的有截止阀、闸阀、止回阀、减压阀、自动水位控制阀、安全阀、排气阀、倒流防止器、管道过滤器等。

**4)管网布置**

高层建筑给水管网的布置,不但应符合多层建筑给水管网布置的一般原则,还应考虑高层建筑本身的特点,如建筑物高度大,卫生器具及用水设备数量多,各种管线多,建筑物对供水安全、隔声、防振及内部装修的要求高,管道施工安装和维护检修工作量大等因素。一般地,给水管网的布置应遵循下列原则:

①有较高的供水可靠性。

②管线力求简短和顺直。

③给水干管应尽可能与其他性质相似的管道集中设置,以利于施工和维修。

④管线应尽量避免穿越沉降缝、伸缩缝、抗震缝、建筑物(或设备)基础及其他有可能使管道遭受损坏的地方。

⑤管线应尽量避开有可能使水管受到污染的管道、设备和构筑物。如确有困难,则应根据有关规定采取必要的防污染措施。

⑥与高层建筑总体布局和功能分区协调一致,并综合考虑其他工种的管线布置情况。

⑦充分利用室外给水管网的水压。

⑧全面考虑建筑装修及隔声、防振等问题。

根据上述原则,高层建筑给水管网的布置应注意以下几方面:

①给水引入管一般不应少于 2 条。

②引入管应分别自室外环网的不同侧接出,如只能自室外环网的同侧接出时,应采取设置贮水池或其他保证安全供水的措施,引入管与室外管网连接处均应设置水表井及倒流防止器,如图 1.4 所示。

③引入管位置应尽可能靠近高层建筑物内用水量最大处,以减少管网中直径较大管段的长度及管网水头损失。

④引入管应与建筑物的生活污水管或其他有可能污染给水管水质的管道保持一定距

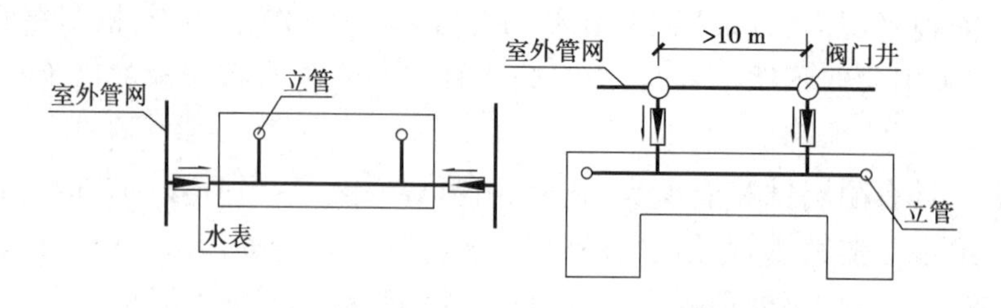


图 1.4 给水引入管与室外管网连接示意图

离(一般情况下,引入管与污水管外壁的距离不宜小于 1.0 m)。

⑤引入管应朝室外管网保持一定坡度(一般不小于 0.003),并应在引入管上设泄水装置。

⑥室内给水管网按供水要求进行竖向分区。

⑦当高层建筑物对供水可靠性要求较高时,各分区给水管网应在垂直方向各自连接成环网,如同一供水区内给水立管数较多,则该区给水管网在水平方向亦应连接成环网。

⑧各分区垂直供水管或干管应设置在管道竖井内,在符合建筑总体布置的前提下,竖井位置宜靠近卫生间或其他用水设备较集中处,以缩短管线长度。竖井平面尺寸应根据管道数量,管径大小,排列方式和便于安装、检修的原则确定,一般以(0.8 ~1.0) m×(1.0 ~1.2) m 为宜,并应在各层设置检修门。此外,竖井内每两层应设横向隔断检修台,便于维修时安全操作。

⑨各分区水平供水干管宜布置在管道层(或技术层)内。

⑩为便于检修,各分区给水管网应按下列原则装设检修阀门:

a. 水平干管任一管段检修时,其他管段仍可照常供水;

b. 垂直干管应每隔数层装设一个检修阀门;

c. 由垂直干管接至各层的横管上,均应装设检修阀门。

⑪为减小各分区下部给水管网的水压,均衡各层配水水嘴的流量,高层建筑各分区下部给水管网的支管上常安装减压装置。

### 1.4.2 给水管道的敷设

室内给水管网的敷设方式分为明敷和暗敷两种。对旅游宾馆、饭店、公寓、综合办公楼等标准较高的建筑,除少数辅助用房(如车库、冷库、锅炉房、水泵房、洗衣房等)外,一般均采用暗敷:将水平给水管敷设在天花板、走廊吊顶、技术夹层、底层走廊的地沟内或底层楼板下;将给水立管敷设在管道竖井或立槽内等。在竖井中,必须每层采用管箍、角钢等支架将管道固定,以防止管接口松漏。

对普通住宅、旅馆、办公楼等对装修无特殊要求的高层建筑,为降低管网造价,便于安装和维修,可考虑主要房间暗装,或主干管暗装、支管明装等敷设方式。

给水管道不宜穿过伸缩缝、沉降缝和抗震缝,必须穿过时应采取一些措施,如螺纹弯头法,又称为丝扣弯头法,即建筑物的沉降由螺纹弯头的旋转来补偿,适用于小管径管道;软性接头法,即用橡胶软管或金属波纹管连接沉降缝、伸缩缝两边的管道;活动支架法,将沉降缝两侧的支架做成使管道能垂直位移而不能水平横向位移，以适应沉降伸缩的应力。

管道的固定敷设如图 1.5 所示。图 1.5(a) ~ 图 1.5(c) 为立管上接支管的敷设方法，图 1.5(d) 为横管上接立管的敷设方法。这些敷设方法的共同特点是每根立管或支管上有两三个 90°弯头，可以防止建筑物任一方向发生摆动而使管道破坏。

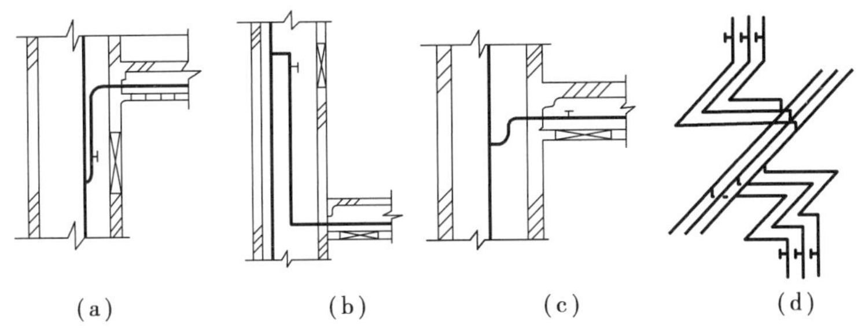


图 1.5 管道防位移破坏敷设方法

管道支、吊架间距，横管可按表 1.3 采用，立管固定支架间距可按表 1.4 采用。横管上若装有阀类附件，则管件前后应另行设置固定支架。

给水管网敷设时应根据高层建筑的总体布局、建筑装修要求、卫生设备分布情况，灵活处理，做到既满足装修、隔声、防振、防露的要求，又便于管道的施工、安装和维修。

表 1.3 给水横管、支管支、吊架间距 单位：m

| 类 型 | 公称管径 DN 或与之相近的塑料管外径 De/mm | | | | | | | | | | | |
|---|---|---|---|---|---|---|---|---|---|---|---|---|
| | ≤20 | 25 | 32 | 40 | 50 | 65 | 80 | 90 | 100 | 125 | 150 | 200 |
| 普通保温钢管 | 2.0 | 2.5 | 2.5 | 3.0 | 3.0 | 4.0 | 4.0 | 4.5 | 4.5 | 6.0 | 7.0 | 7.0 |
| 普通不保温钢管 | 3.0 | 3.25 | 4.0 | 4.5 | 5.0 | 6.0 | 6.0 | 6.5 | 6.5 | 7.0 | 8.0 | 9.5 |
| 薄壁不锈钢管 | 1.0 | 1.5 | 2.0 | 2.0 | 2.5 | 2.5 | — | — | — | — | — | — |
| 塑料管、复合管 | 0.6 | 0.7 | 0.8 | 0.9 | 1.0 | 1.1 | 1.2 | 1.35 | 1.55 | — | — | — |
| 铸铁管 | 每根 1 个支、托架，变径管道必须在变径处设支、托架 | | | | | | | | | | | |

表 1.4 给水立管固定支架间距

| 管道类别 | 立管固定支架间距 |
|---|---|
| 钢管、铸铁管 | 楼层高度≤5 m，每层必须安装 1 个支架；楼层高度>5 m，每层不得少于 2 个支架 |
| 薄壁不锈钢管 | DN32 ~ DN40，每层设 1 个固定支架；DN50 ~ DN65，每隔一层设 1 个固定支架 |
| 塑料管、复合管 | DN32 ~ DN40 每 1.2 m，DN50 ~ DN65 每 1.8 m，大于等于 DN75 每层设 1 个固定支架 |

## 1.5 给水管网水力计算

计算内容包括:确定用水量定额;选定设计秒流量计算公式,求出各计算管段的设计秒流量;计算各管段的管径、水头损失,确定给水所需的水压。

### 1.5.1 用水量定额

用水量定额是给水系统的基本设计参数,是计算高层建筑最高日用水量和最大小时用水量,进而确定各种供水设备(如水池、水箱、水泵及有关水处理设备)规格、尺寸的重要依据。

影响建筑用水量的因素很多,如建筑物性质、等级,卫生设备的完善程度,地区气候条件,使用者的用水习惯,水费收取办法等,其中卫生设备的完善程度是影响用水量大小的主要因素。

我国现行规范中住宅最高日生活用水定额及小时变化系数和宿舍、旅馆和公共建筑生活用水定额及小时变化系数分别见表 1.5 和表 1.6。

**表 1.5 住宅生活用水定额及小时变化系数**

| 住宅类别 | 卫生器具设置标准 | 最高日用水定额 /[L·(人·d)$^{-1}$] | 平均日用水定额 /[L·(人·d)$^{-1}$] | 最高日小时变化系数 $K_h$ |
|---|---|---|---|---|
| 普通住宅 | 有大便器、洗脸盆、洗涤盆、洗衣机、热水器和沐浴设备 | 130~300 | 50~200 | 2.8~2.3 |
| | 有大便器、洗脸盆、洗涤盆、洗衣机、集中热水供应(或家用热水机组)和沐浴设备 | 180~320 | 60~230 | 2.5~2.0 |
| 别 墅 | 有大便器、洗脸盆、洗涤盆、洗衣机、洒水栓、家用热水机组和沐浴设备 | 200~350 | 70~250 | 2.3~1.8 |

注:①当地主管部门对住宅生活用水定额有具体规定时,应按当地规定执行;

②别墅用水定额中含庭院绿化用水和汽车抹车用水,不含游泳池补充水。

**表 1.6 公共建筑生活用水定额及小时变化系数**

| 序号 | 建筑物名称 | | 单位 | 生活用水定额/L | | 使用时数/h | 最高日小时变化系数 $K_h$ |
|---|---|---|---|---|---|---|---|
| | | | | 最高日 | 平均日 | | |
| 1 | 宿舍 | 居室内设卫生间 | 每人每日 | 150~200 | 130~160 | 24 | 3.0~2.5 |
| | | 设公用盥洗卫生间 | | 100~150 | 90~120 | | 6.0~3.0 |

续表

| 序号 | 建筑物名称 | | 单位 | 生活用水定额/L | | 使用时数/h | 最高日小时变化系数 $K_h$ |
|---|---|---|---|---|---|---|---|
| | | | | 最高日 | 平均日 | | |
| 20 | 体育场（馆） | 运动员淋浴 | 每人每次 | 30~10 | 25~40 | 4 | 3.0~2.0 |
| | | 观众 | 每人每场 | 3 | 3 | | 1.2 |
| 21 | 会议厅 | | 每座位每次 | 6~8 | 6~8 | 4 | 1.5~1.2 |
| 22 | 会展中心（展览馆、博物馆） | 观众 | 每平方米展厅每日 | 3~6 | 3~5 | 8~16 | 1.5~1.2 |
| | | 员工 | 每人每班 | 30~50 | 27~40 | | |
| 23 | 航站楼、客运站旅客 | | 每人次 | 3~6 | 3~6 | 8~16 | 1.5~1.2 |
| 24 | 菜市场地面冲洗及保鲜用水 | | 每平方米每日 | 10~20 | 8~15 | 8~10 | 2.5~2.0 |
| 25 | 停车库地面冲洗水 | | 每平方米每次 | 2~3 | 2~3 | 6~8 | 1.0 |

注：①中等院校、兵营等宿舍设置公用卫生间和盥洗室，当用水时段集中时，最高日小时变化系数 $K_h$ 宜取高值 6.0~4.0；其他类型宿舍设置公用卫生间和盥洗室时，最高日小时变化系数 $K_h$ 宜取低值 3.5~3.0。

②除注明外，均不含员工生活用水，员工最高日用水定额为每人每班 40~60 L，平均日用水定额为每人每班 30~45 L。

③大型超市的生鲜食品区按菜市场用水。

④医疗建筑用水中已含医疗用水。

⑤空调用水应另计。

汽车冲洗用水定额，应根据采用的冲洗方式、车辆用途、道路路面等级和污染程度等，按表 1.7 确定。

**表 1.7　汽车冲洗用水量定额**　　单位：L/（辆·次）

| 冲洗方式 | 高压水枪冲洗 | 循环用水冲洗补水 | 抹车、微水冲洗 | 蒸汽冲洗 |
|---|---|---|---|---|
| 轿　车 | 40~60 | 20~30 | 10~15 | 3~5 |
| 公共汽车<br>载重汽车 | 80~120 | 40~60 | 15~30 | — |

注：附设在民用建筑中的停车库，可按 10%~15% 轿车车位计抹车用水；汽车库地面冲洗用水按 3~5 L/m² 确定。

工业企业建筑、管理人员的生活用水定额可取 30~50 L/（人·班）；车间工人的生活用水定额应根据车间性质确定，一般宜采用 30~50 L/（人·班）；用水时间为 8 h，小时变化系数为 1.5~2.5。

工业企业建筑淋浴用水定额，应根据《工业企业设计卫生标准》中的车间的卫生特征分级确定，一般可采用 40～60 L/(人·次)，延续供水时间 1 h。

在估算用水量时，上述规范中的一些设计参数有时不能完全满足需要。为便于设计，下列国内外有关办公、商售、餐饮、宾馆等建筑计算用水量参数的确定方法可供参考。

**1) 办公(包括银行)**

办公人数确定方法：

(1) 按总面积估算

$$N = \frac{A}{\alpha_a} \tag{1.1}$$

式中 $N$——办公楼内员工人数，人；

$A$——办公楼总面积，$m^2$；

$\alpha_a$——每位员工占用面积，$m^2$/人，$\alpha_a = 12 \sim 14\ m^2$/人。

(2) 按有效面积估算

$$N = \frac{A_a}{\alpha_a} \tag{1.2}$$

式中 $N$——办公楼内员工人数，人；

$A_a$——办公楼有效面积，$m^2$；

$\alpha_a$——每位员工占用的面积，$m^2$/人，$\alpha_a = 5 \sim 7\ m^2$/人。

出租办公室的有效面积为总面积的 0.6；一般办公室有效面积为总面积的 0.55～0.57；金融银行办公室有效面积为总面积的 0.5～0.55。若已有图纸，可按实际办公室的有效面积计。

**2) 商场(商售)**

现行规范中商场用水定额可按营业厅面积计，由于商场一般不是固定人数，而是人流，因此还可按卫生器具小时使用次数及用水量定额来计算。商场卫生器具用水定额见表 1.8。

**表 1.8 商场卫生间用水定额**

| 卫生器具类别 | 使用次数/(次·$h^{-1}$) | 用水量/(L·次$^{-1}$) |
|---|---|---|
| 坐便器 | 6～12 | 6～8 |
| 小便器 | 10～20 | 2～4 |
| 洗脸盆 | 10～20 | 1～2 |
| 污水盆 | 3～6 | 15～25 |

**3) 健康娱乐中心**

健康娱乐中心卫生间、盥洗间卫生器具小时使用次数及用水量定额同商场，见表 1.8。参数宜用下限，但需考虑淋浴，每个淋浴器每小时按 2～3 次使用，每次用水量 24～60 L 计。

若有剧场可单独计算,用水定额按规范指标,每人占用有效面积为 1.5 ~ 2.0 $m^2$,有效面积为总面积的 53% ~55%。

#### 4)餐饮业

一般厨房与餐厅面积之比为 1.1 ~ 1.5,餐饮业使用人数与餐厅面积关系见表 1.9。

表 1.9 餐饮业使用人数与餐厅面积关系

| 场 合 | 指标 /($m^2$·座$^{-1}$) | 备 注 | 场 合 | 指标 /($m^2$·座$^{-1}$) | 备 注 |
|---|---|---|---|---|---|
| 西餐厅 | 1.8 ~ 1.4 | | 快 餐 | 1.3 | |
| 中餐厅 | 1.8 ~ 1.5 | | 酒吧、咖啡、茶座 | 1.2 ~ 1.4 | 同时使用系数 0.5 |
| 小餐厅 | 3.3 | | 宴会厅(多功能厅) | 1.6 | 同时使用系数 0.3 |

#### 5)宾馆

综合用水量定额为 1 200 ~ 1 600 L/(床·d),包括冷却循环水、锅炉房用水等。

分项指标:

①客房用水量定额:二星、三星级最高取 300 L/(床·d);四星级最高取 350 L/(床·d);五星级最高取 400 L/(床·d)。

②员工用水量定额 150 ~ 200 L/(床·d),员工数按每间客房配 1.6 ~ 1.8 人计。

③餐厅用水定额见表 1.6。

④洗衣房湿洗干衣量:3.2 ~ 4.0 kg/(床·d)。

#### 6)住宅、别墅、公寓、商住楼

国内住宅类建筑的用水定额是根据卫生器具的完善程度,并根据我国住宅产业的发展状况及社会经济发展水平确定的,用水定额及用水量详见表 1.5。国外用水定额和用水时间列于表 1.10 中,可供参考。

表 1.10 国外住宅、别墅、公寓、商住用水定额

| 建筑类别 | 用水定额 /[L·(人·d)$^{-1}$] | 用水时间/h | 备 注 |
|---|---|---|---|
| 住 宅 | 160 ~ 200 | 8 ~ 10 | |
| 别 墅 | 250 | 8 ~ 10 | |
| 公 寓 | 160 ~ 250 | 8 ~ 10 | |
| 商住楼(办公为主) | 80 ~ 100 | 24 | 人数以办公计 |
| 商住楼(住宅为主) | 250 ~ 300 | 24 | 人数以公寓计 |

表1.11列出近年来我国兴建的若干高层建筑的设计用水量定额及小时变化系数。可以看出,用水量定额的确定,与建筑物性质,建筑标准高低以及建筑物所在地区等条件有关。

表1.11　国内若干高层建筑设计用水量定额及小时变化系数

| 序号 | 高层建筑名称及所在地 | 高层建筑性质 | 用水量定额及小时变化系数 | 备　注 |
| --- | --- | --- | --- | --- |
| 1 | 汇亚大厦(上海) | 高层、高级办公楼 | 办公人员:50 L/(人·班) | |
| 2 | 光鸿花苑高层住宅小区(上海) | 高层住宅群 | 住宅:300 L/(人·d),$K_h=2.0$ | |
| 3 | 都市翠海华苑商住楼(深圳) | 集商场、住宅一体的高层商住 | 商场职工:30 L/(人·班),$K_h=2.0$<br>商场顾客:30 L/(人·班),$K_h=2.0$<br>住宅:300 L/(人·d),$K_h=2.0$ | |
| 4 | 名流世纪庄园别墅区会所(常熟) | 高档会所 | 客房:400 L/(床·d)<br>餐饮:60 L/(人·次)<br>洗衣:80 L/(kg干衣)<br>休闲淋浴:100 L/(人·次)<br>娱乐:60 L/(人·d),$K_h=2.0$ | |
| 5 | 中日友谊医院(北京) | 专业性医院及研究所 | 病房住院病人:450 L/(床·d)<br>护士:160 L/(人·d)<br>医生职工等:120 L/(人·d)<br>研究人员:250 L/(人·d)<br>学生:80 L/(人·d)<br>食堂:20 L/(人·d)<br>餐饮:60 L/(人·次)<br>洗衣:20 L/(kg干衣) | 美国设计 |
| 6 | 振业馨园住宅小区(广东) | 住宅小区 | 住宅:300 L/(人·d)<br>商场:7 L/($m^2$·d)<br>道路、绿化:1.5 L/($m^2$·d)<br>汽车冲洗:350 L/(辆·次) | |
| 7 | 南京新华大厦 | 宾馆、办公公寓综合楼 | 商场营业员:50 L/(人·d)<br>商场顾客:5 L/(人·d)<br>宾馆客房:500 L/(人·d)<br>办公:60 L/(人·d)<br>公寓:200 L/(人·d)<br>洗衣房:40 L/(kg干衣)<br>绿化:2 L/($m^2$·d)<br>循环冷却补水:2%循环量 | |

### 1.5.2 设计流量的计算

给水系统的设计流量,包括最高日用水量、最大小时用水量和设计秒流量三项,它们在建筑给水设计中各有不同的作用。

**1)最高日用水量**

建筑物各部分最高日用水量的总和,是计算最大小时用水量的基础:

$$Q_d = \sum \frac{mq_d}{1\ 000} \tag{1.3}$$

式中 $Q_d$——最高日用水量,$m^3/d$;

$m$——用水单位数,人、床、辆等;

$q_d$——最高日用水量定额,L/(人·d)、L/(床·d)、L/(辆·d)、L/($m^2$·d)。

对旅游宾馆等高层建筑,除拥有大量客房外,还有各种辅助用房,如汽车库、洗衣房、营业餐厅等。因此,应根据房间功能分别选用不同的用水量定额,计算各自的最高日用水量,然后将有可能同时用水的项目叠加,并取其中最大一组作为整个建筑物的最高日用水量。

**2)最大小时用水量**

最大小时用水量是确定高层建筑各种供水设备(如水池、水泵、水箱及各种水处理设备等)规格、尺寸的依据:

$$Q_h = \sum \frac{Q_d}{T} K_h \tag{1.4}$$

式中 $T$——高层建筑的用水时间,h;

$K_h$——小时变化系数。

**3)设计秒流量**

设计秒流量指建筑物在用水高峰时间内的最大5 min平均秒流量,是计算建筑内给水管段管径的依据,并直接影响热水及排水管道设计秒流量的确定。

目前,国内还没有适用于高层建筑给水管道设计秒流量的公式,一般直接延用《建水规》中通用建筑的设计秒流量公式。工程中发现,对某些建筑直接延用《建水规》公式计算的结果与实际情况有一定的偏差,现根据不同的用水对象进行分析比较如下:

(1)高层住宅设计秒流量公式

高层与多层住宅用水特征类似,延用《建水规》公式是可行的。其计算步骤如下:

①最大用水时卫生器具给水当量平均出流概率:

$$U_0 = \frac{q_0 m K_h}{0.2 \cdot N_g T \cdot 3\ 600} \times 100\% \tag{1.5}$$

式中 $U_0$——生活给水管道的最大用水时卫生器具给水当量平均出流概率;

$q_0$——最高日用水定额(按表1.5选用);

$m$——每户用水人数;

$K_h$——小时变化系数(按表1.5选用);

$N_g$——每户设置的卫生器具给水当量数;

$T$——用水时间,h;

0.2——一个卫生器具给水当量的额定流量,L/s。

有关卫生器具的给水额定流量、当量、连接管公称管径和最低工作压力详见表1.12。

**表1.12 卫生器具的给水额定流量、当量、连接管公称尺寸和工作压力**

<table>
<tr><th>序号</th><th colspan="2">给水配件名称</th><th>额定流量/(L·s$^{-1}$)</th><th>当 量</th><th>连接管公称尺寸/mm</th><th>工作压力/MPa</th></tr>
<tr><td rowspan="3">1</td><td rowspan="3">洗涤盆、拖布盆、盥洗槽</td><td>单阀水嘴</td><td>0.15~0.20</td><td>0.75~1.00</td><td>15</td><td rowspan="3">0.100</td></tr>
<tr><td>单阀水嘴</td><td>0.30~0.40</td><td>1.50~2.00</td><td>20</td></tr>
<tr><td>混合水嘴</td><td>0.15~0.20(0.14)</td><td>0.75~1.00(0.70)</td><td>15</td></tr>
<tr><td rowspan="2">2</td><td rowspan="2">洗脸盆</td><td>单阀水嘴</td><td>0.15</td><td>0.75</td><td rowspan="2">15</td><td rowspan="2">0.100</td></tr>
<tr><td>混合水嘴</td><td>0.15(0.10)</td><td>0.75(0.50)</td></tr>
<tr><td rowspan="2">3</td><td rowspan="2">洗手盆</td><td>感应水嘴</td><td>0.10</td><td>0.50</td><td rowspan="2">15</td><td rowspan="2">0.100</td></tr>
<tr><td>混合水嘴</td><td>0.15(0.10)</td><td>0.75(0.50)</td></tr>
<tr><td rowspan="2">4</td><td rowspan="2">浴盆</td><td>单阀水嘴</td><td>0.20</td><td>1.00</td><td rowspan="2">15</td><td rowspan="2">0.100</td></tr>
<tr><td>混合水嘴(含带淋浴转换器)</td><td>0.24(0.20)</td><td>1.20(1.00)</td></tr>
<tr><td>5</td><td>淋浴器</td><td>混合阀</td><td>0.15(0.10)</td><td>0.75(0.50)</td><td>15</td><td>0.100~0.200</td></tr>
<tr><td rowspan="2">6</td><td rowspan="2">大便器</td><td>冲洗水箱浮球阀</td><td>0.10</td><td>0.50</td><td>15</td><td rowspan="2">0.100~0.150</td></tr>
<tr><td>延时自闭式冲洗阀</td><td>1.20</td><td>6.00</td><td>25</td></tr>
<tr><td rowspan="2">7</td><td rowspan="2">小便器</td><td>手动或自动自闭式冲洗阀</td><td>0.10</td><td>0.50</td><td rowspan="2">15</td><td>0.050</td></tr>
<tr><td>自动冲洗水箱进水阀</td><td>0.10</td><td>0.50</td><td>0.020</td></tr>
<tr><td>8</td><td colspan="2">小便槽穿孔冲洗管(每米长)</td><td>0.05</td><td>0.25</td><td>15~20</td><td>0.015</td></tr>
<tr><td>9</td><td colspan="2">净身盆冲洗水嘴</td><td>0.10(0.07)</td><td>0.50(0.35)</td><td>15</td><td>0.100</td></tr>
<tr><td>10</td><td colspan="2">医院倒便器</td><td>0.20</td><td>1.00</td><td>15</td><td>0.100</td></tr>
<tr><td rowspan="3">11</td><td rowspan="3">实验室化验水嘴(鹅颈)</td><td>单联</td><td>0.07</td><td>0.35</td><td rowspan="3">15</td><td rowspan="3">0.020</td></tr>
<tr><td>双联</td><td>0.15</td><td>0.75</td></tr>
<tr><td>三联</td><td>0.20</td><td>1.00</td></tr>
</table>

续表

| 序号 | 给水配件名称 | 额定流量 /(L·s$^{-1}$) | 当 量 | 连接管公称尺寸/mm | 工作压力 /MPa |
|---|---|---|---|---|---|
| 12 | 饮水器喷嘴 | 0.05 | 0.25 | 15 | 0.050 |
| 13 | 洒水栓 | 0.40<br>0.70 | 2.00<br>3.50 | 20<br>25 | 0.050～0.100 |
| 14 | 室内地面冲洗水嘴 | 0.20 | 1.00 | 15 | 0.100 |
| 15 | 家用洗衣机水嘴 | 0.20 | 1.00 | 15 | 0.100 |

注:①表中括弧内的数值系在有热水供应时,单独计算冷水或热水时使用。

②当浴盆上附设淋浴器时,或混合水嘴有淋浴器转换开关时,其额定流量和当量只计水嘴,不计淋浴器,但水压应按淋浴器计。

③家用燃气热水器所需水压按产品要求和热水供应系统最不利配水点所需工作压力确定。

④绿地的自动喷灌应按产品要求设计。

⑤卫生器具给水配件所需额定流量和工作压力有特殊要求时,其值应按产品要求确定。

②计算管段上的卫生器具给水当量的同时出流概率:

$$U = \frac{1 + \alpha_c (N_g - 1)^{0.49}}{\sqrt{N_g}} \times 100\% \tag{1.6}$$

式中 $U$——计算管段的卫生器具给水当量的同时出流概率;

$\alpha_c$——对应于不同 $U_0$ 的系数(详见表 1.13);

$N_g$——计算管段的卫生器具给水当量总数。

**表 1.13 $U_0$,$\alpha_c$ 值对应表**

| $U_0$/% | 1.0 | 1.5 | 2.0 | 2.5 | 3.0 | 3.5 |
|---|---|---|---|---|---|---|
| $\alpha_c$ | 0.003 23 | 0.006 97 | 0.010 97 | 0.015 12 | 0.019 39 | 0.023 74 |
| $U_0$/% | 4.0 | 4.5 | 5.0 | 6.0 | 7.0 | 8.0 |
| $\alpha_c$ | 0.028 16 | 0.032 63 | 0.037 15 | 0.046 29 | 0.055 55 | 0.064 89 |

③计算管段的设计秒流量:

$$q_g = 0.2UN_g \tag{1.7}$$

式中 $q_g$——计算管段的给水设计秒流量,L/s。

④干管最大时卫生器具给水当量平均出流概率:

$$\overline{U}_o = \frac{\sum U_{oi} N_{gi}}{\sum N_{gi}} \times 100\% \tag{1.8}$$

式中 $\overline{U}_o$——给水干管的卫生器具给水当量平均出流概率;

$U_{oi}$——支管的最大时卫生器具给水当量平均出流概率;

$N_{gi}$——相应支管的卫生器具给水当量总数。

(2)一般旅馆、办公楼类公共建筑设计秒流量公式

旅馆、宿舍(Ⅰ、Ⅱ类)、商住楼、综合楼、商业楼、办公楼、教学楼等,具有用水延续时间长,设备分散,卫生器具的同时出流百分数(出流率)随卫生器具的增加而减少的特点,对这类建筑直接采用《建水规》的相应公式计算也是可行的。计算公式如下:

$$q_g = 0.2\alpha\sqrt{N_g} \tag{1.9}$$

式中 $N_g$——计算管段的卫生器具给水当量数;

$\alpha$——根据建筑物用途而定的系数(详见附录Ⅲ),$\alpha$=1.2~3.0。

(3)高级旅馆、饭店类高层建筑设计秒流量公式

对高级旅馆、饭店、宿舍(Ⅲ、Ⅳ类)类建筑,具有用水集中、水量冲击负荷大的特点,若采用一般旅馆、办公楼类公建设计秒流量公式(1.9),实践中发现:当取值 $\alpha$=2.5 时,对担负卫生间数量少于 20 个的管道,设计秒流量能够满足用水需求;当管道负担的卫生间数量超过 30 个时,公式(1.9)的计算结果偏小。

有鉴于此,宜采用公共浴室的设计秒流量公式:

$$q_g = \sum \frac{q_0 n_0 b}{100} \tag{1.10}$$

式中 $q_0$——同类型的一个卫生器具给水额定流量(见表 1.12),L/s;

$n_0$——同类型卫生器具数;

$b$——卫生器具同时给水百分数(详见附录Ⅳ~Ⅵ)。

计算说明:

①计算水箱容积、水泵流量以及分支管管径时,仅采用浴盆 100%($b$ 值)作为计算依据,客房中其他卫生器具不再考虑。

②计算总干管管径时,只取以上水量的 80%,再加上按式(1.10)计算的其他公用房间卫生器具的用水量。

(4)国外秒流量计算方法介绍

对给水管道秒流量的计算方法,世界各国都进行了不少的研究。目前,国外大量采用的方法皆以概率论为理论基础,下面介绍颇具代表性的亨特概率法。

亨特概率法由美国的亨特(RoyB. Hunter)于 1924 年提出,并在 1940 年以后发展成熟。其基本原理是将系统中卫生器具的使用视为一个随机事件,用出流概率的数学模型来描述秒流量这一随机变量。

假定某给水管段上连接有 $n$ 个卫生器具,各器具的开启和关闭相互独立,每个器具的额定流量为 $q_0$,则通过该计算管段的最大给水设计秒流量为 $q_0 n$,最小给水流量为 0,任意时刻通过该管段的给水秒流量 $q(0 \leq q \leq q_0)$。设计系统应降低管材耗量,并保证不间断供水,以满足用户需要,因此可以只研究极限情况,即最大日最大时的用水量。

假设用水高峰时每个卫生器具的使用概率为 $p$,则不被使用的概率为 $1-p$,那么在用水高峰时,$n$ 个卫生器具中 $i$ 个同时使用的概率为:

$$P(x = i) = C_n^i p^i (1 - p)^{(n-i)} \tag{1.11}$$

式(1.11)还可简化为基于泊松分布的更为简洁的表达式：

$$P(x=i)=\frac{e^{-np}(np)^i}{i!} \tag{1.12}$$

式中　e——自然对数，e=2.718 3。

根据亨特的定义，对只有一种卫生器具构成的单一系统，表示如下：

$$P_m=\sum_{i=0}^{m}C_n^i p^i(1-p)^{(n-i)}\geqslant 0.99 \tag{1.13}$$

式中　$P_m$——至多有 $m$ 个器具同时使用的概率，即给水保证率。99%是亨特在建立这种方法时选定的值，其意是指，设计管段在最大日最大时的用水情况下，管段上卫生器具的实际使用个数超过设计个数的情况不超过1%。该值一直沿用至今。

$m$——卫生器具同时使用个数设计值。

$p$——用水高峰期单个卫生器具的使用概率。

$n$——管段连接的卫生器具数。

利用式(1.13)在已知 $n$ 和 $p$ 的条件下，可求出满足 $P_m\geqslant 0.99$ 的 $m$ 值。卫生器具同时使用个数设计值的概念是与设计秒流量的概念相对应的，计算管段的设计秒流量为：

$$q_g=mq_0 \tag{1.14}$$

式中　$q_0$——单个卫生器具的额定秒流量，L/s。

用亨特概率法计算出来的设计秒流量 $q_g$ 可以在给水保证率下满足用户的使用要求。当然从式(1.13)中可以看出，给水保证率 $P_m$ 的值直接决定着同时作用的卫生器具的数量，从而决定着计算管段设计秒流量的大小。提高保证率 $P_m$ 的值可增大 $m$ 值，降低 $P_m$ 的值可减小 $m$ 值，但 $m$ 值变化幅度并不是太大。表1.14为某卫生器具在不同保证率条件下用亨特概率法计算的 $m$ 值。

表1.14　不同保证率条件下用亨特概率法计算的 $m$ 值

| $P$ / $P_m$ / $N$ | 0.99 | | | 0.997 | | | 0.999 | | |
|---|---|---|---|---|---|---|---|---|---|
| | 0.1 | 0.25 | 0.63 | 0.1 | 0.25 | 0.63 | 0.1 | 0.25 | 0.63 |
| 2 | 2 | 2 | 2 | 2 | 2 | 2 | 2 | 2 | 2 |
| 4 | 2 | 3 | 4 | 3 | 4 | 4 | 3 | 4 | 4 |
| 6 | 3 | 4 | 6 | 3 | 5 | 6 | 4 | 5 | 6 |
| 8 | 3 | 5 | 8 | 4 | 6 | 8 | 4 | 6 | 8 |
| 10 | 4 | 6 | 9 | 4 | 7 | 10 | 5 | 7 | 10 |
| 50 | 10 | 20 | 39 | 12 | 21 | 40 | 13 | 23 | 42 |
| 100 | 18 | 35 | 74 | 19 | 37 | 76 | 20 | 39 | 77 |
| 150 | 24 | 50 | 108 | 26 | 53 | 110 | 27 | 55 | 112 |
| 200 | 31 | 64 | 142 | 32 | 66 | 144 | 34 | 69 | 145 |

对于由多种卫生器具构成的混合系统，亨特通过对不同的卫生器具赋予“权重”或“负荷单位”，按照“负荷效果相当”的原则，把具有不同出流特征的不同种类卫生器具通过“负荷单位”统一到某个设定的流量下，使一个有几种不同卫生器具组成的系统有可能直接进行流量计算。

表1.15为大量统计调查之后确认的卫生器具给水负荷单位$f$。图1.6～图1.8分别为混合器具系统总器具负荷单位与流量的关系。图1.8中：第一部分$f_n$=1 000～15 000，二者关系由上边、左边读出；第二部分$f_n$=15 000～30 000，二者关系由下边、右边读出。设计时可直接查表选用。

**表1.15 卫生器具给水负荷单位$f$**

| 卫生器具 | 龙头形式 | 卫生器具给水负荷单位$f$ | | 卫生器具 | 龙头形式 | 卫生器具给水负荷单位$f$ | |
|---|---|---|---|---|---|---|---|
| | | 公共使用 | 私人使用 | | | 公共使用 | 私人使用 |
| 大便器 | 自闭阀 | 10 | 6 | 办公等公用拖布池 | 水龙头 | 2 | — |
| 大便器 | 冲洗水箱 | 5 | 3 | 厨房洗涤盆 | 水龙头 | 4(旅馆等) | 2(家庭) |
| 小便器 | 冲洗阀 | 5 | — | 浴室1套 | 大便器(自闭阀)、浴盆、洗脸盆 | | 8 |
| 小便器 | 冲洗水箱 | 3 | — | 浴室1套 | 大便器(冲洗水箱)、浴盆、脸盆 | | 6 |
| 洗脸盆 | 水龙头 | 2 | 1 | 洗脸槽(每个龙头) | 水龙头 | 2 | — |
| 浴　盆 | 水龙头 | 4 | 2 | 洒水龙头，车库龙头 | 水龙头 | 5 | — |
| 淋浴器 | 混合龙头 | 4 | 2 | | | | |

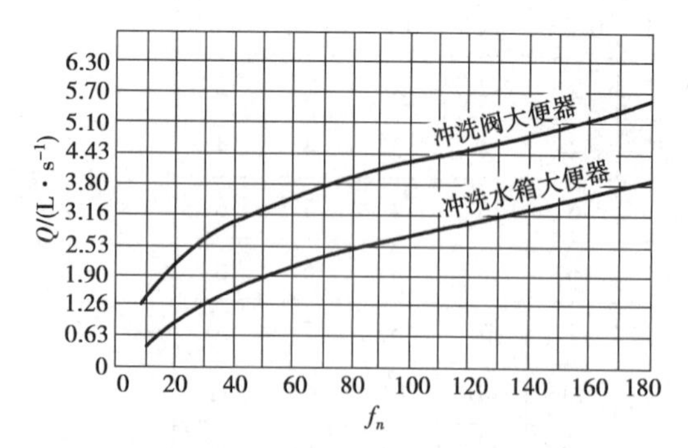


图1.6　混合器具系统总负荷单位(10～180)与流量关系

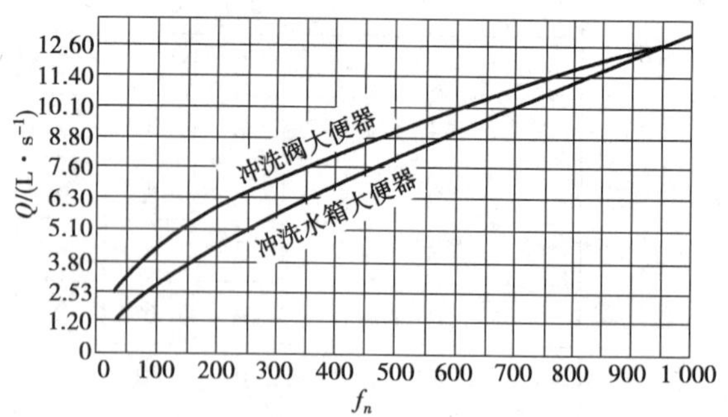


图1.7　混合器具系统总负荷单位(10～1 000)与流量关系

亨特概率法比较科学，是国际上较为流行的秒流量计算方法。但由于用水习惯的差异，国外对于不同种类的卫生器具的使用概率设定、“负荷单位”的取值等并不一定适合我国国情，但应用概率理论方法，通过大量用水数据的调查，探讨适合我国的建筑内部给水秒流量计算公式是今后一个重要的研究课题。

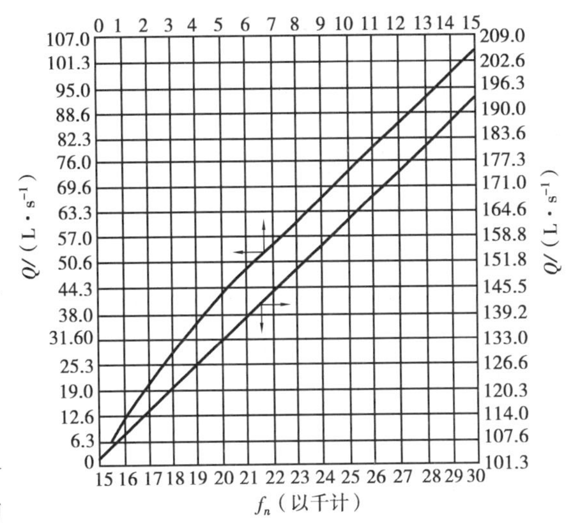


图 1.8　混合器具系统总负荷单位(1 000~3 000)与流量关系

## 1.5.3　给水管网水力计算

给水管网水力计算的目的，在于确定各管段的管径，求得通过设计秒流量时造成的水头损失，决定室内管网所需的水压，选定各区加压设备所需扬程或确定高位水箱设置的高度。

### 1)管径的确定

(1)给水引入管

高层建筑的给水引入管一般不应少于 2 条，计算给水引入管管径时应根据高层建筑的重要性及其对供水可靠性的要求，分别按下列两种情况进行计算：

①当建筑不允许断水时，应按一条引入管关闭修理时，其余引入管仍能供给建筑所需全部用水量的情况进行计算。

②当建筑允许断水时，应按各引入管同时使用的情况进行计算。

(2)各区给水管段

当设计秒流量确定后，即可根据水力学公式计算管径：

$$d = \sqrt{\frac{4q_g}{\pi v}} \tag{1.15}$$

式中　$d$——管径，m；

$q_g$——管段设计秒流量，$m^3/s$；

$v$——管段中的流速(可按表 1.16 选定)，m/s。

表 1.16　生活给水管道的水流速度

| 公称直径/mm | 15~20 | 25~40 | 50~70 | ≥80 | 备　注 |
|---|---|---|---|---|---|
| 水流速度/($m \cdot s^{-1}$) | ≤1.0 | ≤1.2 | ≤1.5 | ≤1.8 | 建筑对噪声和振动无严格的要求 |
| 水流速度/($m \cdot s^{-1}$) | ≤1.0 | ≤1.0 | ≤1.5 | ≤1.5 | 建筑对噪声和振动的防止和控制有较严格的要求 |

2)水头损失的计算

应根据各区给水管网布置的具体情况,确定系统内的最不利给水点和相应的计算管路,然后按下列方法分别计算沿程和局部水头损失:

(1)沿程水头损失

$$i = 105C_h^{-1.85}d_j^{-4.87}q_g^{1.85} \tag{1.16}$$

$$h_y = il \tag{1.17}$$

式中 $i$——管段单位长度水头损失,kPa/m;

$d_j$——管道计算内径,m;

$q_g$——给水设计流量,$m^3/s$;

$C_h$——海澄-威廉系数,各种塑料管、内衬(涂)塑管 $C_h = 140$,铜管、不锈钢管 $C_h = 130$,衬水泥、树脂的铸铁管 $C_h = 130$,普通钢管、铸铁管 $C_h = 100$;

$h_y$——管道的沿程水头损失,kPa;

$l$——计算管段的长度,m。

(2)局部水头损失

生活给水管道的配水管的局部水头损失,宜按管道的连接方式,采用管(配)件当量长度法计算。当管道的管(配)件当量长度资料不足时,可按下列管件的连接状况,按管网的沿程水头损失的百分数取值:

①管(配)件内径与管道内径一致,采用三通分水时,取25% ~30%;采用分水器分水时,取15% ~20%。

②管(配)件内径略大于管道内径,采用三通分水时,取50% ~60%;采用分水器分水时,取30% ~35%。

③管(配)件内径略小于管道内径,管(配)件的插口插入管口内连接,采用三通分水时,取70% ~80%。采用分水器分水时,取35% ~40%。

### 1.5.4 管网的水力计算步骤

高层建筑给水管网,可分为枝状管网和环状管网两种基本形式,均可参考下列步骤进行水力计算:

①确定各区给水系统的最不利供水点及相应的计算管路。

②划分计算管路,在流量变化的节点处进行管段编号,并标明各计算管段的长度。

③根据建筑物性质及功能选定设计秒流量公式,逐段计算各管段的设计秒流量。

④计算各管段的管径和水头损失。

⑤求出最不利计算管路的总水头损失。

⑥对高位水箱给水方式,需根据最不利计算管路的总水头损失计算各区高位水箱的箱底安装高度,然后根据贮水池至各区高位水箱进口的几何高差及输水管中的水头损失,计算各区升压水泵所需扬程,选择水泵。对气压罐及无水箱给水方式,则根据各区最不利计算管路的总水头损失计算气压罐相关压力及生活给水泵扬程等,选择水泵。

⑦各区配管计算。枝状管网的给水立管,应根据立管上各节点处的已知水头和设计流量,自下而上(管网上行下给布置)或自上而下(管网下行上给布置)按已知压力选择管径,并应注意控制流速不致过大,以免产生噪声。环状管网中的立管,为简化计算,一般可采用立管中流量最大的计算管段的管径为计算立管的管径,整个立管不再变径。

管网水力计算可通过《给水排水设计手册》直接查相应管材下的管道水力计算表,还可以直接通过式(1.16)和式(1.17)在计算机中列表计算。

## 1.6 贮水及增压、减压措施

市政供水管网的水压不能满足高层建筑上层卫生器具和用水设备的要求,往往需要水泵进一步升压供水,但升压后可能造成局部管段压力过高,需要对超压管段实施减压。与之相关联,常需设贮水池和水箱。

### 1.6.1 贮水

#### 1)贮水池

当城镇管网无法满足高层建筑的用水要求时,应在建筑的地下室或室外泵房附近设贮水池,以储存和调节水量,并兼作水泵吸水之用。

为了保障供水安全,贮水池有效容积应满足水泵运行期间来不及补充的水量,同时保证停泵期间补充的来水大于运行期间来不及补充的水量,同时保证事故供水,即:

$$V_x \geqslant (q_b - q_j)T_b + V_s \tag{1.18}$$

$$q_j T_t \geqslant (q_b - q_j)T_b \tag{1.19}$$

式中 $V_x$——贮水池的有效容积,$m^3$;

$q_b$——水泵出水量,$m^3/h$;

$q_j$——外部管网的供水量,$m^3/h$;

$T_b$——水泵运行的时间,h;

$T_t$——水泵停止运行的时间,h;

$V_s$——事故贮备水量(可按当地城镇管网的事故维修情况确定,一般可按建筑物最大小时用水量的2~4倍选取),$m^3$。

对采用气压罐或变频调速泵的系统,水泵的出水量随用水量变化而变化,因此,贮水池的有效容积应按外部管网的供水量与用水量变化曲线经计算确定。

设计中如因资料不足,无法按以上方法计算时,贮水池的调节水量应按不小于建筑物最高日用水量的20%~25%确定。

国外关于贮水池有效容积的计算方法也很不一致,有的采用建筑物日总用水量的1/4~1/2,有的则更大。

2)吸水池(井)

当城镇管网可满足建筑物的流量要求,但不允许水泵自管网直接抽水时,可不设贮水池而改设吸水池(井)。吸水池的有效容积主要取决于水泵机组的数量、水泵吸水管口径及水泵的出水量。其平面尺寸应首先满足水泵吸水底阀、吸水池(井)进水管浮球阀等阀件的安装、检修、正常运行时的要求。图1.9表示水泵吸水管在吸水池内布置的最小间距要求。

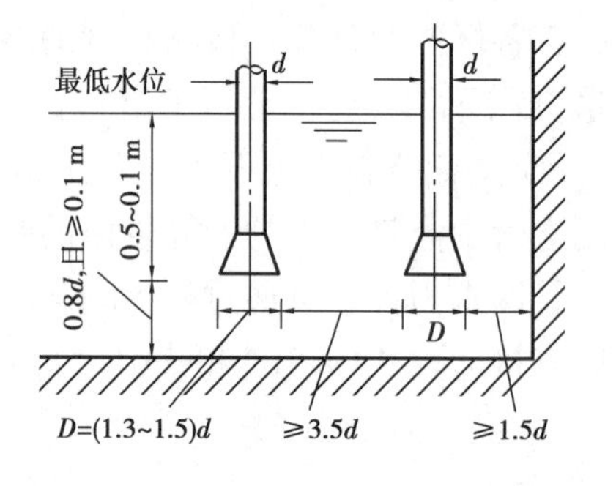


图1.9 水泵吸水管在吸水池内的布置

吸水池(井)的尺寸除应满足上述构造要求外,有效容积还不得小于最大一台泵的3 min出水量。

3)水箱

采用水箱有诸多优点,如可利用可靠、价廉、高效的定速水泵,管理、维护简单,技术要求低,可储存一定安全用水,遇停电事故时,能延时供水等。因此,水箱在高层建筑给水系统中应用仍然较为普遍。

(1)水箱的分类

①用于储存、调节水量和稳定水压。当采用并联或串联给水方式时,各分区高位水箱(设于屋顶的常称为屋顶水箱)起到贮存、调节水量和稳定水压的作用。

并联给水方式中,各区的高位水箱只负责向本区给水系统供水,水箱彼此独立,互不干扰,一旦某区水箱检修,断水范围仅限于本区。串联给水方式中,各区高位水箱除在本区起储存、调节水量和稳定水压的作用外,又是上层各区的供水水源,此时,各区水箱的有效容积将自上而下逐渐加大,且位置越低的水箱,供水范围越大,对保证高层建筑的供水安全所起的作用也越大。

②用于减压。当采用分区水箱减压方式供水时,在屋顶设置大容积的水箱,对各分区给水管网进行减压,由于只起减压作用,因而容积较小,一般为5~10 $m^3$。

(2)水箱的有效容积

①有效容积的组成。有效容积的组成包括水泵运行调节容积($V_T$)、高峰用水容积($V_F$)和安全备用容积($V_A$)三部分,如图1.10所示。

a.调节容积($V_T$)。在给水系统实际用水量$Q_g$等于或小于水泵出水量$Q_b$[一般$Q_b=(1.1\sim1.3)Q_h$,$Q_h$为最大小时用水量]时,即在$Q_h$水平线以下,适应水泵开停运行贮水并满足系统不间断用水需要的部分,是高位水箱生活用水有效容积的基本部分,如图1.11所示。

b.高峰用水容积($V_F$)。当系统用水量$Q_g$超过水泵供水能力$Q_b=(1.1\sim1.3)Q_h$,即已进入$Q_h$线以上高峰负荷范围,且水箱调节容积已用完(图1.10中,已降到$V_T$的开泵水位),虽然水泵按时开启并连续供水,但仍不能满足给水系统高峰用水要求,因而必定产生断水现象。要防止出现这种情况,高位水箱必须满足高峰负荷需要的贮备水量,即为高峰用水容积。

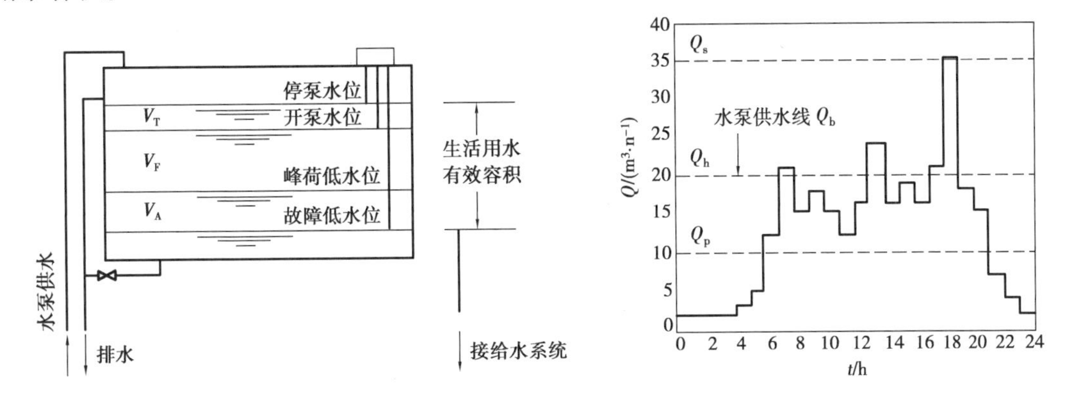


图 1.10 高位水箱有效容积组成

图 1.11 我国某饭店客房给水系统用水量曲线

c. 安全备用容积($V_A$)。由于外部不可抗拒的停水停电,以及内部管道、设备和控制仪表部件等发生临时故障会引起停水,因此水箱中贮存一定的安全备用水量是必要且合理的,这在我国早期的高层建筑中表现尤为明显,如图 1.10 所示 $V_A$。表 1.17 所列为部分高层旅馆分区给水系统高位水箱生活用水有效容积。

表 1.17 部分高层旅馆分区给水系统高位水箱生活用水有效容积

| 建筑物名称(所在地) | 分区 | | | 用水量定额 /[L·(人·d)$^{-1}$] | 高位水箱 | | 备注 |
|---|---|---|---|---|---|---|---|
| | 名称 | 床位 | 层数 | | 生活用水容积 /m$^3$ | 水箱容积百分数 $\frac{V_s}{Q_d}$ /% | |
| 北京国际饭店(北京) | 上区<br>中区<br>下区 | 700<br>700<br>800 | 24~18<br>17~11<br>10~3 | 500 | 22<br>17<br>35 | 6<br>5<br>9 | |
| 亚洲大酒店(深圳) | 上区 | 570 | 28~17 | 500 | 42 | 15 | |
| 长白山宾馆(长春) | 上区<br>下区 | 280<br>420 | 12~8<br>7~1 | 500 | 28<br>50 | 20<br>24 | |
| 京王广场旅馆(东京) | 高区<br>中区<br>低区 | 540<br>660<br>720 | 41~33<br>32~22<br>21~10 | 300 | 10<br>10<br>10 | 6<br>5<br>4.6 | 日本用水定额:300 L/(人·d) |
| 西苑饭店(北京) | 上区<br>下区 | 700<br>700 | 26~14<br>13~1 | 500 | 20<br>20 | 5.7<br>5.7 | 中国香港用水定额:500 L/(人·d) |
| 花园饭店(上海) | 市政水高区<br>饮用水高区<br>饮用水中区 | 1 500 | 33~5<br>33~18<br>17~5 | 500 | 30<br>30<br>20 | 10.7 | 中国香港用水定额:500 L/(人·d) |

②高位水箱有效容积计算方法。

• 中国

我国现行《建水规》规定：由城市给水管网夜间直接进水的高位水箱的生活用水调节容积，宜按用水人数和最高日用水定额确定；由水泵联动提升进水的水箱的生活用水调节容积，不宜小于最大用水时水量的50%，即对高层建筑常常是：

$$V_{\mathrm{T}} \geqslant \frac{1}{2}Q_{\mathrm{h}} \tag{1.20}$$

式中 $V_{\mathrm{T}}$——水箱最大调节容积，$\mathrm{m}^3$；

$Q_{\mathrm{h}}$——最大小时用水量，$\mathrm{m}^3/\mathrm{h}$。

• 日本

高位水箱的有效容积：

$$V_{\mathrm{T}} = (Q_{\mathrm{s}} - Q_{\mathrm{b}})T_{\mathrm{s}} + (Q_{\mathrm{b}} - Q_{\mathrm{g}})T_{\mathrm{br}} + Q_{\mathrm{g}}T_{\mathrm{br}} \tag{1.21}$$

式中 $V_{\mathrm{T}}$——高位水箱生活用水有效容积，$\mathrm{m}^3$；

$Q_{\mathrm{s}}$——水箱瞬时最大给水量，$\mathrm{m}^3/\mathrm{h}$；

$Q_{\mathrm{b}}$——水泵出水量，$\mathrm{m}^3/\mathrm{h}$；

$T_{\mathrm{s}}$——瞬时最大给水量持续时间，h，一般取0.5 h；

$Q_{\mathrm{g}}$——给水系统实际用水量，$\mathrm{m}^3/\mathrm{h}$；

$T_{\mathrm{br}}$——水泵运行最短时间，一般取0.25 h。

以图1.11分析式(1.22)，$(Q_{\mathrm{s}}-Q_{\mathrm{b}})T_{\mathrm{s}}$为高峰用水容积，$(Q_{\mathrm{b}} - Q_{\mathrm{g}})T_{\mathrm{br}}$为在$Q_{\mathrm{h}}$线下水泵运行调节容积，$Q_{\mathrm{g}}T_{\mathrm{br}}$即为安全备用水量。

• 俄罗斯

当水泵为自动启动时，则水箱最大调节容积：

$$V_{\mathrm{T}} = \frac{Q_{\mathrm{b}}}{4n_{\mathrm{b}}} \tag{1.22}$$

式中 $V_{\mathrm{T}}$——水箱最大调节容积，$\mathrm{m}^3$；

$Q_{\mathrm{b}}$——水泵出水量，$\mathrm{m}^3/\mathrm{h}$；

$n_{\mathrm{b}}$——水泵1 h内启动次数(2~4次/h)。

• 美国

生活给水系统水箱所需贮水量，应以满足给水系统高峰负荷为依据，并应至少满足半小时的需水量，则水箱贮水量按式(1.23)计算：

$$V_{\mathrm{T}} = \frac{1}{2}(Q_{\mathrm{s}} - Q_{\mathrm{b}}) + \frac{1}{2}(Q_{\mathrm{b}} - Q_{\mathrm{g}}) + \frac{1}{2}Q_{\mathrm{g}} \tag{1.23}$$

式中各符号同式(1.21)。

以图1.11分析式(1.23)，$\frac{1}{2}(Q_{\mathrm{s}}-Q_{\mathrm{b}})$亦为高峰用水容积，$\frac{1}{2}(Q_{\mathrm{b}} - Q_{\mathrm{g}})$为在$Q_{\mathrm{h}}$线下水泵运行调节容积，$\frac{1}{2}Q_{\mathrm{g}}$即为安全备用水量。简化式(1.23)得：

$$V_T = \frac{1}{2}Q_s \tag{1.24}$$

③高层旅馆类高位水箱生活用水有效容积计算公式的建立。

a. 水泵运行调节容积的计算。综合前述所列国外计算方法，式(1.22)理论正确，推导严密，只有式中以 $Q_b=2Q_h$ 为条件。结合我国建筑给水工程设计中水泵选型多习惯于 $Q_b$ 以 $Q_h$ 数值选用，国内实际运用时按式(1.25)计算：

$$V_T = \frac{2Q_b}{4n_b} = \frac{Q_b}{2n_b} \tag{1.25}$$

式中 $V_T, Q_b, n_b$ 同式(1.22)。

b. 高峰用水容积的计算。高峰负荷曲线面积法：其基本计算式即为式(1.21)与式(1.23)中的第一项：

$$V_{F1} = (Q_s - Q_b)T_s \tag{1.26}$$

式中 $V_{F1}$——根据高峰负荷曲线，即图 1.12 所包面积得出的高峰用水容积，$m^3$；

$Q_s, Q_b, T_s$ 同式(1.21)。

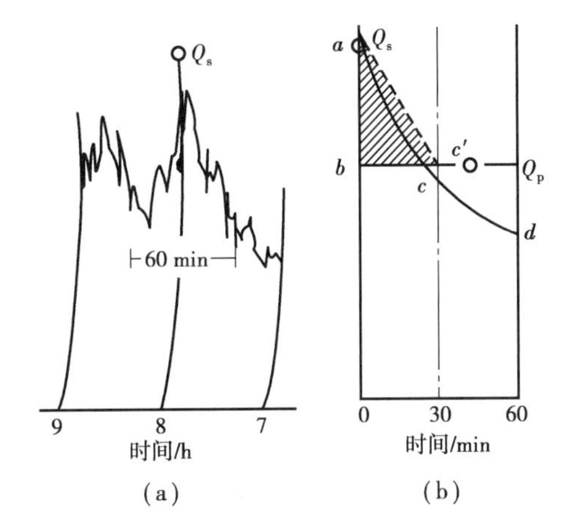


图 1.12 高峰时 60 min 间的水量变化曲线

峰顶冲击负荷秒流量计算法：高层旅馆客房均设有浴盆，19:00—21:00 用水特别集中，从而出现短期集中冲击负荷现象。给水系统计算干管管径时一般以分区系统 50% ~70% 的浴盆同时作用来确定设计秒流量。以此为依据，计算水箱相应满足该冲击负荷需要的容积。冲击负荷的持续时间不长，为 3 ~5 min，但该时间内的流量却较大。短期集中冲击负荷作用下的高峰用水容积应按式(1.27)计算：

$$V_{F2} = \frac{60qbNt}{1\,000} - \frac{Q_b t}{60} \tag{1.27}$$

式中 $V_{F2}$——冲击负荷作用下的高峰用水容积，$m^3$；

$q$——浴盆额定流量，取 0.24(0.2)L/s；

$b$——浴盆同时作用百分数，取 50%；

$N$——分区给水系统浴盆总数，个；

$t$——冲击负荷持续时间，取 5 min；

$Q_b$——水泵出水量，$m^3/h$。

将有关参数代入式(1.27)，可得：

$$V_{F2} = 0.045N - 0.083Q_b \tag{1.28}$$

c. 安全用水容积计算。结合我国国情，修复较简单故障所需时间及计算简便，参考式(1.21)和式(1.23)中的第三项。另根据日本文献资料，认为选用半小时的平均小时用水量为安全备用水容积为宜：

$$V_A = 0.5Q_p \tag{1.29}$$

式中 $V_A$——安全备用水容积,$m^3$;

$Q_p$——平均小时用水量,$m^3/h$。

d.确立公式。综合以上高位水箱三部分容积计算式,可得两个完整的理论-经验计算公式:

$$V_{s1} = \frac{Q_b}{2n_b} + (Q_s - Q_b)T_s + 0.5Q_p \tag{1.30}$$

$$V_{s2} = \frac{Q_b}{2n_b} + (0.036N - 0.083Q_b) + 0.5Q_p \tag{1.31}$$

(3)水箱的设置高度

高位水箱和减压水箱的设置高度,应满足给水系统水力计算和高层总体布置两方面的要求,即在给水管网设计计算前,其设置高度已经确定。因此,为了保证高位水箱给水系统安全可靠供水,在给水管网水力计算之后,必须进行水箱设置高度的核算,水箱设置高度应使其最低水位满足本区最不利配水点的水压要求:

$$H_z \geqslant Z + H_2 + H_3 \tag{1.32}$$

式中 $H_z$——高位水箱的最低水位标高,m;

$Z$——本区最不利配水点的标高,m;

$H_2$——水箱至本区最不利配水点的管道水头损失,$mH_2O$*;

$H_3$——本区最不利配水点所需流出水头,$mH_2O$。

按式(1.32)计算出高位水箱所需最低水位标高后,还应结合高层建筑的总体布置,尽可能将水箱设在技术层内,以利隔声、防振、少占客房或居住面积,便于设备、管道的维修。一般各分区高位水箱高于本分区最不利配水点3层左右。

(4)水箱的设置要求

①防水质污染。要求详见1.3.2节。

②保证施工及管道检修。池(箱)外壁与建筑本体结构墙面或其他池壁之间的净距,应满足施工或装配的需要:无管道侧,净距不宜小于0.7 m;安装有管道侧,净距不宜小于1.0 m,且管道外壁与建筑本体墙面之间的通道宽度不宜小于0.6 m;设有人孔的池顶,池顶板面与上层建筑本体板底的净空不应小于0.8 m;箱底与水箱间地面板的净距,当有管道敷设时不宜小于0.8 m。

③减少噪声。水箱进水管可采取淹没式出流,以减小进水水流的噪声,但管顶应装设真空破坏器。

④水箱水位控制。利用城镇给水管网压力直接进水时,应设置自动水位控制阀;当利用水泵加压进水时,应设置能自动控制水泵启、停的装置。

⑤除进出水管外,还需设置溢流、放空、通气、液位信号管等。

---

* $1mH_2O = 10$ kPa,下同。

除水箱水位控制水泵启停外，贮水池的设置方式与水箱类似。

### 1.6.2 增压

水泵是高层建筑给水系统中必不可少的升压设备，它担负着从室外给水管网或贮水池取得设计流量，并提升到各区高位水箱或给水管网的重要任务。

在给水系统中，主要采用离心泵。根据水泵运转速度是否可调，又分为恒速泵和变速泵。为保障夜间小流量供水，减少水泵动作时间，气压给水设备（密闭气压给水罐与水泵的组合）是常采用的局部增压设备；为充分利用城镇管网水压，同时减少贮水池及泵房占地，叠压供水设备近年来应用逐渐增多。

**1）恒速泵**

（1）一般要求

①吸水方式的选择。不经任何过渡性设备或构筑物，直接自室外管网抽水称水泵直接抽水方式。该方式可充分利用室外管网的供水压力，减少能耗；可省去贮水池或吸水池等构筑物，简化泵房布置，节约基建投资；还可减少水质受到外界污染的可能性。但直接抽水方式可能导致室外管网供水压力的明显降低，影响邻近用户的正常供水。其供水可靠性也受制于城镇管网，必要时需设置倒流防止器。

水泵自贮水池（或吸水池）抽水是指在加压泵房内设置贮水池或吸水池，水泵自贮水池（或吸水池）内抽水的方式。这种方式不影响室外给水管网的供水水压，当贮水池的有效容积足够大时，供水可靠性较高。

由于高层建筑用水量较大，对供水可靠性的要求较高，多采用自贮水池（或吸水池）的抽水方式。

②水泵宜设置成自动控制的运行方式。当间接抽水时，尽量采用自灌式。

③每台水泵宜设置单独的吸水管，并配套相应的阀门。

④高层建筑生活与消防水泵均应设置备用泵。备用泵的容量与最大一台泵相同。

（2）水泵流量与扬程的计算

①水泵设计流量的确定原则：

a. 对单设水泵的给水系统：因无流量调节设备，水泵的设计流量应按高层建筑给水系统的设计秒流量确定。

b. 对高位水箱给水系统：由于水箱对流量有调节作用，且水泵一般均采用自动控制方式进行，为了减少单位时间内水泵的启动次数，水泵的设计流量一般应按给水系统的最大小时流量确定。但当高层建筑用水量较均匀，且允许适当加大高位水箱的容积时，则在技术、经济合理的前提下，也可按平均小时流量确定。

c. 对气压给水装置供水系统：按给水系统的设计秒流量或最大小时流量确定水泵的设计流量，详见本节第三部分。

②水泵扬程的计算。水泵的扬程应满足系统中最不利配水点所需水压，设计中可根据具体情况分别按下列公式进行计算：

a. 无流量调节设备时：

$$H_b = Z + H_2 + H_3 \tag{1.33}$$

式中 $H_b$——水泵扬程，$mH_2O$；

$Z$——贮水池（或吸水池）最低水位与最不利配水点的标高差，m；

$H_2$——水泵吸水管和出水管的总水头损失，$mH_2O$；

$H_3$——最不利配水点所需流出水头，$mH_2O$。

b. 水泵—高位水箱联合供水时：

$$H_b \geqslant Z' + H_2 + \frac{v^2}{2g} \tag{1.34}$$

式中 $Z'$——贮水池（或吸水池）最低水位至高位水箱最高水位间的几何高差，m；

$v$——水箱入口处水的流速，m/s；

其他同式（1.33）。

c. 水泵直接自室外管网抽水时：上述计算公式中的 $Z$（或 $Z'$）项应改为引入管处室外管网的管中心至最不利配水点处（或高位水箱最高水位处）的几何高差，且水泵的计算扬程应扣除室外管网的最小保证水头，并按室外管网的最大可能水头校核水泵和室内管网的工况。

**2）调速泵**

所谓调速泵，其特点是泵的转速可随着管网中用水量的变化而变化，使水泵的出水量与管网用水量协调一致，并保持水泵出口或管网中最不利点压力基本不变。调速泵与恒速泵实际上均为普通离心泵，两者在泵的本体结构上并不存在任何差别，所不同的是调速泵配的电机是可调速的，而恒速泵则配用普通电机，转速也就固定不变。

基于上述优点，采用调速泵供水可取消给水系统中用于调节水量、稳定水压的高位水箱。这对那些不宜设置高位水箱的地区（如地震区）和经技术、经济比较后，不宜设置高位水箱的高层建筑供水具有重要意义。

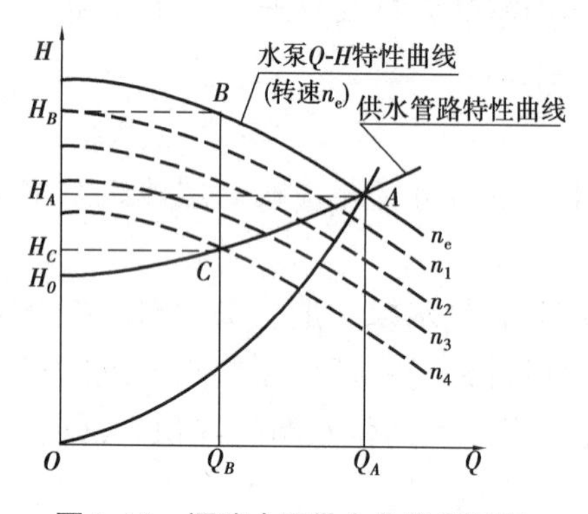


图 1.13 调速水泵供水曲线原理图

（1）工作原理

如图 1.13 所示，水泵在额定转速下供水的 Q-H 特性曲线与供水管道的特性曲线交于 A 点，此点就是水泵在流量为 $Q_A$、扬程为 $H_A$ 时的工作点。当用水量由 $Q_A$ 降到 $Q_B$ 时，恒速泵扬程将从 $H_A$ 升到 $H_B$，此时管网所需扬程为 $H_C$，由此将造成 $H_B-H_C$ 这一能量的浪费。随着管网所需流量的继续变小，水泵提供的扬程与管网所需的扬程差就更大，功率的浪费也就更大。调速泵能使水泵特性曲线与管路特性曲线的交点落在管道特征曲线上的 C 点，使能量完全利用，避免功率的浪费。

在同一台水泵中，水泵的转速与扬程、流量、功率存在以下关系：

$$\frac{Q}{Q_e}=\frac{n}{n_e}=K_e \tag{1.35}$$

$$\frac{H}{H_e}=\left(\frac{n}{n_e}\right)^2=K_e^{\ 2} \tag{1.36}$$

$$\frac{N}{N_e}=\left(\frac{n}{n_e}\right)^3=K_e^{\ 3} \tag{1.37}$$

式中 $K_e$——转速比；

$n,n_e$——水泵转速、额定转速，r/min；

$Q,Q_e$——水泵扬程、额定流量，$m^3/s$；

$H,H_e$——水泵扬程、额定扬程，MPa；

$N,N_e$——水泵功率、额定功率，kW。

式(1.35)~式(1.37)只有在等效曲线上方能成立，将式(1.35)与式(1.36)联立，可得等效曲线方程：

$$\frac{H}{H_e}=\left(\frac{n}{n_e}\right)^2=\left(\frac{Q}{Q_e}\right)^2$$

$$\frac{H}{Q^2}=\frac{H_e}{Q_e^2}=K$$

$$H=KQ^2 \tag{1.38}$$

式中 $K$——等效常数。

图1.13中$AO$曲线即代表与$A$点具有相同效率的等效点曲线。

图1.13表示单台调速泵的供水原理曲线，其供水工况如图1.14所示。为了实现水泵随机的调速，需在供水管路中设置压力传感器。当用水量增大，管网压力下降时，压力传感器将信号输入到变频器中，变频器调节输出的电源频率使水泵的转速提高，则管网中的扬程和流量随之提高；当用水量减小时，管网压力上升，压力传感器的工作情况与上述相反，则水泵的扬程和流量随之减小。总之，水泵的转速随用水量变化而变化，使管网中永远保持一定的水量和压力。图1.13中$n_1,n_2,n_3,n_4$为变频后的水泵在不同转速下的特性曲线。

对任何转速$n_e$而言，离心泵性能曲线中总有一个高效段(高效段一般处于最高额定流量的50%以上)，而转速也不是无限可调的，有一个有效调速的范围(水泵转速下降最大值一般为额定转速的25%)。图1.15中，$A,B$为有效调速范围上限转速$n_1$时$Q$-$H$曲线高效段的左、右端点，$OA,OB$为相似工况抛物线，$C,D$为水泵有效调速范围下限转速$n_2$的特性曲线与相似工况抛物线的交点。显然，曲边四边形$ABDC$是变速泵能够高效运行的区域，而曲边四边形$MACN$内的工况点偏离了高效段，曲边三角形$OCD$内的工况点超出了有效调速范围，曲边三角形$ONC$内的工况点则同时受到上述两方面因素的影响。

不难看出，当系统实际工况点超出高效运行区域时，水泵不能高效运行，工况点偏离越远，水泵效率越低。最佳的节能方法就是变速水泵始终在曲边四边形$ABDC$范围内运转。因此，单台调速泵只适用于流量变化不大，供水压力要求不高的情况。

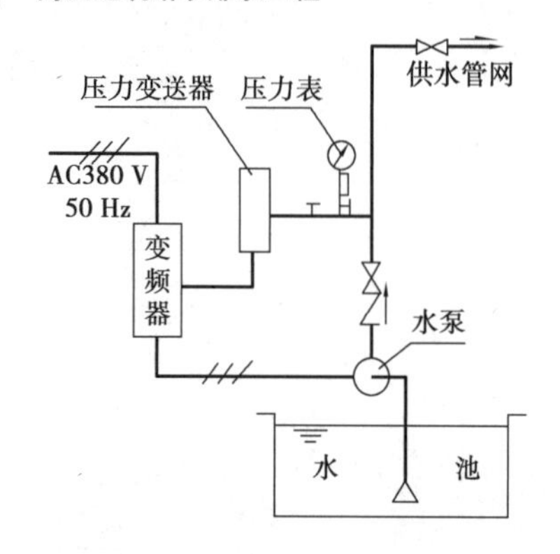

图 1.14 单台调速泵工作原理图

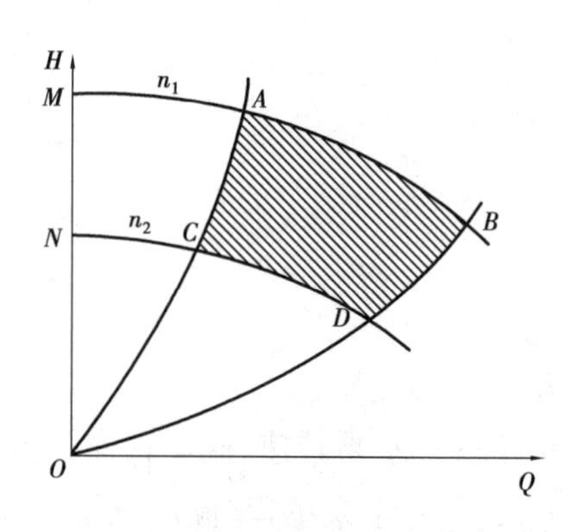


图 1.15 调速水泵高效运行区域

对于用水量变化较大的给水系统,以及夜间小流量和零流量的工况,采用单台调速泵时,通常需与恒速泵组合或配套小型稳压泵、气压罐。当流量小于某值时,系统由调速泵供水改为稳压泵或气压罐供水。

(2)调速泵与恒速泵的优化组合

在供水量变化较大时,应采用多台泵组合,并联工作方式,其中一台为调速泵,其余为恒速泵,根据流量或压力信号,恒速泵与调速泵自动投入或退出运行,还可相互切换,以获得需要的压力、流量。下面以一台恒速泵和一台变速泵并联工作为例,阐述调速泵与恒速泵组合运行情况。

图 1.16 为不同型号、管路布置不对称,在相同水位下并联运行的两台水泵工作原理及运行曲线。由于泵站内管路一般为不对称布置,对供水管路的分析只能用两台泵在 $B$ 点处等扬程下流量叠加的原理来绘两台水泵并联工作的特性曲线。如 1.16 左图所示,调速泵Ⅰ与恒速泵Ⅱ并联工作时,管路 $B$ 处的压力只有 1 个。这样泵Ⅰ与泵Ⅱ在 $B$ 处具有等扬程泵并联的性质,即符合等扬程下流量叠加的原理。

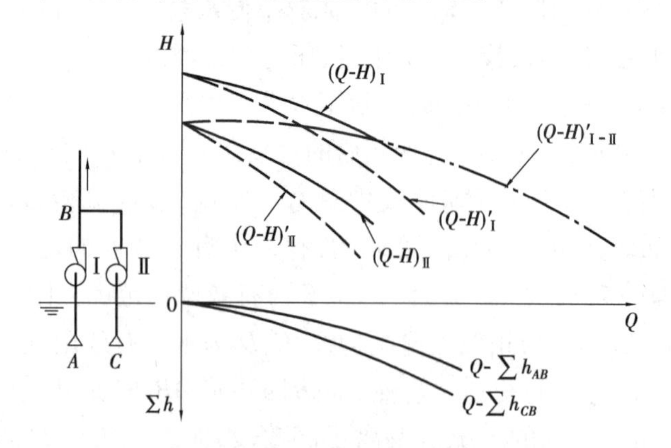


图 1.16 不同型号、管路布置不对称,同水位下两台水泵并联运行

泵Ⅰ在 $B$ 处的扬程:

$$H_B = H_{\mathrm{I}} - S_{AB}Q_1^2 \tag{1.39}$$

泵Ⅱ在 $B$ 处的扬程：

$$H_B = H_{Ⅱ} - S_{BC}Q_2^2 \tag{1.40}$$

式中 $H_Ⅰ, H_Ⅱ$——泵Ⅰ、泵Ⅱ在相应流量 $Q_1, Q_2$ 时的总扬程，m；

$S_{AB}, S_{BC}$——$AB$，$BC$ 管段的阻力系数。

图 1.16 根据式(1.39)、式(1.40)作不同型号、管路布置不对称且相同水位下两台恒速泵的并联特性曲线。当上述泵Ⅱ成为变速泵后，则上述工况下，调速泵与恒速泵并联时的特性曲线将如图 1.17 所示。

图 1.17 中，曲线 1 和 5 分别为变速泵在有效调速上下限的特性曲线；曲线 2,3,4,4′则为变速泵在某一转速下的特性曲线；曲线 6 为恒速泵的特性曲线；曲线 $I$ 为管路特性曲线；曲线Ⅱ，Ⅲ，Ⅲ′均为变速泵与恒速泵的并联工作曲线。其中：曲线Ⅱ为恒速泵与变速泵有效调速上限并联工作曲线，它与曲线 $I$ 交于 $B$ 点，则 $Q_B$ 为系统最大供水量；曲线 1 与 $I$ 交于 $E$ 点，则 $Q_E$ 为变速泵单独运行时的最大有效输出流量；曲线 6 与 $I$ 交于 $D$ 点，则 $Q_D$ 为恒速泵单独运行时的额定输出流量；曲线 5 与 $I$ 交于 $F$ 点，则 $Q_F$ 为变速泵单独运行时的最小有效输出流量。

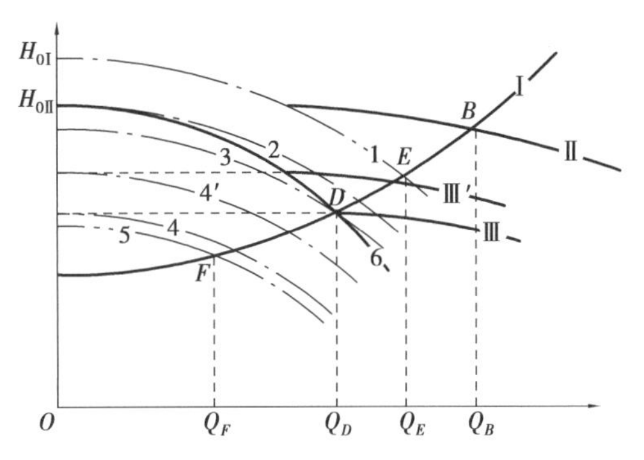


图 1.17 调速泵与恒速泵并联运行特性曲线

系统并联供水分恒速泵进入和恒速泵退出两种工况。

当管网需水量 $Q_{需}$ 较小，随着管网需水量的逐渐增加，变速泵持续运转，当变速泵达到有效调速上限 $Q_E$ 后，流量不能再增加，此时恒速泵加入，直到系统到达最大流量 $Q_B$。随着管网需水量减小，变速泵与恒速泵并联工作点持续沿曲线Ⅰ向下移动，当到达 $D$ 点时，此时虽变速泵与恒速泵并联工作，但实际变速泵对应的工作曲线为 4，从图中可以看出，在 $D$ 点压力下，变速泵实际输出的是零流量，只有恒速泵退出，才能使泵的出流量适应管网流量逐渐减小的需求。

当管网需水量 $Q_{需}<Q_F$ 时，也即夜间小流量或零流量工况，此时可能已超出调速泵有效调速下限，变速泵运行是不节能的，这就是在变频泵组系统中常常增设气压罐或小泵的原因；当管网需水量 $Q_F \leqslant Q_{需} \leqslant Q_D$ 时，系统仅变速泵运行；当管网需水量 $Q_D \leqslant Q_{需} \leqslant Q_E$ 时，系统泵的运行保持原有状态；当管网需水量 $Q_E \leqslant Q_{需} \leqslant Q_B$ 时，两泵并联运行。曲线 4′与曲线 6 并联后形成的曲线Ⅲ′为变速泵与恒速泵并联运行，满足管网需水量 $Q_D \leqslant Q_{需} \leqslant Q_B$ 的一般情况。

为了适应流量的更大变化，需采用多台泵并联工作，通过启动不同泵数的方法，满足流量的变化。

调速泵与恒速泵的多台并联工作是高层建筑给水工程中常用的供水方式之一。但并联工作后，若调速泵调速不当或泵选择不当，则会出现个别水泵出水阻塞现象、流量振荡、水泵机组的振动以及水泵产生汽蚀等不良现象,使泵不能正常工作。

(3)恒压变量供水系统的常见类型及工作原理

①恒压变量供水系统的常见类型。

A 型:多台同型号泵并联,其中一台固定由变频控制器控制的变速泵,其余为恒速泵(可配套1台小泵或气压罐,形成亚型),如图1.18(a)所示。

B 型:多台同型号泵并联,任何一台泵都可经由变频器控制启动,其余为恒速泵(可配套一台小泵或气压罐,形成亚型),如图1.18(b)所示。

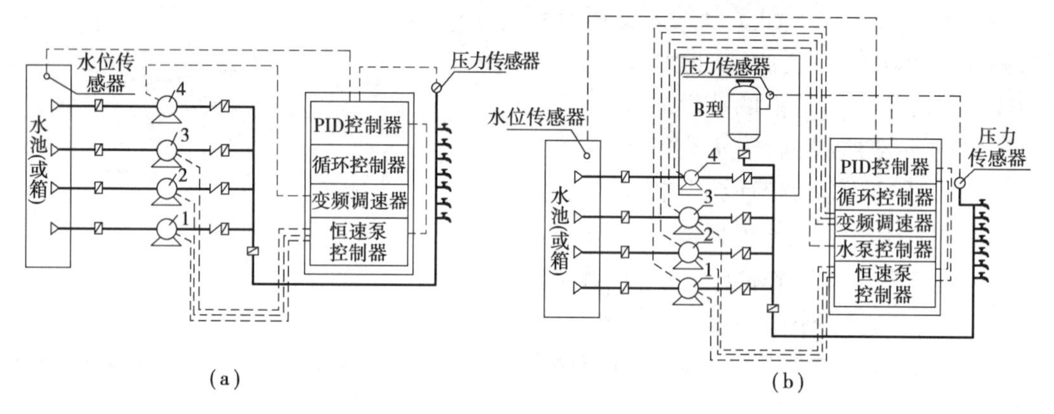


图1.18 恒压变量供水系统控制原理图

②工作原理。从图1.18(a)可知,4台同型号泵并联,其中仅4#泵为变速泵。当变速泵启动后,由压力传感器监测管网压力 $P$ 的瞬时变化,并将这一信号输送至PID控制器。这一管网瞬时压力数据 $P$ 与PID控制器中原始设定的压力值范围 $P_0$ 进行比对,当 $P<P_0$,则通过PID控制器按控制规律向变频控制器提供提高转速的电信号;当 $P>P_0$,则向变频控制器提供降低转速的电讯号,从而构成以设定压力 $P_0$ 为基准的压力控制闭环自动调节系统,使泵的供水与用户的用水相平衡。为适应用水量需求,装置内并入1~3台恒速泵与调速泵并联供水。恒速泵的启停控制信号由PID控制器提供,由恒速控制器根据压力的变化进行控制。

对图1.18(b)而言,设备启动后,一台主泵在变频器控制下变速运行,当供水压力达到设定值且流量与用水量平衡时,水泵电机稳定在某一转速。当用水量增加(减少)时,水泵将按变频器输出的频率加速(或减速)至某一稳定转速,当变频器达到最大转速后,用水量仍在增加时,系统将变频泵切换到工频运行,然后顺序启动下一台泵,使之变速运行。对多台泵组合的系统,每当变频泵达到最大转速时,都将发生上述的切换,并有新的水泵投入运行。当用水量减少时,变频泵降低水泵转速,若用水量进一步减少,则系统按先开先停的顺序,逐台关闭工频泵,直到只剩一台变频泵运行。

上述两种类型中,B型应用较为广泛。两台同型号水泵,一台变频、一台工频并联运行的特性曲线如图1.19所示。其工况分析请读者参照图1.17进行。

上述类型均可配套小泵、气压罐或同时配小泵与气压罐,如图1.18(b)所示。使系统在小流量或零流量时,自动投入运行,维持管网压力,补充小流量用水或管网渗漏,同时使主泵在小流量或零流量时处于停机状态。

此外,系统中压力传感器可根据管网系统的情况设置在水泵出口端或管网末端水力条件最不利点(如图1.18所示),分别称为水泵出口恒压控制和管端恒压控制。水泵出口定压控制方式的控制系统和线路简单,自控仪表少,是目前国内广泛采用的控制方法。

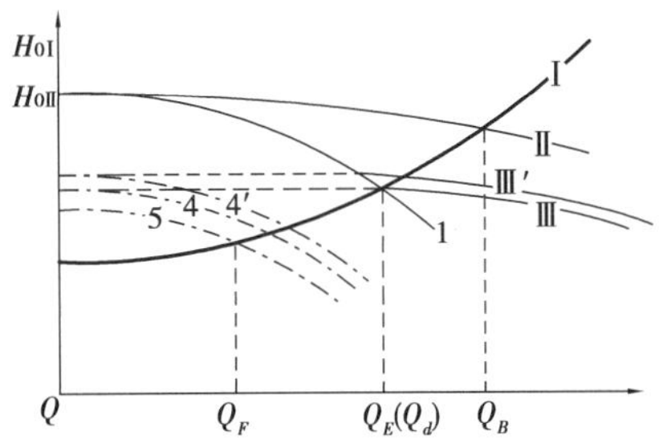

图1.19 2台同型号泵(变速与恒速)并联运行特性曲线

**3)气压给水设备**

气压给水设备是给水系统中的一种调节和局部升压设备,兼有升压、贮水、供水、蓄能和控制水泵启停的功能。它利用密闭的钢罐由水泵将水压入罐内,再靠罐内空气的压力将储存的水送入给水管网,满足用水点水压、水量要求,具有高位水箱和水塔相似的功能。

(1)特点

①灵活性大。气压给水设备可设在任何高度;施工安装简便,建设周期短,便于扩建、改建和拆迁;给水压力可在一定的范围内进行调节。地震区建筑、临时性建筑和因建筑艺术形式等要求不宜设置高位水箱的建筑,均可用气压给水设备代替。

②水质不易受污染。隔膜式气压给水设备系密闭容器,水质不易被外界污染。补气式装置虽有可能受空气和压缩机润滑油的污染,但相对水箱而言,被污染机会较少。

③投资省,施工周期短,土建费用较低。气压给水设备可设置在地面或建筑物底层,一般情况下不致增加建筑结构的复杂性,相应的土建费用较高位水箱和水塔要少。

④便于实现集中管理和自动控制。气压给水设备可设在水泵房内,有利于供水设备的集中管理和实现水泵的自动控制。

同时,气压给水设备本身的特点也给它带来了一系列难以克服的缺点,主要表现在:

①给水压力变动大。由于气压给水设备是靠密闭贮罐内压缩空气的膨胀将水压送至各用水点,在压缩空气膨胀的过程中,压力逐渐减小,因此,供水压力变化幅度较大,不利于压力要求稳定的用户。

②经常费用高。气压水罐调节容积较小,水泵启动频繁,且多在变压条件下工作,所以,水泵运行的平均效率较低,造成能源消耗较大,水泵机组的工作寿命较短,运行费用较高。

③耗费钢材较多。气压水罐的有效容积一般只占其总容积的1/6~1/3,故其耗用的钢材数量较多。

④供水安全性较差。由于有效容积小,罐内储存的水量较高位水箱和水塔要少得多,一旦发生断电或自动控制系统失灵,则必将造成断水。

由于高层建筑供水范围相对较大,对供水系统的安全可靠性、水压稳定性要求较高,因此较少将气压给水作为主要用户的供水设备,而多用于生活(如顶层等)及消防的局部增压。

(2)分类

①按给水压力可分为低压、中压、高压三类。0.6 MPa 以下的为低压,0.6~1.0 MPa 的为中压,1.0~1.6 MPa 的为高压。

②按压力稳定性可分为变压式和定压式两类。变压式气压给水设备的罐内空气压力随供水工况而变,给水系统处于变压状态下工作,常用于用户对水压要求不太高的场合。

如图 1.20 所示,变压式气压给水设备在向给水系统输水过程中,罐内的水在压缩空气起始压力 $P_2$ 的作用下,被压送至给水管网,随着罐内水量的减少,压缩空气体积膨胀,压力减少,当压力降至最小工作压力 $P_1$ 时,压力信号动作,启动水泵。水泵出水除供给用户,多余部分进入气压罐,罐内水位上升,空气又被压缩,当压力达到 $P_2$ 时,压力信号器动作,使水泵停止工作,气压水罐再次向管网输水。

当用户要求水压稳定时,可在变压式气压给水装置的供水管上安装调压阀,使阀后的水压在要求范围之内,称为定压式气压给水装置,如图 1.21 所示。

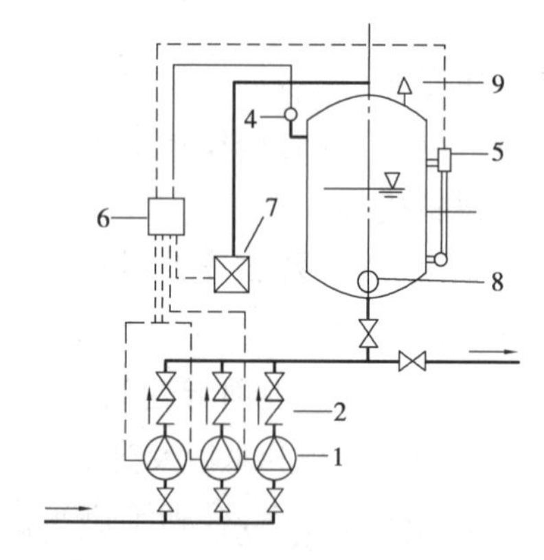


**图 1.20 单罐变压式气压给水设备**

1—水泵;2—止回阀;3—气压罐;
4—压力信号管;5—液位信号管;
6—控制器;7—补气装置;
8—排气阀;9—安全阀

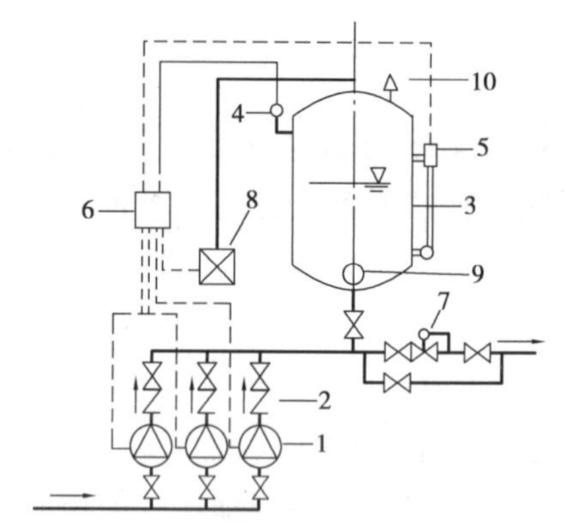


**图 1.21 单罐定压式气压给水设备**

1—水泵;2—止回阀;3—气压罐;
4—压力信号管;5—液位信号管;
6—控制器;7—压力调节阀;8—补气装置;
9—排气阀;10—安全阀

③按形式可分为立式、卧式、球式、组合式。一般气压水罐多采用立式,将罐体设计成圆柱形,为了使空气与水的接触面积小,这样空气被水带走的量就少,对气压水罐的补气是有利的。其缺点是罐体较高,若罐安装在室内,则要求房间有较高的层高。

气压水罐有时需要设计成卧式的,卧式罐的水和空气接触面大,空气的损失相对多一些,不利于气压水罐的补气。

球形罐与其他气压水罐相比,具有技术先进、经济合理、外形美观等优点。但在球形容器制造上,目前一般生产需要大型水压机及昂贵的模具压制曲面球瓣及封头等,从而使其应用范围受到了限制。

生产厂将气压水罐、水泵及电气控制器都组合在一个钢架上,在现场接上水源电源即可使用,称为组合式气压水罐。

④按气水接触方式可分为接触式和隔膜式两类。

a. 接触式：气压罐内压缩空气与水直接接触，由于渗漏和溶解，罐内空气逐渐损失，为确保给水系统的运行工况，需要及时进行补气。另外，在运行前为达到预定的 $P_0$ 值或 $\beta$ 值，也必须预先向罐内充气。

由于接触式气压给水设备不断有空气溶于水中，对供水水质存在水质污染的潜在危险，且可能造成用户水表计量不准，因此在生活给水系统中使用应慎重。

b. 隔膜式：在气压罐内装有橡胶囊式弹性隔膜，隔膜将罐体分成气室和水室两部分，靠囊的伸缩变形调节水量，可以一次充气，长期使用不需补气设备。囊形隔膜分为球囊、梨囊、斗囊、筒囊、袋囊、折囊、胆囊七种。水的调节容积靠囊的折叠或舒展来保证。

(3)计算

气压给水设备(变压式)的计算包括气压罐总容积、罐中空气容积、不动用水容积，以及调节容积和水泵选择计算等。

①贮罐总容积。在气压给水设备贮罐内，空气压力和体积之间的关系，可根据波义耳-马略特定律：定温条件下，一定质量空气的绝对压力和所占体积成反比，如图 1.22 所示。

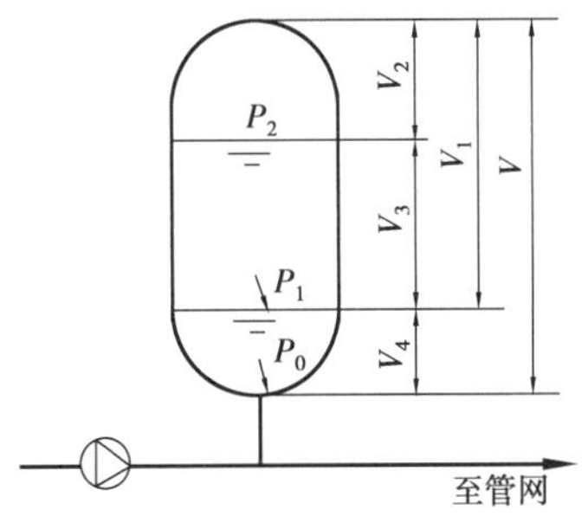

图 1.22 气压罐容积计算图

罐内空气压力与体积的变化关系为：

$$P_1V_1 = P_0V_q$$

$$P_2V_2 = P_0V_q$$

$$V_1 = \frac{P_0}{P_1}V_q \tag{1.41}$$

$$V_2 = \frac{P_0}{P_2}V_q \tag{1.42}$$

由图 1.22 所示：

$$V_{q1} = V_1 - V_2$$

将式(1.41)和式(1.42)代入上式，可得：

$$V_{q1} = \frac{P_0}{P_1}V_q - \frac{P_0}{P_2}V_q = V_q\frac{P_0}{P_1}\left(1 - \frac{P_1}{P_2}\right)$$

则

$$V_q = V_{q1}\frac{\dfrac{P_1}{P_0}}{1 - \dfrac{P_1}{P_2}}$$

令 $\alpha_b = \dfrac{P_1}{P_2}$，$\beta = \dfrac{P_1}{P_0}$ 分别代入上式，则气压罐总容积为：

$$V_q = \beta\frac{V_{q1}}{1 - \alpha_b} \tag{1.43}$$

式中 $P_0$——罐内无水时的空气压力(绝对压力),MPa;

$P_1$——最低水位时罐内空气压力,即设计最小工作压力(绝对压力),MPa;

$P_2$——最高水位时罐内空气压力,即设计最大工作压力(绝对压力),MPa;

$\beta$——气压罐容积附加系数,对于无隔膜式气压罐 $\beta$ 值取 1.25(卧式罐)或 1.1(立式罐),对于隔膜式气压罐 $\beta$ 值取 1.05;

$\alpha_b$——气压罐内的工作压力之比(以绝对压力计),宜采用 0.65 ~0.85;

$V_1$——相对于 $P_1$ 时罐内空气体积,$m^3$;

$V_2$——相对于 $P_2$ 时罐内空气体积,$m^3$;

$V_{q1}$——气压水罐的水容积,$m^3$,应等于或大于调节容量;

$V_q$——气压罐总容积,$m^3$。

又由式(1.41)可得:

$$V_1 = \frac{P_0}{P_1}V_q = \frac{P_0}{P_1}\beta\frac{V_{q1}}{1-\alpha_b} = \frac{V_{q1}}{1-\alpha_b} \tag{1.44}$$

②空气容积和不动用水容积。由图 1.22 可知:

$$V_2 = V_1 - V_3 = V_1 - V_{q1}$$

$$V_4 = V_q - V_1$$

将式(1.43)、式(1.44)分别代入以上两式,可得:

$$V_2 = \frac{V_{q1}}{1-\alpha_b} - V_{q1} = \frac{\alpha_b}{1-\alpha_b}V_{q1} \tag{1.45}$$

$$V_4 = \beta\frac{V_{q1}}{1-\alpha_b} - \frac{V_{q1}}{1-\alpha_b} = \frac{\beta-1}{1-\alpha_b}V_{q1} \tag{1.46}$$

式(1.45)和式(1.46)分别为最高水位时罐内空气的容积和最低水位时罐内不动水容积的计算公式。

③气压罐调节容积。气压罐的调节容积是指罐内最高水位与最低水位之间的容积,即可起水量调节作用的容积。显然,调节容积在总容积中所占比例越大,则气压罐的容积利用率就越高。

气压罐的调节容积理论上应根据水泵出水量和用户用水量的变化曲线确定,但实际上上述曲线很难得到,一般采用水箱调节容积的计算公式:

$$V_T = \frac{Q_b}{4n_b}$$

考虑到气压罐的实际运行工况,为防止罐内空气进入管网,罐底必须有一部分不起调节作用的不动水容积,俗称"死容积"。所以,计算中需要乘以一个大于 1 的系数,才能确保气压给水设备供水可靠性,气压罐调节容积按式(1.47)计算:

$$V_{q2} = \frac{\alpha_a q_b}{4n_q} \tag{1.47}$$

式中 $V_{q2}$——气压罐调节容积,$m^3$;

$q_b$——罐内空气压力为平均压力时水泵的出水量，不应小于管网最大时用水量的 1.2 倍，$m^3/h$；

$n_q$——水泵 1 h 内的最多启动次数，一般可取 6 ~ 8 次；

$\alpha_a$——安全系数，一般采用 1.0 ~ 1.3。

为了提高水泵的工作效率和减小气压水罐容积，在较大的工程中，可选用几台流量较小的水泵并联工作(2 ~ 4 台)，使其中部分水泵能够连续运行，只有一台水泵经常启闭，这样可以减少调节水容积，水泵工作效率也可提高。

两台水泵并联运行时，工况如图 1.23 和表 1.18 所示。气压给水罐的调节容积只是一台水泵时的 1/2，总容积也相应地减少了 1/2。

表 1.18　两台水泵并联运行工况

| 用水量 $Q$ 的变化 | $Q=0$ | $Q<\frac{q_{cp}}{2}$ | $Q=\frac{q_{cp}}{2}$ | $Q>\frac{q_{cp}}{2}$ | $Q=q_{cp}$ |
| --- | --- | --- | --- | --- | --- |
| 1. 泵运行情况 | 停 | 在 1 ~ 2 区间间断运行 | 连续运行 | 连续运行 | 连续运行 |
| 2. 泵运行情况 | 停 | 停 | 停 | 在 3 ~ 4 区间间断运行 | 连续运行 |
| 气压水罐的作用 | 不起作用 | 起调节作用 | 不起作用 | 起调节作用 | 不起作用 |

注：水泵启闭由各自的电接点压力表来控制；$q_{cp}$ 为水泵出水量。

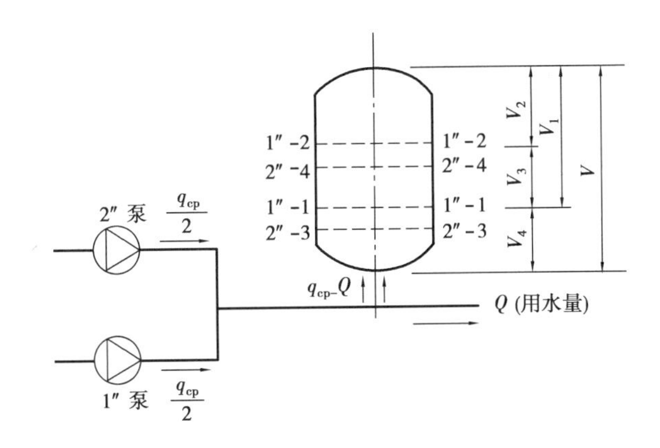


图 1.23　两台水泵并联工作

当用水量较大时还可以采用三四台水泵并联运行，此时气压水罐的总容积较单台水泵运行减少 2/3 至 3/4。但是，增加水泵并联运行台数将增加机电设备费用和增加泵房面积，所以水泵台数应通过技术经济比较确定。

④水泵选择计算。

a. 水泵的设计流量。水泵的设计流量由式(1.47)可知，当单位时间内水泵的最大启动次数确定后，气压罐的调节容积与水泵的出水量成正比。气压罐的尺寸大小主要取决于所选水泵的流量。

气压罐配套的水泵设计流量：

对于一般高层旅馆,高层办公楼、高层医院等建筑,应根据使用要求和用水量的可靠程度确定,如用设计秒流量选择水泵一般偏大,而用最大小时流量选择水泵则又偏小,所以水泵(或泵组)对应的流量宜以气压水罐内的平均压力计,不应小于给水系统最大小时流量的1.2倍。

对于供水安全可靠性要求较高的高级宾馆、饭店等,这类建筑用水定额高,卫生设备完善,气压罐供水的最不利时刻为罐内水位下降到规定最低水位(最小压力 $P_1$,调节水容积已用完)时,若又同时出现系统用水高峰,并持续一定时间,这时如果水泵流量小于系统设计秒流量,则给水系统将产生断水现象,此时的高峰流量应对应于卫生器具当量计算所得的设计秒流量。因此,水泵流量应按气压罐最小压力 $P_1$ 时用水的设计秒流量选用。

b. 水泵的设计扬程。在变压式气压给水系统中,水泵处于变压状态下工作,其扬程随罐内水位变化而变化。当罐内水位最低时,罐内空气压力最小,水泵扬程最低,流量最大;当罐内水位最高时,罐内空气压力最大,水泵扬程最高,流量最小。根据安全供水原则,应考虑当罐内水位最低时,即水泵扬程最低仍能满足气压给水系统中最不利用水点的水压要求。另外,为降低水泵的运行电耗,应保证水泵在变压状态下工作时,其工作点始终处于相应的 $Q$-$H$ 曲线的高效范围内。

选泵时,应以水泵设计流量相对应的扬程作为水泵的设计扬程,当以罐内平均水位时水泵的扬程作为选泵扬程,水泵扬程按式(1.48)进行计算:

$$H_{bcp} = Z + P_{cp} + H_2 \tag{1.48}$$

式中 $H_{bcp}$——罐内平均压力时水泵的扬程,MPa;

$Z$——贮水池最低水位至气压罐平均水位的几何高差形成的静压水头,MPa;

$P_{cp}$——气压罐的平均工作压力,MPa;

$H_2$——贮水池至气压罐的总水头损失,MPa。

气压罐的平均工作压力 $P_{cp}$,可根据气压罐的最小工作压力 $P_1$ 及选定的 $\alpha_b$ 值,按下列公式计算:

$$P_{cp} = \frac{p_1}{2}\left(1 + \frac{1}{\alpha_b}\right) \tag{1.49}$$

$$P_1 = H_z + H_2 + H_3 \tag{1.50}$$

式中 $P_1$——气压罐的最小工作压力,MPa;

$\alpha_b$——气压罐内的工作压力之比(以绝对压力计),宜采用0.65~0.85;

$H_z$——气压罐最低水位至最不利配水点或消火栓的几何高差形成的静压水头,MPa;

$H_2$——气压罐至最不利配水点或消火栓的总水头损失,MPa;

$H_3$——最不利配水点或消火栓所需的最低工作压力,MPa。

⑤气压给水的设计步骤。气压给水设计的主要内容是根据用户的水量、水压要求及技术、经济合理的原则,确定气压罐的尺寸和水泵的规格、型号,可按下列步骤进行:

a. 计算用水量($q$):应根据用水对象的具体情况,分别按建筑物内卫生器具和用水设备种类及数量计算设计秒流量,或按用水定额、小时变化系数和用水单位数确定最大小时用水量。

b. 计算气压罐的设计最小工作压力($P_1$):根据气压罐的安装位置及设计供水区域内最不利用水点或消火栓的具体情况,按式(1.50)计算确定。

c. 确定选泵流量($q_b$)。

d. 初定 $\alpha_b$ 值。

e. 计算气压罐内平均压力值($P_{cp}$):根据初定值 $\alpha_b$ 及罐内设计最小工作压力($P_1$),按式(1.49)进行计算。

f. 确定选泵扬程($H_b$):根据气压罐的平均压力值($P_{cp}$)和气压罐的具体位置,按式(1.48)计算确定。

g. 选泵。根据前述流量($q_b$)及扬程($H_b$)进行选泵。选泵时应注意:当供水量较大时,宜选择多台水泵并联运行。确定水泵型号时,宜选择特性曲线较陡的水泵,如 $W$,$W_z$,$WX$ 等型的漩涡水泵,以及 DL,$DA_1$,TSW 等型的多级离心泵。水泵型号确定后,应根据所选水泵的特性曲线和该水泵的最高效率运行范围,选定气压水罐的最大设计工作压力($P_2$),核定 $\alpha_b$ 值。

h. 计算气压罐的各项容积,根据所选水泵的特性曲线,确定水泵在罐内平均工作压力 $P_{cp}=(P_1+P_2)/2$ 时的出水量 $q_b$,并分别按式(1.47)、式(1.43)、式(1.45)及式(1.46)计算气压罐的调节容积、总容积、空气容积和不动用水容积,确定气压罐尺寸和罐内最高水位及最低水位的标高。

**4)管网叠压供水设备**

利用室外给水管网余压直接抽水再增压的二次供水方式称为叠压供水。

(1)组成及工作原理

①系统组成:倒流防止器、稳流罐(立、卧式)、防负(降)压装置、水泵机组、电磁流量显示传感装置(可选)、气压罐(可选)、压力显示传感装置、变频控制器、水泵控制阀及其他管阀等,如图 1.24 所示。

②工作原理:

a. 若城镇管网水压能够满足用户要求,即管网压力大于或等于设定压力($P_1 \geqslant P_2$)时,加压泵 9 停止工作,自来水通过旁通管直接到达用水点。

b. 若城镇管网水压不能满足用户要求,即 $P_1<P_2$ 时,由压力显示传感装置 3 发出信号给变频控制器 10,变频软启动水泵机组 9 加压供水,直至用户管网压力等于设定压力时,变频控制器 10 控制水泵机组 9 恒速运行。

c. 用水高峰时,用户管网压力下降,当降到低于设定压力 $P_2$ 时,远传压力表 11 发出信号给变频控制器 10,使变频器频率升高,水泵机组 9 转速增加,出水量和压力都随之上升,直至用户实际压力值等于设定压力值 $P_2$。

d. 用水低谷时,用户管网压力上升,高于设定压力值时,远传压力表 11 发出信号给变频控制器 10,使变频器频率降低,水泵机组 9 转速降低,使用户管网实际压力值等于设定

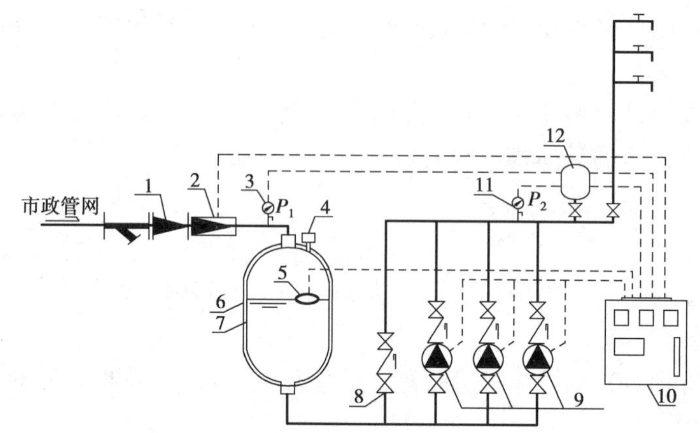


**图 1.24　管网叠压供水设备的组成及工作原理**

1—倒流防止器;2—电磁流量显示传感装置;3—压力显示传感装置;
4—负压消除器;5—液位控制器;6—稳流罐;7—隔膜;8—旁通管;
9—水泵机组;10—变频控制器;11—远传压力表;12—气压罐

压力值。若水泵机组 9 已无实际流量,水泵处于空转状态时,则水泵机组 9 自动停机,自来水直接通过旁通管到达用户。

e. 对稳流罐 6 来说,如果自来水的进水量大于或等于水泵机组 9 的吸水量,则负压消除器4 使稳流罐6 与外界隔绝,维持正常供水,当这种状态被破坏时,则负压消除器4 使稳流罐 6 与外界相通,破坏负压的形成,从而确保城镇管网的正常供水,不影响其他用户的供水。

f. 当城镇管网停水时,水泵机组 9 仍可工作一段时间,因为稳流罐 6 具有部分调节容积,当稳流罐的水位降至液位控制器 5 所设定的水位时,自动停机,来水后随着水位的上升而自动开机。

g. 停电时,水泵机组 9 不工作,自来水直接通过旁通管到达低层用户,保证楼层较低的部分用户的用水;来电时,水泵机组 9 自动开机,恢复所有用户的正常供水。

(2)管网叠压供水设备的特点

①节能。叠压供水设备与自来水管网直接串接,在自来水管网剩余压力的基础上叠加不足部分的压力,能充分利用自来水管网余压,减少能源的浪费。

②节省投资。由于无需修建较大容积的贮水池和屋顶水箱,节省了土建投资,又由于利用了市政管道的余压,因此,加压泵的选型较传统给水方式小,减少了设备投资。

③节省机房面积。因设备省去了贮水池和屋顶水箱而选用成套设备,缩小了贮水和增压设备的占地面积。

④减少二次污染的可能。叠压供水设备的运行全密封,防负(降)压采用膜滤装置,可挡住空气中的部分细菌,稳流罐储存容积有限,水在罐中的停留时间短,有效地减少了自来水二次污染的可能。

尽管叠压供水技术具有一些优点,但若设计使用不当,仍会产生诸如影响周围用户水压、回流污染、水泵效率低、供水压力不足、旁通管水质恶化等问题。表现在:

①存在负压产生及回流污染的可能。当叠压供水设备置于建筑物地下室，城镇管网的进水量大于或等于设备供水量时，市政管网中不会产生负压，但当进水量不足时，管道压力将逐渐下降，至稳流罐产生负压时，与之相连接的给水管网已经在一定范围内形成负压。此时不仅附近用户的水压得不到保障，而且一旦在出现负压的管段上有淹没出流或地下水位较高且管道有渗漏点时，就会导致回流污染或地下水侵入。

为此，对于“供水管网经常性停水的区域；供水管网可资利用水头过低的区域；供水管网供水压力波动过大的区域；使用管网叠压供水设备后，对周边现有（或规划）用户用水会造成严重影响的区域；现有供水管网供水总量不能满足用水需求的区域；供水管网管径偏小的区域；市政给水管材为塑料管时；供水行政主管部门及供水部门认为不宜使用管网叠压供水设备的其他区域”等均不得采用叠压供水技术。

②受制于城镇管网的供水工况。由于稳流罐贮水功能有限，城镇管网停水将导致叠压供水设备停机，供水安全性受到影响；叠压供水设备的设置高程不能超出市政给水管网的最低水压线，否则将出现断水事故；城镇管网的水压波动特征直接影响到叠压供水设备的泵组配伍及运行效率，若设计不合理，则会出现水泵效率低下或供水压力不足等问题。

由此，要求供水保证率高，或用水时间集中、瞬间用水量较大的用户，不应采用叠压给水；对于可能对城镇管网水质造成污染危害的用户，也严禁采用叠压给水。

为避免当用户用水量瞬间大于城镇给水管网供水能力，防止叠压供水设备对附近其他用户的影响，部分叠压供水设备在水泵吸水管一侧设置调节水箱。由城镇给水管网接入的引入管，同时与水泵吸水口和调节水箱进水浮球阀连接，而水泵吸水口同时与城镇给水管网引入管和调节水箱连接。正常情况下，水泵直接从城镇给水管网吸水加压后向用户供水，当城镇给水管网压力下降至最低设定值时，关闭城镇给水管网引入管上的阀门，水泵从调节水箱吸水加压后向用户供水，从而达到不间断供水的要求。

③旁通管可能存在工程隐患。由于加压水泵形成的压力差，当旁通管上的止回阀关闭不严时，将会有部分水流经旁通管倒流至稳流罐，造成能量浪费；当较长时间不启用旁通管时，停滞在管路中的水流将腐化变质，造成对管网水质的二次污染。

因此，选择密闭性能可靠的止回阀，必要时设置倒流监视装置，在旁通管的适当位置设置泄水阀，定期排放存水并对管道进行冲洗是必要的。

叠压供水主要适用于城镇管网水量满足用户要求，而水压周期性不足，设备运行后对管网其他用户不产生不利影响的地区。

（3）选型计算

由于市政给水管道的压力是波动的，而室内供水系统所需的用水量时刻发生着变化，为保证管网叠压供水设备的节能效果，宜采用变频调速泵组加压供水。由此，城镇管网与变频泵组实际工况曲线的结合是叠压供水设备选型的依据。

①选型依据：

a. 水泵性能分析。作出类似图 1.15 的变频泵组特性曲线，明确拟选泵组的高效运行区域——曲边四边形 *ABDC* 的范围。

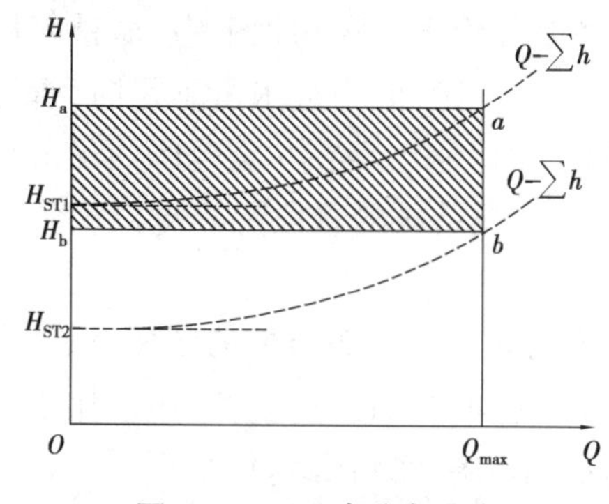

图 1.25 工况点分布区域

b. 工况点分布区域。图 1.25 为管网叠压供水系统水泵运行时工况点分布区域示意图。$Q_{max}$ 为建筑内部最大用水量，$H_{ST1}$，$H_{ST2}$ 分别为城镇管网最低水压和最高水压时系统的净扬程，$Q-\sum h$ 为管道特性曲线，$a$，$b$ 分别是用水量最大时对应 $H_{ST1}$，$H_{ST2}$ 条件下的工况点，$H_a$，$H_b$ 是 $a$，$b$ 两点所需水泵扬程。

在叠压供水系统中，水泵的工况点取决于城镇管网剩余水压、建筑内部用水量和水泵特性曲线三个方面，其中任何一个因素的变化都可引起工况点的改变。由于管网叠压供水系统通常采用自动控制水泵出口恒压的工作方式，当城镇管网水压稳定、用水量发生变化时，调整水泵转速使工况点沿水平线移动；当建筑内部用水量保持不变、城镇管网水压波动时，调整水泵转速使工况点沿铅垂线移动；当城镇管网水压和用水量同时发生变化时，系统的工况点将随机移动，但流量不会超出 $Q_{max}$，扬程既不会超过 $H_a$，也不会低于 $H_b$，工况点都限定在由点 $H_a$，$a$，$b$，$H_b$ 围成的矩形之中，$a$ 点为系统的最不利工况点。

c. 水泵适用性。将图 1.15 和图 1.25 叠合，水泵特性曲线的高效区域与工况点分布区域的重叠部分就是水泵在管网叠压供水条件下能够高效率运行的工况点区域，即图 1.26 中斜线所标识的范围。

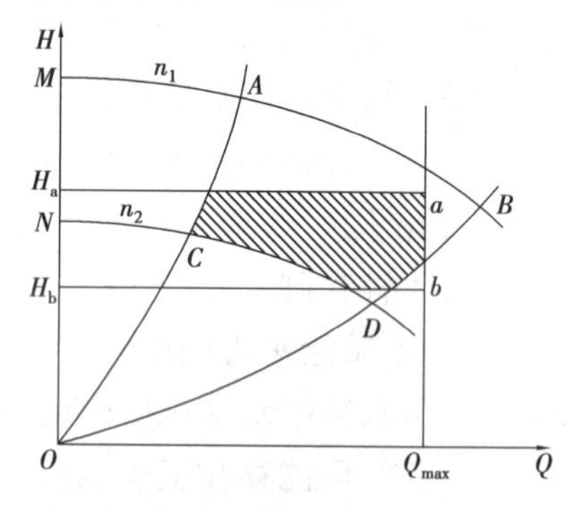

图 1.26 水泵高效运行区域

由图 1.26 可知，为保证管网叠压供水系统在最不利工况下（城镇管网水压最低、建筑内部用水量最大）正常工作，$a$ 点应位于额定转速对应特性曲线的下方。显然，$a$ 点相对于特性曲线的位置对水泵在管网叠压供水系统中的适用性有着重大影响，$a$ 点越靠近 $B$ 点，水泵高效运行的流量范围越大而扬程范围越小；$a$ 点越靠近 $A$ 点，水泵高效运行的流量范围越小而扬程范围越大。

②选型计算：

a. 流量。由于系统中没有高位水箱，叠压供水设备必须满足设计秒流量的要求。

b. 扬程。当叠压供水设备与城镇管网直接串联加压时，由于城镇供水管网的余压是波动的，为了确保供水安全，在计算水泵工作扬程时应以城镇供水管网的最低余压计算，满足供水管网最不利配水点的流出水头；同时校核城镇供水管网最大压力时，设备配套的变频调速泵组的工作点仍应在高效区域内。

当叠压供水设备为消除城镇管网对建筑的供水影响而配置调节水箱时，水泵扬程计算应按水箱的最低水位确定，同时按城镇供水管网最大压力来校核变频调速泵组的高效工作段。

当叠压供水设备配套气压给水设备时，变频泵组所带气压罐的最高、最低工作压力应满足气压罐工况要求。

c. 有效贮水容积。对配置贮水水箱的叠压供水设备，调节水箱的有效容积应按给水管网不允许低水压抽水时段的用水量确定，并应采取调节水在水箱中停留时间不得超过 12 h 的技术措施。

### 1.6.3　减压

高层建筑给水系统减压可采用减压阀、减压水箱、减压孔板等。

减压阀是通过启闭件的节流将进口压力稳至某一个需要的出口压力，并能在进口压力及流量变动时利用本身介质能量保持出口压力基本不变，是给水系统中极为常见的阀门。

减压阀按控制方式可分为直接作用式和先导式，按结构形式和功能特点又可分为比例式和可调式。减压阀减压的原理类似水箱，不仅减动压，还能减静压。本节所述静压或动压是指静水水体即减压阀关闭水流静止时，或减压阀通水情况下，减压阀进口处或出口处的表压力。减压阀代替水箱，具有系统简单、减少设备占地面积、避免二次污染、减轻水流噪声等作用。

**1）比例式减压阀**

比例式减压阀由阀体、导流盖、活塞、阀座和密封圈等组成，如图 1.27 所示。其主要特点是阀前与阀后压力成一定比例，阀前压力发生变化，阀后压力按比例相应变化。其具有构造简单、阀体体积小、便于加工、安装和维护的特点，但出口压力不能调节。

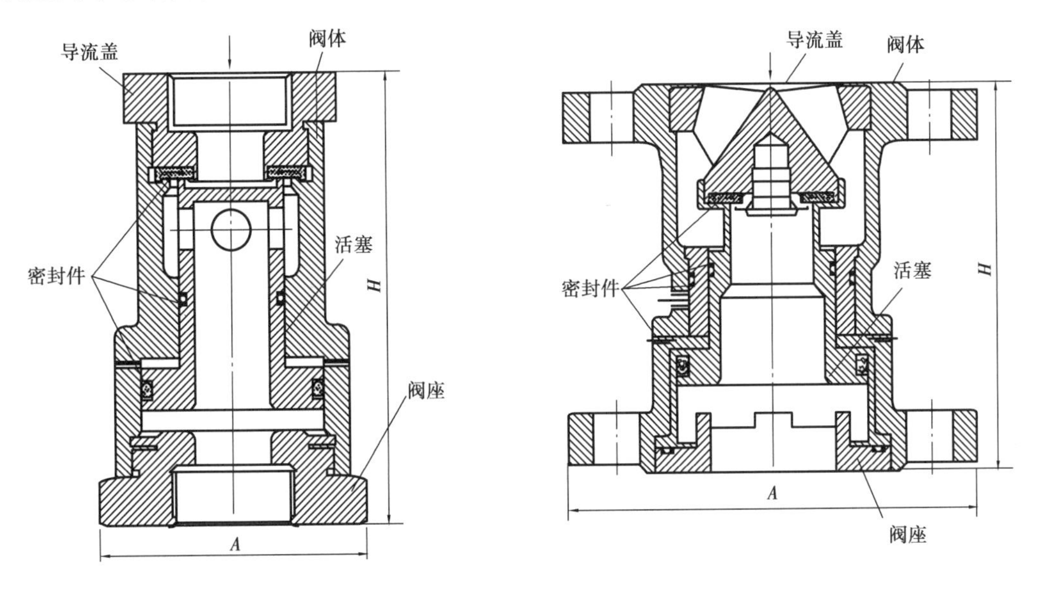


图 1.27　比例式减压阀结构图

比例式减压阀公称通径为 DN15 ~ DN200，压力等级有 1.0，1.6，2.5 MPa，甚至还有 4.0 MPa。减压比有 2∶1，3∶1，4∶1，5∶1 等，连接方式有螺纹连接和法兰连接等。

图1.28为比例式减压阀活塞受力图,下面分别讨论该阀门的减压原理。

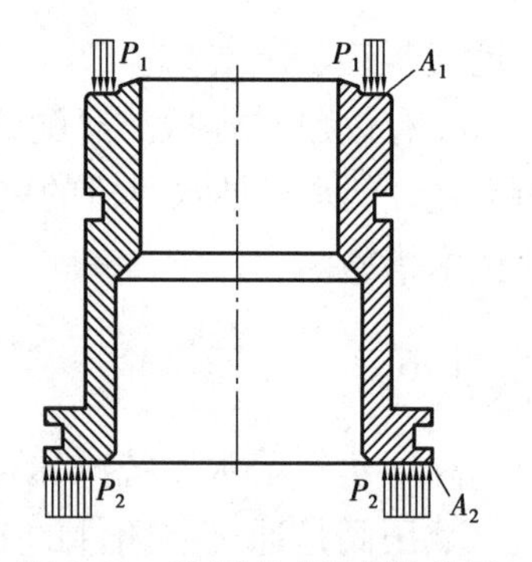

图1.28 比例式减压阀结构图

(1)减静压

设活塞进口小端的有效作用面积为 $A_1$,出口大端的有效作用面积为 $A_2$,假定:$A_2/A_1=\alpha$。

当减压阀关闭时,流量为零,活塞两端所受的作用力应平衡;否则,高压端水会流向低压端,造成低压升高,此时低压区的关闭力将活塞压紧在密封垫上,形成新的平衡。受力方程如下:

$$\sum Y = 0$$

即

$$P_1A_1 - P_2A_2 + P_q + h_f = 0 \tag{1.51}$$

式中 $P_q$——密封垫达到密封时所必需的力;

$h_f$——活塞运动时的摩擦阻力。

若不考虑 $P_q$ 和 $h_f$,则式(1.51)便成为:

$$P_1A_1 - P_2A_2 = 0$$

即

$$\frac{P_1}{P_2} = \frac{A_2}{A_1} = \alpha \tag{1.52}$$

从式(1.52)可知,减静压比例是由阀门结构参数决定的,在不考虑其他因素的情况下,活塞大小两端的有效作用之比近似于进出口压力之比。

(2)减动压

当用户用水时,减压阀出口区压力下降,进口端的作用力大于出口端,打破了活塞的平衡,即:

$$\sum Y > 0$$

$$P_1'A_1 - P_2'A_2 > 0 \tag{1.53}$$

式中 $P_1'$——进口动压,由于进口区管道一般阻力较小,所以取 $P_1'=P_1$;

$P_2'$——出口动压,一般与静水时出口压力有较明显差别。

所以,式(1.53)变为:

$$P_1A_1 - P_2'A_2 > 0$$

即

$$\frac{P_1}{P_2'} > \frac{A_2}{A_1} \tag{1.54}$$

而 $P_1/P_2=A_2/A_1=\alpha$,故:

$$\frac{P_1}{P_2'} > \frac{P_1}{P_2} \tag{1.55}$$

此时

$$P_2' < P_2 \tag{1.56}$$

式(1.56)说明,出口动压比出口静压低,此压降是阀门开启时水流在活塞与密封面的缝隙中流动产生的阻力及活塞运动时的摩擦阻力造成,在一定的流量范围内能基本保持稳定。工程中,常将 $P_2$ 乘以一个系数 $\beta$ 来量化,即 $P_2'=\beta P_2$,而 $P_2=P_1/\alpha$,则:

$$P_2'=\beta/\alpha \cdot P_1 \tag{1.57}$$

式(1.57)为进口静压与出口动压间的关系式。式中,$\beta$ 为折算系数,称为动压系数。$\beta$ 值与减压阀结构及设计制造质量有关,一般为 0.8 ~ 0.9。为此,厂家在产品样本中绘制了不同规格减压阀的流量-压力特征曲线图,图 1.29 所示为某厂家 DN80(2∶1)比例式减压阀流量特性曲线图,设计时应根据产品曲线图选用。

比例式减压阀减压比不宜超过 3∶1;否则,可能出现气蚀区。

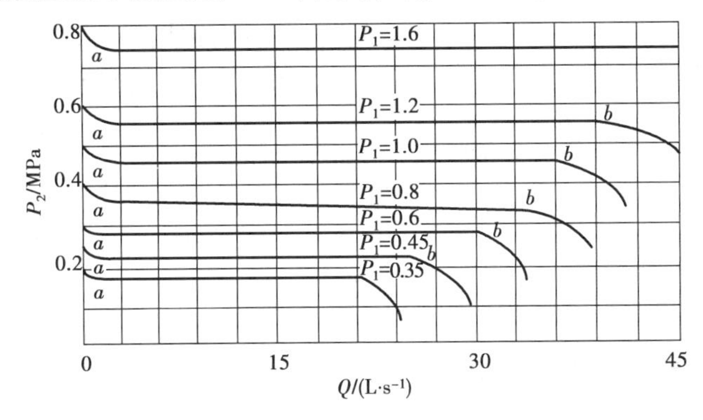


图 1.29 DN80(2∶1)比例式减压阀流量压力特性曲线

2)直接作用可调式减压阀

直接作用可调式减压阀也称弹簧式减压阀,它是利用弹簧的外力和阀门出口水压对薄膜的作用来控制阀瓣的开启度,通过节流达到减压的目的。它由阀体、阀盖、弹簧、调节螺钉、阀瓣、密封垫等组成。其基本结构如图 1.30 所示,工作原理如图 1.31 所示。

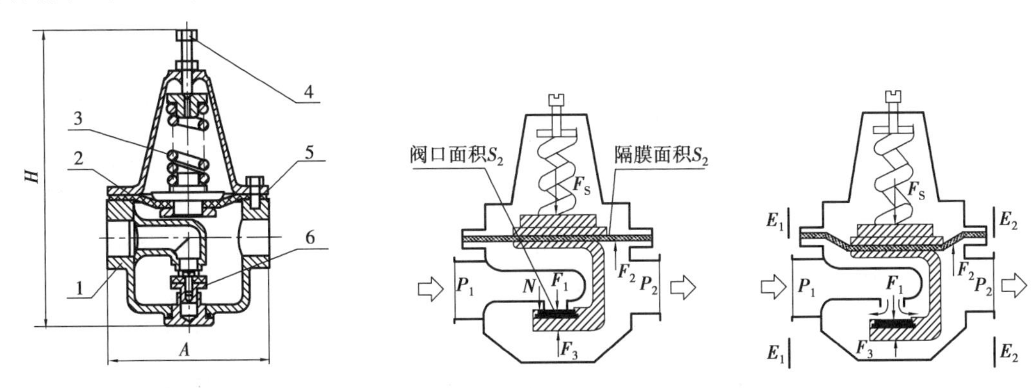


图 1.30 直接作用可调式减压阀基本结构

1—阀体;2—阀盖;3—弹簧;

4—调节螺栓;5—薄膜;6—阀瓣

图 1.31 直接作用可调式减压阀减压工作原理

①静压减压原理。当出口流量为零时,低压区压力持续升高,弹簧被压缩,高压阀口被关闭,此时低压区的压力为出口静压 $P_2$,$P_2$ 由阀口面积、隔膜面积以及可调节的弹簧压

力确定。通过调节螺钉可在一定范围内调节出口压力。

②动压减压原理。当下游用户用水量增加时,低压室压力降低,膜片向上推力减少,弹簧伸长,阀瓣与阀口的距离变大,从而使水进入低压室的流量增大,最终低压力对膜片的作用力和弹簧对膜片的作用力达到新的平衡,出口压力保持不变。反之,下游用户用水量减少时,则低压室压力增高,对膜片的推力增加,弹簧缩短,阀瓣与阀口的距离变小,流量减小,使膜片两侧建立新的平衡。通过在阀门两侧列水流的能量方程,可知减压阀所减动压即是水流通过减压阀处所造成的能量损失。

由于减压阀的阀口面积通常情况下远小于隔膜面积,阀前压力变化对阀后压力影响较小,因此减压阀还可以起稳压作用。

由于阀体太大、体积笨重,因此该减压阀的规格一般为 DN20 ~ DN40,大于 DN40 一般都做成先导式减压阀。该阀门常用于支管减压的情形。

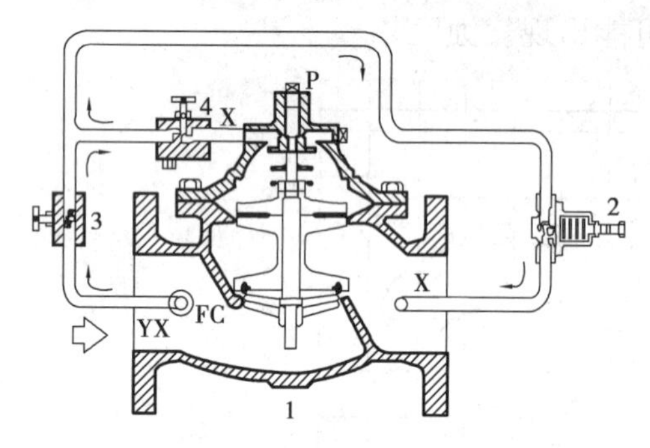


图 1.32 先导薄膜式减压阀的基本结构

1—主阀;2—导阀;3—针形阀;

4—流量控制阀(节流阀)

### 3)可调先导式减压阀

先导式减压阀有薄膜式、堰式、活塞式等几种形式,由主阀和先导阀组成,出口压力的变化通过先导阀放大控制主阀动作,并起到稳定出口压力的作用。减压阀基本结构如图 1.32 所示。

减压原理:水从主阀进入,控制水的流向由进口到针阀至节流阀,进入阀盖内,阀盖和阀体由橡胶薄膜隔开。由针阀出来的另一路,经作为导阀的可调式减压阀至出口,主阀出口压力通过可调式减压阀的调节螺钉来调节。

当下游用水时,主阀出口腔压力下降,导阀打开,由于针阀开度小(0.5 ~ 2 圈),起限制进水量的作用,节流阀开度大(3 ~ 6 圈),节流阀控制主阀开启速度,由针阀进入的水量小于被节流阀放掉的水量,阀盖内压降低,阀盖内的水经节流阀被压出,主阀阀瓣被打开。如果下游用水量增加,导阀开度增大,针阀进水量比导阀出水量更少,阀盖内压降更大,主阀开度加大,使下游压力仍维持在调定的压力点上。如果下游用水量减少,阀盖内压力升高,使主阀开度变小,从而减少了主阀的流量,与下游用户保持平衡,压力维持原状。如下游流量为零,则导阀关闭,阀盖内压力升高,与主阀进口压力相等,由于阀瓣上面积比下面积大,总的合力向下,主阀关闭。关闭时的出口压力为出口静压,静压比出口动压略高一些。先导式减压阀的特点是稳压,进口压力有时会发生变化,经减压后出口压力始终能稳定在所调定的压力点上。

先导式减压阀结构复杂,对管理能力和维修力量要求较高,规格一般为 DN50 ~ DN150,减压比多在 5∶1 以内,出口调压范围为 0.1 ~ 0.8 MPa,常用于系统对阀后压力要求稳定、干管减压情形。

4)减压阀组的安装

减压阀的设置如图 1.33 所示,须符合下列要求:

①宜设置两组,其中一组备用,环网供水或设置在自动喷水灭火系统报警阀前时可单组安装。

②公称直径应与管道直径一致。

③阀前应设阀门和过滤器,需拆卸阀体才能检修的减压阀后应设管道伸缩器,检修时阀后水会倒流,阀后应设阀门。

④减压阀节点处的前后应装设压力表。

⑤比例式减压阀宜垂直安装,可调式减压阀宜水平安装。

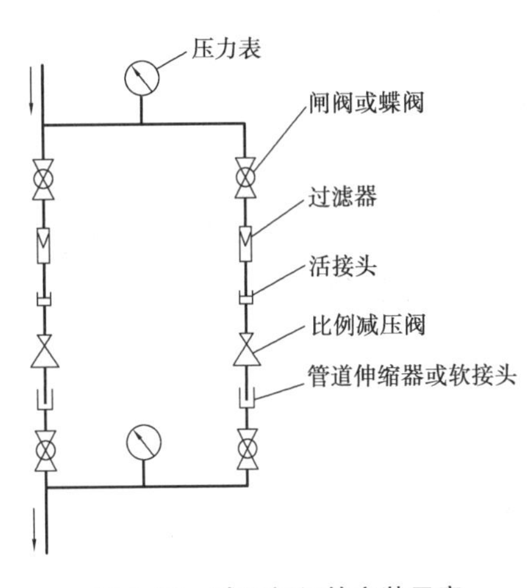

图 1.33 减压阀组的安装示意

⑥设置减压阀的部位,应便于管道过滤器的排污和检修,地面宜有排水设施。

## 1.7 饮水供应

在高层或高档住宅、大型公共建筑、星级宾馆或高档写字楼内,常需要设置管道直饮水或饮用水(开水)供应系统。

1)水质

管道直饮水与开水一般均以市政给水为原水,直饮水经深度处理方法制备而成,水质应符合《饮用净水水质标准》(CJ 94)的要求。

2)水温

随人的生活习惯、气候、工作条件、建筑物性质、水源种类等有所不同,一般冷饮水温度以 7 ~ 10 ℃为宜;对于高级写字楼、饭店、冷饮店、咖啡店等,以 4.5 ~ 7 ℃为宜。在夏季,也可采用供应冰块或在冰箱内贮放瓶装矿泉水等办法解决冷饮水要求。

供应开水系统水温按 100 ℃计,对闭式开水系统水温可按 105 ℃计。

3)水量

饮用定额及小时变化系数,根据建筑物的性质和地区条件,按表 1.19 选用。表中数据适用于管道直饮水,开水、温水及冷饮水供应,但饮水量中不包括制备冷饮水时冷凝器的冷却水量。

表 1.19　饮水定额及小时变化系数

| 建筑物名称 | 单　位 | 饮水定额/L | 饮水供应时段内的小时变化系数 $K_h$ | 备　注 |
|---|---|---|---|---|
| 热车间 | 每人每班 | 3~5 | 1.5 | 高温作业、重体力劳动或露天作业 |
| 一般车间 | 每人每班 | 2~4 | 1.5 | 普通体力劳动 |
| 工厂生活间 | 每人每班 | 1~2 | 1.5 | |
| 办公楼 | 每人每班 | 1~2 | 1.5 | 办公、研究等脑力劳动 |
| 宿舍 | 每人每日 | 1~2 | 1.5 | 在无热水供应时,饮水量可用2~3 L |
| 教学楼 | 每学生每日 | 1~2 | 2.0 | |
| 医院 | 每病床每日 | 2~3 | 1.5 | 医疗、休养的病员 |
| 影剧院 | 每观众每场 | 0.2 | 1.0 | |
| 招待所、旅馆 | 每客人每日 | 2~3 | 1.5 | |
| 体育馆(场) | 每观众每场 | 0.2 | 1.0 | 露天体育场饮水量可用0.3~0.5 L |
| 高级饭店、冷饮、咖啡店 | 每小时每人 | 0.31~0.38 | | 此数据仅供参考 |

对新建住宅小区、写字楼等设有管道直饮水的建筑,最高日管道直饮水定额也可按表1.20选用。

表 1.20　管道直饮水最高日饮水定额

| 用水场所 | 单　位 | 最高日直饮水定额/L | 备　注 |
|---|---|---|---|
| 住宅楼 | L/(人·d) | 2.0~2.5 | 经济发达地区可提高到4.0~5.0 L/(人·d)(仅为饮用水) |
| | L/(人·d) | 2.0~2.5 | 经济发达地区可提高到4.0~5.0 L/(人·d)(含饮用,淘米,洗涤瓜果、蔬菜及冲洗餐具等) |
| 办公楼 | L/(人·d) | 1.0~2.0 | 可根据用户要求确定 |
| 教学楼 | L/(人·d) | 1.0~2.0 | 可根据用户要求确定 |
| 旅馆 | L/(人·d) | 2.0~3.0 | 可根据用户要求确定 |

**4)水压**

管道直饮水系统中,一般采用专用饮用水龙头。水龙头的额定流量宜为0.04~0.06 L/s,出水水压不小于0.03 MPa。

**5)饮用净水(优质水)处理技术**

随着水源的污染以及对饮用水水质的要求,特别是对三卤甲烷(THMs)和其他消毒副产物的严格要求，饮用水净化工艺日益受到关注。对于少量直接饮用水，采取就地分散、深度处理是经济可行的办法。

不同水质的原水应采用不同的处理工艺，工艺流程的选择除依据原水水质，处理后达到水质指标外，还应满足水处理技术的先进性和合理性。处理工艺系统要求合理、优化、紧凑、节能、占地面积小、自动化程度高、管理操作简便、运行安全可靠和处理成本低。

（1）深度处理主要设备

深度处理可采用膜处理（反渗透 RO、纳滤 NF、超滤 UF 和微滤 MF 等）或其他新处理设备（如电吸附水处理器）。膜处理技术简述如下：

①微滤（MF）。微滤也称精密过滤，滤膜孔径 2.0～0.1 μm，当原水中胶体与有机污染少时可采用。渗透量 20 ℃时为 120～600 L/(h・$m^2$)，工作压力 0.05～0.22 MPa，水耗 5%～18%，能耗 0.2～0.3 (kW・h)/$m^3$，膜更换期 5～8 年。特点是水通量大，出水浊度低。

②超滤（UF）。滤膜孔径 0.05～0.01 μm，当水中胶体多，且含较多细菌、病毒，而有机污染少时采用。渗透量 20 ℃时为 30～300 L/(h・$m^2$)，工作压力 0.04～0.4 MPa，水耗 8%～20%，能耗 0.3～0.5 (kW・h)/$m^3$，膜更换期 5～8 年。特点是可截留微细尺寸的杂质，出水浊度很低，能去除部分大分子有机物，去除细菌、病毒。

③纳滤（NF）。滤膜孔径在 0.01～0.001 μm，可去除硬度（$Ca^{2+}$、$Mg^{2+}$），二价离子、一价离子可去除 50%～80%，去除有机污染（可截留分子量 300 以上杂质），使出水 Ames 致突活性试验呈阴性（一般自来水皆呈阳性）。渗透量 20 ℃时 25～30 L/(h・$m^2$)，工作压力 0.5～1.0 MPa，水耗 15%～25%，能耗 0.6～1.0 (kW・h)/$m^3$，膜更换期 5 年。无论从技术角度还是从经济角度分析，对于原水有机污染严重，水中低分子可溶性有机质含量较多，矿化度较高和色、味超标的直饮水净化，纳滤应视为有前景的净化工艺。

④反渗透膜（RO）。滤膜孔径小于 1 nm，能有效去除二价、一价离子（95%～99% 的去除率），对无机污染、有机污染都能有效去除，使出水 Ames 致突活性试验呈阴性。渗透量 20 ℃时为 4～10 L/(h・$m^2$)，工作压力 >1.0 MPa，水耗 >25%，能耗 3～4 (kW・h)/$m^3$，膜更换期 5 年。作为饮用水净化的缺点是将水中有害物全部去除的同时，将有益于人体健康的无机离子几乎全部去除。按纯净水要求，对电导率有严格要求（<10 μs/cm）时，采用反渗透才能达到。

（2）前处理技术

①去除易被纳滤或反渗透等卷式膜表面截留的细小颗粒，使膜上不形成黏垢、硬垢。介质过滤器是常用的前处理装置。介质可以是砂滤或无烟煤或煤、砂双层滤料，一般可将 5 μm 以上颗粒去除，或采用线绕式滤芯或熔喷式聚丙烯纤维滤芯制成的精密过滤器，孔径可选用 5 μm 或 3 μm。

②去除胶体、有机物、细菌等以免在膜上结粘垢。采用微滤或超滤，去除有机物还可用活性炭滤器，滤器中可用活性炭滤芯，也可采用粒状活性炭（其亚甲蓝值大者为佳）或吸附性能好的果壳炭，也有用载银活性炭同时起杀菌作用，或活性炭分子筛。

③去除 $Ca^{2+}$、$Mg^{2+}$ 离子，以免在膜上结硬垢。可用离子交换法，或在水中投加磷酸盐等阻垢剂。

④脱氯，免使有机膜遭受氧化。可采用活性炭滤器或铜锌合金水处理滤料 KDF(铜锌合金滤料)。

(3)后处理技术

①消毒。一般采用臭氧、二氧化氯、紫外线照射或微电解杀菌器来消毒。常用紫外线与臭氧或与二氧化氯合用，以保证饮用时水中仍含少量臭氧或二氧化氯，确保无生物污染；也可用次氯酸钠，因经深度处理后，水中有机物量大为减少，不致产生有机卤化物的危害。

②矿化。使水中增加矿物盐的技术称为矿化。纳滤或反渗透处理后水中矿物盐大大降低，为使洁净水中含有适量的矿物盐，需对水进行矿化。将膜处理后的水再进入含矿物质的粒状介质(如麦饭石、木鱼石等)过滤器处理，使过滤出水含有一定量的矿物盐。

③活化。活化能给洁净的水一些能量，使水分子团变小，更有利于人的健康。

**6)净水工艺流程**

饮用净水因对电导率、亚硝酸盐无要求，故可采用多种优化组合工艺流程：

①臭氧氧化—活性炭—微滤或超滤；

②活性炭—微滤或超滤；

③离子交换—微滤或超滤；

④纳滤。

以上①、②不对无机离子做处理，保留所有矿物盐，只去除有机污染；③可去除硬度，不能去除无机盐；④可去除硬度、无机盐，又可去除有机污染。

图 1.34 所示为某完整的净水深度处理流程。流程中原水来自市政管网，经水箱、泵送入机械过滤器，去除水中铁锈、较大颗粒杂质；进入臭氧氧化接触塔，水中还原性物质、有机物质与臭氧接触 5～10 min 后被氧化；进入活性炭过滤器用于去除余氯和吸附有机物；进入离子交换器，水中 $Ca^{2+}$、$Mg^{2+}$ 被 $Na^{+}$ 替代；原水前处理完成后进入中间水箱。

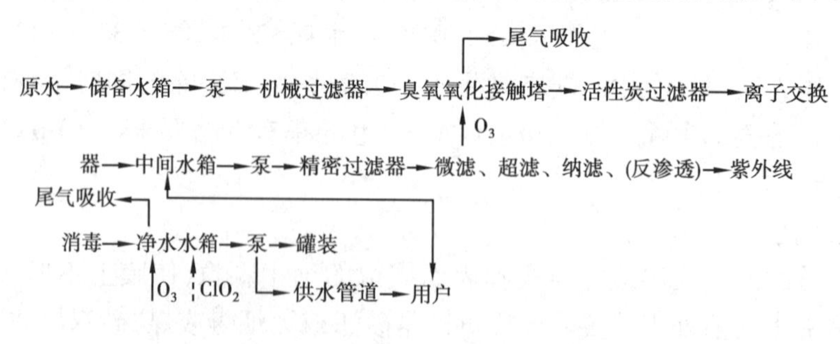


**图 1.34 某完整净水深度处理流程**

中间水箱的贮水经泵送入精密过滤器后，进入主处理设备——微滤、超滤、纳滤或反渗透膜组件，最后进行紫外线消毒，再存入净水水箱，经泵压入供水管道或直接罐装。供水管道保持循环，回水进入中间水箱，经再次过滤后重新进入管网。

图 1.35 所示为某简易的地面水源为原水的深度处理工艺，只保留了活性炭过滤与

超滤。

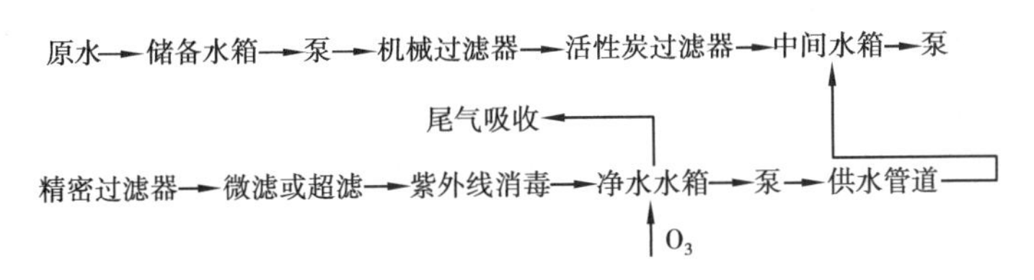


图 1.35 某简易净水深度处理流程

7) 开水煮沸方式

开水煮沸方式应根据热源条件、使用要求和建筑物性质确定。各种开水炉的优缺点比较见表 1.21。

表 1.21 各种开水炉的优缺点比较

| 名 称 | 优 点 | 缺 点 | 备 注 |
|---|---|---|---|
| 煤开水炉 | 设备简单、投资省、维护管理方便、热效高、运行成本低 | 易造成环境污染，操作条件差，需经常清理烟尘，开水炉易受腐蚀 | 不同地区应根据使用的煤种、选用不同的开水炉，由于环保的要求，煤开水炉已较少使用 |
| 蒸汽开水炉(间接加热) | 蒸汽凝结水可回收、开水水质不受蒸汽品质影响、噪声较低 | 热效低、投资大 | 对建筑附近有蒸汽可利用的情况，使用较广泛，尤其对建筑楼层采用分散制备，分散供应时 |
| 煤气(燃油)开水炉 | 热效高、维护管理简单、占地少、运行成本低 | 对安全防护要求较高 | 有安全保证的开水供应点应用较广泛 |
| 电开水炉 | 热效高、清洁卫生、使用方便、占地少、维护管理简单 | 耗电量大、运行费用较高 | 分散供应点，推荐采用 |

8) 供水系统设计

(1) 开水供应方式

高层建筑中，开水供应主要有以下两种形式：

①集中供应方式。在集中煮沸站将水加热，用管道输送到各饮水点，为使各饮水点维持一定的温度，需设循环管道和循环泵。这种供应方式操作管理方便，能保证各用水点温度，但耗热量较大、投资高、系统复杂，故使用较少。

②分散供应方式。在各饮水点设开水器，就地煮沸供应。开水器设在专用的饮水间内。这种供应方式使用灵活方便，可保证供水点温度，在各类建筑中被广泛采用。

(2) 管道直饮水供应方式

直饮水管道系统的选择应根据建筑规划和建筑物性质、规模、层数以及布置形式确定小区以及建筑物内部和外部供配水系统形式。管网最不利点要保证饮用水龙头的最低工作压力0.03 MPa,各分区最低处配水点的静水压不宜大于0.35 MPa,否则应竖向分区。

为保证管道直饮水水质,需采取如下措施:

①管网系统独立设置,采用调速泵组直接供水方式。

②配水管网应设计成同程循环方式,循环管网内水的停留时间不应超过12 h,从立管接至配水龙头的支管管段长度不宜大于3 m。

③保证管道流速以防管内细菌繁殖和微粒沉积。

④循环回水宜经再净化或消毒处理方可进入供水系统。

⑤配回水管道设置倒流防止器、隔菌器、带止水器的水表等防污染措施,设立水质采样口等水质监控措施。

⑥系统应有水力强制冲洗、消毒和置换系统内水的可能,在管网的设计中留出冲洗水的进出口,定期对管网进行水力冲洗,清洁管道内壁。

⑦为避免管道内细菌、微生物的繁殖,应定期投加消毒药剂进行管道消毒。管网系统在正式启用前应进行彻底的消毒和清洗。

⑧管材、阀门、连接件及连接件内密封圈,除满足自来水供水要求外,还应达到卫生食品级要求,优先选用不锈钢材质。

净水机房同样需满足与管道系统类似的卫生要求。图1.36为某管道直饮水供水系统示意图。

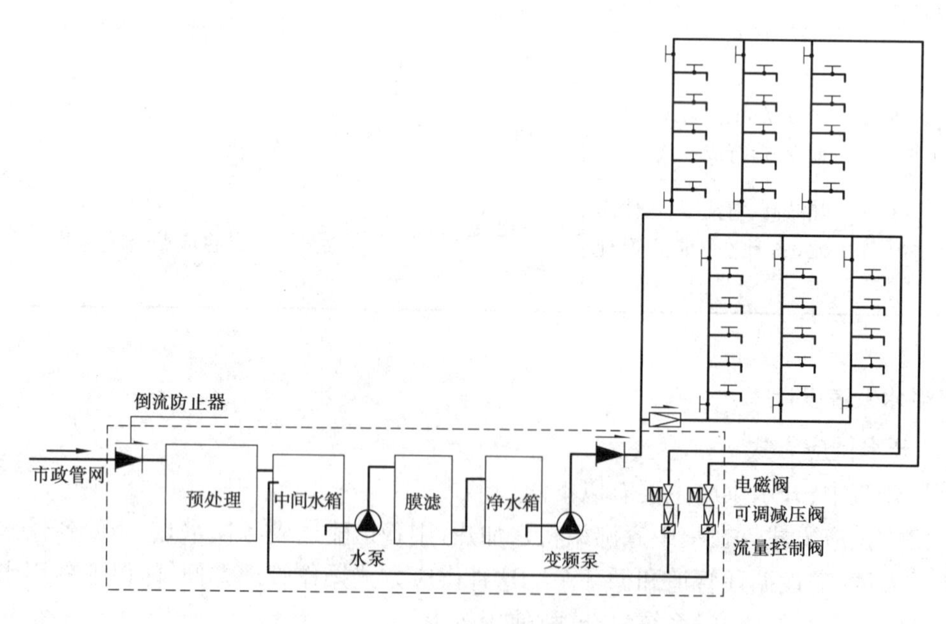


图1.36 管道直饮水供水系统示意图

**9)系统的计算与设备选型**

(1)最高日用水量 $Q_d$

$$Q_d = Nq_d \tag{1.58}$$

式中 $N$——系统服务的人数；

$q_d$——用水定额，L/(d·人)。

(2)最大时用水量 $Q_h$

$$Q_h = \frac{K_h Q_d}{T} \tag{1.59}$$

式中 $K_h$——时变化系数；

$T$——直饮水使用时间，h。

以上两个参数分别按表1.19、表1.22选取。

表1.22 时变化系数 $K_h$

| 用水场所 | 住宅、公寓 | 办公楼 |
|---|---|---|
| 时变化系数 $K_h$ | 4~6 | 2.5~4.0 |
| 用水时间 $T$/h | 24 | 10 |

(3)饮用水龙头使用概率

$$P = \frac{\alpha Q_h}{1\ 800 n q_0} \tag{1.60}$$

式中 $\alpha$——经验系数，取0.6~0.9(一般取0.8)；

$n$——龙头数量；

$q_0$——龙头额定流量，L/s。

(4)瞬时高峰用水时饮用水龙头使用数量 $m$

在水龙头设置数量12个及12个以下时见表1.23，龙头数量少时宜采用经验值。当龙头设置数量超过12个时，则根据饮用水龙头的数量和使用概率 $P$ 查表得 $m$ 值。$m$ 值参见《建水规》相关内容。

表1.23 瞬时高峰用水时龙头使用数量

| 水龙头数量 $n$/个 | 1 | 2 | 3 | 4~8 | 9~12 |
|---|---|---|---|---|---|
| 使用数量 $m$/个 | 1 | 2 | 3 | 3 | 4 |

(5)瞬时高峰用水量 $q_s$

$$q_s = q_0 m \tag{1.61}$$

式中 $m$——瞬时高峰用水时龙头使用数量。

(6)循环流量 $q_x$

$$q_x = \frac{V}{T_1} \tag{1.62}$$

式中 $V$——闭式循环回路上供水系统部分的总容积，包括储存设备的容积，L；

$T_1$——直饮水允许的管网停留时间，取 $T_1$=4~6 h。

(7)管道流速

$$\mathrm{DN} \geqslant 32\ \mathrm{mm}, v = 1.0 \sim 1.5\ \mathrm{m/s}$$

$$\mathrm{DN} < 32\ \mathrm{mm}, v = 0.6 \sim 1.0\ \mathrm{m/s}$$

(8)净水设备产水率 $Q_j$

$$Q_j = \frac{Q_d}{T_z} + q_x \tag{1.63}$$

式中 $T_z$——最高用水日净水设备工作时间,一般取 $T_z = 8 \sim 12$ h。

(9)变频调速泵供水系统

水泵流量:

$$Q_b = q_s \times 3\ 600 + q_x \tag{1.64}$$

水泵扬程:

$$H_b = h_0 + Z + \sum h \tag{1.65}$$

式中 $h_0$——最不利配水点自由水头,m;

$Z$——最不利配水点与净水箱吸水槽的几何高差,m;

$\sum h$——最不利配水点到净水箱吸水的管路总水头损失,m。

若系统的循环也由供水泵维持,则需校核在循环状态下,系统的总流量不得大于水泵设计流量。

(10)净水箱有效容积:

$$V_j = \beta(Q_b - Q_j) + 600F_j + V_1 + V_2 \tag{1.66}$$

式中 $\beta$——调节系数,取 $\beta = 2 \sim 3$ h;

$F_j$——水池底面积,$m^2$;

$V_1$——调节水量(按表 1.24 选取),L;

$V_2$——控制净水设备自动运行的水量,L,按式(1.67)计算:

$$V_2 = \frac{Q_j}{4K} \tag{1.67}$$

式中 $K$——净水设备的启动频率,一般小于 3 次/h。

表 1.24 调节水量取值

| $3\ 600q_s/Q_h$ | 2 | 3 | 4 | 5 |
|---|---|---|---|---|
| $V_1$ | $Q_h/3$ | $Q_h/2$ | $3Q_h/5$ | $2Q_h/3$ |

(11)原水调节水箱(槽)容积

$$V = T_0 Q_h \tag{1.68}$$

式中 $T_0$——调节时间,按 1 ~4 h 计。

原水水箱(槽)的自来水管按 $Q_h$ 设计,还应考虑反冲洗要求水量。当自来水供应的压力和流量足够时,原水水箱(槽)可不设,来水管上必须设倒流防止器。

## 思考题

1.1 高层建筑为何要进行竖向分区?分区依据是什么?

1.2 高层建筑给水管网有哪几种布置方式？各有什么优缺点？

1.3 造成水质污染的原因有哪些？列举防止水质污染的措施。

1.4 室内给水管材有哪几类？管材选用的原则是什么？

1.5 对国内不同类型高层建筑的生活给水系统，如何选用设计秒流量公式？

1.6 亨特概率法的基本原理是什么？

1.7 高层建筑高位水箱容积通常包括哪几个部分？简述各部分的功能。

1.8 哪些措施有助于调速泵的节能运行？

1.9 简要说明调速泵与恒速泵两台并联工作时的运行工况。

1.10 恒压变量供水系统的常见类型有哪些？简述系统的控制原理。

1.11 简述管网叠压供水设备的工作原理。

1.12 高层建筑中常用的减压措施有哪些？说明比例式减压阀的工作原理。

1.13 试述有哪些措施可用于保障管道直饮水的水质？

1.14 管道直饮水与生活给水在系统构成上有哪些共同点？有哪些不同之处？

扩展数字资源 1

# 2 高层建筑消防给水系统

## 2.1 概 述

### 2.1.1 高、低层建筑的划分

民用建筑根据建筑高度或建筑层数可分为单层、多层和高层民用建筑。其划分主要取决于扑救火灾时消防设备的登高工作高度和消防车的供水高度。

我国《建筑设计防火规范》(GB 50016—2014,2018 年版,以下称《建规》)规定:凡建筑高度大于 27 m 的住宅建筑(包括设置商业服务网点的住宅建筑)和建筑高度超过 24 m 的非单层公共建筑,都属于高层民用建筑。国外对高层建筑起始高度的划分情况,见表 2.1。

表 2.1 世界部分国家高层民用建筑起始高度标准

| 国 别 | 起始高度(或层数) | 备 注 |
| --- | --- | --- |
| 中 国 | 建筑高度大于 27 m 的住宅建筑和建筑高度大于 24 m 的非单层厂房、仓库和其他民用建筑 | |
| 德 国 | >22 m(从底层室内地面算起) | |
| 日 本 | 层数≥11 层或建筑高度≥31 m | 建筑高度≥45 m 称超高层建筑 |
| 法 国 | 建筑高度≥50 m 的居住建筑;建筑高度≥28 m 的公共建筑 | |
| 英 国 | 建筑高度≥24.3 m | |
| 比利时 | 入口路面以上建筑高度≥25 m | |
| 俄罗斯 | 层数≥10 层的居住建筑及层数≥7 层的公共建筑 | |
| 美 国 | 建筑高度≥22 ~ 25 m 或层数≥7 层 | |

单层、多层民用建筑是指建筑高度不大于 27 m 的住宅建筑(包括设置商业服务网点的住宅建筑)、建筑高度大于 24 m 的单层公共建筑和建筑高度不大于 24 m 的其他公共建筑。

高层建筑起始高度线不是固定不变的,当登高消防设备的工作高度和消防车的供水能力等发生改变,高层建筑起始高度线也可能作相应调整。

高层工业建筑(包括高层厂房和高层库房)是指高度超过 24 m 的 2 层及 2 层以上的厂房、库房。

### 2.1.2 高层建筑火灾的特点

**1)功能复杂,火灾隐患多**

高层建筑往往集多种功能的用房为一体,使用单位多,人员集中,往来频繁,管理制度松弛,人为火灾因素较多。由于电气化、自动化程度高,设备多,耗电量大,线路复杂,因使用不当、漏电、短路、雷击等引发火灾的概率高。建筑标准高,装修量、装饰物多,可燃物多,潜在火险隐患也多。

**2)火势蔓延快**

由于功能需要,高层建筑内设置了楼梯井,电梯井,给排水、通风、电气与通信等各种设备管道井,如果防火分隔或防火措施处理不好,发生火灾时这些竖向通道就形成一座座高耸的"烟囱",成为火势迅速蔓延的途径。

据测定,火灾在初起和猛烈燃烧阶段,烟气在水平方向的扩散速度分别为 0.3 m/s 和 0.5 ~3 m/s;而同样情况下,烟气沿竖向通道的扩散速度为 3 ~4 m/s。一座 100 m 的高层建筑,在无阻挡的情况下,30 s 左右烟气就能沿竖井扩散到顶层。热烟在竖井中的上升速度随热烟温度和建筑高度的增加而迅速增大,是助长火势蔓延的主要因素。

**3)人员疏散困难**

高层建筑层数多,垂直距离大,疏散到地面或其他安全场所的时间长。疏散通道有限,人流集中,人口数量多,发生事故后人们神智慌乱,极易造成拥挤堵塞和人员伤亡,疏散速度慢。火灾一旦发生,蔓延会很快,用于安全疏散的时间有限。城市消防力量能提供的登高消防车数量不多,性能也不能完全满足高层建筑安全疏散和扑救的需要,因此安全疏散困难。

**4)扑救难度大**

高层建筑消防设计立足于"自救",其灭火设备复杂、自动化程度高,往往一个环节出现问题,灭火设施便不能充分发挥作用。扑灭初期火灾至关重要,但现场人员往往不能正确使用灭火设备,等消防队员全副武装从驻地赶到现场,登高灭火,不仅体力消耗大,而且可能已经错过灭火的良机,火势已经迅速蔓延。由于楼层高、距离远,现场消防人员与指挥人员、消防中心等联系不便,配合困难。楼高风大、火势猛,消防队员在高热、浓烟下操作,也比一般火场难度大得多。

高层建筑防火、灭火工作比低层建筑复杂、困难,一旦发生火灾,人员伤亡和财产损失都极为严重。因此,高层建筑消防设施必须完善、可靠,力求将火灾扑灭在初起阶段。

### 2.1.3 高层建筑分类及建筑物的耐火等级

#### 1)高层建筑分类

高层民用建筑根据使用性质、火灾危险性、疏散和扑救难度等进行分类,见表2.2。

表2.2 高层民用建筑分类

| 名 称 | 一 类 | 二 类 |
| --- | --- | --- |
| 住宅建筑 | 建筑高度大于54 m的住宅建筑(包括设置商业服务网点的住宅建筑) | 建筑高度大于27 m,但不大于54 m的住宅建筑(包括设置商业服务网点的住宅建筑) |
| 公共建筑 | 1. 建筑高度大于50 m的公共建筑;<br>2. 建筑高度24 m以上部分的任一楼层的建筑面积超过1 000 $m^2$的商店、展览、电信、邮政、财贸金融建筑和其他多种功能组合的建筑;<br>3. 医疗建筑、重要的公共建筑、独立建造的老年人照料设施;<br>4. 省级及以上的广播电视和防灾指挥调度建筑、网局级和省级电力调度建筑;<br>5. 藏书超过100万册的图书馆、书库 | 除一类高层公共建筑外的其他高层公共建筑 |

注:①表中未列入的建筑,其类别应根据本表类比确定。
②除《建规》另有规定外,宿舍、公寓等非住宅类居住建筑的防火要求应符合《建规》有关公共建筑的规定。
③除《建规》另有规定外,裙房的防火要求应符合《建规》有关高层民用建筑的规定。

高层厂房或库房则主要根据生产或贮存物质的火灾危险性进行分类。一般情况下,高层厂房的耐火等级为一级或二级时,其生产物品的火灾危险性类别可为乙、丙、丁、戊类;高层库房的耐火等级为一级或二级时,其贮存物品的火灾危险性类别可为丙类可燃固体或丁、戊类。

#### 2)建筑物的耐火等级

对不同类别的建筑,有不同的耐火等级要求,而耐火等级是由建筑构件的燃烧性能和耐火极限来确定的。建筑构件的燃烧性能根据其组成材料的不同,分为不燃烧体、难燃烧体和燃烧体三类。建筑构件的耐火极限是指按时间-温度标准曲线进行耐火试验,从受到火的作用时起,到失去支持能力或完整性被破坏或失去隔火作用时止的这段时间,单位为h。

我国将工业与民用建筑的耐火等级分成一、二、三、四级,并对不同耐火等级建筑物的建筑构件的燃烧性能和耐火极限作了具体规定。一级耐火等级建筑物的防火性能最好,四级最差。同时规定:一类高层建筑的耐火等级不应低于一级;二类高层建筑的耐火等级不应低于二级,裙房的耐火等级应不低于二级,高层建筑地下室的耐火等级不应低于一级。

### 2.1.4 防火分区及安全疏散

高层建筑的防火分区与安全疏散是布置消防灭火设施的重要依据。

**1)防火分区**

在建筑内部采用防火墙、楼板及其他防火分隔设施分隔而成,能在一定时间内防止火灾向同一建筑的其余部分蔓延的局部空间,称为防火分区。《建规》对不同类别的建筑,每个防火分区允许的最大建筑面积分别作了详细规定。

防火分区的竖向分隔设施主要有楼板、避难层、防火挑檐、功能转换层等。建筑物中的管道井,除井壁材料和检查门有防火要求外,应在每层楼板处采用不低于楼板耐火极限的不燃材料或防火封堵材料封堵;与房间、走道等相连通的孔隙应采用防火封堵材料封堵。

防火分区的水平分隔设施主要有防火墙、防火门、防火窗、防火卷帘、防火幕和防火水幕等,建筑物墙体客观上也发挥防火分隔作用。

**2)安全疏散**

建筑物发生火灾后,受灾人员需及时疏散到安全区域。疏散路线一般分为4个阶段:第一阶段为室内任一点到房间门口;第二阶段为从房间门口到进入楼梯间的路程,即走廊内的疏散;第三阶段为楼梯间内的疏散;第四阶段为出楼梯间进入安全区。沿着疏散路线,各个阶段的安全性应依次提高。

(1)开敞楼梯间

开敞楼梯间一般指建筑物室内由墙体等围护构件构成的无封闭防烟功能,且与其他使用空间直接相通的楼梯间,如图2.1所示。开敞楼梯间在低层建筑中应用广泛,它可充分利用自然采光和自然通风,人员疏散直接,但却是烟火蔓延的通道,故在高层建筑和地下建筑中禁止采用。

(2)封闭楼梯间

封闭楼梯间是指在楼梯间入口处设置门,以防止火灾的烟和热气进入的楼梯间,如图2.2所示。

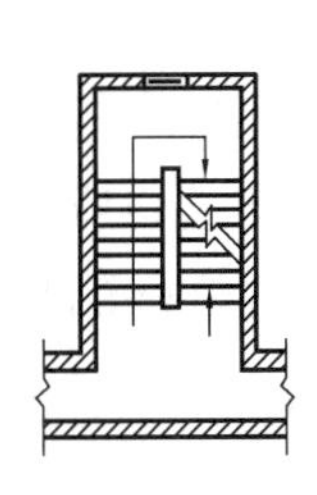

图2.1 普通开敞式楼梯间

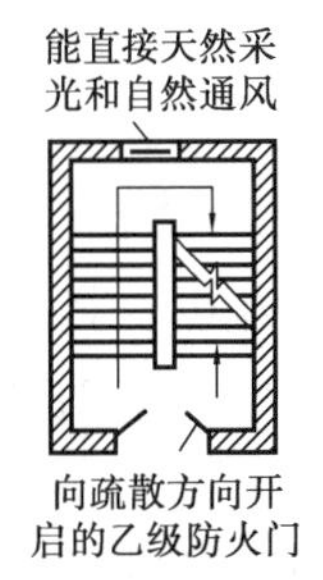


图2.2 封闭楼梯间

(3)防烟楼梯间

在楼梯间入口处设置防烟的前室、开敞式阳台或凹廊(统称前室)等设施,且通向前室和楼梯间的门均为防火门,以防止火灾的烟和热气进入的楼梯间。为了阻挡烟气直接进入楼梯间,在楼梯间出入口与走道间设有面积不小于规定数值的封闭空间,称作前室,并设有防烟设施;也可在楼梯间出入口处设专供防烟用的阳台、凹廊等。建筑高度大于 33 m 的住宅建筑应采用防烟楼梯间。户门不宜直接开向前室,确有困难时,每层开向同一前室的户门不应大于 3 樘且应采用乙级防火门。防烟楼梯间的主要形式如图 2.3 所示。此外,根据《建规》的要求,住宅单元的疏散楼梯,当分散设置确有困难且任一户门至最近疏散楼梯间入口的距离不大于 10 m 时,可采用剪刀楼梯间。剪刀楼梯间是在同一楼梯间内设置 2 个楼梯,要求楼梯之间设墙体分隔,形成两个互不相通的独立空间,如图 2.4 所示。

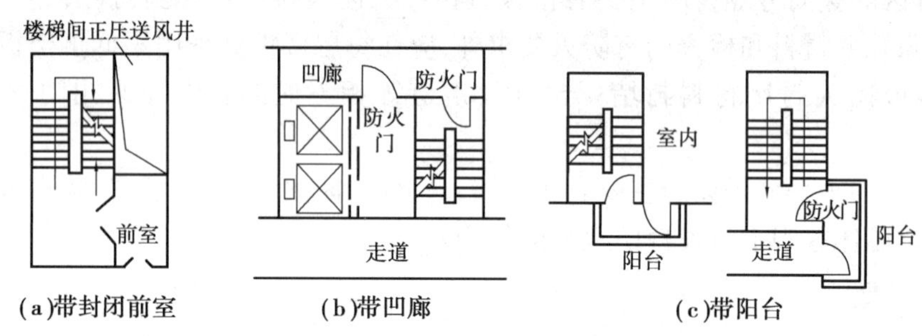


(a)带封闭前室 (b)带凹廊 (c)带阳台

图 2.3 防烟楼梯间

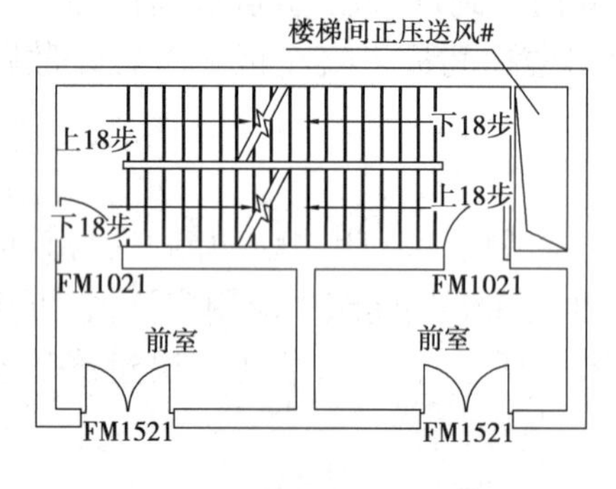


图 2.4 防烟剪刀楼梯间

(4)避难层(间)

避难层(间)即建筑内用于人员暂时躲避火灾及其烟气危害的楼层(房间)。对高度超过 100 m 的公共建筑,一旦发生火灾要将建筑物内的人员全部疏散到地面是非常困难的,此时设置的暂时避难用的楼层(空间)称为避难层(间)。第一个避难层(间)的楼地面至灭火救援场地地面的高度不应大于 50 m,两个避难层(间)之间的高度不宜大于 50 m。

(5)消防电梯前室

消防电梯是消防人员扑灭火灾时的重要垂直通道。火灾发生后,为保证消防人员能顺利及时地赶到着火楼层进行扑救,在建筑高度大于 33 m 的住宅建筑、一类高层公共建筑和建筑高度大于 32 m 的二类高层公共建筑、5 层及以上且总建筑面积大于 3 000 $m^2$(包括设置在其他建筑内 5 层及以上楼层)的老年人照料设施均应设置消防电梯。符合消防电梯要求的客梯或货梯可兼作消防电梯,但要满足消防电梯的功能。为保证消防人员到达着火楼层后有一个较为安全的,便于扑救的,具有防火、防烟功能且面积不少于规定数值的封闭空间,该空间就称为消防电梯间前室,如图 2.5 所示。

(6)合用前室

当布置受限或为节约空间时,防烟楼梯间和消防电梯可合用一个前室,该前室就称之为合用室,如图 2.6 所示。

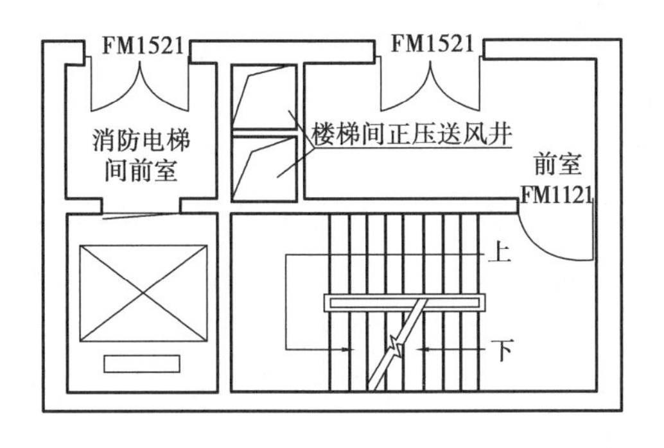


图 2.5 消防电梯间前室

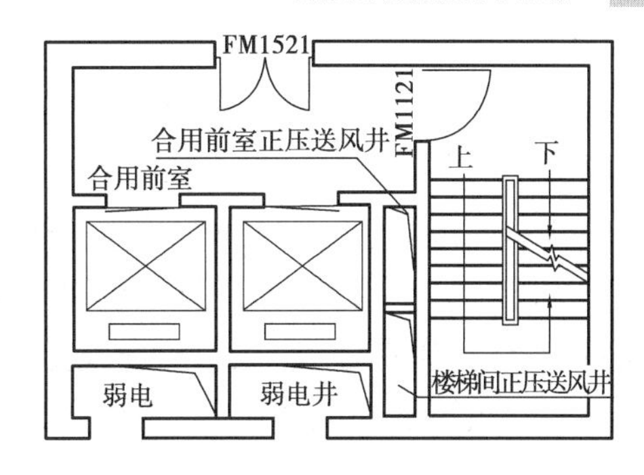


图 2.6 合用前室

## 2.1.5 高层建筑的火灾救助原则

高层建筑的火灾救助原则,应根据建筑高度的不同区别对待。

**1)室内有消防给水系统的低层建筑**

其建筑火灾主要靠消防车水泵或室外临时水泵抽吸室外水源,接出消防水带、水枪,直接控火、灭火。

**2)24~50 m 的高层建筑**

此类建筑火灾以室内"自救"为主,"外救"为辅。建筑高度超过 24 m,普通消防车不能直接扑救火灾,此时主要依靠室内消防设备系统灭火,消防车可以通过水泵接合器向室内供水,以加强室内消防力量。消防云梯也可以协助营救和扑救。

我国消防云梯车的最大工作高度一般为 28~78 m,消防车通过水泵接合器向室内消防给水管网供水时,其供水压力可按式(2.1)计算:

$$H = H_b - h_g - H_s \tag{2.1}$$

式中 $H$——消防车通过水泵接合器供水的最大压力;

$H_b$——消防车水泵出水口压力;

$h_g$——经水泵接合器至室内最不利点消火栓处的水头损失;

$H_s$——室内最不利点消火栓处所需压力。

消防车的出口压力可达 0.8~1.1 MPa,水头损失约 0.08 MPa,而一般室内最不利点消火栓处所需压力约 0.235 MPa。则消防车通过水泵接合器供水的最大压力为:

$$H = [(0.8 \sim 1.1) - 0.08 - 0.235]\text{MPa} = 0.485 \sim 0.785 \text{ MPa}$$

**3)50~100 m 的高层建筑**

室内消防完全靠"自救",建筑高度超过 50 m 后,我国绝大多数城镇的室外消防设施无法向室内管网供水,因此,室内消防设备应具备独立扑灭室内火灾的能力,同时设置自动喷水灭火装置,加强火灾自动探测、报警的能力。

**4)超过 100 m 的高层建筑**

此类建筑火灾应设置"全自救"消防系统,以扑灭初起火灾为重点。高度超过 100 m

时，火灾隐患更多，火灾蔓延更迅速，人员疏散和火灾扑救更困难，事故后果更加严重，因此加强扑灭初起火灾的消防设备十分重要。扑灭初起火灾以自动喷水灭火系统为主，辅以消防卷盘。

当建筑高度超过 250 m 时，除应符合《建规》的要求外，尚应结合实际情况采取更加严格的防火措施，应由公安部消防局组织专家专题研究、论证。与高层建筑相连的且建筑高度超过 24 m 的附属建筑，在消防设施要求上与相连高层建筑同等对待。

高层建筑不管高度如何，都必须设置室内、外消防给水系统和水泵接合器，这对保障建筑消防安全具有重要意义。

## 2.2 消防用水量

高层建筑消防用水量是指按《消防给水及消火栓系统技术规范》(GB 50974—2014，以下简称《水消规》)规定的最小设计用水量。

高层建筑消防用水包括室内和室外两部分，每部分又有消防用水量(L/s)和一次消防用水总量($m^3$/次)两个概念。《水消规》对建筑发生的火灾有明确规定：除较大规模的工厂(如占地面积大于 100 $hm^2$，或当占地面积小于或等于 100 $hm^2$ 且附近居住区人数大于 1.5 万人时)，仓库及民用建筑同一时间内的火灾次数均可按一起计。前者是确定消防设施供水能力和规模的主要依据，后者只是满足设定的火灾延续时间段内的一次消防总用水量，它是确定消防贮水量(当需要设水池时)的依据。

高层建筑的一起消防用水总量应为各灭火设施的消防用水量和火灾延续时间的乘积的合理叠加，即按需同时开启的各消防设备用水量之和的最大值计算，包括消火栓、自动喷水、水喷雾、泡沫灭火等系统。

火灾延续时间是根据消防案例的统计灭火时间结合我国经济发展水平确定的。对高层建筑的商业楼、展览楼、综合楼，建筑高度大于 50 m 的财贸金融楼、图书馆、书库，重要的档案楼、科研楼和高级宾馆的火灾延续时间应按 3.0 h 计算，其他高层建筑可按 2.0 h 计算。自动喷水灭火系统除有特殊规定外，火灾延续时间可按 1.0 h 计算。乙、丙类高层厂房(仓库)的火灾延续时间应按 3.0 h 计算，丁、戊类高层厂房(仓库)的火灾延续时间应按 2.0 h 计算。

### 2.2.1 高层建筑室外消防用水量

室外消防用水量通过市政给水管网、天然水源或消防水池来获取。

其水量需满足：通过水泵接合器向室内消防给水系统供水，支援室内消防用水；供应消防云梯车、曲臂车等移动消防设施的带架水枪用水，控制和扑灭建筑物火灾；直接扑灭和控制高层建筑较低部分或邻近建筑物火灾的用水；向消防水池补充消防用水。

室外消防用水量按表 2.3 和表 2.4 确定。

### 2.2.2 高层建筑室内消火栓系统用水量

高层建筑室内消火栓给水系统的用水量应按《水消规》中相应要求确定，并不应小于表2.3～表2.5的规定。

**表2.3 高层民用建筑室内、外消火栓给水系统消防用水量**

<table>
<tr><th rowspan="3">建筑物名称</th><th rowspan="3">建筑高度 $h$/m</th><th colspan="5">消火栓设计流量/(L·s$^{-1}$)</th><th rowspan="3">同时使用消防水枪数/支</th><th rowspan="3">每根竖管最小流量/(L·s$^{-1}$)</th></tr>
<tr><th colspan="4">室外(建筑体积 $V$/m$^3$)</th><th rowspan="2">室内</th></tr>
<tr><th>$V\le 5\ 000$</th><th>$5\ 000<V\le 20\ 000$</th><th>$20\ 000<V\le 50\ 000$</th><th>$V>50\ 000$</th></tr>
<tr><td rowspan="2">住宅</td><td>$27<h\le 54$</td><td colspan="4" rowspan="2">15</td><td>10</td><td>2</td><td>10</td></tr>
<tr><td>$h>54$</td><td>20</td><td>4</td><td>10</td></tr>
<tr><td>二类高层公共建筑</td><td>$h\le 50$</td><td rowspan="3">—</td><td rowspan="3">25</td><td rowspan="3">30</td><td rowspan="3">40</td><td>20</td><td>4</td><td>10</td></tr>
<tr><td rowspan="2">一类高层公共建筑</td><td>$h\le 50$</td><td>30</td><td>6</td><td>15</td></tr>
<tr><td>$h>50$</td><td>40</td><td>8</td><td>15</td></tr>
</table>

注：建筑高度不超过50 m，室内消火栓用水量超过20 L/s，且设有自动喷水灭火系统的建筑物，其室内消防用水量可按本表减少5 L/s。

**表2.4 高层工业建筑室外消火栓用水量** 单位：L/s

<table>
<tr><th rowspan="2">耐火等级</th><th rowspan="2" colspan="2">建筑物类别</th><th colspan="5">建筑物体积 $V$/m$^3$</th></tr>
<tr><th>$V\le 3\ 000$</th><th>$3\ 000<V\le 5\ 000$</th><th>$5\ 000<V\le 20\ 000$</th><th>$20\ 000<V\le 50\ 000$</th><th>$V>50\ 000$</th></tr>
<tr><td rowspan="5">一、二级</td><td rowspan="2">厂房</td><td>乙类</td><td>15</td><td>20</td><td>25</td><td>30</td><td>35</td></tr>
<tr><td>丙类</td><td>15</td><td>20</td><td>25</td><td>30</td><td>40</td></tr>
<tr><td rowspan="3">仓库</td><td>丁、戊类</td><td colspan="4">15</td><td>20</td></tr>
<tr><td>丙类</td><td>15</td><td colspan="2">25</td><td>35</td><td>45</td></tr>
<tr><td>丁、戊类</td><td colspan="4">15</td><td>20</td></tr>
</table>

**表2.5 高层工业建筑室内消火栓用水量** 单位：L/s

<table>
<tr><th>建筑物名称</th><th>高度 $h$</th><th>火灾危险性</th><th>消火栓设计流量/(L·s$^{-1}$)</th><th>同时使用消防水枪数/支</th><th>每根竖管最小流量/(L·s$^{-1}$)</th></tr>
<tr><td rowspan="4">厂房</td><td rowspan="2">$27<h\le 50$</td><td>乙、丁、戊类</td><td>25</td><td>5</td><td>15</td></tr>
<tr><td>丙类</td><td>30</td><td>6</td><td>15</td></tr>
<tr><td rowspan="2">$h>50$</td><td>乙、丁、戊类</td><td>30</td><td>6</td><td>15</td></tr>
<tr><td>丙类</td><td>40</td><td>8</td><td>15</td></tr>
</table>

续表

| 建筑物名称 | 高度 $h$ | 火灾危险性 | 消火栓设计流量/($L \cdot s^{-1}$) | 同时使用消防水枪数/支 | 每根竖管最小流量/($L \cdot s^{-1}$) |
|---|---|---|---|---|---|
| 仓库 | $h>24$ | 丁、戊类 | 30 | 6 | 15 |
| | | 丙类 | 40 | 8 | 15 |

注:丁、戊类高层厂房或仓库的室内消火栓用水量可按本表减少 10 L/s,同时使用水枪支数可按本表减少 2 支。

高级旅馆、重要的办公楼、一类建筑的商业楼、展览楼、综合楼等和建筑高度超过 100 m 的其他高层建筑,应设消防卷盘。消防卷盘又称小口径消火栓、消防水喉等,对及早控制或扑灭初起火灾有明显作用。它可与消火栓或生活给水管道连接,用水量可不计入消防用水量。

### 2.2.3 自动喷水灭火设备消防用水量

自动喷水灭火系统的消防用水分两个阶段:起火后火灾初期 10 min 内的用水量和 10 ~ 60 min 内的用水量。

**1)火灾初期 10 min 内的用水量**

自动喷水灭火系统要求随时处于临战状态,喷头及时出水灭火,因此屋顶(或分区)水箱或气压给水设备配合供水是火灾初期 10 min 内喷头水量水压的保证。由于 10 只喷头开启时,火灾控制率可达 85.6%,基本满足初期灭火的要求,因此火灾初期 10 min 内的用水量按 10 L/s 计。

**2)10 ~ 60 min 内的用水量**

自动喷水灭火设备仅考虑 1 h 的消防用水量,若由于检修、局部发生故障或因特殊火灾,1 h 内未能灭火,则自喷设备将被大火烧毁而失去作用,因此 10 ~ 60 min 内的水量是扑救大火的用水量。

自动喷水灭火设备消防用水量应依照最新的《自动喷水灭火系统设计规范》(GB 50084—2017)规定,水量按自动喷水灭火设备的喷水强度与作用面积确定。在满足喷水强度的情况下,将最不利点处作用面积内同时出水喷头的流量累加,即为自喷系统的用水量,这是确定自喷储水量、选择水泵并进行管网水力计算的依据。其流量按式(2.2)计算:

$$Q_s = \frac{1}{60}\sum_{i=1}^{n} q_i \tag{2.2}$$

式中 $Q_s$——系统设计流量,L/s;

$q_i$——最不利点处作用面积内各喷头节点的流量,L/min;

$n$——最不利点处作用面积内的喷头数。

## 2.3 室外消防给水系统

设置在高层建筑(包括裙房)外围或小区内,由消防水源、给水管网、室外消火栓组成,火灾发生时可向消防车供水或直接与水带、水枪连接进行灭火的系统。

### 2.3.1 室外消防水源

为确保安全可靠供水,高层建筑室外消防给水系统的水源不宜少于2个。

**1)市政或自备给水管网**

由市政或自备给水管网通过倒流防止器向室外消防管网(通常与生活、生产管网合用)输送消防水。对合用管网的输水量应确保建筑生活、生产最大用水时,仍满足室内外消防设计流量的要求。

**2)天然水源**

利用天然水源如湖泊、河流、水库等,应确保枯水期最低水位(保证率≥97%)时的消防水量,并注意如下问题:

①水质。用作消防的天然水源不能被油污染或含其他易燃、可燃液体。当用于自动喷水灭火系统时,应考虑水中的悬浮物杂质不致堵塞喷头。

②取水设施。天然水源水位变化较大,为确保取水可靠性应采取必要的措施,如修建消防取水码头和回车场,保证水体最低水位时消防车水泵的吸水高度不大于6 m。

③防冻。寒冷地区应有可靠的防冻措施,保证冰冻条件下仍能供应消防水。

此外,在城市改、扩建过程中,用于消防的天然水源及取水设施应有相应的保护设施。

**3)消防水池**

当符合以下三条规定之一时,应设置消防水池:

①当生产、生活用水量达到最大时,市政给水管网或入户引入管不能满足室内、室外消防给水设计流量;

②当采用一路消防供水或只有一条入户引入管,且室外消火栓设计流量大于20 L/s或建筑高度大于50 m;

③市政消防给水设计流量小于建筑室内外消防给水设计流量。

消防水池若贮存室外消防用水量,则应设消防车取水口(井)。取水口(井)距建筑外墙(水泵房除外)的距离不宜小于15 m,吸水井水深应保证消防车车载水泵吸水高度不大于6 m,有效容积大于最大一台车载消防泵3 min出水量,并不宜小于3 $m^3$。

消防水池若与其他水池合用,应采取适当的技术措施,确保消防水量不作他用。

### 2.3.2 室外消防给水方式

室外消防给水系统可采用高压、临时高压或低压三种方式。

1)高压消防给水系统

管网内始终维持水灭火设施所需要的工作压力和流量,火灾时不需要使用消防车或其他移动式消防水泵加压,从消火栓直接接出水带、水枪灭火或供消防车取水。

采用这种给水管网时,管道内的压力,应保证用水量达到最大且水枪布置在保护范围内任何建筑物的最高处时,水枪的充实水柱不应小于 10 m。

如图 2.7 所示,高压消防给水系统水压应满足最不利点消火栓处的压力:

$$H_s = H_p + H_q + h_d \tag{2.3}$$

式中 $H_s$——系统最不利点消火栓处压力,MPa;

$H_p$——水枪手与消火栓之间的标高差所产生的静压,MPa;

$H_q$——19 mm 水枪,充实水柱不小于 10 m,每支水枪的流量不小于 5 L/s 时,水枪喷嘴所需要的压力,MPa;

$h_d$——长度为 120 m(6 条水带)、直径为 65 mm 的麻质水带的压力损失,MPa。

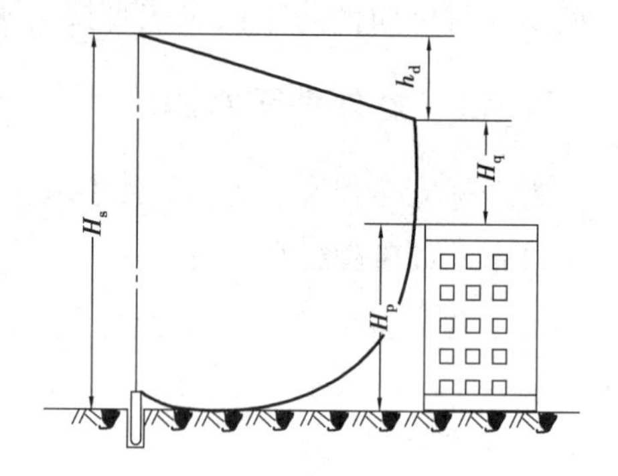

图 2.7 消火栓压力计算图

对城镇、居住区或企事业单位,在有可能利用地势设置高位水池时,可采用这种系统。

2)临时高压消防给水系统

系统管网内平时压力不高,在泵站(房)内设置消防泵,一旦发生火灾将立刻启动消防泵,临时加压使管网内的压力达到高压系统的压力要求。有些高层工业建筑可以考虑设置此室外系统。

3)低压消防给水系统

管网平时水压低,火场灭火时水枪所需压力由消防车或其他移动式消防泵产生。低压系统管网内的压力应保证灭火时最不利消火栓处水压从室外设计地面算起不小于 0.10 MPa。

## 2.3.3 室外消防给水管网

室外消防给水管道应布置成环状,其进水管不宜少于 2 条,并宜从 2 条市政给水管道引入,当其中 1 条进水管发生故障时,其余进水管应仍能通过全部水量。

室外消防给水管常与市政给水管合用,构成环网,也可单独设置室外消防给水管网。

室外消防管网应设阀门,阀门按管网节点管道数($n-1$)的原则布置。阀门将管网分隔成若干独立的管段,并保证某一管段故障时其余管段仍能正常工作。两阀门间管道上室外消火栓数量不宜超过 5 个。建筑物室外消防管道的管径不应小于 DN100。图 2.8 为某小区室外消防管网布置图。

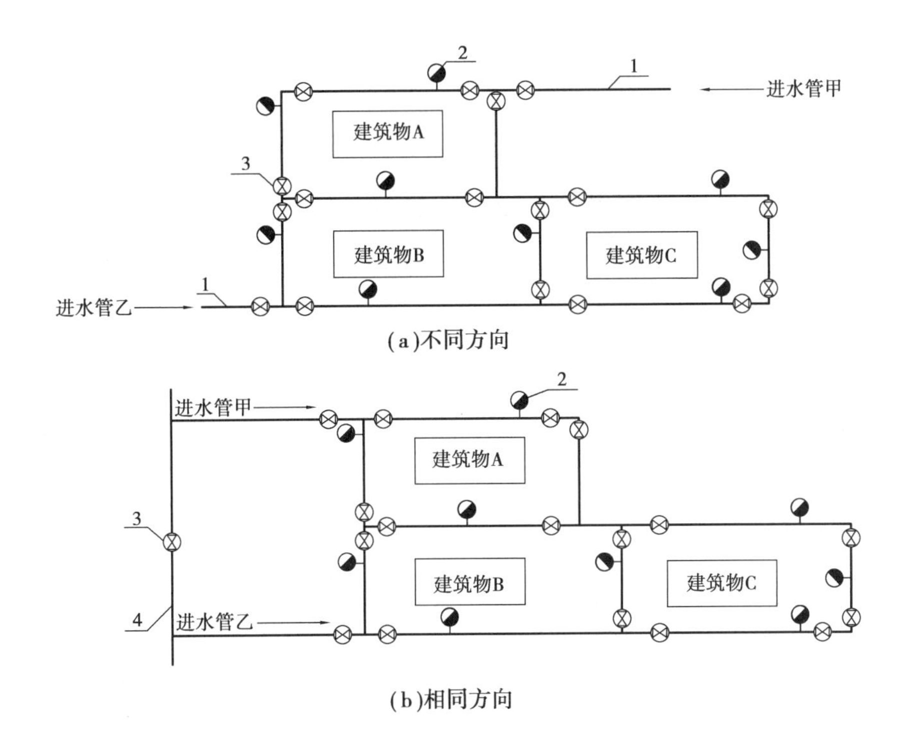


**图 2.8 某小区室外消防管网布置图**

1—不同方向的引入管;2—室外消火栓;3—阀门井;
4—相同方向引入管时,市政管道上应设置阀门

### 2.3.4 室外消火栓

高层建筑室外消火栓的种类、位置及设置要求与低层建筑完全相同,唯强调以下三点:

①室外消火栓数量根据室外消火栓设计流量和保护半径经计算确定,出水量宜按 10~15 L/s 计。

②室外消火栓在南方地区宜采用地上式,北方寒冷地区宜采用地下式或消防水鹤;当采用地下式消火栓时,应有明显标识。

③室外消火栓应沿高层建筑周边均匀布置,距建筑外墙距离不宜小于 5 m,并不宜大于 40 m,与路边距离不宜大于 2 m,距建筑外缘 5~150 m 的市政消火栓可计入建筑室外消火栓的数量,但当为消防水泵接合器供水时,距建筑外缘 5~40 m 的市政消火栓可计入建筑室外消火栓的数量。

## 2.4 室内消火栓给水系统

### 2.4.1 高层建筑室内消火栓系统供水方式

**1)按压力状态分类**

①高压给水系统。始终处于高压状态,随时可提供灭火所需的水压和水量,迅速出水灭火。

②临时高压给水系统。平时处于低压状态(系统压力决定于屋顶水箱高度或消防稳压设备),火灾报警后,启动消防主泵,利用水泵增压,满足灭火所需的水压和水量要求。

**2)按建筑高度分类**

(1)一次供水室内消火栓给水系统

当消火栓系统最低处消火栓栓口的静水压力不超过 1.0 MPa 时,可采用不分区给水方式,如图 2.9 所示。考虑到消防队员采用手提式水枪,如果水枪射流的反作用力过大,一人难以把握,故当消火栓栓口的出水压力大于 0.50 MPa 时,应采取减压措施。

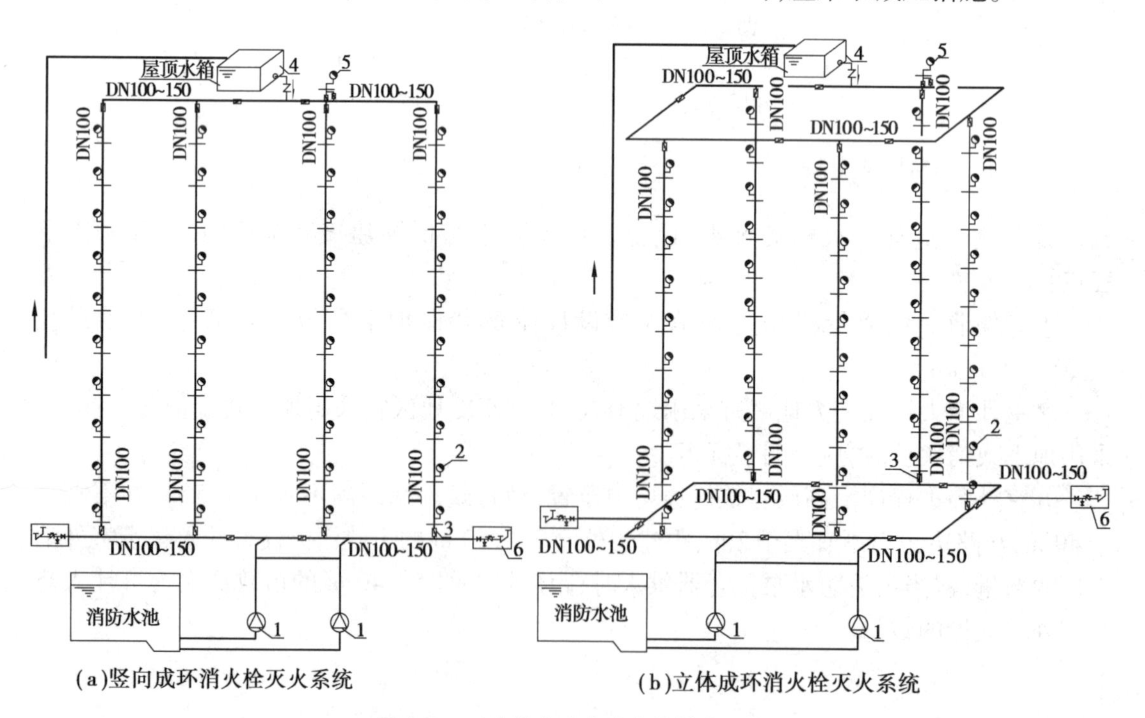


(a)竖向成环消火栓灭火系统　　(b)立体成环消火栓灭火系统

图 2.9　一次供水室内消火栓给水系统

1—消防水泵;2—消火栓;3—阀门;4—屋顶水箱;5—屋顶试验用消火栓;6—水泵接合器

(2)分区供水室内消火栓给水系统

当系统最低点处消火栓栓口的静水压力超过1.0 MPa时,会带来水枪出水量过大、消防管道易漏水、消防设备及附件易损坏等问题,需要分区供水。分区方式有串联、并联和减压分区三种形式。

①串联分区供水系统:分为直接串联[即各分区消火栓水泵串联,见图2.10(a)]和间接串联[即分区转输水箱-消火栓水泵串联,见图2.10(b)]两种方式。串联消防水泵宜设置在设备层或避难层。串联分区方式适用于消防分区超过2个的超高层建筑。

a.优点:不需要高压水泵和耐高压管道可通过设于高位的接力水泵向更高的楼层送水。

b.缺点:消防水泵设置分区楼层,不便管理;楼层上设置水泵,对防震隔声的处理要求高;一旦高区发生火灾,下面各区水泵必须联动,逐级供水,可靠性较差。

当系统间接串联时,消防水泵从高区到低区循序启动;当直接串联时,水泵启动方式则与之相反。采用直接串联方式,尤其需注意校核所选水泵的供水压力及泵壳的工作压力,采取适当的防超压措施,吸水管上设置倒流防止器。

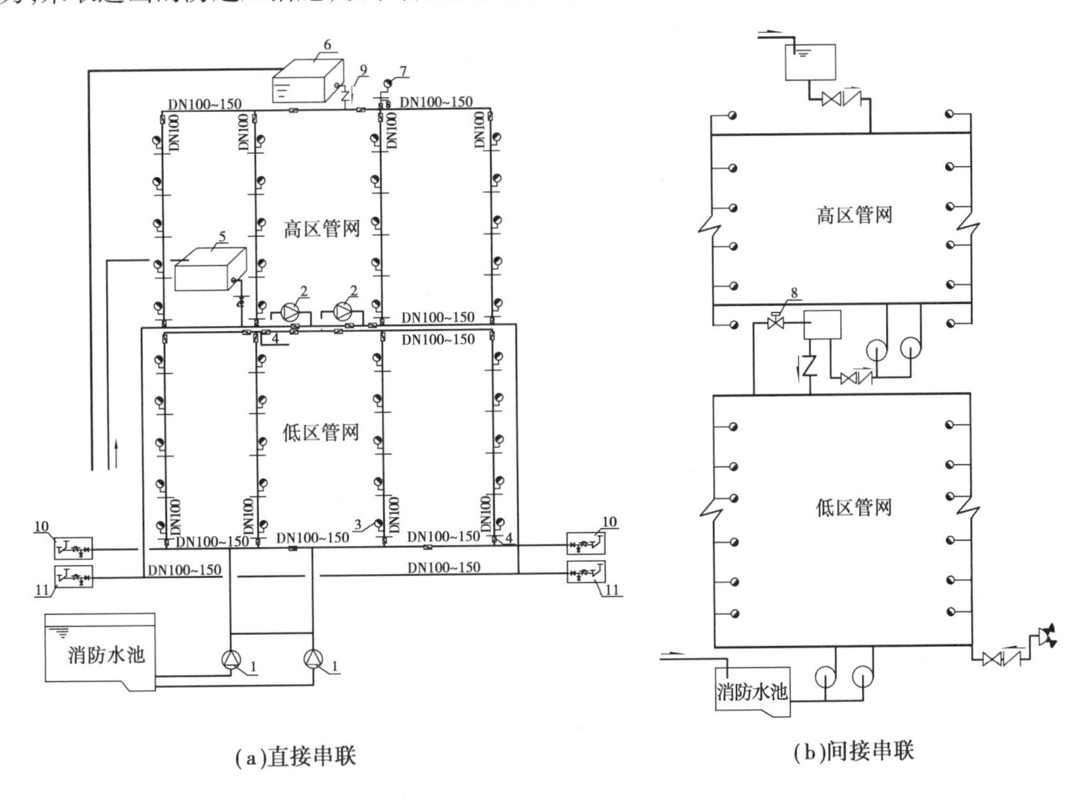


**图2.10 串联分区供水系统**

1—低区消防水泵;2—高区消防水泵;3—消火栓;4—阀门;5—Ⅰ区水箱;6—Ⅱ区水箱;7—屋顶试验用消火栓;8—电控阀;9—单流阀;10—低区水泵接合器;11—高区水泵接合器

②并联分区供水系统：给水系统存在2个及其以上竖向分区，分别由各区消防泵供水。水泵一般集中设置在建筑设备层内，如图2.11所示。并联分区方式一般适用于消防分区不超过2个的高层建筑。

a. 优点：方便运行管理，各区独立，安全可靠性高。

b. 缺点：高区压力较高，需要高扬程的水泵，对管材及安装也有相应的耐压要求；此外，如果消防车载水泵的压力不够，与高区管网相连的水泵接合器将无法发挥作用。

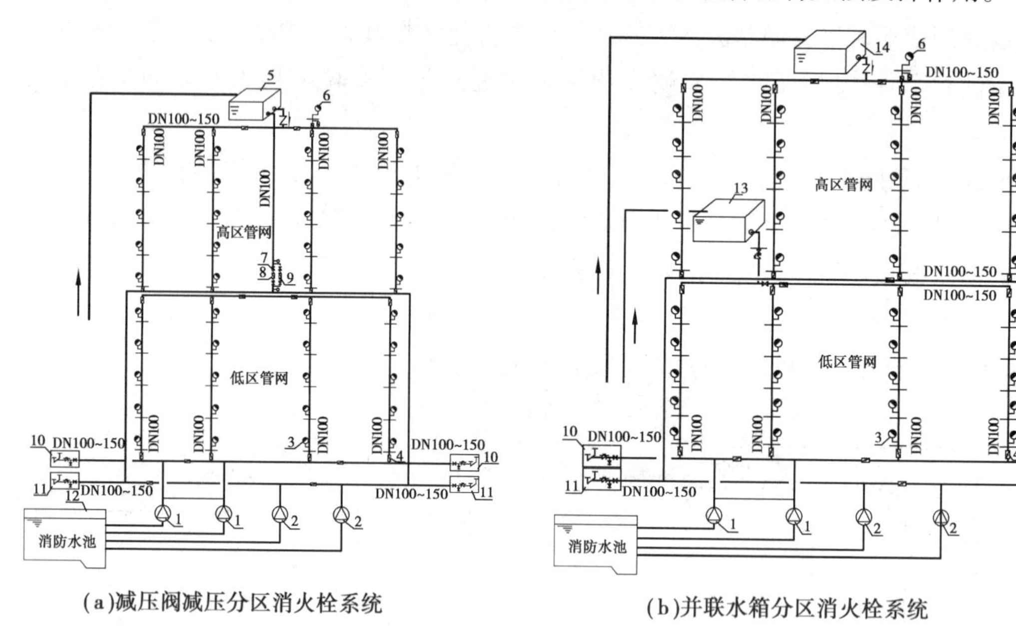


(a)减压阀减压分区消火栓系统

(b)并联水箱分区消火栓系统

图2.11 并联分区供水系统

1—低区消防水泵；2—高区消防水泵；3—消火栓；4—阀门；5—屋顶水箱；6—屋顶试验用消火栓；7—过滤器；8—减压阀；9—单向阀；10—低区水泵接合器；11—高区水泵接合器；12—消防水池；13—Ⅰ区水箱；14—Ⅱ区水箱

③减压分区供水系统：消防水泵的压水管直接供至高区消防环网，通过减压措施（减压水箱或减压阀）与低区环网串联。随着减压阀性能和可靠性不断提高，近年来采用减压阀的减压分区给水方式使用较多，详见图2.12。减压分区给水系统各消防分区均需设置水泵接合器。

a. 优点：系统相对简单，减少了水泵的数量，有利于分区分界层的灭火。

b. 缺点：系统的安全可靠完全依赖于减压阀的性能，因此减压阀的质量和稳定的运行工况是系统安全的保证。

消防用减压阀应采用质量可靠，既能减动压，又能减静压的减压阀。

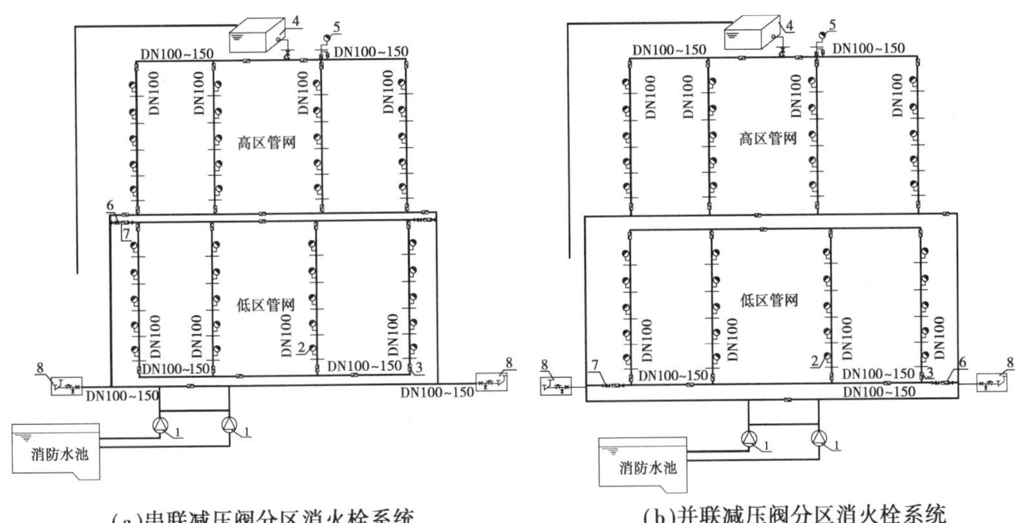


图 2.12 减压阀分区供水系统

1—消防水泵;2—消火栓;3—阀门;4—屋顶水箱;5—屋顶试验用消火栓;6—过滤器;7—减压阀;8—水泵接合器

3)按服务范围分类

①独立的消火栓系统。每座建筑单独设置,消防供水设施完整的系统。

②区域集中的消火栓系统。多栋建筑共用一套消防水源、供水设施及管网的系统,如图 2.13 所示。该系统有利于消防贮水及增压设施的集中管理,但管网复杂、维护工作量大,在地震区可靠性差,适用于有合理规划的建筑区。该系统要求按服务区域内消防设防等级最高的一栋建筑进行消防设计。

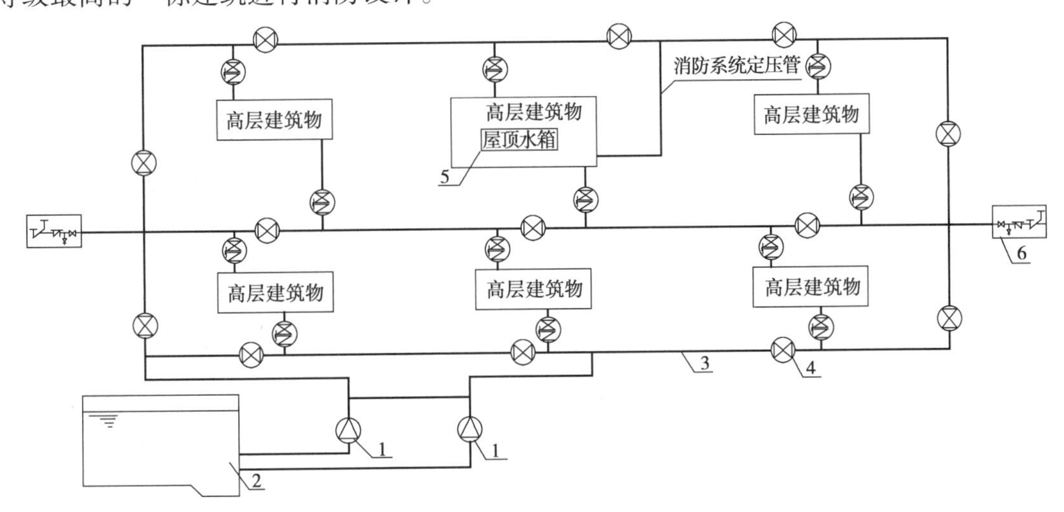


图 2.13 区域集中的消火栓给水系统

1—区域消防水池;2—消防水池;3—区域消防环网;4—阀门;5—屋顶水箱;6—水泵接合器

### 2.4.2 系统的组成及主要设施

室内消火栓给水系统由室内消火栓设备、给水管道、供水设施和水源组成,其中水源与室外消防给水系统相同。

**1)室内消火栓设备**

室内消火栓设备主要包括水枪、水带、消火栓、消防卷盘、消火栓启泵按钮及消火栓箱。高层建筑要求水枪喷嘴口径不应小于 19 mm,水带直径及消火栓口径均不应小于 65 mm。此外,为便于普通人员扑灭初期火灾,高层建筑中的高级旅馆、重要的办公楼,一类建筑中的商业楼、展览楼、综合楼,建筑高度超过 100 m 的高层民用建筑均应增设消防卷盘。

消防卷盘按设置条件有消防卷盘和自救式小口径消火栓两种,如图 2.14 所示。消防卷盘安装间距应保证一股射流能到达室内任何部位,安装高度便于取用。

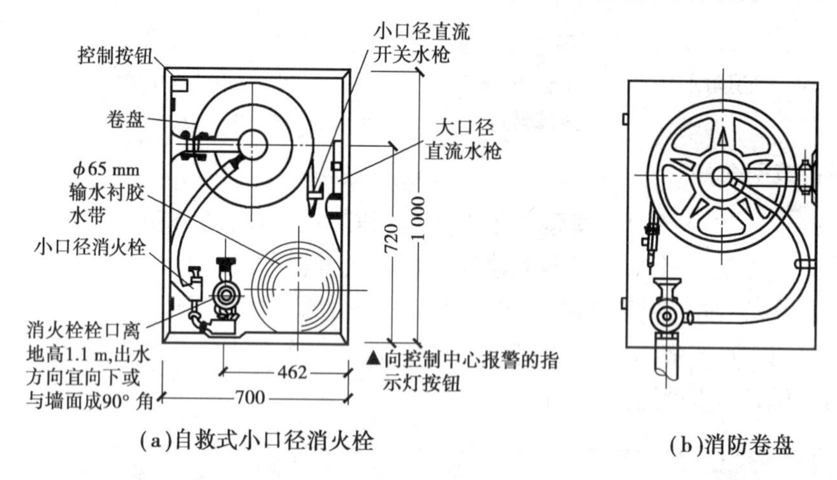


(a)自救式小口径消火栓　　(b)消防卷盘

图 2.14 消防水喉

消防卷盘由消火栓、软管、水枪组成。该消火栓口径为 DN25,配备内径不小于 19 mm 输水缠绕胶管、特制小口径直流开关水枪。水枪喷嘴口径一般为 6 ~ 9 mm,胶带长度为 25 ~ 30 m,装于直径为 480 ~ 570 mm 的卷盘内。

自救式小口径消火栓则是由软管卷盘与 SN 系列普通消火栓组合,设置在同一消火栓箱内,主要适用于有空调系统的旅馆、办公楼、商业楼、综合楼等。

消防软管卷盘与自救式小口径消火栓的技术性能,见表 2.6 和表 2.7。

此外,为了检查消火栓系统能否正常运行,避免本建筑受邻近建筑火灾的波及,在高层建筑屋顶同样需设置屋顶消火栓(可不含水枪与水龙带)。对于可能结冻的地区,屋顶消火栓应设在水箱间内或采取防冻措施。

表 2.6 消防软管卷盘技术性能

| 型 号 | 水枪喷嘴直径/mm | 供水管管径/mm | 工作压力/MPa | 有效射程/m | 输水管和水带 | | | |
|---|---|---|---|---|---|---|---|---|
| | | | | | 胶管内径/mm | 胶管长度/m | 体积流量/(L·s$^{-1}$) | 爆破压力/MPa |
| SNA25或GX-13 | 6 | 25 | 0.1~1.0 | 6.75~15.30 | 19 | 20/25/30 | 0.20~0.861 | 3.0 |
| | 7 | | | 6.75~16.20 | | 20/25/30 | 0.25~1.06 | |
| | 8 | | | 6.75~17.10 | | 20/25/30 | 0.30~1.26 | |

表 2.7 自救式小口径消火栓技术性能

| 室内消火栓 | | 输水管和水带 | | | | 水 枪 | |
|---|---|---|---|---|---|---|---|
| 栓口直径/mm | 数量/个 | 名称 | 公称压力/Pa | 公称直径/mm | 长度/m | 型 号 | 数量/个 |
| SNA25(SN25) | 1 | 胶管 | $1.0\times10^6$ | 19 | 25 | 特制小口径直流开关水枪 | 1 |
| SN65 | 1 | 衬胶水带 | $0.8\times10^6$ | 65 | 20 | $\phi$19 mm 直流水枪 | 1 |

**2)消防供水管道**

高层建筑室内消火栓系统应独立设置。当消防给水系统管网的工作压力不大于1.20 MPa时,埋地管道宜采用球墨铸铁管或钢丝网骨架塑料复合管给水管道,架空管道采用热浸锌镀锌钢管;当系统工作压力大于1.20 MPa小于1.60 MPa时,埋地管道宜采用钢丝网骨架塑料复合管、加厚钢管和无缝钢管,架空管道热浸镀锌加厚钢管或热浸镀锌无缝钢管;当系统工作压力大于1.60 MPa时,埋地与架空均采用无缝钢管。管道的连接方式应根据管材来确定,主要有沟槽式、丝接、焊接、承插式连接等。公称直径≤DN250的沟槽式管接头的最大工作压力不应大于2.5 MPa,公称直径≥DN300的沟槽式管接头的最大工作压力不应大于1.6 MPa。

**3)消防供水设施**

消防系统的供水设施有水池,水泵,水箱,稳压、减压设备,水泵接合器等。

(1)消防水池

当市政给水管网或天然水源不能根据规范要求很好地满足室内外消防用水量时,必须设置消防水池。

①确定消防水池有效容积。当市政管网或天然水源能够满足室外消防的水量、水压要求时,则水池的有效容积应满足在火灾延续时间内室内消防用水量的要求;若仅能部分满足要求时,水池的有效容积应满足在火灾延续时间内室内消防用水量和室外消防用水量不足部分之和的要求。消防水池的补水量应按消防水池最不利进水管供水量确定,当消防水池仅一路供水时,应不计其补水量。

消防水池的有效容积可按式(2.4)计算：

$$V_s = V - qT \tag{2.4}$$

式中 $V_s$——消防水池的设计有效容积，$m^3$；

$V$——需要贮存的一次消防用水总量，$m^3$；

$q$——消防水池的补水量，$m^3/h$；

$T$——火灾延续时间，h。

②消防水池的设置要求。消防水池可设置在室外或设备间内。寒冷地区室外设置的消防水池应有防冻措施。消防水池总蓄水有效容积超过 500 $m^3$ 时，宜设两格能独立使用的消防水池；当超过 1 000 $m^3$ 时，应设两座能独立使用的消防水池。消防水池总补水时间不宜超过 48 h，但当消防水池有效总容积大于 2 000 $m^3$ 时，不应大于 96 h。

消防水池需要设置进、出水管，溢流、放空管，检修人孔，通气管等；水池的有效深度应按设计最高水位与最低有效水位之间的距离计算。消防水池最低有效水位是消防水泵吸水管喇叭口或出水管喇叭口以上 0.6 m 水位，当消防水泵吸水管上设置防止旋流器时，最低有效水位为防止旋流器顶部以上 0.2 m。

消防水池宜独立设置或与其他工艺用水合用。将消防与雨水利用、中水回用、水景和游泳池用水等相结合是较好的方案，但作为消防水源，必须保证随时满足消防水量和水质的要求。当共用水池时，应有消防水量不被其他用水动用的措施，如图 2.15 所示。

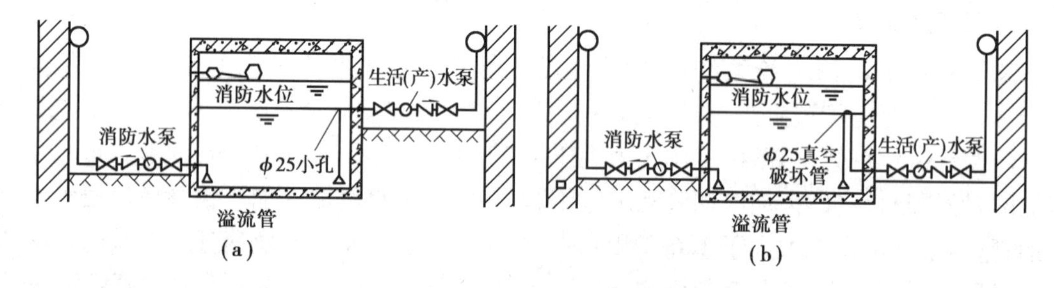


图 2.15 水池消防水防止动用的措施

③消防水池的水质保障。虽然消防对水质要求不高，但长期存放的消防用水仍需采用适当的水质保障措施。如定期清洗水池，投加消毒药剂(如二氧化氯、氯片和臭氧等)，水池周边布置紫外线消毒灯照射，水池通气管孔采用网罩以防止虫鼠进入等。

(2)消防水泵及水泵房

消防水泵是消火栓系统正常工作的心脏，应选用流量-扬程曲线较平缓的水泵，同时应设置备用泵，其工作能力不应小于其中最大一台消防工作泵。

消防水泵应采用自灌式吸水，消防水泵应确保从接到启泵信号到水泵正常运转的自动启动时间不应大于 2 min。消防水泵控制柜应设置机械应急启泵功能，并应保证在控制柜内的控制线路发生故障时由有管理权限的人员在紧急时启动消防水泵。机械应急启动时，应确保消防水泵在报警后 5.0 min 内正常工作。吸水管上应装设明杆闸阀或带自锁装置的蝶阀。但当设置暗杆阀门时应设有开启刻度和标志；当管径超过 DN300 时，宜设置电动阀门；每台消防水泵应设独立吸水管，两格(座)消防水池也可设共用吸水母管。但吸水管数不应少于 2 条，并保证其中 1 条损坏或检修时，其余吸水管仍能通过全部水量。消防水泵吸水管直径小于 DN250 时，流速宜为 1.0 ~ 1.2 m/s；直径大于 DN250 时，宜为 1.2 ~ 1.6 m/s。出水管直径小于 DN250 时，流速宜为 1.5 ~ 2.0 m/s；直径大于 DN250 时，宜为 2.0 ~ 2.5 m/s，

消防吸水管的布置方式对消防系统的供水安全性有一定影响。当消防水泵可直接自市政管道吸水时，应保证同一分区的消火栓水泵或消火栓和其他灭火系统水泵的吸水管分别与两路不同的市政给水管网连接；当消防水泵自分格的消防水池吸水时，应保证任意一条吸水管的两路供水。

消防水泵出水管上应装设试验和检查用压力表和 65 mm 的试水管。对一用一备消防水泵与室内管网的连接方法如图 2.16 所示。

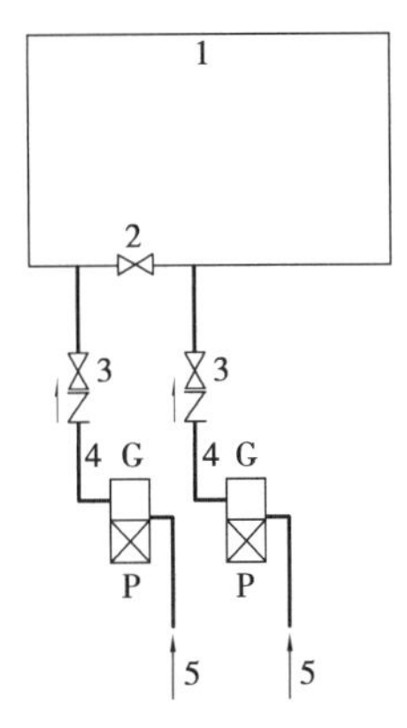


图 2.16 消防水泵与室内管网的连接方法

P—电动机；G—消防水泵；
1—室内管网；
2—消防分隔阀门；
3—阀门和单向阀；
4—出水管；5—吸水管

若消防水池同时存有室外消防用水，可在泵房内设置室外消防泵，通过泵向独立的室外消火栓管网或专用的室外消防取水栓供水，水泵的流量为室外消防用水量，扬程应保证室外消火栓出水量为 10 ~ 15 L/s 时所需压力。室外消防水泵的启停，由消防控制中心或泵房值班人员手动控制。

独立设置的消防泵房耐火等级不应低于二级。高层建筑内设置的消防水泵房应采用耐火极限不低于 2 h 的隔墙和耐火极限不低于 1.5 h 的楼板与其他部位隔开。消防水泵房的布置要做到安全可靠、设备布局合理、管路简洁、便于安装和使用。

消防泵房应有 2 个独立的电源，若不能保证，应有备用发电设备。

(3) 消防水箱

高层建筑以自救为主，屋顶消防水箱在扑灭初起火灾过程中具有重要作用。除常高压系统外，高层建筑必须设置屋顶消防水箱。屋顶消防水箱的有效贮水容积应满足初期火灾消防用水量的要求，并应符合下列规定：

①一类高层公共建筑，不应小于 36 $m^3$；但当建筑高度大于 100 m 时，不应小于 50 $m^3$；当建筑高度大于 150 m 时，不应小于 100 $m^3$。

②二类高层公共建筑和一类高层住宅，不应小于 18 $m^3$；当一类高层住宅建筑高度超过 100 m 时，不应小于 36 $m^3$。

③二类高层住宅，不应小于 12 $m^3$。

④对于高层工业建筑，若室内消防用水量不超过 25 L/s 时，不应小于 12 $m^3$；若室内消防用水量超过 25 L/s 时，不应小于 18 $m^3$。

屋顶消防水箱的设置位置应高于其所服务的水灭火设施，且最低有效水位应满足水灭火设施最不利点处的静水压力。

⑤对消火栓系统的要求：一类高层公共建筑，不应低于 0.10 MPa，但当建筑高度超过

100 m时,不应小于0.15 MPa;高层住宅、二类高层公共建筑不应低于0.70 MPa。

⑥对自动喷水灭火系统等自动水灭火系统,应根据喷头灭火需求压力确定,但最小不应小于0.10 MPa。

消防系统中分区设置的高位消防水箱,若具有与屋顶消防水箱同样的功能,则该高位水箱视同于该消防分区的屋顶水箱,并满足以上要求;对串联分区消防给水系统的分区消防转输水箱,其容积建议不小于0.5~1.0 h的消防用水量,且不小于60 $m^3$;对分区消防减压水箱,在不考虑消防贮水时,一般不小于18 $m^3$。

(4)稳压措施

当屋顶消防水箱的最低有效水位不能满足水灭火设施最不利点的处的静水压力的要求时,应设置稳压设施。由于设置增(稳)压措施的目的主要是满足火灾初期,消防主泵启动前,消防给水系统的水压要求,为使消防主泵及时启动,稳压泵的设计流量,应按消防给水系统管网的正常泄漏量计算,按消防给水设计流量的1%~3%计,且不宜小于1 L/s;扬程满足灭火时最不利消防设施出水点的压力要求。

目前常用的增(稳)压方式有两种:

①小流量泵增(稳)压。小流量泵可设在消防主泵或屋顶水箱处,水泵经常运行,系统一直处于灭火时需要的状态,水泵控制一般采用压力开关,如图2.17所示。

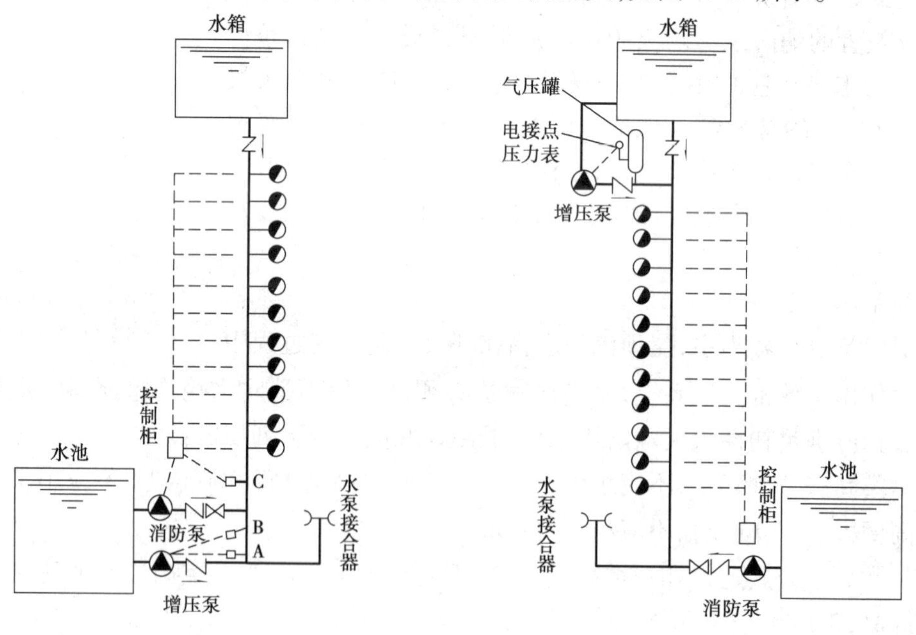


图2.17 小流量泵增(稳)压系统

图2.18 气压给水设备增(稳)压系统

压力开关A,B,C分别控制增压泵停止、运行和消防主泵运行三种工作状态。压力开关A、B、C分别控制稳压泵启动、停止和消防主泵运行三种工作状态。开关A按最不利水灭火设施的静压加0.07~0.10 MPa设定,且应保持系统最不利点处水灭火设施在准工作状态时的静水压力应大于0.15 MPa,决定稳压泵的启泵压力;开关B按稳压泵启泵压力值除以气压罐的工作压力比(一般在0.8~0.9)设定,决定稳压泵的停泵压力;开关C按稳压泵的启泵压力减 0.07 ~ 0.10 MPa 设定,决定消防主泵的启动。决定消防主泵的启动。压力开关 A 和 B 控制的工作状态是由于系统渗漏造成压力降低而进行的补压。一旦发生火灾,消火栓或洒水喷头出水,消防给水系统的压力必然急剧下降,当降至压力开关 C 设定的压力值时,消防主泵即刻启动。

②气压给水设备增(稳)压。气压给水设备常设置在屋顶消防水箱处,如图 2.18 所示。设备平时利用气压罐为系统稳压,由气压罐处电接点压力表来控制水泵的运行:当罐内压力降至设定压力下限时,水泵自动启动同时向气压罐及管网供水;当罐内压力升至设定压力上限时,水泵自动停止。

气压给水设备配套泵的扬程除满足灭火时最不利消防设施出水点的压力要求外,还要考虑气压罐本身对压力的需要。消火栓与自动喷水灭火系统宜单独设置稳压,气压水罐有效储水容积不宜小于 150 L。

(5)减压措施

消火栓栓口的出水压力不应大于 0.50 MPa。当出口压力大于 0.70 MPa 时必须设置减压装置。自动喷水灭火系统的轻、中危险级场所,各配水管入口的压力超过 0.40 MPa 时,宜采取减压措施。

工程上常采用的减压措施有减压孔板、减压稳压消火栓或节流管等。

①减压孔板。减压孔板设置在消火栓给水支管上,如图 2.19 所示。孔板减压的原理在于水流通过狭窄孔口时,受到局部阻力的作用,会产生一定的能量损失。孔径越小,减去的能量就越多。由于受到孔口流态的影响,孔板只能减动压,且减压量不宜太大。自动喷水灭火系统中减压孔板的孔径不应小于设置管段直径的 30%,且不小于 20 mm。

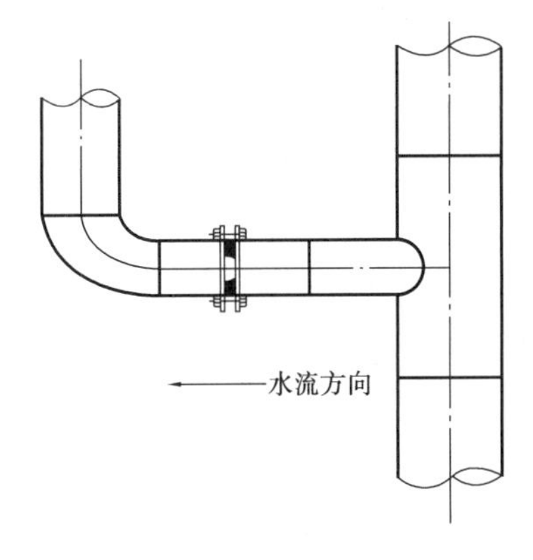


图 2.19 减压孔板安装示意图

设置在系统中不同位置的孔板减掉的过剩压力各不相同,需计算确定。

消火栓剩余水头按式(2.5)计算:

$$H_{xsh} = H_b - H_{xh} - h_z - \Delta h \tag{2.5}$$

式中 $H_{xsh}$——计算消火栓栓口剩余压力,MPa;

$H_b$——消防泵扬程,MPa;

$H_{xh}$——消火栓栓口所需最小灭火压力,MPa;

$h_z$——计算消火栓与水泵最低吸水面之间的高差造成的静水压力,MPa;

$\Delta h$——从最低吸水面到计算消火栓之间管道内总水头损失,MPa。

计算出的剩余水头由节流孔板形成的水流阻力所消耗,即应与孔板的局部水头损失相等。当减压孔板的比阻有表可查时,水流通过孔板的水头损失可按式(2.6)计算;当减压孔板的比阻无表不可查时,则水头损失可按式(2.7)计算:

$$H_k = Sq_k^2 \tag{2.6}$$

式中 $H_k$——减压孔板的局部水头损失，$mH_2O$；

$q_k$——通过孔板的流量，L/s；

$S$——减压孔板的比阻值，$mH_2O \cdot s/L$，见表 2.8。

**表 2.8 65 mm 消火栓减压孔板性能**

| 孔板孔口直径 $d$/mm | 24 | 26 | 28 | 30 | 32 | 34 | 36 | 38 | 40 |
|---|---|---|---|---|---|---|---|---|---|
| $S$ 值 | 28.6 | 15.2 | 6.83 | 3.74 | 2.53 | 1.27 | 0.69 | 0.43 | 0.226 |
| $H_k/mH_2O$ | 715 | 388 | 170 | 93.5 | 63.2 | 31.7 | 17.2 | 10.7 | 5.6 |

注：$H_k$ 是指 65 mm 消火栓流量为 5 L/s 时减压孔板的水头损失。

$$H_k = \frac{0.01\xi v_k^2}{2g} \tag{2.7}$$

式中 $H_k$——水流通过减压孔板时的水头损失，MPa。

$v_k$——水流通过减压孔板后的流速，m/s。

$\xi$——减压孔板的局部阻力系数，按式(2.8)计算：

$$\xi = \left(1.75\frac{D^2}{d^2} \times \frac{1.1 - d^2/D^2}{1.175 - d^2/D^2} - 1\right)^2 \tag{2.8}$$

式中 $D$——消防给水管管径，mm；

$d$——减压孔板的孔径，mm。

减压孔板的水头损失应等于消火栓剩余水压 $H_{xsh}$，即 $H_k = H_{xsh}$。

则减压孔板的孔径可按式(2.9)计算：

$$D_k = \sqrt{\frac{4q}{\mu\sqrt{2gH_{xsh}}}} \tag{2.9}$$

式中 $D_k$——减压孔板的孔径，mm；

$q$——通过孔板的流量，L/s；

$g$——重力加速度，$m/s^2$；

$\mu$——孔口流量系数，一般采用 0.62。

当采用消防水泵供水工况计算栓口剩余压力，得出孔板直径后，需用消防水箱供水工况校核栓口压力，以保证火灾初期与灭火期两种工况下，消火栓均能有效使用。减压孔板虽计算相对烦琐，但价格便宜，应用最为可靠，工程应用最多。

②减压稳压消火栓。目前，可选用的减压稳压消火栓有活塞和孔板两种类型，如图 2.20 所示。

孔板型减压稳压消火栓的核心部件为筒体、减压瓣、弹簧及孔板，当进水压力变化时，通过减压瓣的移动，改变其与孔板的间隙达到减压的目的。由于减压瓣与孔板的间隙变化是线性的，产生的圆周面积的变化也是线性的，由此决定了该减压消火栓后的压力是线性递增的，压力不够稳定。

活塞型减压稳压消火栓的减压装置由活塞套、活塞和弹簧组成。活塞在活塞套中上下滑动,下部受进水水压作用,上部受弹簧力作用,活塞的侧壁开有泄水孔,泄水孔的断面形状随活塞位置的上下移动而改变——进水压力增大时,活塞上移,截流口面积减小;反之,活塞下移,截流口面积增大。通过截流口面积变化的非线性设计来补偿截流口前后端压力变化的非线性,从而实现栓后压力的稳定。

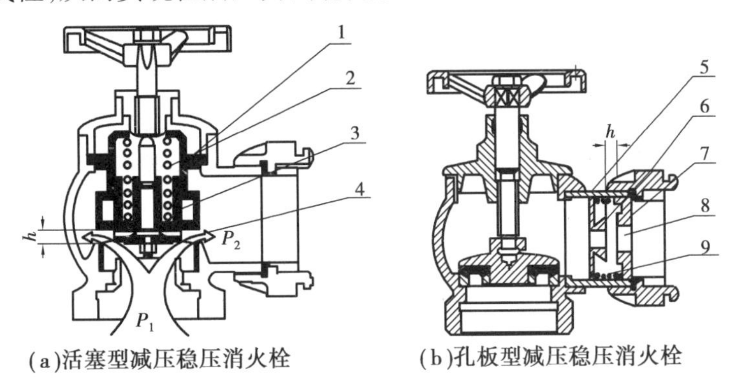


(a)活塞型减压稳压消火栓　(b)孔板型减压稳压消火栓

图 2.20　减压稳压消火栓

1—活塞套;2—弹簧;3—活塞;4—截流口;5—筒体;
6—活动孔板;7—固定孔板;8—出水口;9—弹簧

高层建筑常用的 DN65 口径消火栓,水带长度为 20 m,水枪喷嘴口径为 19 mm,充实水柱 10 m 计,水带和水枪水头损失之和为 0.235 MPa,减压稳压消火栓减压特性曲线如图 2.21 所示。当栓前压力 $P_1$ 为 0.40 MPa 时,栓后压力 $P_2$ 为 0.25 MPa,即能满足消防用水水压和水量的要求。

可以看出,减压稳压消火栓的栓前压力 $P_1$ 在 0.40 ~ 0.80 MPa 时,其栓后压力 $P_2$ 可稳定在(0.30±0.05)MPa,即使栓前压力达到分区压力的最大值 1.00 MPa 时,其栓后压力仍小于 0.50 MPa,满足消火栓的出水动压要求。

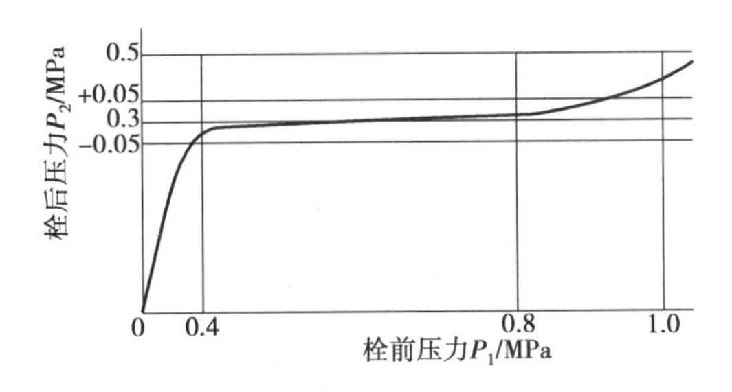


图 2.21　活塞型减压稳压消火栓性能曲线

虽然减压稳压消火栓选用时省去了烦琐的计算,价格比减压孔板贵。该产品有滑动密封胶圈,易粘连、老化,长期使用中需注意维护和更换。

③节流管。同样是利用管道流经局部管段产生水头损失的原理减去动压,其水头损失按式(2.10)计算:

$$H_g = \zeta \frac{v^2}{2g} + 0.010\,7L \frac{v_g^2}{d_g^{1.3}} \tag{2.10}$$

式中 $H_g$——节流管的水头损失，$10^{-2}$ MPa；

$\zeta$——节流管中渐缩管与渐扩管的局部阻力系数之和，取值0.7；

$v_g$——节流管内水的平均流速，m/s；

$d_g$——节流管的计算内径，m，取值按节流管内径减少1 mm确定；

$L$——节流管的长度，m。

节流管在应用中，一般要求直径按上游管段直径的1/2确定，长度不宜小于1.0 m。因此，在消火栓系统中应用较少，在自动喷水灭火系统中有少量应用。应用时要求节流管内水的平均流速不得大于20 m/s。

(6)防超压措施

消防给水管网内的压力超过系统所要求的压力限值，造成管道、配件或附件的损坏，或影响消防给水系统正常工作和运行的超压现象。

超压形成的主要原因有：

①火灾初起或水泵检查、试验运转时，消火栓的实际使用数和自动喷水灭火系统的喷头实际开放数比规范规定的数量少，实际用水量远小于水泵出流量。

②消防水泵直接自市政管网吸水，市政管网的压力变化幅度大，而水泵选型不当时。

③消防的分区水泵采用对口串联运行，水泵的扬程累加后有可能超压。

④停泵水锤，消防车载水泵压力过高等都可能形成管网超压。

防超压措施见表2.9。

**表2.9 防超压措施**

| 序号 | 防超压原则 | 具体技术措施 |
|---|---|---|
| 1 | 防止超压产生 | 合理布置消防给水系统 |
| | | 减小竖向分区给水压力值 |
| | | 多台水泵并联运行，按用水量要求来启动水泵台数 |
| | | 选用流量-扬程曲线平缓的消防泵，如恒压消防泵 |
| | | 谨慎采用消防水泵口对口串联给水方式 |
| 2 | 提高管网的耐压能力 | 提高泵壳、管道和附件承压能力 |
| 3 | 当超压发生时，防止使给水管网造成破坏和损失 | 在消防管网上设安全阀或其他泄压装置 |
| | | 消防水泵设回流管泄压 |
| | | 设置静压减压阀等减静压装置 |

(7)水泵接合器

连接消防车向室内消防给水系统加压供水的装置称为水泵接合器，其一端由消防给水管网水平干管引出，另一端设于消防车易于接近的地方。

高层建筑水泵接合器的类型及设置与低层建筑完全相同，设计时应注意以下几点：

①除消火栓给水系统外，自动喷水灭火系统、水喷雾灭火系统（细水喷雾灭火系统除外）等其他自动水灭火系统均应设置水泵接合器；消防给水有多个竖向分区时，在消防车供水压力范围内的分区，应分别设置接合器。

②水泵接合器宜分散布置，布置在一起时，应有明显标志加以区分。

③各消防给水系统的水泵接合器的设置数量应按满足该系统的室内消防用水量计算确定，但当计算数量超过3个时，可根据供水可靠性适当减少。消防水泵接合器的给水流量宜按每个10～15 L/s计算。

④水泵接合器应设在室外便于消防车使用的地点，距室外消火栓或消防水池的距离宜为15～40 m。

⑤水泵接合器宜采用地上式，当采用地下式水泵接合器时，应有明显标志。

### 2.4.3 室内消火栓的设置

除无可燃物的设备层外，高层建筑和裙房的各层均应设室内消火栓，并应符合下列规定：

①室内消火栓的布置应满足同一平面有2支消防水枪的2股充实水柱同时达到任何部位的要求，但建筑高度小于或等于24.0 m且体积小于或等于5 000 $m^3$的多层仓库、建筑高度小于或等于54 m且每单元设置1部疏散楼梯的住宅，可采用1支消防水枪的1股充实水柱到达室内任何部位。其间距应由计算确定，消火栓按2支消防水枪的2股充实水柱布置的建筑物，消火栓的布置间距不应大于30.0 m。

②消防电梯间前室应设消火栓。

③高层建筑的屋顶应设一个装有压力显示装置的检查用的消火栓，采暖地区可设在顶层出口处或水箱间内，如图2.22所示。

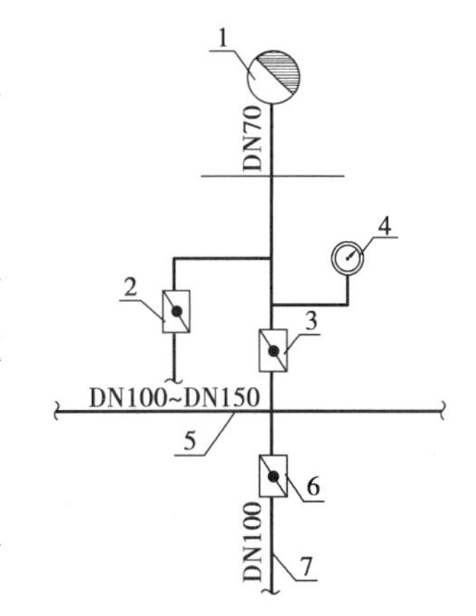


图2.22 屋顶试验用消火栓

1—屋顶试验消火栓；
2—泄水阀门；3—关断阀门；
4—压力表；5—顶层消防环管；
6—立管阀门；7—消防立管

④室内消火栓应设置在楼梯间、走道附近等明显和易于取用、便于火灾扑救的地点。楼梯间或其附近的消火栓位置不宜变动。

多功能厅等大空间，其室内消火栓应首先设置在疏散门等位置；汽车库内消火栓的设置应不影响汽车的通行和车位的设置，且不应影响消火栓的开启。

⑤消火栓应采用同一型号规格。消火栓的栓口直径应为DN65，水带长度不宜超过25 m，宜配置喷嘴当量直径为16 mm或19 mm的消防水枪。

⑥消火栓栓口离地面或操作基面的高度宜为1.10 m，栓口出水方向宜向下或与设置消火栓的墙面相垂直。

⑦临时高压给水系统的每个消火栓处宜设置按钮，消火栓按钮不宜作为直接启动消防水泵的开关，但可作为发出报警信号的开关或启动干式消火栓系统的快速启闭装置等。

室内消火栓布置间距的计算步骤如下:

①确定充实水柱长度。高层建筑的消防水枪充实水柱应按 13 m 计算。

②确定消火栓的保护半径。

$$R_0 = K_3 L_d + L_s \tag{2.11}$$

式中 $R_0$——室内消火栓的保护半径,m;

$K_3$——消防水带弯曲折减系数,宜根据消防水带转弯数量取 0.8 ~0.9;

$L_d$——消防水带长度,m;

$L_s$——水枪充实水柱长度在平面上的投影长度,按水枪倾角为 45°时计算,取 $0.71S_K$,m;

$S_K$——水枪充实水柱长度,m。

③确定消火栓的布置间距。保护半径确定后,在同一防火分区内,建筑平面规则时,可按照如图 2.23 所示的方法确定消火栓的布置间距。

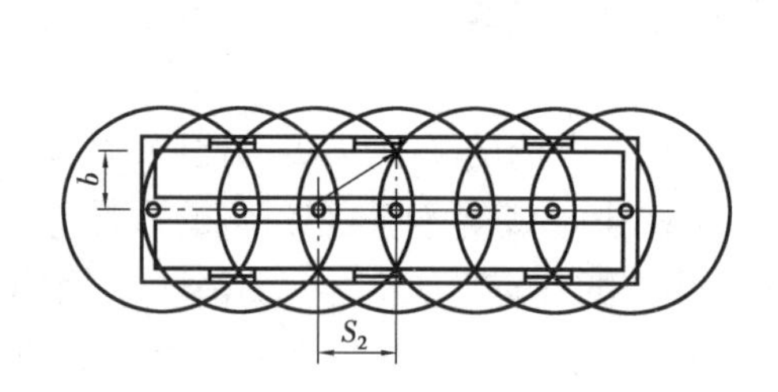


(a)单排2股水柱到达室内任何部位

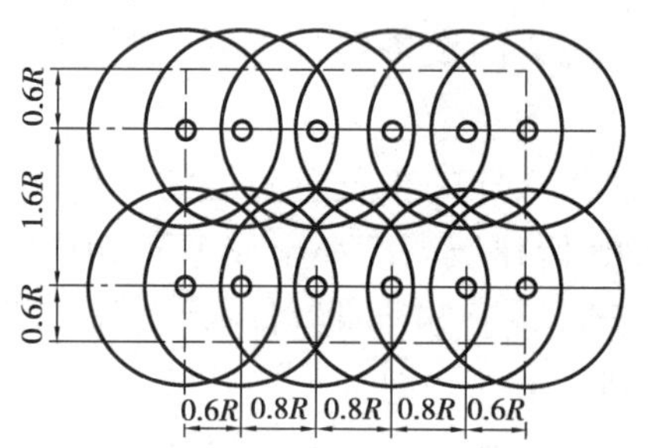


(b)多排2股水柱到达室内任何部位

图 2.23 消火栓的布置间距

a. 单排消火栓 2 股水柱到达室内任何部位时,消火栓间距见图 2.23(a),其间距按式(2.12)计算:

$$S = \sqrt{R^2 - b^2} \tag{2.12}$$

式中 $S$——消火栓间距,m;

$R$——消火栓保护半径,m;

$b$——消火栓最大保护宽度的 1/2,m。

b. 多排消火栓 2 股水柱到达室内任何部位时,消火栓布置间距如图 2.23(b)所示。

消火栓的设置数量和位置还应结合建筑物各层平面图确定,尤其是高层建筑,往往同一层面积较大,建筑平面被划分为多个防火分区,且存在多部电梯、疏散通道复杂的情况。要理清防火分区、消防电梯和疏散通道,保证同一防火分区内任何一处有 2 股水柱到达;不同防火分区之间,消火栓保护半径不能穿越。

### 2.4.4 室内消火栓给水管网布置

高层建筑室内消火栓给水管网布置应满足下列要求:

①消防给水应为独立系统,不得与生活、生产给水合用,与自动喷水灭火系统也应分

开设置，但水池可与生活、生产系统合用。合用时应采取消防水不被其他用水占用的措施，如图2.15所示。与自动喷水灭火系统可合用消防泵，但在自动喷水灭火系统的报警阀前（沿水流方向）的管网必须分开。

②管道应布置成环，环状管道上需引出支管时，支管上的消火栓数量不应超过1个。消防给水系统的引入管和环状管网的进水管不应少于2根，当其中1根发生故障时，其余的引入管或进水管应保证消防水量和水压的要求，如图2.24(a)所示。

③消防竖管的布置，应保证同层相邻2个消火栓的水枪的充实水柱同时达到被保护范围内的任何部位。每根消防竖管的直径应按表2.3规定通过的流量经计算确定，但不应小于100 mm。

④高层建筑塔楼的未关闭消防竖管根数应能保证通过该建筑消火栓给水系统的用水量。

⑤消防给水管道应采用阀门分成若干独立段。阀门的布置，应保证检修管道时关闭停用的竖管不超过1根。当竖管超过4根时，可关闭不相邻的2根。裙房内消防给水管道的阀门在检修时停止使用的消火栓不应超过5个，应保证检修管道时关闭停用的竖管不超过1根。当设置的竖管超过3根时，可关闭2根。室内消防管道上的阀门应保持常开，并应有明显的启闭标志或信号。

图2.24分别为室内消防给水环网阀门布置原理图及系统图。

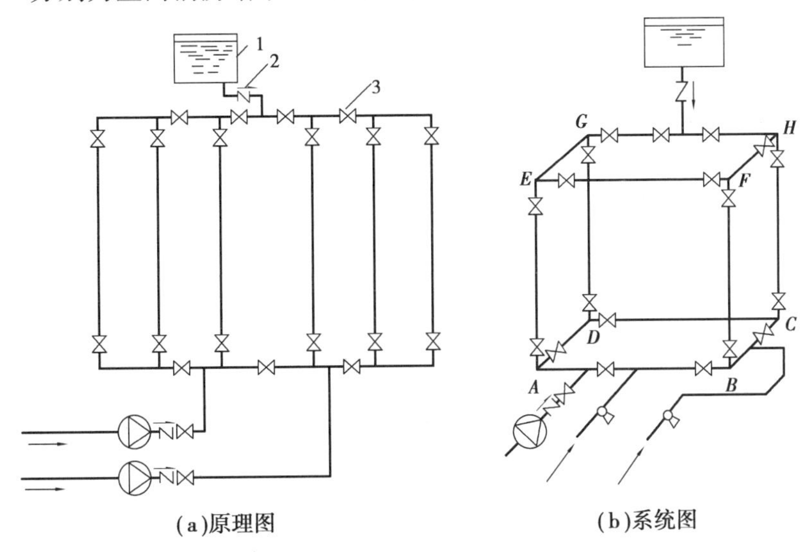


图2.24 室内消防管网水源及阀门布置图

1—水箱；2—止回阀；3—阀门；A ~ H—管网中各节点

## 2.4.5 消火栓给水系统水力计算

### 1) 栓口压力计算

消火栓栓口所需压力按式(2.13)计算：

$$H_{xh} = H_q + h_d + H_k = \frac{q_{xh}^2}{B} + A_d L_d q_{xh}^2 + 20 \text{ kPa} \tag{2.13}$$

式中 $H_{xh}$——室内消火栓栓口的水压,kPa;

$H_q$——消防水枪喷嘴造成所需充实水柱长度的水压,kPa;

$h_d$——水龙带的水头损失,kPa;

$H_k$——消火栓栓口水头损失,kPa,一般为20 kPa;

$q_{xh}$——水枪射流量,L/s;

$A_d$——水龙带的比阻,见表2.10;

$L_d$——水龙带的长度,m;

$B$——水枪水流特性系数,与水枪喷嘴口径有关,见表2.11。

利用式(2.15)求 $H_q$ 时应注意,计算出的压力要同时满足规范规定最小出流量和充实水柱的要求。$H_m$,$q_{xh}$,$H_q$ 的关系见表2.12。

**表2.10 水龙带比阻 $A_d$ 值**

| 水龙带口径/mm | 比阻 $A_d$ 值 | |
|---|---|---|
| | 维尼龙帆布或麻质帆布水带 | 衬胶水带 |
| 50 | 0.150 1 | 0.067 7 |
| 65 | 0.043 0 | 0.017 2 |
| 80 | 0.001 50 | 0.000 75 |

**表2.11 水枪水流特性系数 $B$ 值**

| 水枪喷口直径/mm | 13 | 16 | 19 | 22 |
|---|---|---|---|---|
| $B$ 值 | 0.034 6 | 0.079 3 | 0.157 7 | 0.283 4 |

**表2.12 $H_m$,$q_{xh}$,$H_q$ 的关系**

| 充实水柱/m | 水枪喷口直径/mm | | | | | |
|---|---|---|---|---|---|---|
| | 13 | | 16 | | 19 | |
| | $H_q/mH_2O$ | $q_{xh}/(L \cdot s^{-1})$ | $H_q/mH_2O$ | $q_{xh}/(L \cdot s^{-1})$ | $H_q/mH_2O$ | $q_{xh}/(L \cdot s^{-1})$ |
| 6 | 8.1 | 1.7 | 7.8 | 2.5 | 7.7 | 3.5 |
| 8 | 11.2 | 2.0 | 10.7 | 2.9 | 10.4 | 4.1 |
| 10 | 14.9 | 2.3 | 14.1 | 3.3 | 13.6 | 4.5 |
| 12 | 19.1 | 2.6 | 17.7 | 3.8 | 16.9 | 5.2 |
| 14 | 23.9 | 2.9 | 21.8 | 4.2 | 20.6 | 5.7 |
| 16 | 29.7 | 3.2 | 26.5 | 4.6 | 24.7 | 6.2 |

2)管网计算

管网计算包括计算流量与压力损失两方面。管网的压力损失应按室内消防达到设计用水量时进行计算,为此,需将设计流量分配到各竖管中去。进行竖管的流量分配,确定竖管管径,将环状管网最上部的联络管去掉,使之简化为枝状管网,从最不利点消火栓一直计算到消防泵房内,最后确定消防泵的流量与扬程。

①消防竖管的流量分配。每根竖管的最小流量是指发生火灾时,每根竖管应保证相邻的上、下2层或上、中、下3层水枪同时使用,以满足扑救需要。最不利点消火栓、最不利消火栓竖管和消火栓的流量分配应符合表2.13的规定。消火栓出流股数分布见表2.14。

表2.13 最不利点计算流量分配

| 室内消防计算流量 $/(\mathrm{L \cdot s^{-1}})$ | 最不利消火栓竖管出水枪数/支 | 相邻消火栓竖管出水枪数/支 | 次相邻消火栓竖管出水枪数/支 |
|---|---|---|---|
| 10 | 2 | — | — |
| 20 | 2 | 2 | — |
| 25 | 3 | 2 | — |
| 30 | 3 | 3 | — |
| 40 | 3 | 3 | 2 |

注:①出2支水枪的竖管,如设置双出口消火栓时,最不利点按最高层的双出口消火栓进行计算;

②出3支水枪的竖管,如设置双出口消火栓时,最不利点按最高层的双出口消火栓加相邻下一层1支水枪进行计算;

③建筑高度不超过50 m,室内消火栓用水量为30 L/s的建筑物,当设有自动喷水灭火系统时,其室内消防用水量可减少5 L/s,故本表中出现25 L/s的数据。

表2.14 消火栓出流股数分布

| 类型 | 室内消防用水量 $/(\mathrm{L \cdot s^{-1}})$ | 每根竖管最小流量 $/(\mathrm{L \cdot s^{-1}})$ | 消防出水股数 | 出水股数分布示意图 | 备注 |
|---|---|---|---|---|---|
| Ⅰ | 10 | 10发挥作用 | 2 | ○ △ ○ | 2根竖管 |
| Ⅱ | 20 | 10 | 4 | ○ △ ○<br>○   ○ | 2根竖管发挥作用时下层消火栓主要起降温作用 |
| Ⅲ | 30 | 15 | 6 | ○   ○<br>○ △ ○<br>○   ○ | 2根竖管发挥作用时,上下层消火栓同时发挥作用 |

续表

| 类型 | 室内消防用水量/(L·s$^{-1}$) | 每根竖管最小流量/(L·s$^{-1}$) | 消防出水股　　数 | 出水股数分布示意图 | 备　注 |
|---|---|---|---|---|---|
| Ⅳ | 40 | 15 | 8 | ○ ○ 　 ○<br>○ ○ △ ○<br>　 ○ 　 ○ | 每层不少于3根竖管发挥作用 |

注：○—消火栓；△—着火层。

②消防竖管管径的确定。火灾发生地点的偶然性使室内消火栓给水环网中的任意一根竖管都可能成为最不利消防竖管。因此，每根消防竖管的管径应满足不小于表2.14中规定的最小流量的要求；同时，还应满足当检修关闭一定数量的竖管后，剩余的竖管仍能通过规范规定的室内消防设计流量。

管道控制设计流速为1.4～1.8 m/s，不宜大于2.5 m/s。

③断开环状管网最上部的联络管，简化成枝状管网。

④管网水头损失的计算。消防给水管道分沿程和局部水头损失两部分，计算按1.5.3节和1.5.4节相关内容。为方便起见，管道的局部水头损失可采用沿程水头损失的10%～20%，也可将各种管件折算成当量长度，按沿程水头损失的公式计算。

⑤确定消防主泵流量与扬程并选泵。消防主泵的总出流量按设计的消防出水股数，在满足最不利消火栓充实水柱和出水量的情况下，以各出流消火栓的流量之和计。消防主泵扬程可按式(2.14)计算：

$$H_b = H_x + H_{xh} + \sum h \times K \tag{2.14}$$

式中　$H_b$——消防主水泵的扬程，kPa；

$H_x$——消防水池最低水面与最不利消火栓之间的几何高差产生的压力，kPa；

$H_{xh}$——最不利消火栓的栓口压力，kPa；

$K$——安全系数，可取1.20～1.40，宜根据管道的复杂程度和不可预见发生的管道变更所带来的不确定性；

$\sum h$——管网的水头损失之和，kPa。

### 3)引入管管径确定

消防引入管的管径应保证一条进水管检修或发生故障时，其余进水管仍能满足全部用水量，即满足生活、生产和消防的用水总量。管径按式(2.15)确定：

$$D = \sqrt{\frac{4Q}{\pi(n-1)v}} \tag{2.15}$$

式中　$D$——进水管管径，m；

$Q$——生活、生产和消防用水总量，m$^3$/s；

$v$——进水管水流速度，m/s，一般不宜大于2.5 m/s；

$n$——进水管数量，$n \geqslant 2$ 根。

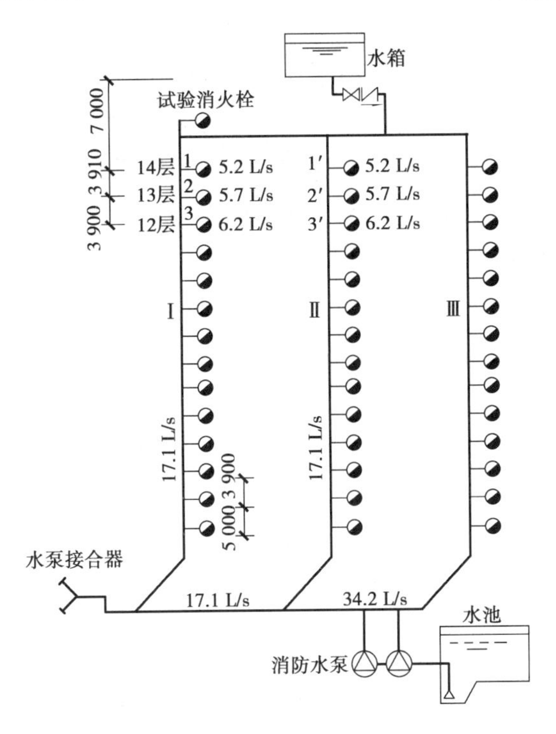


图 2.25　某旅馆消水栓给水系统

4)计算实例

【例 2.1】　某 14 层高级旅馆,其消火栓给水系统如图 2.25 所示。选用喷嘴直径 $d$= 19 mm 的水枪,消水栓口径 65 mm,衬胶水龙带直径 65 mm、长 20 m。试确定消防管道直径及消防水泵的流量和扬程。

【解】　去掉上部水平横管,很容易判定Ⅰ、Ⅱ号消防竖管为最不利竖管和次不利竖管,Ⅰ号消防竖管上的节点 1 为最不利消火栓。按《水消规》要求,本建筑室内消防用水量为 30 L/s,充实水柱长度≥10 m,发生火灾时,最不利竖管和次不利竖管应满足 3 支水枪同时工作,每支水枪的最小流量为 5 L/s,每根竖管最小流量要求均为 15 L/s。

查表 2.12 知:当充实水柱 $H_m$ = 12 m、水枪流量 $q_{xh}^{(1)}$ = 5.2 L/s(同时满足充实水柱长度≥10 m、水枪流量 5 L/s 的要求)时,水枪喷嘴处的压力 $H_q$ = 169 kPa。节点 1 处消火栓口所需压力为:

$$H_{xh}^{(1)} = (169 + 0.0172 \times 20 \times 5.2^2 + 20)\ \text{kPa}$$
$$= 198\ \text{kPa}$$

初步确定竖管直径为 DN100,当消防流量达到 15 L/s 时,管内流速为:

$$v = \frac{4 \times 0.015}{3.14 \times 0.1^2}\ \text{m/s}$$
$$= 1.91\ \text{m/s}(\text{未超过 } 2.5\ \text{m/s})$$

节点 2 处消火栓口的压力为:

$$H_{xh}^{(2)} = H_{xh}^{(1)} + \gamma\Delta h + iL = 237\ \text{kPa}$$

水枪射流量为:

$$q_{xh}^{(2)} = \sqrt{\frac{237 - 20}{0.0172 \times 20 + 1/0.1577}} \text{ L/s} = 5.7 \text{ L/s}$$

同理可求得节点3处消火栓的压力为277 kPa，出水量6.2 L/s。近似认为Ⅱ号竖管的流量与Ⅰ号竖管相等，消防泵流量为(5.2+5.7+6.2)×2 L/s=34.2 L/s。

底部顶部水平干管直径采用DN150，流速小于2.5 m/s。

消防水泵的扬程可根据节点1处消火栓口的压力、节点1与消防水池最低动水位之差，计算管路水头损失求出。

## 2.5 闭式自动喷水灭火系统

### 2.5.1 自动喷水灭火系统概述

自动喷水灭火系统是一种在发生火灾时，能自动喷水灭火并同时发出火警信号的灭火系统，是当今世界上公认的最为有效的自救灭火设施，也是应用最广泛、用量最大的自动灭火系统。

这种灭火系统具有很高的灵敏度和灭火成功率，是扑灭建筑初期火灾非常有效的一种灭火设备。在发达国家的消防规范中，要求所有应该设置灭火设备的建筑都采用自动喷水灭火系统；在我国，自动喷水灭火系统已经开始在工业建筑、公共建筑、住宅建筑建设中广泛应用，并有逐渐成为替代消火栓给水系统作为主要灭火手段的趋势。

自动喷水灭火系统按喷头开闭形式，分为闭式喷水灭火系统和开式喷水灭火系统。闭式喷水灭火系统可分为湿式自动喷水灭火系统、干式自动喷水灭火系统、干湿式自动喷水灭火系统、预作用自动喷水灭火系统、重复启闭预作用灭火系统、闭式自动喷水-泡沫联用系统等；开式自动喷水灭火系统可分为雨淋灭火系统、水幕系统、水喷雾灭火系统、雨淋自动喷水-泡沫联用系统等。

**1）系统设置场所火灾危险等级**

(1)火灾危险等级划分的主要依据

火灾荷载(由可燃物的性质、数量及分布状况决定)、室内空间条件(面积、高度)、人员密集程度、采用自动喷水灭火系统扑救初期火灾的难易程度、疏散及外部增援等条件是划分系统设置场所火灾危险等级的主要依据。

(2)火灾危险等级与举例

将设置自动喷水灭火系统的场所划分为4个等级，即轻危险级、中危险级、严重危险级和仓库危险级。其中，中危险级和严重危险级又分为Ⅰ,Ⅱ级；仓库危险级分为Ⅰ,Ⅱ,Ⅲ级。

①轻危险级：一般是指可燃物品较少、可燃性低和火灾发热量较低，外部增援和疏散人员较容易的场所。

②中危险级：一般是指内部可燃物数量中等，可燃性中等，火灾初期不会引起剧烈燃

烧的场所。大部分民用建筑和工业厂房划归中危险级。根据此类场所种类多、范围广的特点，划分中Ⅰ级和中Ⅱ级，并在表2.15中举例予以说明。商场内物品、人员密集，发生火灾的频率较高，易酿成大火，造成群死群伤和高额财产损失的严重后果，因此将大型商场列入中Ⅱ级。

③严重危险级：一般是指火灾危险性大，可燃物品数量多，火灾时容易引起猛烈燃烧并可能迅速蔓延的场所。除摄影棚、舞台"葡萄架"下部外，包括存在较多数量易燃固体、液体物品工厂的备料和生产车间。

④仓库危险级：按仓库货品的性质和仓储条件，将仓库火灾危险等级分为Ⅰ，Ⅱ，Ⅲ级。

系统设置场所火灾危险等级举例，见表2.15。

**表2.15 设置场所火灾危险等级举例**

| 火灾危险等级 | | 设置场所举例 |
|---|---|---|
| 轻危险级 | | 住宅建筑、幼儿园、老年人建筑、建筑高度为24m及以下的旅馆、办公楼；仅在走道设置闭式系统的建筑等 |
| 中危险级 | Ⅰ级 | ①高层民用建筑：旅馆、办公楼、综合楼、邮政楼、金融电信楼、指挥调度楼、广播电视楼（塔）等；<br>②公共建筑（含单多高层）：医院、疗养院，图书馆（书库除外）、档案馆、展览馆（厅），影剧院、音乐厅和礼堂（舞台除外）及其他娱乐场所，火车站和飞机场及码头的建筑，总建筑面积小于5 000 $m^2$ 的商场、总建筑面积小于1 000 $m^2$ 的地下商场等；<br>③文化遗产建筑：木结构古建筑、国家文物保护单位等；<br>④工业建筑：食品、家用电器、玻璃制品等工厂的备料与生产车间等，冷藏库、钢屋架等建筑构件 |
| | Ⅱ级 | ①民用建筑：书库、舞台（葡萄架除外）、汽车停车场（库）、总建筑面积5 000 $m^2$ 及以上的商场、总建筑面积1 000 $m^2$ 及以上的地下商场、净空高度不超过8 m、物品高度不超过3.5 m的超级商场等；<br>②工业建筑：棉毛麻丝及化纤的纺织、织物及制品、木材木器及胶合板、谷物加工、烟草及制品、饮用酒（啤酒除外）、皮革及制品、造纸及纸制品、制药等工厂的备料与生产车间 |
| 严重危险级 | Ⅰ级 | 印刷厂、酒精品及可燃液体制品等工厂的备料与生产车间、净空高度不超过8 m、物品高度超过3.5 m的超级商场等 |
| | Ⅱ级 | 易燃液体喷雾操作区域，固体易燃物品、可燃的气溶胶制品、溶剂清洗、喷涂、油漆、沥青制品等工厂的备料及生产车间，摄影棚，舞台"葡萄架"下部 |
| 仓库危险级 | Ⅰ级 | 食品、烟酒，木箱、纸箱包装的不燃、难燃物品等 |
| | Ⅱ级 | 木材、纸、皮革、谷物及制品、棉毛麻丝化纤及制品、家用电器、电缆、B组塑料与橡胶及其制品、钢塑混合材料制品、各种塑料瓶盒包装的不燃物品及各类物品混杂贮存的仓库等 |
| | Ⅲ级 | A组塑料与橡胶及其制品，沥青制品等 |

注：表中的A组、B组塑料橡胶的举例见《自动喷水灭火系统设计规范》（GB 50084）。

**2)自动喷水灭火系统基本设计参数**

民用建筑和工业厂房的系统设计基本参数应不低于表2.16的规定。作用面积是指一次火灾中系统按喷水强度保护的最大面积。

仅在走道设置单排喷头的闭式系统,其作用面积应按最大疏散距离所对应的走道面积确定。

**表2.16 民用建筑和工业厂房的系统设计基本参数**

| 火灾危险等级 | | 净空高度/m | 喷水强度/($L \cdot min^{-1} \cdot m^{-2}$) | 作用面积/$m^2$ |
|---|---|---|---|---|
| 轻危险级 | | ≤8 | 4 | 160 |
| 中危险级 | Ⅰ级 | | 6 | |
| | Ⅱ级 | | 8 | |
| 严重危险级 | Ⅰ级 | | 12 | 260 |
| | Ⅱ级 | | 16 | |

装设网格、栅板类通透性吊顶的场所,系统的喷水强度应按表2.16规定值的1.3倍确定。干式系统的作用面积应按表2.16规定值的1.3倍确定。雨淋系统中每个雨淋阀控制的喷水面积不宜大于表2.16中的作用面积。

仓库及类似场所采用早期抑制快速响应喷头的系统设计基本参数不应低于表2.17的规定。

**表2.17 仓库采用早期抑制快速响应喷头的系统设计基本参数**

| 储物类别 | 最大净空高度/m | 最大储物高度/m | 喷头流量系数$K$ | 喷头设置方式 | 喷头最低工作压力/MPa | 喷头最大间距/m | 喷头最小间距/m | 最用面积开放的喷头数 |
|---|---|---|---|---|---|---|---|---|
| Ⅰ,Ⅱ级,沥青制品,箱装不发泡塑料 | 9.00 | 7.50 | 202 | 直立型 | 0.35 | 3.70 | 2.4 | 12 |
| | | | | 下垂型 | | | | |
| | | | 242 | 直立型 | 0.25 | | | |
| | | | | 下垂型 | | | | |
| | | | 320 | 下垂型 | 0.20 | | | |
| | | | 363 | 下垂型 | 0.15 | | | |
| | 10.50 | 9.00 | 202 | 直立型 | 0.50 | 3.00 | | |
| | | | | 下垂型 | | | | |
| | | | 242 | 直立型 | 0.35 | | | |
| | | | | 下垂型 | | | | |
| | | | 320 | 下垂型 | 0.25 | | | |
| | | | 363 | 下垂型 | 0.20 | | | |

续表

| 储物类别 | 最大净空高度/m | 最大储物高度/m | 喷头流量系数 $K$ | 喷头设置方式 | 喷头最低工作压力/MPa | 喷头最大间距/m | 喷头最小间距/m | 最用面积开放的喷头数 |
|---|---|---|---|---|---|---|---|---|
| Ⅰ,Ⅱ级,沥青制品,箱装不发泡塑料 | 12.00 | 10.50 | 202 | 下垂型 | 0.50 | 3.00 | 2.4 | 12 |
| | | | 242 | 下垂型 | 0.35 | | | |
| | | | 363 | 下垂型 | 0.30 | | | |
| | 13.50 | 12.00 | 363 | 下垂型 | 0.35 | | | |
| 袋装不发泡塑料 | 9.00 | 7.50 | 202 | 下垂型 | 0.50 | 3.70 | | |
| | | | 242 | 下垂型 | 0.35 | | | |
| | | | 363 | 下垂型 | 0.25 | | | |
| | 10.50 | 9.00 | 363 | 下垂型 | 0.35 | 3.00 | | |
| | 12.00 | 10.50 | 363 | 下垂型 | 0.40 | | | |
| 箱装发泡塑料 | 9.00 | 7.50 | 202 | 直立型 | 0.35 | 3.70 | | |
| | | | | 下垂型 | | | | |
| | | | 242 | 直立型 | 0.25 | | | |
| | | | | 下垂型 | | | | |
| | | | 320 | 下垂型 | 0.25 | | | |
| | | | 363 | 下垂型 | 0.15 | | | |
| | 12.00 | 10.50 | 363 | 下垂型 | 0.40 | 3.00 | | |
| 袋装发泡塑料 | 7.50 | 6.00 | 202 | 下垂型 | 0.50 | 3.70 | | |
| | | | 242 | 下垂型 | 0.35 | | | |
| | | | 363 | 下垂型 | 0.20 | | | |
| | 9.00 | 7.50 | 202 | 下垂型 | 0.70 | | | |
| | | | 242 | 下垂型 | 0.50 | | | |
| | | | 363 | 下垂型 | 0.30 | | | |
| | 12.00 | 10.50 | 363 | 下垂型 | 0.50 | 3.00 | | 20 |

建筑物中高大净空场所设置自动喷水灭火系统时,湿式系统的设计参数不应低于表 2.18 的规定。水幕系统的设计基本参数应符合表 2.19 的规定。

表 2.18 民用建筑和厂房高大净空场所的系统设计参数

| 使用场所 | | 净空高度 $h$/m | 喷水强度/($L \cdot min^{-1} \cdot m^{-2}$) | 作用面积/$m^2$ | 喷头间距 $S$/m |
|---|---|---|---|---|---|
| 民用建筑 | 中庭、体育馆、航站楼等 | $8<h\leqslant 12$ | 12 | 160 | $1.8\leqslant S\leqslant 3.0$ |
| | | $12<h\leqslant 18$ | 15 | | |
| | 影剧院、音乐厅、会展中心等 | $8<h\leqslant 12$ | 15 | | |
| | | $12<h\leqslant 18$ | 20 | | |
| 厂房 | 制衣制鞋、玩具、木器、电子生产车间等 | $8<h\leqslant 12$ | 15 | | |
| | 棉纺厂、麻纺厂、泡沫塑料生产车间等 | | 20 | | |

表 2.19 水幕系统的设计基本参数

| 水幕类别 | 喷水点高度/m | 喷水强度/($L \cdot min^{-1} \cdot m^{-2}$) | 喷头工作压力/MPa |
|---|---|---|---|
| 防火分隔水幕 | ≤12 | 2 | 0.10 |
| 防护冷却水幕 | ≤4 | 0.5 | |

注:1. 防护冷却水幕的喷水点高度每增加 1 m,喷水强度应增加 0.1 L/(s · m),但超过 9 m 时喷水强度仍采用 1.0 L/(s · m)。
2. 系统的持续喷水时间不应小于系统设置部位的耐火极限要求。

自动喷水灭火系统的持续喷水时间,除仓库外按火灾延续时间不小于 1 h 确定。仓库的持续喷水时间按《自动喷水灭火系统设计规范》(GB 50084)要求确定。

**3) 自动喷水灭火系统的设置原则**

自动喷水灭火系统的适用范围很广,凡可以用水灭火的建筑物、构筑物,均可设自动喷水灭火系统。鉴于我国国民经济发展水平,自动喷水灭火系统目前仅要求在重点建筑和重点部位设置。

(1)应设置闭式喷水灭火系统的场所

①一类高层公共建筑(除游泳池、溜冰场外)及其地下、半地下室;

②二类高层公共建筑及其地下、半地下室的公共活动用房、走道、办公室和旅馆的客房、可燃物品库房、自动扶梯底部;

③高层民用建筑内的歌舞娱乐放映游艺场所;

④建筑高度大于 100 m 的住宅建筑;

⑤高层乙、丙类厂房;可燃、难燃物品的高架仓库和高层仓库。

(2)应设置水幕系统的场所

①特等、甲等剧场、超过 1 500 个座位的其他等级的剧场、超过 2 000 个座位的会堂或礼堂和高层民用建筑内超过 800 个座位的剧场或礼堂的舞台口及上述场所内与舞台相连

的侧台、后台的洞口；

②应设置防火墙等防火分隔物而无法设置的局部开口部位；

③需要防护冷却的防火卷帘或防火幕的上部。

(3)应设雨淋喷水灭火系统的场所

①火柴厂的氯酸钾压碾车间；

②建筑面积大于100 $m^2$ 且生产或使用硝化棉、喷漆棉、火胶棉、赛璐珞胶片、硝化纤维的场所；

③乒乓球厂的轧坯、切片、磨球、分球检验部位；

④建筑面积大于60 $m^2$ 或储存量大于2t的硝化棉、喷漆棉、火胶棉、赛璐珞胶片、硝化纤维的库房；

⑤日装瓶数量大于3 000瓶的液化石油气储配站的灌瓶间、实瓶库；

⑥特等、甲等剧场，超过1 500个座位的其他等级剧场和超过2 000个座位的会堂或礼堂的舞台葡萄架下部；

⑦建筑面积不小于400 $m^2$ 的演播室，建筑面积不小于500 $m^2$ 的电影摄影棚。

(4)宜设水喷雾灭火系统的场所

①高层建筑中的燃油、燃气锅炉房和自备发电机房。

②可燃油油浸电力变压器室，充有可燃油高压电容器和多张开关室等。

### 2.5.2 闭式自动喷水灭火系统的类别及特点

#### 1)湿式自动喷水灭火系统

湿式自动喷水灭火系统是自动喷水灭火系统中使用最早、应用最广泛、灭火速度快、控火率较高、系统相对简单的一种闭式自动喷水灭火系统。目前世界上已安装的自动喷水灭火系统中，有70% 以上是湿式自动喷水灭火系统。

(1)系统组成

该系统一般由闭式洒水喷头、湿式报警阀组、报警装置、管道系统和供水设施等组成，如图2.26所示。由于该系统在准工作状态时管道内充满用于启动系统的有压水，故称为湿式自动喷水灭火系统。

(2)工作原理

火灾发生时，高温火焰或气流使闭式喷头的热敏感元件炸裂或熔化脱落，喷头打开喷水灭火。此时，管网中的水由静止变为流动，水流指示器受到感应，送出信号，在报警控制器上指示某一区域已经喷水。持续喷水造成湿式报警阀的上部水压低于下部水压，原处于关闭状态的阀片自动开启。此时，压力水通过湿式报警阀，流向干管和配水管，同时进入延迟器，继而压力开关动作、水力警铃发出火警声讯。此外，压力开关直接连锁自动启动消防水泵，或根据水流指示器和压力开关的信号，控制器自动启动消防水泵向管网加压供水，达到持续自动喷水灭火的目的。

(3)应用范围

水的物理性质使得始终充满水的管道系统会受到环境温度的限制,故该系统适用于环境温度为4～70 ℃的建(构)筑物。

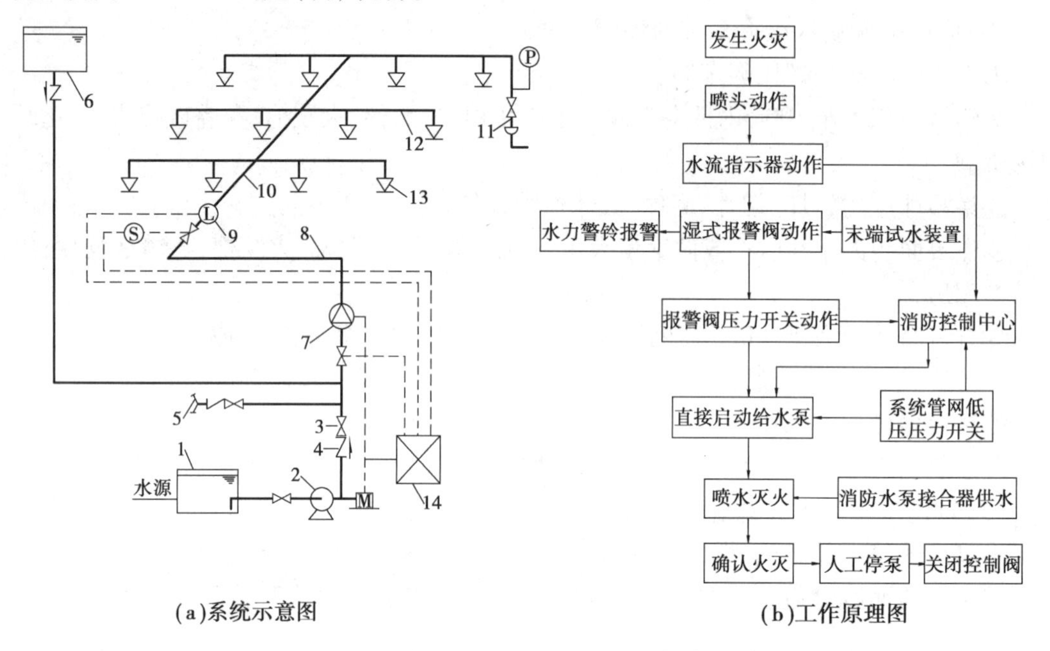


(a)系统示意图　　(b)工作原理图

图2.26　湿式自动喷水灭火系统及工作原理示意图

1—水池;2—水泵;3—闸阀;4—止回阀;5—水泵接合器;6—消防水箱;7—湿式报警阀组;8—配水干管;9—水流指示器;10—配水管;11—末端试水装置;12—配水支管;13—闭式洒水喷头;14—报警控制器;P—压力表;M—驱动电机;L—水流指示器

### 2)干式自动喷水灭火系统

(1)系统组成

干式自动喷水灭火系统与湿式系统相似,只是排气装置报警阀的结构和作用原理不同。该系统一般由闭式洒水喷头、干式报警阀组、充气设备、报警装置、管道系统和供水设施等组成,如图2.27所示。由于该系统在准工作状态时管道内充满用于启动系统的有压气体,故称为干式自动喷水灭火系统。

(2)工作原理

平时干式报警阀前与水源相连并充满水,干式报警阀后的管路充满压缩空气,报警阀处于关闭状态。发生火灾时,闭式喷头的热敏元件动作,喷头首先喷出压缩空气,管网内的气压逐渐下降,当降到某一气压值时,干式报警阀的下部水压大于上部气压,干式阀打开,压力水进入供水管网,将剩余空气从已打开的喷头处推赶出即喷水灭火。干式阀处的另一路压力水进入信号管,启动水力警铃和压力开关报警,并启动水泵加压供水。

干式系统的主要工作过程与湿式系统无本质区别,只是在准工作状态时,报警阀的关闭靠的是阀后管网中的压缩空气,而空气压力是由与干式阀相连的供气管路上的压力开关自动启、停空压机得以维持的。消防时,喷头动作,管道排气与充水过程可能使喷头出水滞后，延误灭火的最佳时机。为此，对较大的干式喷水灭火系统，常在干式报警阀出口管道上附加一个“排气加速器”，以加快报警阀的启动过程。此外，加速器往往和抗洪装置联用，抗洪装置主要是为了防止水进入排气加速器。

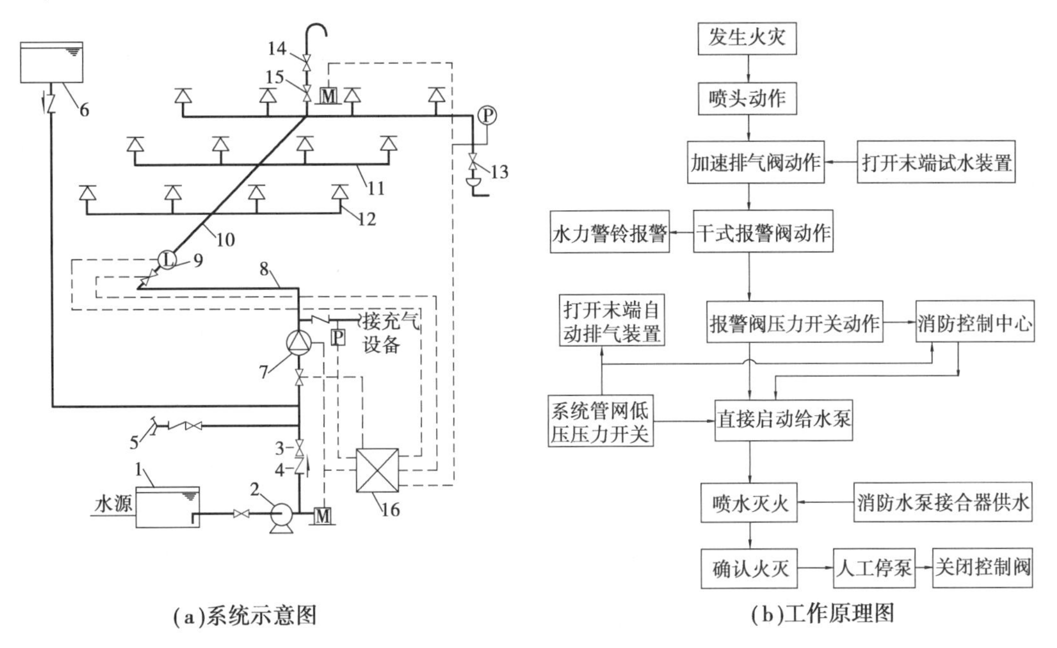


(a)系统示意图　　(b)工作原理图

图 2.27　干式自动喷水灭火系统及工作原理示意图

1—水池；2—水泵；3—闸阀；4—止回阀；5—水泵接合器；6—消防水箱；7—干式报警阀组；8—配水干管；9—水流指示器；10—配水管；11—配水支管；12—闭式喷头；13—末端试水装置；14—快速排气阀；15—电动阀；16—报警控制器；P—压力表；M—驱动电机；L—水流指示器

(3)应用范围

该系统适用于环境温度低于 4 ℃或高于 70 ℃的建(构)筑物。干式自动喷水灭火系统管网的容积不宜超过 1 500 L，当设有排气装置时，不宜超过 3 000 L。

### 3)预作用自动喷水灭火系统

(1)系统组成

该系统一般由闭式洒水喷头、充气设备、预作用阀、报警装置、探测器和控制系统、管道系统和供水设施等组成，如图 2.28 所示。该系统在准工作状态时配水管道内不充水，当火灾自动报警系统自动开启雨淋报警阀后，转换为湿式系统出水灭火。

(2)工作原理

预作用系统在预作用阀后的管道中，平时不充水而充以压缩气体或为空管。闭式喷头和火灾探测器同时布置在保护区域内，发生火灾时探测器动作，发出火警信号，报警器核实信号无误后发出动作指令，打开预作用阀，并开启排气阀使管网充水待命，管网充水时间不应超过 3 min。随着火势的继续扩大，闭式喷头上的热敏元件熔化或炸裂，喷头自动出水灭火，系统中的控制装置根据管道内水压的降低自动开启消防泵进行灭火。

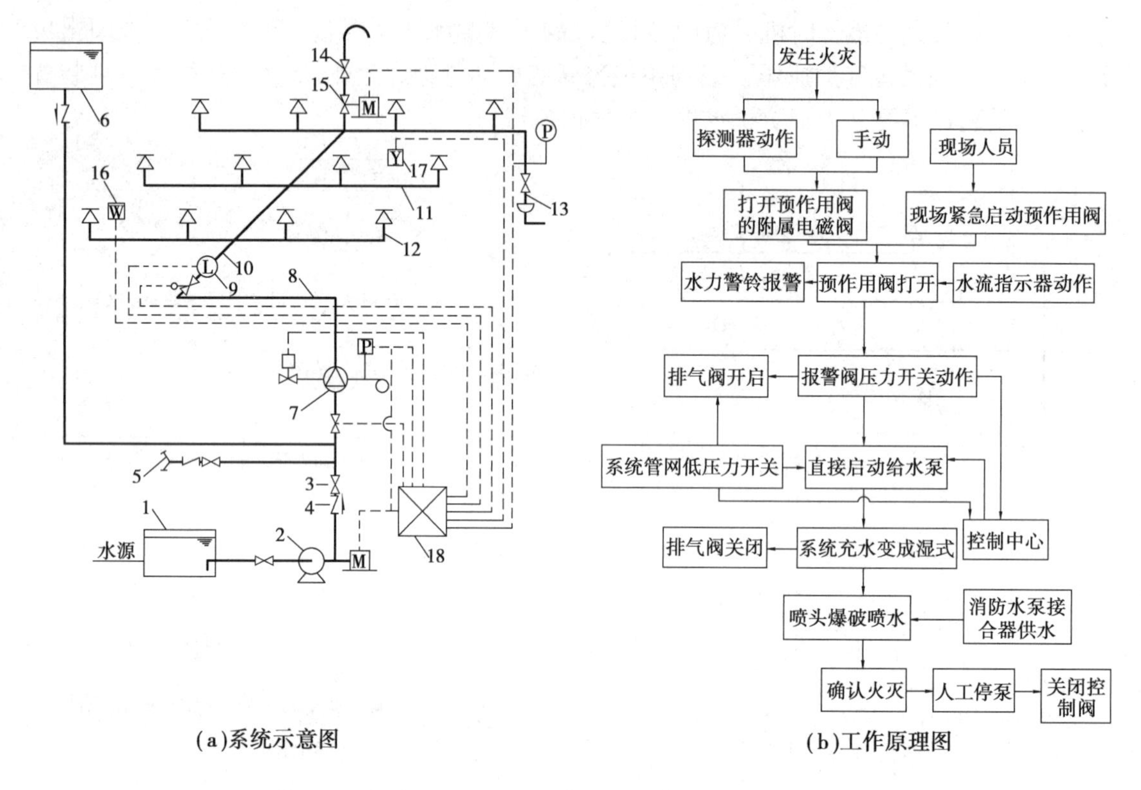


(a)系统示意图　　(b)工作原理图

图 2.28　预作用式自动喷头水灭火系统及工作原理示意图

1—水池;2—水泵;3—闸阀;4—止回阀;5—水泵接合器;6—消防水箱;7—预作用报警阀组;8—配水干管;9—水流指示器;10—配水管;11—配水支管;12—闭式喷头;13—末端试水装置;14—快速排气阀;15—电动阀;16—感温探测器;17—感烟探测器;18—报警控制器;P—压力表;M—驱动电机;L—水流指示器

(3)应用范围

该系统既有早期发现火灾并报警,又有自动喷水灭火的性能,因此安全可靠性高。为了能向管道内迅速充水,应在管道末端设排气阀门;灭火后为了能及时排除管道内积水,应设排水阀门。故该系统适用于平时不允许有水渍损害的高级重要的建筑物内或干式喷水灭火系统适用的场所,目前多用于档案室、计算机房、贵重纸张和票证存放室等场所。

利用有压气体作为系统启动介质的干式系统、预作用系统,其配水管道内的气压值应根据报警阀的技术性能确定;利用有压气体检测管道是否严密的预作用系统,配水管道内的气压值不宜小于 0.03 MPa 且不宜大于 0.05 MPa。

**4)重复启闭预作用系统**

(1)系统组成和工作原理　该系统与预作用系统组成基本相同,是能在扑灭火灾后自动关阀,复燃时再次开阀喷水的预作用系统。

该系统能重复启闭,核心在于有一个水流控制阀和定温补偿型感温探测系统。水流控制阀(也称为液动雨淋阀)如图 2.29 所示。阀板是一个与橡皮隔膜圈相连的圆形阀板,可以垂直升降,阀板将 A,C 室隔开。A 室与水源相连,A,C 室由一压力平衡管相连,A,C

室水压相等。由于阀板上部面积大于下部面积,加上阀板上的小弹簧和阀板自重,使阀板关闭。只有当C室上方排水管上的电磁阀开启排水,C室压力降至A室1/3时,阀板上升,供水通过B室进入管网,若喷头开启便能出水灭火。排水管上的2个电磁阀,由火灾防护区上部的定温补偿型感温探测器控制。

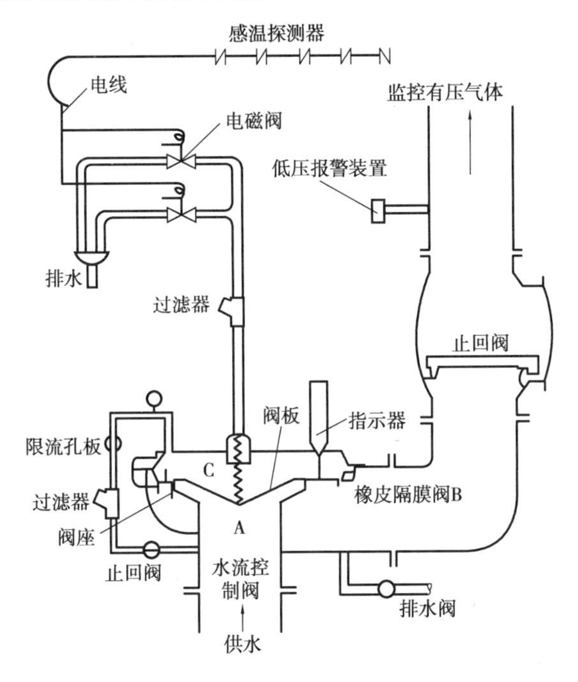


图2.29 重复启闭预作用水流控制阀

防护区发生火灾,系统开启喷水灭火的过程同预作用灭火系统。当火被扑灭,环境温度下降到57～60 ℃时,感温探测器复原,电磁阀缓慢关闭,由于平衡管不断水,最终使C,A室水压达到平衡,阀板落下关闭。从电磁阀开始关闭到水流控制阀板关闭的时间由定时器控制,一般为5 min。如果火灾复燃,定温型感温探测器再次发出信号开启电磁阀排水,喷头重新喷水灭火。

(2)应用范围

该系统适用于平时不允许有水渍损害的高级、重要建筑物,在灭火后要求能及时停止喷水的场所。

设置自动启闭喷头的预作用系统也可看作此系统。

**5)湿式自动喷水-泡沫联用灭火系统**

(1)系统组成

在湿式自动喷水灭火系统的报警阀后,输水总干管上配置泡沫液供给设备,便可组成湿式自动喷水-泡沫联用系统。如图2.30所示为配置在湿式报警阀后的膜片式压力比例罐,由泡沫罐、控制阀、比例混合器、管路等组成。

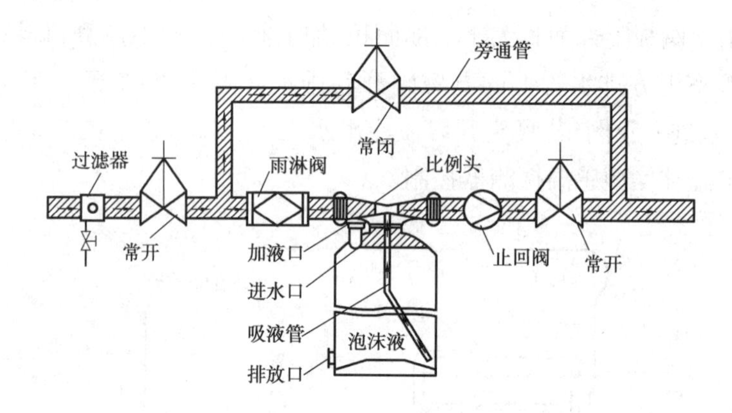


图 2.30　膜片式压力比例罐(带旁通管)

(2)工作原理

与湿式自动喷水灭火系统相似,只是报警阀上的压力开关或火灾探测系统在启动自动喷水系统主水泵的同时或延迟一段时间后,打开泡沫液储罐进口的雨淋阀,当水流经过泡沫液罐时,一部分水会进入泡沫液罐内,挤压贮存泡沫液的胶囊,被挤压出的泡沫液在消防水的引射作用下,通过比例混合器按一定比例(3% 或 6%)掺入消防水中,形成泡沫混合液送至火灾保护区。

(3)应用范围

①停车库、柴油机房、发电机房、锅炉房等有可燃液体存在的场合;

②炼油厂、油罐区、加油站、油变压器室等;

③A,B 类混合火灾,如橡胶、塑料或其他合成纤维材料;

④A 类火灾,尤其是固体可燃物的阴燃火灾。

(4)系统设计计算

①系统从喷水至喷泡沫的转换时间按 4 L/s 流量计算,不大于 3 min。

②持续喷泡沫时间不小于 10 min。

③泡沫比例混合器应在流量不小于 4 L/s 时,符合泡沫灭火剂与水的混合比规定:对非水溶性液体火灾为 3%,对水溶性液体火灾为 6%。

④泡沫灭火剂的选择:对非水溶性液体火灾,宜采用水成膜泡沫灭火剂(AFFF);对水溶性液体火灾,宜采用抗溶性水成膜泡沫灭火剂(ATC/AFFF)。

⑤泡沫灭火剂用量可按式(2.16)估算:

$$E = WSTB \tag{2.16}$$

式中　$E$——泡沫灭火剂用量,L;

$W$——喷洒强度,L/(min · m$^2$);

$S$——保护面积,m$^2$;

$T$——持续喷泡沫时间,min,一般要求 $T \geqslant 10$ min;

$B$——泡沫灭火剂与水的混合比例,%,一般为 3%,极性溶剂为 6%。

泡沫灭火剂用量较准确的计算应按照湿式自喷系统的特性系数法,计算作用面积内的喷头全部开启后,在设计持续喷泡沫时间内的总喷水量,再按泡沫混合比计算泡沫灭火剂用量。

⑥泡沫罐容积按式(2.17)计算:

$$V = KE \tag{2.17}$$

式中 $V$——泡沫罐容积,L;

$K$——安全系数,一般为1.5。

⑦根据产品样本,按照泡沫罐选择泡沫设备型号;按照泡沫灭火剂与水的混合比选择比例混合器型号。

⑧系统水力计算的方法与步骤同湿式自动喷水灭火系统。

(5)其他的泡沫联用系统

湿式自动喷水-泡沫联用灭火系统是湿式自动喷水灭火系统与轻水泡沫系统复合而成。实际上,轻水泡沫还可以与自动喷水灭火的干式系统、预作用系统、重复启闭预作用系统、水喷雾系统、雨淋系统等联用,形成干式自动喷水-泡沫联用灭火系统、预作用自动喷水-泡沫联用灭火系统等,适应各种情况。

采用泡沫灭火剂与其他系统联用的主要目的是加强自动喷水灭火系统对存在较多易燃液体的灭火性能。譬如,雨淋系统与轻水泡沫联用,则可根据建(构)筑物的不同灭火要求采用前期喷水控火,后期喷泡沫强化灭火效能的方式;或者采用前期喷泡沫灭火,后期喷水冷却防止复燃的方式,以便经济合理地使用泡沫。

**6)闭式自动喷水灭火局部应用系统**

近年来,随着人们对消防意识的不断加强,自动喷水灭火系统的使用日益受到人们的重视,其使用范围也得到了不同程度的增加,一些中小型商店、超市等都增设了自动喷水灭火系统。这些场所大多数是由其他用途的建筑改造或扩建而成,大多未设置自动喷水灭火系统,而这类场所火灾危险性较高,发生火灾时对人的安全威胁大,容易很快形成猛烈的燃烧。而按标准配置追加设置自动喷水灭火系统较为困难,故可采用湿式自动喷水灭火局部应用系统。

(1)系统组成和工作原理

湿式自动喷水灭火局部应用系统是标准湿式自动喷水灭火系统的简易形式,是对标准系统的补充。

与标准系统相比,局部应用系统不设消防水池、消防水泵组,采用标准覆盖面积洒水喷头且喷头总数不超过20只,或采用扩大覆盖面积洒水喷头且喷头总数不超过12只的局部应用系统,可不设报警阀组。目的在于充分利用城市自来水、高位消防水箱和室内消火栓系统来保证系统自动喷水灭火。

(2)应用范围

局部应用系统适用于室内最大净空高度不超过8 m,保护区域总建筑面积不超过1 000 $m^2$ 的场所。设置局部应用系统的场所应为轻危险级或中危险级Ⅰ级场所。

(3)设计参数

局部应用系统应采用快速响应洒水喷头,喷水强度应满足表2.16的规定,持续喷水时间不应低于0.5h。系统保护区域内的房间和走道均应布置喷头。

①采用流量系数 $K=80$ 快速响应喷头的系统，喷头布置应符合轻危险级或中危险级Ⅰ级场所的有关规定，见表2.20。

表2.20 局部应用系统采用标准覆盖面积洒水喷头作用面积内开放喷头数量

| 保护区域总建筑面积和最大厅室建筑面积 | 开放喷头数量 |
|---|---|
| 保护区域总建筑面积超过300 $m^2$ 或<br>最大厅室建筑面积超过200 $m^2$ | 10 |
| 保护区域总建筑面积不超过300 $m^2$ | 最大厅室喷头数+2<br>当少于5只时，取5只；当多于8只时，取8只 |

②采用 $K=115$ 快速响应扩展覆盖喷头的系统，同一配水支管上喷头的最大间距和相邻配水支管的最大间距，正方形布置时不应大于4.4 m，矩形布置时长边不应大于4.6 m，喷头至墙的距离不应大于2.2 m，作用面积应按开放喷头数不少于6只确定。

(4)系统水源

当室内消火栓水量能满足局部应用系统用水量时，局部应用系统可与室内消火栓合用消防用水、稳压设施、消防水泵及供水管道等。无室内消火栓的建筑或室内消火栓系统设计供水量不能满足局部应用系统要求时，局部应用系统的供水应符合下列规定：

①城市供水能够同时保证最大生活用水量和系统的流量与压力时，城市供水管可直接向系统供水。

②城市供水不能同时保证最大生活用水量和系统的流量与压力，但允许水泵从城市供水管直接吸水时，系统可设直接从城市供水管吸水的消防加压水泵。

③城市供水不能同时保证最大生活用水量和系统的流量与压力，也不允许从城市供水管直接吸水时，系统应设贮水池(罐)和消防水泵。贮水池(罐)的有效容积应按系统用水量确定，并可扣除系统持续喷水时间内仍能连续补水的补水量。

④可按三级负荷供电，且可不设备用泵。

⑤应采取防止污染生活用水的措施。

(5)报警控制装置

①对不设报警阀组的局部应用系统，其配水管可与室内消防竖管直接连接，但配水管的入口处应设过滤器和带有锁定装置的控制阀。

②局部应用系统应设报警控制装置。报警控制装置应具有显示水流指示器、压力开关及水泵、信号阀等组件状态和输出启动水泵控制信号的功能。

③不设报警阀组或采用消防加压水泵直接从城市供水管吸水的局部应用系统，应采取压力开关联动消防水泵的控制方式，系统可采用电动警铃报警。

## 2.5.3 闭式自动喷水灭火系统的重要组件

### 1)闭式喷头

闭式喷头是闭式自动喷水灭火系统的关键组件，由喷水口、温感释放器和溅水盘组成，通过感温元件控制喷头的开启。喷头可根据热敏元件、感温级别、安装方式、热敏性能等进行分类。对民用建筑和工业厂房，安装闭式喷头的最大净空高度不得超过 8 m。

(1)按热敏元件分类

根据热敏元件的不同，可分为易熔合金喷头和玻璃球喷头两类，如图 2.31 和图 2.32 所示。

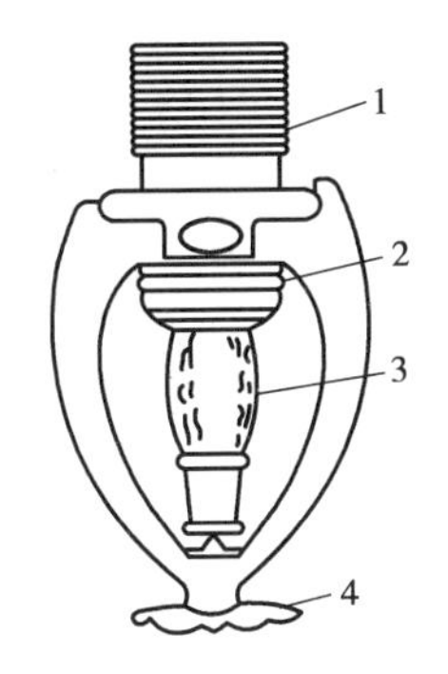


图 2.31　玻璃球喷头示意图

1—喷头接口；2—密封垫；

3—玻璃球；4—溅水盘

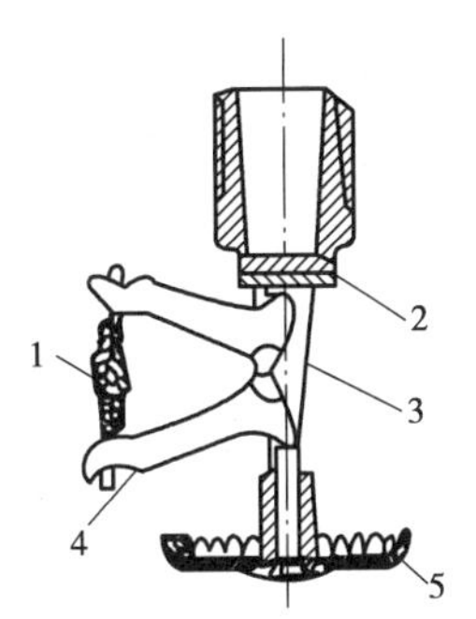


图 2.32　易熔合金喷头示意图

1—易熔金属；2—密封垫；

3—轭臂；4—悬臂撑杆；5—溅水盘

易熔合金喷头采用熔点低的易熔合金焊片，火灾时，温度升高到预定温度，则焊片熔化，喷头开启，出水灭火。

玻璃球喷头的热敏元件是内装一定量彩色、高膨胀率的酒精或乙醚液体的玻璃球，当玻璃球受热时，液体膨胀，球内压力升高，当压力达到规定值，玻璃球炸裂，喷头开启。

(2)按感温级别分类

在不同环境温度场所内，设置喷头公称动作温度应比环境最高温度高 30 ℃左右，最低使用环境温度对湿式系统不小于 4 ℃，对干式、预作用系统不小于−10 ℃。闭式喷头的公称动作温度和色标见表 2.21。

表 2.21　闭式喷头公称动作温度和色标

| 名称 | 公称动作温度/℃ | 色标 | 名称 | 公称动作温度/℃ | 色标 |
|---|---|---|---|---|---|
| 玻璃球喷头 | 57 | 橙 | 易熔合金喷头 | 57～77 | 本色 |
| | 68 | 红 | | 79～107 | 白 |
| | 79 | 黄 | | 121～149 | 蓝 |
| 玻璃球喷头 | 93 | 绿 | 易熔合金喷头 | 163～191 | 红 |
| | 141 | 蓝 | | 204～246 | 绿 |
| | 182 | 紫 | | 260～302 | 橙 |

(3)按安装方式及洒水形状分类

①直立型喷头。向上直立安装在配水支管上,溅水盘位于喷头上方,呈平板形,喷出水流呈抛物体形,水量的60%～80%向下喷洒,部分水量喷向顶棚。喷水量分布比较均匀,灭火效果较好。

②下垂型喷头。向下安装在配水支管上,溅水盘位于喷头下方,呈平板形,喷出水流呈抛物体形,水量的80%～100%喷向下方。喷水量分布均匀,灭火效果较好。

③边墙型喷头。喷头靠墙安装分为水平型和垂直型两种,喷水形状为半抛物体形,把单面水流喷向被保护区,小部分水喷向喷头后的墙面。顶板为水平的轻危险级和中Ⅰ危险级的居室和办公室可采用这种喷头。

④吊顶型喷头。吊顶型喷头带有标准型溅水盘,安装在吊顶内的供水支管上,感温元件位于天花板下,喷出水流呈抛物体形,如图2.33所示。安装形式有平齐型、半隐蔽型和隐蔽型三种类型。这种喷头适用于美观要求较高的部位,如门厅、休息室、会议室、舞厅等处。

隐蔽型喷头为整体安装在吊顶内的喷头,其护盖外观精美,适用于豪华场所。这种喷头利用焊接护盖的易熔合金吸收热量,当喷头下发生燃烧,护盖周围温度达到预定温度时,易熔合金熔化,护盖脱落,喷头溅水板自动下降,让感温玻璃球暴露于热气流中。当温度达到喷头动作温度时,玻璃球破裂,出水灭火,如图2.34所示。

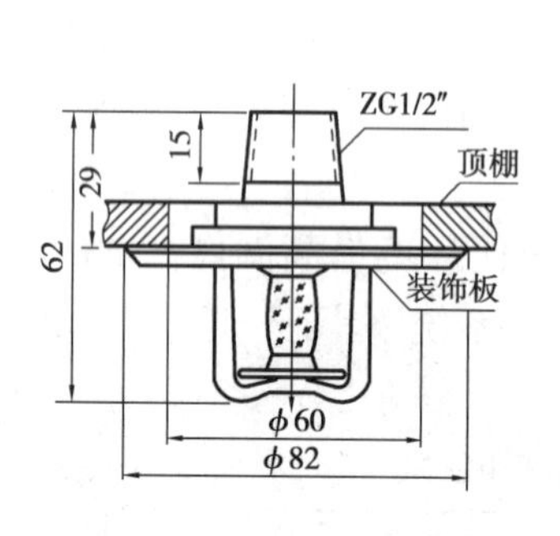


图2.33 吊顶型喷头

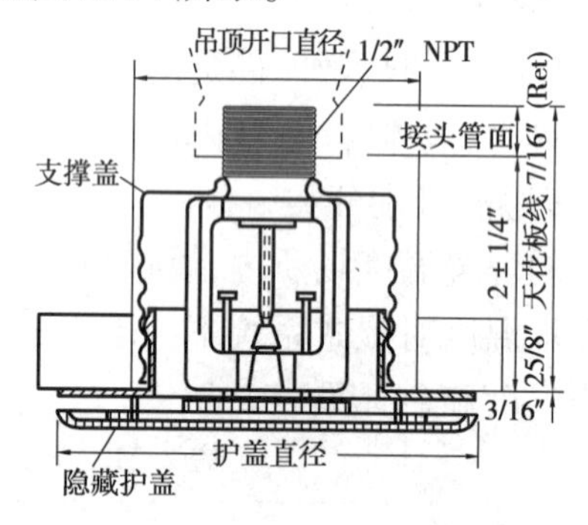


图2.34 可调式隐蔽型喷头

⑤干式下垂型喷头。下垂型喷头专用于干式喷水灭火系统或其他充气系统。它与上述几种喷头相同,只是增加了一段辅助管,管内有活塞套筒和钢球,如图2.35所示。喷头未动作时钢球将辅助管封闭,水不能进入辅助管和喷头体内,这样可以避免干式系统喷水后,未动作的喷头体内积水排不出去而造成冻结。

⑥自动启闭喷头。自动启闭洒水喷头具有在预定温度下自动启闭的性能。自动启闭喷头的主要优点是避免水害,减少水渍损失,适用于图书馆、博物馆、计算机房等易受水渍影响的场所。其缺点是结构复杂,动作灵敏度受外界干扰大,易造成滞后开启或提早关闭,目前应用较少。

(4)按出水口径及流量特性系数分类

喷头可分为小口径、标准口径、大口径和超大口径4类。喷头的流量特性系数 $K$ 反映了一定压力条件下喷头的出水性能，是喷头的基本属性，与喷头的构造直接相关。不同口径喷头的特性系数 $K$ 及适用场所，见表2.22。

表2.22　不同口径喷头的特性系数 $K$ 及喷头适用对象

| 喷头名称 | 公称口径/mm | 流量系数 $K$ | 适用场所 |
| --- | --- | --- | --- |
| 小口径 | 10 | 55 | 轻危险级 |
| 标准口径 | 15 | 80 | 各种危险等级，不同喷水强度 |
| 大口径 | 20 | 115 | 要求单个喷头保护面积大的区域 |
| 超大口径 | >20 | >115 | 货架仓库等 |

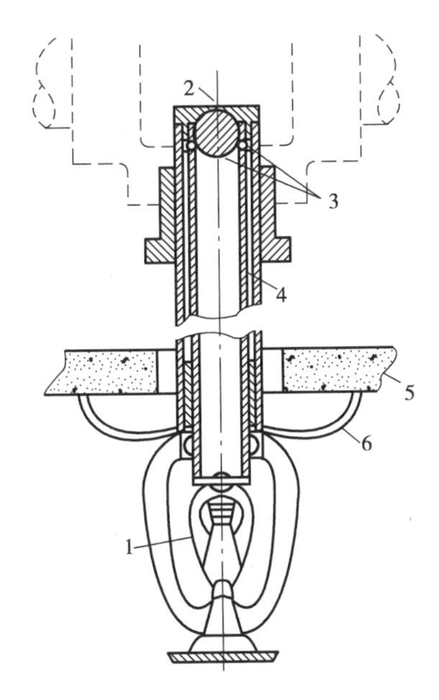


图2.35　干式下垂型喷头

1—热敏感元件；2—钢球；3—钢球密封圈；
4—套筒；5—吊顶；6—装饰罩

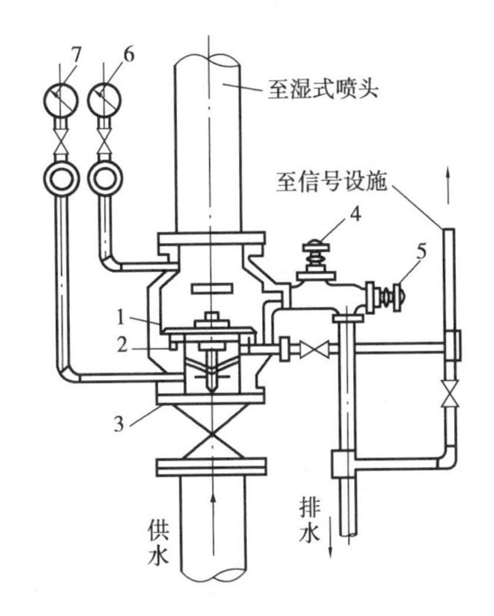


图2.36　湿式报警阀原理示意

1—报警阀及阀芯；2—阀体凹槽；3—总闸阀；
4—试铃阀；5—排水阀；6—阀后压力表；
7—阀前压力表

(5)按热敏性能分类

喷头可分为标准响应喷头和快速响应喷头。喷头的热敏性能指标用响应时间指数RTI表达，RTI值越小，说明喷头对受热的反应越敏感。通常，响应时间指数RTI $\leqslant 50(\mathrm{m \cdot s})^{0.5}$ 的喷头为快速响应喷头，RTI $\geqslant 80(\mathrm{m \cdot s})^{0.5}$ 的喷头为标准反应喷头。

在相同的火场条件下，快速响应喷头能提前喷水，较早控火、灭火，减少损失。

几乎各种安装形式、口径、不同热敏元件的闭式喷头都有快速响应喷头。

(6)喷头的选用

应根据自动喷水灭火系统形式及设置场所火灾危险等级、室内温度和装饰情况等条件选择适宜的喷头。

①湿式系统。不做吊顶的场所，当配水支管布置在梁下时，应采用直立型喷头；吊顶下布置，则应采用下垂型或吊顶型喷头；顶板为水平面的轻危险级、中危险Ⅰ级的居室和办公室，可采用边墙型喷头；自动喷水-泡沫联用系统应采用洒水喷头；易受碰撞的部位，应采用带保护罩的喷头或吊顶型喷头。

②干式系统、预作用系统。该类系统采用直立型喷头或干式下垂型喷头。

③公共娱乐场所、中庭环廊，医院、疗养院的病房及治疗区域，老年、少儿、残疾人的集体活动场所，超出水泵接合器供水高度的楼层，地下的商业及仓储用房等场所，宜采用快速响应喷头。

④同一隔间内应采用热敏性能相同的喷头。

**2)报警阀组**

报警阀组是自动喷水灭火系统的重要组件之一，具有接通和关闭报警水流，喷头动作后报警水流驱动水力警铃报警、压力开关启泵，防止水倒流的作用。

闭式系统的报警阀组根据构造和功能分为湿式、干式、干湿式和预作用4种。

(1)湿式报警阀(或充水式报警阀)组

它由报警阀、水力警铃、压力开关、延迟器、控制阀等组件构成，安装在湿式自动喷水灭火系统的立管上，目前国产的有导阀型和隔板座圈型两种，都是直立式的单向阀。报警阀的内部结构及原理示意如图2.36所示。

未发生火灾时，管网中水处于静止状态，阀片由于自身重力作用，降落在阀座上，关闭了通向火警声号铃的管孔。发生火灾时，喷头开启，管网内水压迅速降低，阀后水压小于阀前水压，报警阀便自动开启，水流经报警阀进入管网，喷水灭火；同时部分水流通过报警阀的环形槽进入延迟器、压力开关及水力警铃等设施，发出火警信号并启泵。

(2)干式报警阀(或充气式报警阀)组

它由报警阀、水力警铃、空压机、压力开关、控制阀等组件组成，安装于干式自动喷水灭火系统的立管上，起隔断阀后管网中的空气和阀前消防压力水的作用。报警阀内部结构及原理示意如图2.37所示。

未发生火灾时，利用管道中的气压顶住阀内的水压，使系统管网始终保持干管状态；发生火灾时，喷头开启，系统管网内空气压力迅速降低，干式报警阀便自动开启，水经过报警阀进入管网，喷水灭火，部分水流通过报警阀的环形槽，通过压力开关进入水力警铃报警。并通过截止阀9和信号管14进入信号设施。

(3)预作用报警阀组(或预作用阀)

它由湿式阀和雨淋阀(详见2.6.1,2.6.2节)上下叠加而成，雨淋阀位于供水侧，湿式阀位于系统侧，其动作原理与雨淋阀类似。平时靠供水压力为锁定机构提供动力，把阀瓣

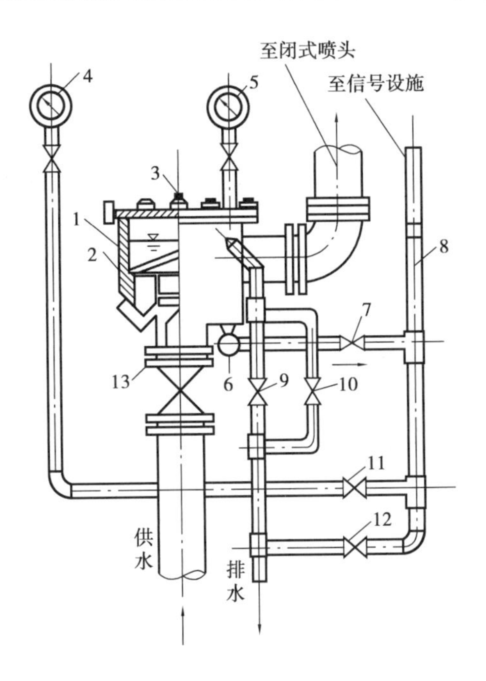


图 2.37 干式报警阀原理示意图

1—阀体;2—差动双盘关阀板;3—充气塞;
4—阀前压力表;5—阀后压力表;6—角阀;
7—止回阀;8—信号管;9,10,11—截止阀;
12—小孔阀;13—总闸阀

扣住,探测器或探测喷头动作后锁定机构上作用的供水压力迅速降低,从而使阀瓣脱扣开启,供水进入管网。

按自动开启方式分类,预作用阀可分为无连锁、单连锁、双连锁三种。探测器或灭火喷头其中之一动作,阀组便开启,称无连锁;只有探测器动作,阀组便开启,称单连锁;探测器和灭火喷头都动作,阀组才开启,称双连锁。

#### 3)报警控制装置

报警控制装置由控制箱、监测器和报警器三部分组成。在系统中,报警控制装置不但起探测火警,启动系统,发出声、光信号的作用,同时还能监测和监视系统的各种故障,增强系统控火、灭火能力。

(1)控制箱

控制箱是自动喷水灭火系统不可缺少的设备,其作用是监测整个系统,发出火灾及各种故障报警并发出指令,启动消防泵,使整个系统及时投入工作状态。

(2)监测器

监测器用来监测系统所处的工作状态,减少失败率,提高系统灭火性能。常用的监测器有阀门限位器、压力和水位监测器、水流指示器、气压保持器。

①阀门限位器:用于监视系统主控制阀即水源控制阀,当阀门关闭时,立即发出信号

报警,防止系统动作时水源被阀门截断的事故。

②压力监测器和水位监测器:用于监测系统中的供水设备如压力水箱、高位水箱等是否处于正常工作状态。

③水流指示器:喷头喷水时,管道中的水产生流动,引起桨片随动作,接通延时电路20~30 s后,继电器触点吸合,发出电信号或自动开泵。水流指示器安装在喷水管网每一防火分区的配水干管上,可以直接报知建(构)筑物某区域已开启喷水的情况,适用于管径为50~150 mm的管道上,是实现分区报警不可缺少的设备。

④气压保持器:主要用于干式系统,尤其适用于干式阀口径小于70 mm的情形。由于系统容积小,管道内平时压力较低,管道内微小的空气泄漏都可能引起系统的误动作,气压保持器能补偿这微小的泄漏,使系统保持安全压力。

(3)报警器

除预作用和雨淋系统中用探测器的热敏感元件启动报警外,其他系统均采用水力报警器,靠水力启动的报警器有水力警铃和压力开关。

①水力警铃是一个机械装置,当自动喷水系统动作时,流经信号管的水通过叶轮驱动、锤击铃报警。

②压力开关(或压力继电器)一般安装在延迟器与水力警铃之间的信号管上,当水力警铃报警时,由于信号管水压升高接通电路而报警,并启动消防泵。电动报警在系统中可作为辅助报警装置,不能代替水力报警。

**4)延迟器**

延迟器是一个容器罐,容积为6~10 L,用于湿式、干湿式自动喷水灭火系统中。延迟器安装在报警阀与水力警铃之间的信号管道上,当供水压力波动较大时,水流冲击报警阀的阀片,并从阀体凹槽进入延迟器,然后从延迟器下部的排水口流出,避免报警阀产生误报警。仅当火灾时,报警阀启动,水源源不断地进入延迟器,延迟器内的阀芯在水的重力作用下,下降堵死排水口,25~30 s内延迟器被水充满,并从其顶部的出水管流向警铃管,发出报警信号。

**5)末端试水装置和试水阀**

末端试水装置由试水阀、压力表、试水接头组成,如图2.38所示。

为检验系统的可靠性,测试系统能否在开放一只喷头的不利条件下可靠报警并正常启动,要求在每个报警阀控制的管网最不利点处设置末端试水装置,而其他防火分区的最不利喷头处装设直径25 mm的试水阀,以便必要时连接末端试水装置。

末端试水装置和试水阀测试的内容包括:水流指示器、报警阀、压力开关、水力警铃的动作是否正常;管网是否畅通;测试的防火分区内最不利喷头工作压力等。

试水接头出水口流量系数应等于防火分区内最小流量系数的喷头,出水应采取孔口出流方式进入排水管道。

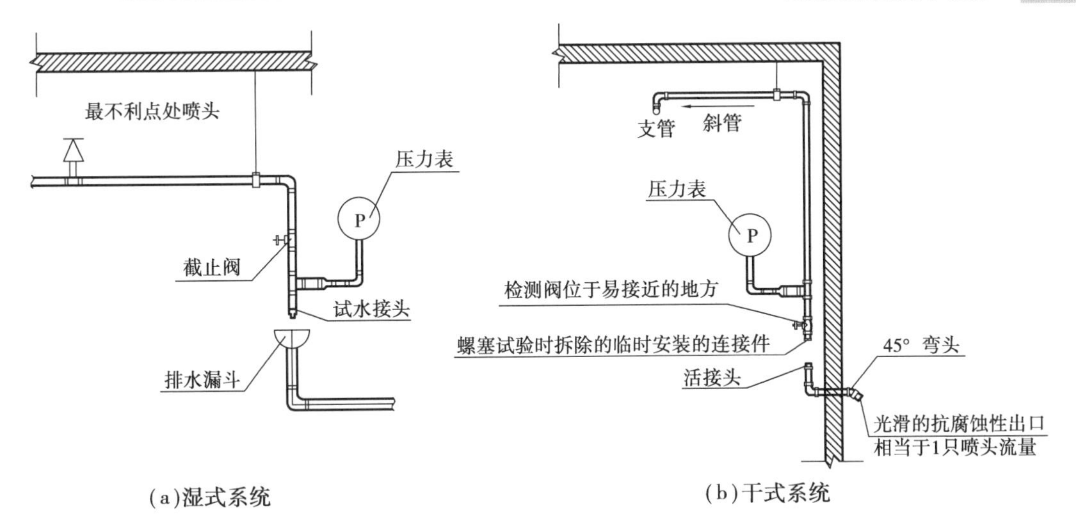


图 2.38 末端试水装置示意图

#### 6)自动排气阀与快速排气阀

湿式自动喷水灭火系统中,应设置自动排气阀,以排除管网内积存的气体,保证系统正常工作。

干式系统和预作用系统的配水管道上必须设快速排气阀,以使报警阀开启后,管网中尽快排气充水。

排气阀一般设于管网最高处。

#### 7)火灾探测器

火灾探测器是预作用喷水灭火系统和其他固定灭火设施的重要组成部分,它能探测火灾并及时报警,以便尽早将火灾扑灭于初期,减少损失。

根据探测方法和原理,火灾探测器分为感烟式、感温式、感光式、可燃气体探测器和复合式火灾探测器 5 类,每一类别又按工作原理分为若干类型,见表 2.23。

(1)感烟探测器

感烟探测器利用火灾时产生的烟雾探测火灾的发生。

①离子感烟探测器:在高层建筑中广泛使用,自 20 世纪 50 年代问世以来一直统治着火灾报警器的市场,直到今天在全世界范围内仍占已安装探测器的 90% 左右。其外形如图 2.39 所示。

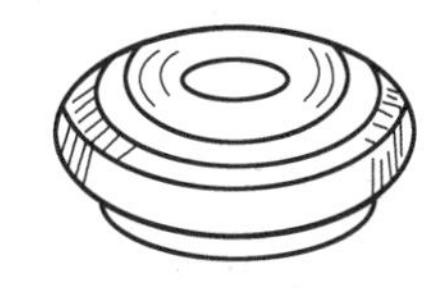

图 2.39 离子感烟探测器

在放射性物质的 $\alpha$ 射线作用下,空气发生电离,形成离子电流。通常使用的放射源为镅 241,利用其放射出的 $\alpha$ 射线使一部分空气成为电离状态,在一定的电压作用下,两极中有离子电流产生。当火灾产生的烟雾进入极板空间时,烟粒子吸附在离子上,正负离子复合概率增加,离子电流变小,烟浓度越高,离子电流减小越明显。因此,可以利用离子电流的变化来探测烟的存在,并转成声光信号,达到报警的目的。

表 2.23　火灾探测器分类表

<table>
<tr><th>名　称</th><th colspan="3">类　别</th></tr>
<tr><td rowspan="5">感烟探测器</td><td rowspan="4">光电感烟型</td><td rowspan="2">点型</td><td>散射型</td></tr>
<tr><td>逆光型</td></tr>
<tr><td rowspan="2">线型</td><td>红外束型</td></tr>
<tr><td>激光型</td></tr>
<tr><td>离子感烟型</td><td colspan="2">点型</td></tr>
<tr><td rowspan="7">感温探测器</td><td rowspan="4">点型</td><td rowspan="4">差温<br>定温<br>差定温</td><td>双金属型</td></tr>
<tr><td>膜盒型</td></tr>
<tr><td>易熔金属型</td></tr>
<tr><td>半导体型</td></tr>
<tr><td rowspan="3">线型</td><td rowspan="3">差温<br>定温</td><td>管型</td></tr>
<tr><td>电缆型</td></tr>
<tr><td>半导体型</td></tr>
</table>

<table>
<tr><th>名　称</th><th>类　别</th></tr>
<tr><td rowspan="2">感光探测器</td><td>紫外光型</td></tr>
<tr><td>红外光型</td></tr>
<tr><td rowspan="2">可燃气体<br>探测器</td><td>催化型</td></tr>
<tr><td>半导体型</td></tr>
<tr><td rowspan="4">复合型探测器</td><td>感温感烟型</td></tr>
<tr><td>感光感烟型</td></tr>
<tr><td>感光感温型</td></tr>
<tr><td>红外光束感烟感温</td></tr>
</table>

注:点型与线型探测器是根据感应元件的结构不同而划分的,分别对警戒范围中某一点或某一线路周围的火灾参数作出响应。

②光电感烟探测器:利用烟雾粒子对光线产生的散射和遮挡原理制成。

探测器的光电敏感元件安装在固定台式的报警器的光电小暗室内,当吸入小暗室的空气中含有烟雾时,由于烟雾对光线的散射和遮挡,使射在光电池上的光束强度降低,回流电流减弱,则灵敏继电器工作,发生火灾报警信号。

(2)感温探测器

利用火灾时引起的温升探测火灾的发生,常用的有定温式、差温式和差定温式,应用于经常存在大量灰尘、烟雾及水蒸气而无法使用感烟探测器,可能迅速起火或火灾温度变化较大的场所。

①定温式感温探测器:在规定时间内,火灾引起的温度上升超过某个定值时启动报警的火灾探测器。

定温式感温探测器有点型和线型两种结构。其中点型探测器利用双金属片、易熔金属、热电偶热敏半导体电阻等元件,在规定的温度值上产生火灾报警信号;线型是当局部环境温度上升达到规定值时,可熔绝缘物熔化使两导线短路,从而产生火灾报警信号,主要为缆式线型感温探测器。双金属片定温式感温探测器结构如图 2.40 所示。

②差温式感温探测器:在规定时间内,火灾引起的温度变化率以超过常态数倍的异常速率升高时启动报警的火灾探测器。

差温式感温探测器也有点型和线型两种结构。点型差温式探测器原理是感温器件感受局部环境的温升超过设定的温升速率而动作,主要感温器件有空气膜盒、热敏半导体电阻元件等;线型差温式探测器是根据热电偶遇热后产生温差电动势和温差电流而动作,主要感温器件为热电偶。膜盒差温火灾探测器结构如图 2.41 所示。

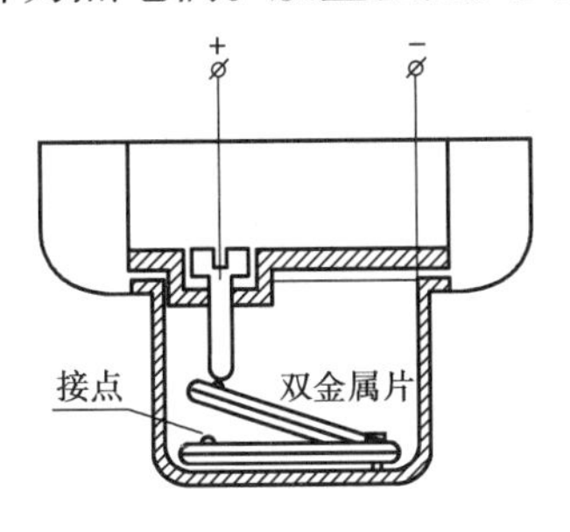


图 2.40 双金属片定温式火灾探测器

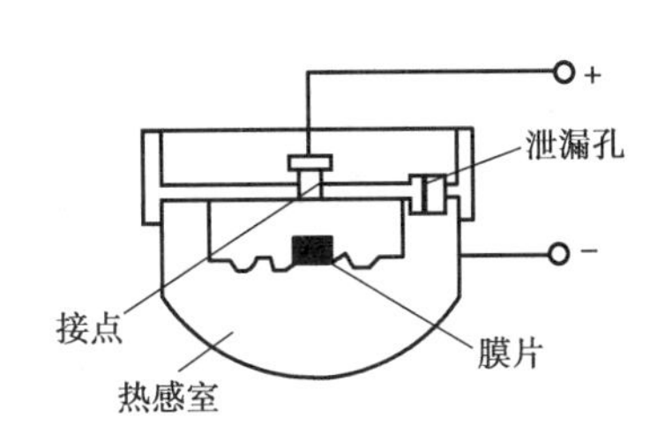


图 2.41 膜盒差温火灾探测器

③差定温式感温探测器:结合定温和差温两种作用原理并将两种探测器结构组合在一起,兼有定温和差温双重功能,从而提高了探测器的可靠性。差定温式一般多是膜盒式或热敏半导体电阻式等点型组合式探测器。如图 2.42 所示为双金属片膜盒差定温火灾探测器。

(3)感光探测器

发生火灾时,对光参数响应的火灾探测器称为感光火灾探测器。可燃物燃烧时火焰的辐射光谱可分为两大类:一类是由炽热炭粒子产生的具有连续光谱的热辐射;另一类是由化学反应生成的气体和离子产生具有间断性光谱的光辐射,波长一般在红外和紫外光谱内。因此,感光火灾探测器分为红外探测器及紫外探测器两类。

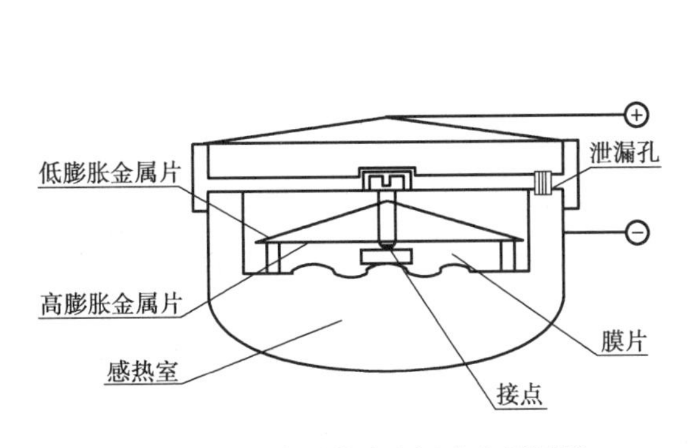


图 2.42 双金属片差定温火灾探测器

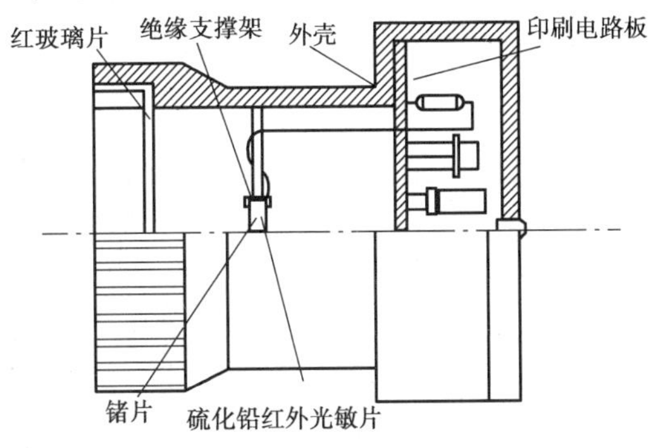


图 2.43 红外感光火灾探测器

①红外感光火灾探测器:利用火焰的红外辐射和闪烁效应进行火灾探测。由于红外光谱的波长较长,烟雾粒子对其吸收和衰减远比波长较短的紫外及可见光弱。因此,在大量烟雾的火场,即使离火焰一定距离仍可使红外光敏元件响应,具有响应快的特点。

红外探测器的感光元件一般为硫化铝、硫化铅等制成的光导电池,光导电池遇到红外线时即产生电信号,传到电动控制装置,发生报警信号。图 2.43 为其结构示意图。

②紫外感光火灾探测器:能对火焰中波长为 1 850 ~ 2 900 Å 的紫外辐射响应,可检测到 8 m 以外一般打火机的火焰,但对可见光源如太阳光、普通灯光等均不敏感,而对易燃、

易爆物(如汽油、煤油、酒精、火药等)引起的火灾很敏感,因而对于易燃物质火灾利用火焰产生的紫外辐射来探测是十分有效的。

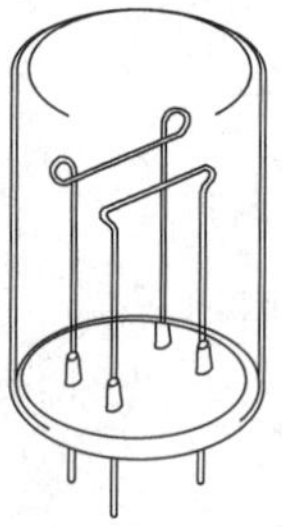

图2.44为紫外探测器结构示意图。在紫外光敏管的玻壳内有2根高纯度的钨丝或钼丝电极,当电极受紫外光的辐射后立即发出电子,电子在两电极间的电场中被加速,加速后的电子与玻壳内的氢、氦气体分子发生碰击而被离化,发生连锁反应造成"雪崩"式的放电,使紫外光管由截止变为导通输出报警信号。

图2.44 紫外感光火灾探测器

(4)火灾探测器的选用

为提高报警系统的可靠性,避免误报和漏报火警,必须合理地选用火灾探测器。

①汽车停车库、修理间等,应选用感温探测器,并宜将定温式和差温式探测器配合使用。

②电视、电讯、广播楼的机房、电子计算机房,宜用感烟探测器。

③厨房、燃油锅炉房、烘房等,宜用定温式感温探测器。

④藏书楼、档案楼、可燃物品库房等,宜用灵敏度较高的感烟探测器或差温式感温探测器。

⑤旅馆、教学楼、办公楼的厅堂、卧室、办公室内,宜用感烟探测器。

⑥所有高层建筑物内的楼梯间、前室、走道、电梯井、管道井等,应选用感烟探测器;吸烟室、小会议室,宜用定温或差温式感温探测器。

⑦百货楼的营业厅、展览楼的展览厅的层高较高,可用感烟探测器。

⑧柴油发电机房和储油间,宜采用感温和感烟探测器的"与"信号。

不同安装高度,宜采用不同类型的探测器,见表2.24。

表2.24 安装高度和探测器选用表

| 安装高度/m | 选用探测器类型 | 安装高度/m | 选用探测器类型 |
|---|---|---|---|
| ≤4 | 差温式,离子式,光电式 | 8~15 | 差温式,离子式,光电式 |
| 4~8 | 定温式,差温式,离子式,光电式 | 15~20 | 离子式,光电式 |

在下列高层建筑场所,不宜安装感烟探测器:

①尘埃、粉末和水蒸气大量滞留场所;

②厨房及其他在正常情况下有烟停留的场所;

③通风速度大于5 m/s的场所;

在下列高层建筑场所,不宜安装感温探测器:

①安装高度超过20 m的场所;

②空间高度小于0.5 m的顶棚和吊顶内;

③厕所和浴室等。

## 2.5.4 闭式自动喷水灭火系统的布置

### 1) 系统供水方式

除自动喷水灭火系统特有的报警阀组、喷头、水流报警装置外，系统的水源及供水设施同消火栓系统是完全一致的。

①根据自动喷水灭火系统的压力状态——保证系统最不利喷头的工作压力，可分为高压、临时高压两种系统。

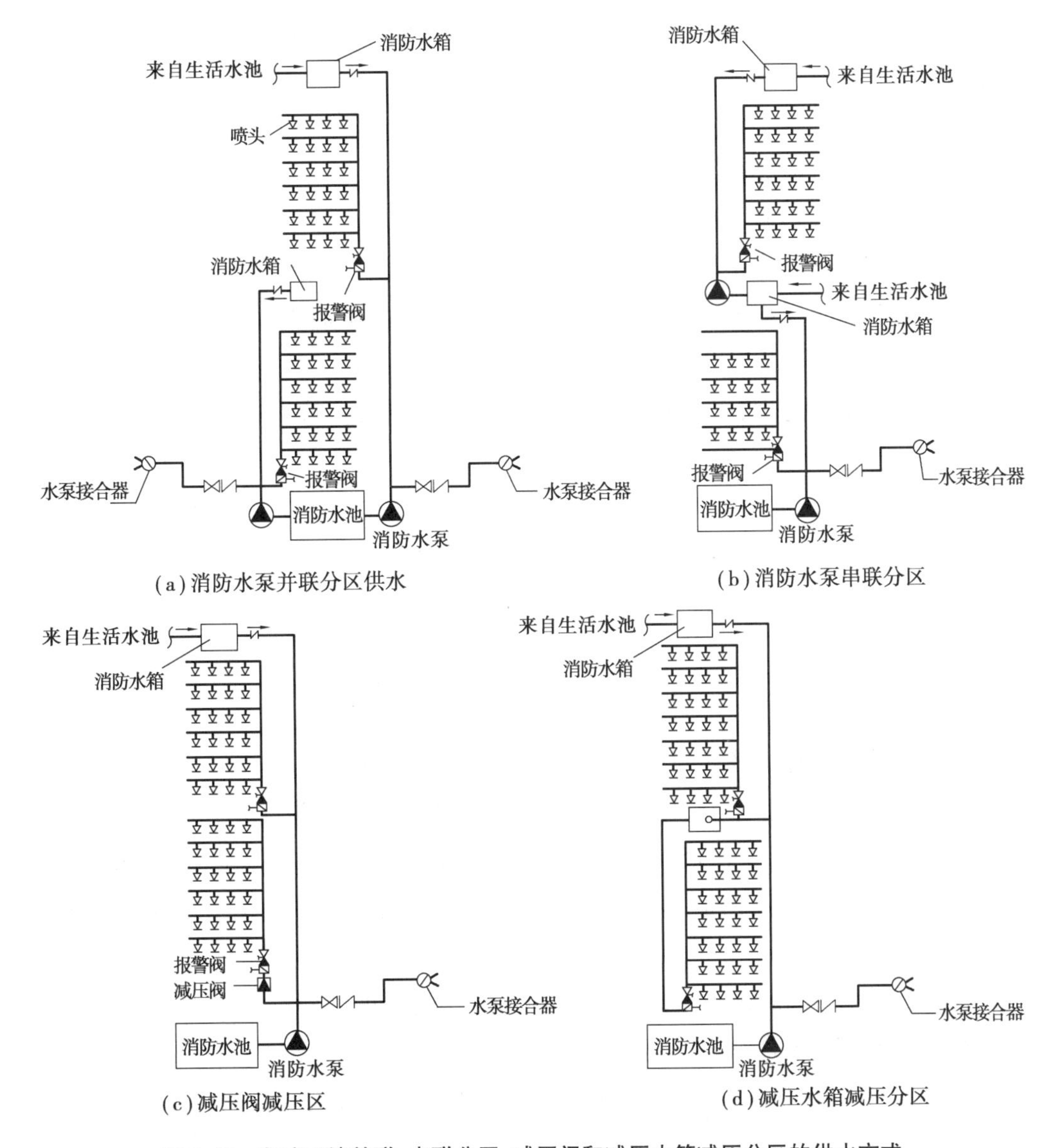


图2.45 自喷系统并联、串联分区，减压阀和减压水箱减压分区的供水方式

②按照配水管道的工作压力不大于1.20 MPa，进行竖向分区；按照轻、中危险级场所中各配水管入口的压力均不宜大于0.40 MPa的要求，采用适当的减压措施进行配水管压力控制，从而形成一次供水及分区供水系统，并进一步形成并联、串联、减压分区等供水方式。如图2.45所示分别为并联分区、串联分区、减压阀和减压水箱减压分区的供水方式。

③按服务范围，可分为独立及区域集中的自动喷水灭火系统。

此外，由于报警阀的存在，使自动喷水灭火系统在同样的供水方式下，存在多个报警阀分别服务于建筑中不同区域的形式，体现在如下四方面：

①报警阀组服务于建筑中某些特定的区域，如保护室内钢屋架等建筑构件，需设置独立的报警阀组。

②串联接入湿式系统配水干管的其他自动喷水灭火系统，应分别设置独立的报警阀组，其控制的喷头数计入湿式阀组控制的喷头总数。

③为尽量避免影响喷头出水的均匀性，服务范围不宜过大，限制单个报警阀组服务的喷头个数的总和——湿式系统、预作用系统不宜超过800只，干式系统不宜超过500只。若配水支管同时安装保护吊顶下方和上方空间的喷头时，只将数量较多一侧的喷头计入报警阀组控制的喷头总数。

④服务高差不宜过大，单个报警阀组供水的最高与最低位置喷头，高程差不宜大于50 m。

因此，要达到分区的要求，图2.45中各分区至少应有2个以上报警阀组。报警阀前的所有供水管道，包括水泵压水管、水箱出水箱与水泵接合器来水管应在报警阀前形成环状。

**2）喷头布置**

（1）喷头布置基本要求

在顶板或吊顶下易于接触到火灾热气流并有利于均匀布水的位置。

①直立型、下垂型喷头的布置，包括同一根配水支管上喷头间距及相邻配水支管间距，应根据系统的喷水强度、喷头的流量系数和工作压力确定，并不应大于表2.25的规定，且不宜小于1.8 m。仅在走道设置单排喷头的闭式系统，喷头间距应按走道地面不留漏喷空白点确定。

②除吊顶型喷头和吊顶下安装的喷头外，直立型、下垂型标准喷头，其溅水盘与顶板的距离不应小于75 mm，且不应大于150 mm。

③早期抑制快速响应喷头的溅水盘与顶板的距离，应符合表2.26的规定。

表 2.25　同一根配水支管上标准喷头间距及相邻配水支管的间距

| 危险等级 | | 喷头种类 | 流量系数 $K$ | 最小工作压力/MPa | 出水流量/(L·min$^{-1}$) | 喷水强度/(L·min$^{-1}$·m$^{-2}$) | 布置形式 | | | | 一只喷头最大保护面积/m$^2$ |
|---|---|---|---|---|---|---|---|---|---|---|---|
| | | | | | | | 正方形布置 | | 矩形或平行四边形 | | |
| | | | | | | | 喷头间距/m | 与端墙最大距离/m | 长边/m | 短边/m | |
| 轻危险级 | | 标准喷头 | 80 | 0.10 | 80 | 4 | 4.4 | 2.2 | 4.6 | 4.3 | 20.0 |
| | | | | 0.05 | 56 | | 3.7 | 1.8 | 3.4 | 3.4 | 14.0 |
| 中危险级 | Ⅰ级 | 标准喷头 | 80 | 0.10 | 80 | 6 | 3.6 | 1.8 | 4.0 | 3.0 | 12.5 |
| | | | | 0.05 | 56 | | 3.0 | 1.5 | 3.2 | 2.7 | 9.0 |
| | Ⅱ级 | 标准喷头 | 80 | 0.10 | 80 | 8 | 3.4 | 1.7 | 3.8 | 3.0 | 11.5 |
| | | | | 0.05 | 56 | | 2.6 | 1.3 | 2.9 | 2.4 | 6.7 |
| 严重危险级 | Ⅰ级 | 大口径喷头 | 115 | 0.088 | 115 | 12 | 3.1 | 1.55 | 3.4 | 2.8 | 9.0 |
| | | 标准喷头 | 80 | 0.10 | 80 | | 2.6 | 1.3 | 2.9 | 2.4 | 6.7 |
| | Ⅱ级 | 大口径喷头 | 115 | 0.15 | 141 | 16 | 3.0 | 1.5 | 3.2 | 2.8 | 9.0 |
| | | 标准喷头 | 80 | 0.20 | 80 | | 2.6 | 1.3 | 2.9 | 2.4 | 6.7 |

表 2.26　早期抑制快速响应喷头的溅水盘与顶板的距离

| 喷头安装方式 | 直立型 | | 下垂型 | |
|---|---|---|---|---|
| 溅水盘与顶板的距离/mm | ≥100 | ≤150 | ≥150 | ≤360 |

④图书馆、档案馆、商场、仓库的通道上方宜设有喷头。喷头与被保护对象的距离不应小于表 2.27 的规定。

表 2.27　喷头溅水盘与保护对象的距离

| 喷头类型 | 最小水平距离/m | 最小垂直距离/m |
|---|---|---|
| 标准喷头 | 0.3 | 0.45 |
| 其他喷头 | 0.3 | 0.90 |

⑤货架内喷头上方的货架层板，应为封闭层板。货架内喷头上方如有孔洞、缝隙，应在喷头的上方设置集热挡水板。集热挡水板应为正方形或圆形金属板，其平面面积不宜小于 0.12 $m^2$，周围弯边的下沿宜与喷头的溅水盘平齐，如图 2.46 所示。

⑥净空高度大于 800 mm 的闷顶和技术夹层内有可燃物时，应设置喷头。

⑦当局部场所设置自动喷水灭火系统时，与相邻不设自动喷水灭火系统场所连通的走道或连通开口的外侧，应设喷头。

⑧设在通透性吊顶的场所，喷头应布置在顶板下。

⑨顶板或吊顶为斜面时，喷头应垂直于斜面，并应按斜面距离确定喷头间距。

尖屋顶的屋脊处应设 1 排喷头。喷头溅水盘至屋脊的垂直距离，屋顶坡度≥1/3 时，不应大于 0.8 m；屋顶坡度<1/3 时，不应大于 0.6 m。喷头设置如图 2.47 所示。

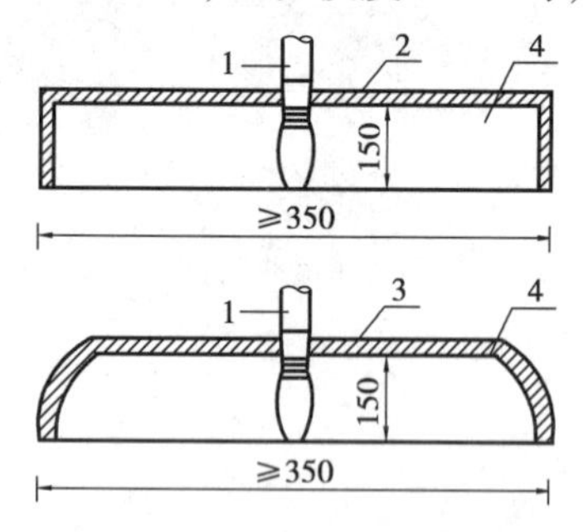


图 2.46　集热挡水板构造图

1—喷头；2—正方形集热挡水板；3—圆形集热挡水板；4—金属材料

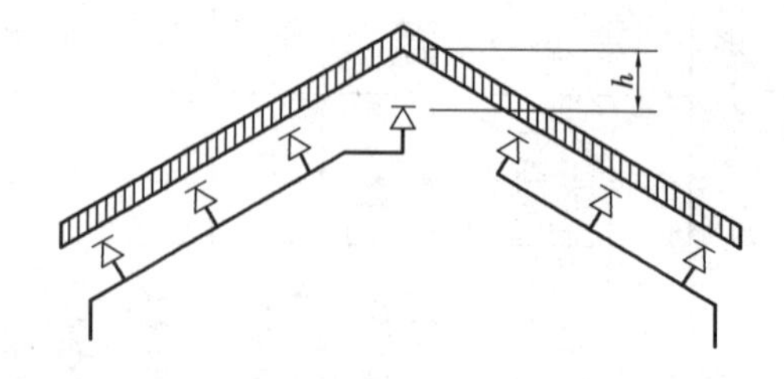


图 2.47　屋脊处设置喷头示意图

⑩边墙型标准喷头的最大保护跨度与间距应符合表 2.28 的规定，平面布置示意如图 2.48 所示。

表 2.28 喷头溅水盘与保护对象的距离

| 设置场所火灾危险等级 | 轻危险级 | 中危险级Ⅰ级 |
|---|---|---|
| 配水支管上喷头的最大间距/m | 3.6 | 3.0 |
| 单排喷头的最大保护跨度/m | 3.6 | 3.0 |
| 两排相对喷头的最大保护跨度/m | 7.2 | 6.0 |

注:①2 排相对喷头应交错布置;

②室内跨度大于 2 排相对喷头的最大保护跨度时,应在 2 排相对喷头中间增设 1 排喷头。

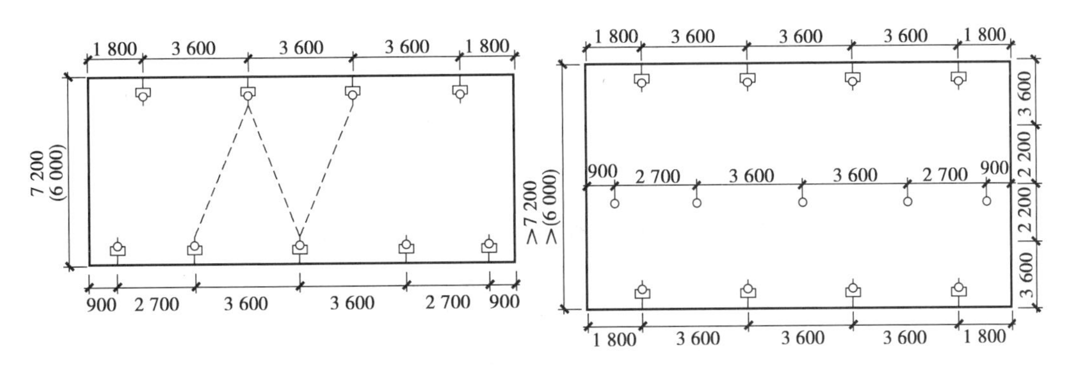


图 2.48 边墙型标准喷头平面布置示意图(单位:mm)

⑪边墙型扩展覆盖喷头的最大保护跨度、配水支管上的喷头间距、喷头与两侧端墙的距离,应按喷头工作压力下能够喷湿对面墙和邻近端墙距溅水盘 1.2 m 高度以下的墙面确定,且保护面积内的喷水强度应符合表 2.16 的规定。

⑫直立式边墙型喷头,其溅水盘与顶板的距离不应小于 100 mm,且不宜大于 150 mm;与背墙的距离不应小于 50 mm,且不应大于 100 mm。

水平式边墙型喷头溅水盘与顶板的距离不应小于 150 mm,且不应大于 300 mm。

⑬汽车库、修车库喷头布置:喷头应布置在汽车库门车位的上方,至少应有 1 只喷头正对车位有效保护;机械式立体停车库喷头布置,每个车位应有 2 只喷头保护,喷头应按车的托板位置分层布置,且应在喷头的上方设集热板,如图 2.49 所示。车库内设有通风管道时,应增设喷头。

(2)喷头与障碍物的距离

直立型、下垂型和边墙型喷头与梁、通风管、排管、桥架等障碍物之间的水平距离和竖向距离,应符合现行《自动喷水灭火系统设计规范》(GB 50084—2017)的相关要求。

(3)喷头与热源的间距

为保证喷头的正常工作,不出现误喷,喷头距热源宜符合表 2.29 的要求。

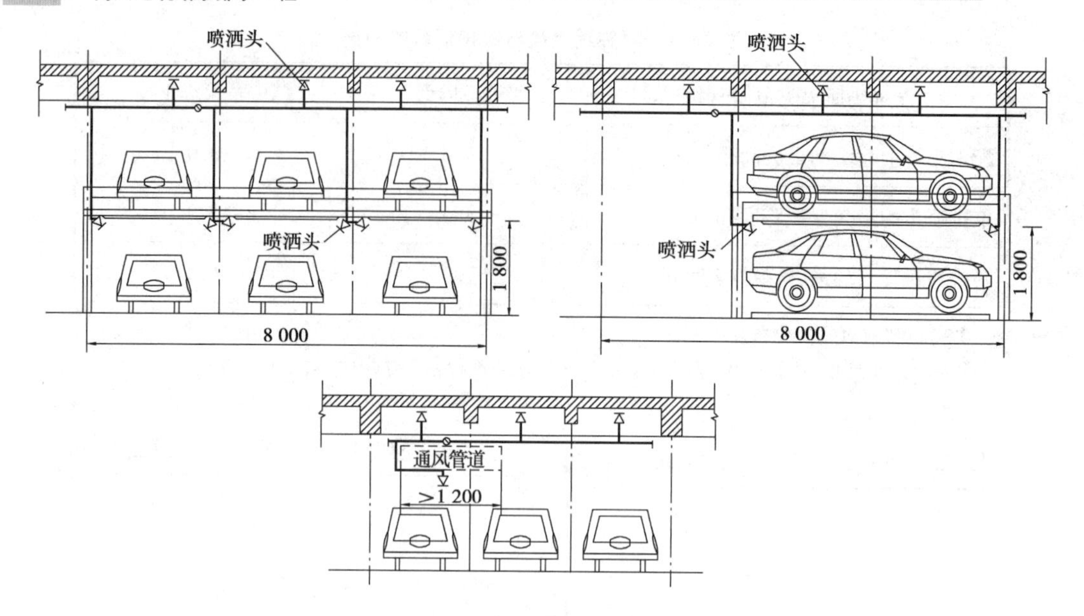


图 2.49 机械立体停车库内自动喷洒头安装图

表 2.29 不同温度等级的标准喷头与热源的间距

| 热源类型 | | 喷头感温级别 | | |
|---|---|---|---|---|
| | | 普通温度级 | 中温度级 | 高温度级 |
| 采暖风管 | 喷头在上方 | >0.76 m | ≤0.76 m | |
| | 喷头在侧边和下方 | >0.30 m | ≤0.30 m | |
| 采暖扩散器向下通风 | | 中温度级所示距离以外的任何距离 | 自扩散器的边缘起半径为0.3 m的圆柱体,向下延伸0.3 m;向上延伸0.45 m | |
| 采暖扩散器水平通风 | | | 在水平送风方向半径为0.45 m的圆柱体,向下延伸0.3 m;向上延伸0.45 m | |
| 供暖机组水平送风 | | | 送风侧:半径为2.1～6.0 m的扇形柱体,自供暖机组向上延伸2.10 m,向下延伸0.60 m,同时半径为2.10 m的圆柱体在供暖机组上方大于2.10 m的范围 | 半径为2.10 m的圆柱体从供暖机组上方2.10 m至供暖机组下方0.6 m的范围 |
| 供暖机组垂直向下送风 | | | 半径为2.10 m的圆柱体在供暖机组上方大于2.10 m的范围 | 半径为2.10 m的圆柱体从供暖机组至上方2.10 m的范围 |

续表

| 热源类型 | | 喷头感温级别 | | |
|---|---|---|---|---|
| | | 普通温度级 | 中温度级 | 高温度级 |
| 蒸汽主管（不保温） | 喷头在上方 | >0.76 m | ≤0.76 m | |
| | 喷头在侧面下方 | >0.30 m | ≤0.30 m | |
| | 排气阀 | >2.10 m | | ≤2.10 m |

(4)喷头布置形式

喷头布置形式一般有正方形、长方形和菱形三种。

①采用正方形布置时(图2.50)，其间距按式(2.18)计算：

$$S = 2R\cos 45° \tag{2.18}$$

式中　$S$——喷头之间的间距，m；

　　$R$——喷头计算喷水半径，m。

②采用长方形布置时(图2.51)，每个长方形对角线不应超过$2R$，喷头与边墙的距离不应超过喷头间距的一半并不应大于表2.26的规定。

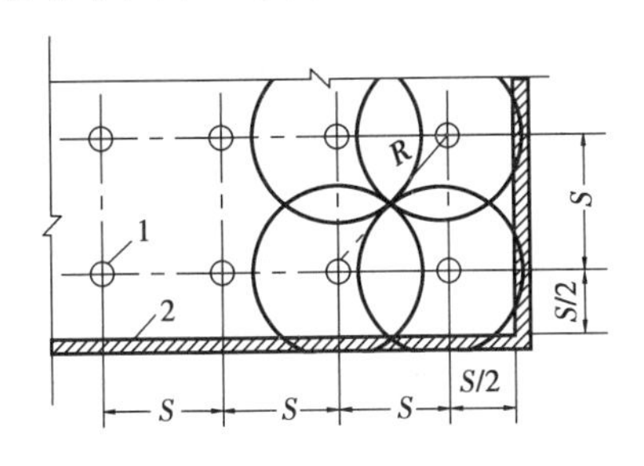


图2.50　正方形布置示意图

1—喷头；2—墙壁

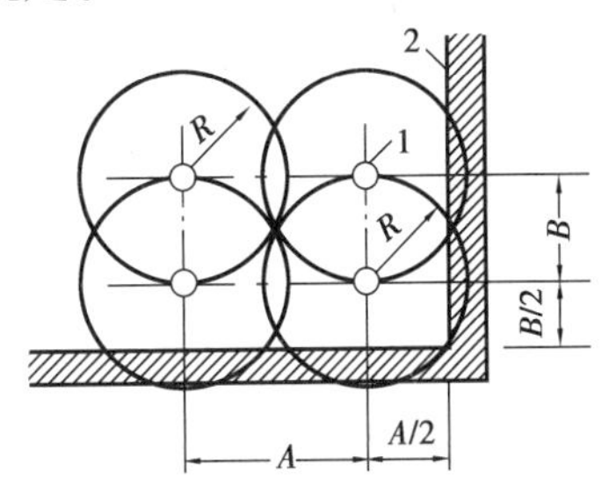


图2.51　长方形布置示意图

1—喷头；2—墙壁

③采用菱形布置时，如图2.52所示。

(5)喷头的安装部位

装有闭式自动喷水灭火系统建筑物内的下列部位应安装喷头：

①当吊顶、闷顶至楼板或屋面板的净距超过80 cm，且其内有可燃物，甲、乙、丙类液体管道，电缆，可燃气体管道时，其吊顶、闷顶内；

②在自动扶梯、螺旋梯穿楼板或水幕分隔处，在电梯、升降机等机房中；

③宽度超过1.2 m的梁、通风管道、成排布置的管道、桥梁下。

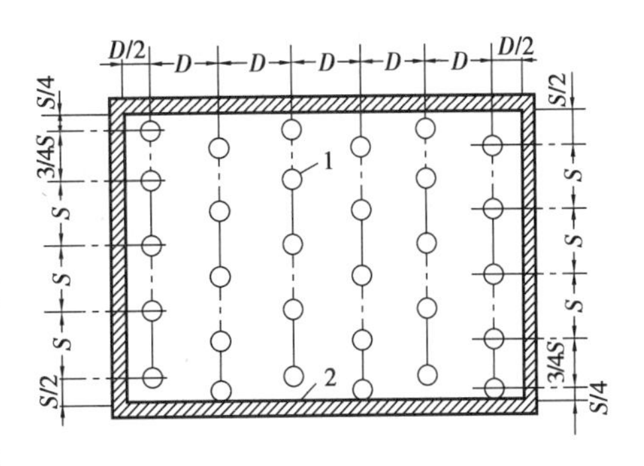


图2.52　菱形布置示意图

1—喷头；2—墙壁

3）报警阀组

报警阀组宜设在安全及易于操作的地点，距地面高度宜为 1.2 m。干式、预作用和雨淋报警阀组安装位置应靠近被保护区，安装部位环境温度宜控制在 4～70 ℃，且应做好排水设施，若采用排水管排水，其管径不应小于配套试验阀口径的 2 倍。

与报警阀相连的水力警铃设在建筑物主要走道、值班室等经常有人停留的场所附近，与报警阀连接的管道管径为 20 mm，总长不大于 20 m，工作压力不小于 0.05 MPa。

系统上所安装的控制阀，宜采用信号阀。安装在明显场所的控制阀，可不采用信号阀，但应设锁定阀位的锁具。

压力开关垂直安装在报警阀与水力警铃的连接管或延迟器与水力警铃的连接管上。连接管上水压升高，在水力警铃报警的同时，压力开关电触点接通直接启动水泵或向消防控制中心报警，并通过消防控制中心启动水泵。

湿式系统，报警阀不多于 3 套时宜集中设置；多于 3 套时宜分散设置，对于干式、预作用和雨淋阀组宜分散设置，以便减少报警阀后管网的容积。

4）管网

自动喷水灭火系统应与消火栓给水系统分开设置，有困难时，可合用消防水泵，但在报警阀前必须分开设置。报警阀后的管道上不应设置其他用水设施。

自动喷水灭火系统的管网是以 1 个报警阀所控制的管道系统为 1 个单元管网。报警阀组前的供水管应成环状，阀后的管道则分为立管、配水干管、配水支管等。

以立管为基准，立管与配水管道之间的连接方式分端-中和端-侧两类布置形式，如图 2.53 和图 2.54 所示。

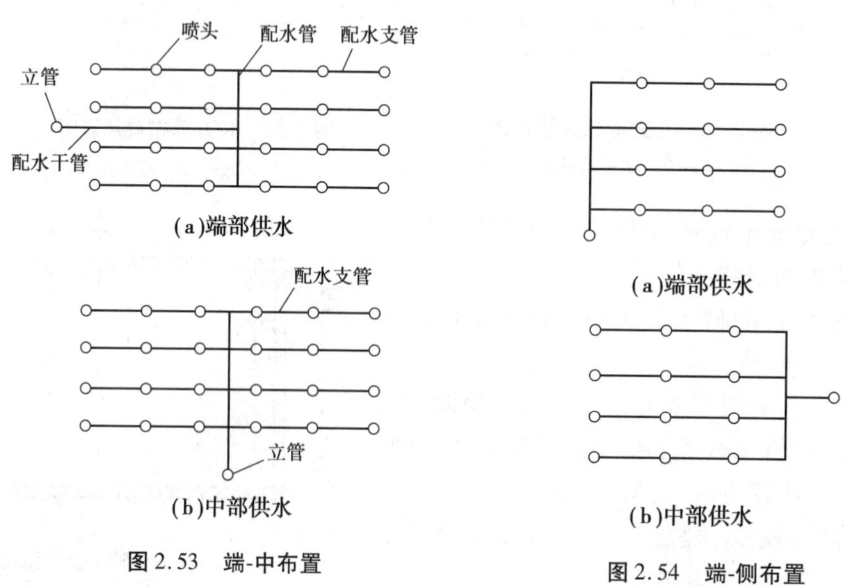

喷头
配水管
配水支管
立管
配水干管
(a)端部供水
配水支管
立管
(b)中部供水

图 2.53　端-中布置

(a)端部供水
(b)中部供水

图 2.54　端-侧布置

另一方面，若系统流量大，则配水管道的管径大，投资大。为减少投资可采用配水较均匀的枝状管网和环状管网，特别大的流量宜采用格栅状管网。干式系统和预作用系统不宜采用格栅状管网。环状管网和格栅状管网的布置形式如图 2.55 所示。

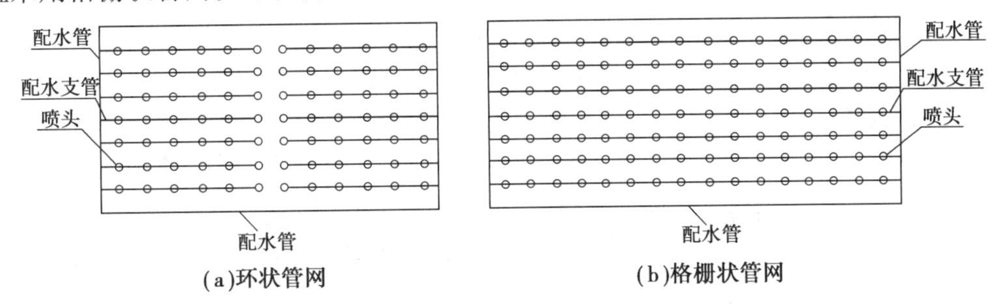


图 2.55 管网布置形式示意图

每根配水支管控制的标准喷头数:轻、中危险级场所不超过 8 只;同时在吊顶上下安装喷头的配水支管,其上下侧喷头数均不超过 8 只;严重及仓库危险级场所,喷头数均不超过 6 只。

水平安装的管道应有坡度,并应坡向泄水阀。充水管道的坡度不小于 0.002,准工作状态不充水管道的坡度不小于 0.004。

管道管径的估算和最小管径轻、中危险级场所中配水管道控制的标准喷头数,应不超过表 2.30 的规定。

表 2.30 轻、中危险级场所中配水管道控制的标准喷头数

| 公称管径/m | 控制的标准喷头数/只 | | 公称管径/m | 控制的标准喷头数/只 | |
|---|---|---|---|---|---|
| | 轻危险级 | 中危险级 | | 轻危险级 | 中危险级 |
| 25 | 1 | 1 | 65 | 18 | 12 |
| 32 | 3 | 3 | 80 | 48 | 32 |
| 40 | 5 | 4 | 100 | — | 64 |
| 50 | 10 | 8 | | | |

①短立管及末端试水装置的连接管,管径应不小于 25 mm。

②干式系统的配水管道充水时间,不宜大于 1 min;预作用系统与雨淋系统的配水管道充水时间,不宜大于 2 min。

③干式系统、预作用系统的供气管道,采用钢管时管径不宜小于 15 mm,采用铜管时管径不宜小于 10 mm。

管材和安装:自动喷水灭火系统的管材选用及安装详 1.4 节。此外,还须注意以下问题:

①配水管道应采用内外壁热浸锌钢管、铜管或不锈钢管以及经国家有关部门认证符合消防规定的衬塑钢管。当报警阀前采用内壁不防腐的钢管时,应在报警阀前加过滤器。

②管道的连接分为沟槽式连接件(卡箍)、螺纹或法兰连接。报警阀前采用内壁不防腐的钢管时,可焊接或卡箍连接(图 2.56)。

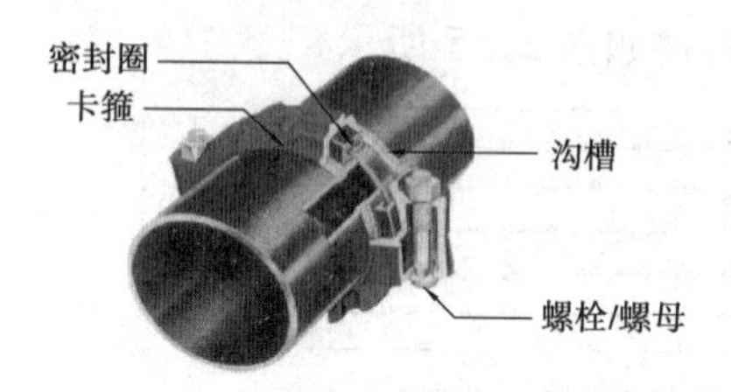


图 2.56 沟槽式连接件(卡箍连接)

③系统中管径不小于 DN100 的管道,应分段采用法兰或卡箍连接。水平管道上法兰间的长度不宜超过 20 m,立管上法兰间的距离不应跨越 3 个以上楼层,净空高度大于 8 m 的场所内,立管上应有法兰。

④管道固定:喷水时管道会引起晃动,且管网充水后具有一定的质量,因此须合理设置支、吊架及防晃支架,如图 2.57 和图 2.58 所示。对不同管材,其管道支、吊架间的距离应不大于表 1.3 和表 1.4 的规定。

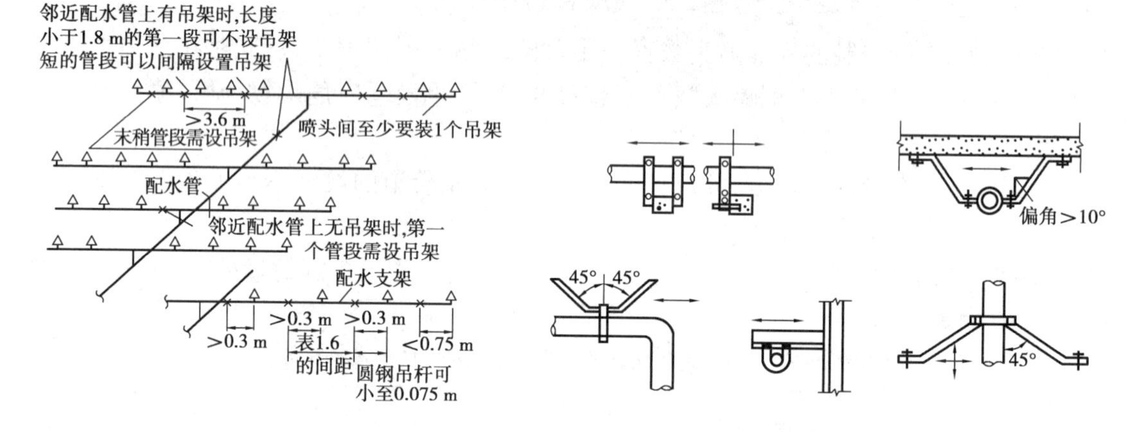


图 2.57 配水支管管段上吊架布置

图 2.58 管道防晃支架

## 2.5.5 闭式自动喷水灭火系统的设计计算

自动喷水灭火系统水力计算的任务是确定各管段的管径,校核喷头的布置间距及喷水强度,确定消防所需的设计流量和供水压力,确定消防水箱的设置高度,合理地选择贮水升压设备。计算步骤如下:

①系统选型。根据被保护对象的性质,参照表 2.15 划分建筑的火灾危险等级,选择系统类型。

②确定设计参数。根据表 2.16 和表 2.17 确定作用面积和喷水强度的最低要求。

③布置喷头。根据表 2.25 和表 2.29 对喷头间距的规定,结合被保护区的形状,进行喷头布置,计算出 1 只喷头的保护面积。1 只喷头的保护面积等于同一根配水支管上相邻喷头的距离与相邻配水支管之间距离的乘积。

④确定作用面积内的喷头数。作用面积内的喷头数的取值应不小于规定作用面积除以 1 只喷头保护面积所得结果。

⑤确定作用面积的形状。水力计算选定的最不利作用面积宜为矩形,其长边应平行于配水支管,长度不宜小于作用面积平方根的 1.2 倍。

⑥根据式(2.19)计算第 1 只喷头的流量:

$$q = DA \tag{2.19}$$

式中 $q$——喷头流量，L/min；

$D$——喷水强度，L/(min · m²)；

$A$——1 只喷头的保护面积，m²。

⑦根据式(2.20)计算第一只喷头的工作压力：

$$P = 0.1\left(\frac{q}{K}\right)^2 \qquad (2.20)$$

式中 $P$——喷头工作压力，MPa；

$q$——喷头流量，L/min；

$K$——喷头流量系数。

也可先根据表 2.16 ~ 表 2.18 规定，直接确定第一只喷头的工作压力，然后计算第一只喷头的流量。

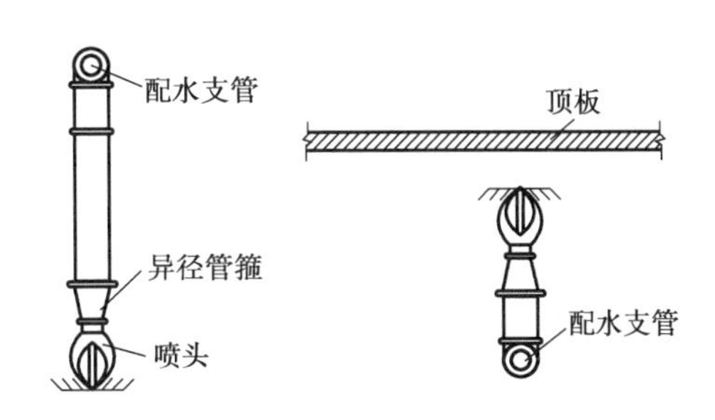


图 2.59 常见喷头安装示意图

喷头折算流量系数：喷头安装时，喷头与配水支管之间常用短立管连接，如图 2.59 所示。因喷头与配水支管之间的短立管有长有短，当短立管产生的水头损失不可忽略，或者其高差产生的水压不可忽略时，为便于准确计算各支管喷头的出流量，引入喷头折算流量系数的概念，按式(2.21)计算，即：

$$K_s = \frac{q}{10(P_s + h_s + Z_s)^{0.5}} \qquad (2.21)$$

式中 $K_s$——喷头管段折算流量系数；

$q$——作用面积内第一只喷头的出流量，L/min；

$P_s$——作用面积内第一只喷头的工作压力，MPa；

$h_s$——喷头短立管的水头损失，MPa；

$Z_s$——喷头短立管的几何高差产生的水压，MPa。(当喷头在配水支管的上面时 $Z_s$ 为正值，当喷头在配水支管的下面时 $Z_s$ 为负值)

喷头管段流量系数：对计算喷头数已定的管段，通过求出喷头管段的流量和压力，然后将此管段看作 1 只喷头(喷头与管段均为孔口出流，具有相同的水力学特征)，把求得的管段流量和压力代入式(2.20)，可得出 $K$ 值，此 $K$ 值即为喷头管段流量系数。若此管段的水压发生改变，再利用式(2.20)，代入 $K$ 值与新的压力，可方便地得出新压力下喷头管段的流量。

⑧依次计算第一根支管各管段的水头损失，支管上各喷头的压力和流量，支管总流量。

每米管道的水损应按式 2.22 计算，管道内的水流速度宜采用经济流速，必要时可超过 5 m/s，但不应大于 10 m/s。在喷头处压力已知后，其他喷头的流量可由式(2.20)求出。

$$i = 0.000\,010\,7\,\frac{v^2}{d_j^{1.3}} \qquad (2.22)$$

式中 $i$——每米管道的水头损失,MPa/m;

$v$——管道内水的平均流速,m/s;

$d_j$——管道的计算内径,m,按管道的内径减1 mm确定。

管道的局部水头损失,宜采用当量长度法计算。管件及阀门的当量长度见表2.31。各种报警阀及雨淋阀的局部水头损失按表2.32计算,水流指示器的局部水头损失取0.02 MPa。

**表2.31 各种管件和阀门的当量长度** 单位:m

| 管件名称 | 管件直径/mm | | | | | | | | | | | |
|---|---|---|---|---|---|---|---|---|---|---|---|---|
| | 25 | 32 | 40 | 50 | 65 | 80 | 100 | 125 | 150 | 200 | 250 | 300 |
| 45°弯头 | 0.3 | 0.3 | 0.6 | 0.6 | 0.9 | 0.9 | 1.2 | 1.5 | 2.1 | 2.7 | 3.3 | 4.0 |
| 90°弯头 | 0.6 | 0.9 | 1.2 | 1.5 | 1.8 | 2.1 | 3.0 | 3.7 | 4.3 | 5.5 | 5.5 | 8.2 |
| 三通四通 | 1.5 | 1.8 | 2.4 | 3.0 | 3.7 | 4.6 | 6.1 | 7.6 | 9.1 | 10.7 | 15.3 | 18.3 |
| 蝶阀 | — | — | — | 1.8 | 2.1 | 3.1 | 3.7 | 2.7 | 3.0 | 3.6 | 5.8 | 6.4 |
| 闸阀 | — | — | — | 0.3 | 0.3 | 0.3 | 0.6 | 0.6 | 0.9 | 1.2 | 1.5 | 1.8 |
| 止回阀 | 1.5 | 2.1 | 2.7 | 3.4 | 4.3 | 4.9 | 6.7 | 8.2 | 9.3 | 13.7 | 16.8 | 19.8 |
| 异径弯头 | 32/25 | 40/32 | 50/40 | 70/50 | 80/70 | 100/80 | 125/100 | 150/125 | 200/150 | — | — | — |
| | 0.2 | 0.3 | 0.3 | 0.5 | 0.6 | 0.8 | 1.1 | 1.3 | 1.6 | — | — | — |
| U形过滤器 | 12.3 | 15.4 | 18.5 | 24.5 | 30.8 | 36.8 | 49 | 61.2 | 73.5 | 98 | 122.5 | — |
| Y形过滤器 | 11.2 | 14 | 16.8 | 22.4 | 28 | 33.6 | 46.2 | 57.4 | 68.6 | 91 | 113.4 | — |

注:当异径接头的出口直径不变而入口直径提高1级时,其当量长度应增大0.5倍;提高2级或2级以上时,其当量长度应增加1.0倍。

**表2.32 各种报警阀的水头损失**

| 报警阀名称 | 直径/mm | | 报警阀水头损失 $h_B$/0.01 MPa |
|---|---|---|---|
| 湿式报警阀 | 100 | | $0.030\,2Q^2$ |
| 湿式报警阀 | 150 | | $0.086\,9Q^2$ |
| 干湿两用报警阀 | 100 | | $0.072\,6Q^2$ |
| 干湿两用报警阀 | 150 | | $0.020\,8Q^2$ |
| 干式报警阀 | 150 | | $0.016Q^2$ |
| 雨淋阀 | 65 | 双圆盘雨淋阀 | $0.48Q^2$ |
| | | 隔膜雨淋阀 | $0.371Q^2$ |
| | 100 | 双圆盘雨淋阀 | $0.063\,4Q^2$ |
| | | 隔膜雨淋阀 | $0.060\,4Q^2$ |
| | 150 | 双圆盘雨淋阀 | $0.014Q^2$ |
| | | 隔膜雨淋阀 | $0.012\,2Q^2$ |

注:通过报警阀的流量 $Q$ 的单位为L/s。

⑨依次计算作用面积内配水管各段流量、水头损失、其他各支管流量。在如图2.60所示配水支管布置相同的自动喷水灭火系统中，其他支管的流量可按式(2.23)计算：

$$Q_i = Q_1\sqrt{\frac{H_i}{H_1}} \tag{2.23}$$

式中 $H_1$——第一根配水支管与配水管连接处的节点水压，MPa；

$Q_1$——第一根配水支管的总流量，L/s；

$H_i$——第 $i$ 根配水支管与配水管连接处的节点水压，MPa；

$Q_i$——第 $i$ 根配水支管的总流量。

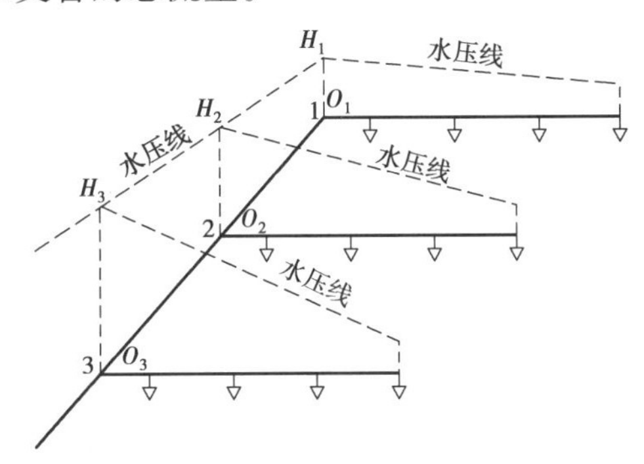


图2.60 自动喷水灭火系统水力计算图

⑩根据系统的设计流量计算系统供水压力或水泵扬程(包括水泵选型)。系统的设计流量应按最不利处作用面积内同时出水喷头的流量累加，即按式(2.2)确定。

……积内的平均喷水强度不低于表2.16、表2.17和表2.19……积内任意4只喷头围合范围内的平均喷水强度：轻、中危险级不应低于表2.16规定值的85%；严重和仓库危险级不应低于表2.16和表2.17的规定值。

设置货架内喷头的仓库，顶板下喷头与货架内喷头应分别计算设计流量，并应按其设计流量之和确定系统的设计流量。建筑内设有不同类型的系统或有不同危险等级的场所时，系统的设计流量应按设计流量的最大值确定。当建筑物内同时设有自动喷水灭火系统和水幕系统时，系统的设计流量应按同时启用的自动喷水灭火系统和水幕系统的用水量计算，并取二者之和中的最大值确定。

消防水泵的流量不小于系统设计流量，水泵扬程根据最不利喷头的工作压力、最不利喷头与贮水池最低工作水位的高程差、设计流量下计算管路的总水头损失三者之和确定。

⑪确定系统的水源和管网的减压措施。减压孔板、节流管和减压阀的设计参照1.6.3节和2.4.2节相关内容。

**【例2.2】** 某总建筑面积小于5 000 $m^2$ 的商场内最不利配水区域的喷头布置如图2.61所示，试确定自动喷水灭火系统的设计流量。

**【解】** 由表2.15可知，设置场所的火灾危险等级为中危险Ⅰ级，由表2.16可知，要求的喷水强度为6 L/(min·$m^2$)，作用面积为160 $m^2$，由图2.61可知1只喷头的保护面积

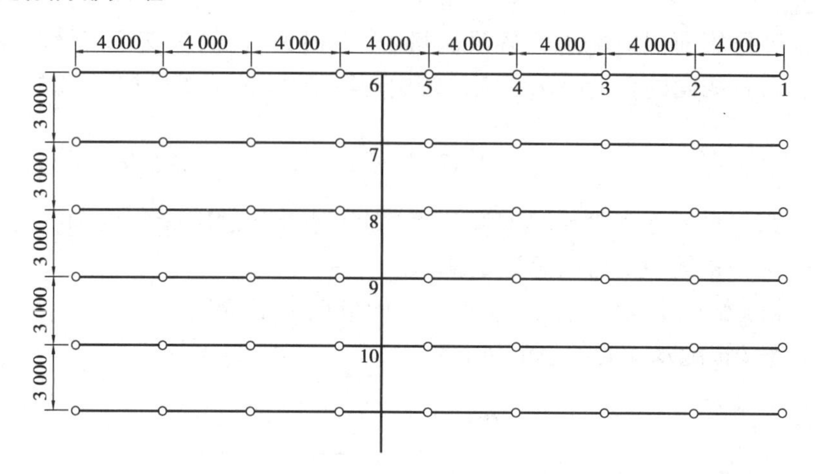


图 2.61 喷头布置平面图(单位:mm)

等于 12 $m^2$。因此,作用面积内的喷头数应为 160/12 = 13.3,取 14 只。实际作用面积为 14×12 $m^2$ = 168 $m^2$。

作用面积的平方根等于 12.6 m,作用面积长边的长度不应小于 1.2×12.6 m = 15.1 m,根据喷头布置情况,实际取 16 m。喷头 1 为最不利喷头,实际作用面积为图 2.62 中虚线所包围的面积。

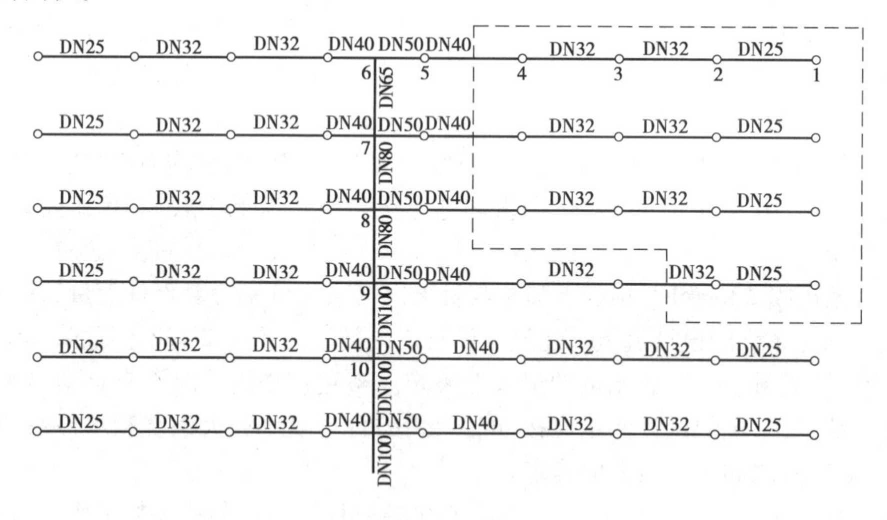


图 2.62 水力计算图

参照表 2.31 确定各管段直径,标注在图 2.62 中。

第一只喷头的流量:$q_1 = DA = 6\times12$ L/min = 72 L/min

第一只喷头的工作压力:$P_1 = 0.1\left(\dfrac{q_1}{K}\right)^2 = 0.1\left(\dfrac{72}{80}\right)^2 = 0.081$ MPa

依次计算管段流量、流速、水头损失、喷头压力、喷头出流量,列入表 2.33 中。

表 2.33 水力计算结果

| 节点编号 | 管段编号 | 喷头压力/MPa | 喷头出流量/($L \cdot min^{-1}$) | 管段流量/($L \cdot s^{-1}$) | 管径/mm | 流速/($m \cdot s^{-1}$) | 水头损失/MPa |
|---|---|---|---|---|---|---|---|
| 1 | 1~2 | 0.081 | 72 | 1.20 | 25 | 2.44 | 0.034 |
| 2 | 2~3 | 0.115 | 85.8 | 2.63 | 32 | 3.27 | 0.042 |
| 3 | 3~4 | 0.157 | 100.2 | 4.30 | 32 | 5.35 | 0.120 |
| 4 | 4~5 | 0.277 | 133.1 | 6.52 | 40 | 5.19 | 0.084 |
| 5 | 5~6 | 0.361 |  | 6.52 | 50 | 3.32 | 0.024 |
| 6 | 6~7 | 0.385 |  | 6.52 | 65 | 1.96 | 0.005 |
| 7 | 7~8 | 0.390 | (393.6) | 13.08 | 80 | 2.60 | 0.007 |
| 8 | 8~9 | 0.397 | (397.1) | 19.70 | 80 | 3.92 | 0.017 |
| 9 | 9~10 | 0.414 | (241.9) | 23.73 | 100 | 3.02 |  |
| 10 |  |  |  |  |  |  |  |

表 2.33 中括号内的数值为支管流量，节点 9 以后的管径和流量均不再变化，系统的设计流量为 23.73 L/s。

## 2.6 开式自动喷水灭火系统

### 2.6.1 类别、组成及特点

开式自动喷水灭火系统一般由开式喷头、管道系统、雨淋阀、火灾探测装置、报警控制组件和供水设施等组成。根据喷头形式及使用目的的不同，可分为雨淋系统、水幕系统、水喷雾灭火系统、雨淋自动喷水-泡沫联用系统等形式。

将泡沫联用到雨淋系统中，增强了系统对 B 类(液体)火灾的控制能力，系统对泡沫的使用与湿式自动喷水-泡沫联用灭火系统相仿，详见 2.5.2 节。本节着重介绍前三类系统，其中各系统的设置原则及设计基本参数详见 2.5.1 节。

**1) 雨淋喷水灭火系统**

雨淋系统由开式洒水喷头、雨淋报警阀组等组成，由配套设置的火灾自动报警系统或传动管联动雨淋阀，由雨淋阀控制配水管道上的全部开式喷头同时喷水。

(1) 工作原理

被保护的区域一旦发生火灾，急速上升的热气流使感烟或感温探测器探测到火灾区有燃烧粒子，并立即向报警控制器发出报警信号，经报警控制器分析确认后发出声、光报警信号，同时开启雨淋阀的电磁阀，使高压腔的压力水快速排出。由于经单向阀补充流入高压腔的水流缓慢，因而高压腔水压快速下降，供水作用在阀瓣上的压力将迅速打开雨淋阀门，水流立即充满整个雨淋管网，使该雨淋阀控制的管道上所有开式喷头同时喷水，可以在瞬间像下暴雨般喷出大量的水覆盖火区,达到灭火目的。雨淋阀打开后,水同时流向报警管网,使水力警铃发出声响报警,在水压作用下,接通压力开关,并通过报警控制器切换,给值班室发出电信号或直接启动水泵。在消防主泵启动前,火灾初期所需的消防用水由高位水箱或气压罐供给。

雨淋管网也可以设计成预充水湿管系统,即雨淋阀后的管道充满无压水,水面低于开式喷头的出口,但必须有溢流措施,保证平时没有水从喷头溢出。

(2)系统控制方式

由于雨淋系统一旦开启将大面积出水,系统出现误喷可能导致极大的水渍损失,因此系统控制的可靠性显得尤为重要。目前常用的控制方式有三种:

①闭式喷头的充水或充气传动管控制。在系统保护区上方均匀布置闭式喷头,闭式喷头的配水管作为雨淋阀开启的传动控制管。一旦发生火灾,任一闭式喷头开启喷水,传动管中水压降低就会立即打开雨淋阀,开式系统便喷水。传动管内也可充压缩空气代替充水,启动雨淋阀,如图 2.63(a)所示。

②电动控制。依靠保护区内火灾探测器的电信号,通过继电器开启传动管上的电磁阀,使传动管泄压打开雨淋阀向系统供水。为保证探测系统信号可靠,电磁阀应由 2 个独立设置的火灾探测器同时控制,如图 2.63(b)所示。

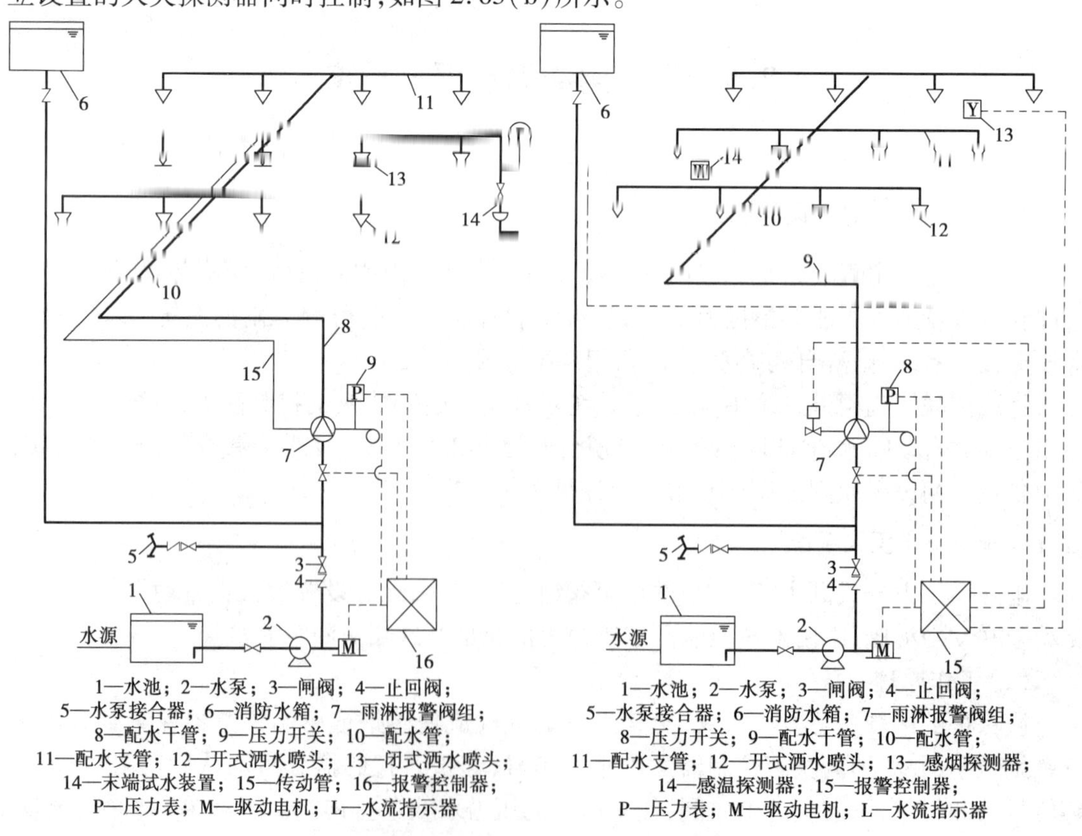


图 2.63 雨淋喷水灭火系统示意图

规模较小的雨淋系统还可不设雨淋阀,改由电动阀或电磁阀直接控制。火灾探测信号通过电控装置启动水泵,打开电动阀,同时电动警铃报警。

此外,火灾发生时,还可按应急操作按钮,紧急启动系统喷水灭火或直接开启雨淋阀传动管上的手动快开阀,启动雨淋阀向管网供水。

③手动控制。系统仅设手动控制阀门,适用于工艺和所在场所危险性小、管道系统小,24 h有人值班的场所。

(3)系统特点及适用场所

系统采用开式喷头,一旦启动,雨淋阀控制管道上的所有喷头同时出水,具有流量大、灭火及时的特点。该系统适用于下列场所:

①火灾的水平蔓延速度快、闭式喷头的开放不能及时使喷水有效覆盖着火区域;

②室内净空高度超过闭式系统限定的最大净空高度,且必须迅速扑救的初期火灾;

③严重危险级Ⅱ级。

**2)水幕系统**

水幕系统不以灭火为目的。该系统是将水喷洒成水帘幕状,用以冷却防火分隔物,提高分隔物的耐火性能;或利用水帘阻止火势扩大和防止火灾蔓延,以达到冷却、阻火、隔火的作用。

水幕系统的组成、工作原理与控制方式同雨淋系统类似。不同之处仅在于:雨淋阀后,水幕系统的配水管道沿门、窗或孔洞的开口部位布置,采用特制的水幕喷头。

系统在高层建筑中一般用于保护防火墙上的门、窗等孔洞,进行防火隔断或局部降温。根据水幕的功能,分为防火分隔和防护冷却两类。其中分隔水幕不宜用于尺寸超过15 m(宽)×8 m(高)的开口(舞台口除外),以免造成室内消防用水量猛增,而灭火效果有限的情况;冷却水幕主要用于防火卷帘、钢幕等的冷却,喷头的设置应保证直接将水喷向被保护对象。冷却水幕的设置是把防火卷帘背火面温升作为卷帘耐火极限的判据,当达不到耐火极限时应设冷却水幕,此时系统的持续喷水时间不应少于3 h。



**3)水喷雾灭火系统**

水喷雾系统利用喷雾喷头在一定压力下将水流分解成粒径在100~700 μm的细滴,通过表面冷却、窒息、乳化、稀释的共同作用实现灭火和防护。

水喷雾系统的组成、工作原理与控制方式与雨淋系统类似。不同之处仅在于喷头的结构与性能:雨淋系统采用标准开式喷头,而水喷雾灭火系统则采用中速或高速喷雾喷头。

(1)灭火机理

当以雾状水形式喷射到正在燃烧的物质表面,会产生如下作用:

①冷却。雾状水粒径小,遇热迅速汽化,带走大量的汽化热,使燃烧表面的温度迅速降低,直至物质热分解所需温度以下,使热分解终止,燃烧即中止。

②窒息。雾状水喷射到燃烧区后遇热迅速汽化,形成原体积约1 680倍的水蒸气,包围和覆盖在火焰周围,导致燃烧区氧浓度迅速降低,燃烧因缺氧而削弱或中断。

③乳化。当雾状水喷射到正在燃烧的液体表面,由于雾滴的冲击,在液体表面起到搅

拌作用,造成液体表面的乳化,形成不燃性的乳浊状液体层,使燃烧中断。

④稀释。由于雾状水与易燃的水溶性液体能很好地融合,因而水溶性液体的质量浓度逐渐降低,液体的燃烧速度降低而较易被扑灭。

(2)系统特点及适用场所

相比喷水系统,喷雾系统因雾状水滴小,比表面积大,单位时间内吸收热量多,且具有灭火时间短、效率高、耗水量少的特点。一般标准喷头的喷水量为 1.33 L/s,而细水雾喷头的流量为 0.17 L/s,因而可节约用水。

系统保护范围广,保护对象主要是火灾危险大、扑救困难的专用设施或设备。系统能扑救固体、液体、可燃气体和电气火灾,还可用于甲、乙、丙类液体的生产、贮存装置或装卸设施的防护冷却。高层建筑中,水喷雾灭火系统主要用于燃油、燃气锅炉房,柴油发电机房,可燃油油浸电力变压器、充可燃油的高压电容器和多油开关室。

### 2.6.2 开式自动喷水灭火系统的重要组件

**1)开式喷头**

开式喷头的分类、形式及用途见表 2.34,结构分别如图 2.64—图 2.66 所示。

**表 2.34 开式喷头的分类、形式及用途**

<table>
<tr><th>类 别</th><th colspan="2">形 式</th><th>公称直径/mm</th><th>用 途</th></tr>
<tr><td rowspan="4">洒水喷头</td><td colspan="2">双臂下垂</td><td rowspan="4">10,15,20<br>由闭式喷头取下感温及密封组件而成</td><td rowspan="4">用于火灾蔓延速度快,闭式喷头开放后不能有效覆盖起火范围的高度危险场所的雨淋系统,用于净空高度超过规定,闭式喷头不能及时动作的场所的雨淋系统</td></tr>
<tr><td colspan="2">双臂直立</td></tr>
<tr><td colspan="2">双臂边墙</td></tr>
<tr><td colspan="2">单臂下垂</td></tr>
<tr><td rowspan="6">水幕喷头</td><td rowspan="2">幕帘式</td><td>缝隙式</td><td>单缝、双缝<br>6,8,10,12.7,16,19</td><td>舞台口、生产区的防火分隔及防火卷帘的冷却防护,相邻防火分区的防火隔断及降温</td></tr>
<tr><td>雨淋式</td><td>10,15,20</td><td>用于一般水幕难以分隔的部位,可取代防火墙</td></tr>
<tr><td colspan="2">窗口式</td><td rowspan="2">6,8,10,12.7,16,19</td><td>安装在门、窗、防火卷帘上方,冷却、增强其耐火能力,防止高温烟气穿过蔓延至邻近房间</td></tr>
<tr><td colspan="2">檐口式</td><td>保护上方平面,如屋檐,增强檐口耐火能力,防止相邻建筑火灾向本建筑蔓延</td></tr>
<tr><td colspan="2">撞击式(中速)</td><td rowspan="2">5,6,7,8,9,10,<br>12.7,15,19,22</td><td>对设备加以冷却防护</td></tr>
<tr><td colspan="2">离心式(高速)</td><td>扑救闪点在 60 ℃以上的液体火灾、电气火灾及冷却防护</td></tr>
</table>

幕帘缝隙式水幕喷头分为单、双缝两种形式,如图 2.65(c)所示,由于缝隙沿圆周方向布置,有较长的边长布水,可获得较宽的水幕;而如图 2.65(d)所示的缝隙式下垂型喷头,喷出的水帘幕与喷头的中心轴线平行,其缝隙宽度受喷头直径控制,为获得较宽的水幕,需要较大直径的喷头,接管螺纹规格相应增大。

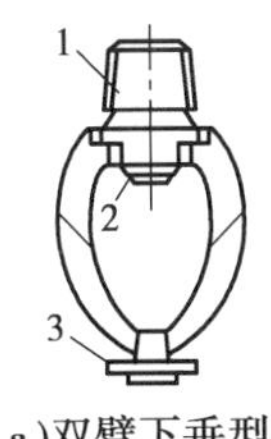

(a)双臂下垂型

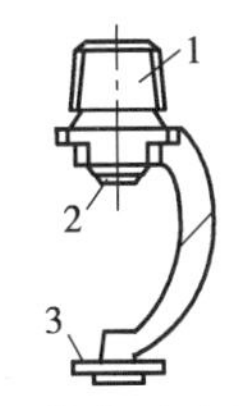

(b)单臂下垂型

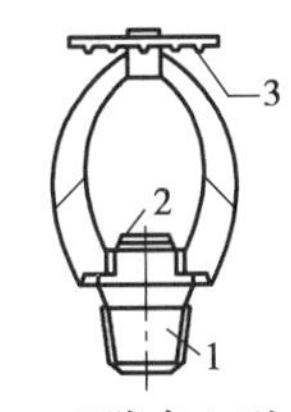

(c)双臂直立型

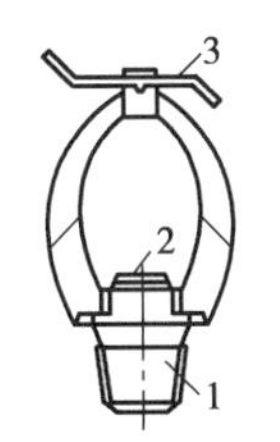

(d)双臂边墙型

图 2.64 开式洒水喷头

1—本体;2—喷水口;3—溅水盘

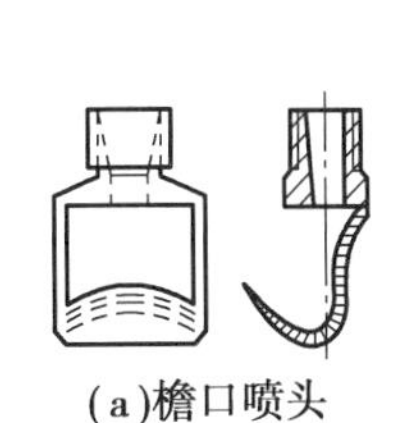
(a)檐口喷头

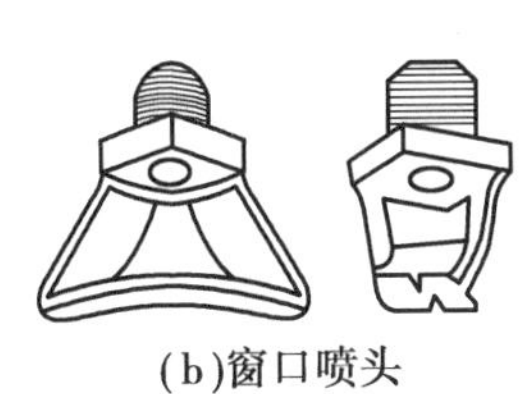
(b)窗口喷头

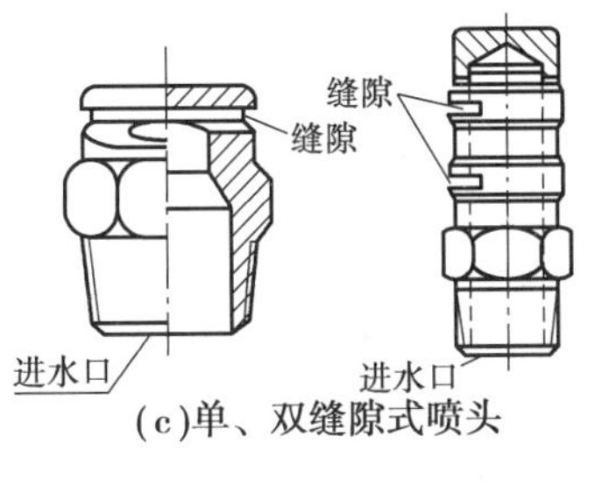

(c)单、双缝隙式喷头

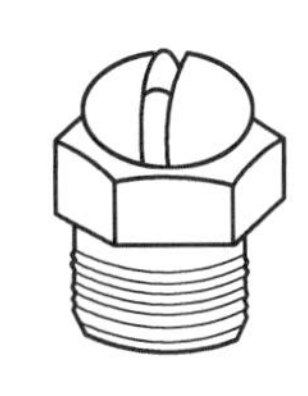
(d)缝隙式下垂型喷头

图 2.65 水幕喷头

水幕喷头的公称口径常见的有 6,8,10,12.7,16,19 mm 几种规格,但实际的产品中也有 11,12,15 mm 以及更大口径的水幕喷头。一般称口径大于 10 mm 的喷头为大型水幕喷头,口径小于 10 mm 的为小型水幕喷头。

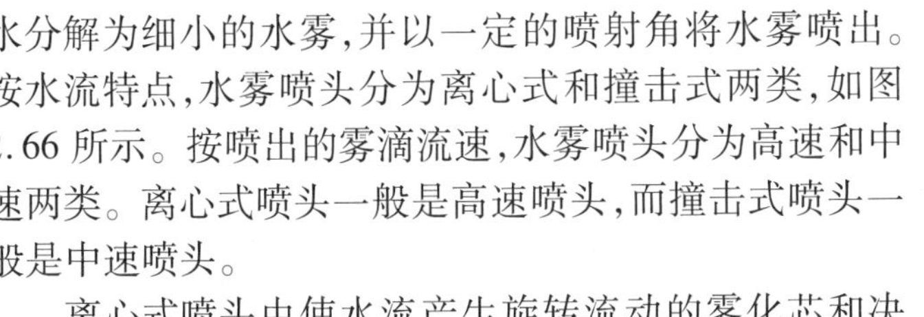

水雾喷头利用离心力或机械撞击力将流经喷头的水分解为细小的水雾,并以一定的喷射角将水雾喷出。按水流特点,水雾喷头分为离心式和撞击式两类,如图 2.66 所示。按喷出的雾滴流速,水雾喷头分为高速和中速两类。离心式喷头一般是高速喷头,而撞击式喷头一般是中速喷头。

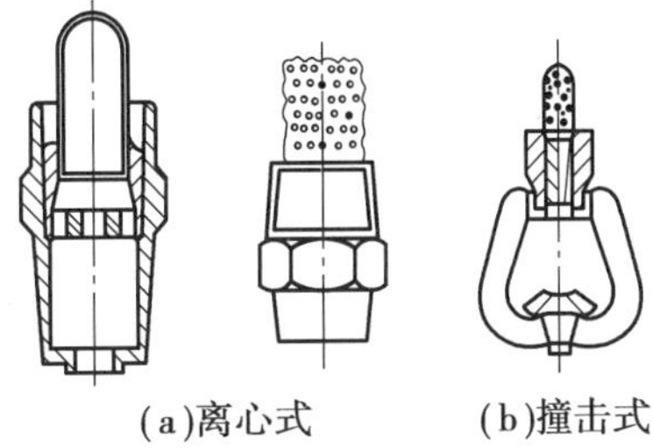
(a)离心式 (b)撞击式

图 2.66 水雾喷头

离心式喷头由使水流产生旋转流动的雾化芯和决定雾化角的喷口构成,水进入喷头后,一部分沿内壁的流道高速旋转形成旋转水流,另一部分仍沿喷头轴向直流,两部分水流从喷口射出后成为细水雾。离心式喷头体积小、喷射速度高、雾化均匀、雾滴直径细、贯穿力强,适用于扑救电气设备的火灾和闪点高于 60 ℃的可燃液体火灾。

撞击式喷头由射水口和溅水盘组成,从渐缩口喷出的细水柱喷射到溅水盘上,溅散成小粒径的雾滴,由于惯性作用沿锥形面射出,形成水雾锥。溅水盘锥角不同,雾化角也不同。撞击式喷头的水流通过撞击才能雾化,因而射流速度减小,雾化后的水雾流速也降低,雾化性能次于离心式喷头,贯穿能力也稍差,但可有效作用在液面上,不会产生大的扰动。所以,可用于甲、乙、丙类可燃液体及液化石油气装置的防护冷却及开口容器中可燃液体的火势控制。

喷头喷出的水雾形成围绕喷头轴心线的锥体,其锥顶角为喷头的雾化角,如图 2.67 所示。雾化角与射程之间有直接的关系,对同一种喷头,雾化角小、射程远,反之则近,如

图 2.68 所示。喷雾喷头的使用条件和安装方式与前面的各种喷头不同,其安装方式可以是任意方位的,尤其用于保护电力设备时,为了保证喷头与带电设备之间的最小安全间距,必须要求喷头达到一定的射程,一般要求为 2 ~6 m。

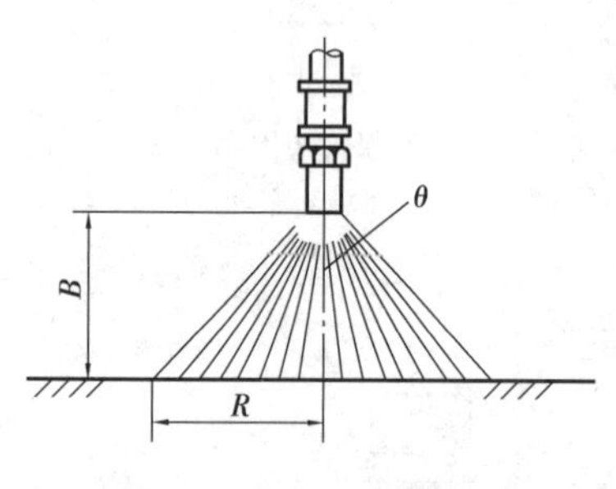


图 2.67　喷雾喷头的雾化角

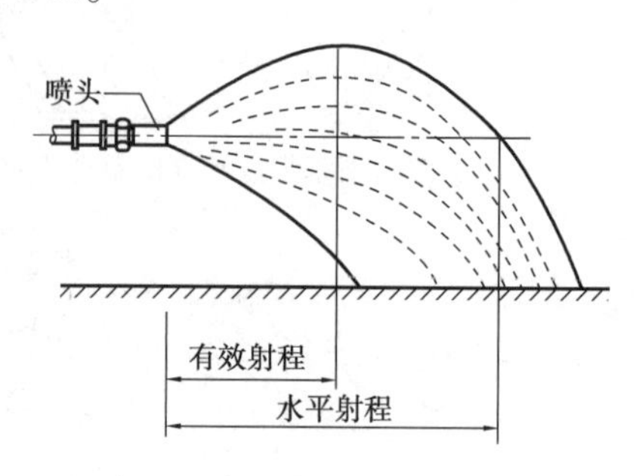


图 2.68　喷雾喷头的射程

此外,水雾喷头的选型应符合下列要求:

①扑救电气火灾应选用离心雾化型喷头;

②腐蚀性环境应选用防腐型水雾喷头;

③粉尘环境设置的水雾喷头应有防尘罩。

2)雨淋阀组

雨淋阀组是开式自动喷水灭火系统中的关键设备,具有接通和关断系统供水、驱动水力警铃报警、启动消防泵等功能。雨淋阀组由信号蝶阀、雨淋阀、电磁阀、快开阀、水力警铃、压力开关、放水阀和压力表等组件组成,如图 2.69 所示。

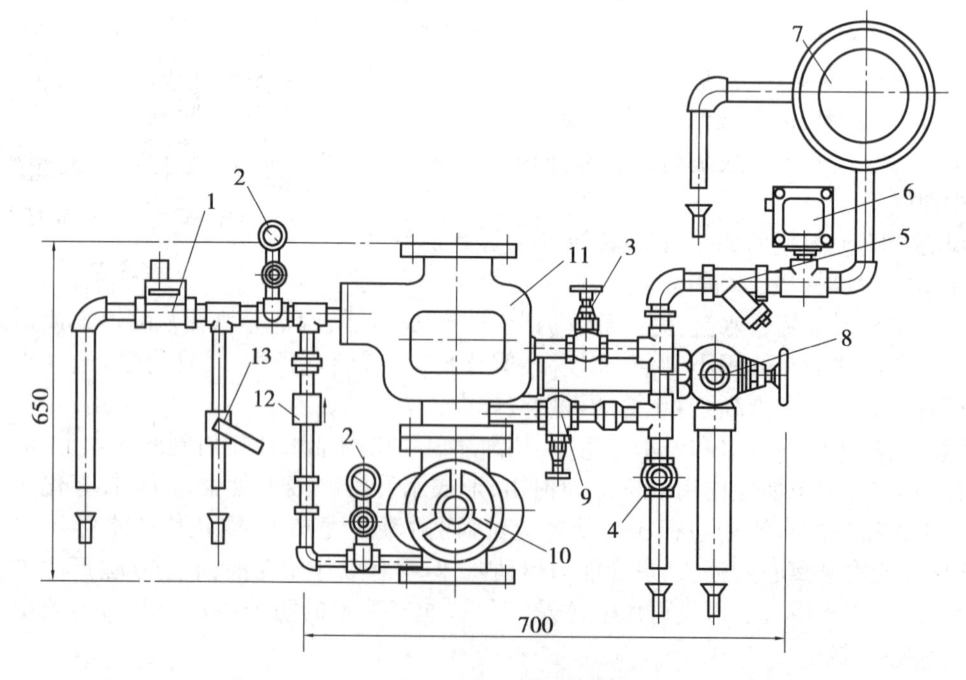


图 2.69　雨淋阀组装图

1—电磁泄压阀;2—压力表;3—警铃管闸阀;4—放水阀;5—滤过器;6—压力开关;7—水力警铃;8—供水阀;9—试警铃闸阀;10—信号阀;11—雨淋阀;12—高压止回阀;13—手动开关阀

雨淋阀是雨淋阀组的核心,分为隔膜式和双圆盘式两种类型,如图 2.70 所示。

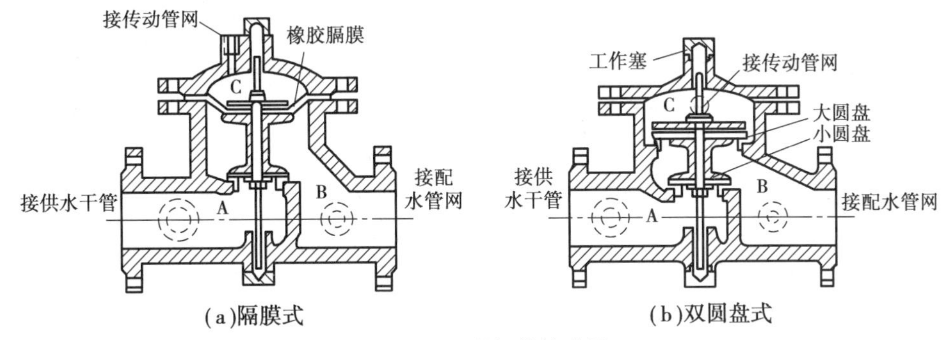


图 2.70 雨淋阀的构造图

雨淋阀在构造上具有 A,B,C 室。其中,A 室通供水干管,B 室通配水管网,C 室通传动管网。火灾未发生时,A,B,C 室中都充满了水,由于 C 室通过一直径为 3 mm 的小孔阀与供水管相通,因而 A,C 室的充水具有相同压力,而在 B 室内所受静水压力仅取决于管网水平管道与雨淋阀之间的高差。

雨淋阀大圆盘(或隔膜)的面积一般为小圆盘面积的 2 倍以上,因此,在相同的水压下,阀门总是关闭的。

火灾发生时,通过探测到的火灾信号,利用传动阀门(或闭式喷头、电磁阀等)自动(或手动)将传动管网中的水压释放,对于雨淋阀的 C 室,由于通过小孔为 3 mm 的阀来不及补水,致使水压下降,于是雨淋阀在进水管水压作用下开启,并使系统投入灭火工作。

目前产品有:WT51 ~ 6 改进型雨淋隔膜阀及 ZSFM 系列隔膜式雨淋阀等,规格 DN65 ~ DN150。

#### 3)火灾探测器及火灾报警控制器

火灾探测器和火灾报警控制器能及时地探测到火灾发生并向人们报警,且能自动启动雨淋系统迅速把火扑灭,是开式系统中不可缺少的设备。

开式系统的火灾探测器和火灾报警控制器与闭式系统完全相同。

### 2.6.3 开式自动喷水灭火系统的设计

#### 1)系统供水方式

开式自动喷水灭火系统的供水设施,局部增压、减压及防超压措施,管路系统,管材选用等,均应满足与闭式自动喷水灭火系统相同的规定,详见 2.4.1 节和 2.5.4 节。对常用的临时高压系统而言,火灾初期 10 min 由高位水箱或局部增压设备给水,消防水池和水泵是系统的主要供水设施,水泵接合器为不可缺少的补充供水设施。

#### 2)雨淋阀组的设置

由于雨淋灭火系统的特点是所有的开式喷头同时喷水,因此每个雨淋阀控制的喷水面积不宜超过表 2.16 和表 2.17 的设置规定,故高层建筑中的大空间消防或防火墙的较大开口常需要多个雨淋阀组并联安装,如图 2.71 所示。

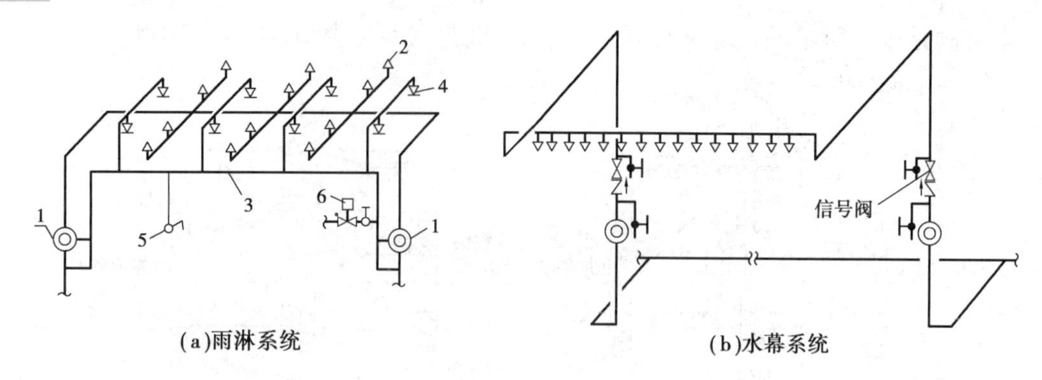


(a)雨淋系统　(b)水幕系统

图2.71　雨淋阀组并联安装示例

1—雨淋阀;2—开式喷头;3—传动管网;4—闭式喷头;5—手动开关;6—电磁阀

并联的雨淋阀组超过3个时,雨淋阀前的供水干管应为环状管网,环状管网应设置检修阀门,检修时关闭的雨淋阀数量不应超过2个。并联设置雨淋阀组的系统,其雨淋阀控制腔的入口应设置止回阀,防止因水流波动使不该动作的雨淋阀产生误动作。

雨淋阀应设在室温不低于4 ℃、有排水设施的室内,安装位置宜靠近保护区且便于操作的地点。

雨淋阀组的电磁阀入口、雨淋阀前后均应设置过滤器,滤网应采用耐腐蚀金属材料。

雨淋阀组的传动管上安装闭式喷头。当用闭式喷头启动雨淋阀时,每个闭式喷头探测火灾的服务面积规定:无爆炸危险的房间采用9 $m^2$,有爆炸危险房间采用6 $m^2$。闭式喷头的传动管直径:当传动管充气时DN=15 mm,充水时DN=25 mm,传动管上闭式喷头之间的距离不宜大于2.5 m。传动管应有不小于0.005的坡度坡向雨淋阀,传动管长度不宜大于300 m。

表2.35　雨淋阀组安装占地面积

| 雨淋阀门直径/mm | 长度/m | 宽度/m |
|---|---|---|
| 65 | 1.6 | 0.8 |
| 100 | 1.8 | 0.9 |
| 150 | 2.0 | 1.0 |

雨淋阀组手动控制时,手动旋塞应设于通道口附近或其他便于开启的地点。水力传动控制时,由于雨淋阀组有相应的附属阀件,安装时要占一定面积;电动传动控制时,电磁阀的安装应注意电气的防爆和防火要求。不同直径的雨淋阀组安装所需的占地面积见表2.35。

### 3)雨淋灭火系统设计要求

①雨淋管网可分为开式充水管网和开式空管管网。充水管网用于易燃易爆的严重危险场所,要求快速动作、高效灭火;空管管网则用于一般的严重危险级场所,要求配水空管的充水时间不超过2 min。

开式喷头一般安装在建筑物突出部位(如梁)的下面,在空管管网中,喷头可朝上或朝下安装,但充水管网中喷头必须朝上安装,且安装在同一高度上,喷头布置要求与闭式系统基本相同。

②由于单个雨淋阀组的最大保护面积有限，对设置多个雨淋阀组的系统，不同防火分区应有各自独立的系统，即应有各自单独控制的雨淋阀门。

为了防止火灾蔓延，雨淋系统若在同一层内有2个或2个以上的喷水区域时，应能有效扑灭相连分界区域的火灾，如图2.72所示。此外，对多组雨淋阀联合分区的管网布置形式，要求联动控制设备能准确启动火源区域上方喷头所属的雨淋阀组。

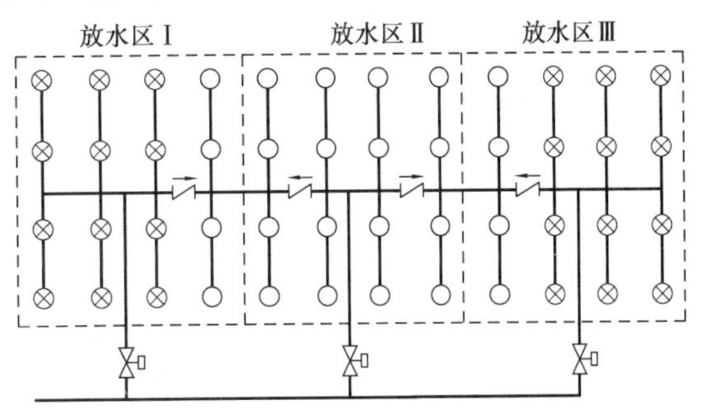


图2.72　相邻喷水区域喷头及阀门布置

⊗— 未喷水喷头；○— 正在喷水喷头

③每根配水支管上装设的喷头不宜超过6个，每根配水干管的一端所负担支管的数量应不超过6根，以免配水不均。其布置方式如图2.73所示。

喷头布置可按正方形、长方形、菱形几种方式布置，喷头间距和1只喷头的保护面积要求见表2.25。喷头布置应使一定强度的水均匀地喷淋在整个被保护区域上。

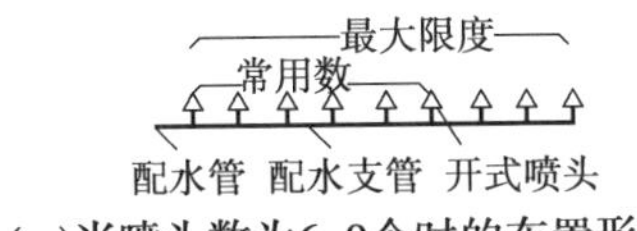


(a)当喷头数为6~9个时的布置形式

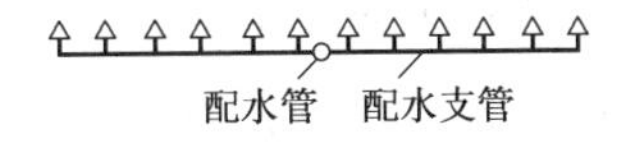


(b)当喷头数为6~12个时的布置形式

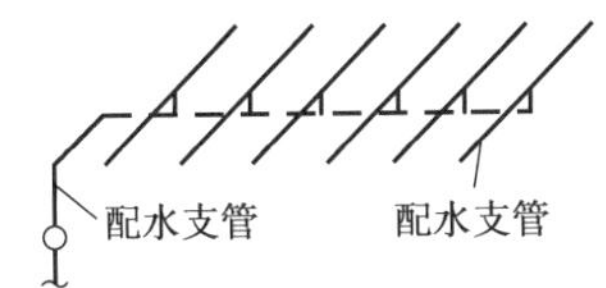


(c)当配水支管≤6根时的布置形式

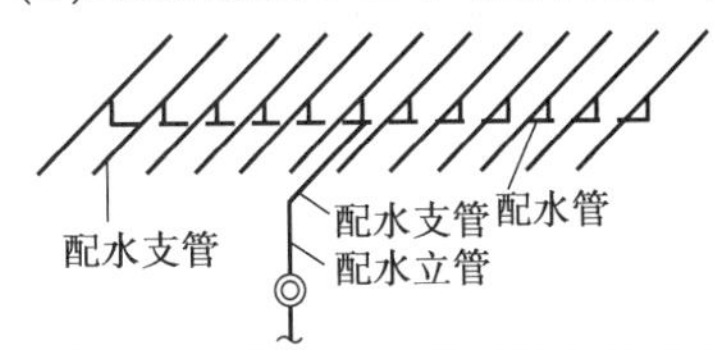


(d)当配水支管为6~12根时的布置形式

图2.73　喷头与配水干、支管的布置

④对开式空管管网，由于平时系统报警阀后管内无水，一旦系统启动，管内流速较快，容易损坏水流指示器，因而水流报警装置宜采用压力式开关。

⑤高层建筑中雨淋系统的持续喷水时间为1.0 h。

⑥雨淋管网直径可按喷头数估算，见表2.36。

表2.36　开式喷头的数量估算

| 喷头直径/mm | 公称直径/mm | | | | | | | |
|---|---|---|---|---|---|---|---|---|
| | 25 | 32 | 40 | 50 | 70 | 80 | 100 | 150 |
| 12.7 | 2 | 3 | 5 | 10 | 20 | 26 | 40 | >40 |
| 10 | 3 | 4 | 9 | 18 | 30 | 46 | 80 | >80 |

4）水幕系统设计要求

水幕喷头应均匀布置，不出现空白点，喷头的间距应不大于 2.5 m，并应符合下列要求：

①水幕作为保护使用时，喷头呈单排布置，并喷向被保护对象。

②舞台口和孔洞面积超过 3 $m^2$ 的开口部位的水幕喷头，应在洞口内外成双排布置，两排之间的距离应不小于 1 m，如图 2.74 所示。

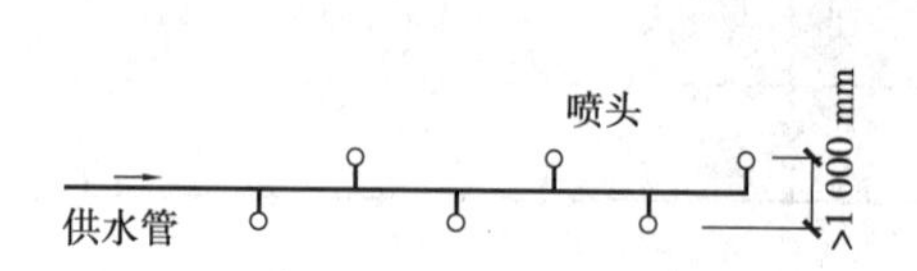


图 2.74 双排水幕喷头布置（平面图）

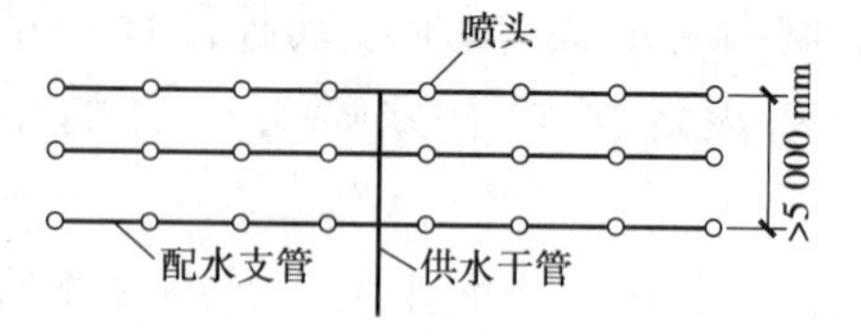


图 2.75 水幕防火带布置（平面图）

如果要形成水幕防火带以代替防火分隔物，其喷头布置不应少于 3 排，保护宽度不应小于 6 m，如图 2.75 所示。

③每组水幕系统的安装喷头数不应超过 72 个。

④在同一配水支管上应布置相同口径的水幕喷头。

⑤水幕系统的持续喷水时间不应小于系统设置部位的耐火极限要求。

⑥水幕系统管道最大负荷的水幕喷头数可按表 2.37 采用。

表 2.37 水幕系统管道最大负荷的水幕喷头数

| 喷头数 / 公称直径/mm / 喷头口径/mm | 20 | 25 | 32 | 40 | 50 | 70 | 80 | 100 | 125 | 150 |
|---|---|---|---|---|---|---|---|---|---|---|
| 6 | 1 | 3 | 5 | 6 | | | | | | |
| 8 | 1 | 2 | 4 | 5 | | | | | | |
| 10 | 1 | 2 | 3 | 4 | | | | | | |
| 12.7 | 1 | 2 | 2 | 3 | 8(10) | 14(20) | 21(36) | 36(72) | | |
| 16 | | | 1 | 2 | 4 | 7 | 12 | 22(36) | 34(45) | 50(72) |
| 19 | | | | 1 | 3 | 6 | 9 | 16(18) | 24(32) | 35(52) |

注：①本表是按喷头压力为 50 kPa 时，流速不大于 5 m/s 的条件下计算的；

②括弧中的数字系按管道流速不大于 10 m/s 计算的。

5）水喷雾灭火系统设计要求

①保护对象的水雾喷头数量应根据设计喷雾强度、保护面积和水雾喷头特性按式(2.28)计算确定，其布置应使水雾直接喷射和覆盖保护对象。当不能满足要求时，应增加水雾喷头的数量。

②水雾喷头、管道与电气设备带电（裸露）部分的安全净距应符合国家安全标准的规定。

③水雾喷头与保护对象之间的距离不得大于水雾喷头的有效射程。

④水雾喷头的平面布置方式可为矩形或菱形。当按矩形布置时，水雾喷头之间的距离不应大于1.4倍水雾喷头的水雾锥底圆半径；当按菱形布置时，水雾喷头之间的距离不应大于1.7倍水雾喷头的水雾锥底圆半径，如图2.76所示。其中，水雾锥底圆半径如图2.67所示，按式(2.24)计算：

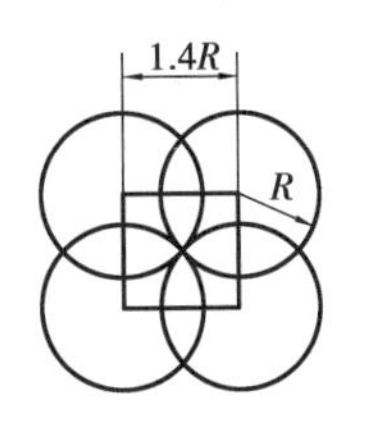

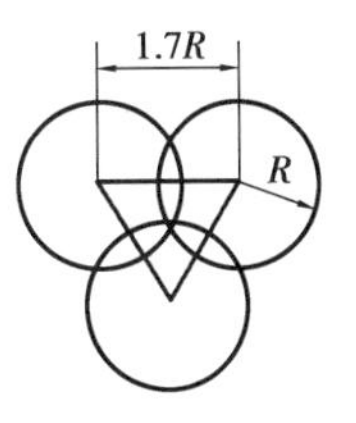


图2.76 水雾喷头间距及布置示意图
R—水雾喷头的喷雾半径

$$R = B\tan\frac{\theta}{2} \tag{2.24}$$

式中 $R$——水雾锥底圆半径，m；

$B$——水雾喷头的喷口与保护对象之间的距离，m；

$\theta$——水雾喷头的雾化角，(°)，一般可取30°,45°,60°,90°,120°。

⑤对保护油浸式电力变压器，水雾喷头的布置需达到足够的喷雾强度和全覆盖。变压器水雾喷头布置如图2.77所示。水雾喷头应布置在变压器的周围，保护变压器顶部的水雾喷头不直接喷向高压套管；水雾喷头之间的水平距离与垂直距离应满足水雾锥相应的要求；油枕、冷却器、集油坑应设水雾喷头保护。

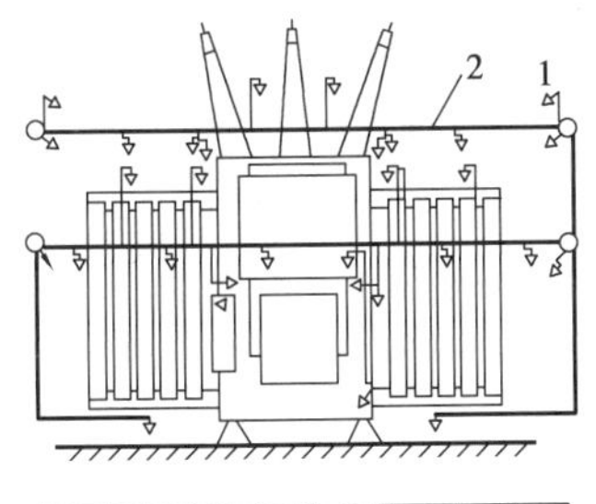

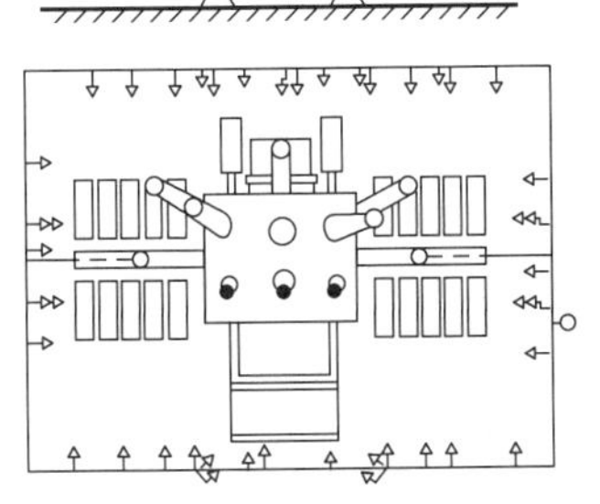

图2.77 变压器喷头布置示意图
1—水雾喷头；2—管路

⑥对保护可燃气体和甲、乙、丙类液体储罐，水雾喷头与储罐外壁之间的距离应不大于0.7 m。

⑦保护电缆时，水雾喷头应完全包围电缆。

⑧保护输送机皮带时，喷头的喷雾应完全包围输送机的机头、机尾和上、下行皮带。

⑨当水喷雾灭火系统的防护面积较大时，应划分防护区。每个防护区的水喷雾消防水量不宜大于10 000 L/min。

⑩水喷雾系统的设计喷雾强度、系统响应时间及持续喷雾时间详见表2.38。

## 2.6.4 开式自动喷水灭火系统的设计计算

### 1) 雨淋喷水灭火系统的计算

雨淋系统的设计基本参数、计算方法和步骤与闭式自动喷水灭火系统完全相同。

表 2.38　水喷雾系统的设计强度及持续喷雾时间和响应时间

<table>
<tr><th>防护目的</th><th colspan="4">保护对象</th><th>供给强度<br>/(L · $min^{-1}$ · $m^{-2}$)</th><th>持续供应<br>时间/h</th><th>响应时间/s</th></tr>
<tr><td rowspan="8">灭火</td><td colspan="4">固体物质火灾</td><td>15</td><td>1</td><td>≤60</td></tr>
<tr><td colspan="4">输送机皮带</td><td>10</td><td>1</td><td>≤60</td></tr>
<tr><td colspan="2" rowspan="3">液体火灾</td><td colspan="2">闪点 60 ~ 120 ℃的液体</td><td>20</td><td rowspan="3">0.5</td><td rowspan="3">≤60</td></tr>
<tr><td colspan="2">闪点高于 120 ℃的液体</td><td>13</td></tr>
<tr><td colspan="2">饮料酒</td><td>20</td></tr>
<tr><td colspan="2" rowspan="3">电气火灾</td><td colspan="2">油浸式电力变压器、油断路器</td><td>20</td><td rowspan="3">0.4</td><td rowspan="3">≤60</td></tr>
<tr><td colspan="2">油浸式电力变压器的集油坑</td><td>6</td></tr>
<tr><td colspan="2">电缆</td><td>13</td></tr>
<tr><td rowspan="11">防护冷却</td><td colspan="2" rowspan="3">甲$_B$、乙、丙类液体储罐</td><td colspan="2">固定顶罐</td><td>2.5</td><td rowspan="3">直径大于 20 m 的固定顶罐为 6 h,其他为 4 h</td><td rowspan="3">≤300</td></tr>
<tr><td colspan="2">浮顶罐</td><td>2.0</td></tr>
<tr><td colspan="2">相邻罐</td><td>2.0</td></tr>
<tr><td rowspan="6">液化烃或类似液体储罐</td><td colspan="3">全压力、半冷冻式储罐</td><td>9</td><td rowspan="6">6</td><td rowspan="6">≤120</td></tr>
<tr><td rowspan="4">全冷冻式储罐</td><td rowspan="2">单、双容罐</td><td>罐壁</td><td>2.5</td></tr>
<tr><td>罐顶</td><td>4</td></tr>
<tr><td rowspan="2">全容罐</td><td>灌顶泵平台、管道进出口等局部危险部位</td><td>20</td></tr>
<tr><td>管带</td><td>10</td></tr>
<tr><td colspan="3">液氨储罐</td><td>6</td></tr>
<tr><td colspan="4">甲、乙类液体及可燃气体生产、输送、装卸设施</td><td>9</td><td>6</td><td>≤120</td></tr>
<tr><td colspan="4">液化石油气罐瓶间、瓶库</td><td>9</td><td>6</td><td>≤60</td></tr>
</table>

设计流量为雨淋阀控制面积内的所有喷头同时开启喷水的流量之和;设有多组雨淋系统时,应按可能同时作用的雨淋阀的流量之和的最大值来计算系统设计水量,系统工作压力应满足设计流量下最不利喷头的喷水要求,以此作为消防水箱、水池、水泵等的设计依据。

雨淋阀的局部水头损失计算见表 2.32。

2)水幕系统的计算

水幕系统的设计基本参数详见表2.19。水幕(水雾)喷头的流量计算公式是由孔口出流的基本公式推导而得,只是流量系数的取值不同而已,按闭式喷头流量公式计算即可。

水幕系统设计计算步骤:

①喷头出流量

$$q = K\sqrt{10P} \tag{2.25}$$

式中 $q$——喷头出流量,L/min;

$K$——流量系数,取值由厂家提供;

$P$——喷头最小工作压力,MPa。

②每排喷头数量

$$N = \frac{60q_k L_1}{q} \tag{2.26}$$

式中 $N$——喷头数量,个;

$q_k$——喷水强度,L/(s·m),按表2.20取值;

$L_1$——水幕的保护长度,m;

$q$——按式(2.25)求得的喷头出流量,L/min。

③防火分隔水幕的喷头排数

$$M = \frac{60q_k L_2}{q} \tag{2.27}$$

式中 $M$——防火分隔水幕喷头排数,采用水幕喷头时喷头不应少于3排,采用开式洒水喷头时喷头不应少于2排,防护冷却水幕的喷头宜布置成单排;

$L_2$——水幕保护宽度,不得小于6 m。

④从最不利点喷头开始,依次计算各节点处的水压和喷头出流量,方法同闭式系统。

⑤将全部喷头在实际工作压力下的流量之和作为系统设计流量,计算管网水头损失。

⑥根据最不利喷头的实际工作压力、最不利喷头与贮水池最低工作水位的高程差、设计流量下管路的总水头损失三者之和确定水泵扬程。

3)水喷雾灭火系统的计算

水喷雾系统的设计基本参数详见表2.38。水雾喷头的工作压力,当用于灭火时应不小于0.35 MPa,用于防护冷却时应不小于0.20 MPa,但对于甲$_B$、乙、丙类液体储罐不应小于0.15 MPa。

水喷雾系统设计计算步骤:

①按式(2.25)计算水雾喷头出流量。

②保护对象的水雾喷头数量

$$N = \frac{SW}{q} \tag{2.28}$$

式中 $N$——保护对象的水雾喷头数量,个;

$S$——保护对象的保护面积,$m^2$;

$W$——保护对象的设计喷雾强度,L/(min · $m^2$),详见表2.38。

保护对象的保护面积应按保护对象的外表面积确定:

a. 当保护对象外形不规则时,应按包容该对象的最小规则形体外表面积确定;

b. 变压器的保护面积,除按扣除底面积以外的变压器外表面积确定外,还应包括油枕、冷却器的外表面积和集油坑的投影面积;

c. 分层敷设电缆的保护面积应按整体包容的最小规则形体外表面积确定;

d. 可燃气体和甲、乙、丙类液体的灌装间、装卸台、泵房、压缩机房等的保护面积按使用面积确定;

e. 输送机皮带的保护面积按上行皮带的上表面积确定;

f. 开口容器的保护面积按液面面积确定。

③从最不利点喷头开始,依次计算各节点处的水压和喷头出流量,计算方法同闭式系统的水力计算。

④系统流量按式(2.2)计算确定,称系统计算流量。当采用雨淋阀控制同时喷雾的水雾喷头数量时,水喷雾灭火系统的计算流量应按系统中同时喷雾的水雾喷头的最大用水量确定。

⑤系统设计流量按系统计算流量的不小于1.05倍确定,以保证水量安全。

⑥根据最不利喷头的实际工作压力、最不利喷头与贮水池最低工作水位的高程差、设计流量下管路的总水头损失三者之和确定水泵扬程。

## 2.7 其他消防灭火系统

近年来,以高层建筑形象出现的邮政、电信楼、广播电视楼、电力调度楼、展览楼、科研档案馆、博物馆等层出不穷,对非水消防设备的需求越来越多,即便是普通高层民用建筑,由于存在柴油发电机房,变配电室,燃油、燃气锅炉房等,根据《建规》,需设置气体、气溶胶等其他灭火系统或灭火设备。

### 2.7.1 二氧化碳灭火系统

二氧化碳灭火系统是一种纯物理的气体灭火系统,技术成熟,具有不污损被保护物、灭火快、空间淹没效果好等优点。

二氧化碳的灭火机理主要是窒息,其次是冷却作用。二氧化碳一般以液相贮存于高压($P \geq 6$ MPa)容器内,一旦释放出来,压力骤降,立即转变为气态,由于温度很低,气态的二氧化碳一部分会变成干冰,迅速地吸收周围的热量,释放出来的二氧化碳气体分布在燃烧物的周围,稀释空气中的氧气,因窒息与冷却作用将火扑灭。

二氧化碳灭火系统可用于扑灭气体、液体和可溶性固体(如石蜡、沥青等)火灾,电气火灾，固体表面火灾及部分固体深部火灾（如棉花、纸张等），不适用于扑灭含氧化剂的化学制品（如硝酸纤维、赛璐珞、火药等物质）的燃烧，活泼金属（如锂、钠、钾、镁、铝、锑、钛、镉、铀等）的火灾，也不适用于金属氢化物类物质（如氢化钾、氢化钠等）的火灾。

其主要缺点是灭火浓度高，最小灭火设计浓度为34%，超过人体的窒息死亡浓度15%的1.27倍，灭火时对人体有致命的危害。另一方面，灭火剂用量大，贮存相对困难。目前，该系统在高层民用建筑中应用较少。

**1）二氧化碳灭火系统的分类**

（1）按防护区特征和灭火方式分类

按此分类，灭火系统包含全淹没和局部应用两类系统。

①全淹没系统。在指定时间内向防护区喷射一定浓度的灭火剂并使其均匀地充满整个防护区，达到灭火浓度并保持一定时间。该系统适用于有永久性围护结构的、封闭良好的空间，无人居住或发生火灾后，人员可在30 s内撤离的防护区。对事先不可预见火灾产生部位、范围的情况更具优越性。

②局部应用系统。防护区在灭火过程中不能封闭，或能封闭但不符合全淹没系统要求的表面火灾所采用的灭火系统。该系统要求喷头将二氧化碳穿透火焰，直接、集中地喷射在燃烧物上，并达到一定的供给强度、延续一定的时间，因而灭火剂为液相喷放。

（2）按系统结构特点分类

按此分类，灭火系统包含无管网和有管网两类系统。

①管网系统。管网系统又分为分单元独立系统和组合分配系统。前者是用一套灭火剂贮存装置保护一个防护区，后者是用一套灭火剂贮存装置保护多个防护区。

②无管网系统。将灭火剂贮存容器、控制阀门和喷头等组合在一起的灭火装置即为无管网系统。它是一种定型产品，无须进行流体计算，保护对象多是狭小的空间或重要设备。

（3）按贮存压力分类

按此分类，灭火系统分为高压贮存和低压贮存两类。

①高压贮存系统，贮存压力5.17 MPa。

②低压贮存系统，贮存压力2.07 MPa。

（4）按管网布置形式分类

按此分类，灭火系统分为均衡管网系统和非均衡管网系统。均衡管网必须同时具备以下3个条件：

①从贮存容器到每个喷嘴的管道长度应大于最长管道长度的90%。

②从贮存容器到每个喷嘴的管道等效长度应大于管道等效长度的90%。（注：管道等效长度=实管长+管件的当量长度）

③每个喷嘴的平均质量流量相等。

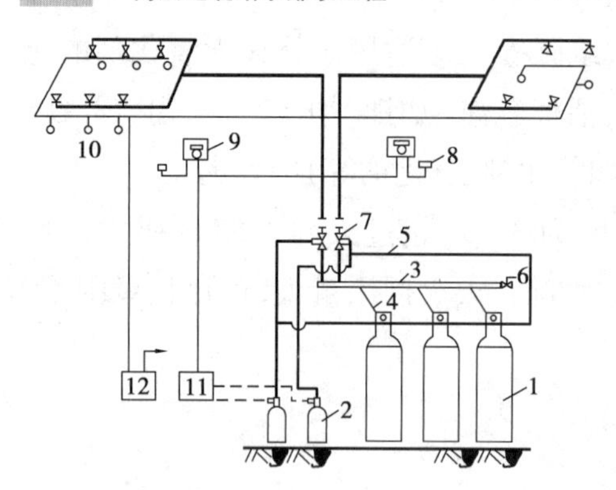


图 2.78 $CO_2$ 灭火系统的组成

1—$CO_2$ 贮存容器;2—启动用气容器;
3—集流管;4—连接软管;5—操作管;
6—安全阀;7—选择阀;8—报警器;
9—手动启动装置;10—探测器;
11—控制盘;12—检测盘

对气体灭火系统,管道布置成均衡系统,有利于灭火剂释放后的均匀气化,使防护区各部分空间迅速达到浓度要求,同时能简化管道流体计算和管道剩余灭火剂量的计算。

不具备以上条件的系统为非均衡管网系统。非均衡管网系统中,准确计算和选择喷头口径很重要。美国和英国的规范均指出,在非均衡系统中,每个喷头都应选用合适的口径,以利于在计算确定的最终端压力下,产生规定的流量。

**2)二氧化碳灭火系统组成**

如图 2.78 所示,二氧化碳灭火系统由以下部分组成:

①贮存容器。贮存容器分高压和低压两种,均采用不锈钢材质,与之相对应的贮存环境温度分别在 21 ℃和-18 ℃左右,因此二氧化碳高压贮存时需高压钢瓶,低压贮存时需专用调温设备。

②容器阀及启动装置。容器阀安装于贮存容器的开口上,平时封闭钢瓶,火灾时释放灭火剂,按结构不同,分为差动式和膜片式两种。容器阀的启动器根据启动方式的不同,分为电磁启动器、手气启动器、拉索启动器、气启动器等。打开容器阀的动力方式有电启动和气启动两种。

③选择阀。在组合分配系统中,二氧化碳供应源需向多个保护区域供应灭火剂,在每个保护区域对应的集流管的排出支管上都要设置选择阀,其作用是使灭火剂有选择性进入防护区。该阀平时关闭,火灾时较容器阀先开启。选择阀有电动和气动两种。

④压力开关。压力开关由壳体、波纹管、微动开关、接头座、推杆等组成,其作用是将压力信号转换成电信号,一般在选择阀前、后安装,以检测、传递选择阀的动作情况。

⑤安全阀(或泄压装置)。该装置安装在贮存容器的容器阀、组合分配系统的集流管上。由于选择阀平时关闭,选择阀与容器阀之间的管路形成了封闭空间,因而在集流管的末端设安全阀,当压力超过规定时开启泄压,防止贮存容器发生误喷。

⑥喷嘴。喷嘴将灭火剂雾化后喷射到防护区域,分淹没式和局部保护式两种。前者将灭火剂均匀地喷洒到整个防护区,后者则是将灭火剂以扇形或锥形喷射到指定的局部范围。

⑦止回阀。二氧化碳灭火系统使用两种类型的止回阀——液流阀和气流阀。液流止回阀在每个贮存容器上都安装,并设在容器阀和集流管之间的软管上,以防止灭火剂回流到空的贮存容器或从已卸下的贮存容器接口处泄露,同时防止火灾时管路内的高压引起与其他防护区相连的贮存容器产生误喷。气流止回阀在组合分配系统中使用,设于启动

气体管路上，控制启动贮存容器的高压气流，使其能够打开指定的容器阀和选择阀。

⑧减压阀。减压阀用在高压气流启动装置中，能将启动系统阀门用的高压气体（二氧化碳或氮气）减到适当的压力后用于气动选择阀、气启动器、手气启动器等气动装置。

⑨气体隔绝器。气体隔绝器安装在主动贮存容器的容器阀压力出口上，以防止其他主动贮存容器或另外一组贮存容器启动时，因排放软管上的止回阀密封不严，而使从动贮存容器意外喷射。

⑩手动小球阀。此为在组合分配系统中与开启选择阀气源的电磁阀并联设置，在电磁阀发生故障时人工接通手动小球阀，及时开启选择阀。

⑪紧急启动器。紧急启动器由箱体、气源瓶、电按钮、开关、微动开关等组成，用于自动探测报警系统故障或其他紧急情况下人工启动灭火系统时用，兼有启动前报警的功能。

#### 3）二氧化碳灭火系统的使用环境

（1）防护区

全淹没防护区的建筑面积一般不宜大于 500 $m^2$，总容积不宜大于 2 000 $m^3$。在全密闭空间释放二氧化碳灭火剂时，空间的压强会迅速增加。为保护建筑物的安全，全密闭防护区宜设置泄压口。泄压口的大小按式（2.29）计算：

$$A = 0.007\ 6 \frac{Q_t}{P_t^{1/2}} \tag{2.29}$$

式中 $A$——泄压口面积，$m^2$；

$Q_t$——防护区二氧化碳喷射速率，kg/min；

$P_t$——防护区围护结构最高允许压强，Pa，轻型、标准和拱顶建筑的取值分别为 1 200，2 400，4 800 Pa。

（2）贮瓶间

二氧化碳贮存容器一般应放置于专用贮瓶间内。贮瓶间应靠近防护区，环境温度要求满足 0～49 ℃。贮存容器和集流管应对称布置，贮瓶间出口应直接通向室外或疏散走道，室内保持干燥和通风，避免阳光直射贮存容器。

（3）管网

二氧化碳管网尽可能设计成均衡系统，输送管道分流出口应正确布置，采用水平对称方式。支吊架的最大间距应保证管道、喷头不被损坏。管道穿过墙壁、楼板处应设套管。管道设置在可燃气体、蒸气或有爆炸危险粉尘的场所时，应设防静电接地。

#### 4）二氧化碳灭火系统设计与计算

对常见的设有管网的全淹没二氧化碳灭火系统，由于管道及喷头布置的不均匀，以及二氧化碳管网流体为两相流，水力计算比较复杂，建议管网的水力计算以及喷头的选用按规范要求，参考有关设计手册或生产厂家资料进行。

灭火剂用量与灭火设计浓度、开口造成流失量、防护区的容积及表面积等有关，包含设计灭火用量、流失补偿量、管网和贮存容器内剩余量三部分。

(1)设计灭火用量

$$m = K_b(0.2A + 0.7V) \tag{2.30}$$

$$A = A_v + 30A_k \tag{2.31}$$

$$V = V_g + V_n \tag{2.32}$$

式中 $m$——二氧化碳灭火剂设计用量,kg;

$K_b$——可燃物的物质系数,见表2.39;

$A$——防护区折算面积,$m^2$;

$A_v$——防护区总表面积,包括防护区内侧、底面和顶面(含开口)的总表面积,$m^2$;

$A_k$——防护区开口总面积,$m^2$,对于全淹没系统防护区:$A_k<3\%A_v$,且开口位置不能在底面,若$A_k>3\%A_v$,按局部应用系统设计;

30——防护区开口补偿系数;

$V$——防护区的折算容积,$m^3$;

$V_g$——防护区的净容积,应为总容积减去空间内永久性建筑构件的体积,$m^3$;

$V_n$——通风带来的附加体积,即在二氧化碳喷放时间和保持时间内,机械通风送入或抽出的空气量,若灭火前与报警连锁的风机停转,则$V_n=0$,$m^3$;

0.2——流失影响系数,$kg/cm^2$;

0.7——基本用量系数,$kg/cm^2$。

**表2.39 二氧化碳灭火物质系数及设计浓度**

| 可燃物质 | 物质系数 $K_b$ | 灭火设计浓度/% | 抑制时间/min | 可燃物质 | 物质系数 $K_b$ | 灭火设计浓度/% | 抑制时间/min |
|---|---|---|---|---|---|---|---|
| 一、液体与气体类 | | | | 煤油 | 1.0 | 34 | |
| 丙酮 | 1.0 | 34 | | 甲烷 | 1.0 | 34 | |
| 乙炔 | 2.57 | 66 | | 醋酸甲酯 | 1.03 | 35 | |
| 航空燃油115/45 | 1.06 | 36 | | 甲醇 | 1.22 | 40 | |
| 苯、粗苯 | 1.1 | 37 | | 甲基丁烯-1 | 1.06 | 36 | |
| 丁二烯 | 1.26 | 41 | | 甲基乙基甲酮 | 1.22 | 40 | |
| 丁烷 | 1.0 | 34 | | 甲基酯 | 1.18 | 39 | |
| 丁烷-1 | 1.1 | 37 | | 戊烷 | 1.03 | 35 | |
| 二硫化碳 | 3.03 | 72 | | 丙烷 | 1.06 | 36 | |
| 一氧化碳 | 2.43 | 64 | | 丙烯 | 1.06 | 36 | |
| 煤气、天然气 | 1.1 | 37 | | 淬火油、润滑油 | 1.0 | 34 | |
| 环丙烷 | 1.1 | 37 | | 二、固体类 | | | |
| 柴油 | 1.0 | 34 | | 纤维材料 | 2.25 | 62 | 20 |

续表

| 可燃物质 | 物质系数 $K_b$ | 灭火设计浓度 /% | 抑制时间 /min | 可燃物质 | 物质系数 $K_b$ | 灭火设计浓度 /% | 抑制时间 /min |
|---|---|---|---|---|---|---|---|
| 乙醚 | 1.22 | 40 | | 棉花 | 2.0 | 58 | 20 |
| 二甲醚 | 1.22 | 40 | | 纸、皱纹纸 | 2.25 | 62 | 20 |
| 二甲苯 | 1.47 | 46 | | 颗粒状塑料 | 2.0 | 58 | 20 |
| 乙烷 | 1.22 | 40 | | 聚苯乙烯 | 1.0 | 34 | |
| 乙醇 | 1.34 | 43 | | 聚氨基甲酸酯(硬化的) | 1.0 | 34 | |
| 二乙醚 | 1.47 | 46 | | 三、特种场合 | | | |
| 乙烯 | 1.6 | 49 | | 电缆室、电缆通道 | 1.5 | 47 | 10 |
| 二氯乙烯 | 1.0 | 34 | | 数据贮存区 | 2.25 | 62 | 20 |
| 环氧乙烯 | 1.8 | 53 | | 电子计算机设备 | 1.5 | 47 | 10 |
| 汽油 | 1.0 | 34 | | 电气开关和配电室 | 1.2 | 40 | 10 |
| 己烷 | 1.03 | 35 | | 发电机及其冷却设备 | 2.0 | 58 | 至停转 |
| 庚烷 | 1.03 | 35 | | 油浸变压器 | 2.0 | 58 | |
| 氢 | 3.3 | 75 | | 输出终端打印设备(区域) | 2.25 | 62 | 20 |
| 硫化氢 | 1.06 | 36 | | 喷漆和干燥设备 | 1.2 | 40 | |
| 异丁烷 | 1.06 | 36 | | 纺织机 | 2.0 | 58 | |
| 异丁烯 | 1.0 | 34 | | 电器绝缘材料 | 1.5 | 47 | 10 |
| 二异丁甲酸酯 | 1.0 | 34 | | 皮毛贮存间 | 3.30 | 75 | 20 |
| JP-4 | 1.06 | 36 | | 吸尘装置 | 3.30 | 75 | 20 |

(2)灭火剂的剩余量

剩余量一般按设计用量的8%计算,管网较短时,管网剩余量可忽略不计。

(3)贮存容器个数

$$N_p = 1.1\frac{m'}{r_0 V_0} \tag{2.33}$$

式中 $N_p$——贮存容器个数,个;

$m'$——贮存用量,kg,按灭火剂设计用量与剩余量之和计,可取 $m'=1.08$ m;

$V_0$——单个贮存容器的容积,L,见表2.40;

$r_0$——二氧化碳的充装密度,kg/L,对高压贮存系统,$r_0=0.6\sim0.67$ kg/L;

1.1——灭火剂贮存量和实用量比值的经验数据。

表 2.40　二氧化碳高压系统贮存容器规格及最大充装量

| 贮存容器容积/L | 32 | 40 | 45 | 50 | 82.5 |
|---|---|---|---|---|---|
| 最大充装量/kg | 20 | 25 | 28 | 31 | 55 |

注:本表中二氧化碳充装密度为0.6~0.67 kg/L。

根据选用的贮存容器容积及计算所得的容器个数,根据厂家样本即可进行设备选型。

## 2.7.2　七氟丙烷灭火系统

### 1)洁净气体灭火系统的概述

传统哈龙产品——卤代烷1211及1301等在我国气体消防行业的应用历史中占有非常重要的地位,目前系统的装备量约占气体灭火系统总装备量的80%以上,但由于哈龙灭火剂是破坏大气臭氧层的主要因素,为保护人类共同的生存环境,我国政府2010年全面停止生产哈龙系列产品,开发新型灭火剂已是大势所趋。

替代哈龙的新型灭火剂须具备如下特点:

①对臭氧层耗损潜能值(ODP)小(ODP≤0.05),即对臭氧层的耗损要小。

②碳值(C)小,即灭火浓度小,灭火剂用量少。

③温室效值(GWP)小,即温室效应小。

④灭火剂在大气的存活寿命(ALT)小,即在大气中存留期短,潜在危险小。

⑤对生理影响无不良反应的最高浓度(NOAEL)大,即毒性低。

⑥对防护区设备无污损、无破坏,灭火后现场清洁,液化气体物理性质适中,便于存放。

目前,国际标准化组织推荐的第一代用于替代哈龙的洁净气体灭火剂共有14种之多,但还没有一种产品能够达到"全代用"哈龙灭火剂的要求,它们只是哈龙的过渡性替代物。因此,开发新型哈龙替代气体灭火剂仍将是今后世界瞩目的研究课题。

在替代哈龙的洁净气体灭火剂中,目前国内高层民用建筑中应用较为广泛的有七氟丙烷、三氟甲烷和惰性气体(IG-541)3种灭火系统。

### 2)七氟丙烷灭火系统概述

七氟丙烷的物质代码HFC-227ea,商品名称FM-200,化学分子式$CF_3CHFCF_3$;常温下是无色、无味、不导电的气体,分子量为170,密度约为空气的8倍,毒性低,不会破坏大气臭氧层。

七氟丙烷的灭火机理与哈龙1301类似,即通过惰化火焰中的活性自由基,使氧化燃烧的链式反应中断,达到灭火的目的。这种灭火方式具有灭火速度快、效能高的特点,其灭火浓度低(8%~10%),基本接近1301的灭火浓度(5%~8%)。由于具有与哈龙1301灭火剂较多的相似性,七氟丙烷能较好地与哈龙1301的控制设备兼容,组成系统的硬件、软件技术相对成熟,替代、更换现有的1301系统也极为方便。

七氟丙烷灭火系统分为全淹没系统和无管网系统。其中,全淹没系统又分为组合分配系统和单元独立系统;无管网系统,也称预制系统或成品灭火装置,不设瓶站,储气瓶及整个系统均设置在保护区内,无需输送管道,启动后灭火剂通过很短的管道后经喷嘴直接喷向保护区,适用于较小空间的保护。

**3)七氟丙烷系统适用范围及应用场所**

(1)适用于扑救的火灾类型

①固体表面火灾,如纸张、木材、织物等;

②液体火灾或可熔性固体火灾,如煤油、汽油、醇、醛、苯类;

③灭火前能切断气源的气体火灾,如煤气、天然气等;

④电气火灾,如变配电设备、发电机、电缆等。

高层建筑中的典型应用场所包括:数据、通信或控制中心、昂贵的医疗设施、工业设备、图书馆、博物馆、艺术馆、珍品库、洁净室、消声室、电力设施、易燃液体贮存区等。

(2)不得用于扑救含有下列物质的火灾

①强氧化剂、含氧化合物的化学制品及混合物,如硝酸钠、火药等;

②活泼金属,如钠、钾、镁铝合金等;

③金属氢化物,如氢化钠、氢化钾等;

④能自行分解的化学物质,如过氧化氢、联胺等;

⑤能自燃的物质,如白磷、某些金属有机化合物等。

**4)七氟丙烷系统防护区基本要求**

①防护区的划分,应符合下列规定:

a. 防护区宜以固定的单个封闭空间划分,当同一区间的吊顶层和地板下需同时保护时,可合为一个防护区;

b. 当采用管网系统时,一个防护区的面积不宜大于 800 $m^2$,容积不宜大于 3 600 $m^3$;

c. 当采用预制系统时,一个防护区的面积不宜大于 500 $m^2$,容积不宜大于 1 600 $m^3$。

②防护区的最低环境温度不应低于-10 ℃。

③防护区围护结构及门窗的耐火极限均不应低于 0.5 h;吊顶的耐火极限不应低于 0.25 h。

④防护区围护结构承受内压的允许压强,轻型、标准和拱顶建筑分别为 1 200,2 400,4 800 Pa。

⑤防护区灭火时应保持封闭条件,除泄压口以外的开口以及用于该防护区的通风机和通风管道中的防火阀,其他的在喷放七氟丙烷前应关闭。

⑥防护区的泄压口宜设在外墙上,且应位于防护区净高的 2/3 以上。

泄压口面积:

$$A_f = k \frac{Q}{\sqrt{P_f}} \tag{2.34}$$

式中 $A_f$——泄压口面积,$m^2$;

$k$——泄压口面积系数,不同的灭火剂其系数见表2.41;

$Q$——七氟丙烷在防护区的平均喷放速率,单位及计算方法见表2.41;

$P_f$——围护结构承受内压的允许压强,Pa。

表2.41 泄压口面积计算参数表

| | | 七氟丙烷 HFC-227ea | 三氟甲烷 HFC-23 | 惰性气体 IG-541 |
|---|---|---|---|---|
| 泄压口面积系数 $k$ | | 0.15 | 0.087 2 | 0.013 5 |
| 洁净气体在防护区的平均喷放速率 $Q$ | 计算公式 | $Q=W/t$ | $Q=W/t$ | $Q=2.7W/t$ |
| | 单位 | $m^3/s$ | $m^3/s$ | $m^3/min$ |

注:①$W$ 为灭火剂的设计用量,HFC-227ea 和 HFC-23 为 kg,IG-541 为 $m^3$;

②$t$ 为药剂喷射时间,HFC-227ea 和 HFC-23 单位为 s,IG-541 为 min;

③表中同时列出三氟甲烷 HFC-23 和惰性气体 IG-541 的相关数据,以备参考。

当没有外开门弹性闭门器或弹簧门的防护区,其开口面积不小于泄压口计算面积的,不需另设泄压口。

⑦2个或2个以上邻近的防护区,宜采用组合分配系统。

**5)七氟丙烷系统控制方式**

从火灾发生、报警到灭火系统启动至灭火完成,整个工作过程如图2.79所示。系统的控制方式有3种。

(1)自动控制

将灭火控制盘的控制方式选择键拨到“自动”位置即可。一旦防护区发生火灾,火灾探测器接收到火情信号并经鉴别后,由灭火报警联动控制器发出声、光报警信号,同时下达联动指令,完成“联动设备”的操作(如停电、停止通风、关闭门窗等),经过0~30 s的延时,发出灭火指令:打开电磁阀→释放启动气体($N_2$)瓶头阀→分区释放阀→各七氟丙烷储瓶瓶头阀→释放七氟丙烷,实施灭火。

(2)手动控制

将灭火控制盘的控制方式选择键拨到“手动”位置即可。一旦发生火灾或火灾报警系统发出火警信息,即可操作灭火控制盘上(或另设的)灭火手动按钮,系统仍按上述既定程序实施灭火。

一般情况下,手动控制大都在保护区现场执行。保护区门外设手动控制盒,有的手动控制盒内还设有紧急停止按钮,用它可以停止执行延迟时间终了前,尚在运行的“自动控制”指令。

(3)应急操作

当火灾报警系统、灭火控制系统发生故障不能投入工作时,一旦发现火情需启动系统的话,应通知室内人员立即撤离保护区,人为启动“联动设备”,再执行灭火行动:拔下电磁启动器上的保险盖,压下电磁铁芯轴,即打开了启动气体($N_2$)瓶头阀,其后续动作则与“自动控制”程序完全一样。

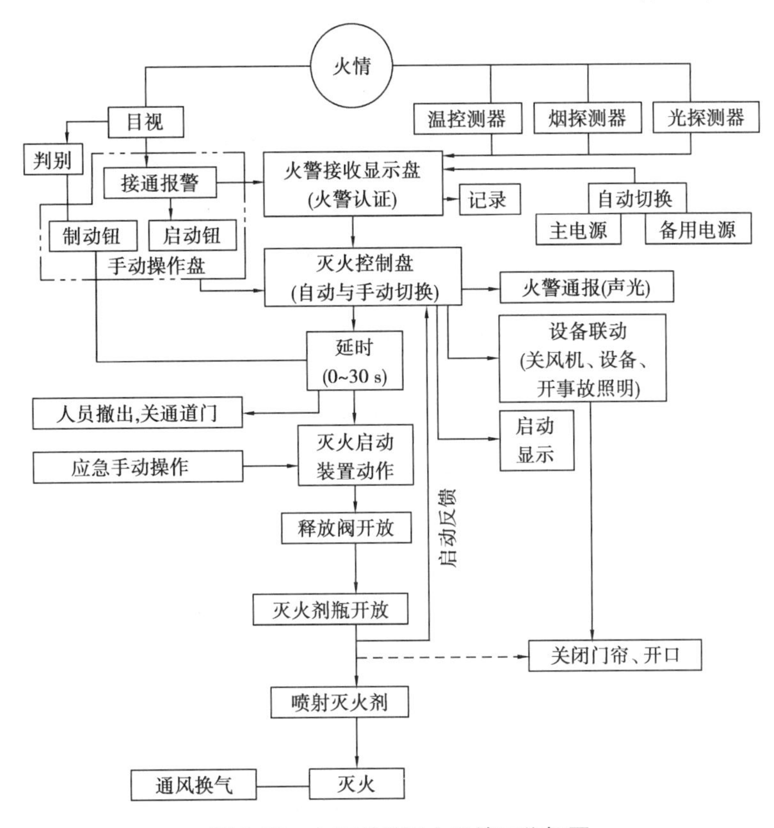


图 2.79 七氟丙烷灭火系统工作框图

6) 七氟丙烷系统灭火设计浓度和惰化设计浓度

设计浓度一般规定如下:

①有爆炸危险的气体、液体类火灾的防护区,应采用惰化设计浓度;无爆炸危险的火灾防护区,应采用灭火设计浓度。

②当几种可燃物共存或混合时,系统的灭火设计浓度或惰化设计浓度,应按其中最大的灭火浓度或惰化浓度确定。

③七氟丙烷灭火系统的灭火设计浓度不应小于该物灭火浓度的 1.3 倍,惰化设计浓度不应小于该物惰化浓度的 1.1 倍。

高层建筑中有特定功能的空间需设置七氟丙烷灭火系统,其灭火浓度见表 2.42。

表 2.42 建筑中某些场所的七氟丙烷设计灭火浓度

| 保护场所 | A 类(固体)危险物表面火灾 | 图书、档案、票据、文物资料库等 | 油浸变压器室、带油开关的配电室、自备发电机房等 | 通讯机房、电子计算机房等 |
|---|---|---|---|---|
| 设计灭火浓度/% | 5.8 | 10 | 9 | 8.0 |

7)七氟丙烷系统的组成

一般来说,七氟丙烷自动灭火系统由火灾报警系统、灭火控制系统和灭火系统三部分组成。其中,灭火系统又由七氟丙烷贮存装置与管网系统两部分组成;而贮存装置由贮存容器、容器阀和集流管等组成。其构成形式如图 2.80 所示。

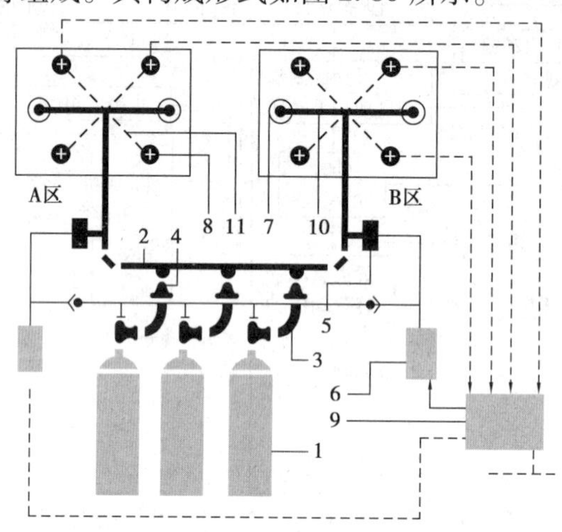


图 2.80 七氟丙烷自动灭火系统的构成

1—七氟丙烷储瓶(含瓶头阀和引升管);2—汇流管(各储瓶出口连接在上面);3—高压软管(实现储瓶与汇流管之间的连接);4—单向阀(防止七氟丙向储瓶倒流);5—释放阀(用于组合分配系统,用其分配、释放七氟丙烷);6—启动装置(含电磁方式、手动方式与机械应急操作);7—七氟丙烷喷头;8—火灾探测器(含感温、感烟等类型);9—火灾报警及灭火控制设备;10—七氟丙输送管道;11—探测与控制线路(图中虚线表示)

①七氟丙烷储瓶:按设计要求充装七氟丙烷和增压 $N_2$ 气体,瓶口安装瓶头阀,瓶头阀出口与管网相连,火灾时七氟丙烷自瓶中释放,实施灭火。七氟丙烷储瓶容积有 40,70,90,120,150 L 等多个规格,最大工作压力为 5.4 MPa,工作允许温度范围:-10 ~ 50 ℃。

②瓶头阀:安装在七氟丙烷储瓶瓶口,具有封存、释放、充装、超压排放等功能。

③电磁启动器:安装在启动瓶瓶头阀上,按照灭火控制指令通电启动,进而打开释放阀及瓶头阀,释放七氟丙烷实施灭火。此外,它还可实现机械应急操作实施灭火系统启动。

④释放阀:灭火系统为组合分配形式时设置此阀。对应每个保护区各设 1 个,安装在七氟丙烷储瓶出流的集流管上,引导七氟丙烷喷入需要灭火的保护区。释放阀由阀本体和驱动汽缸组成。

⑤液体单向阀:安装在储瓶出流的集流管上,防止七氟丙烷液体从集流管向储瓶倒流。应用时,应定期检查阀芯的灵活性与阀的密封性。

⑥高压软管:用于瓶头阀与七氟丙烷单向阀之间的连接,形成柔性结构,适用于瓶体称重检漏。高压软管使用时不宜形成锐角弯曲。

⑦气体单向阀:用于启动管道上,控制哪些七氟丙烷瓶头阀应打开,哪些不应打开,并控制气流方向。全部单向阀使用时应定期检查阀芯的灵活性与阀的密封性。

⑧安全阀:安装在汇流管上。由于组合分配系统采用了释放阀使集流管形成封闭管段,一旦有七氟丙烷积存在里面,可能由于温度的关系会形成较高的压力,为此必须装设安全阀。安全阀的泄压压力为(6.8±0.4)MPa。应用时,安全膜片应经试验确定,膜片装入时涂润滑脂,并与集流管一起进行气密性试验。

⑨压力信号器:安装在释放阀的出口部位(对于单元独立系统,则安装在集流管上)。当释放阀开启释放七氟丙烷时,压力信号器动作送出工作信号给灭火控制系统。压力信号器由阀体、活塞和微动开关等组成。安装前要进行动作检查,送进0.2 MPa气压时信号器应动作。接线应正确(一般接在常开接点上),动作后应人工复位。

⑩喷头:安装在防护区内,用于向防护区均匀喷射七氟丙烷。喷头有全淹没式和局部保护式两类,常用喷头有离心雾化式、射流式、柱状螺旋式、挡板式等。喷头的接管尺寸、喷口计算面积、保护半径和应用高度根据厂家提供的资料确定。

**8)七氟丙烷系统设计计算**

保证整个系统在规定的时间内,将需要的灭火剂用量释放到防护区,并使之在防护区内均匀分布。首先确定贮存容器的个数、充装比、各管段管径和喷头的孔口面积;再确定管道直径,并满足输送设计流量的要求,管道最终压力应满足喷头入口压力不低于最低工作压力的要求。

(1)灭火剂设置用量

防护区灭火设计用量(或惰化设计用量)与系统中喷放不尽的剩余量之和。

①防护区灭火设计用量(或惰化设计用量)

$$W = K\frac{V}{S}\frac{C}{(1-C)} \tag{2.35}$$

$$S = 0.1269 + 0.000513t \tag{2.36}$$

式中 $W$——防护区七氟丙烷灭火(或惰化)设计用量,kg;

$C$——七氟丙烷灭火(或惰化)设计浓度,%,见表2.43;

$V$——防护区的净容积,$m^3$;

$S$——七氟丙烷过热蒸气在101 kPa和防护区最低环境温度下的比容,$m^3/kg$;

$K$——海拔高度修正系数,见表2.43;

$t$——防护区最低环境温度,℃。

**表2.43 海拔高度修正系数 $K$**

| 海拔高度/m | -1 000 | 0 | 1 000 | 1 500 | 2 000 | 2 500 | 3 000 | 3 500 | 4 000 | 4 500 |
|---|---|---|---|---|---|---|---|---|---|---|
| 修正系数$K$ | 1.130 | 1.000 | 0.885 | 0.830 | 0.785 | 0.735 | 0.690 | 0.650 | 0.610 | 0.565 |

②灭火剂剩余量。喷放不尽的剩余量包括贮存容器与管道内的剩余量之和。

a.贮存容器剩余量:可按贮存容器内引升管管口以下的容器容积量计算。

b. 管道剩余量：对均衡管网和只含 1 个封闭空间的防护区的非均衡管网，可不计管道剩余量。

防护区含 2 个或多个封闭空间的非均衡管网，可按管道第 1 分支点后各支管的长度与最短支管长度之差作为计算长度，计算各长支管末段的内容积量即可。

当条件不允许时，灭火剂管网及贮存容器内的剩余量可按设计用量的 1% ~2% 考虑。

③贮存容器的个数。根据灭火剂设置用量（贮存用量），根据厂家提供的产品样本，选择确定单个贮存容器的容积（40，70，90，120，150 L 等），根据贮存容器的充装密度（七氟丙烷充装密度≤1.15 kg/L），参照式（2.33）可计算贮存容器的个数。

④确定灭火剂设置用量的其他情况：

a. 对组合分配系统，系统设置用量中有关防护区灭火设计用量的部分，应采用该组合中某个防护区设计用量最大者替代。

b. 对需要不间断保护的防护区的灭火系统和超过 8 个防护区组合成的组合分配系统，应设七氟丙烷备用量，备用量按原设置用量的 100% 确定。

（2）系统设计基本要求

①设计额定温度，采用防护区的正常环境温度，一般采用 20 ℃；

②采用氮气增压输送，氮气中水的体积分数不应大于 0.006%；

③储存容器的增压压力宜分为三级，一级（2.5+0.10）MPa（表压），二级（4.2+0.10）MPa（表压），三级（5.6+0.10）MPa（表压）。

④贮存容器中七氟丙烷的充装密度，不应大于 1 150 $kg/m^3$；

⑤系统管道内容积不宜大于该系统七氟丙烷充装容积量的 80%；

⑥管网宜设计为均衡系统，管网上不应采用四通管件分流；

⑦喷嘴的最大安装高度不宜超过 5.0 m，否则应在高度方向另外加设喷头；

⑧喷嘴的数量和口径应满足最大保护半径和灭火剂喷放量的要求。

（3）七氟丙烷灭火浸渍时间

在防护区内维持设计规定的七氟丙烷浓度，使火灾完全熄灭所需的时间称为浸渍时间。七氟丙烷灭火浸渍时间，应符合下列规定：

①扑救木材、纸张、织物类等固体火灾时，不宜小于 20 min；

②扑救通信机房、电子计算机房等防护区火灾时，不应小于 3 min；

③扑救其他固体火灾时，不宜小于 10 min；

④扑救气体和液体火灾时，不应小于 1 min。

（4）七氟丙烷喷放时间

在通信机房和电子计算机房等防护区，不宜大于 8 s；在其他防护区，不应大于 10 s。

**9）七氟丙烷系统的管网计算**

①管网计算时，各管道中的流量宜采用平均设计流量。其中主干管平均设计流量

$$Q_w = \frac{W}{T} \tag{2.37}$$

式中 $Q_w$——主干管平均设计流量,kg/s;

$W$——防护区七氟丙烷的灭火(或惰化)设计用量,kg;

$T$——七氟丙烷的喷放时间,s,不应大于 10 s。

②管网中支管的平均设计流量

$$Q_g = \sum_{1}^{N_g} Q_c \tag{2.38}$$

式中 $Q_g$——支管平均设计流量,kg/s;

$N_g$——安装在计算支管流程下游的喷头数量,个;

$Q_c$——单个喷头的设计流量,kg/s。

宜采用喷放七氟丙烷设计用量50%时的"过程中点"容器压力和该点瞬时流量进行管网计算。该瞬时流量宜按平均设计流量计算。

③喷放"过程中点"容器压力

$$P_m = \frac{P_0 V_0}{V_0 + \dfrac{W}{2\gamma} + V_p} \tag{2.39}$$

$$V_p = nV_b\left(1 - \frac{\eta}{\gamma}\right) \tag{2.40}$$

式中 $P_m$——喷放"过程中点"贮存容器内压力(绝对压力),MPa,绝对压力=表压力+0.101 MPa;

$P_0$——贮存容器额定增压压力(绝对大气压力),MPa;

$V_0$——喷放前,全部贮存容器内的气相总容积,$m^3$;

$W$——防护区七氟丙烷灭火(或惰化)设计用量,kg;

$\gamma$——七氟丙烷液体密度,$kg/m^3$,20 ℃时 $\gamma$=1 407 $kg/m^3$;

$V_p$——管网管道的内容积,$m^3$;

$n$——贮存容器的数量,个;

$V_b$——贮存容积的容量,$m^3$;

$\eta$——七氟丙烷充装密度,$kg/m^3$。

④七氟丙烷管流采用镀锌钢管的阻力损失,可按式(2.41)计算,也可按图2.81确定。

$$\Delta P = \frac{5.75 \times 10^5 Q_p^2}{\left(1.74 + 2\lg \dfrac{D}{0.12}\right)^2 D^5} L \tag{2.41}$$

式中 $\Delta P$——计算管段阻力损失,MPa;

$L$——计算管段的计算长度,m,有关管件的当量长度取值可参考表2.31和表2.44;

$Q_p$——管道流量,kg/s;

$D$——管道内径,mm。

表2.44 镀锌钢管螺纹接口三通局部损失当量长度

| 规格/mm | 20 | | 25 | | 32 | | 40 | | 50 | |
|---|---|---|---|---|---|---|---|---|---|---|
| 当量长度/m | 直路 | 支路 | 直路 | 支路 | 直路 | 支路 | 直路 | 支路 | 直路 | 支路 |
| | 0.27 | 0.85 | 0.34 | 1.07 | 0.46 | 1.4 | 0.52 | 1.65 | 0.67 | 2.1 |

| 规格/mm | 65 | | 80 | | 法兰100 | | 法兰125 | |
|---|---|---|---|---|---|---|---|---|
| 当量长度/m | 直路 | 支路 | 直路 | 支路 | 直路 | 支路 | 直路 | 支路 |
| | 0.82 | 2.5 | 1.01 | 3.11 | 1.40 | 4.1 | 1.76 | 5.1 |

初选管径，可按平均设计流量及采用管道阻力损失0.003~0.02 MPa/m确定，如图2.81中两条虚线之间的范围。

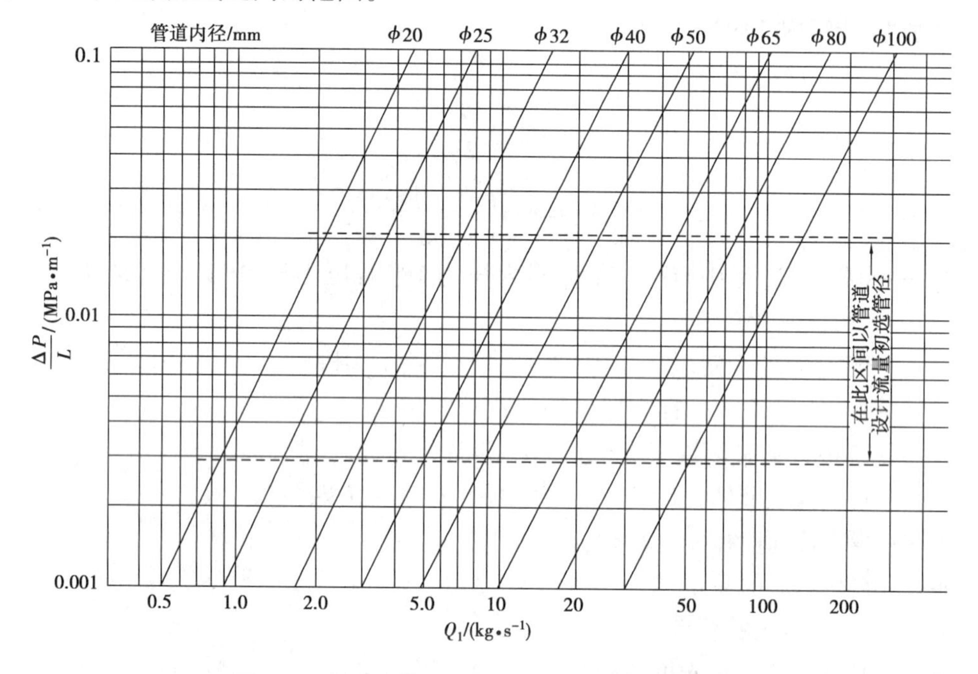


图2.81 镀锌钢管阻力损失与七氟丙烷流量的关系

⑤喷头工作压力

$$P_c = P_m - \sum_{1}^{N_d} \Delta P \pm P_h \tag{2.42}$$

$$P_h = 10^{-6}\gamma H g \tag{2.43}$$

式中 $P_c$——喷头工作压力(绝对大气压力)，MPa；

$P_m$——喷放“过程中点”贮存容器内压力(绝对大气压力)，MPa；

$\sum_{1}^{N_d} \Delta P$——系统流程的总阻力损失，MPa；

$N_d$——管网计算管段的数量；

$P_h$——高程压头，MPa；

$H$——喷头高度相对"过程中点"时贮存容器液面的位置高差,m;

$\gamma$——七氟丙烷液体密度,$kg/m^3$;

$g$——重力加速度,$m/s^2$。

喷头工作压力的计算结果,应符合下列规定:

a. 一般情况:$P_c \geqslant 0.8$ MPa(绝对大气压力),最小情况:$P_c \geqslant 0.5$ MPa(绝对大气压力);

b. 且要求 $P_c \geqslant 0.5P_m$(绝对大气压力)。

⑥喷头孔口面积

$$F_c = \frac{10Q_c}{\mu_c \sqrt{2\gamma P_c}} \tag{2.44}$$

式中 $F_c$——喷头孔口面积,$cm^2$;

$Q_c$——喷头设计流量,kg/s;

$\gamma$——七氟丙烷液体密度,$kg/m^3$;

$P_c$——喷头工作压力(表压力),MPa;

$\mu_c$——喷头流量系数,由贮存容器的充装压力与喷头孔口结构等因素决定,应经试验得出(厂家提供)。

**【例 2.3】** 有一通信机房,长 14 m,宽 7 m,房高 3.2 m,试设计七氟丙烷灭火系统。

**【解】** 设计计算步骤如下:

①确定灭火设计浓度:取 $C=8\%$。

②计算保护空间实际容积:$V=3.2\times14\times7\ m^3=313.6\ m^3$。

③计算灭火剂设计用量:$S=(0.126\,9+0.000\,513\times20)\ m^3/kg=0.137\,16\ m^3/kg$,取 $K=1$,得 $W=K\dfrac{V}{S}\dfrac{C}{(1-C)}=198.8$ kg。

④设定灭火剂喷放时间:取 $T=7$ s。

⑤设定喷头布置与数量:选用 JP 型喷头,其保护半径 $R=7.5$ m,喷头数为 2 只,按保护区平面均匀喷洒布置喷头。

⑥选定灭火剂储瓶规格及数量:根据 $W=198.8$ kg,选用 JR-100/54 储瓶 3 只。

⑦绘出系统管网计算图,如图 2.82 所示。

⑧计算管道平均设计流量。主干管流量:$Q_w=W/T=198.8/7$ kg/s $=28.4$ kg/s;支管流量:$Q_g=Q_w/2=14.2$ kg/s;储瓶出流管流量:$Q_p=Q_w/n=28.4/3$ kg/s $=9.47$ kg/s。

⑨选择管网管道直径:以管道平均设计流量,按图 2.81 选取,其结果标在管网计算图 2.82 中。

⑩计算充装率:$\Delta w_1=3\times3.5$ kg $=10.5$ kg,取 $\Delta W_2=0$,七氟丙烷设置用量 $W_s=W+\Delta W_1+\Delta W_2=209.3$ kg,充装率 $\eta=W_s/(n\cdot V_b)=209.3/(3\times0.1)\ kg/m^3=697.7\ kg/m^3$。

⑪计算管网管道内容积:$V_p=29\times3.42+7.4\times1.96\ dm^3=113.7\ dm^3$。

⑫储瓶增压压力:选用 $P_0=4.3$ MPa(绝对压力)。

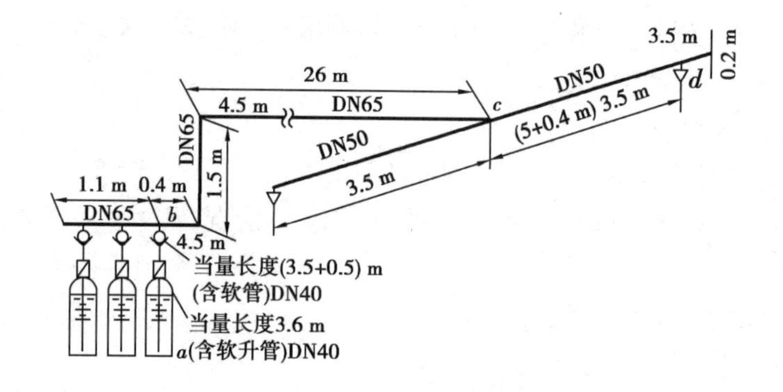


图 2.82 管网计算图

⑬计算全部储瓶气相总容积：$V_0=nV_b(1-\eta/\gamma)=0.151\ 2\ m^3$。

⑭计算“过程中点”储瓶内压力

$$P_m=\frac{P_0V_0}{V_0+\frac{W}{2\gamma}+V_p}=\frac{4.3\times0.151\ 2}{0.151\ 2+\frac{198.8}{2\times1\ 407}+0.113\ 7}\text{MPa}=1.938\ \text{MPa}$$

⑮计算管路阻力损失：

a—b 段：以 $Q_p=9.47$ kg/s 及 $D=40$ mm，查图 2.81 得，$\Delta P/L=0.010\ 3$ MPa/m，计算长度 $L=(3.6+3.5+0.5)$ m $=7.6$ m，$\Delta P=0.010\ 3\times7.6=0.078\ 3$ MPa；

b—c 段：以 $Q_p=28.4$ kg/s 及 $D=65$ mm，查图 2.81 得，$\Delta P/L=0.008$ MPa/m，计算长度 $L=(0.4+4.5+1.5+4.5+26)$ m $=36.9$ m，$\Delta P=0.008\times36.9$ MPa $=0.295\ 2$ MPa；

c—d 段：以 $Q_p=14.2$ kg/s 及 $D=50$ mm，查图 2.81 得，$\Delta P/L=0.009$ MPa/m，计算长度 $L=(5+0.4+3.5+3.5+0.20)$ m $=12.6$ m，$\Delta P=0.009\times12.6$ MPa $=0.113\ 4$ MPa；

管路总损失：$\sum\Delta P=(0.078\ 3+0.295\ 2+0.113\ 4)$ MPa $=0.486\ 9$ MPa。

⑯计算高程压头：喷头高度相对“过程中点”储瓶液面的位差 $H=2.8$ m，$P_h=(10^{-6}\times1\ 407\times2.8\times9.81)$ MPa $=0.038\ 6$ MPa。

⑰计算喷头工作压力：$P_c=P_m-(\sum\Delta P\pm P_h)=(1.938-0.486\ 9-0.038\ 6)$ MPa $=1.412$ MPa。

⑱验算设计计算结果：$P_c\geqslant0.5$ MPa 且 $P_c\geqslant P_m/2$，合格。

⑲计算喷头计算面积及确定喷头规格：由喷头工作压力 $P_c$ 和喷头平均设计流量 $Q_c$（本例等于 $Q_g$），用式(2.44)求得喷头计算面积，根据厂家样本可选用合适的喷头。

## 2.7.3 三氟甲烷灭火系统

### 1）三氟甲烷灭火系统概述

三氟甲烷的物质代码 HFC-23，商品名称 FE-13，化学分子式 $CHF_3$，常温下是无色、微味、低毒、不导电的气体，密度约是空气密度的 2.4 倍，一定的压力下呈液态，不含溴和氯，对大气臭氧层无破坏作用，不污染被保护对象，符合环保要求。

三氟甲烷的灭火机理与七氟丙烷、哈龙类似，即通过惰化火焰中的活性自由基，使氧化燃烧的链式反应中断，达到灭火的目的。此外，三氟甲烷还可提高环境的总热容量，使空气达不到助燃的状态，使火达不到理论热容值而熄灭，但灭火过程主要依靠化学作用。

三氟甲烷灭火剂的适用与不适用范围完全与七氟丙烷相同，只是对具阻燃特性的多孔或纤维物质，如卷烟、烟草、木屑等的火灾，三氟甲烷的灭火效果不及七氟丙烷。

与二氧化碳相似，三氟甲烷的蒸汽压力较高，但液体密度较大，灭火浓度较二氧化碳低，但灭火速度比二氧化碳要快得多。试验表明，三氟甲烷的压力-温度变化曲线和二氧化碳相似，故二者的贮存容器压力等级接近（二氧化碳稍高）。

三氟甲烷的化学性质相当稳定，基本上不与普通的金属和其他建筑材料发生化学反应，与橡胶和塑料的兼容性也较好。与二氧化碳和七氟丙烷相比较，三氟甲烷的沸点低，为-82 ℃，系统对装置的贮存间的要求没有二氧化碳和七氟丙烷苛刻，贮存间的最低室温可以降至-20 ℃，这对于我国北方的广大区域具有更好的适用性。

与七氟丙烷灭火剂相比较，三氟甲烷在火灾现场产生的氢氟酸较少，对电路板等精密设备的损害性小；原料比七氟甲烷便宜，制造工艺也比七氟丙烷简单。因此，总体成本低于七氟丙烷。二氧化碳、三氟甲烷、七氟丙烷灭火剂的比较见表2.45。

**表2.45 气体灭火剂性能比较**

| 主要性能 | 药剂种类 | | |
|---|---|---|---|
| | 二氧化碳 | 三氟甲烷 | 七氟丙烷 |
| 最小设计灭火浓度（体积分数）（庚烷火）/% | 34 | 14.4 | 8.6 |
| NOAEL（体积分数）/% | | 50 | 9 |
| ODP值 | 0 | 0 | 0 |
| 最大充装率/（$kg \cdot L^{-1}$） | 0.67 | 0.86 | 1.15 |
| 灭火方式 | 物理 | 物理、化学 | 物理、化学 |
| 20 ℃储存压力/MPa | 5.17 | 4.2 | 2.5/4.2 |
| 每千克灭火剂保护容积（以500 $m^3$ 计算机房为基准）/$m^3$ | 0.77 | 1.94 | 1.58 |
| 范围 | 无人区域 | 无人区域 | 有人区域 |

**2）三氟甲烷系统主要技术参数**

系统贮存压力：4.2 MPa（20 ℃时）；

启动钢瓶充装压力：6.0 MPa（20 ℃时）；

灭火剂充装密度：0.50～0.86 kg/L；

贮存环境温度：-20～50 ℃；

灭火系统电磁阀工作电压DC：（24±3） V；

灭火剂储瓶规格：40,70,90 L 等。

3）三氟甲烷系统组成

三氟甲烷灭火系统的组成、各组件的功能、系统的控制方式、管网的布置形式均与七氟丙烷系统相同，如图 2.83 所示。

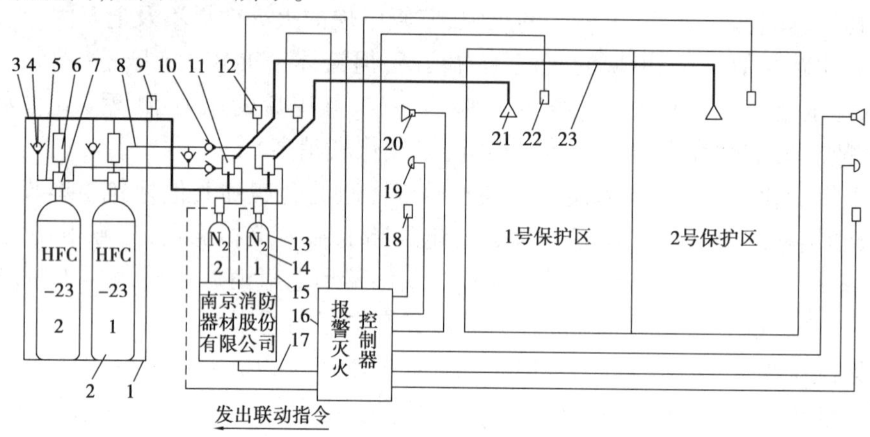


图 2.83 三氟甲烷自动灭火系统布置图

1—储瓶框架；2—储瓶；3—集流管；4—液流单向阀；5—金属软管；6—称重装置；7—瓶头阀；8—启动管路；9—安全阀；10—气流单向阀；11—选择阀；12—压力开关；13—电磁瓶头阀；14—启动钢瓶；15—启动瓶框架；16—报警灭火控制器；17—控制线路；18—手动控制盒；19—放气显示灯；20—声光报警器；21—喷嘴；22—火灾探测器；23—输送管

三氟甲烷系统最大的特点是采用了称重装置，这是基于三氟甲烷的压力随温度变化较大，系统无法采用压力表对药剂是否泄漏进行直观地显示。当储瓶内灭火剂的泄漏量大于灭火剂充装量的5%时，泄漏报警器就会发出报警信号，通知系统维护人员及时查找原因，给予维护和充装。

4）三氟甲烷防护区的设置要求

三氟甲烷的防护区为全淹没系统，防护区的划分应根据封闭空间的结构特点、数量和位置来确定。若相邻的 2 个或多个封闭空间之间的隔断不能阻止灭火剂流失而影响灭火效果，或不能阻止火灾蔓延，则应将这些封闭空间划分为一个防护区。三氟甲烷由于沸点低、液体密度和黏度小、输送压力高，故传送距离远。一般对保护区的环境温度、容积大小、管网长度和楼层高度无严格要求，最远点喷头压力经计算满足设计要求即可。

三氟甲烷防护区空间的封闭性，围护结构的耐火极限、承受内压要求、泄压口的设置位置等与七氟丙烷灭火系统的要求完全相同，详见 2.7.2 节。其中，泄压口的开口面积计算见式（2.34）及表 2.41。

三氟甲烷全淹没系统要求：保持灭火剂设计浓度，浸渍时间不小于 10 s。

5）三氟甲烷系统设计计算

系统设计计算与七氟丙烷系统完全相同，计算步骤如下：

①根据灭火剂总用量、单个贮存容器的容积及其充装比，求出贮存器个数。

同七氟丙烷系统,灭火剂设置用量为灭火设计用量(或惰化设计用量)与系统中喷放不尽的剩余量之和。

其中灭火设计用量(或惰化设计用量)采用式(2.35)计算,式中,海拔高度修正系数 $K=1.0$,三氟甲烷灭火(或惰化)设计浓度 $C$ 按表 2.46 确定。三氟甲烷过热蒸汽在 101 kPa 和防护区最低环境温度下的比体积,按式(2.45)计算:

$$S = 0.3164 + 0.0012t \tag{2.45}$$

表 2.46　建筑中某些场所的三氟甲烷设计灭火浓度

| 保护场所 | A 类固体表面,图书、档案、票据、文物资料库,国家重点文物保护单位等 | 油浸变压器室,带油开关的配电室,自备发电机房、电力控制室等 | 通信机房、电子计算机房、电话局交换室、UPS 室等 |
|---|---|---|---|
| 设计灭火浓度/% | 19.5 | 16.8 | 16.8 |

根据灭火剂设置用量(贮存用量)及厂家提供的产品样本,选择确定单个贮存容器的容积(40,70,90 L 等),结合贮存容器的充装密度(三氟甲烷充装密度 0.50 ~ 0.86 kg/L),参照式(2.33)计算贮存容器的个数。

②根据管路布置,确定管段计算长度。管段计算长度为管段沿程长度和管道附件当量长度之和。管道附件当量长度见表 2.47。

表 2.47　管道附件的当量长度　　单位:m

| 管道公称直径/mm | 螺纹连接 | | | | 焊接 | | | |
|---|---|---|---|---|---|---|---|---|
| | 45°弯头 | 90°弯头 | 三通直通部分 | 三通侧通部分 | 45°弯头 | 90°弯头 | 三通直通部分 | 三通侧通部分 |
| 15 | 0.2 | 0.5 | 0.3 | 0.9 | 0.1 | 0.2 | 0.2 | 0.7 |
| 20 | 0.3 | 0.7 | 0.4 | 1.3 | 0.2 | 0.4 | 0.3 | 1.0 |
| 25 | 0.4 | 1.0 | 0.6 | 1.8 | 0.2 | 0.5 | 0.4 | 1.4 |
| 32 | 0.6 | 1.4 | 0.8 | 2.5 | 0.3 | 0.7 | 0.6 | 1.9 |
| 40 | 0.7 | 1.6 | 0.9 | 3.1 | 0.4 | 0.8 | 0.7 | 2.3 |
| 50 | 1.0 | 2.2 | 1.3 | 4.2 | 0.5 | 1.1 | 1.0 | 3.2 |
| 65 | 1.3 | 3.0 | 1.7 | 5.5 | 0.6 | 1.5 | 1.3 | 4.2 |
| 80 | 1.6 | 3.7 | 2.1 | 6.8 | 0.8 | 1.8 | 1.6 | 5.2 |
| 100 | — | — | — | — | 1.1 | 2.5 | 2.2 | 7.3 |
| 125 | — | — | — | — | 1.4 | 3.3 | 2.8 | 9.5 |
| 150 | — | — | — | — | 1.8 | 4.1 | 3.5 | 11.7 |

③计算输送干管平均质量流量,按式(2.37)计算,其中三氟甲烷喷放时间不应大于 10 s。

④初定管径,参照表 2.48。

表 2.48 三氟甲烷管网管径选择表 单位:kg/s

| 公称直径/mm | | 32 | 40 | 50 | 65 | 80 | 100 | 125 | 150 |
|---|---|---|---|---|---|---|---|---|---|
| 主配管长度 | 25 m | 4.5 | 6.5 | 11.5 | 18.0 | 29.0 | 51.0 | 76.0 | 100.0 |
| | 50 m | 2.5 | 4.5 | 7.5 | 13.0 | 22.0 | 38.0 | 60.0 | 82.0 |

⑤计算管路终端压力。管道最终压力应满足喷头入口压力不低于最低工作压力的要求:喷头的入口压力一般不宜低于 2.0 MPa,最小不应小于 1.4 MPa。

⑥根据每个喷头流量和入口压力,计算喷头等效孔口面积;根据等效孔口面积,选定喷头规格。

### 2.7.4 IG541 混合气体灭火系统

惰性气体(IG541)也称烟烙烬灭火剂,是由氮气、氩气和二氧化碳这三种自然界中的惰性气体以体积分数计,分别按 52%,40% 和 8% 混合而成的,比空气略重。

IG541 混合气体是通过将防护区中的氧气浓度从 21% 降至 12.5%,使其不能持续燃烧而达到灭火目的,该过程是物理反应过程,属于被动灭火。

IG541 混合气体是一种绿色环保型灭火剂,灭火时不发生任何化学反应,不污染环境,无毒、无腐蚀,具有良好的电绝缘性能,不会对被保护设备构成危害,也无须延迟喷放。烟烙烬在 42.8% 的灭火浓度下,人或动物均不会感到不适。混合气体以设计浓度与空气混合后,可在较长的时间内保持这一灭火浓度,即使保护区没有采取特别的密闭措施,系统也能在 20 min 后保持灭火所需的浓度。

IG541 混合气体灭火剂价格便宜,输送距离较长,最大输送距离可达 150 m,适用于保护相距较远的多个防护区,并能有效防止复燃。但系统的维护管理需由专人进行,且烟烙烬只对于扑灭 A,B,C 类火灾有效,对 D 类火灾效果有限。目前,这种气体的贮存压力分别为 15.0 MPa 和 20.0 MPa,贮存压力较高。

IG541 混合气体灭火系统的类型、系统组成、管网布置形式、对防护区的要求、系统控制方式、浸渍时间要求、设计计算的方法和步骤,对管网及容器瓶内剩余量的考虑等,均与七氟丙烷、三氟甲烷相同。

IG541 灭火设计用量或惰化设计用量,应按下式计算:

$$W = K \times \frac{V}{S} \times \ln\left(\frac{100}{100 - C_1}\right) \tag{2.46}$$

式中 $W$——灭火设计用量或惰化设计用量,kg;

$C_1$——灭火设计浓度或惰化设计浓度,%;

$V$——防护区净容积,$m^3$;

$S$——灭火剂气体在 101 kPa 大气压和防护区最低环境温度下的质量体积,$m^3$/kg;

$K$——海拔高度修正系数,可按表 2.43 规定取值。

灭火剂气体在 101 kPa 大气压和防护区最低环境温度下的质量体积,应按下式计算:

$$S = 0.6575 + 0.0024T \tag{2.47}$$

式中 $T$——防护区最低环境温度,℃。

灭火剂气体在 101 kPa 大气压和防护区最低环境温度下的质量体积,应按下式计算:

$$W_s \geq 2.70V_0 + 2.0V_p \tag{2.48}$$

式中 $W_s$——系统灭火剂剩余量,kg;

$V_0$——系统全部储存容器的总容积,$m^3$;

$V_p$——管网的管道内容积,$m^3$。

### 2.7.5 消防炮灭火系统

对一些大型博物馆、商贸中心、展览中的展览厅和观众厅等人员密集的场所,丙类生产车间、库房等高大空间场所,超过了自动喷水灭火系统设置的范围,则应设置其他自动灭火系统以确保安全,通常可采用固定消防炮灭火系统或自动跟踪定位射流灭火系统。

消防炮水量集中,流速快、冲量大,水流可以直接接触燃烧物而作用到火焰根部,将火焰剥离燃烧物使燃烧中止,能有效扑救高大空间内蔓延较快或火灾荷载大的火灾。

**1)系统分类**

按系统启动方式分为远控和手动消防炮灭火系统;按应用方式分为移动式和固定式消防炮灭火系统;按喷射介质分为水炮、泡沫炮和干粉炮灭火系统;按驱动动力装置可分为气控炮、液控炮和电控炮灭火系统。

远控消防炮灭火系统特别适用于有爆炸危险性的场所,有大量有毒、有害气体产生的场所,高度超过 8 m 且火灾危险性较大的室内场所等。远控炮系统同时具备手动功能。

移动消防炮灭火系统具有机动、灵活的特点,可进入消防车无法靠近的现场,接近火源灭火;固定炮则具有不需铺设消防带、灭火剂喷射迅速、可减少操作人员数量和减轻操作强度的特点。

具有不同喷射介质的消防炮,则与不同的保护对象相适应:

①水炮适于一般固体可燃物火灾场所;

②泡沫炮适用于甲、乙、丙类液体和固体可燃物火灾场所;

③干粉炮适用于液化石油气、天然气等可燃气体火灾场所;

④水炮和泡沫炮不得用于扑救遇水发生化学反应而引起燃烧、爆炸等的火灾。

**2)消防炮灭火系统的组成**

消防炮灭火系统主要由消防炮、泵和泵站、阀门和管道、动力源等组成。这些专用系统组件必须通过国家消防产品质量监督检验测试机构检测合格,证明符合国家产品质量标准方可使用。

(1)消防炮

消防炮是消防炮灭火系统的主要设备,也是该系统与其他消防设施的主要区别所在。消防炮主要由进口连接附件、炮体、喷射部件等组成,如图 2.84 所示。其中,连接附件提供连接接口,炮体通过水平回转节和俯仰回转节的运动实现喷射方向的调整,喷射部件用以实现不同的喷射射流。

(a)PSKD20-100型非隔爆固定式远控消防炮

(b)Scorpion手动消防炮

(c)流量可调蜗轮蜗杆式固定消防炮

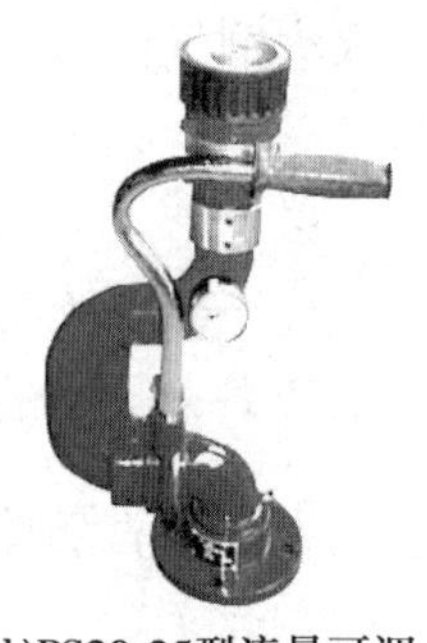

(d)PS20-25型流量可调式固定消防炮

图2.84　几种常见的消防炮

(2)消防泵与泵站

消防泵与泵站的设计与其他消防泵的要求完全相同。但应注意:选用特性曲线平缓的离心泵,即使在小流量或零流量的情况下,管路系统的压力也不至于变化过大,以至损坏管道和配件;设置备用泵组,其工作能力不应小于其中工作能力最大的一台工作泵组。

(3)阀门和管道

当消防泵出口管径大于300 mm时,不应采用单一手动启闭功能的阀门。阀门应有明显的启闭标志,远控阀门应具有快速启闭功能,且密封可靠。常开或常闭的阀门应设锁定装置,控制阀和需要启闭的阀门应设启闭指示器。参与远控炮系统联动控制的控制阀,其启闭信号应传至系统控制室。干粉管道上的阀门应采用球阀,其通径必须和管道内径一致。

管道应选用耐腐蚀材料制作或对管道外壁进行防腐处理。使用泡沫液、泡沫混合液或海水的管道,在其适当位置宜设冲洗接口。在可能滞留空气的管段顶端应设置自动排气阀。在泡沫比例混合装置后,宜设旁通的试验接口。

(4)动力源

动力源主要包括电动、液压和气压动力源三种形式。为保证系统的可靠运行和经济合理,动力源应具有良好的耐腐蚀、防雨和密封性能;动力源及管道应采取有效的防火措施;液压和气压动力源与其控制的消防炮的距离不宜大于30 m;动力源应满足远控炮系统在规定时间内操作控制与联动控制的要求。

**3)消防炮灭火系统的设计**

(1)系统设置要求

①供水管道应与生产、生活供水管道分开,且不宜与泡沫混合液的供给管道合用。寒冷地区的湿式供水管道应设防冻防护措施,干式管道应设排除管道内积水和空气的设施。管道设计应满足设计流量、压力和启动至喷射的时间等要求。

②消防水池的容量不应小于规定灭火时间和冷却时间内需要同时使用水炮、泡沫炮、

保护水幕喷头等用水量及供水管网内充水量之和。该容量可减去规定灭火时间和冷却时间内可补充的水量。

③消防水泵的供水压力应能满足系统中水炮、泡沫炮喷射压力的要求。

④灭火剂及加压气体的补给时间均不宜大于 48 h。

⑤水炮和泡沫炮系统从启动至炮口喷射灭火剂的时间不应大于 5 min,干粉炮系统从启动至炮口喷射干粉的时间不应大于 2 min。

(2)消防炮的布置

①室内消防炮的布置数量不应少于 2 门,布置高度应保证消防炮的射流不受上部建筑构件的影响,并应能使 2 门消防炮的射流同时到达被保护区域的任一部位。

②室内系统应采用湿式给水系统,消防炮位处应设置启动按钮。设置消防炮平台时,其结构强度应能满足消防炮喷射后坐力的要求,结构设计应能满足消防炮正常使用的要求。

③室内消防炮的布置应能使消防炮的射流完全覆盖被保护场所及被保护物,且应满足灭火强度及冷却强度的要求。

(3)水(泡沫)炮系统的设计

①设计射程。设计射程须符合水炮和泡沫炮布置的要求,室内布置水(消防)炮的射程可按产品射程指标值的 90% 计算。实际工程中,由于动力配套、管路附件、炮塔高度等因素的影响,水(泡沫)炮的实际工作压力可能与产品额定工作压力不同,此时应在产品规定的工作压力范围内选用。水(泡沫)炮的设计射程按式(2.49)计算:

$$D_s = D_{s0}\sqrt{\frac{P_e}{P_0}} \tag{2.49}$$

式中 $D_s$——水(泡沫)炮的设计射程,m;

$D_{s0}$——水(泡沫)炮在额定工作压力时的射程,m;

$P_e$——水(泡沫)炮的设计工作压力,MPa;

$P_0$——水(泡沫)炮的额定工作压力,MPa。

当上述计算的水(泡沫)炮设计射程不能满足布置要求时,应调整原设定炮的数量、位置或规格型号,直至达到要求为止。

②设计流量。水(泡沫)炮系统的设计总流量应为系统中需同时开启的水(泡沫)炮设计流量的总和,且不得小于灭火用水(泡沫)与冷却用水计算总流量之和。

泡沫混合液设计总流量还不应小于灭火面积与泡沫供给强度的乘积。混合比的范围应符合国家标准《泡沫灭火系统技术标准》的规定,计算时应取规定范围的平均值。泡沫液设计总量应为计算总量的 1.2 倍。

a. 水(泡沫)炮的设计流量按式(2.50)计算:

$$Q_s = Q_{s0}\sqrt{\frac{P_e}{P_0}} \tag{2.50}$$

式中 $Q_s$——水(泡沫)炮的设计流量,L/s;

$Q_{s0}$——水(泡沫)炮的额定流量,L/s。

室外配置的水炮,其额定流量不宜小于 30 L/s。室内配置的水炮:对民用建筑,其额定流量不应小于 40 L/s;对工业建筑,其额定流量不应小于 60 L/s;对室外配置的泡沫炮,其额定流量不宜小于 48 L/s。

b. 用水供给时间。灭火用水及冷却用水的连续供给时间,对扑救室内火灾不应小于 1.0 h,对扑救室外火灾不应小于 2.0 h;对甲、乙、丙类液体储罐、液化烃储罐、石化生产装置等,其用水(泡沫)连续供给时间应符合国家有关标准的规定。

c. 系统用水(泡沫)的供给强度应符合国家有关标准的规定。

③系统水力计算:

a. 系统的供水设计总流量,按式(2.51)计算:

$$Q = \sum N_p Q_p + \sum N_s Q_s + \sum N_m Q_m \tag{2.51}$$

式中 $Q$——系统供水设计总流量,L/s;

$N_p$——系统中需要同时开启的泡沫炮的数量,门;

$N_s$——系统中需要同时开启的水炮的数量,门;

$N_m$——系统中需要同时开启的保护水幕喷头的数量,只;

$Q_p$——泡沫炮的设计流量,L/s;

$Q_s$——水炮的设计流量,L/s;

$Q_m$——保护水幕喷头的设计流量,L/s。

b. 供水或供泡沫混合液管道总水头损失可按式(2.52)计算:

$$H = 0.001\ 07 \frac{v^2}{d^{1.3}} L + \sum \xi \frac{v^2}{2g} \tag{2.52}$$

式中 $H$——水泵出口至最不利点消防炮进口管道总水头损失,$mH_2O$;

$L$——计算管道长度,m;

$v$——设计流速,m/s;

$d$——管道内径,m;

$g$——重力加速度,$m/s^2$;

$\xi$——局部阻力系数。

c. 消防水泵扬程按式(2.53)计算:

$$P = Z + H + P_e \tag{2.53}$$

式中 $P$——消防水泵扬程,MPa;

$Z$——最低引水位至最高位消防炮进口的垂直高度造成的静水压力,MPa;

$H$——水泵出口至最不利点消防炮进口管道水头总损失,MPa;

$P_e$——水(泡沫)炮的设计工作压力,MPa。

(4)系统控制

①远控炮系统控制。远控炮系统中,消防泵组、消防泵进出水阀门、压力传感器、系统控制阀门、动力源、远控炮等被控设备应采取联动控制方式实行远程控制,各联动单元应

设有操作指示信号，以保证系统的可靠性，防止误操作，同时确保操作人员的安全。

消防炮系统应设置与火灾探测器的接口，以便系统具备接受和处理消防报警的功能。

远控炮系统采用无线控制操作时，应满足以下要求：

a. 应能控制消防炮的俯冲、水平回转和相关阀门的动作；

b. 消防控制室应能优先控制无线控制器所操作的设备；

c. 无线控制的有效控制半径大于 100 m；

d. 1 000 m 以内不得有相同频率，30 m 以内不得有相同安全码的无线控制器；

e. 无线控制器应设置闭锁安全电路。

②消防控制室。消防控制室是消防炮系统扑救火灾时的控制、指挥中心，是整个系统能否正常运作的关键部位，宜设置在能直接观察各座炮塔的位置，必要时应设置监视器等辅助观察设备。

远控炮系统的消防控制室应能对消防泵组、消防炮、电动阀门等系统组件进行单机操作与联动操作或自动操作。当具有无线控制功能时，还应显示无线控制器的工作状态。

### 2.7.6 干粉灭火系统

以干粉为灭火剂的消防系统称为干粉灭火系统。干粉是一种干燥的、易于流动的细微粉末，平时贮存于灭火器或灭火设备中，灭火时靠加压气体（二氧化碳或氮气）的压力将干粉从喷嘴射出，形成一股夹杂着加压气体的雾状粉流射向燃烧物。

#### 1）干粉灭火原理

干粉灭火剂对燃烧有抑制作用，当大量的粉粒喷向火焰时，可以吸收维持燃烧连锁反应的活性基团 H· 及 OH·，发生如下反应：

$$M(\text{粉粒}) + OH\cdot \rightarrow MOH$$

$$MOH + H\cdot \rightarrow M + H_2O$$

随着 H· 及 OH· 的急剧减少，燃烧的链式反应中断，火焰随之熄灭。此外，当干粉与火焰接触时，其粉粒受高温作用后爆成许多更小的微粒，大大增加了粉粒与火焰的接触面积，提高了灭火效力，这种现象称为烧爆作用。同时，使用干粉灭火剂时，粉雾包围了火焰，可以减少火焰的热辐射；另外，粉末受热放出结晶水或发生分解，可以吸收部分热量而分解生成不活泼气体。

#### 2）干粉类型

干粉有普通型干粉（B，C 类）、多用途干粉（A，B，C 类）和金属专用灭火剂（D 类火灾专用干粉）。

B，C 类干粉根据制造基料的不同有钠盐、钾盐、氨基干粉之分。这类干粉适用于扑救易燃、可燃液体如汽油、润滑油等引起的火灾，也可用于扑救可燃气体（如液化石油气、乙炔气等）和带电设备引起的火灾。

A，B，C 类干粉按制造基料的不同有磷酸盐、硫酸铵与磷酸铵的混合物以及聚磷酸铵之分。这类干粉适用于扑救易燃液体、可燃气体、带电设备和一般固体物质（如木材、棉、麻等)形成的火灾。

D类火灾专用灭火剂,适用于扑灭金属的燃烧。当其投加到某些燃烧金属表面时,可与金属表层发生反应形成熔层,而与周围空气隔绝,使金属燃烧窒息。

干粉灭火具有灭火历时短、效率高、绝缘好、灭火后损失小、不怕冻、不用水、可长期贮存等优点。

3)干粉灭火系统

干粉灭火系统按安装方式不同,有固定式、半固定式之分;按控制启动方法不同,有自动和手动控制之分;按喷射方式不同,有全淹没和局部应用系统之分。干粉灭火系统的组成如图2.85所示。

设置干粉灭火系统,其灭火剂的贮存装置应靠近防护区,但不能对干粉贮存器有引燃的危险,干粉还应避免高温和潮湿。输送干粉的管道宜短而直、光滑、无焊瘤、缝隙。管内应清洁,无残留液体和固体杂物,以便喷射干粉时提高效率。

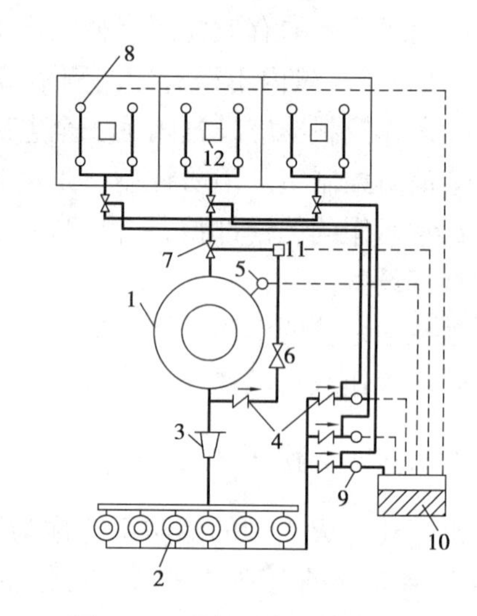


图2.85 干粉灭火系统的组成

1—干粉储罐;2—氮气瓶和集气管;3—压力控制器;4—单向阀;5—压力传感器;6—减压阀;7—球阀;8—喷嘴;9—启动气瓶;10—消防控制中心;11—电磁阀;12—火灾探测器

## 2.7.7 建筑灭火器

灭火器是扑救初起火灾的重要消防器材,它轻便灵活,稍经训练即可掌握,可手提或推拉至着火点附近,及时实施灭火。高层建筑消防设计时,应同时设计灭火器的配置。

1)灭火器的选择

(1)火灾类别

根据建筑内的物质及其燃烧特性,火灾可分为A(固体)、B(液体和可熔固体)、C(气体)、D(可燃金属)、E(带电设备)共五类火灾。

(2)配置场所的危险等级

根据建筑的使用性质、人员密集程度、用电用火情况、可燃物数量、火灾蔓延速度、扑救难易程度等因素,火灾危险等级可分为:

①严重危险级:使用性质重要、人员密集、用电用火多、可燃物多、起火后蔓延迅速、扑救困难、容易造成重大财产损失的场所。

②中危险级:使用性质较重要、人员较密集、用电用火较多、可燃物较多、起火后蔓延较迅速、扑救较难的场所。

③轻危险级:使用性质一般、人员不密集、用电用火较少、可燃物较少、起火后蔓延较缓慢、扑救较易的场所。

高层建筑中，如超高层建筑和一类高层建筑的写字楼、公寓楼、高级旅馆、饭店的公共活动用房、多功能厅、厨房等属严重危险级；而对二类高层建筑的写字楼、公寓楼，民用燃油、燃气锅炉房，民用的油浸变压器室和高、低压配电室则属中危险级。

(3)灭火器的选择

选择灭火器时，应考虑灭火器配置场所的火灾种类、危险等级，灭火器的灭火效能和通用性，灭火剂对保护物品的污损程度，灭火器设置点的环境温度以及使用灭火器人员的体能。

A 类火灾场所：选择水型灭火器、磷酸铵盐干粉灭火器、泡沫灭火器或卤代烷灭火器。

B 类火灾场所：选择泡沫灭火器、碳酸氢铵干粉灭火器、磷酸铵盐干粉灭火器、二氧化灭火器、灭 B 类火灾的水型灭火器或卤代烷灭火器。B 类火灾场所应选择泡沫灭火器、碳酸氢钠干粉灭火器、磷酸铵盐干粉灭火器、二氧化碳灭火器、灭 B 类火灾的水型灭火器或卤代烷灭火器。极性溶剂的 B 类火灾场所应选择灭 B 类火灾的抗溶性灭火器。

C 类火灾场所：选择磷酸铵盐干粉灭火器、碳酸氢铵干粉灭火器、二氧化碳灭火器或卤代烷灭火器。

D 类火灾场所：选择扑灭金属火灾的专用灭火器。

E 类火灾场所：选择磷酸铵盐干粉灭火器、碳酸氢铵干粉灭火器、卤代烷灭火器或二氧化碳灭火器，但不得选用装有金属喇叭喷筒的二氧化碳灭火器。

在同一灭火器配置场所，宜选用相同类型和操作方法的灭火器。当同一灭火器配置场所存在不同火灾种类时，应选用通用型灭火器。

在同一灭火器配置场所，当选用两种或两种以上类型灭火器时，应选用灭火剂相容的灭火器。

**2)灭火器的设置与配置**

(1)灭火器的设置　灭火器应设置在位置明显和便于取用的地点，且不得影响安全疏散。对有视线障碍的灭火器设置点，应设置指示其位置的发光标志。灭火器的摆放应稳固，铭牌应朝外。

手提式灭火器宜设置在灭火器箱内或挂钩、托架上，其顶部离地面高度不应大于 1.50 m；底部离地面高度不宜小于 0.08 m。灭火器箱不得上锁。

灭火器不宜设置在潮湿或强腐蚀性的地点，当必须设置时，应有相应的保护措施。灭火器设置在室外时，应有相应的保护措施。灭火器不得设置在超出其使用温度范围的地点。

(2)灭火器的最大保护距离　设置在 A,B,C 类火灾场所的灭火器，其最大保护距离应符合表 2.49 的规定；对 E 类火灾场所，要求不应低于该场所内 A 类或 B 类火灾的规定；而对 D 类火灾场所，其最大保护距离应根据具体情况研究决定。

表 2.49 A,B,C 类火灾场所的灭火器最大保护距离 单位:m

| 危险等级 | 手提式灭火器 | | 推车式灭火器 | |
|---|---|---|---|---|
| | A 类火灾场所 | B,C 类火灾场所 | A 类火灾场所 | B,C 类火灾场所 |
| 严重危险级 | 15 | 9 | 30 | 18 |
| 中危险级 | 20 | 12 | 40 | 24 |
| 轻危险级 | 25 | 15 | 50 | 30 |

(3)配置灭火器的规定　灭火器的配置应符合下述规定:

①每个计算单元内配置的灭火器数量不得少于 2 具。

②每个设置点的灭火器数量不宜多于 5 具。

③当住宅楼每层的公共部位建筑面积超过 100 $m^2$ 时,应配置 1 具 1 A 的手提式灭火器;每增加 100 $m^2$ 时,增配 1 具 1 A 的手提式灭火器。

(4)灭火器的最低配置基准　对 A,B,C 类火灾场所,灭火器的最低配置基准应符合表 2.50 的规定;E 类火灾场所则要求不应低于该场所内 A 类(或 B 类)火灾场所的规定;对 D 类火灾场所,灭火器最低配置基准应根据金属的种类、物态及其特性等研究确定。

表 2.50 A,B,C 类火灾场所灭火器的最低配置基准

| 危险等级 | 严重危险级 | | 中危险级 | | 轻危险级 | |
|---|---|---|---|---|---|---|
| | A 类 | B,C 类 | A 类 | B,C 类 | A 类 | B,C 类 |
| 单具灭火器最小配置灭火级别 | 3A | 89B | 2A | 55B | 1A | 21B |
| 单位灭火器级别最大保护面积/($m^2 \cdot A^{-1}$,$m^2 \cdot B^{-1}$…) | 50 | 0.5 | 75 | 1.0 | 100 | 1.5 |

3)灭火器配置的设计计算

(1)计算原则

①灭火器配置的设计与计算应按计算单元进行。灭火器最小需配灭火级别和最少需配数量的计算值应进位取整。

②每个灭火器设置点实配灭火器的灭火级别和数量不得小于最小需配灭火级别和数量的计算值。

③灭火器设置点的位置和数量应根据灭火器的最大保护距离确定,并应保证最不利点至少在一具灭火器的保护范围内。

(2)计算单元划分

当一个防火分区内各场所的危险等级和火灾种类相同时,可将其作为一个计算单元,否则,应分别作为不同的计算单元。同一计算单元不得跨越防火分区和楼层。

(3)计算单元保护面积的确定

建筑物应按建筑面积确定。可燃物露天堆场,甲、乙、丙类液体储罐区,可燃气体储罐

区应按堆垛、储罐的占地面积确定。

(4)配置设计计算

①计算单元的最小需配灭火级别,按式(2.54)计算:

$$Q = K\frac{S}{U} \tag{2.54}$$

式中 $Q$——计算单元的最小需配灭火级别(A 或 B);

$S$——计算单元的保护面积,$m^2$;

$U$——A 类或 B 类火灾场所单位灭火级别最大保护面积,见表 2.51,$m^2/A$ 或 $m^2/B$;

$K$——修正系数,按表 2.51 的规定取值。

表 2.51 修正系数 $K$

| 计算单元 | $K$ |
| --- | --- |
| 未设室内消火栓系统和灭火系统 | 1.0 |
| 设有室内消火栓系统 | 0.9 |
| 设有灭火系统 | 0.7 |
| 设有室内消火栓系统和灭火系统 | 0.5 |
| 可燃物露天堆场<br>甲、乙、丙类液体储罐区<br>可燃气体储罐区 | 0.3 |

②歌舞、娱乐、放映、游艺场所,网吧、商场、寺庙及地下场所等,其计算单元的最小需配灭火级别,应按式(2.55)计算:

$$Q = 1.3K\frac{S}{U} \tag{2.55}$$

③计算单元中每个灭火器设置点的最小需配灭火级别应按式(2.56)计算:

$$Q_c = \frac{Q}{N} \tag{2.56}$$

式中 $Q_c$——计算单元中每个灭火器设置点的最小需配灭火级别(A 或 B);

$N$——计算单元中的灭火器设置个数,个。

(5)灭火器配置的设计计算步骤

①确定各灭火器配置场所的火灾种类和危险等级;

②划分计算单元,计算各计算单元的保护面积;

③计算各计算单元的最小需配灭火级别;

④确定各计算单元中的灭火器设置点的位置和数量;

⑤计算每个灭火器设置点的最小需配灭火级别;

⑥确定每个设置点灭火器的类型、规格与数量;

⑦确定每具灭火器的设置方式和要求;

⑧在工程设计图上用灭火器图例和文字标明灭火器的型号、数量与设置位置。

【例2.4】 某布厂原材料仓库,长118 m,宽66 m,存放物主要为尼龙66,试进行灭火器配置计算。

【解】 ①确定配置单元的危险等级:根据题意,防护布厂原材料仓库单元,其内的主要可燃物为尼龙66,根据存放物品的特性,该仓库按中危险工业建筑考虑。

②确定配置单元的火灾类型:根据防护单元的性质,确定该仓库可能发生A类火灾。

③划分计算单元:原材料仓库的外围建筑内壁所围护的实际使用面积为一单元,其保护面积为:$S=66\times118=7\ 788\ m^2$

④计算该单元所需灭火级别:

$$Q=K\frac{S}{U}=0.3\times\frac{7\ 788\ m^2}{75\ m^2/A}=31.152\ A$$

式中 $K$——修正系数,由表2.52查得$K=0.3$;

$U$——配置基准,由表2.51查得$U=75\ m^2/A$。

⑤确定该单元灭火器设置点个数:由表2.50查得该单元灭火器的最大保护半径为20 m,运用保护圆简化设计法确定灭火器设置点,得出设置点个数$N=19$。

⑥计算每个灭火器设置点的灭火级别:

a.类型选择:根据尼龙66的特性,选择MF/ABC3磷酸铵盐干粉灭火器。

b.规格与数量确定:由表2.51可查得每具灭火器最小灭火级别为2A;由相关手册可查得MF/ABC3灭火器的最大灭火级别为2A,2A/2A=1(具),因此,本单元设计每个灭火器配置点选配1具3 kg手提式磷酸铵盐干粉灭火器。即:

$$Q_e=\frac{Q}{N}=\frac{31.152}{19}=1.64\ A$$

式中 $Q_e$——每个灭火器设置点的灭火级别。

⑦验算:

a.该单元实际配置的所有灭火器的灭火级别验算如下:

$\sum_{i=1}^{n=19}Q_i=1$具$\times19$点$\times2\ A=38\ A>Q=31.152\ A$,符合规范要求。

b.每个灭火器设置点实际配置的所有灭火器的灭火级别验算如下:

$\sum_{i=1}^{n}Q'_i=1$具$\times2\ A=2\ A>Q_e$,符合规范要求。

c.在设置点每具灭火器具的最小级别为2A,等于中危险级单具灭火器具最小配置灭火级别2A,满足规范要求。

d.该计算单元内配置灭火器总数$n$等于19具、大于2具,满足规范要求。

e.在每个设置点上配置灭火器具数$n'$等于1具、小于5具,满足规范要求。

⑧确定灭火器设置方式和要求:将灭火器具按设计点安置,底部离地面高度不小于0.08 m。

⑨绘图:在设计图上用图例和文字标明灭火器的类型、数量与规格以及设置位置。

## 思考题

2.1 简述高层建筑的火灾救助原则。

2.2 简述高层建筑室内消火栓系统的供水方式类别,绘出各类供水方式的系统原理图。

2.3 临时高压消防给水系统的组成包括哪几个部分?

2.4 如何计算消防水池的有效容积?

2.5 高层建筑屋顶消防水箱的容积及设置高度如何确定?

2.6 简述高层建筑室内消火栓布置的要点。

2.7 简述高层建筑室内消火栓系统管网布置的要点。

2.8 简述临时高压室内消防给水系统管网水力计算的步骤。

2.9 简述湿式自动喷水灭火系统的工作原理。

2.10 湿式自动喷水-泡沫联用灭火系统与湿式自动喷水灭火系统的主要区别有哪些?在灭火机理上有何不同?

2.11 简述湿式报警阀组工作原理,并说明高层建筑中湿式报警阀组的设置需注意哪些问题。

2.12 简述闭式自动喷水灭火系统水力计算的步骤。

2.13 雨淋灭火系统的工作原理是什么?

2.14 简述水喷雾的灭火原理,水喷雾灭火系统的组成及组件。

2.15 二氧化碳的主要灭火机理是什么?

2.16 二氧化碳灭火系统分为哪几类?

2.17 简述七氟丙烷灭火系统的适用范围及典型应用场所。

2.18 简述七氟丙烷灭火系统的组成及主要部件。

2.19 简述三氟甲烷灭火系统的特点及设计要求。

2.20 消防炮灭火系统设计要求有哪些?

2.21 简述干粉灭火系统灭火原理。

2.22 简述建筑灭火器的选择、设置与配置要点。

2.23 建筑灭火器配置设计要点有哪些?

扩展数字资源 2

# 3 高层建筑热水系统

## 3.1 高层建筑热水供应系统

### 3.1.1 热水供应系统的组成

高层建筑热水供应系统应在保证用户能按时得到符合使用要求的水量、水质、水温和水压的热水前提下，节约能源、节约用水。

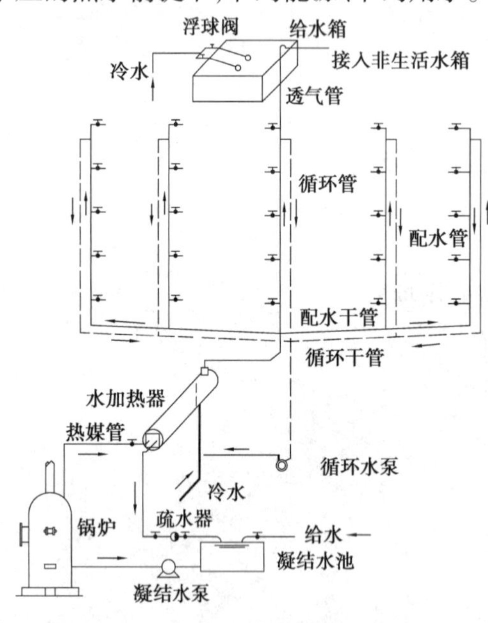


图 3.1 集中热水供应系统组成示意图

热水供应系统的组成，应根据使用对象、建筑物特点、热水用水量、用水规律、用水点分布、热源情况、水加热设备、用水要求、管网布置、循环方式以及运行管理条件等的不同而有所不同。图 3.1 所示为集中热水供应系统的一种方式及其基本组成。

**1）热媒部分（第一循环系统）**

热媒是热传递的载体，常用热媒为高温热水、蒸汽、烟气，以及太阳能、地源、水源、空气源等新型能源。

热媒系统由热源、水加热器和热媒管网组成。如图 3.1 所示，由锅炉产生的蒸汽（或高温热水），经热媒管送入水加热器，通过与冷水进行热交换，把冷水加热；蒸汽凝结水排至凝结水池；锅炉用水由凝结水池旁的凝结水泵送入。

**2）热水供水部分（第二循环系统）**

热水供水部分由热水配水管网和回水管网组成。水加热器中所需冷水由给水箱供给，加热后的热水由配水管送到各用水点。为了保证供水管网中的热水温度，循环管道（包括配水管和回水管）中还循环流动着一定数量的热水，用以补偿配水管路的热损失。

3）附件

热水供应系统的附件包括蒸汽、热水的控制附件及管道的连接附件，如温度自动调节器、疏水器、减压阀、安全阀、自动排气阀、膨胀罐、管道伸缩器和闸阀等。

### 3.1.2 热水供应系统的类型

高层建筑热水供应系统就其供应范围可分为局部热水供应系统、集中热水供应系统和区域热水供应系统三大类。

1）局部热水供应系统

局部热水供应系统通常是由单独的热水器把冷水加热，供给单个或少数用水点使用。该系统设备简单，管网造价低，维护管理容易、灵活，热损失小。但普通热水器效率较低，热水成本高，使用不够方便舒适。常用的热水器有太阳能热水器、电热水器、燃气热水器以及蒸汽加热器等。

普通住宅、无集中沐浴设施的办公楼及用水点分散、日用水量（按 60 ℃计）小于 5 $m^3$ 的建筑宜采用局部热水供应系统；另外，全日集中热水供应系统中的较大型公共浴室、洗衣房、厨房等耗热量较大且用水时段固定的用水部位也可单独设置局部热水供应系统。

2）集中热水供应系统

集中热水供应系统是在锅炉房或水加热器间将冷水集中加热，通过热水管网将热水送至用水点。该系统设备集中，便于维护管理，热效率高，热水成本低，使用更为舒适。但设备、系统复杂，管网较长，热损失大，一次性投资大，改建、扩建较困难，并且需要专门的维护管理人员。

集中热水供应系统适用于热水用水量较大，用水比较集中的建筑，如宾馆、公寓、医院、养老院等公共建筑及有使用集中供应热水要求的居住建筑。

3）小区（区域）热水供应系统

小区（区域）热水供应系统是利用工业余热、废热或地热等集中加热站、建筑小区或城市区域性锅炉房以及热交换站，将冷水集中加热后，通过热水管网输送到建筑小区、城市街坊或整个工业企业的热水系统。该系统便于集中统一维护管理，有利于热能的综合利用，减少环境污染，设备热效率和自动化程度较高，热水成本低，使用方便舒适，保证率高。但同样具有设备、系统复杂，建设投资高，维护管理水平要求高，改建、扩建困难等缺点。

小区（区域）集中热水供应系统应根据建筑物的分布情况等采用小区共用系统或多栋建筑共用系统，共用系统水加热站的服务半径不应大于 500 m。

### 3.1.3 热水供应系统的供水方式

高层建筑的集中热水供应系统应根据热水供水压力竖向分区，其分区原则、方法、要求以及管网布置形式与冷水系统一致。闭式热水供应系统各区水加热器、贮水罐的进水均应由同区的给水系统专管供应，以便保证任一用水点冷热水压力平衡。

由于高层建筑中热水供应系统的设备、组成、管网布置及敷设等与一般建筑的冷水供应系统相同,因此其供水方式有以下几种。

**1)按加热设备的设置方式**

(1)集中加热分区供热水系统。

集中加热分区供热水系统是把高层建筑内各区热水系统的加热设备集中设置在地下室或其他附属建筑内,冷水经设备加热后分别送至各区用水点,如图3.2所示。

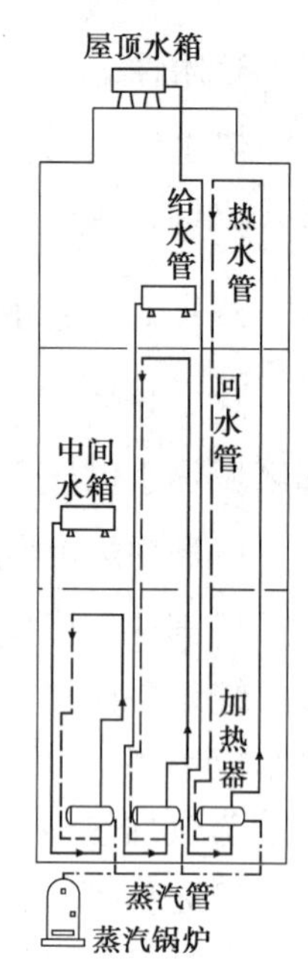


图3.2 集中加热分区供热水系统

该系统维护管理方便,热媒管道较短,可以减少管路噪声。但由于高、中区水加热器与各区冷水高位水箱的高差很大,并且高、中区热水系统中的供水和回水立管高度也很大,导致加热器承受很大的压力,同时管材耗量大。因此,这种系统适用于3个分区以下的高层建筑,不适用于超高层建筑。

(2)分散加热分区供热水系统。

分散加热分区供热水系统是将加热器分别设置在各区的上部或下部,加热后热水沿各区管网系统送至各用水点。如图3.3所示,由于各区加热器均设于本区内,因而加热设备承受的压力较低,造价也较低。但系统中的设备分散,管理不便,热媒管道长。该系统适用于超高层建筑。

**2)按加热设备的设置位置**

(1)下置式分区供热水系统

在高层建筑的分区供热水系统中,各区加热设备设置的位置取决于技术层的位置。当加热设备设于各分区下部的技术层,称为下置式分区供热水系统,如图3.4所示。

(2)上置式分区供热水系统

各加热设备设于各分区上部的技术层中,称为上置式分区供热水系统,如图3.5所示。

对一栋高层建筑集中热水供应系统的整体设计,需视具体情况而定,上置式和下置式往往并存,并称这种供热方式为混合式或普通式,如图3.6所示。

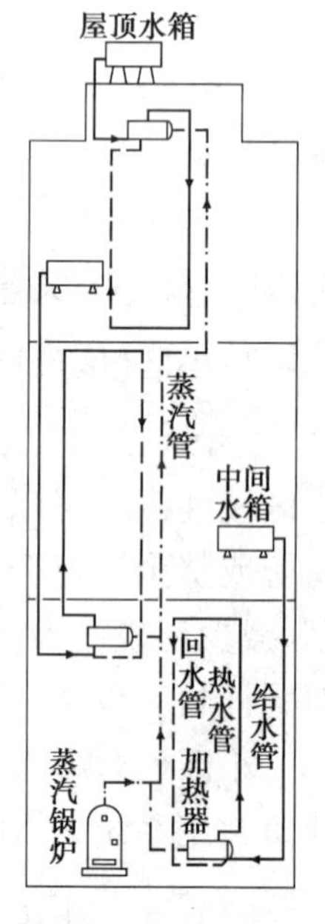


图3.3 分散加热分区供热水系统

**3)按热水供水干管的位置**

在分区热水供应系统中,按热水供水干管的位置,又可分为下行上给式和上行下给式。

(1)下行上给式

如图3.7所示,加热器设置在分区供热水系统之上,热水横干管设于本区系统的最下部,回水干管设在本区系统的上部。图3.7(a)所示为立管循环的下行上给式热水系统。由于其热水立管同时作为回水立管,因此也称为单立管下行上给式热水系统。图3.7(b)所示为同时具有循环回水立管和循环回水支管的全循环热水系统,也称为双立管下行上给式热水系统,一般用于配水支管较长,对水温要求较高的高层建筑中。

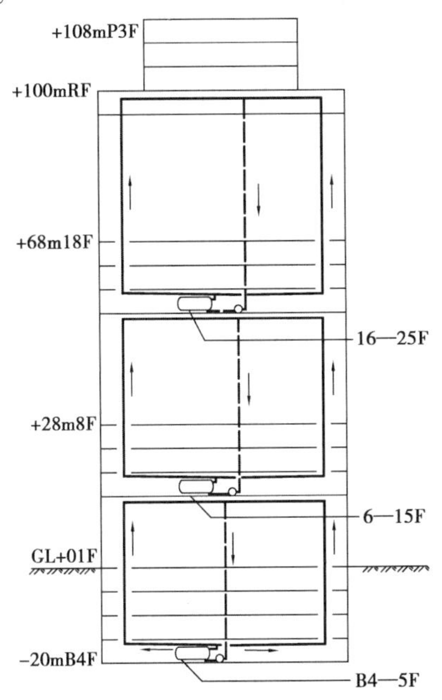


图3.4 下置式分区供热水系统

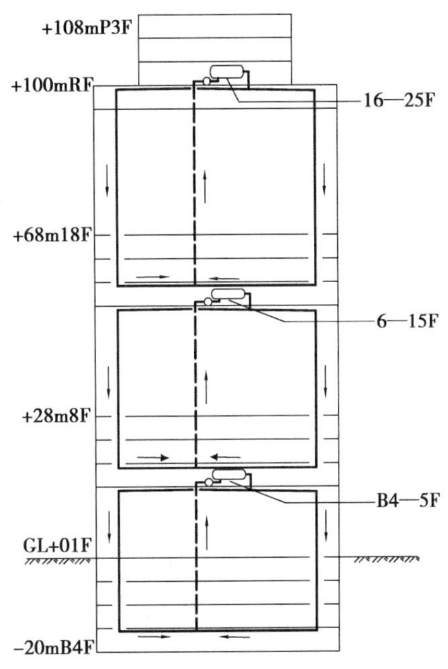


图3.5 上置式分区供热水系统

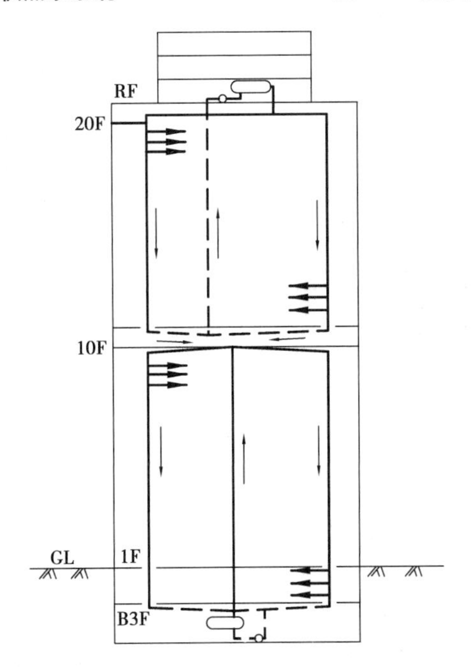


图3.6 普通分区供热水系统

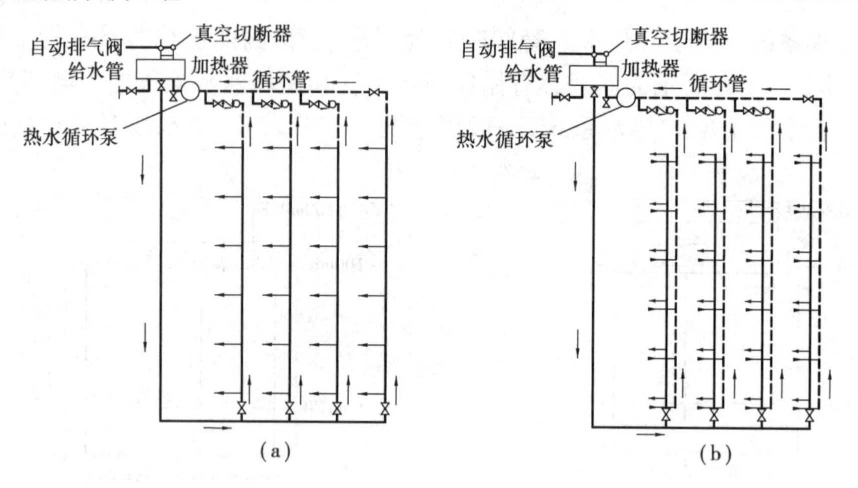


图 3.7　下行上给式供热水系统

(2)上行下给式

如图 3.8 所示,加热设备设置在本区热水系统之上,热水及回水横干管均设在管网上部,即热水流经系统上部横干管并向各立管配水。由于系统既有供水立管又有回水立管,因此又称为双立管上行下给式热水系统。其中,图 3.8(a)所示为无支管循环,该系统也叫立管循环热水供水方式;而图 3.8(b)所示则同时具有循环回水立管和循环回水支管,因此该系统也称为全循环热水供水方式。

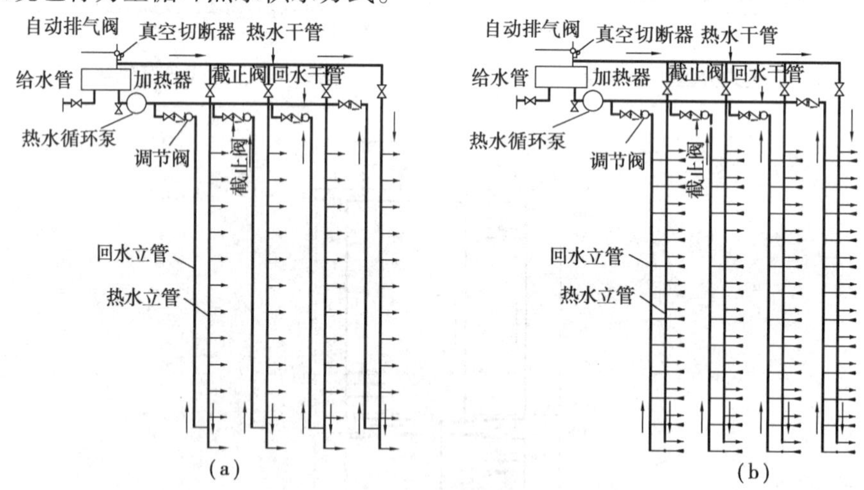


图 3.8　上行下给式供热水系统

**4)按供回水管路的长度**

为保证热水管道系统中的水温,循环热水从加热设备出发,经过供水干管进入供水立管后,通过回水干管再回到加热设备。从图 3.9 可看出,循环热水沿管道进入距加热设备最近的立管,需要经过较长的回水管路才能回到加热设备;相反地,循环热水进入距加热设备最远的立管,则只需要经过较短的回水管路即可回到加热设备。可以看出,循环热水通过的每一条供回水管路的长度均相等,这种供水方式称为同程循环供水方式。

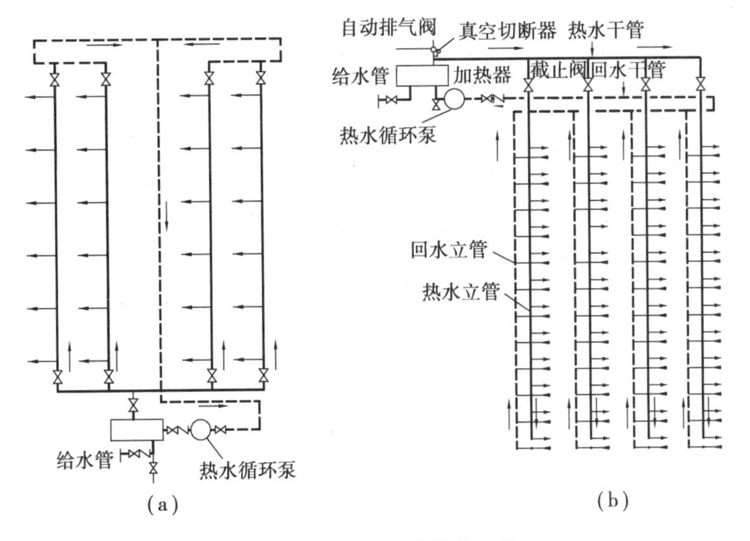


(a) (b)

图 3.9 同程循环供热水系统

5) 减压阀分区供水方式

高层建筑热水供应系统采用减压阀分区时,应采取措施保证各分区热水的正常循环(图 3.10),减压阀组的组成与设置同冷水给水系统。

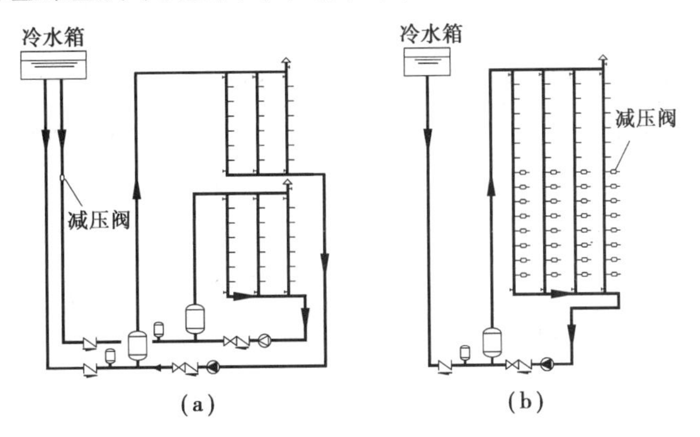


(a) (b)

图 3.10 减压阀供热水系统

## 3.2 热水用水定额、水温和水质

### 3.2.1 热水用水定额

高层建筑的热水用水定额分生产和生活两大类。生产热水用水定额应按工艺要求或同类型生产企业实际数据确定。生活热水用水定额应根据卫生设备的完善程度、水温、热水供应时间,当地气候条件和生活习惯等因素调查后确定。根据《建筑给水排水设计标准》(GB 50015—2019)规定,各类建筑的热水用水定额见表 3.1。

**表 3.1 热水用水定额**

| 序号 | 建筑物名称 | | 单位 | 用水定额/L | | 使用时间 h |
|---|---|---|---|---|---|---|
| | | | | 最高日 | 平均日 | |
| 1 | 普通住宅 | 有热水器和沐浴设备 | 每人每日 | 40 ~ 80 | 20 ~ 60 | 24 |
| | | 有集中热水供应(或家用热水机组)和沐浴设备 | | 60 ~ 100 | 25 ~ 70 | |
| 2 | 别墅 | | 每人每日 | 70 ~ 110 | 30 ~ 80 | 24 |
| 3 | 酒店式公寓 | | 每人每日 | 80 ~ 100 | 65 ~ 80 | 24 |
| 4 | 宿舍 | 居室内设卫生间 | | 70 ~ 100 | 40 ~ 55 | 24 或定时供应 |
| | | 设公用盥洗卫生间 | | 40 ~ 80 | 35 ~ 45 | |
| 5 | 招待所、培训中心、普通旅馆 | 设公用盥洗室 | | 25 ~ 40 | 20 ~ 30 | 24 或定时供应 |
| | | 设公用盥洗室、淋浴室 | | 40 ~ 60 | 35 ~ 45 | |
| | | 设公用盥洗室、淋浴室、洗衣室 | | 50 ~ 80 | 45 ~ 55 | |
| | | 设单独卫生间、公用洗衣室 | | 60 ~ 100 | 50 ~ 70 | |
| 6 | 宾馆客房 | 旅客 | 每床位每日 | 120 ~ 160 | 110 ~ 140 | 24 |
| 7 | 医院住院部 | 设公用盥洗室 | 每床位每日 | 60 ~ 100 | 40 ~ 70 | 24 |
| | | 设公用盥洗室、淋浴室 | | 70 ~ 130 | 65 ~ 90 | |
| | | 设单独卫生间 | | 110 ~ 200 | 110 ~ 140 | |
| | | 医务人员 | 每人每班 | 70 ~ 130 | 65 ~ 90 | 8 |
| | 门诊部、诊疗所 | 病人 | 每病人每次 | 7 ~ 13 | 3 ~ 5 | 8 ~ 12 |
| | | 医务人员 | 每人每班 | 40 ~ 60 | 30 ~ 50 | 8 |
| | | 疗养院、休养所住房部 | 每床每位每日 | 40 ~ 80 | 35 ~ 45 | 24 |
| 8 | 养老院、托老所 | 全托 | 每床位每日 | 50 ~ 70 | 45 ~ 55 | 24 |
| | | 日托 | | 25 ~ 40 | 15 ~ 20 | 10 |
| 9 | 幼儿园、托儿所 | 有住宿 | 每儿童每日 | 25 ~ 50 | 20 ~ 40 | 24 |
| | | 无住宿 | | 20 ~ 30 | 15 ~ 20 | 10 |
| 10 | 公共浴室 | 淋浴 | 每顾客每次 | 40 ~ 60 | 35 ~ 40 | 12 |
| | | 淋浴、浴盆 | | 60 ~ 80 | 55 ~ 70 | |
| | | 桑拿浴(淋浴、按摩池) | | 70 ~ 100 | 60 ~ 70 | |
| 11 | 理发师、美容院 | | 每顾客每次 | 20 ~ 45 | 20 ~ 35 | 12 |
| 12 | 洗衣房 | | 每公斤干衣 | 15 ~ 30 | 15 ~ 30 | 8 |

续表

| 序号 | 建筑物名称 | | 单位 | 用水定额/L | | 使用时间 h |
|---|---|---|---|---|---|---|
| | | | | 最高日 | 平均日 | |
| 13 | 餐饮业 | 中餐酒楼 | 每顾客每次 | 15~20 | 8~12 | 10~12 |
| | | 快餐店、职工及学生食堂 | | 10~12 | 7~10 | 12~16 |
| | | 酒吧、咖啡厅、茶座、卡拉 OK 房 | | 3~8 | 3~5 | 8~18 |
| 14 | 办公楼 | 坐班制办公 | 每人每班 | 5~10 | 4~8 | 8~10 |
| | | 公寓式办公 | 每人每日 | 60~100 | 25~70 | 10~24 |
| | | 酒店式办公 | | 120~160 | 55~140 | 24 |
| 15 | 健身中心 | | 每人每次 | 15~25 | 10~20 | 8~12 |
| 16 | 体育场(馆) | 运动员淋浴 | 每人每次 | 17~26 | 15~20 | |
| 17 | 会议厅 | | 每座位每次 | 2~3 | 2 | 4 |

注:①表内所列用水定额均已包括在本书表 1.5 和 1.6 中。

②本表以 60 ℃热水水温为计算温度,卫生器具的使用水温见表 3.2。

③学生宿舍使用 IC 卡计费用热水时,可按每人每日最高日用水定额 25~30 L、平均日用水定额 20~25 L。

④表中平均日用水定额仅用于计算太阳能热水系统集热器面积和计算节水用水量。

若以建筑物内卫生器具确定热水用量,则可按卫生器具一次和小时热水用水定额设计,见表 3.2。

**表 3.2 卫生洁具的一次和小时热水用水定额及水温**

| 序号 | 卫生器具名称 | | | 一次用水量/L | 小时用水量/L | 使用水温/℃ |
|---|---|---|---|---|---|---|
| 1 | 住宅、旅馆、别墅、宾馆、酒店式公寓 | 带有淋浴器的浴盆 | | 150 | 300 | 40 |
| | | 无淋浴器的浴盆 | | 125 | 250 | |
| | | 淋浴器 | | 70~100 | 140~200 | 37~40 |
| | | 洗脸盆、盥洗槽水嘴 | | 3 | 30 | 30 |
| | | 洗涤盆(池) | | — | 180 | 50 |
| 2 | 宿舍、招待所、培训中心 | 淋浴器 | 有淋浴小间 | 70~100 | 210~300 | 37~40 |
| | | | 无淋浴小间 | — | 450 | |
| | | 盥洗槽水嘴 | | 3~5 | 50~80 | |
| 3 | 餐饮业 | 洗涤盆(池) | | — | 250 | 30 |
| | | 洗脸盆 | 工作人员用 | 3 | 60 | |
| | | | 顾客用 | — | 120 | |
| | | 淋浴器 | | 40 | 400 | 37~40 |

续表

<table>
<tr><th>序号</th><th colspan="3">卫生器具名称</th><th>一次用水量/L</th><th>小时用水量/L</th><th>使用水温/℃</th></tr>
<tr><td rowspan="6">4</td><td rowspan="6">幼儿园、托儿所</td><td rowspan="2">浴盆</td><td>幼儿园</td><td>100</td><td>400</td><td rowspan="4">35</td></tr>
<tr><td>托儿所</td><td>30</td><td>120</td></tr>
<tr><td rowspan="2">淋浴器</td><td>幼儿园</td><td>30</td><td>180</td></tr>
<tr><td>托儿所</td><td>15</td><td>90</td></tr>
<tr><td colspan="2">盥洗槽水嘴</td><td>15</td><td>25</td><td>30</td></tr>
<tr><td colspan="2">洗涤盆(池)</td><td>—</td><td>180</td><td>50</td></tr>
<tr><td rowspan="4">5</td><td rowspan="4">医院、疗养院、休养所</td><td colspan="2">洗手盆</td><td rowspan="3">—</td><td>15 ~ 25</td><td>35</td></tr>
<tr><td colspan="2">洗涤盆(池)</td><td>300</td><td>50</td></tr>
<tr><td colspan="2">淋浴器</td><td>200 ~ 300</td><td>37 ~ 40</td></tr>
<tr><td colspan="2">浴盆</td><td>125 ~ 150</td><td>250 ~ 300</td><td>40</td></tr>
<tr><td rowspan="4">6</td><td rowspan="4">公共浴室</td><td colspan="2">浴盆</td><td>125</td><td>250</td><td>40</td></tr>
<tr><td rowspan="2">淋浴器</td><td>有淋浴小间</td><td>100 ~ 150</td><td>200 ~ 300</td><td rowspan="2">37 ~ 40</td></tr>
<tr><td>无淋浴小间</td><td>—</td><td>250</td></tr>
<tr><td colspan="2">洗脸盆</td><td>5</td><td>200 ~ 300</td><td>35</td></tr>
<tr><td>7</td><td>办公楼</td><td colspan="2">洗手盆</td><td>—</td><td>50 ~ 100</td><td>35</td></tr>
<tr><td>8</td><td>理发室、美容院</td><td colspan="2">洗脸盆</td><td>—</td><td>35</td><td>35</td></tr>
<tr><td rowspan="2">9</td><td rowspan="2">实验室</td><td colspan="2">洗脸盆</td><td rowspan="2"></td><td>60</td><td></td></tr>
<tr><td colspan="2">洗手盆</td><td>15 ~ 25</td><td>30</td></tr>
<tr><td rowspan="2">10</td><td rowspan="2">剧场</td><td colspan="2">淋浴器</td><td>60</td><td>200 ~ 400</td><td>37 ~ 40</td></tr>
<tr><td colspan="2">演员用洗脸盆</td><td>5</td><td>80</td><td>35</td></tr>
<tr><td>11</td><td>体育场馆</td><td colspan="2">淋浴器</td><td>30</td><td>300</td><td>35</td></tr>
<tr><td rowspan="4">12</td><td rowspan="4">工业企业生活间</td><td rowspan="2">淋浴器</td><td>一般车间</td><td>40</td><td>360 ~ 540</td><td>37 ~ 40</td></tr>
<tr><td>脏车间</td><td>60</td><td>180 ~ 480</td><td>40</td></tr>
<tr><td>洗脸盆</td><td>一般车间</td><td>3</td><td>90 ~ 120</td><td>30</td></tr>
<tr><td>盥洗槽水嘴</td><td>脏车间</td><td>5</td><td>100 ~ 150</td><td>35</td></tr>
<tr><td>13</td><td>净身器</td><td colspan="2">10 ~ 15</td><td>120 ~ 180</td><td>30</td><td></td></tr>
</table>

注:①一般车间指现行国家标准《工业企业设计卫生标准》中规定的3、4级卫生特征的车间,脏车间指该标准中规定的1、2级卫生特征的车间。

②学生宿舍等建筑的淋浴间,当使用IC卡计费用水时,其一次用水量和小时用水量可按表中的数值的25% ~40%取值。

### 3.2.2　设计热水温度的选定

#### 1)热水温度

热水温度应当满足生产和生活需要,以保证系统不因水温过高而使热水系统管道易腐蚀、结垢或损坏,加热设备和管道热损失增大,水温过高发生烫伤事故。

集中热水供应系统的水加热设备出水温度应根据原水水质、使用要求、系统大小及消毒设施灭菌效果等确定,并应符合下列规定:

①进入水加热设备的冷水总硬度(以碳酸钙计)小于120 mg/L时,水加热设备最高出水温度应小于或等于70 ℃;冷水总硬度(以碳酸钙计)大于或等于120 mg/L时,最高出水温度应小于或等于60 ℃。

②系统不设灭菌消毒设施时,医院、疗养所等建筑的水加热设备出水温度应为60~65 ℃,其他建筑水加热设备出水温度应为55~60 ℃;系统设灭菌消毒设施时水加热设备出水温度均宜相应降低5 ℃。

集中热水供应系统热水配水点水温不应低于45 ℃,并应保证最不利配水点的水温不低于使用要求(各种卫生器具的热水用水温度,见表3.2)。对于个别要求更高温度的用水设备,如厨房餐具消毒等,宜采用局部热水供应系统。

洗衣机、厨房等热水使用温度与用水对象有关,见表3.3。

表3.3　洗衣机、厨房洁具用水温度

| 用水对象 | | 用水温度/℃ | 用水对象 | | 用水温度/℃ |
|---|---|---|---|---|---|
| 洗衣机 | 棉麻织物 | 50~60 | 厨房餐厅 | 一般洗涤 | 50 |
| | 丝绸织物 | 35~45 | | 洗碗机 | 60 |
| | 毛料织物 | 35~40 | | 餐具过清 | 70~80 |
| | 人造纤维织物 | 30~35 | | 餐具消毒 | 100 |

#### 2)冷水计算温度

冷水计算温度,应以当地最冷月平均水温确定。如无当地冷水计算温度资料可按表3.4确定。

表3.4　冷水计算温度

| 区域 | 省、自治区、直辖市、行政区 | | 地面水温度/℃ | 地下水温度/℃ |
|---|---|---|---|---|
| 东北 | 黑龙江 | | 4 | 6~10 |
| | 吉林 | | | |
| | 辽宁 | 大部 | | |
| | | 南部 | | 10~15 |

续表

<table>
<tr><th>区域</th><th colspan="2">省、自治区、直辖市、行政区</th><th>地面水温度/℃</th><th>地下水温度/℃</th></tr>
<tr><td rowspan="7">华北</td><td colspan="2">北京</td><td rowspan="7">4</td><td rowspan="2">10 ~ 15</td></tr>
<tr><td colspan="2">天津</td></tr>
<tr><td rowspan="2">河北</td><td>北部</td><td>6 ~ 10</td></tr>
<tr><td>大部</td><td>10 ~ 15</td></tr>
<tr><td rowspan="2">山西</td><td>北部</td><td>6 ~ 10</td></tr>
<tr><td>大部</td><td>10 ~ 15</td></tr>
<tr><td colspan="2">内蒙古</td><td>6 ~ 10</td></tr>
<tr><td rowspan="11">西北</td><td rowspan="3">陕西</td><td>偏北</td><td rowspan="2">4</td><td>6 ~ 10</td></tr>
<tr><td>大部</td><td>10 ~ 15</td></tr>
<tr><td>秦岭以南</td><td>7</td><td>15 ~ 20</td></tr>
<tr><td rowspan="2">甘肃</td><td>南部</td><td>4</td><td>10 ~ 15</td></tr>
<tr><td>秦岭以南</td><td>7</td><td>15 ~ 20</td></tr>
<tr><td>青海</td><td>偏东</td><td rowspan="3">4</td><td>10 ~ 15</td></tr>
<tr><td rowspan="2">宁夏</td><td>偏东</td><td>6 ~ 10</td></tr>
<tr><td>南部</td><td>10 ~ 15</td></tr>
<tr><td rowspan="3">新疆</td><td>北疆</td><td>5</td><td>10 ~ 11</td></tr>
<tr><td>南疆</td><td>—</td><td rowspan="2">12</td></tr>
<tr><td>乌鲁木齐</td><td>8</td></tr>
<tr><td rowspan="8">中南</td><td rowspan="2">河南</td><td>北部</td><td>4</td><td>10 ~ 15</td></tr>
<tr><td>南部</td><td>5</td><td>15 ~ 20</td></tr>
<tr><td rowspan="2">湖北</td><td>东部</td><td>5</td><td rowspan="4">15 ~ 20</td></tr>
<tr><td>西部</td><td>7</td></tr>
<tr><td rowspan="2">湖南</td><td>东部</td><td>5</td></tr>
<tr><td>西部</td><td>7</td></tr>
<tr><td colspan="2">广东、香港、澳门</td><td>10 ~ 15</td><td>20</td></tr>
<tr><td colspan="2">海南</td><td>15 ~ 20</td><td>17 ~ 22</td></tr>
</table>

续表

<table>
<tr><th>区域</th><th colspan="2">省、自治区、直辖市、行政区</th><th>地面水温度/℃</th><th>地下水温度/℃</th></tr>
<tr><td rowspan="11">东南</td><td colspan="2">山东</td><td>4</td><td>10~15</td></tr>
<tr><td colspan="2">上海</td><td>5</td><td>15~20</td></tr>
<tr><td colspan="2">浙江</td><td>4</td><td>10~15</td></tr>
<tr><td rowspan="2">江苏</td><td>偏北</td><td>5</td><td>15~20</td></tr>
<tr><td>大部</td><td>10~15</td><td>20</td></tr>
<tr><td>江西</td><td>大部</td><td>4</td><td>10~15</td></tr>
<tr><td rowspan="2">安徽</td><td>大部</td><td>5</td><td>15~20</td></tr>
<tr><td>北部</td><td>4</td><td>10~15</td></tr>
<tr><td rowspan="2">福建</td><td>北部</td><td>5</td><td>15~20</td></tr>
<tr><td>南部</td><td rowspan="2">10~15</td><td rowspan="2">20</td></tr>
<tr><td colspan="2">台湾</td></tr>
<tr><td rowspan="7">西南</td><td colspan="2">重庆</td><td>7</td><td>15~20</td></tr>
<tr><td colspan="2">贵州</td><td>10~15</td><td>20</td></tr>
<tr><td>四川</td><td>大部</td><td>7</td><td>15~20</td></tr>
<tr><td rowspan="2">云南</td><td>大部</td><td>—</td><td>5</td></tr>
<tr><td>南部</td><td>7</td><td>15~20</td></tr>
<tr><td rowspan="2">广西</td><td>大部</td><td>10~15</td><td>20</td></tr>
<tr><td>偏北</td><td>7</td><td>15~20</td></tr>
<tr><td colspan="3">西藏</td><td>—</td><td>5</td></tr>
</table>

**3)配水管网的最大温度降**

加热设备出水温度与最不利配水点的温度差,根据供水系统大小和循环方式确定。热水供应系统中,锅炉或水加热器的出水温度与配水点的最低水温的温度差,单体建筑不得大于 10 ℃,建筑小区不得大于 12 ℃。

**4)冷热水比例计算**

冷热水混合时,应以配水点要求的水温和水量(见表 3.2)与当地冷水计算温度和水量换算出热水供应所需的水温和水量。

若以混合水量为 100%,则:

①所需热水量占混合水量的百分数 $K_r$ 为:

$$K_r = \frac{t_h - t_l}{t_r - t_l} \times 100\% \tag{3.1}$$

式中 $t_h$——混合水水温,℃;

$t_l$——冷水水温,℃;

$t_r$——热水水温,℃。

②所需冷水量占混合水量的百分数 $K_l$ 为:

$$K_l = 1 - K_r \tag{3.2}$$

### 3.2.3 热媒、热水水质

水在加热过程中,温度升高,钙、镁等盐类溶解度降低,易在管道和设备内壁上形成水垢,使管道输送能力和设备的导热系数降低,同时水温升高,使水中溶解氧溢出,增加水的腐蚀性。

热水供应系统中水的总硬度(以 $CaCO_3$ 计)在 90 ~ 150 mg/L 对人体较为合适;当总硬度大于 150 mg/L 时,水垢不但在加热器中形成,而且会在管网中产生。因此,通常根据总硬度高低把水分为极软水、软水、中硬水和硬水四类,见表 3.5。

表 3.5 水的硬度分类

| 总硬度(以 $CaCO_3$ 计)/($mg \cdot L^{-1}$) | 0 ~ 75 | 75 ~ 150 | 150 ~ 300 | >300 |
|---|---|---|---|---|
| 类 别 | 极软水 | 软水 | 中硬水 | 硬水 |

热媒水的水质应根据热媒种类(蒸汽、高温热水)以及加热设备类型(锅炉、热水器)确定。

生活用热水的原水水质标准除应符合我国现行的《生活饮用水卫生标准》外,对集中热水供应系统加热前水质是否需要处理,应根据水质、水量、水温、水加热设备的构造及使用要求等因素,经技术经济比较确定。

日用热水量(按 60 ℃计)不小于 10 $m^3$ 且原水总硬度(以碳酸钙计)大于 300 mg/L 时,洗衣房用热水应进行水质软化处理;其他用热水宜进行水质软化或阻垢缓蚀处理。

日用热水量(按 60 ℃计)不小于 10 $m^3$ 且原水总硬度(以碳酸钙计)为 150 ~ 300 mg/L 时,洗衣房用热水宜进行水质软化处理;其他用热水可不需进行水质软化或阻垢缓蚀处理。

日用热水量(按 60 ℃计)小于 10 $m^3$ 时,可不需进行水质软化处理。

系统对溶解氧控制要求高时,宜采取除氧措施。

经软化处理后的水质总硬度,洗衣房用水宜为 50 ~ 100 mg/L;其他用水宜为 75 ~ 150 mg/L。处理方法可采用化学处理法、离子交换法等。水质阻垢缓蚀处理应根据水的硬度、适用流速、温度、作用时间及工作电压等选择适合的物理水处理器或选择化学稳定剂处理方法,如磁水器、电子水处理器、静电水处理器等物理水处理器,归丽晶等化学稳定剂。

## 3.3 加热方式及加热设备

### 3.3.1 热源选择

目前,水加热可用热源主要有燃油、燃气等人工燃料以及煤等天然燃料,这些燃料具有热值高、发热量大、使用方便等优点,但存在着环境保护、储量有限等方面的问题。太阳能、电能是一种清洁热源,前者属天然热源,后者属人工热源,均值得大力推广。工业余热、废热也是值得利用的热源,使热能得以充分发挥、利用。水源热泵、空气源热泵等可再生低温能源是属于新型能源,当合理应用这些热源制备生活热水时,节能效果显著;但选用这类热源时,应注意可再生低温能源的适用条件及配备质量可靠的热泵机组。

选择热源应根据节约能源,充分利用热源,加热设备的使用特点、耗热量、加热方式、燃料种类、质量可靠性和当地热源情况等因素,经综合比较后确定。集中或区域热水供应系统的热源应按下列顺序选择:

①采用具有稳定、可靠的余热、废热、地热。

②当日照时数大于1 400 h/a 且年太阳辐射量大于4 200 MJ/m$^2$ 及年极端最低气温不低于-45 ℃的地区,宜优先采用太阳能。在夏热冬暖地区,宜采用空气源热泵;在地下水源充沛、水文地质条件适宜、能保证回灌的地区,宜采用地下水源热泵;在沿江、沿海、沿湖,地表水源充足,水文地质条件适宜,以及有条件利用城市污水、再生水的地区,采用地表水源热泵,同时应经当地水务、交通航运部门审批,必要时应进行生态环境、水质卫生方面的评估。

②采用能保证全年供热的热力管网热水;区域性锅炉房或附近的锅炉房供给蒸汽或高温水;采用燃油、燃气热水机组、低谷电蓄热设备制备热水。

局部热水供应系统在条件适宜的地方选用热源的顺序为太阳能,空气源热泵,采用燃气、电能作为热源或辅助热源,在有蒸汽供给的地方采用蒸汽作为热源。

### 3.3.2 水的加热方式

#### 1)直接加热

直接加热是以热源产生的热量直接通过加热设备将水加热的方式。太阳能热水器、热水锅炉,电热水器,燃油、燃气直接加热热水机组等均为直接加热设备,又称为一次换热加热设备。

#### 2)间接加热

间接加热是热媒(蒸汽或高温热水)通过热交换器的换热面传递热量将水加热的方式。常用间接加热设备有导流型容积式水加热器、半容积式水加热器、半即热式水加热器、快速式水加热器。

目前各种类型的间接加热方式已在我国形成了间接加热设备体系(见图3.11)。这个完整的间接加热设备产品系列,使人们可以从容地选择最适用的水加热器来制备热水,详见现行《水加热器选用及安装》图集。

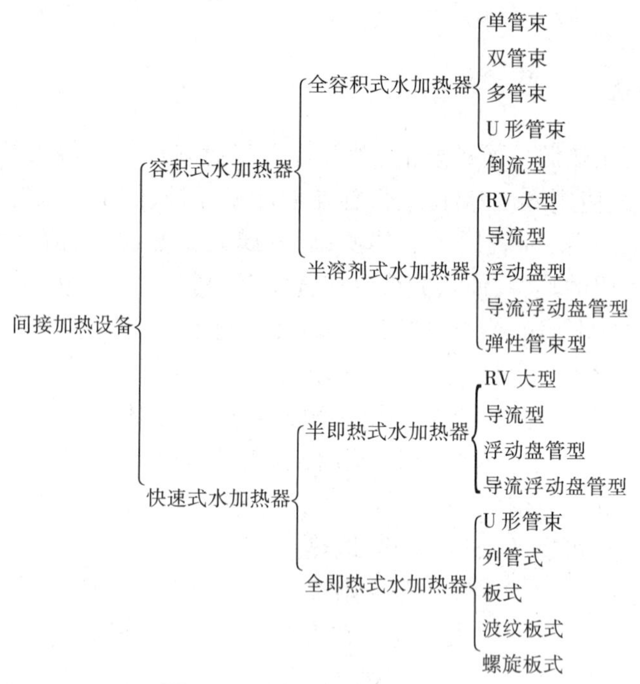


**图3.11　间接加热设备体系图**

间接加热与直接加热相比,由于系统增设了产生蒸汽或高温水的锅炉、热交换器和中间回路,因此系统复杂,占地面积大,热效率偏低;但能回收冷凝水,加热稳定,锅炉不易结垢和腐蚀,出水温度控制方便。由于间接加热有利于解决结垢问题,因此适用于大型集中热水供应系统。

### 3.3.3　加热设备

加热设备应根据使用特点、耗热量、热源、维护管理、环境保护及卫生防菌等因素选择,同时要求设备具有热效率高,换热效果好、节能、占地小,生活热水阻力小,有利于整个系统冷、热水压力平衡,安全可靠、结构简单、操作维修方便等特点。

**1)常压热水锅炉**

常压热水锅炉使用的燃料有煤、液化石油气、天然气和轻柴油等。常压热水锅炉分立式和卧式,用炉膛直接加热冷水,因此要求冷水硬度低,避免产生结垢现象。在供水不均匀的情况下,应设置热水罐调节用水量,如图3.12所示。常压热水锅炉的优点是:设备及管道系统简单、投资省、热效率高、运行费用低,采用开式系统时无危险。由于高层建筑中热水用量较大,用途较多,因此常压热水锅炉在高层建筑中应用不多。但对某些地方水质较好而设置蒸汽锅炉又有困难时,也可采用常压热水锅炉。但在常压热水锅炉给水管上应设置磁水器或采用降低出水水温的方法来减轻水垢的形成。

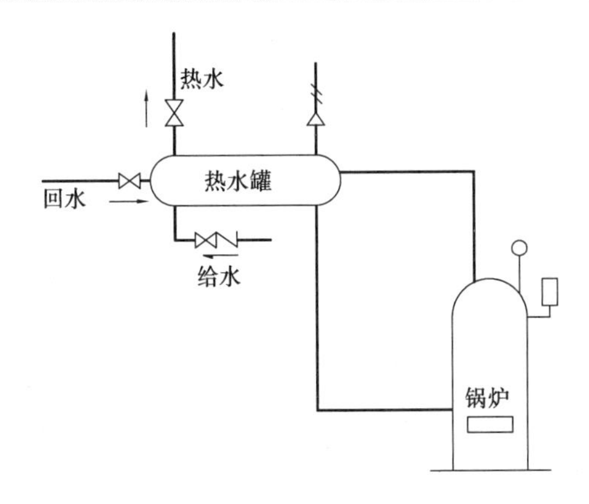


图 3.12 热水锅炉的直接加热方式

2)汽-水混合加热器

汽-水混合加热器是一种直接加热设备。蒸汽锅炉将产生的蒸汽送到加热地点,通过多孔管或喷射器等与被加热水充分混合,以得到热水,如图 3.13 所示。

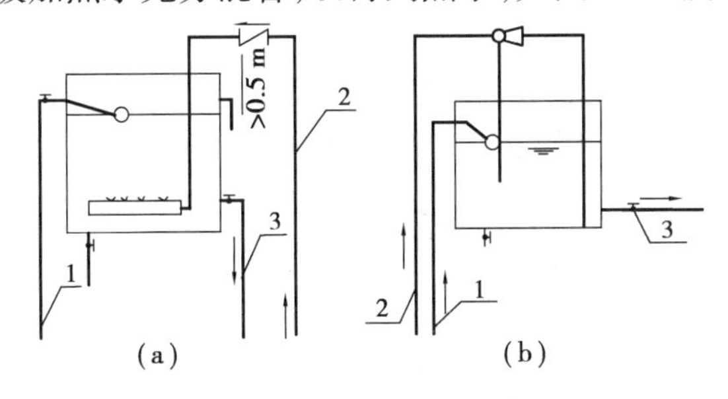


图 3.13 汽-水混合加热器示意图

1—冷水供水管;2—蒸汽管;3—热水出水管

(1)多孔管

蒸汽通过设在水中的多孔管而喷出,在铜管或钢管上钻许多直径为 3 mm 的小孔,小孔的总面积应为多孔管断面的 2 ~3 倍。这种加热方式设备最简单,但蒸汽凝结时会产生瞬间真空,当水挤入填补这个真空时则产生很大噪声。

(2)消声喷射器

蒸汽通过设在水中的消声喷射器加热就可减小上述加热时产生的噪声。消声喷射器有多种形式,图 3.14 所示为其中一种。

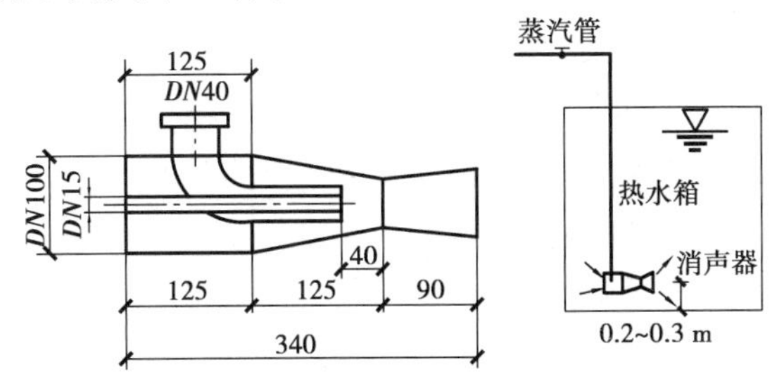


图 3.14 消声喷射器

汽-水混合直接加热的方式,适用于耗热量小的热水供应系统或局部热水供应系统,如公共澡堂、洗衣房等。这种设备的管道较简单、投资省、热效率高、设备不易结垢堵塞,维护管理方便,但噪声较大,凝结水不能回收,水质易受蒸汽的污染。

3)热水机组

图3.15所示为燃油(燃气)两用热水间接加热热水机组,它以轻柴油或液化石油气、天然气为燃料。燃油(燃气)热水机组的炉体设于热水器下方,卧式三回程火道使得火焰自下而上流动,横出的烟道位于炉体后背,其特点是第三回程中设有烟气温度调节板,使炉体燃烧阻力极为方便地人为调整;而且第二、三回程烟道位于燃烧室上方,保证燃烧均匀充分,传热效果极佳,有害废气释放量很低。二次水热交换器位于炉体上方,为可拆卸不锈钢结构,一次水(高温)走管程,二次水(生活)走壳程,具有储水式换热器的特征。

新一代燃气、燃油热水机组,具有燃烧器工作完全自动化、高效节能,机电一体化等特征,起火快、停火快、燃烧完全,烟气和被加热水的流程使传热极为充分,热效率在90%以上,比传统锅炉高20%左右。

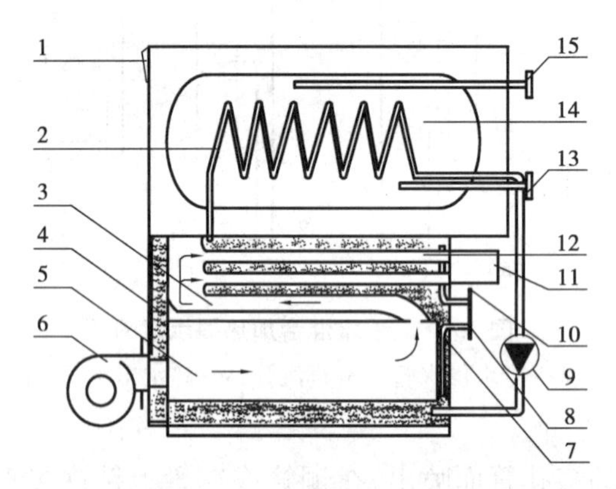


图3.15 燃油(燃气)热水锅炉

1—仪表盘;2——次水盘管;3—第二火道;4—前开门;5—第一火道;6—燃烧机;7—炉体水套;8—采暖水进口;9—循环泵;10—采暖水出口;11—烟道;12—第三火道;13—二次水进口;14—二次水腔;15—二次水出口

4)容积式水加热器

容积式水加热器是一种间接加热设备,分立式和卧式两种。蒸汽通过热水罐内的盘管,与冷水进行热交换而加热冷水,如图3.16所示。这种加热器供水温度稳定、噪声低、能承受一定的水压,凝结水可以回收,水质不受热媒影响,并有一定的调节容量,但其热效率较低,占地面积大,维修管理复杂。一般容积式水加热器上设有冷、热水进出水管,自动温度调节器,温度计,压力表,安全阀以及排气阀等。容积式水加热器的盘管材料一般采用不锈钢管或铜管。

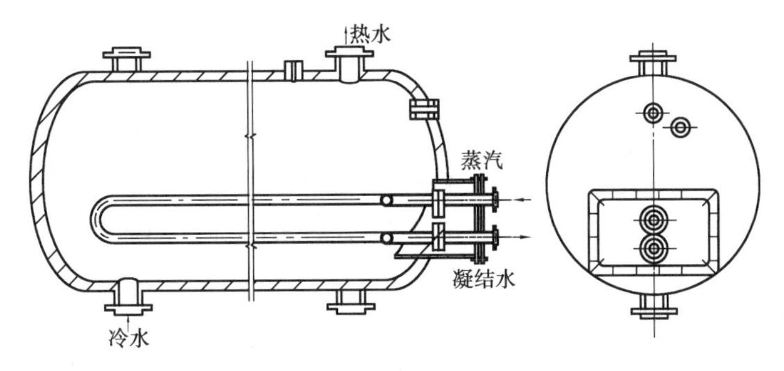


图 3.16 卧式容积式水加热器

传统的容积式水加热器,其加热方式属于“层流加热”,被加热水流速较慢,加热盘管自中心线以下为温水区,并且进出水流存在短路现象。因此,该水加热器内部会出现局部滞水、死水区,水流分层和顶托现象明显,传热系数小,传热效果差。这种传统的容积式水加热器由于存在低温滞水区而不能保证热水水质,已被导流型容积式和半容积式水加热器取代。

#### 5)半容积式水加热器

半容积式水加热器是将一个快速式水加热器嵌入一个贮热容器内,被加热水通过一个内循环泵连接加热器与贮热容器,其构造如图 3.17 所示。半容积式水加热器的贮热容积为半即热式水加热器的 5 倍左右,具有一定的水量调节和平衡功能。

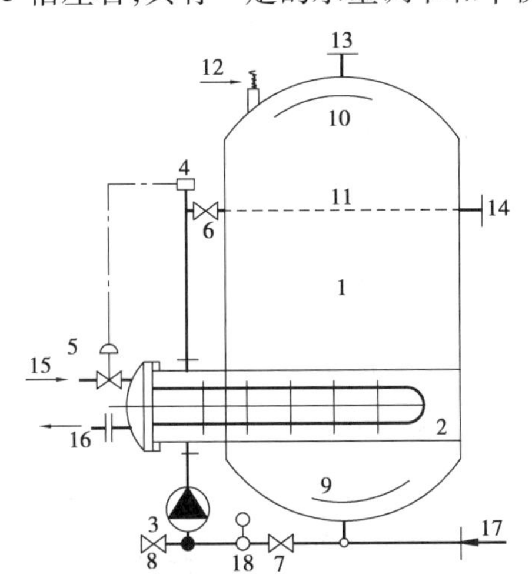


图 3.17 半容积式水加热器

1—蓄热水器;2—换热盘管;3—内循环泵;4—温度调节器;5—控制阀;6—调节器;7—隔断阀;8—排水阀;9—扩散器;10—集水器;11—分配器;12—压力/温度安全阀;13—热水出流;14—二级水回流;15—热媒入流;16—热媒回流;17—冷水给水;18—流量继电器

半容积式加热器附设的内循环泵的作用为:

①提高被加热水流经换热器时的流速,借以提高被加热水的吸热系数,从而提高传热系数和换热能力。

②克服被加热水流经换热器时的阻力损失,水泵流量一般为大于最大小时的设计平

均秒流量，相应的扬程为 1 ~ 2 $mH_2O$，恰好用于克服因 $v_2$ 的提高而增加的被加热水的阻力损失。

③借助泵的不断运行构成被加热水的内循环，消除贮热罐内的冷水区。

这种加热设备还采用鳍片式换热管束结构，它既可减小热媒的通过断面，提高热媒流速，又可较大幅度地增大换热面积，促使被加热水紊动，从而达到提高传热系数和总换热量的目的。

半容积式加热器具有换热效果好、换热量大，在热媒保证按最大小时耗热量供给的条件下，贮热容积只需按 15 min 最大小时耗热量考虑，不需附加高灵敏度、高可靠性的特殊温控装置。

**6）快速式水加热器**

快速式水加热器（亦称为即热式水加热器）是一种间接加热装置，如图 3.18 所示。被加热水通过导管，而热媒蒸汽则在壳体内，蒸汽和被加热水从不同方向穿过两个同心的交换管，进行热交换而生产热水。这种加热器热效率高、结构紧凑、占地面积小，可回收凝结水，水质不受热媒污染，但没有调节容量，水温、水压不易控制，水头损失大，管道复杂。它适用于热水用水量均匀的场合，如室内热水游泳池和热水采暖等；另外，当热水用量很大或是为了节约建筑面积等特殊情况下，亦可采用快速式水加热器。如图 3.19 所示，快速式水加热器和热水罐组合使用，既可实现热水的加热又可调节热水用量。

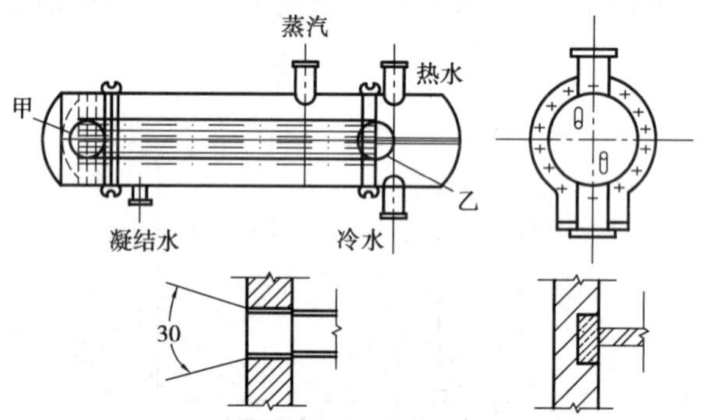


图 3.18 快速式水加热器

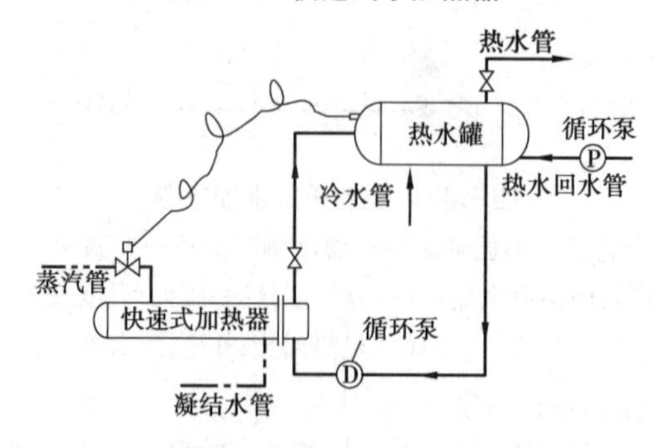


图 3.19 快速式水加热器与热水罐组合示意图

7)半即热式水加热器

半即热式水加热器是介于快速式和容积式水加热器之间的新型换热器,如图3.20所示。该水加热器由上下端盖、筒体、热媒进气干管、冷凝回水干管、螺旋盘管式换热管束、温控装置、安全装置、热媒过滤器、冷水进水管、热水出水管以及排污水管等组成。热媒干管从水加热器的下部进入壳体,自下而上接入多组加热盘管。加热盘管呈悬臂状态,并在平面上多次变向后进入冷凝回水干管,并从换热器下部接出。被加热水由上部进入加热器,由上而下,通过与加热盘管进行热交换,变成热水后从顶部排出。半即热式水加热器将加热后的部分水贮存在壳体内,热媒介质在盘管内流动,它属于一种有限量贮水的加热器。

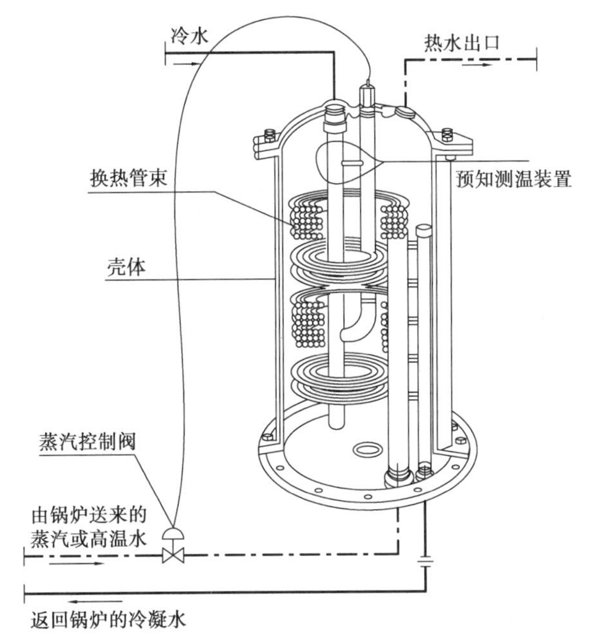


图3.20 半即热式水加热器

半即热式水加热器筒体顶部设有预测感温管,部分热水在顶部进入感温管开口段,冷水也以一定比例进入,感温元件探测冷热水的平均温度,即向控制阀发出信号,控制阀按需调节,及时调节并保持出水温度,具有预测性。

半即热式水加热器的螺旋盘管采用薄壁紫铜管,行程长,并多次以变向、变径、分流或会流等方式来提高传热效果。在汽-水换热条件下,它的传热系数$K \geqslant 11\ 723$ kJ/($m^2$·h·℃),为容积式换热器$K$值的2.5~4倍。半即热式加热器一般直径较小,被加热水的过水断面积也较小,增大了被加热水流速。壳体螺旋形浮动盘管在加热通过热媒时,会产生高频振荡,使盘管外壁附近的水流处于局部紊流状态,加之盘管会随温度的变化而伸缩,使盘管外形成的水垢自动脱落,沉积在罐底定期排出。换热后的高温蒸汽变成50 ℃左右的凝结水,使热媒的能量充分被利用,可节约蒸汽量15%左右。可以看出,半即热式水加热器具有一定的调节容积,换热速度快、传热效率高的优点,同时还具有体积小、节约占地面积,节省安装及运输费，自动除垢，无论负荷变化大小均能恒温供水，凝结水温度低，蒸汽耗量稳定，外壳温度低，辐射热损失极小，热效率高，使用寿命长，维护简单等特点。

半即热式热水器适用于有不同负荷要求的宾馆、饭店、洗衣房等工业与民用建筑的采暖、空调和热水供应系统。

8）燃气热水器

燃气热水器是一种直接加热的设备，有快速式和容积式两种形式。

（1）快速式燃气热水器

其结构如图 3.21 所示，主要由燃烧器、加热盘管、传热片、温度调节阀、外壳和排烟罩等组成，一般安装在用水点前，就地加热，可随时获取热水，无贮水容积。

（2）容积式燃气热水器

它具有一定的贮水容积，在使用前需要预先加热，因此其功率比快速式热水器小，多用于住宅、公共建筑物的局部热水供应。

燃气加热器管道设备简单，使用灵活方便，可由用户自己管理，热效率较高，噪声低，成本低，比较清洁。因此，在天然气丰富的地区使用较多。一般在设计这类住宅时，只需将燃气供应到热水器设置点，由用户自己选择安装（公寓除外）。

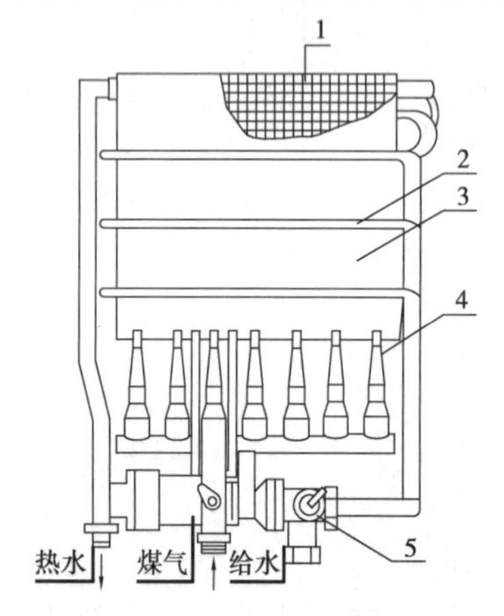


图 3.21 半即热式水加热器

1—传热片；2—加热盘管；3—燃烧室；
4—燃气烧嘴；5—温度调节阀

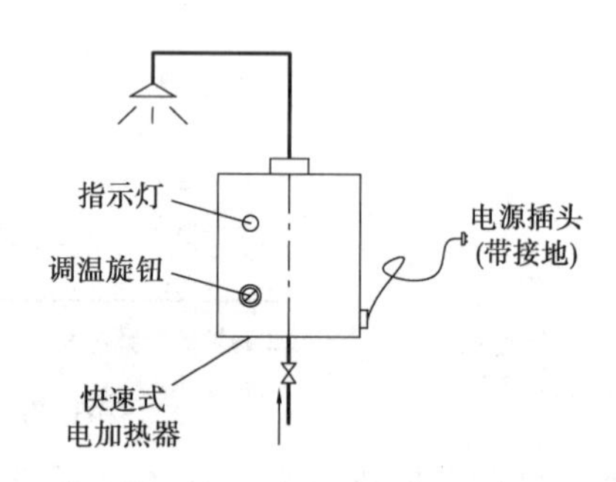


图 3.22 快速式电加热器

9）电热水器

这是一种以电力直接加热的设备，具有安装方便、易于维护管理、造型美观、使用安全以及环保等优点。近年来电热水器发展较快，特别在欧洲的一些国家使用比较普遍，其类型可归纳为以下两种。

（1）快速式电热水器

如图 3.22 所示，快速式电热水器贮水容积很小，冷水通过后即被加热使用，因此体形小、质量轻、安装简单，能即热即用，出水温度容易调节，使用方便，且热损失小。但它耗电功率较大，一般用于单个淋浴器或单个用水点的热水供应。

(2)容积式电热水器

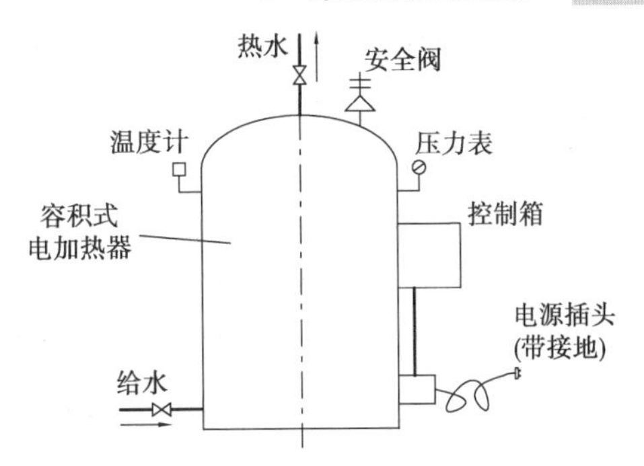

图3.23 容积式电热水器

如图3.23所示,容积式电热水器具有一定的热水贮水容积,因此体形较大,使用前需预先加热,耗热损失较大。但该热水器可以同时满足多个用水点的热水供应,便于设备的集中管理,且耗电功率较小,具有电蓄热功能,能够在一定程度上起到削峰填谷、节省运行费用的效果。设计时应注意确定蓄热和供热方式(谷加平或全谷用电方式),计算蓄热罐体积以及确定优化的系统形式和运行模式。

使用电热水器时,在任何意外条件下,0.04 s内必须切断电源并切断电热水器与外界的一切电气联系;必须有安全可靠的接地措施,总接地电阻一般应不大于1 Ω,泄漏电量应小于3~5 mA。电热水器应有过热安全保护措施,便于操作,控制可靠。打开进水阀即自动通电,关闭进水阀即自动断电,并应有功率调节器,以便按水温和流量调节供电功率。因此,电热水器适合局部热水供应系统。

**10)加热水箱**

在屋顶水箱内设蒸汽盘管进行间接加热,使水箱具有加热、稳压、贮存的作用,而且噪声低,凝结水可以回收,但热效率较低、体积大、占地面积大,在国内一些高层建筑中也有采用。

**11)太阳能热水器**

太阳能热水器是利用阳光辐射把冷水加热的一种光热转换器,由太阳集热器、贮热水箱(罐)、连接管道、支架、控制器和其他配件组合而成,其工作原理是将阳光释放的热量通过集热器(吸收太阳辐射能并向水传递热量的装置)的高效吸热使水温升高,利用冷水密度大于热水的特点,形成冷热水自然对流、上下循环,使保温水罐(箱)的水温不断升高,完成生产热水的目的(图3.24)。由于气候原因,太阳能热水器需配套辅助热源。

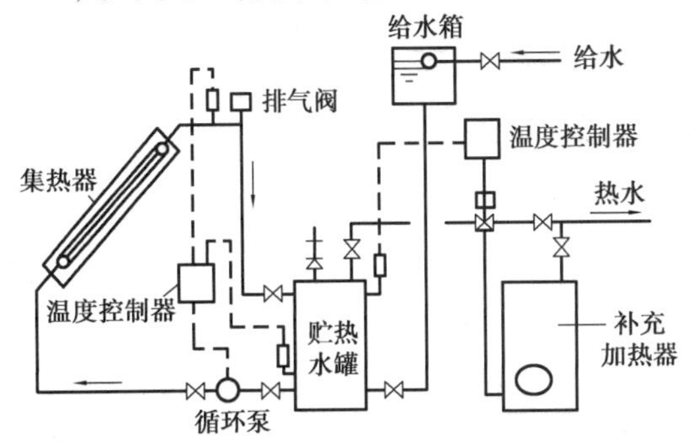

图3.24 太阳能热水器原理图

辅助热源可采用全自动智能控制的电辅助加热装置、燃气常压热水锅炉或热水机组等。电辅助加热装置可以直接装于太阳能蓄热水箱(罐)内,燃气常压热水锅炉亦可对太阳能水箱进行循环加热,辅助加热设备与太阳能水箱可装于同一位置。不管是平屋顶还是坡屋顶,辅助加热设备最好装于顶层的专用设备间内。

(1)太阳能热水器的分类

①根据太阳能热水器的结构组合不同,分为紧凑式太阳能热水器(集热部件插入贮热水箱)和分离式太阳能热水器(集热部件离贮热水箱较远)。

②按太阳能热水器集热原理不同,分为闷晒型太阳能热水器(集热器与水箱合而为一,冷热水的循环流动和加热过程是在保温水箱内部进行的)、平板型太阳能热水器(管板式、翼管式、蛇管式、扁盒式、圆管式和热管式等)、全玻璃真空管型太阳能热水器、热管真空管型太阳能热水器和热泵型太阳能热水器。目前,真空管、平板型太阳能热水器已成为两大主流。

③按太阳能热水器的聚光方式不同,分为聚光型(反射或折射聚光)和非聚光型(平板型)两大类。

④按水的循环方式不同,分为自然循环、强制循环和定温放水三种。

⑤根据太阳能热水器是否承压,分为承压太阳能热水器和非承压太阳能热水器。

(2)太阳能热水器布置形式

①分散式系统。通过统一设计、统一布局、统一安装,采取水箱裸露、整齐排列的做法,单家独户地分开使用,由住户自己进行个体管理的布置方式。该系统在管理上比较方便,减少扯皮现象,但屋面面积的局限通常影响这一形式的推广,同时很难达到美观要求。

②集体式系统。集体式系统又称为中央供水系统,一般由冷水系统、太阳能集热系统、辅助加热系统及供热水系统组成。集热系统是将太阳能集热器串联起来,利用热虹吸原理、强制循环或定温放水的办法逐渐将水升温。用一个或多个大容积贮热水箱将热水贮存起来,分别供应给用户。这种方式具有占地较少、节约投资、故障率较低、水温和水压平衡的特点,更重要的是能较好地与建筑结合起来,达到太阳能热水器与建筑物一体化。集体式太阳能热水系统安全节能,自动运行,管理维护费用较少,更为环保、安全。

**12)热泵热水供应系统**

热泵热水供应系统主要由蒸发器、压缩机、冷凝器和膨胀阀等部分组成,通过让工质不断完成蒸发(吸取环境介质热量)→压缩→冷凝(放出热量)→节流→再蒸发的热力循环过程,从而将介质里的热量转移到水中,如图3.25所示。

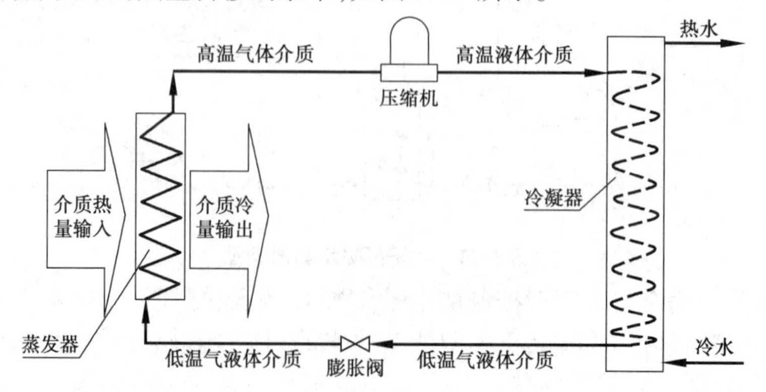


图3.25 **热泵热水供应系统原理图**

热泵工作时,把环境介质中贮存的能量 $Q_A$ 在蒸发器中加以吸收;其本身消耗一部分能量,即压缩机耗电 $Q_B$;通过工质循环系统在冷凝器中进行放热 $Q_C$ 来加热热水,$Q_C = Q_A + Q_B$,由此看出,热泵输出的能量为压缩机做的功 $Q_B$ 和热泵从环境介质中吸收的热量 $Q_A$。因此,采用热泵技术可以节约大量的电能,其实质是将热量从温度较低的介质中“泵”送到温度较高的介质中的过程。

## 3.4 室内热水管道的管材与敷设

### 3.4.1 热水管道材料

热水系统采用的管材和管件应满足系统管道的工作压力、温度以及使用年限要求,同时应符合现行产品标准的要求,特别是卫生、水力学指标以及保证承压要求等方面。热水系统应选用耐腐蚀和安装连接方便可靠的管材,可采用薄壁不锈钢管、薄壁铜管、塑料热水管、复合热水管等。当采用塑料热水管、塑料和金属复合热水管材时,应按管材生产厂家提供的管材允许温度、允许工作压力资料,选用满足使用要求的管材。设备机房内不应采用塑料热水管;建筑标准要求高的宾馆、饭店可采用不锈钢管或铜管及其配件。

铜管是国际上应用历史悠久、适用广泛的一种给水管材,不锈钢管是我国近年来发展较快的一种管材。它们具有抗腐蚀、寿命长、阻力损失小、连接方便、美观且保证水质等优点,不足之处是价格偏高,一次性投资较大。

塑料热水管、塑料和金属复合热水管是我国目前使用最广的热水管,具有管材不腐蚀、内壁光滑、阻力损失小、安装方便且较经济等优点。但管件与管材的配套,管道连接处伸缩处理不善会引发事故。常用塑料热水管性能特点见表 3.6。由于塑料热水管存在较大的纵向膨胀,使管道受热后变形严重,因此不适合明装在室内,宜埋设于墙体等部位的混凝土垫层内,但纵向膨胀会转化为内应力,故在管材强度计算时须有适量安全系数。

表 3.6 常用塑料热水管性能特点

| 管材品种 | 使用寿命 | 使用温度/℃ | 软化温度/℃ | 工作压力/MPa | 线膨胀系数/[mm·(m·℃)$^{-1}$] | 导热率/[W·(m·℃)$^{-1}$] | 连接方式 | 特点 |
|---|---|---|---|---|---|---|---|---|
| 铝塑复合管PAP | 约50 | ≤60(长期)<br>≤90(短期) | 133 | 1.0 | 0.025 | 0.45 | 厂家提供的专用连接件;机械挤压夹紧 | 易弯曲变形,完全消除氧渗,管壁厚度不均匀 |

续表

| 管材品种 | 使用寿命 | 使用温度/℃ | 软化温度/℃ | 工作压力/MPa | 线膨胀系数/[mm·(m·℃)$^{-1}$] | 导热率/[W·(m·℃)$^{-1}$] | 连接方式 | 特点 |
|---|---|---|---|---|---|---|---|---|
| 交联聚乙烯管PE-X | 约50 | ≤90(长期)≤95(短期) | 133 | 1.6/常温 1.0/95 ℃ | 0.15~0.20 | 0.38~0.41 | 卡箍式或卡套式连接;机械挤压夹紧 | 耐温性能好,抗蠕变性能好;只能用金属件连接,不能回收利用 |
| 聚丁烯管PB | 约50 | ≤90(长期)≤95(短期) | 124 | 1.6~2.5/冷水 1.0/热水 | 0.130 | 0.22~0.23 | 机械夹紧式插入式连接;机械挤压夹紧;热熔、电熔连接 | 耐温性能好,抗拉、抗压强度高,耐冲击,低蠕变,高柔韧性;脆化温度可低达-70 ℃,价格高 |
| 无规共聚聚丙烯管PP-R | 约50 | ≤60(长期)≤90(短期) | 140 | 2.0/冷水 0.6/热水 | 0.11~0.180 | 0.24 | 热熔连接或电熔连接,与金属管采用丝扣、法兰连接 | 耐压、耐久性能好;在同等压力和介质条件下,管壁最厚;在-10 ℃环境条件下,会发生低温脆化,易在运输过程中损坏 |

### 3.4.2 热水管道的布置与敷设

室内热水管道布置的原则为:在满足水质、水温、水量、水压和便于维修管理的条件下管线最短。

水平干管应根据所选定的热水供应方式,敷设在室内地沟、地下室顶部、建筑物最高层或专用设备技术层内。热水管可以明装、沿墙敷设,也可以暗装敷设在管道竖井、预留沟槽内。管道穿越建筑物、顶棚、楼板、基础及墙壁处应设金属套管,穿越屋面及地下室外墙时应加金属防水套管。

单栋建筑内集中热水供应系统的热水循环管宜根据配水点的分布,将循环管道同程布置;当循环管道异程布置时,在回水立管上设导流循环管件、温度控制或流量控制的循环阀件。塑料类热水管宜暗装敷设,明装时应布置在不受撞击、不被阳光直晒的地方,否则应采取保护措施。管道上、下平行敷设时,热水管应在冷水管的上方;管道垂直平行敷设时,热水管应在冷水管的左侧。

热水管网中配水立管的始端、回水立管末端应设阀门;与配水或回水干管连接的分干管上,从立管接出的支管起端,配水支管上有 3 个及 3 个以上配水点时应设阀门,以避免局部管段检修时,因未设阀门而中断了管网大部分管路配水。水加热器、热水贮水器、水处理设备、循环水泵和其他需要考虑检修的设备进出水管道上,均应设置阀门。与自动温度调节器、温度及压力等控制阀件连接的管段上按其安装要求配置阀门。

为防止热水管道输送过程中发生倒流或串流,应在水加热器或贮水罐的冷水供水管上、机械循环的第二循环回水管上,以及冷热水混合器的冷、热水进水管道上装设止回阀。当水加热器或贮水罐的冷水供水管上安装倒流防止器时,应采取保证系统冷热水供水压力平衡的措施。

开式热水供应系统中,系统可利用膨胀排气管或高位热水箱排气。在闭式热水供应系统中,上行下给式的配水横干管的最高点应设置排气装置(自动排气阀);对于下行上给式的立管或是全循环热水供应系统,为了防止配水管网中分离出来的气体被带回循环管,应将回水立管始端接到各配水立管最高配水点以下 0.5 m 处,利用最高配水点放气。热水供应系统的最低点还应设置口径为管道直径的 1/10 ~ 1/5 的泄水阀或丝堵,以便泄空管网存水。

所有热水横干管应有敷设坡度,上行下给式系统不宜小于 0.005,下行上给式系统不宜小于 0.003。

热水管道系统应采取补偿管道热胀冷缩的措施。设计时,应尽量利用管道的自然转弯,当直线管段较长不能依靠自然补偿来解决膨胀伸长量时,应设置伸缩器。为了避免管道热伸长所产生的应力破坏管道,立管与横管应如图 3.26 所示的方式连接。

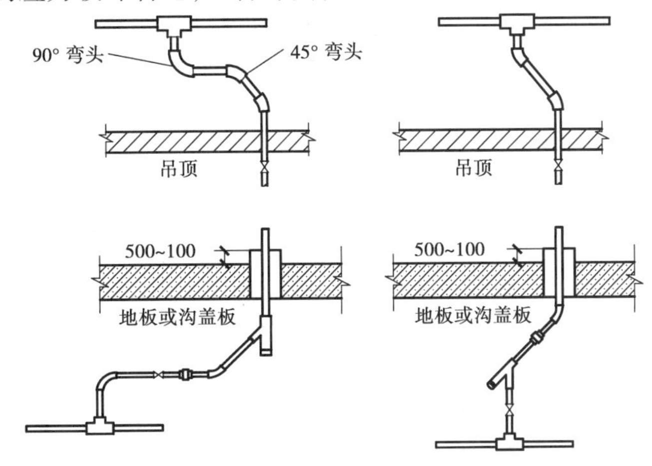


图 3.26 热水立管与水平干管的连接方式

在水加热设备的上部、热媒进出口管上、贮热水罐和冷热水混合器上应装温度计、压力表。热水循环管的进水管上应装温度计及控制循环泵启停的温度传感器。热水箱应设温度计、水位计。压力容器设备应装安全阀,安全阀的泄水管应引至安全处且在泄水管上不得装设阀门。蒸汽立管最低处、蒸汽管下凹处的下部宜设疏水器。

## 3.5 热水供应系统的附件与保温

热水供应系统除需要装置检修和调节阀门外,还需要根据热水供应方式装置若干附件,以便控制系统的热水温度,热水膨胀,系统排气,管道伸缩等问题,从而保证系统安全可靠的运行。

### 3.5.1 疏水器

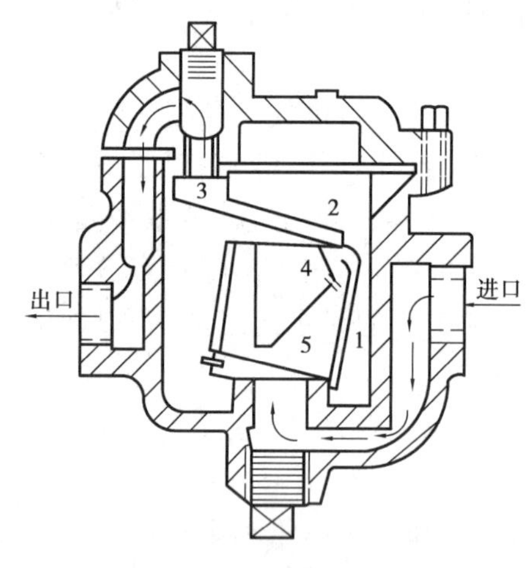


图 3.27 吊桶式疏水器
1—吊桶;2—杠杆;3—阀孔;
4—快速排气孔;5—双金属弹簧片

疏水器是一种装在蒸汽间接加热设备凝结回水管上的器材。它可以保证蒸汽凝结水及时排放,同时又防止蒸汽漏失。疏水器按其工作压力有低压和高压之分。热水供应系统常用的高压疏水器有浮筒式、吊桶式、热动力式、脉冲式和温调式。

图 3.27 所示为吊桶式疏水器。动作前吊桶下垂阀孔开启,吊桶上的孔眼也开启。当凝结水开始进入时,吊桶内外的凝结水及冷空气都由阀孔排出。但是,一旦凝结水中混有蒸汽进入疏水器,吊桶内双金属片受热膨胀而把吊桶上的孔眼关闭。蒸汽进入疏水器中越多,吊桶内充气也越多,疏水器内逐渐增多的凝结水会浮起吊桶。吊桶上浮,关闭阀孔,则又阻止蒸汽和凝结水排出。在吊桶内蒸汽因散热温度降低成为凝结水,吊桶内双金属片又收缩而打开吊桶孔眼,充气被排入,浮力再一次减少会使吊桶下落从而开启阀孔排水。如此间歇工作,起到阻气排水的作用。

选用疏水器时,先要根据安装疏水器前后压差及疏水器排水量进行理论计算,根据计算数值按产品样本选定。

1)疏水器前后压差

$$\Delta P = P_1 - P_2 \tag{3.3}$$

式中 $\Delta P$——疏水器进出口压差,MPa;靠疏水器余压流动的凝结水管,其值不小于 0.05 MPa。

$P_1$——疏水器进口压力,MPa;凝结水由供应设备排出时,$P_1$ 值按管道蒸汽压力的 95%计;蒸汽管道排水时,$P_1$ 值等于管道蒸汽压力。

$P_2$——疏水器出口压力,MPa;疏水器后凝结水管不抬高自流坡向凝结水箱时,$P_2$ 值为 0;当疏水器后凝结水管道较长,又需抬高接入闭式凝结水箱时,$P_2$ 值按 3.4 式计算。

$$P_2 = \Delta h + 0.01H + P_3 \tag{3.4}$$

式中 $\Delta h$——疏水器后至闭式凝结水箱之间的管道压力损失,MPa;

$H$——疏水器后回水管的抬高高度,m;

$P_3$——闭式凝结水箱内压力,MPa。

**2)疏水器允许排水量**

$$G = Ad^2\sqrt{10\Delta P} \tag{3.5}$$

式中 $G$——疏水器允许排水量,kg/h;

$d$——疏水器排出水孔直径,mm;

$A$——疏水器排水系数,表3.7为吊桶式和浮筒式疏水器的排水系数值,其他类型疏水器应按产品样本提供的数据选用。

**表3.7 排水系数$A$值**

| $d$/mm | $\Delta P$/MPa | | | | | | | | | |
|---|---|---|---|---|---|---|---|---|---|---|
| | 0.1 | 0.2 | 0.3 | 0.4 | 0.5 | 0.6 | 0.7 | 0.8 | 0.9 | 1.0 |
| 2.6 | 25 | 24 | 23 | 22 | 21 | 20.5 | 20.5 | 20 | 20 | 19.8 |
| 3 | 25 | 23.7 | 22.5 | 21 | 21 | 20.4 | 20 | 20 | 20 | 19.5 |
| 4 | 23.8 | 23.5 | 21.6 | 20.6 | 19.6 | 18.7 | 17.8 | 17.2 | 16.7 | 16 |
| 4.5 | 24.2 | 21.3 | 19.9 | 18.9 | 18.3 | 17.7 | 17.3 | 16.9 | 16.6 | 16 |
| 5 | 23.0 | 21.0 | 19.4 | 18.5 | 18 | 17.3 | 16.8 | 16.3 | 16 | 15.5 |
| 6 | 20.8 | 20.4 | 18.8 | 17.9 | 17.4 | 16.7 | 16 | 15.5 | 14.9 | 14.3 |
| 7 | 19.4 | 18 | 16.7 | 15.9 | 15.2 | 14.8 | 14.2 | 13.8 | 13.5 | 13.5 |
| 8 | 18 | 16.4 | 15.5 | 14.5 | 13.8 | 13.2 | 12.6 | 11.7 | 11.9 | 11.5 |
| 9 | 16 | 15.3 | 14.2 | 13.6 | 12.9 | 12.5 | 11.9 | 11.5 | 11.1 | 10.6 |
| 10 | 14.9 | 13.9 | 13.2 | 12.5 | 12 | 11.4 | 10.9 | 10.4 | 10 | 10 |
| 11 | 13.6 | 12.6 | 11.8 | 11.3 | 10.9 | 10.6 | 10.4 | 10.2 | 10 | 9.7 |

**3)疏水器排水量**

$$Q = k_0 G \tag{3.6}$$

式中 $Q$——选用的疏水器排水量,kg/h;

$k_0$——附加系数,见表3.8。

表 3.8 附加系数 $k_0$

| 疏水器名称 | 附加系数 $k_0$ | |
|---|---|---|
| | 压差 $\Delta P \leqslant 0.2$ MPa | 压差 $\Delta P > 0.2$ MPa |
| 上开口浮筒式疏水器 | 3.0 | 4.0 |
| 下开口浮筒式疏水器 | 2.0 | 2.5 |
| 恒温式疏水器 | 3.5 | 4.0 |
| 浮球式疏水器 | 2.5 | 3.0 |
| 喷嘴式疏水器 | 3.0 | 3.2 |
| 热动力式疏水器 | 3.0 | 4.0 |

热水供应系统中水加热设备一般采用高压疏水器。按照加热设备中热媒的工作压力,当 $P \leqslant 1.6$ MPa、排水温度 $t \leqslant 100$ ℃时,可选用热动力式疏水器;当压力 $P \leqslant 0.6$ MPa时,可采用吊桶式疏水器。

用汽设备应各自独立安装疏水器,当水加热器的换热能确保凝结水回水温度小于等于80 ℃时,可不装疏水器。为了便于检修,疏水器的安装位置应靠近用汽设备,安装高度应低于用汽设备或蒸汽管道底部150 mm以上。浮筒式或钟形浮子式疏水器应水平安装。疏水器前应装过滤器,其旁不宜附设旁通阀。多个疏水器一组时,应选用同型号、同规格的2~3个疏水器,在同一平面内水平安装。蒸汽立管最低处、蒸汽管下凹处的下部宜设疏水器。凝结水管道应有一定的坡度坡向凝结水池。

## 3.5.2 自动测试调节装置

### 1)直接式自动调节装置

在高层建筑的大型热水系统中一般都采用自动调温,图3.28所示是一种直接作用式自动调节装置,它是由温包、感温元件和调节阀组成。温包放置在水加热器热水出口处或出水管道内感受温度的变化,并传导到装设在蒸汽管道上的调节阀,自动调节进入水加热器的蒸汽量,达到控制温度的目的。

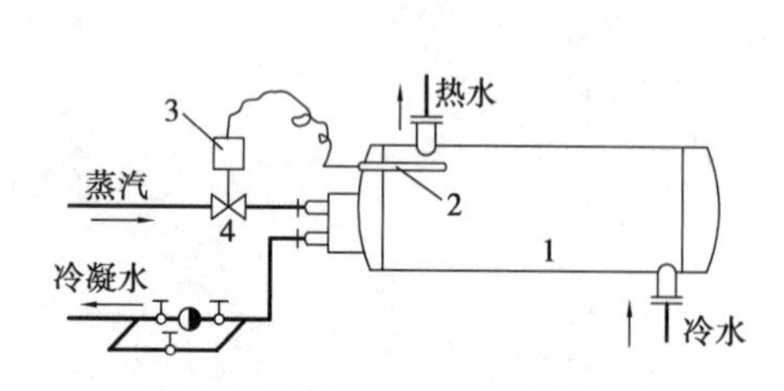


图3.28 直接式温度调节装置

1—水加热器;2—温包;
3—自动温度调节器;4—阀门

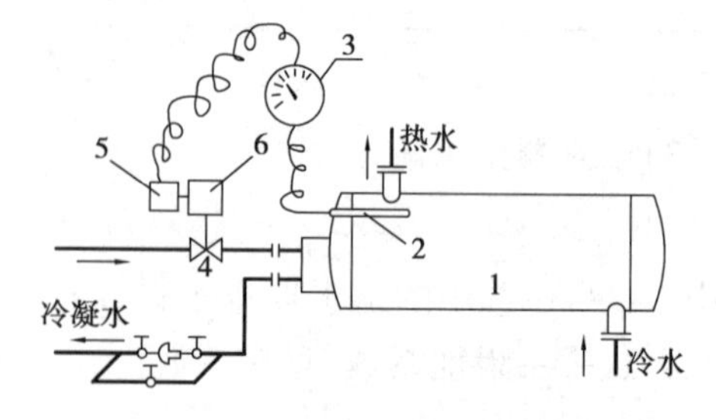


图3.29 间接式温度调节装置

1—水加热器;2—温包;3—电触点压力式温度计;
4—阀门;5—电动机;6—齿轮减速箱

2)间接式自动调温装置

间接式自动调温装置由电触点压力式温度计、电动阀、齿轮减速箱和电气设备等组成。如图3.29所示,电触点压力式温度计是间接式自动调温装置的一种,由温包感受热水温度的变化并传导至电触点压力式温度计,电触点压力式温度计内设有所需温度控制范围的上、下两个触点,例如70~75 ℃。当水加热器出口水温过高,压力表指针与上触点接触,电动机正转,通过减速齿轮把蒸汽阀门关小;当水温降低时,压力表指针下触点接通,电动机反转,把蒸汽阀门开大。如果水温符合规定要求,压力表指针处于上、下触点之间,电动机停止动作。这种温控方法工作可靠,大小规模都适用。

### 3.5.3 热水供应系统的排气

把冷水加热,水中所含的气体易分离,在热水管网最高处积聚,妨碍了热水的循环。因此热水横管不能形成凹凸形,应有不小于0.003的坡度,并且在配水管的最高部位设置排气装置。

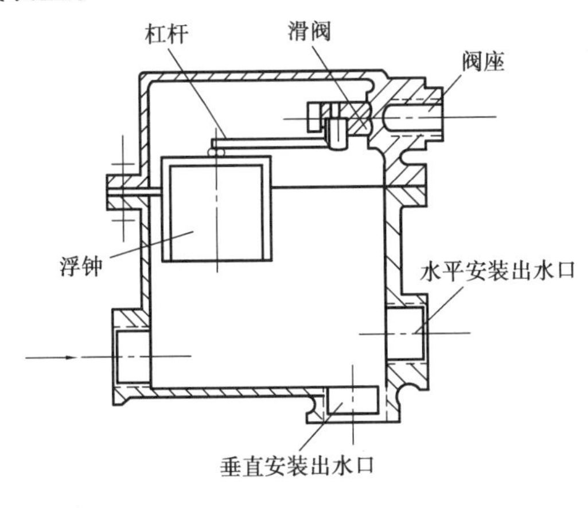


图3.30 自动排气阀

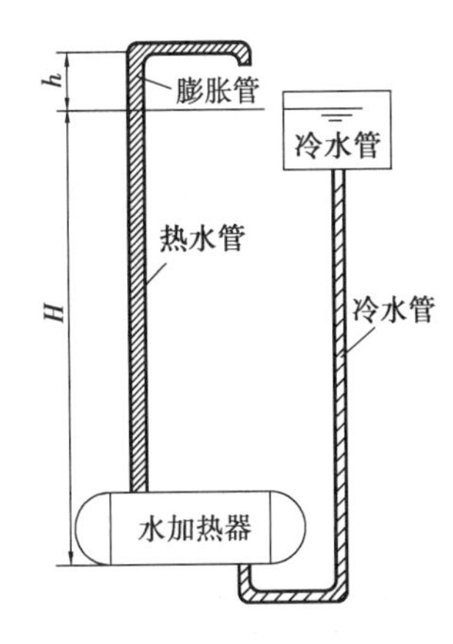


图3.31 膨胀管

在闭式上行下给式热水供应系统中,热水横干管最高部位应设置自动排气阀,如图3.30所示。当管中气体不断进入排气阀后,使阀体内水面受压逐渐下降,水面的浮钟靠自重也会相应下降,浮钟下降到一定位置,通过杠杆拨动滑阀,打开排气孔排气。阀体内气体排出后,阀体内压力减少,水面重新升起,抬起浮钟,排气孔关闭。依次重复作用,能够及时排出管道中的气体。排气阀有水平、垂直两个出水口,如果只用一个出水口,应堵住另一个出水口,但也可以根据管网条件两个出水口都使用。

在开式热水供应系统中,最简单且安全可靠的排气措施是在管网最高处装设排气管,向上伸出,超过屋顶冷水箱的最高水位以上一定距离,此排气管也是该系统的膨胀管(图3.31),因此也称为膨胀排气管。如果该系统中设有屋顶热水箱,则该热水箱既可以用于排气,也可以接纳冷水受热膨胀所增加的体积。

通常,热水横干管一般安装在建筑闷顶内,排气阀的泄水管、排气管的设置,既不可破坏建筑装饰(如外观),又要便于接管。

### 3.5.4 膨胀管、膨胀水箱、安全阀和膨胀罐

由于热水管网中的热水由冷水加热而来,体积会膨胀。因此,为保证热水系统的正常、安全运行,在高位生活冷水箱向水加热器供应或补给冷水的开式热水供应系统中,应设置膨胀管或膨胀水箱;在闭式热水供应系统中,应设安全阀和膨胀罐。

**1)膨胀管、膨胀水箱**

(1)膨胀管

膨胀管高出高位生活冷水箱最高水面的高度可按(3.7)式计算,否则在加热过程中,热水会从膨胀管中溢出,如图3.31所示。

$$h = H\left(\frac{\rho_L}{\rho_r} - 1\right) \tag{3.7}$$

式中 $h$——膨胀管高出高位冷水箱最高水位的垂直高度,m;

$H$——热水锅炉、水加热器底部至高位冷水箱最高水面的高度,m;

$\rho_L$——冷水密度,$kg/m^3$;

$\rho_r$——热水供水密度,$kg/m^3$。

膨胀管上严禁装设阀门,膨胀管出水不得排入生活饮用水箱内,出口宜接入非生活饮用水箱,溢流水位的高度不应少于100 mm。如有冰冻可能时,应对膨胀管采取保温措施。膨胀管的管径可按表3.9确定。

表3.9 膨胀管的管径

| 热水锅炉或水加热器的传热面积/$m^2$ | <10 | ≥10 且<15 | ≥15 且<20 | ≥20 |
|---|---|---|---|---|
| 膨胀管最小管径/mm | 25 | 32 | 40 | 50 |

对多台锅炉或水加热器,宜分别设膨胀管。

冷水加热膨胀水量可按(3.8)式计算:

$$\Delta V = \left(\frac{1}{\rho_h} - \frac{1}{\rho_r}\right) V \tag{3.8}$$

式中 $\Delta V$——膨胀水量,$m^3$;

$V$——系统内热水总量,$m^3$;

$\rho_h$——加热前水的密度,$kg/m^3$;

$\rho_r$——加热后水的密度,$kg/m^3$。

(2)膨胀水箱

膨胀水箱容积可按(3.9)式计算:

$$V_p = 0.000\,6\Delta t V_s \tag{3.9}$$

式中 $V_p$——膨胀水箱有效容积,L;

$\Delta t$——热水供应系统内水的最大温差,℃;

$V_s$——系统的水容量,L。

膨胀水箱高出热水系统高位生活冷水箱最高水面的垂直高度可按(3.10)式计算:

$$h = H\left(\frac{\rho_h}{\rho_r} - 1\right) \tag{3.10}$$

式中 $h$——膨胀水箱水面高出系统冷水补给水箱最高水面的高度,m;

$H$——锅炉、水加热器底部至系统冷水补给水箱最高水面的高度,m;

$\rho_h$——加热设备补水或进水密度(取冷水密度),$kg/m^3$;

$\rho_r$——热水供水密度,$kg/m^3$。

2)安全阀

在闭式热水供应系统中,最高日日用热水量小于或等于 30 $m^3$ 的热水供应系统可采用安全阀泄压;承压热水锅炉等压力容器上也应设安全阀,且宜选用微启式弹簧安全阀。热水系统的压力如果超过安全阀设定压力的10%时,则泄出部分热水,使压力降低。

安全阀应直立安装在水加热器顶部,其排水口应设导管将排泄的热水引至安全地点。安全阀与设备之间不得安装取水管、引气管或阀门。大型水加热器应设置两个规格相同的安全阀。安全阀的直径应比计算值放大一级。安全阀灵活度低,动作可靠性差。

3)膨胀罐

膨胀罐用于日用热水量大于 30 $m^3$ 的闭式热水供应系统,以吸收加热时的膨胀水量。膨胀罐的构造类似小型隔膜式(或胶囊式)气压水罐,如图3.32所示。膨胀罐一般安装在加热设备与止回阀之间的冷水进水管或热水回水管的分支管上,如图3.33所示。

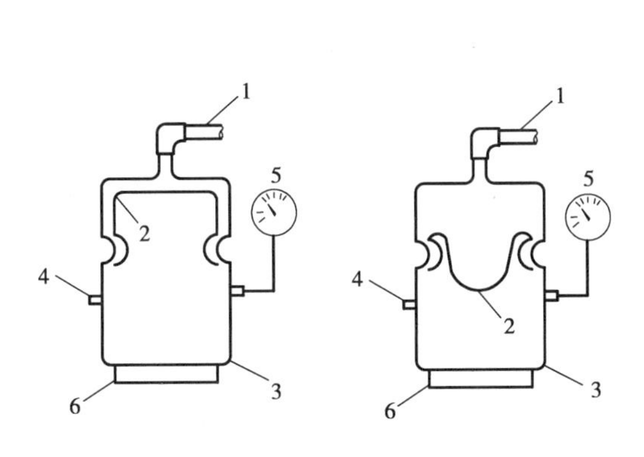


图3.32 闭式隔膜膨胀罐

1—系统接口;2—隔膜;3—壳体;

4—气压调节口;5—压力表;6—座脚

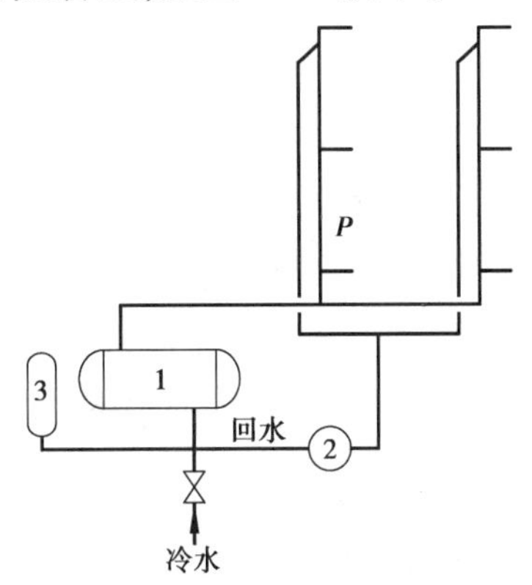


图3.33 膨胀罐安装位置

1—水加热器;2—循环泵;

3—闭式膨胀罐

闭式隔膜膨胀水箱总容积按下式计算:

$$V_e = \frac{(\rho_h - \rho_r)P_2}{(P_2 - P_1)\rho_r}V_s \tag{3.11}$$

式中 $V_e$——膨胀罐的总容积,$m^3$;

$V_s$——系统内热水总容积,$m^3$;

$\rho_h$——加热前加热、贮热设备内水的密度,$kg/m^3$,定时供应热水的系统宜按冷水温度计算,全日集中热水供应系统宜按热水回水温度计算;

$P_1$——膨胀罐处管内水压,MPa(绝对压力),$P_1$=管内工作压力+0.1 MPa;

$P_2$——膨胀罐处管内最大允许压力,MPa(绝对压力),$P_2 = 1.1P_1$,同时校核 $P_2$,并应小于水加热器设计压力。

### 3.5.5 管道伸缩器

管道随热水温度的升高会发生热伸长现象,如果伸长量不能得到补偿,将会使管道承受巨大的压力,管路产生挠曲、位移,接头开裂漏水。因此在热水管路上,应设置补偿装置,吸收管道由于温度变化而产生的伸缩变形。

管道的热伸长量,可按(3.12)式计算:

$$\Delta l = \alpha \Delta T L \tag{3.12}$$

式中 $\Delta L$——管道的热伸长量,mm;

$L$——计算直线管段长度,m;

$\alpha$——管道的线膨胀系数,mm/(m·℃),碳素钢管取0.012,薄壁铜管取0.02,薄壁不锈钢管取0.0166,塑料类管道见表3.6;

$\Delta T$——计算温度差,℃。

式(3.12)中,计算温度差 $\Delta T$ 按式(3.13)计算:

$$\Delta T = 0.65(t_r - t_l) + 0.10\Delta t_g \tag{3.13}$$

式中 $t_r$——热水供水温度,℃;

$t_l$——冷水供水温度,℃;

$\Delta t_g$——安装管道时管道周围的最大空气温差,℃,可按当地夏季空调温度-极端平均最低温度取值。

吸收管道伸缩变化的措施有以下四种:

#### 1)自然补偿

利用管路布置敷设的自然转向弯曲来吸收管道的伸缩变化,称自然补偿。在管网布置时出现的转折或在管路中有意识地布置成的90°转向的L形、Z形,可形成自然补偿,如图3.34所示。在转弯直线段上适当位置设置固定支撑,以补偿固定支撑间管段热伸长量。管道的最大固定支架间距不宜大于表3.10所列的数值。

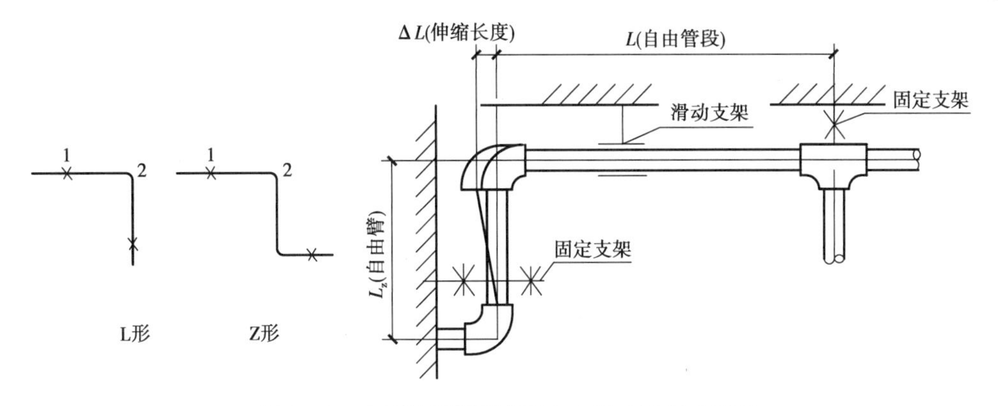


图 3.34 自然补偿管道确定自由臂 $L$ 长度示意图

1—固定支撑;2—煨弯管

表 3.10 固定支架最大间距

| 管材 | 铝塑复合管 PAP | 交联聚乙烯管 PE-X | 聚丁烯管 PB | 无规共聚聚丙烯管 PP-R | 薄壁铜管 | 薄壁不锈钢管 | 衬塑钢管 | 热浸镀锌钢管 |
| --- | --- | --- | --- | --- | --- | --- | --- | --- |
| L形、Z形自由管段长度/m | 1.5 | 1.5 | 2.0 | 1.5 | 7.5 | 9 | 8 | 10 |
| 直线管段长度/m | 3.0 | 3.0 | 6.0 | 3.0 | 15 | 18 | 16 | 20 |

塑料类热水管道最大支撑间距不宜小于最小自由臂长度。

$$L_z = K\sqrt{\Delta L \cdot D_e} \tag{3.14}$$

式中 $L_z$——最小自由臂长度,m;

$K$——材料比例系数,见表 3.11;

$D_e$——计算管段的公称外径,m;

$\Delta L$——自固定支承点起管道的热伸缩长度,m,按公式 3.12 计算。

表 3.11 管材比例系数 $K$ 值

| 管材类型 | $K$ 值 |
| --- | --- |
| 铝塑复合管 PAP | 20 |
| 交联聚乙烯管 PE-X | 20 |
| 聚丁烯管 PB | 10 |
| 无规共聚聚丙烯管 PP-R | 30 |

2) Ω 形伸缩器

Ω 形伸缩器是用整根钢管煨弯而成,其优点是不漏水,安全可靠,但是需要较大的安装空间。表 3.12 是根据图 3.35 制订的 Ω 形伸缩器选择表。

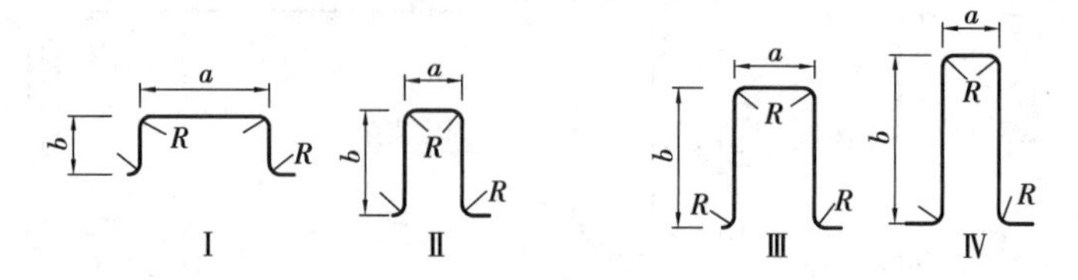


图 3.35 Ω 形伸缩器

表 3.12 Ω 形伸缩器选择表

单位:mm

| 管径 | | DN25 | | DN32 | | D48×3.5 | | D60×3.5 | | D76×3.5 | | D89×3.5 | | D108×4 | | D133×4 | | D159×4.5 | |
|---|---|---|---|---|---|---|---|---|---|---|---|---|---|---|---|---|---|---|---|
| 弯曲半径 | | R=134 | | R=169 | | R=192 | | R=240 | | R=304 | | R=356 | | R=432 | | R=532 | | R=636 | |
| ΔL | 型号 | a | b | a | b | a | b | a | b | a | b | a | b | a | b | a | b | a | b |
| 25 | Ⅰ | 780 | 520 | 830 | 580 | 860 | 620 | 820 | 650 | — | — | — | — | — | — | — | — | — | — |
| | Ⅱ | 600 | 600 | 650 | 650 | 680 | 680 | 700 | 700 | — | — | — | — | — | — | — | — | — | — |
| | Ⅲ | 470 | 660 | 530 | 720 | 570 | 740 | 620 | 750 | — | — | — | — | — | — | — | — | — | — |
| | Ⅳ | — | 800 | — | 820 | — | 830 | — | 840 | — | — | — | — | — | — | — | — | — | — |
| 50 | Ⅰ | 1200 | 720 | 1300 | 800 | 1280 | 830 | 1280 | 880 | 1250 | 930 | 1290 | 1000 | 1400 | 1130 | 1550 | 1300 | 1550 | 1440 |
| | Ⅱ | 840 | 840 | 920 | 920 | 970 | 970 | 980 | 980 | 1000 | 1000 | 1050 | 1050 | 1200 | 1200 | 1300 | 1300 | 1400 | 1400 |
| | Ⅲ | 650 | 980 | 700 | 1000 | 720 | 1050 | 780 | 1080 | 860 | 1100 | 930 | 1150 | 1060 | 1250 | 1200 | 1300 | 1350 | 1400 |
| | Ⅳ | — | 1250 | — | 1250 | — | 1280 | — | 1300 | — | 1120 | — | 1200 | — | 1300 | — | 1300 | — | 1400 |
| 75 | Ⅰ | 1500 | 880 | 1600 | 950 | 1660 | 1020 | 1720 | 1100 | 1700 | 1150 | 1730 | 1220 | 1800 | 1350 | 2050 | 1550 | 2080 | 1680 |
| | Ⅱ | 1050 | 1050 | 1150 | 1150 | 1200 | 1200 | 1300 | 1300 | 1300 | 1300 | 1350 | 1350 | 1450 | 1450 | 1600 | 1600 | 1750 | 1750 |
| | Ⅲ | 750 | 1250 | 830 | 1320 | 890 | 1380 | 970 | 1450 | 1030 | 1450 | 1110 | 1500 | 1260 | 1650 | 1410 | 1750 | 1550 | 1800 |
| | Ⅳ | — | 1550 | — | 1650 | — | 1700 | — | 1750 | — | 1500 | — | 1600 | — | 1700 | — | 1800 | — | 1900 |
| 100 | Ⅰ | 1750 | 1000 | 1900 | 1100 | 1920 | 1150 | 2020 | 1250 | 2000 | 1300 | 2130 | 1320 | 2350 | 1600 | 2450 | 1750 | 250 | 1950 |
| | Ⅱ | 1200 | 1200 | 1320 | 1320 | 1400 | 1400 | 1500 | 1500 | 1500 | 1500 | 1600 | 1600 | 1700 | 1700 | 1900 | 1900 | 2050 | 2050 |
| | Ⅲ | 860 | 1400 | 950 | 1550 | 1010 | 1630 | 1070 | 1650 | 1180 | 1700 | 1280 | 1850 | 1460 | 2050 | 1600 | 2100 | 1750 | 2200 |
| | Ⅳ | — | — | — | 1950 | — | 2000 | — | 2050 | — | 1850 | — | 1950 | — | 2100 | — | 2150 | — | 2300 |

3) 球形伸缩器

球形伸缩器伸长量大,在相同长度的管路中比 Ω 形伸缩器所占建筑物的空间要少,并且节约管材,如图 3.36 所示。

4) 套管伸缩器

套管伸缩器如图 3.37 所示,适用于管径 DN≥100 mm 的直线管段。它的优点是占地小,缺点是因轴向推力大,容易漏水,且造价高,这种伸缩器的伸长量一般可达 250 ~

400 mm。

此外,用于补偿管道伸长量的还有不锈钢波纹管、多球橡胶软管等补偿器,这类设备适用于空间小、伸缩量小的地方。

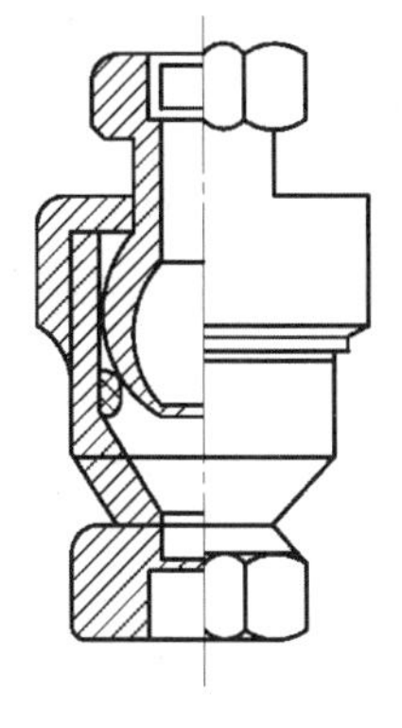

图 3.36 球形伸缩器

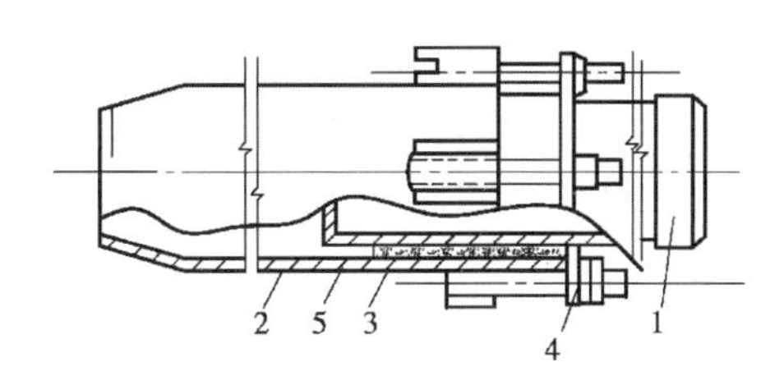


图 3.37 单向套管伸缩器

1—芯管;2—壳体;3—填料圈;4—前压盘;5—后压盘

### 3.5.6 热水管道保温

为了减少散热,防止引起烫伤,热水供应系统的输(配)水、循环回水干(立)管,热水锅炉、热水机组、水加热设备,贮水罐、分(集)水器,热媒管道及阀门等附件应采取保温的技术措施。设备、管道及其附件的外表面温度高于 50 ℃,工艺生产中需要减少介质的温度降或延迟介质凝结的部位,以及外表面温度超过 60 ℃且需要经常操作维护而又无法采用其他措施防止引起烫伤的部位都必须保温。保温材料应当选用导热系数小、密度小、耐热性高、具有一定机械强度、不腐蚀管道、质量轻、吸水率小、施工简便和价格低廉的材料。常用的保温材料有:硬质聚氨酯泡沫塑料、聚苯乙烯泡沫塑料、聚乙烯泡沫塑料、岩棉、玻璃纤维棉、石棉、矿渣棉、蛭石类、膨胀珍珠岩、硅藻土、泡沫混凝土等。

保温层的厚度应经计算确定,计算公式如下:

$$\delta = 3.14 \frac{d_w^{1.2} \lambda^{1.35} t^{1.75}}{q^{1.5}} \tag{3.15}$$

式中 $\delta$——保温层厚度,mm;

$d_w$——管道的外径,mm;

$\lambda$——保温层的导热系数(见表 3.13),kJ/(h·m·℃);

$t$——未保温管道的外表面温度,℃;

$q$——保温后的允许热损失(见表 3.14),kJ/(m·h)。

表 3.13 常用保温材料性能

| 保温材料名称 | 密度/(kg·m$^{-3}$) | 导热系数值/[kJ·(h·m·℃)$^{-1}$] | 使用温度范围/℃ |
|---|---|---|---|
| 岩棉制品 | 80~100 | 0.165 6 | −268~780 |
| 超细玻璃棉制品 | 40~60 | 0.132 84 | ≤400 |
| 玻璃纤维制品 | 130~160 | 0.165 96 | ≤350 |

续表

| 保温材料名称 | 密度/(kg·m$^{-3}$) | 导热系数值/[kJ·(h·m·℃)$^{-1}$] | 使用温度范围/℃ |
|---|---|---|---|
| 矿渣棉制品 | 150～200 | 0.2016 | -150～120 |
| 硬聚氨酯泡沫塑料(自熄) | <45 | ≤0.144 | -150～120 |
| 聚苯乙烯泡沫塑料(自熄) | 24 | 0.137 52 | -60～70 |
| 水泥珍珠岩制品 | ～350 | 0.236 88 | ≤650 |
| 水泥蛭石制品 | ≤500 | 0.3618 | ≤800 |
| 泡沫混凝土制品 | ≤500 | 0.486 | ≤300 |
| 硅藻土制品 | ≤450 | 0.397 08 | ≤800 |
| 石棉硅藻土胶泥 | ≤660 | 0.558 72 | ≤800 |
| 石棉灰胶泥 | ≤600 | 0.468 | ≤800 |
| 橡塑胶管壳(自熄) | 87 | 0.13716 | -40～105 |
| 交联聚乙烯泡沫塑料 | 200～300 | 0.169 2 | -84～80 |

表3.14 保温后允许热损失值 单位:kJ/(m·h)

| 管径 DN/mm | 流体温度/℃ | | |
|---|---|---|---|
| | 60 | 100 | 150 |
| 15 | 46.1 | — | — |
| 20 | 63.8 | — | — |
| 25 | 83.7 | — | — |
| 32 | 100.5 | — | — |
| 40 | 104.7 | — | — |
| 50 | 121.4 | 251.2 | 335.0 |
| 65 | 150.7 | — | — |
| 80 | 175.5 | — | — |
| 100 | 226.1 | 335.9 | 460.55 |
| 125 | 263.8 | — | — |
| 150 | 322.4 | 439.6 | 565.2 |
| 200 | 385.2 | 502.4 | 669.9 |
| 设备面 | — | 418.7 | 544.3 |

常用的保温材料为岩棉、超细玻璃棉、硬聚氨酯、橡塑泡沫等材料,其保温层厚度可参考表3.15。

表 3.15　常用材料建议保温层厚度　　单位:mm

| 管径 DN/mm | 管道类型 | | |
|---|---|---|---|
| | 热水供、回水管 | 热媒水、蒸汽凝结水管 | 蒸汽管 |
| 15～20 | 20 | 40 | 50 |
| 25～40 | 30 | 40 | 50 |
| 50 | 30 | 40 | 60 |
| 65 | 40 | 50 | 60 |
| 80～100 | 40 | 50 | 70 |
| >100 | 50 | 50 | 70 |
| 水加热器、热水分水器、开水器等设备面 | 35 | 40 | — |

### 3.5.7　热水系统其他附件

水加热设备的上部、热媒进出口管道以及贮热水罐和冷热水混合器上应装温度计、压力表。热水循环泵的进水管上应装温度计及控制循环泵启停的温度传感器。热水箱应装温度计、水位计。压力容器设备应装安全阀,安全阀的接管直径应经计算确定,并应符合锅炉及压力容器的有关规定,安全阀的泄水管应引至安全处且在泄水管上不得装设阀门。

当需计量热水总用水量时,可在水加热设备的冷水供水管上装冷水表,对成组和个别用水点可在专供支管上装设热水水表。有集中供应热水的住宅,应装设分户热水水表。水表的选型、计算及设置要求同冷水。

## 3.6　热水供应系统的计算

### 3.6.1　耗热量计算

热水供应系统的设计小时耗热量,可根据以下公式确定:

$$Q_h = K_h \frac{mq_r C(t_r - t_l)\rho_r}{T} C_r \tag{3.16}$$

或

$$Q_h = \sum q_h C(t_{r1} - t_l)\rho_r n_0 b_g C_r \tag{3.17}$$

式中　$Q_h$—— 设计小时耗热量,kJ/h。

$K_h$—— 热水小时变化系数,可按表 3.16 或表 3.17 选用。

$m$—— 用水计算单位数、人数或床位数。

$q_r$—— 热水用水定额,L/(人·d) 或 L/(床·d),按表 3.1 选用。

$C$—— 水的比热,KJ/(kg·℃),热水供应系统中一般 $C$ = 4.187 KJ/(kg·℃)。

$t_r$—— 热水温度,60 ℃。

$t_l$—— 冷水计算温度,℃,见表 3.4。

$\rho_r$ —— 热水密度,kg/L。

$T$—— 每日热水使用时间,按表 3.1 选用。

$q_h$—— 卫生器具热水小时用水定额,L/h, 按表 3.2 选用。

$t_{r1}$—— 热水使用温度,参见表 3.2,℃。

$n_0$—— 同类型卫生器具数,个。

$b_g$—— 卫生器具的同时使用百分数:住宅、旅馆、医院、疗养院病房,卫生间内浴盆或淋浴可按 70% ~ 100% 计,其他器具不计,但定时连续供水时间应不小于 2 h;工业企业生活间、公共浴室、宿舍(设公用盥洗卫生间)、剧院、体育场(馆)等的浴室内的淋浴器和洗脸盆均按附录 Ⅳ 的上限取值;住宅一户设有多个卫生间时,可按一个卫生间计算。

$C_r$—— 热水供应系统热损失系数,$C_r$ = 1.10 ~ 1.15。

**表 3.16 热水小时变化系数 $K_h$ 值**

| 建筑类型 | 住宅、别墅(居住人数 $m$);旅馆、医院(床位数 $m$) | | | | | | | | |
|---|---|---|---|---|---|---|---|---|---|
| | ≤50 | 75 | 100 | ≤100 | 150 | ≤150 | 200 | 250 | 300 |
| 住宅别墅 | | | | 5.12 | 4.49 | | 4.13 | 3.88 | 3.70 |
| 旅馆 | | | | | | 6.84 | | | 5.61 |
| 医院 | 4.55 | 3.78 | 3.54 | | | | 2.93 | | 2.60 |
| 建筑类型 | 住宅、别墅(居住人数 $m$);旅馆、医院(床位数 $m$) | | | | | | | | |
| | 450 | 500 | 600 | 900 | 1000 | ≥1000 | ≥1200 | 3000 | ≥6000 |
| 住宅别墅 | | 3.28 | | | 2.86 | | | 2.48 | 2.34 |
| 旅馆 | 4.97 | | 4.58 | 4.19 | | | 3.90 | | |
| 医院 | | 2.23 | | | | 1.95 | | | |

注:招待所、培训中心、宾馆的客房(不含员工)、养老院、幼儿园(有住宿)、托儿所(有住宿)等建筑的 $K_h$ 可参照旅馆选用;办公楼的 $K_h$ 为 1.2 ~ 1.5。

**表 3.17 热水小时变化系数 $K_h$ 值**

| 类别 | 住宅 | 别墅 | 酒店式公寓 | 宿舍 | 招待所培训中心、普通旅馆 | 宾馆 | 医院 | 幼儿园托儿所 | 养老院 |
|---|---|---|---|---|---|---|---|---|---|
| 热水用水定额/[L·(d·人·床)$^{-1}$] | 60 ~ 100 | 70 ~ 110 | 80 ~ 100 | 70 ~ 100 | 25 ~ 50<br>40 ~ 60<br>50 ~ 80<br>60 ~ 100 | 120 ~ 160 | 60 ~ 100<br>70 ~ 130<br>110 ~ 200<br>100 ~ 160 | 20 ~ 40 | 50 ~ 70 |

续表

| 类别 | 住宅 | 别墅 | 酒店式公寓 | 宿舍 | 招待所培训中心、普通旅馆 | 宾馆 | 医院 | 幼儿园托儿所 | 养老院 |
|---|---|---|---|---|---|---|---|---|---|
| 使用人(床)数 | 100~6000 | 100~6000 | 150~1200 | 150~1200 | 150~1200 | 150~1200 | 50~1000 | 50~1000 | 50~1000 |
| $K_h$ | 4.8~2.75 | 4.21~2.47 | 4.00~2.58 | 4.80~3.20 | 3.84~3.00 | 3.33~2.60 | 3.63~2.56 | 4.80~3.20 | 3.20~2.74 |

注:①$K_h$ 应根据热水用水定额高低、使用人(床)数多少取值,当热水用水定额高、使用人(床)数多时取低值,反之取高值,中间值可用内插法求得。

②设有全日集中热水供应系统的办公楼、公共浴室等表中未列入的其他类建筑的 $K_h$ 值可参照表1.9中给水的小时变化系数选值。

设有集中热水供应系统的居住小区,当公共建筑与住宅建筑的最大用水时段一致时,应按两者的设计小时耗热量叠加;当两者不一致时,应按住宅设计小时耗热量叠加公共建筑的平均小时耗热量计算。

具有多个不同使用热水部门的单一建筑或具有多种使用功能的综合性建筑,当其热水由同一全日集中热水供应系统供应时,设计小时耗热量可按同一时间内出现用水高峰的主要用水部门的设计小时耗热量,加其他用水部门的平均小时耗热量计算。

### 3.6.2 热水量的计算

生产上需要的设计小时热水量,应按产品类型、数量及其相应生产工艺确定。

生活上需要的设计小时热水量,可根据使用热水的计算单位数或卫生洁具数确定。其计算式:

$$q_{rh} = \frac{Q_h}{(t_{r2} - t_l) C\rho_r C_r} \tag{3.18}$$

式中 $q_{rh}$——设计小时热水量,L/h;

$t_{r2}$——热水设计温度,℃;

$t_l$——冷水计算温度,℃,见表3.4。

### 3.6.3 加热设备供热量

设计工作中,选择集中热水供应系统锅炉、水加热设备的设计小时供热量应根据日热水用量小时变化曲线、加热方式及锅炉、水加热设备的工作制度经积分曲线计算确定。无条件时,一般先求得系统的小时供热量,然后从设备样本中选型。

1）导流型容积式水加热器或贮热容积与其相当的水加热器、热水机组供热量计算

$$Q_g = Q_h - \frac{\eta V_r}{T}(t_{r2} - t_1) C\rho_r \qquad (3.19)$$

式中 $Q_g$——导流型容积式水加热器的设计小时供热量，kJ/h。当 $Q_g$ 计算值小于平均小时耗热量时，$Q_g$ 应取平均小时耗热量。

$Q_h$——设计小时耗热量，kJ/h。

$\eta$——有效贮热容积系数。导流型容积式水加热器 $\eta$=0.80～0.90；第一循环系统为自然循环时，卧式贮热水罐 $\eta$ 取0.80～0.85；立式贮热水罐 $\eta$ 取0.85～0.90；第一循环系统为机械循环时，卧、立式贮热水罐 $\eta$ 取1.0。

$V_r$——总贮热容积，L。

$T$——设计小时耗热量持续时间。全日集中热水供应系统 $T$ 取2～4 h；定时集中热水供应系统 $T$ 等于定时供水时间。

2）半容积式水加热器或贮热容积与其相当的水加热器、热水机组

$$Q_g = Q_h \qquad (3.20)$$

3）半即热式、快速式水加热器及其他无贮热容积的水加热设备

$$Q_g = 3\,600 q_{gr} C(t_r - t_1)\rho_r \qquad (3.21)$$

式中 $Q_g$——半即热式、快速式水加热器的设计小时供热量，kJ/h；

$q_{gr}$——集中热水供应系统供水总干管的设计秒流量，L/s。

### 3.6.4 热媒耗量、热源耗量计算

1）蒸汽直接与被加热水混合时蒸汽耗量计算公式

$$G_m = k\frac{Q_g}{i_m - i_r} \qquad (3.22)$$

式中 $G_m$——蒸汽耗量，kg/h。

$Q_g$——设计小时供热量，kJ/h。当采用蒸汽直接通入热水箱中加热水时，$Q_g$ 按式(3.19)计算；当采用汽-水混合设备直接供水而无贮热水容积时，$Q_g$ 应按设计秒流量相应的耗热量计算。

$i_m$——饱和蒸汽热焓，kJ/kg，根据蒸汽压力按表3.18选用。

$i_r$——蒸汽与冷水混合后的热水热焓，kJ/kg，可按 $i_r = t_r c$ 计算。

$t_r$——蒸汽与冷水混合后的热水温度，℃。

$c$——水的比热，4.187 kJ/(kg·℃)。

$k$——热媒管道系统热损失附加系数，1.05～1.10。

2）蒸汽间接加热水时，蒸汽耗量计算公式

$$G_m = k\frac{Q_g}{i_m - i'} \qquad (3.23)$$

式中 $G_m$——蒸汽耗量,kg/h;

$i'$——凝结水热焓,kJ/kg,可按 $i'=t_{mE}c$ 计算,$t_{mE}$ 为凝结水出水温度,应由经过热工性能测定的样本提供;

其他符号同(3.22)式。

**3)高温热水间接加热冷水时,热水耗量计算公式**

$$G_{ms}=\frac{kQ_g}{C\rho_r(t_{mc}-t_{mz})} \tag{3.24}$$

式中 $G_{ms}$——热媒水耗量,kg/h 或 L/h;

$t_{mc}$——热媒的初温,℃;

$t_{mz}$——热媒的终温,℃。

热媒的初温和被加热水的终温的温差不得小于 10 ℃。

表 3.18 饱和蒸汽的性质

| 绝对压力/kPa | 相对压力/kPa | 饱和蒸汽温度/℃ | 蒸汽的密度/(kg·m$^{-3}$) | 热焓/(kJ·kg$^{-1}$) | | 蒸汽的汽化热/(kJ·h$^{-1}$) |
|---|---|---|---|---|---|---|
| | | | | 液体 | 蒸汽 | |
| 101.33 | | 100.00 | 0.597 0 | 419 | 2 677 | 2 258 |
| 111.33 | 10 | 102.41 | 0.651 4 | 429 | 2 681 | 2 252 |
| 121.33 | 20 | 104.81 | 0.705 9 | 439 | 2 685 | 2 246 |
| 131.33 | 30 | 107.16 | 0.760 3 | 449 | 2 689 | 2 240 |
| 141.33 | 40 | 109.45 | 0.809 1 | 458 | 2 692 | 2 234 |
| 151.33 | 50 | 111.35 | 0.820 2 | 466 | 2 695 | 2 229 |
| 161.33 | 60 | 113.24 | 0.842 5 | 474 | 2 698 | 2 224 |
| 171.33 | 70 | 115.04 | 0.938 0 | 482 | 2 701 | 2 219 |
| 181.33 | 80 | 116.84 | 1.027 9 | 490 | 2 704 | 2 214 |
| 191.33 | 90 | 118.64 | 1.081 1 | 498 | 2 707 | 2 209 |
| 201.33 | 100 | 120.39 | 1.134 3 | 506 | 2 709 | 2 204 |
| 251.33 | 150 | 127.36 | 1.397 3 | 535 | 2 720 | 2 185 |
| 301.33 | 200 | 133.45 | 1.656 9 | 561 | 2 729 | 2 168 |
| 351.33 | 250 | 138.92 | 1.914 1 | 584 | 2 736 | 2 152 |
| 401.33 | 300 | 143.51 | 2.168 5 | 604 | 2 742 | 2 138 |
| 451.33 | 350 | 147.81 | 2.421 9 | 623 | 2 748 | 2 125 |
| 501.33 | 400 | 151.79 | 2.673 9 | 640 | 2 753 | 2 113 |
| 601.33 | 500 | 158.77 | 3.175 2 | 670 | 2 761 | 2 091 |
| 701.33 | 600 | 164.08 | 3.672 3 | 697 | 2 768 | 2 071 |

续表

| 绝对压力/kPa | 相对压力/kPa | 饱和蒸汽温度/℃ | 蒸汽的密度/(kg·m$^{-3}$) | 热焓/(kJ·kg$^{-1}$) | | 蒸汽的汽化热/(kJ·h$^{-1}$) |
|---|---|---|---|---|---|---|
| | | | | 液体 | 蒸汽 | |
| 801.33 | 700 | 170.46 | 4.167 9 | 722 | 2 774 | 2 052 |
| 901.33 | 800 | 175.16 | 4.659 0 | 742 | 2 778 | 2 036 |
| 1 001.33 | 900 | 179.90 | 5.149 7 | 763 | 2 783 | 2 020 |
| 1 101.33 | 1 000 | 180.30 | 5.639 8 | 781 | 2 786 | 2 005 |

**4)燃料消耗量计算公式**

在热水供应系统中常用的燃料见表3.19,燃料消耗量可按式(3.25)计算:

$$Q_C = k\frac{Q_g}{H\eta} \tag{3.25}$$

式中 $Q_C$——燃料消耗量,单位按燃料而异;

$Q_g$——设计小时耗热量,kJ/h;

$k$——热损失附加系数,1.05~1.10;

$H$——燃料发热量,见表3.19采用;

$\eta$——加热器的效率,应按产品选用,可参见表3.19。

**表3.19 各种燃料发热量和加热器效率**

| 燃料名称 | 燃料发热量 $H$ | 水加热器效率 $\eta$/% | 热水机组效率 $\eta$/% |
|---|---|---|---|
| 煤燃料 | 16 747~25 121 kJ/kg | 35~65 | 35~65 |
| 轻柴油 | 41 800~44 000 kJ/kg | ≈85 | 70~90 |
| 重油 | 38 520~46 050 kJ/kg | | 55~80 |
| 天然气 | 34 400~35 600 kJ/m$^3$ | 80~96 | 75~85 |
| 城市煤气 | 14 653 kJ/m$^3$ | 80~96 | 75~85 |
| 液化石油气 | 46 055 kJ/m$^3$ | 80~96 | 75~85 |
| 电力 | 3 600 kJ/kW | 95~98 | 95~97 |

注:表中热源发热量及加热设备热效率均系参考值,计算中应根据当地热源与选用的加热设备的实际参数为准。

### 3.6.5 热水贮存和加热设备的计算

集中热水供应系统中贮存热水的设备有热水箱和热水罐两种;加热兼贮存热水的设备有带贮水容积的热水机组、容积式水加热器和加热水箱等;仅起加热作用的设备有快速水加热器、射流加热器等。这些设备的计算内容分别为确定容积、确定热交换面积和确定水流阻力等。

1)热水箱、热水罐、加热水箱和水加热器容积的计算

(1)理论分析计算法

贮存热水容积,从理论上分析,应根据建筑物热水供应系统的耗热累积曲线(由日耗热量小时变化曲线绘制)和供热累积曲线(由供热设备绘制)之间的关系,经分析后确定。图3.38(a)所示为一幢建筑集中热水供应系统的日耗热量小时变化曲线;图3.38(b)中的折线Ⅰ是根据图3.38(a)中所绘制的耗热量累积曲线。连接图中 $oh$ 所得直线Ⅱ为24h平均耗热量累积曲线。在图中,通过曲线Ⅰ最高点 $g$(最大供热量的累积值)作直线Ⅱ的平行直线得到直线Ⅲ。此时,直线Ⅲ为保证供应热水的供热累积曲线。可以看出,折线Ⅰ及直线Ⅱ、Ⅲ上任一点斜率($\tan\alpha$)分别为其该时刻的小时耗热量(直线Ⅰ)、平均小时耗热量(直线Ⅱ)和供热设备的小时供热量(直线Ⅲ)。从直线Ⅲ和折线Ⅰ的关系还可以看出,图3.38(b)中最大垂直坐标差 $C_j$,理论上应是贮水器的最大贮热量。

供热累积曲线除设计成直线Ⅲ外,还可以设计成多种非平行于直线Ⅱ的折线,如图中折线 $a$—$b$—$g$—$h$。每一种非平行于直线Ⅱ的供热累积曲线,经过上述分析,都可得出该种供热工作情况下贮水器最大理论贮热量。最合理的理论贮热量,应根据减少供应设备管理运转工作量和节约设备费等一系列因素进行技术经济比较后确定。

贮水器最大理论贮热量确定后,还应根据贮水器的工作情况来确定贮水器的容积。热水贮水器的工作情况可设计成定温变容、定容变温和变容变温三种情况。在相同的供热量和耗热量累积曲线时,如果贮水器工作情况不同,计算得到的贮水器的理论容积也不同。

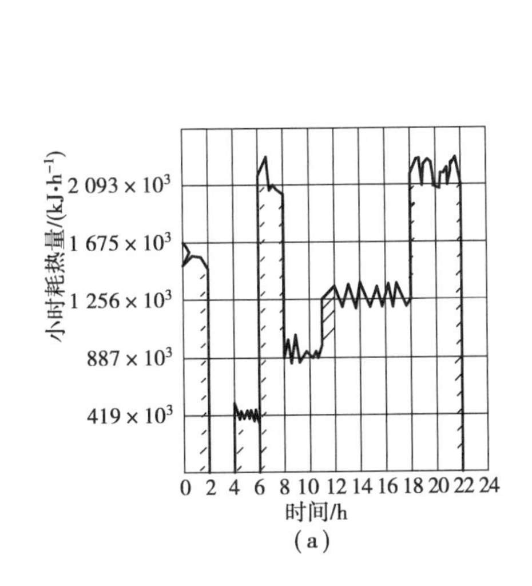


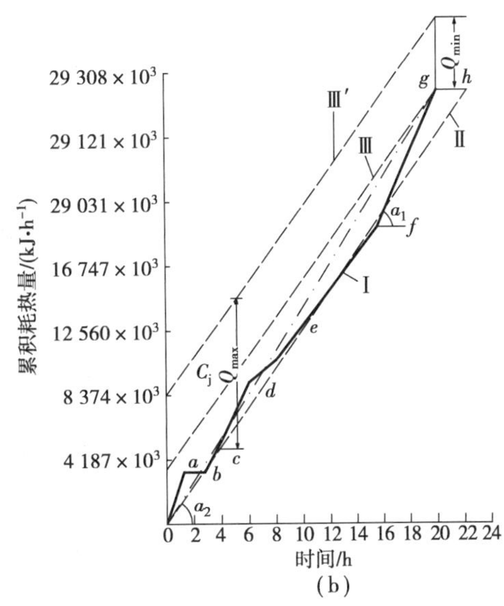


图3.38 日耗热量曲线和供热量累积曲线

①定温变容工况热水贮水器容积。定温变容工况是指热水供应系统的贮水器供水水温不变,而贮水器中的热水量发生变化。属于这种形式的热水系统有设在屋顶的热水箱,一次充满冷水后关闭进水阀,然后加热,一次用完,如图3.39所示。热水用快速加热器加

热(水温、水量不变)送入屋顶水箱后供水,如图 3.40 所示。

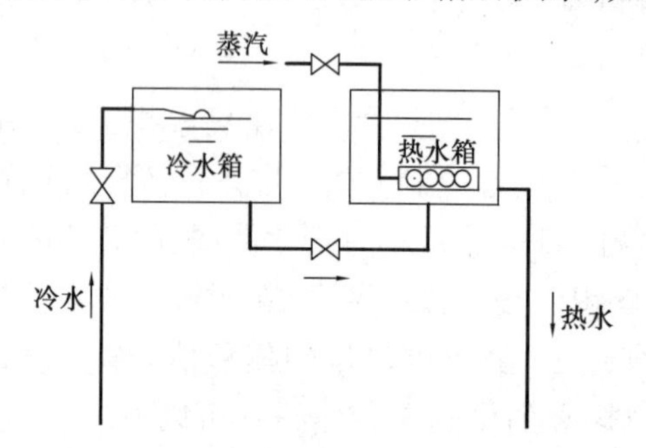


图 3.39 定温变容工况(一次性供水)

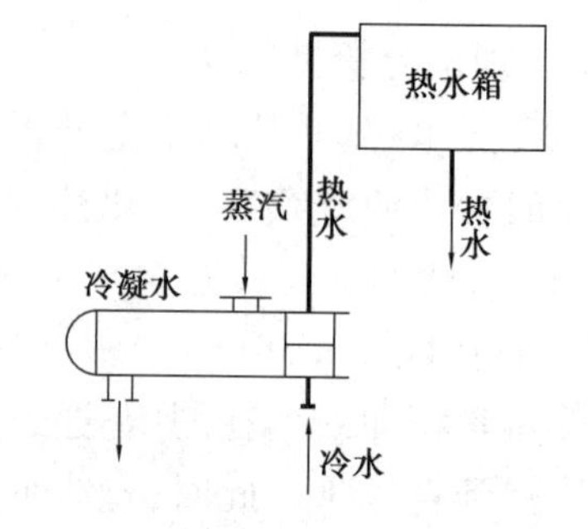


图 3.40 定温变容工况(连续性供水)

定温变容工况,热水贮水器容积可按式(3.26)计算:

$$V_r = (1.10 \sim 1.15)\frac{Q_h T}{c(t_r - t_l)\rho_r} \tag{3.26}$$

式中 $V_r$——贮水器容积,L;

$Q_h$——热水供应系统设计最大小时耗热量,kJ/h;

$T$——全天中最大小时连续供应热水小时数,h;

$t_r$——热水温度,℃;

$t_l$——冷水温度,℃;

$\rho_r$——热水密度,kg/L;

1.10~1.15——热水供应系统的热损失系数,按表 3.20 选用。

表 3.20 热水供应系统的热损失系数

| 热水管网敷设的方式 | 采用的热损失系数 |
|---|---|
| 下行上给式管网,配、回水干管敷设在管沟内时 | 1.10 |
| 下行上给式管网,配、回水干管敷设在不采暖的地下室时 | 1.15 |
| 下行下给式管网,回水干管敷设在管沟内时 | 1.13 |
| 上行下给式管网,回水干管敷设在不采暖的地下室时 | 1.15 |

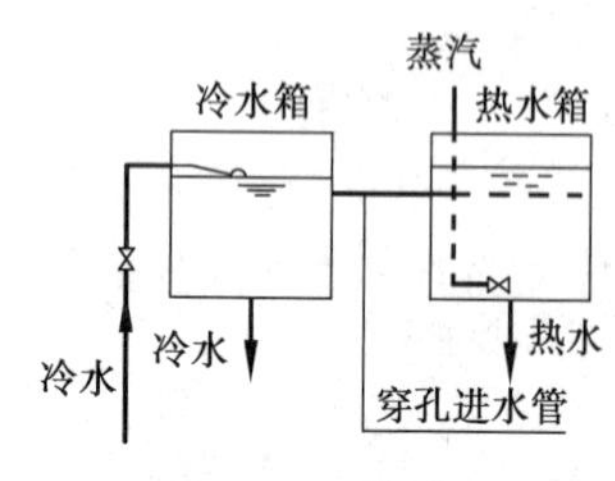


图 3.41 定容变温工况

②定容变温工况热水贮水器容积。定容变温工况下,热水贮水器中水的容量不变而热水温度变化,如图 3.41 所示。冷水从热水箱上部用穿孔管均匀进水,蒸汽用消声喷射器加热,使冷、热水充分混合,热水从热水箱下部流出,且热水箱水位保持不变,但热水箱中水温随供热量和耗热量的关系变化,供热量大于耗热量时,水温升高,否则水温降低。

根据以上分析,这种工况贮水器容积可按下列分析进行计算:

处于定容变温工况设备的供热累积曲线Ⅲ′是可以平行于耗热累积曲线Ⅱ向上移动

[如图3.38(b)中曲线Ⅲ′],每平行向上移动一个位置,必须出现最大和最小贮热量[如图3.38(b)中 $Q_{s,max}$、$Q_{s,min}$],也必然出现与之相应的热水水温,即存在下列关系($V_r$=常数):

$$c(t_{s,max} - t_c)\rho_r V_r = TQ_{s,max} \tag{3.27}$$

$$c(t_{s,min} - t_c)\rho_r V_r = TQ_{s,min} \tag{3.28}$$

上两式相减可得:

$$V_r = (1.10 \sim 1.15)\frac{T(Q_{s,max} - Q_{s,min})}{c\rho_r(t_{s,max} - t_{s,min})} \tag{3.29}$$

式中 $Q_{s,max}$,$Q_{s,min}$——贮水器最大与最小供热量,kJ/h;

$T$——全天供应热水小时数,h;

$t_{s,max}$,$t_{s,min}$——与贮水器最大与最小贮热量相应的最高与最低平均水温,℃;

$V_r$——贮水器容积,L。

由图3.38(b)还可以看出,供热累积曲线Ⅲ′不管在何位置,其最大与最小贮热量的差值是不变的,即 $Q_{s,max}-Q_{s,min}$=常数。

因此根据式(3.27),只要按规定选定了热水供应系数的 $t_{s,max}$(一般 $t_{s,max}$=75 ℃)和 $t_{s,min}$(一般 $t_{s,min}$=50 ℃)值,并在耗热累积曲线确定了与之相应的供热累积曲线位置,找出 $Q_{s,max}$、$Q_{s,min}$ 值,即可算出 $V_r$ 值。

③变容变温工况贮水器容积。属于变容变温工况的贮水器为容积式水加热器或加热水箱,冷水由下部进、热水从上部出的热水供应系统如图3.42和图3.43所示。

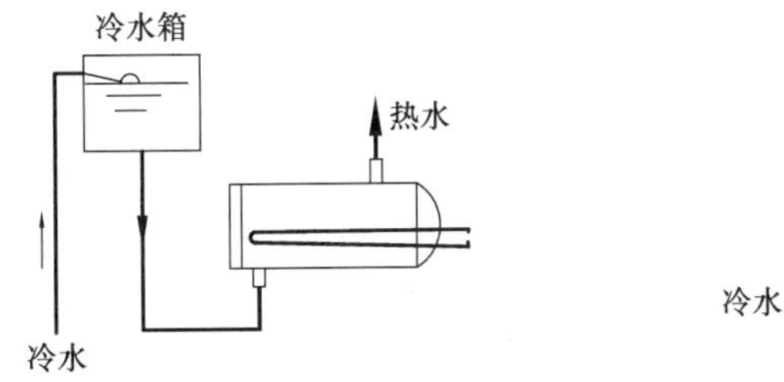

图3.42 变温变容工况(容积式水加热器)

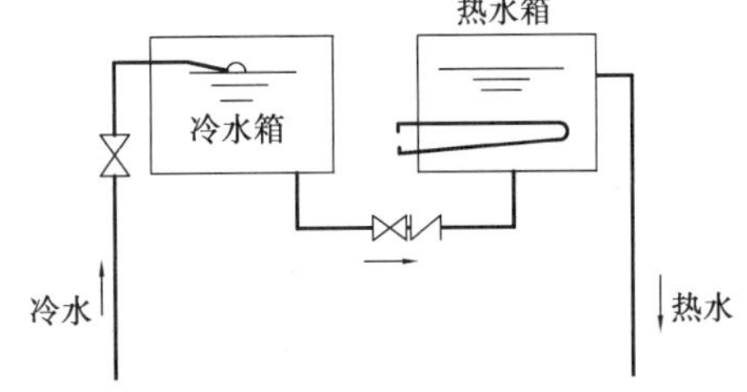


图3.43 变温变容工况(加热水箱)

这种形式在热水供应系统中采用最为广泛,随着供热量和耗热量之间的供求关系,贮水器中出现不同的分层水温,温度高的水在上层,温度低的水在下层,供应热水的温度分层变化,对贮水器中某种温度的水的体积而言也在随时变化,因此称为变容变温。变容变温贮水器的容积很难应用公式计算,一般可采用试算法确定。先假定贮水器容积,然后根据每小时的供热量和耗热量核算热水箱中各时间的水温,使之不低于热水用水要求,否则重新假定贮水器容积再核算,直至符合要求为止。

(2)经验计算法

在系统计算前,不可能获得本系统的实际耗热量逐时变化曲线,虽然也可以参照相似建筑的耗热量逐时变化曲线,但由于经营方式、规格、各地生活习惯等不同,很难获得可靠的热量逐时变化曲线。

①水加热器的贮水器容积可按式(3.30)计算:

$$V_r = \beta_r \frac{TQ_h}{(t_r - t_l)c\rho_r} \tag{3.30}$$

式中 $V_r$——贮水器容积,L;

$Q_h$——供热设备小时耗热量,kJ/h;

$T$——供热设备加热时间(见表3.21),h;

$t_r$——热水温度,℃;

$t_l$——冷水温度,℃;

$c$——水的比热,$c$=4.187kJ/(kg·℃);

$\rho_r$——热水密度,kg/L;

$\beta_r$——水加热器的容积附加系数[导流型容积式水加热器,$\beta_r$=1.10~1.20;第一循环系统为机械循环时,卧、立式贮热水罐$\beta_r$=1.0;第一循环系统为自然循环时,卧式贮热水罐$\beta_r$=1.15~1.20,立式贮热水罐$\beta_r$=1.10~1.15;当采用半容积式水加热器、带有强制罐内水循环水泵的水加热器或贮热水箱(罐)时,$\beta_r$=1.0]。

**表3.21 水加热器的贮热量**

| 加热设备 | 以蒸汽或95 ℃以上的高温水为热媒时 | | 以小于或等于95 ℃的热水为热媒时 | |
|---|---|---|---|---|
| | 工业企业淋浴室 | 其他建筑物 | 工业企业淋浴室 | 其他建筑物 |
| 内置加热盘管的加热水箱 | ≥30 min$Q_h$ | ≥45 min$Q_h$ | ≥60 min$Q_h$ | ≥90 min$Q_h$ |
| 导流型容积式水加热器 | ≥20 min$Q_h$ | ≥30 min$Q_h$ | ≥30 min$Q_h$ | ≥40 min$Q_h$ |
| 半容积式水加热器 | ≥15 min$Q_h$ | ≥15 min$Q_h$ | ≥15 min$Q_h$ | ≥20 min$Q_h$ |

注:①燃油(气)热水机组所配贮热水罐,贮热量宜根据热媒供应情况按导流型容积式水加热器或半容积式水加热器确定。

②表中$Q_h$为设计小时耗热量(kJ/h)。

②半即热式、快速式水加热器。当热媒按设计秒流量供应且有完善可靠的温度自动控制及安全装置时,可不设贮热水罐;当其不具备上述条件时,应设贮热水罐;贮热量宜根据热媒供应情况按导流型容积式水加热器或半容积式水加热器确定。

③局部热水供应系统的贮热量应不小于最大热水用具的一次耗热量;在要求不高时,也可采用快速加热器,可不设热水贮水器。

**2)加热设备加热面积的计算**

(1)水加热器的加热面积计算

$$F_{jr} = \frac{Q_g}{\varepsilon K \Delta t_j} \tag{3.31}$$

式中 $F_{jr}$——水加热器的加热面积，$m^2$；

$Q_g$——设计小时供热量，kJ/h；

$K$——传热系数(见表3.22—表3.27)，kJ/($m^2$·h·℃)；

$\varepsilon$——水垢和热媒分布不均匀影响传热效率的系数，采用0.6~0.8；

$\Delta t_j$——热媒与被加热水的计算温度差，℃，可按下述方法计算。

①对于导流型容积式水加热器、半容积式水加热器：

$$\Delta t_j = \frac{t_{mc} + t_{mz}}{2} - \frac{t_c + t_z}{2} \tag{3.32}$$

式中 $t_{mc}$，$t_{mz}$——热媒的初温和终温，℃；

$t_c$，$t_z$——被加热水的初温和终温，℃。

②对于快速式、半即热式水加热器，可按平均对数温度差采用：

$$\Delta t_j = \frac{\Delta t_{max} - \Delta t_{min}}{\ln \frac{\Delta t_{max}}{\Delta t_{min}}} \tag{3.33}$$

式中 $\Delta t_{max}$——热媒与被加热水在热水器一端的最大温度差，℃。

$\Delta t_{min}$——热媒与被加热水在热水器另一端的最小温度差，℃。对于汽水快速加热器，其值不得小于5 ℃；对于水-水快速加热器，其值不得小于10 ℃。

热媒初温：当热媒为压力大于70 kPa的饱和蒸汽时，按饱和蒸汽温度计算；蒸汽压力小于或等于70 kPa时，按 $t_{mc}$=100℃计算。热媒的终温应经由热工性能测定的产品提供，$t_{mz}$=50~90 ℃。

热媒为热水时，热媒的初温应按热媒供水的最低温度计算；热媒的终温应经由热工性能测定的产品提供；热媒初温 $t_{mc}$=70~100 ℃，终温 $t_{mz}$=50~80 ℃。

热媒为热力管网的热水时，热媒的计算温度应按热力管网供回水的最低温度计算。

(2)锅炉、水加热机组等由燃料直接加热设备的加热面积计算

$$F_{jk} = (1.10 \sim 1.15)\frac{Q_g}{K'E} \tag{3.34}$$

式中 $F_{jk}$——燃料直接加热设备的加热面积，$m^2$；

$Q_g$——设计小时供热量，kJ/h；

$K'$——燃料直接加热设备的利用系数，$K'$=0.8~0.9；

$E$——燃料直接加热设备加热面的发热强度，kJ/($m^2$·h)，由设备样本提供；

1.10~1.15——热水供应系统的热损失系数，亦可查表3.20。

**3)传热系数 $K$ 值的选用**

①导流型容积式水加热器的传热系数 $K$ 值按表3.22选用。

表 3.22 导流型容积式水加热器主要热力性能参数

| 热媒性质 | 传热系数 $K/[kJ \cdot (m^2 \cdot h\ ℃)^{-1}]$ | | | 热媒出水温度 $T_{mz}$/℃ | 热媒阻力损失 $\Delta h_1$/MPa | 被加热水水头损失 $\Delta h_2$/MPa | 被加热水温升 $\Delta t$/℃ |
|---|---|---|---|---|---|---|---|
| | 钢管盘 | 铜管盘 | | | | | |
| 0.1～0.4 MPa 饱和蒸汽压力 | 2 848～3 935 | U 形管 | 3 140～4 334 | 40～70 | 0.1～0.2 | ≤0.005 | ≥40 |
| | | 浮动盘管 | 7 560～9 180 | | | ≤0.01 | |
| | | 波节管 | 9 000～12 240 | | | ≤0.01 | |
| 70～150 ℃ 高温热水 | 2 218～3 402 | U 形管 | 2 448～3 770 | 50～90 | 0.01～0.03 | ≤0.005 | ≥35 |
| | | 浮动盘管 | 4 140～5 220 | | 0.05～0.1 | ≤0.01 | |
| | | 波节管 | 6 480～7 920 | | ≤0.1 | ≤0.01 | |

注：热媒为蒸汽时，$K$ 值与 $t_{mz}$ 对应；热媒为高温热水时，$K$ 值与 $\Delta h_1$ 对应。

②半容积式水加热器的传热系数 $K$ 值按表 3.23 选用。

表 3.23 半容积式水加热器主要热力性能参数

| 热媒性质 | 传热系数 $K/[kJ \cdot (m^2 \cdot h \cdot ℃)^{-1}]$ | | | 热媒出水温度 $T_{mz}$/℃ | 热媒阻力损失 $\Delta h_1$/MPa | 被加热水水头损失 $\Delta h_2$/MPa | 被加热水温升 $\Delta t$/℃ |
|---|---|---|---|---|---|---|---|
| | 钢管盘 | 铜管盘 | | | | | |
| 0.1～0.4MPa 饱和蒸汽压力 | 3 770～5 274 | U 形管 | 4 187～5 861 | 70～80 | 0.1～0.2 | ≤0.005 | ≥40 |
| | | U 形波节管 | 10 440～129 600 | 30～50 | | | |
| 70～150 ℃ 高温热水 | 2 639～3 391 | U 形管 | 2 930～3 770 | 50～85 | 0.02～0.04 | ≤0.005 | ≥35 |
| | | U 型波节管 | 5 400～7 200 | | 0.01～0.1 | ≤0.01 | |

注：①热媒为蒸汽时，$K$ 值与 $t_{mz}$ 对应；热媒为高温热水时，$K$ 值与 $\Delta h_1$ 对应。

②半容积式水加热器中热水容积（有效容积）按不小于总容积的 85% 计算。

③浮动盘管半即热式水加热器的传热系数 $K$ 值按表 3.24 选用。

表 3.24 浮动盘管半即热式水加热器主要热力性能参数

| 热媒性质 | 传热系数 $K/[kJ \cdot (m^2 \cdot h \cdot ℃)^{-1}]$ | | 热媒出口温度 $t_{mz}$/℃ | 热媒阻力损失 $\Delta h_1$/MPa | 被加热水水头损失 $\Delta h_2$/MPa | 被加热水温升 $\Delta t$/℃ | 容器内冷水区容积 $V_L$/% |
|---|---|---|---|---|---|---|---|
| | 钢管盘 | 铜管盘 | | | | | |
| 0.1～0.4MPa 饱和蒸汽压力 | | 8 280～12 960 | ≈50 | ≤0.1 | 0.02 | ≥40 | 25 |
| 70～150 ℃ 高温热水 | | 5 760～7 560 | 50～90 | 0.04 | 0.02 | ≥35 | 25 |

④加热水箱的加热盘管,其传热系数 $K$ 值按表 3.25 选用。

表 3.25 加热水箱内加热盘管主要热力性能参数

| 热媒性质 | 传热系数 $K/[kJ\cdot(m^2\cdot h\cdot ℃)^{-1}]$ | | 热媒流速/$(m\cdot s^{-1})$ | 被加热水流速/$(m\cdot s^{-1})$ |
|---|---|---|---|---|
| | 钢管盘 | 铜管盘 | | |
| 0.1~0.4 MPa 饱和蒸汽压力 | 2 513~2 722 | 2 930~3 139 | ≈50 | 0.02 |
| 70~150 ℃ 高温热水 | 1 174~1 256 | 1 382~1 465 | 50~90 | 0.02 |

⑤对快速式水加热器传热系数 $K$ 值,粗略计算时可按表 3.26 选用。在热媒为蒸汽时,表中分子为两回程汽-水快速加热器将被加热水温升高 20~30 ℃时的传热系数;分母为四回程汽-水快速加热器将被加热水温升高 60~65 ℃时的传热系数。

表 3.26 快速水加热器的传热系数 $K$ 值

| 被加热水的流速/$(m\cdot s^{-1})$ | 传热系数 $K/[kJ\cdot(m^2\cdot h\cdot ℃)^{-1}]$ | | | | | | | |
|---|---|---|---|---|---|---|---|---|
| | 热媒为热水时,热水的流速/$(m\cdot s^{-1})$ | | | | | | 热媒为蒸汽时,蒸汽压力/MPa | |
| | 0.5 | 0.75 | 1.0 | 1.5 | 2.0 | 2.5 | ≤0.1 | 0.1~0.4 |
| 0.5 | 3 977 | 4 606 | 5 024 | 5 443 | 5 862 | 6 071 | 9 839/7 746 | 9 211/7 327 |
| 0.75 | 4 480 | 5 233 | 5 652 | 6 280 | 6 908 | 7 118 | 12 351/9 630 | 11 514/9 002 |
| 1.0 | 4 815 | 5 652 | 6 280 | 7 118 | 7 955 | 8 374 | 14 235/11 095 | 13 188/10 467 |
| 1.5 | 5 443 | 6 489 | 7 327 | 8 374 | 9 211 | 9 839 | 16 328/13 398 | 15 072/12 560 |
| 2.0 | 5 861 | 7 118 | 7 955 | 9 211 | 10 258 | 10 886 | –/15 700 | –/14 863 |
| 2.5 | 6 280 | 7 536 | 8 583 | 10 258 | 11 514 | 12 560 | — | — |

根据式(3.32),算出盘管传热面积和确定加热设备贮水容积,即可参照定型的各种加热设备产品样本选择合适的型号。

4)水加热器的水头损失计算

加热水箱和容积式水加热器中被加热水的流速,一般小于0.1 m/s,其流程也较短,因而水头损失不大,可忽略不计。

快速式水加热器中被加热水的流速较大,流程也长,水头损失应为沿程和局部损失之和,其计算式为:

$$\Delta H = 10\left(\lambda \frac{L}{d} + \sum \xi\right)\frac{v^2}{2g} \quad (3.35)$$

式中 $\Delta H$—— 快速加热器的水头损失,Pa;

$\lambda$—— 管道的摩阻系数,对于铜管近似取 0.02,钢管近似取 0.03;

$L$—— 被加热水的流程长度,m;

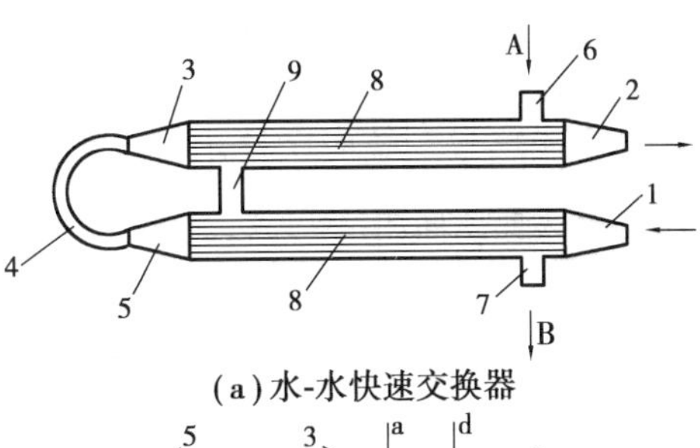


图 3.44 快速热交换局部阻力构造图
A—热媒水;a—蒸汽;B—热媒回水;
b—凝结水;c—冷水;d—热水;
数字序号见表 3.27

$d$—— 传热管计算管径,m;

$\sum\xi$—— 局部阻力系数之和,可参考图3.44(编号1—9见表3.27)选用;

$v$—— 被加热水流速,m/s;

$g$—— 重力加速度,$m/s^2$。

**表3.27 快速热交换器局部阻力系数$\xi$值**

| 热交换器类型 | 局部阻力形式 | $\xi$值 |
|---|---|---|
| 水-水快速热交换器 | 水室到管束或管束到水室(图3.44中1或2) | 0.5 |
| | 经水室转180°由管束到另一管束(图3.44中3+4+5) | 2.5 |
| | 与管束垂直进入管间(图3.44中6) | 1.5 |
| | 与管束垂直流出管间(图3.44中7) | 1.0 |
| | 在管间绕过支承板(图3.44中8) | 0.5 |
| | 在管间由一段到另一段(图3.44中9) | 2.5 |
| 气-水快速热交换器 | 与管束垂直的水室进口或出口(图3.44中1或2) | 0.75 |
| | 经水室转180°(图3.44中5) | 1.5 |
| | 与管束垂直进入管间(图3.44中3) | 1.5 |
| | 与管束垂直流出管间(图3.44中4) | 1.0 |

### 3.6.6 太阳能热水供应系统

太阳能集热器的设置应与建筑专业统一规划协调,应在满足水加热系统要求的同时不影响结构安全和建筑美观。集热器的安装方位、朝向、倾角和间距等应符合现行《民用建筑太阳能热水系统应用技术标准》的要求。

**1)集热器总面积**

集热器总面积应根据日用水量、当地年平均日太阳辐照量和集热器集热效率等因素计算。

(1)直接太阳能热水系统的集热器总面积

$$A_{jz}=\frac{q_{md}mb_1C\rho_r(t_r-t_L^m)f}{b_jJ_t\eta_j(1-\eta_1)} \tag{3.36}$$

式中 $A_{jz}$—— 直接加热集热器总面积,$m^2$。

$q_{md}$—— 平均日热水用水定额(按表3.1选用),L/(人·d)或L/(床·d)。

$m$——用水计算单位数(人数或床位数)。

$b_1$——同日使用率(住宅建筑为入住率)的平均值应按实际使用工况确定;当无条件时住宅0.5~0.9,宾馆(旅馆)0.3~0.7,宿舍0.7~1.0,医院、疗养院0.8~1.0,幼儿园、托儿所、养老院0.8~1.0。

$C$——水的比热，$C$=4.187 kJ/(kg·℃)。

$\rho_r$—— 热水密度，kg/L。

$t_r$—— 热水温度，℃。

$t_L^m$——年平均冷水温度，℃，可参照城市当地自来水厂年平均水温值计算。

$f$——太阳能保证率，根据当地的太阳辐照量、系统耗热量的稳定性、经济性和用户要求等因素综合确定，见表3.28。

$b_j$——集热器面积补偿系数，当集热器朝南布置的偏离角小于或等于15 ℃、安装倾角为当地纬度±10°时，$b_j$ 取1；当集热器布置不符合上述规定时，应按照现行的国家标准《民用建筑太阳能热水系统应用技术标准》(GB 50364—2018)的规定进行集热器面积的补偿计算。

$J_t$——集热器总面积的平均日太阳辐照量(参见《建筑给水排水设计标准》附录H)，kJ/(m$^2$·d)。

$\eta_j$——集热器总面积的年平均集热效率，应根据经过测定的基于集热器总面积的瞬时效率方程在归一化温差为0.03时的效率值确定。分散集热、分散供热系统的 $\eta_j$ 经验值为40% ~70% ；集中集热系统的 $\eta_j$ 应考虑系统型式、集热器类型等因素的影响，经验值为30% ~45% 。

$\eta_l$——集热系统的热损失，应根据集热器类型、集热管路长短、集热水箱(罐)大小及当地气候条件、集热系统保温性能等因素综合确定；当集热器或集热器组紧靠集热水箱(罐)时，$\eta_l$ 为15% ~20% ；当集热器或集热器组与集热水箱(罐)分别布置在两处时，$\eta_l$ 可取25% ~30% 。

**表3.28 太阳能保证率 $f$ 值**

| 年太阳能辐照量/[MJ·(m$^2$·d)$^{-1}$] | $f$/% |
|---|---|
| ≥6 700 | 60 ~ 80 |
| 5 400 ~ 6 700 | 50 ~ 60 |
| 4 200 ~ 5 400 | 40 ~ 50 |
| ≤4 200 | 30 ~ 40 |

(2)间接太阳能热水系统的集热器总面积

$$A_{jj} = A_{jz}\left(1 + \frac{U_L A_{jz}}{KF_{jr}}\right) \tag{3.37}$$

式中 $A_{jj}$——间接太阳能热水系统集热器总面积，m$^2$；

$U_L$——集热器热损失系数，kJ/(m$^2$·h·℃)，平板型集热器 $u_L$=14.4 ~ 21.6 kJ/(m$^2$·h·℃)，真空管型 $u_L$=3.6 ~ 7.2 kJ/(m$^2$·h·℃)，具体应根据集热器产品的实测数据确定；

$K$——水加热器传热系数，kJ/(m$^2$·h·℃)；

$F_{jr}$——水加热器加热面积，m$^2$。

**2)太阳能集热系统贮热水箱容积**

集中集热、集中供热太阳能热水系统的集热水加热器或集热水箱(罐)的有效容积应按下式计算:

$$V_{rx} = q_{rjd}A_j \tag{3.38}$$

式中 $V_{rx}$——集热水加热器或集热水箱(罐)有效容积,L。

$q_{rjd}$——集热器单位轮廓面积平均日产60 ℃热水量,L/(m² · d)。数值根据集热器产品的实测数据确定;无条件时,根据当地太阳辐照量、集热面积的大小等因素按下述原则确定:直接太阳能热水系统 $q_{rjd}$=40~80 L/(m²·d),间接太阳能热水系统 $q_{rjd}$=30~55 L/(m²·d)。

$A_j$——集热器总面积,m²,$A_j = A_{jz}$ 或 $A_{jj}$。

**3)循环泵**

强制循环的太阳能集热系统应设循环泵,其流量和扬程应符合下列规定:

(1)循环泵的流量

$$q_x = q_{gz}A_j \tag{3.39}$$

式中 $q_x$——集热系统循环流量,L/s;

$q_{gz}$——单位轮廓面积集热器对应的工质流量,L/(m²·s),根据集热器产品的实测数据确定,无条件时可取0.015~0.020 L/(m²·s)。

(2)循环泵的扬程

①开式太阳能集热系统循环泵的扬程:

$$H_b = h_{jx} + h_j + h_z + h_f \tag{3.40}$$

式中 $H_b$——循环泵扬程,kPa;

$h_{jx}$——集热系统循环流量通过循环管道的沿程与局部阻力损失,kPa;

$h_j$——集热系统循环流量流经集热器的阻力损失,kPa;

$h_z$——集热器顶与集热水箱最低水位之间的几何高差,kPa;

$h_f$——附加压力,kPa,一般取20~50 kPa。

②闭式太阳能集热系统循环泵的扬程:

$$H_b = h_{jx} + h_e + h_j + h_f \tag{3.41}$$

式中 $h_e$——循环流量经集热水加热器的阻力损失,kPa。

**4)辅助热源**

太阳能热水供应系统应设置辅助热源及其加热设施,并应符合下列规定:

①辅助能源宜因地制宜地选择,分散集热、分散供热太阳能热水系统和集中集热、分散供热太阳能热水系统宜采用燃气、电;集中集热、集中供热太阳能热水系统宜采用城市热力管网、燃气、燃油、热泵等;集热、辅热设施宜符合相关规定。

②辅助热源的供热量宜按无太阳能时的热水供应系统的供热量计算。

③辅助热源的控制应在保证充分利用太阳能集热量的条件下,根据不同的热水供水

方式采用手动控制、全日自动控制或定时自动控制。

④辅助热源的水加热设备应根据热源种类及其供水水质、冷热水系统形式等选用直接加热或间接加热设备。

### 3.6.7 可再生低温能源加热系统

可再生低温能源主要是指利用浅层地下水、地面水、污水及空气等低温能源代替传统热源,通过热泵机组制备和供应热水,为建筑提供热水、采暖等热源。

**1)水源热泵机组**

以水或添加防冻剂的水溶液为低温热源的热泵。

(1)水源热泵热水供应系统设计要求

①水源热泵应选择水量充足、水质较好、水温较高且稳定的地下水、地表水、废水为热源。

②水源总水量应按供热量、水源温度和热泵机组性能等综合因素确定。

③水源热泵的设计小时供热量应按下式计算:

$$Q_g = \frac{m \cdot q_r \cdot C(t_r - t_l)\rho_r \cdot C_r}{T_2} \tag{3.42}$$

式中 $Q_g$——水源热泵设计小时供热量,kJ/h;

$T_2$——热泵机组设计工作时间,h/d,一般取 8 ~ 16 h;

$k_1$——安全系数,$k_1 = 1.05 \sim 1.10$。

④水源水质应满足热泵机组或水加热器的水质要求,当不满足时,应采用有效的过滤、沉淀、灭藻、阻垢、缓蚀等处理措施。如以污废水为水源时,应先对污水、废水进行预处理。

⑤水源热泵换热系统设计应符合现行国家标准《地源热泵系统工程技术规范》的相关规定。

⑥水源热泵宜采用快速水加热水器配贮热水箱(罐)。全日制集中热水供应系统的贮热水箱(罐)的有效容积应按式(3.43)计算。定时热水供应系统的贮热水箱(罐)的有效容积宜为定时供应热水的全部热水量。

$$V_r = k_2 \frac{(Q_h - Q_g)T_1}{(t_r - t_l)C \cdot \rho_r} \tag{3.43}$$

式中 $V_r$——贮热水箱(罐)有效容积,L;

$k_2$——用水均匀性的安全系数,$k_2 = 1.25 \sim 1.50$。

(2)水源热泵机组布置要求

①热泵机房应合理布置设备和运输通道,并预留安装孔、洞。

②机组距墙的净距不宜小于 1.0 m,机组之间及机组与其他设备之间的净距不宜小于 1.2 m,机组与配电柜之间净距不宜小于 1.5 m。

③机组与其上方管道、烟道或电缆桥架的净距不宜小于 1.0 m。

④机组应按产品要求在其一端留有不小于蒸发器、冷凝器中换热管束长度的检修位置。

**2)空气源热泵机组**

(1)空气源热泵热水供应系统的设计要求

①最冷月平均气温≥10 ℃的地区,空气源热泵热水供应系统可不设辅助热源;最冷月平均气温<10 ℃且≥0 ℃的地区,空气源热泵热水供应系统宜设置辅助热源,或采取延长空气源热泵的工作时间等满足使用要求的措施;最冷月平均气温<0 ℃的地区,不宜采用空气源热泵热水供应系统。

②空气源热泵辅助热源应就地获取,经技术经济比较,选用投资省、低能耗的热源。

③空气源热泵的供热量可按式(3.42)计算确定。当设辅助热源时,宜按当地农历春分、秋分所在月的平均气温和冷水供水温度计算;当不设辅助热源时,应按当地最冷月平均气温和冷水供水温度计算。

④空气源热泵热水供应系统应设置贮热水箱(罐),其总容积可按式(3.43)计算确定。

(2)空气源热泵机组布置要求

①机组不得布置在通风条件差、环境对噪声控制严及人员密集的场所。

②机组进风面距遮挡物宜大于1.5 m,控制面距墙宜大于1.2 m,顶部出风的机组,其上部净空宜大于4.5 m。

③机组进风面相对布置时,其间距宜大于3.0 m。

### 3.6.8 热水管网计算

室内热水管网计算,是在热水系统管道、设备平面布置并绘制管网轴测图后进行。计算内容主要是:确定热媒管道的管径及其相应的水头损失;确定热水管网的管径及循环管路的水头损失,选定系统的各种设备。

**1)热媒管网的计算**

(1)热媒为热水的管网

热媒为热水的管网如图3.45所示,管中流速不大于1.2 m/s或每米管长沿程水头损失控制在5~10 $mmH_2O$,确定管径及相应的水头损失。热媒若为低温热水,应采用水温为70~95 ℃,管道绝对粗糙度$K$=0.2 mm的水力计算表,如表3.29所示。热媒若为高温热水时,应采用相应温度的水力计算表,此类计算表可查阅有关设计手册。

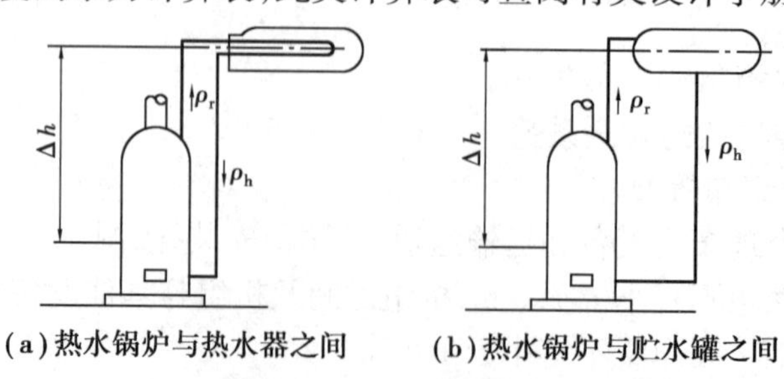


(a)热水锅炉与热水器之间　(b)热水锅炉与贮水罐之间

图3.45 自然循环水头

热媒管网热水循环水头损失,除沿程水头损失外,局部水头损失值一般根据加热方式按经验选取沿程水头损失的25%~30%,采用贮水罐时可取低值,而热交换器可取高值。

热媒管网的热水自然循环作用水头，当锅炉与加热器[图3.45(a)]或贮水罐[图3.45(b)]连接时，可按下式计算：

$$H_{xr} = 10 \cdot \Delta h(\rho_h - \rho_r) \tag{3.44}$$

式中 $H_{xr}$——自然循环作用水头，Pa；

$\Delta h$——锅炉中心与水加热器中心或热水罐中心的标高差，m；

$\rho_h$——水加热器或贮水罐回水密度，$kg/m^3$；

$\rho_r$——锅炉或水加热器的热水出水密度，$kg/m^3$。

按照上述计算结果，当热媒管网自然循环作用水头($H_{xr}$)大于循环水头损失($H_h$)时，可自然循环。为保证安全可靠地进行自然循环，一般要符合下列条件：

$$H_{xr} \geqslant (1.10 \sim 1.15) H_h \tag{3.45}$$

当 $H_{xr}<H_h$ 时，应选择热水循环水泵进行机械循环，所选水泵的扬程和流量应比理论计算值大，才能保证运行可靠。

表3.29 热媒为热水时的管道水力计算表(水温 $t$=70～95 ℃，$k$=0.2 mm)

| 公称直径/mm | | 15 | | 20 | | 25 | | 32 | | 40 | |
|---|---|---|---|---|---|---|---|---|---|---|---|
| 内径/mm | | 15.75 | | 21.25 | | 27.00 | | 35.75 | | 41.00 | |
| $Q_h$ /(kJ·h$^{-1}$) | $G_m$ /(kg·h$^{-1}$) | $R$ /(mm·m$^{-1}$) | $V$ /(m·s$^{-1}$) | $R$ /(mm·m$^{-1}$) | $V$ /(m·s$^{-1}$) | $R$ /(mm·m$^{-1}$) | $V$ /(m·s$^{-1}$) | $R$ /(mm·m$^{-1}$) | $V$ /(m·s$^{-1}$) | $R$ /(mm·m$^{-1}$) | $V$ /(m·s$^{-1}$) |
| 1 047 | 10 | 0.05 | 0.016 | | | | | | | | |
| 1 570 | 15 | 0.11 | 0.032 | | | | | | | | |
| 2 093 | 20 | 0.19 | 0.030 | | | | | | | | |
| 2 303 | 22 | 0.22 | 0.034 | | | | | | | | |
| 2 512 | 24 | 0.26 | 0.037 | 0.06 | 0.020 | | | | | | |
| 2 721 | 26 | 0.30 | 0.040 | 0.07 | 0.022 | | | | | | |
| 2 931 | 28 | 0.35 | 0.043 | 0.08 | 0.024 | | | | | | |
| 3 140 | 30 | 0.39 | 0.046 | 0.09 | 0.025 | | | | | | |
| 3 350 | 32 | 0.44 | 0.049 | 0.10 | 0.027 | | | | | | |
| 3 559 | 34 | 0.49 | 0.052 | 0.11 | 0.029 | | | | | | |
| 3 768 | 36 | 0.55 | 0.056 | 0.12 | 0.031 | | | | | | |
| 3 978 | 38 | 0.60 | 0.059 | 0.13 | 0.032 | | | | | | |
| 4 187 | 40 | 0.67 | 0.062 | 0.145 | 0.034 | | | | | | |
| 4 396 | 42 | 0.73 | 0.065 | 0.160 | 0.035 | | | | | | |
| 4 606 | 44 | 0.79 | 0.069 | 0.175 | 0.037 | | | | | | |
| 4 815 | 46 | 0.86 | 0.071 | 0.19 | 0.039 | | | | | | |
| 5 024 | 48 | 0.93 | 0.074 | 0.205 | 0.040 | 0.06 | 0.025 | | | | |

续表

| 公称直径/mm | | 15 | | 20 | | 25 | | 32 | | 40 | |
|---|---|---|---|---|---|---|---|---|---|---|---|
| 内径/mm | | 15.75 | | 21.25 | | 27.00 | | 35.75 | | 41.00 | |
| $Q_h$ /(kJ·h$^{-1}$) | $G_m$ /(kg·h$^{-1}$) | $R$ /(mm·m$^{-1}$) | $V$ /(m·s$^{-1}$) | $R$ /(mm·m$^{-1}$) | $V$ /(m·s$^{-1}$) | $R$ /(mm·m$^{-1}$) | $V$ /(m·s$^{-1}$) | $R$ /(mm·m$^{-1}$) | $V$ /(m·s$^{-1}$) | $R$ /(mm·m$^{-1}$) | $V$ /(m·s$^{-1}$) |
| 5 324 | 50 | 1.00 | 0.077 | 0.22 | 0.042 | 0.065 | 0.026 | | | | |
| 5 443 | 52 | 1.08 | 0.080 | 0.235 | 0.044 | 0.07 | 0.027 | | | | |
| 5 652 | 54 | 1.16 | 0.083 | 0.250 | 0.046 | 0.075 | 0.028 | | | | |
| 6 071 | 56 | 1.24 | 0.087 | 0.27 | 0.047 | 0.08 | 0.029 | | | | |
| 6 280 | 60 | 1.40 | 0.093 | 0.31 | 0.051 | 0.09 | 0.031 | | | | |
| 7 536 | 72 | 1.96 | 0.112 | 0.43 | 0.016 | 0.12 | 0.037 | | | | |
| 10 467 | 100 | 3.59 | 0.154 | 0.79 | 0.084 | 0.23 | 0.51 | 0.055 | 0.029 | | |
| 14 654 | 140 | 6.68 | 0.216 | 1.46 | 0.118 | 0.42 | 0.072 | 0.101 | 0.041 | 0.051 | 0.031 |

(2)热媒为高压蒸汽的管网

蒸汽流量按蒸汽作为热媒时的耗量计算。

蒸汽管内的流速及管径初算时可参考表3.30,详细计算时,可查管渠水力计算表。

**表3.30 蒸汽管管径和常用流速**

| 管径DN /mm | 15 | 20 | 25 | 32 | 40 | 50 | 65 | 80 | 100 | 150 | 200 |
|---|---|---|---|---|---|---|---|---|---|---|---|
| 流速/(m·s$^{-1}$) | 10~15 | 10~15 | 15~20 | 15~20 | 20~25 | 25~35 | 25~35 | 25~35 | 30! 40 | 30~40 | 40~60 |
| 蒸汽量 $G$/(kg·h$^{-1}$) | 11~28 | 21~51 | 51~108 | 88~190 | 154~311 | 287~650 | 542~1 240 | 773~1 978 | 1 377~2 980 | 3 100~6 080 | 7 800~19 060 |

水加热器中排出的凝结水回水方式,宜采用最简单的余压凝结水系统,它是利用疏水器后的剩余压力(背压)把凝结水输送到凝结水池,如图3.46所示。

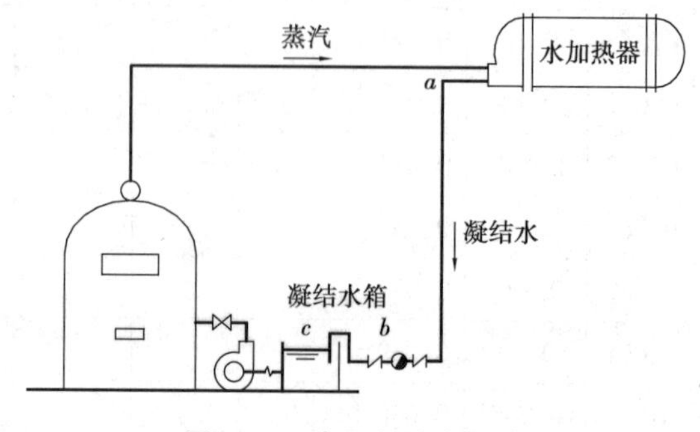


图3.46 余压凝结水系统

水加热器出口至疏水器前的 $a$—$b$ 段的凝结水是靠管中压力而流动的，也称为自流凝结水管，其管径可按表 3.31 采用。

疏水器到凝结水箱之前 $b$—$c$ 管段的余压凝结水管管径，当凝结水箱通大气时，可按表 3.32 确定，$b$—$c$ 段通过热量可按下式计算：

$$Q_1 = 1.25Q \tag{3.46}$$

式中 $Q_1$——余压凝结水管中的计算热量，kJ/h；

$Q$——高压蒸汽管道起始端的热量，按蒸汽耗量确定，kJ/h；

1.25——考虑系统启动时凝结水量的增大系数。

**表 3.31 自流凝结水管管径**

| 管径 DN/mm | 流速 $v/(\mathrm{m\cdot s^{-1}})$ | 流量 $q/(\mathrm{kg\cdot h^{-1}})$ | 阻力损失/$(\mathrm{mm\cdot m^{-1}})$ |
| --- | --- | --- | --- |
| 15 | 0.1～0.3 | 70～200 | 2～16 |
| 20 | | 150～370 | 2～12 |
| 25 | | 300～600 | 2～8 |
| 32 | | 600～1 000 | 2～6 |
| 40 | | 900～1 360 | 2～4 |
| 50 | 0.2～0.3 | 1 500～3 400 | 2～8 |
| 65 | | 3 000～6 000 | 2～7 |
| 80 | | 5 340～9 200 | 2～6 |
| 100 | | 8 000～13 500 | 2～4 |
| 150 | | 27 000～45 200 | 2～3 |

**表 3.32 余压凝结水管 $b$—$c$ 管段管径选择**

| 绝对大气压 $P$/kPa | 管径 DN/mm | | | | | | | | | | | |
| --- | --- | --- | --- | --- | --- | --- | --- | --- | --- | --- | --- | --- |
| 17.7 | 15 | 20 | 25 | 32 | 40 | 50 | 70 | 125 | 150 | 195×5 | 219×6 | 219×6 |
| 19.6 | 15 | 20 | 25 | 32 | 50 | 70 | 100 | 125 | 159×5 | 219×6 | 219×6 | 219×6 |
| 24.5～29.4 | 20 | 25 | 32 | 40 | 50 | 70 | 100 | 150 | 159×5 | 219×6 | 219×6 | 219×6 |
| >29.4 | 20 | 25 | 32 | 40 | 50 | 70 | 100 | 150 | 219×6 | 219×6 | 219×6 | 219×7 |
| $R$ /$(\mathrm{mmH_2O\cdot m^{-1}})$ | 按上述管通过的热量/$(\mathrm{kJ\cdot h^{-1}})$ | | | | | | | | | | | |
| 5 | 39147 | 87090 | 174171 | 253301 | 571498 | 1084381 | 2369728 | 3307572 | 6615144 | 12895344 | 13774572 | 21436416 |
| 10 | 43543 | 131047 | 283028 | 357971 | 803866 | 1532369 | 3257330 | 4689216 | 9294696 | 18212580 | 19 468620 | 30228696 |
| 20 | 65314 | 185057 | 370532 | 506603 | 1138810 | 2168762 | 4605480 | 6615144 | 13146552 | 25748820 | 31526604 | 42705306 |

续表

| $R$ /($mmH_2O \cdot m^{-1}$) | 按上述管通过的热量/($kJ \cdot h^{-1}$) | | | | | | | | | | | |
|---|---|---|---|---|---|---|---|---|---|---|---|---|
| 30 | 82899 | 217714 | 477295 | 619640 | 1394204 | 2553948 | 5652180 | 8122392 | 16077312 | 10467000 | 33703740 | 52335000 |
| 40 | 108852 | 251208 | 544284 | 715943 | 1607731 | 3077298 | 6531408 | 9378432 | 18599392 | 36425160 | 39146580 | 60289920 |
| 50 | 152400 | 283865 | 611273 | 799679 | 1800324 | 3416429 | 7285032 | 10467000 | 20766528 | 39565260 | 43542720 | 67826160 |

**2)热水配水管网和循环管网的计算**

(1)设计秒流量计算

设有集中热水供应系统的居住小区室外热水干管的设计流量可按居住小区的室外给水管道设计流量计算规定来确定。建筑物的热水引入管应按该建筑物相应热水供水系统总干管的设计秒流量确定。

高层建筑内热水供水管网的最大小时流量和设计秒流量的计算方法和步骤与给水管网的计算基本相同。在设计流量计算时应注意以下两点:

①在计算最大小时热水量时,用水量标准、用水时间和小时变化系数等,均应采用热水供应系统所规定的数据。

②在计算设计秒流量时,卫生洁具的额定流量和当量值应采用表1.12中开一个阀的数据。

热水设计秒流量的计算公式可根据建筑类别及性质采用冷水计算公式。

(2)热水配水管计算

热水配水管网计算在于确定配水管网的管径和水头损失,复核管网水压是否满足洁具的流出水头要求,确定加压设备的扬程和高位水箱的高度。热水配水管道水力计算的方法、步骤与给水管网计算相同。

①管道内的流速宜按表3.33选用。

**表3.33 热水管道的流速**

| 公称直径 DN/mm | 15~20 | 25~40 | ≥50 |
|---|---|---|---|
| 流速/($m \cdot s^{-1}$) | ≤0.8 | ≤1.0 | ≤1.2 |

②管道水力计算。沿程水头损失和管径的计算应考虑到热水的密度小于冷水的密度,热水管道容易结垢和腐蚀引起过水断面缩小等因素,使用按水温为60 ℃编制的热水管道水力计算表(见附录)或水力计算公式。热水配水管网局部水头损失计算同冷水配水管网。不同管材的热水管道水力坡降 $i$ 可按以下公式计算:

薄壁铜管作热水管:

$$i=0.012\,649\frac{q^{1.85}}{d_j^{4.87}} \tag{3.47}$$

薄壁不锈钢管作热水管： $$i=0.010\ 186\frac{q^{1.85}}{d_j^{4.87}} \tag{3.48}$$

PE-X 管作热水管： $$i=0.00\ 915\frac{q^{1.774}}{d_j^{4.744}} \tag{3.49}$$

PP-R 管作热水管： $$i=0.00\ 705\frac{q^{1.774}}{d_j^{4.744}} \tag{3.50}$$

PAP 管作热水管： $$i=0.008\ 089\frac{q^{1.774}}{d_j^{4.744}} \tag{3.51}$$

PVC-C 管作热水管： $$i=0.007\ 17\frac{q^{1.774}}{d_j^{4.744}} \tag{3.52}$$

PB 管作热水管： $$i=0.008\ 973\ 4\frac{q^{1.774}}{d_j^{4.744}} \tag{3.53}$$

式中 $i$——单位长度水头损失，kPa/m 或 $0.1\text{mH}_2\text{O/m}$；

$q$——设计流量，$\text{m}^3/\text{s}$；

$d_j$——管道计算内径（参考各管道生产厂家资料），m。

（3）热水循环管网计算

热水循环管网计算的目的在于计算循环流量大小，确定回水管路管径、自然循环作用水头、循环水头损失及选定循环水泵。设计思路是保证各循环管路通过的循环流量所携带的热量能补偿各配水管路散失的热量。

①热水循环管网管径的确定。热水循环流量需要流经的管道包括配水管道和回水管道，因此热水供应系统中的循环管网包括热水配水管道和回水管道。其中，热水配水管道的管径在配水管网计算中已经选定，循环回水管道的管径比相应配水管道管径小 1 ~ 2 号，并按管路的循环流量经水力计算校核，但不得小于 20 mm，并能通过 50% 的配水量。

②估算各管段终点水温。计算各管段终点水温有以下几种方法：

a. 按管道长度比法估算各管段终点水温。任一管道的终点水温 $t_g$，可根据预先规定的配水管网总温度降 $\Delta T$ 和计算管路中各管段长度 $l_i$ 之和，按比例近似估算出各管段的温降 $\Delta t$，然后由起点水温 $t_c$ 减去管段的温度降而得。

计算管段的温降可按式（3.54）计算：

$$\Delta t=\frac{\Delta T}{\sum l_i}l_i \tag{3.54}$$

$$\Delta T=t_c-t_z \tag{3.55}$$

式中 $\Delta t$——计算管段的温度降，℃；

$l_i$——计算管段长度，m；

$\sum l_i$——配水管网中计算管路各管段长度的总和，m；

$\Delta T$——配水管网的最大设计温度降，℃，单体建筑一般为 5 ~ 10 ℃，小区为 6 ~ 12 ℃；

$t_c$—— 配水管网中水加热器出口水温,℃;

$t_z$—— 配水管网中计算管路终点的水温,℃。

计算管段的终点水温即为下一计算管段的起点水温。各计算管段的终点水温 $t_g$:

$$t_g = t_c - \Delta t \tag{3.56}$$

该方法计算结果误差较大,需反复计算校正,使管道系统终点的计算温度与设计温度之间的差值不大于±0.5℃。

b. 按面积比温降法估算各管段终点水温。任意管段的终点水温 $t_g$,可根据预先规定的配水管网总温度降 ΔT 和计算管路中各管段的管道总表面积之和,按比例近似估算出各管段的温降 Δt,然后由起点水温 $t_c$ 减去该管段的温度降而得。

$$\Delta t = \frac{\Delta T}{\sum f_i} f_i \tag{3.57}$$

式中 $f_i$—— 计算管段表面积,$m^2$,按管段外径计算的展开面积;

$\sum f_i$—— 配水管网中计算管路各管段表面积的总和,$m^2$。

各计算管段的终点水温 $t_g$ 参见式(3.56)。

用面积比温降法估算终点水温,比按管道长度估算要精确一些,其重复运算的次数可减少。

c. 利用温降因素法估算各管段终点水温。任一管段的温度降 Δt,可根据预先规定的配水管网最大温度降 ΔT 和计算管路中各管段的温降因素 $M_i$ 之和,按比例近似估算出各管段的温降 Δt,然后由起点水温 $t_c$ 减去管段的温度降而得。

热水在管段内流动时的温降,与其热损失成正比,与循环流量成反比。

$$\Delta t = \frac{q_s}{qC\rho_r} = \frac{\pi D_i l_i K(1-\eta)(t_m - t_k)}{\frac{\pi}{4}D_i^2 vC\rho_r} \tag{3.58}$$

式中 $t$——热水管道的温度降,℃;

$q_s$——热水在计算管段内流动时热损失,kJ/h;

$q$——热水在计算管段内流动时的循环流量,$m^3/h$;

$C$——水的比热,取 $C$=4.187 kJ/(kg·℃);

$\rho_r$——热水密度,$kg/m^3$;

$D_i$——计算管段的外径,m;

$l_i$——计算管段的长度,m;

$K$——无保温时管道的传热系数,取值为 41.9~44.0 kJ/($m^2$·h·℃);

$\eta$——保温系数,无保温时 $\eta=0$,较简单的保温 $\eta=0.6$,较好的保温 $\eta=0.7\sim0.8$;

$t_m$——计算管段的平均水温,℃,$t_m=\frac{t_c+t_g}{2}$;

$t_k$——计算管段周围的空气温度,℃,无资料时可按表 3.34 采用;

$v$——水的流速,m/h。

表 3.34 管道周围的空气温度

| 管道敷设情况 | $t_k$/℃ | 管道敷设情况 | $t_k$/℃ |
| --- | --- | --- | --- |
| 有采暖房间内明装 | 18～20 | 有采暖房间内暗装 | 30 |
| 敷设在不采暖房间顶棚内 | 采用一月份室外平均温度 | 敷设在不采暖的地下室 | 5～10 |
| 敷设在室内地下管沟内 | 35 | — | — |

整理可得：

$$\Delta t=\frac{4K(t_m-t_k)}{vc\rho_r}\cdot\frac{l_i(1-\eta)}{D_i}=\frac{4K(t_m-t_k)}{vc\rho_r}\cdot M_i \tag{3.59}$$

在一般情况下，管段平均水温与周围空气温度差为25°～40 ℃，流速 $v$ 为0.05～0.08 m/s。由式(3.59)可知，$\frac{4K(t_m-t_k)}{vc\rho_r}$对管段的温度影响将较小，温度降与计算管道长度 $l_i$ 和保温因素$(1-\eta)$近似成正比，与管道直径 $D_i$ 成反比，故称 $M_i=\frac{l_i(1-\eta)}{D_i}$为计算管段的温降因素。各计算管段的温度降：

$$\Delta t=M_i\cdot\frac{\Delta T}{\sum M_i} \tag{3.60}$$

式中 $M_i$—— 计算管段的温降因素；

$\sum M_i$—— 配水管网中计算管路各管段温降因素的总和。

利用温降因素估算终点水温，比仅按管道长度估算要精确一些，因此重复运算的次数可减少，在要求不太高时一般可以只运算一次，不必重复运算。

③管段的热损失计算。配水管网中任一计算管段的热损失可按下式(3.61)计算：

$$q_s=\pi D_i l_i K(1-\eta)(t_m-t_k)=l_i(1-\eta)\Delta q_s \tag{3.61}$$

式中 $\Delta q_s$——无保温时单位长度管道的热损失，kJ/(m·h)。

④循环流量的计算：

a.管网总循环流量。对于全天循环的管网，总循环流量所携带的有效热量，应等于循环配水管网总的热损失，但不包括回水管道、非循环部分配水管道、加热设备和贮水设备的热损失。总循环流量为：

$$\sum q_x=\frac{\sum q_s}{C\Delta T\rho_r} \tag{3.62}$$

式中 $\sum q_x$—— 循环管网中各配水管段的循环流量之和，$m^3$/h；

$\sum q_s$—— 循环管网中各配水管道的热损失之和，kJ/h；

$C$—— 水的比热，$C$ = 4.187 kJ/(kg·℃)；

$\Delta T$—— 配水管网最大设计温度降，℃；

$\rho_r$—— 热水密度，kg/$m^3$。

b.计算管段的循环流量。如图3.47、图3.48所示,设配水管路终点z的水温为$t_z$,1点水温为$t_1$。根据热平衡原理,通过管段Ⅰ在三通节点1处的热平衡关系式为:

$$q_{xI}C(t_1 - t_z)\rho_r = q_{sII} + q_{sIII} + q_{sIV} + q_{sV} \tag{3.63}$$

通过管段Ⅱ由三通节点1后算起的热平衡关系式为:

$$q_{xII}C(t_1 - t_z)\rho_r = q_{sII} + q_{sIII} + q_{sIV} \tag{3.64}$$

将式(3.63)和式(3.64)相除可得:

$$q_{xII} = q_{xI}\frac{q_{sII} + q_{sIII} + q_{sIV}}{q_{sII} + q_{sIII} + q_{sIV} + q_{sV}} \tag{3.65}$$

式中 $q_{xI}$,$q_{xII}$——通过管段Ⅰ和管段Ⅱ中的循环流量,L/h;

$q_{sII} \cdots q_{sV}$——Ⅱ至Ⅴ各管段的热损失值,kJ/h。

式(3.65)可写成通式:

$$q_{x(n+1)} = q_{xn}\frac{\sum q_{s(n+1)}}{\sum q_{sn}} \tag{3.66}$$

式中 $q_{xn}$,$q_{x(n+1)}$——$n$管段和$n+1$管段分别通过的循环流量,L/h;

$\sum q_{s(n+1)}$——$n+1$管段及其后各管段($n$节点后所有正向管段)的热损失之总和,kJ/h;

$\sum q_{sn}$——$n$节点后所有管段($n$节点后所有管道,包括正向和侧向)的热损失之总和,kJ/h。

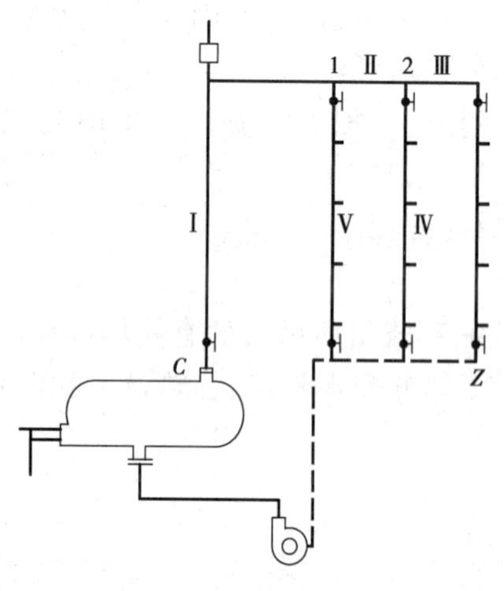


图3.47 上行下给式管网温降计算图

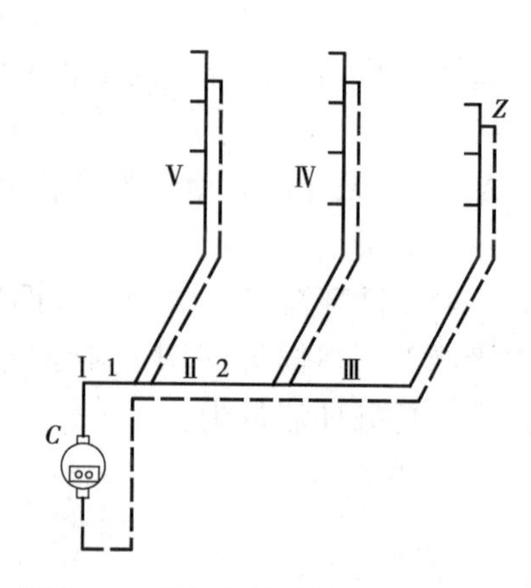


图3.48 下行上给式管网温降计算图

c.管路各点实际水温的计算。如图3.47、图3.48所示,为确定点1的温度,必须先求出热水从$C$点至1点的温降。

由$t_c - t_1' = \frac{q_{sI}}{q_{xI}C\rho_r}$得:

$$t'_1 = t_c - \frac{q_{sI}}{q_{xI} C \rho_r} \tag{3.67}$$

同理,管路各点实际水温可按下式求得:

$$t'_z = t_c - \frac{q_s}{C \rho_r q'_x} \tag{3.68}$$

式中 $t'_z$——各管段终点的计算水温,℃;

$t_c$——各管段起点水温,℃;

$q_s$——各管段的热损失,kJ/h;

$q'_x$——各管段的循环流量,L/h。

若按式(3.68)计算出的管路终点水温 $t'_z$值与最初估算的温度 $t_g$ 相差较大,应重复上述计算。重复运算时,可假定各管段终点水温 $t''_z$,按式(3.69)计算:

$$t''_z = \frac{t_g + t'_z}{2} \tag{3.69}$$

直到管路终点水温符合需要的水温为止,一般情况下,进行一次校正计算即可满足要求。

⑤循环水头计算:

a. 在第二循环管路中通过循环流量时所产生的水头损失,按式(3.70)计算:

$$H = H_p + H_h = \sum RL + 10 \sum \xi \frac{\rho_r v^2}{2g} \tag{3.70}$$

式中 $H$ ——自然循环水头损失,Pa;

$H_p$,$H_h$——通过循环流量时配水管路和回水管路中的水头损失,Pa;

$R$——单位长度沿程水头损失,Pa/m;

$L$——管段长度,m;

$\xi$——局部阻力系数,见表 3.35;

$v$——循环流速,m/s;

$\gamma$——60 ℃时热水密度,kg/m$^3$;

$g$——重力加速度,m/s$^2$。

**表 3.35 局部阻力系数**

| 局部阻力形式 | ξ 值 | 局部阻力形式 | ξ 值 | | | | | |
|---|---|---|---|---|---|---|---|---|
| 热水锅炉 | 2.5 | 汇流三通 | 3.0 | | | | | |
| 突然扩大 | 1.0 | 旁流四通 | 3.0 | | | | | |
| 突然收缩 | 0.5 | 汇流四通 | 3.0 | | | | | |
| 逐渐收缩 | 0.3 | 直杆截止阀 | DN15 | DN20 | DN25 | DN32 | DN40 | >DN50 |
| | | | 16 | 10 | 9 | 9 | 8 | 7 |
| 弯管式伸缩器 | 2.0 | 斜杆截止阀 | 3 | 3 | 3 | 2.5 | 2.5 | 2 |

续表

| 逐渐收缩 | 0.3 | 直杆截止阀 | DN15 | DN20 | DN25 | DN32 | DN40 | >DN50 |
|---|---|---|---|---|---|---|---|---|
| | | | 16 | 10 | 9 | 9 | 8 | 7 |
| 套管伸缩器 | 0.6 | 旋塞阀 | 4 | 2 | 2 | 2 | – | – |
| 弯管 | 0.5 | 闸门 | 1.5 | 0.5 | 0.5 | 0.5 | 0.5 | 0.5 |
| 直流三通 | 1.0 | 90°弯头 | 2.0 | 2.0 | 1.5 | 1.5 | 1.0 | 1.0 |
| 旁流三通 | 止回阀 | 7.5 | | | | | | |

b. 自然循环作用水头。自然循环作用水头,应根据管网布置情况分别计算。

上行下给式管网如图 3.49 所示,其计算公式为:

$$H_{zr} = 10\Delta h(\rho_1 - \rho_2) \tag{3.71}$$

式中 $H_{zr}$——自然循环作用水头,Pa;

$\Delta h$——上行横干管中点至水加热设备或热水贮罐中心的标高差,m;

$\rho_1,\rho_2$——最远配水立管和配水主立管中热水的平均密度,kg/m$^3$。

下行上给式管网如图 3.50 所示,其计算公式为:

$$H_{zr} = 10\Delta h_1(\rho_1 - \rho_2) + 10\Delta h_2(\rho_3 - \rho_4) \tag{3.72}$$

式中 $\Delta h_1$——最远回水立管顶部与底部的标高差,m;

$\Delta h_2$——最远回水立管底部与加热设备或热水贮罐中心的标高差,m;

$\rho_1,\rho_2$——最远回水和配水立管中热水的平均密度,kg/m$^3$;

$\rho_3,\rho_4$——下行回水和配水横干管中热水的平均密度,kg/m$^3$。

c. 形成自然循环的条件。考虑到自然循环作用水头应有一定的富余和技术经济上的合理性,形成自然循环的条件一般规定如下:

$$H_{zr} \geqslant 1.35(H + H_j) \tag{3.73}$$

式中 $H$——循环流量在计算管路中的总水头损失(包括配水管路和回水管路),Pa;

$H_j$——加热设备的水头损失,Pa,一般对于容积式水加热器、热水锅炉和热水贮罐可忽略不计,对于其他加热设备应视具体情况经计算确定。

当计算结果不满足上述条件时,应设置循环水泵,采用机械强制循环。

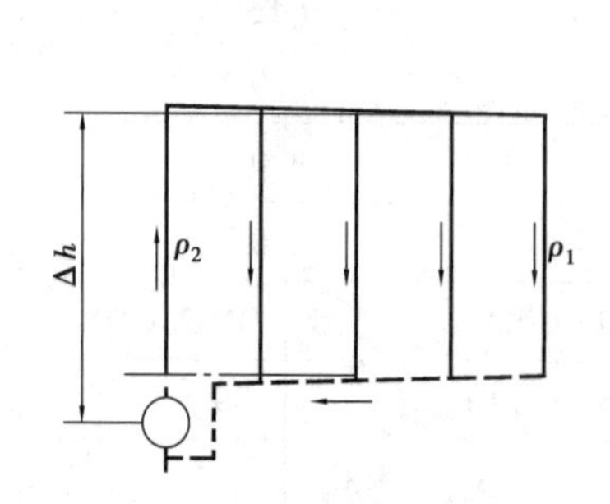


图 3.49 上行下给式管网自然循环作用水头

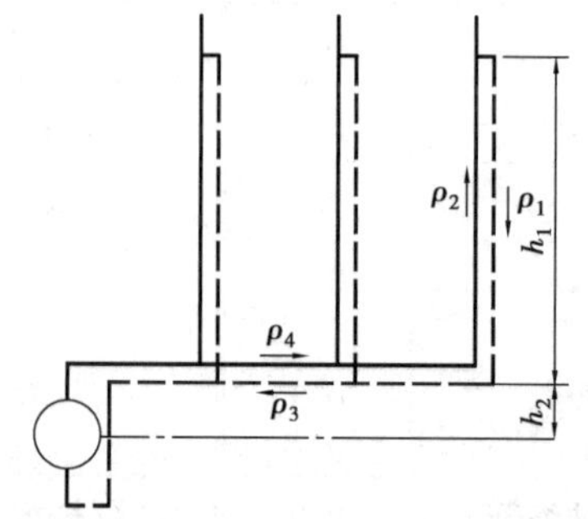


图 3.50 下行上给式管网自然循环作用水头

⑥管网水头损失平衡。在多循环回路的热水管网的设计计算中,应使各回路的水头损失大致相符,这是热水管网循环管路计算中的重要一环。若管网各循环回路水头损失不平衡,循环流量就会在水头损失较小的回路发生短路,使其他回路的循环量偏小,水温达不到设计要求。在实际工程中,很难采用改变管径的方法使各回路水头损失达到平衡。为此,在各回路的热水配水立管和回水立管上都应设置阀门。一方面在检修时可以关闭水流,另一方面可以作为调节阀,以平衡各环路水头损失;另外,也可采用同程循环的管道布置方式来达到各循环回路水头损失大致相等,但该方式会增加管道造价且在某些建筑中的布置难度较大。

⑦机械循环计算。机械循环管网计算分全天循环和定时循环两种。

a. 全天循环。全天循环就是在整个供应热水期间,每天不间断地进行热水循环,循环水泵的流量和扬程按下式计算:

$$Q_b = K_x q_x \tag{3.74}$$

$$H_b = H_p + H_h \tag{3.75}$$

式中 $Q_b$——循环水泵流量,L/h。

$H_b$——循环水泵扬程,Pa。

$K_x$——相应循环措施的附加系数,取值为1.5~2.5。

$H_p$,$H_h$——循环流量通过配水和回水管路的水头损失,Pa。当采用半即热式水加热器或快速水加热器时,水泵扬程尚应计算水加热器的水头损失;当$H_b$值较小时,可选$H_b$=0.05~0.10 MPa。

$q_x$——管网总循环流量,L/h。除按式(3.62)详细计算外,也可按下式计算:

$$q_x = \frac{Q_s}{c\rho_r \Delta T} \tag{3.76}$$

式中 $Q_s$——配水管道的热损失,kJ/h,单体建筑可取(2%~4%)$Q_h$,小区可取(3%~5%)$Q_h$;

$\Delta T$——配水管道的热水温度差,℃,按系统大小确定,单体建筑可取5~10 ℃,小区可取6~12 ℃。

b. 定时循环。定时循环是定时热水供应系统中的热水循环方式,即在供应热水前半小时系统循环水泵开始运转,直到把水加热到规定温度,循环泵即停止工作。因定时供应热水时用水较集中,故不考虑热水循环,即供应热水时循环泵关闭。循环水泵的流量和扬程按下式计算:

$$Q_b \geqslant (2 \sim 4) V_{gs} \tag{3.77}$$

$$H_b \geqslant H_p + H_h + H_j \tag{3.78}$$

式中 2~4——每小时循环次数,系统较大取下限,反之取上限;

$V_{gs}$——热水系统循环管网的水容积,包括配水和回水管网的容积,但不包括无回水管道的管段和贮水器或加热设备的容积,L;

$H_j$——加热设备的水头损失,Pa;

$H_p$,$H_h$——循环流量通过配水和回水管路的水头损失,Pa。

选择循环水泵时应选用热水泵,水泵壳体承受的工作压力不得小于其所承受的静水压力加水泵扬程;循环水泵宜设备用泵,交替运行。全日集中热水供应系统的循环水泵在泵前回水总管上应设温度传感器,由温度控制起停。定时热水供应系统的循环水泵宜手动控制,或定时自动控制。

## 思考题

3.1 简述热水系统的组成。

3.2 简述高层建筑热水供应系统的供水方式类别,绘出各类供水方式的系统原理图。

3.3 热水供应系统的计算温度应包括哪几个部分?

3.4 为什么热水供应系统设计中对水质有要求?

3.5 热源选择的原则有哪些?

3.6 简述水的加热方式。

3.7 加热设备选择的原则以及各种加热设备使用条件。

3.8 高层建筑热水供应系统中,如何选择热水管道材料?

3.9 热水管道与冷水管道在布置上有何区别?

3.10 热水供应系统中常用的附件有哪些?各自适用的场所有哪些?

3.11 热水管道保温材料和措施有哪些?

3.12 简述热水系统计算的内容。

3.13 如何选择加热设备?其计算内容有哪些?如何计算?

3.14 简述太阳能以及其他可再生能源热水供应系统的设计要点。

3.15 简述热水管网设计计算的要点。

扩展数字资源 3

# 4 高层建筑排水系统

## 4.1 高层建筑排水系统概述

高层建筑多为公共建筑和住宅建筑，其排水系统的主要任务是排除卫生间（包括盥洗、淋浴、洗涤等生活废水和粪便污水）、厨房、设备机房、水处理设备、车库、绿化等废水，以及排除雨水、消防、工业、医疗等污废水。

**1）排水系统的分类**

排水系统根据排水的来源及水质被污染的程度可分为以下 4 种

①生活污水排水系统：排除大、小便器以及与之类似的卫生设备排出的污水。

②生活废水排水系统：排除洗涤盆、洗脸盆、沐浴设备等排出的洗涤废水，以及与其水质相近的卫生设备排放的废水。

③屋面雨水排水系统：排除屋面雨雪水的排水系统。

④特殊排水系统：排除空调、冷冻机等设备排出的冷却废水，锅炉、换热器、冷却塔等设备的排污废水，车库、洗车场排出的洗车废水，餐厅、公共食堂排出的含油废水，以及医院污水等。

**2）排水体制的选择**

高层建筑污废水是合流还是分流排放，是排水系统设计的重要问题，应根据污废水性质及污染程度、结合室外排水体制、综合利用的可能性以及处理要求等综合考虑确定。

（1）生活污、废水分流的情况

①建筑物使用性质对卫生标准要求较高时，宜采用分流制。

②当政府有关部门要求污水、废水分流且生活污水须经化粪池处理后才能排入城镇排水管道时，宜采用分流制。

③生活废水需要回收利用或用作中水水源时，宜采用分流制。

（2）单独排至水处理构筑物或回收构筑物的情况

①食堂、营业餐厅的厨房含有大量油脂的洗涤废水；

②机械自动洗车台冲洗水；

③含有大量致病菌或放射性元素超过排放标准的医院、科研机构的污水；

④水温超过 40 ℃的锅炉、水加热器等加热设备排水；

⑤用作回用水水源的生活排水；

⑥实验室有毒有害废水。

(3)单独设置废水管道排入室外雨水管道的情况

消防排水、生活水池(箱)排水、游泳池放空排水、空调冷凝排水、室内水景排水、无洗车的车库和无机修的机房地面排水等宜与生活废水分流，单独设置废水管道排入室外雨水管道。

(4)建筑雨水的排放及利用

建筑雨水管道应与生活排水分流排出，在缺水地区，应尽量考虑利用雨水的措施。

**3)排水管道的组成及特点**

建筑内部排水系统由卫生器具(受水器)、器具排水管、排水横支管、立管、横干管、通气系统、排水附件、局部处理构筑物以及提升设备等构成。但高层建筑排水系统具有自身的特点：

①卫生器具多，排水点多，排水水质差异大。高层建筑通常体积大，功能复杂，建筑标准高，因此用水设备类型多，排水点多，排水点位置分布不规律，水质差异大，排水管道类型多。

②排水立管长，水量大，流速高。由于建筑高度大，较高楼层排出的污水汇入下层立管和横干管中，因此水量和流速逐渐增加。若排水系统设计不合理，致使管内气流、水流不畅，则经常会引起卫生器具水封破坏，臭气进入室内污染空气环境，或者管道经常堵塞，严重影响使用。

③排水干管服务范围大，设计或安装不合理造成的影响大。由于高层建筑体积大，在排水管道转换过程中常有较长的排水横干管，沿路收集与之水质类似的立管排水，若管道设计或安装不合理，横干管内气流、水流不畅，必然影响与之相连接的多根立管内的气、水两相流流态，影响范围大。

因此，在高层建筑中，排水系统功能的优劣很大程度上取决于通气系统设置是否合理，这是高层建筑排水系统中最重要的问题。

**4)排水系统类型**

根据通气方式的不同，高层建筑排水管道的组合类型可分为单立管、双立管和三立管排水系统。

(1)单立管排水系统

单立管排水系统只有一根排水立管，不设通气立管，主要利用排水立管本身及其连接的横支管和附件进行气流交换。根据层数和卫生器具的多少，单立管排水系统有 3 种类型。

①无通气的单立管排水系统。该系统适用于底层生活排水管道单独排出但必须符合规范的相关规定条件下才可采用。

②有伸顶通气的普通单立管排水系统。该系统适用于高层建筑裙房或其附属的多层建筑,对高层建筑中排水量较小、水质相对清洁废水的排放,也可采用该种形式。

③特制配件单立管排水系统。该系统适用于高层建筑及裙房。

(2)双立管排水系统

该系统由一根排水立管和一根通气立管组成,主要利用通气立管与大气进行气流交换,也可利用通气立管自循环通气。

(3)三立管排水系统

该系统为两根排水立管(污水和废水)共用一根通气立管,排水系统由两根排水立管和通气立管组成。

**5)排水方式**

排水的方式有重力排水、压力排水和真空排水三种。

(1)重力流排水系统

重力流排水系统是地面以上的绝大部分建筑利用重力、靠管道坡度自流的排水方式,是目前建筑内部最广泛的排水系统,具有节能且管理简单等优点。当无法采用重力流排水时,可采用以下两种特殊排水系统。

(2)压力流排水系统

压力流排水系统主要应用在污废水不能自流排出或发生倒灌的区域需要依靠排水泵提升的场所。

(3)真空排水系统

真空排水系统是有别于重力排水系统和压力排水系统的一种排水系统,它由真空泵、真空收集器和污水泵及相应的系统管道组成。坐便器采用设有手动真空阀的真空坐便器,其他卫生器具下面设液位传感器,自动控制真空阀的启闭。卫生器具排水时真空阀打开,真空泵启动,将污水抽吸到真空收集器里贮存,定期由污水泵将污水送到室外。

压力流和真空排水系统目前多应用于飞机、火车等交通工具和某些特殊的工业领域。与重力流系统相比,这种排水系统具有节水、排水管径小、占用空间小、横管无须坡度、流速大以及自净能力较强等优点。但是,压力流和真空排水系统也具有造价高、消耗动力、管理复杂和日常运行费用较高的缺点。

## 4.2 排水系统中水、气流动的特点

卫生器具排水的特点是间歇排水,排水中含有粪便、纸屑等杂物,在排水过程中又挟带大量空气,实际水流运动呈水、气、固三相流状态。因固体物所占体积较小,可简化为水、气两相断续非均匀流。对排水系统中水、气两相流的研究,是合理设计高层建筑排水系统的基础。

### 4.2.1 水封及其被破坏的原因

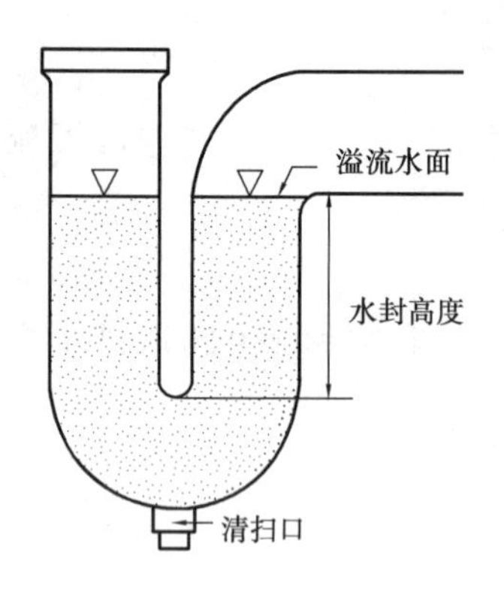


图 4.1 存水弯构造示意图

为防止排水管道中产生的臭气及各种有害气体进入室内污染环境，需在卫生器具内部或器具排出口上设置具有水封的配件——存水弯。存水弯中存有一定高度的水柱，称为水封，如图 4.1 所示。水封高度越大，防止气体穿透的能力越强，但也越容易在存水弯底部沉积脏物，堵塞管道。为防止气体穿透水封进入室内，水封高度不得小于 50 mm，通常采用 50～100 mm。对于特殊用途器具，当存水弯较易清扫时，水封高度可以超过 100 mm。

常用的水封装置有存水弯和水封井，如图 4.2 所示。

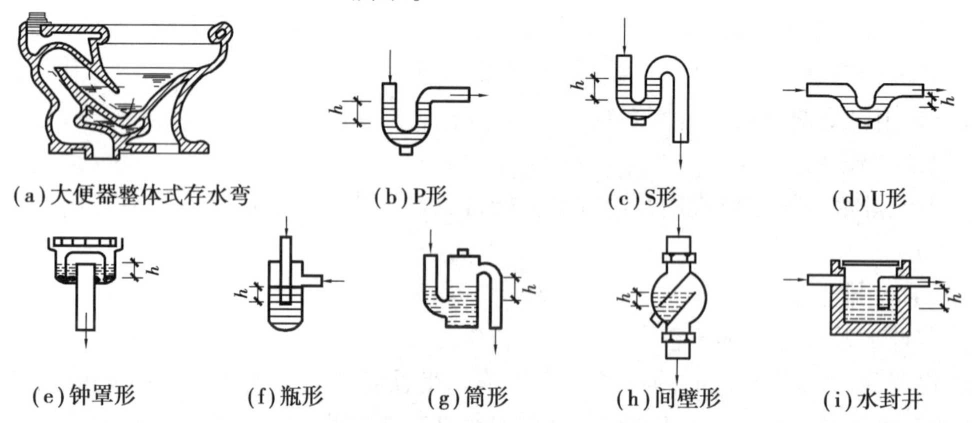


图 4.2 常用水封装置示意图

**1)器具存水弯中水封被破坏的原因**

因静态或动态原因造成存水弯内水封高度减少，不足以抵抗管道内允许的压力变化值（一般为±25 $mmH_2O$），管道内气体进入室内的现象称为水封破坏。水封内水量的损失主要有以下几个原因。

(1)自虹吸作用

如图 4.3 所示，卫生器具瞬时大量排水时，因存水弯自身充满而发生虹吸，使存水弯中的水被抽吸。

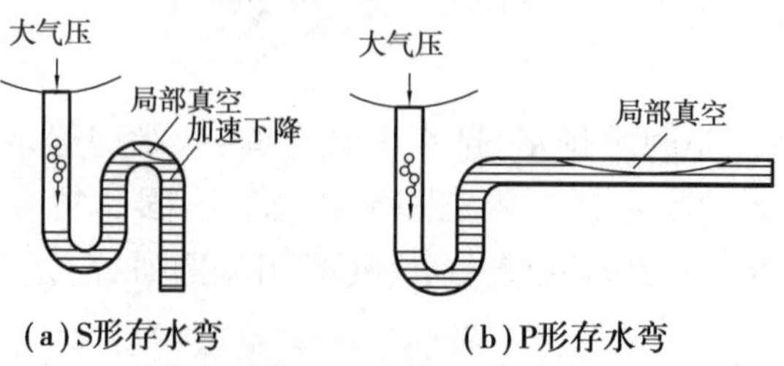


图 4.3 自虹吸损失示意图

(2)诱导虹吸作用

立管中排水流量较大时,会造成中、上部立管水流流过的横支管在短时间内形成负压,使卫生器具存水弯中的水被抽吸;横支管上一个或多个卫生器具排水时,也会造成不排水卫生器具的存水弯产生压力波动,形成虹吸而破坏水封。

当卫生器具大量排水时,立管中水流高速下降,易在立管底部形成正压,使存水弯中的水封受压向上喷冒;当正压消失时,上升的水柱下落,由于惯性力使部分水向流出方向排出而损失水封高度。

当立管中瞬时大量排水或通气管中倒灌强风时,水封水面交替上下晃动,由于惯性力的作用,不断溢出水量,降低水封高度。

(3)静态损失

在存水弯的排出口一侧因向下挂有毛发、布条之类的杂物,在毛细管作用下吸出存水弯中的水。卫生器具长期不用,存水弯中的水封因逐渐蒸发而破坏,尤其在夏季或冬季室内有采暖设备时蒸发更快。学校或旅馆等长期无人使用的卫生间,地漏水封容易因蒸发而损失。

**2)美国规范明确禁止使用的存水弯**

美国建筑给排水规范明确禁止使用的存水弯,主要包括6种类型,如图4.4所示。

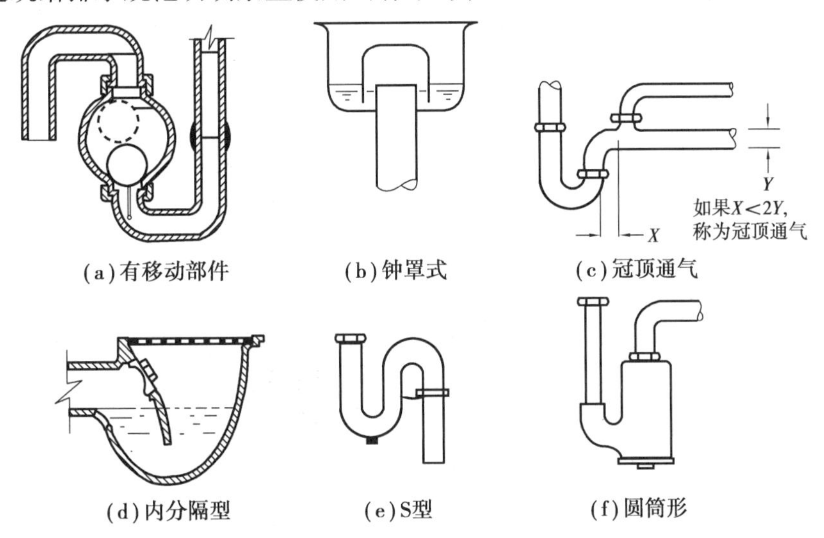


**图4.4 美国建筑给水排水设计规范明确禁止使用的存水弯**

(1)有移动部件的存水弯

利用机械或移动部件保存水封不可靠,同时这种存水弯有可能被污水腐蚀而失去效用,或加剧堵塞,如图4.4(a)所示。

(2)钟罩式存水弯

这种存水弯一般不能提供足够的水封深度抵御管道系统中的压力波动,水封容易被破坏,而且水封易蒸发,钟罩处易堵塞,如图4.4(b)所示。

(3)冠顶通气的存水弯

通气部位距水流紊动区太近,不利于通气,如图4.4(c)所示。

(4)内分隔型存水弯

分隔在存水弯内部无法看见,若被腐蚀或遭到机械损坏,则失去作用。此外,这种存水弯造价较高,内部也容易堵塞,可用于卫生器具自带的存水弯,但材料必须是玻璃、陶瓷或塑料,如图4.4(d)所示。

(5)S形存水弯

弯内水流垂直向下,与重力方向一致,造成存水弯出口侧水流容易加速而形成虹吸,如图4.4(e)所示。

(6)圆筒形存水弯

这种存水弯用于浴缸类卫生器具,容易滞留毛发,引起堵塞,如图4.4(f)所示。

此外,美国建筑给排水设计规范还规定,卫生器具如果因长时间不用而造成水封蒸发,就必须设注水器充水,或使用100 mm的深水封存水弯。为防止排出水的冲力破坏水封,卫生器具排出口到存水弯的距离不得大于610 mm。

### 4.2.2 排水横管中的水流运动

建筑内部排水横管中的水流运动是一种复杂的带有可压缩性气体的非稳定、非均匀的流动。

**1)横管的水流状态**

在排水立管中竖直下落的污水具有较大的动能,因此器具排水管或排水立管与横管连接处流态发生转换,水面壅起形成水跃;此后流速下降,水流在横管内形成具有一定水深的横向流动。水流能量转化的剧烈程度与管道坡度、管径、排水流量、持续时间、排放点高度、卫生器具出口形式及管件形式等因素有关。

卫生器具距离横支管的高差较小,污废水具有的动能小,在横支管处形成的水跃紊动性较弱,水流在横管内通常呈八字形流动。水面壅起较高时,也可能充满整个管段断面。高层建筑立管长、排水流量大,污废水到达立管下端后,高速冲入横干管产生强烈的冲激流,水面跃起,污废水可能充满整个管道断面。

**2)横管中的气压变化**

当卫生器具排水时,有可能造成管道内局部空气不能自由流动而形成正压或负压,导致水封破坏。排水管道设计成非满流,是让空气有自由流动的空间,防止压力波动。

(1)横支管中的气压变化

当立管大量排水时,$B$点卫生器具排水,横支管内的空气压力变化如图4.5所示。以C点存水弯为例,排水初期,$BC$段空气受到压缩,形成正压,在短时间内使存水弯进口端水面上升$H_1$高度;排水末期,$BC$段空气因被水流挟带走而减少,形成负压,抽吸$C$点存水弯的水使其流失$H_2$高度。横支管内的正压和负压处于交替变化状态。

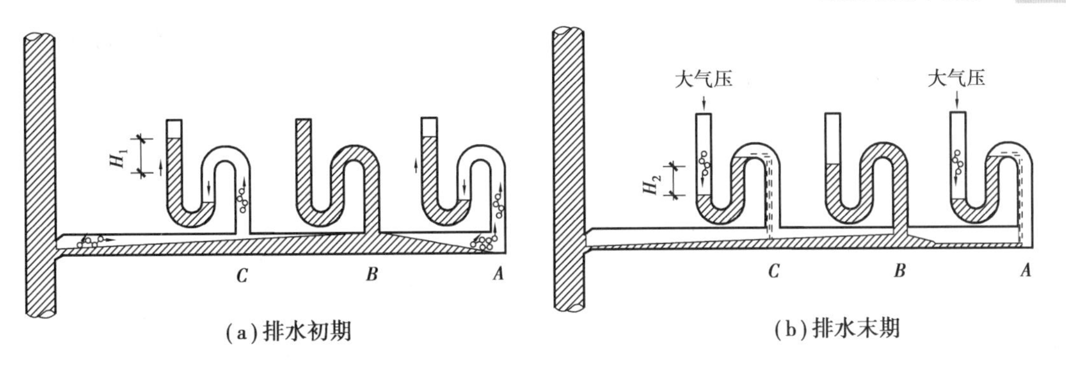


图4.5　横支管内压力变化

(2)横干管内的气压变化

当立管排水时,水流不断下落,立管底部与横干管之间的空气不能自由流动,空气压力骤然上升,使下部几层横支管形成较大的正压。当排水量大时,存水弯内的水出现正压喷溅现象。

**3)横管的排水能力**

建筑内部横管的排水量可按明渠均匀流公式(4.1)和式(4.2)计算:

$$Q_{ph}=Av \tag{4.1}$$

$$v=\frac{1}{n}R^{\frac{2}{3}}i^{\frac{1}{2}} \tag{4.2}$$

式中　$Q_{ph}$——横管的排水流量,L/s;

$A$——水流的断面面积,$m^2$;

$v$——水流的断面流速,m/s;

$n$——管道的粗糙系数,塑料管 $n=0.009$,铸铁管 $n=0.013$,钢管 $n=0.012$,混凝土管、钢筋混凝土管 $n=0.013\sim0.014$;

$R$——水力半径(在重力流条件下,管径和断面形式相同时,主要影响因素为充满度),m;

$i$——水力坡度,重力流条件下即为管道坡度。

## 4.2.3　排水立管中的水流运动

**1)立管的水流状态**

由横支管进入立管的水流是断续的、非均匀的,排水立管中的水流为水、气两相流。水流或气流的大小,决定了立管工作状态是否良好。因此,各种管径的立管都只允许一定的水量(或气量)通过,以保证水流在下落过程中产生的压力波动不致破坏水封。

影响立管中水流运动最主要的因素是立管的充水率,即水流断面占管道断面的比例。

排水立管中的水流状态可分为以下三种:

(1)附壁螺旋流

当流量较小、充水率低时,因排水立管内壁粗糙,管壁和水的界面张力较大,水流沿着管壁周边向下作螺旋运动,如图4.6(a)所示。此时立管中气流顺畅,通气量大,气压稳定。

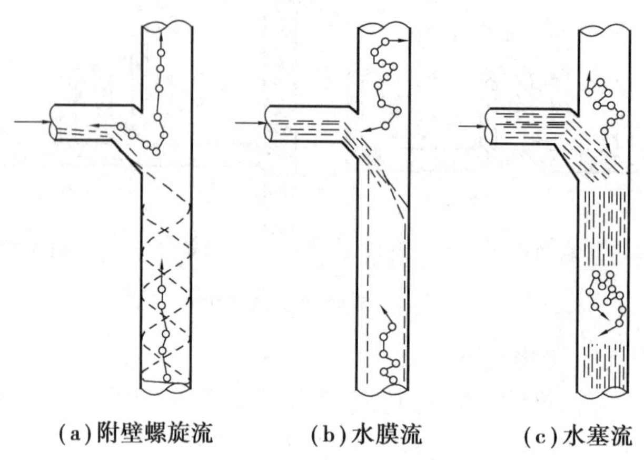

(a)附壁螺旋流　(b)水膜流　(c)水塞流

图4.6　立管中的水流状态

随着流量增加,螺旋运动开始被破坏,当水量足够覆盖住管壁时,螺旋流完全停止。水流附着管壁下落,此时管内气压仍较稳定。但这种状态属于过渡阶段,时间短,流量稍微增加,很快就转入另一个状态。

(2)水膜流

当流量继续增加,由于空气阻力和管壁摩擦力的作用,形成具有一定厚度的环状薄膜,沿管壁向下运动,如图4.6(b)所示。这一状态有两个特点:第一,环状水流下降过程中可能伴随产生横向隔膜,导致短时间内形成不稳定的水塞,但这种横向隔膜较薄,能够被空气冲破,这种现象主要是在充水率为1/4~1/3时发生;第二,水膜运动开始后便以加速度下降,当下降到一定距离后,速度稳定,水膜厚度不再变化。

(3)水塞流

当流量继续增大,充水率大于1/3后,横向隔膜的形成更加频繁,厚度的增加也使它不易被空气冲破,水流进入较稳定的水塞运动阶段,如图4.6(c)所示。水塞运动引起立管内气压剧烈波动,对水封产生严重影响,对排水系统的工况极为不利。

水流下落时带着气体一起流动,水流在立管的中心部位包卷着一团气体,称为气核体。在整个水流下落的过程中,气核体不断发生舒张或压缩的交替变化。

**2)立管中的气压变化及分布规律**

一根横支管排水时,立管中空气压力的分布规律如图4.7(a)所示。当水流从1点排入立管时,立管顶部0点以下的气压立刻降为负压,因存在沿程损失,0—1管段的负压沿立管高度小幅度增加。在水流排入1点处,压力显著下降,随后负压沿立管高度逐渐过渡到正压。

多根横支管排水时,立管中空气压力的分布规律如图4.7(b)所示。在同时排水的1,2,3点处,空气压力都发生显著下降。受下游排水的影响,上游管段(如1—2或2—3)全程处于某一负压下,气压沿立管高度无明显变化,只在下游排入点处产生负压叠加;最低排入点以下管段(如3—5),负压沿立管高度逐渐过渡到正压。

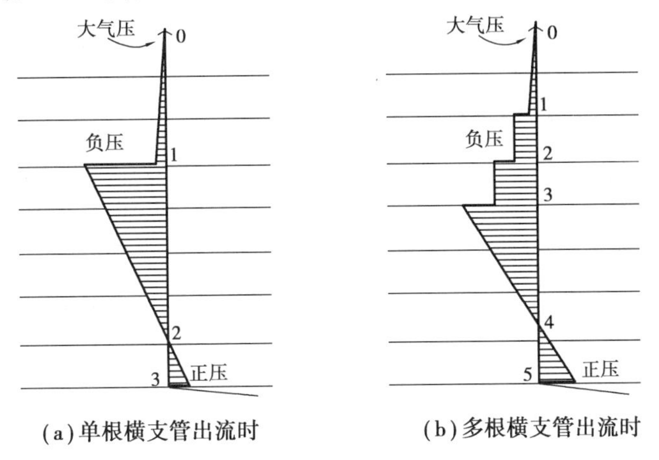


图4.7　排水立管中压力变化规律

3)立管的排水能力

气压波动是影响立管排水能力的关键因素,综合考虑技术和经济两方面的需求,各国都采用水膜流作为确定立管排水能力的依据。

水膜流阶段,立管中的水流呈环状向下运动。下降之初,环状水流具有一定的加速度,其厚度与下降速度成反比。下降一段距离后,水流所受管壁的摩擦阻力与重力平衡,不再有加速度,水膜厚度也不再变化,水流做匀速运动。这种保持着一直降落到底部而不变的速度称为终限流速,自水流入口处至形成终限流速的距离称为终限长度。

立管的排水能力按式(4.3)计算:

$$Q_{pl}=A_t v_t \tag{4.3}$$

式中　$Q_{pl}$——立管的排水流量,$m^3/s$;

$A_t$——终限流速时环状水流的断面面积,$m^2$;

$v_t$——终限流速,m/s。

(1)过水断面积 $A_t$ 的计算

终限流速时,环状水流的断面积为:

$$A_t=\alpha A_j=\frac{\alpha\pi d_j^2}{4} \tag{4.4}$$

式中　$A_j$——立管的断面面积,$m^2$;

$\alpha$——充水率,水膜流阶段一般为1/4~1/3;

$d_j$——立管的内径,m。

(2)终限流速 $v_t$ 和终限长度 $L_t$ 的计算

在立管的环状水流上选取微元体,假设其在微小时间间隔 $\Delta t$ 内的下降高度为 $\Delta L$,分析下降过程中微元体的受力情况,如图4.8所示。

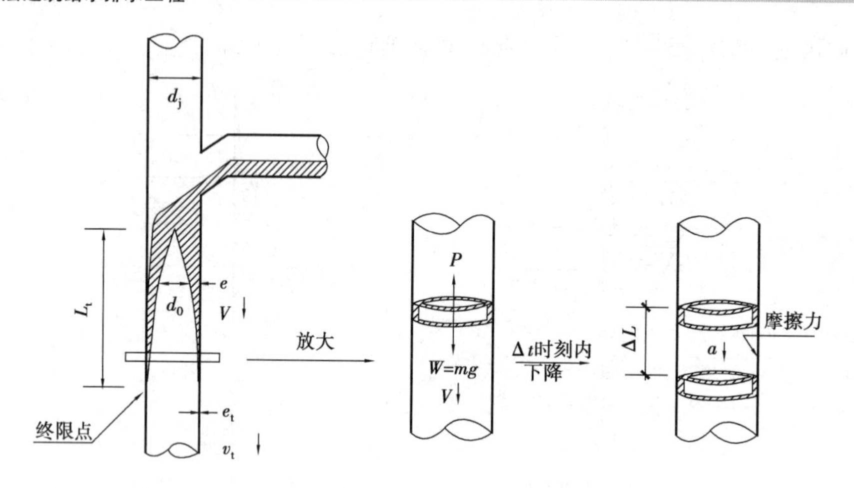


图 4.8　立管中环状水流的力学分析图

微元体在下降过程中，同时受到向下的重力 $W$ 和向上的管壁摩擦力 $P$ 的作用。在 $\Delta t$ 时刻内，根据牛顿第二定律：

$$F=ma=W-P \tag{4.5}$$

$$W=mg=Q_{pl}\rho\Delta tg \tag{4.6}$$

$$P=\tau\pi d_j\Delta L \tag{4.7}$$

式中　$m$——$\Delta t$ 时刻内通过的水流的质量，kg；

$Q_{pl}$——$\Delta t$ 时刻内通过的水流的流量，$m^3/s$；

$\rho$——水的密度，$kg/m^3$；

$\Delta t$——水流的流动时间，s；

$g$——重力加速度，$g=9.81\ m/s^2$；

$\tau$——立管内表面单位面积的水流摩擦力，$N/m^2$；

$d_j$——立管的内径，m；

$\Delta L$——$\Delta t$ 时刻内水流的下降高度，m。

将式(4.6)、式(4.7)代入式(4.5)，整理后微分，得：

$$\frac{dv}{dt}=g-\frac{\tau\pi d_j}{Q_{pl}\rho}\cdot\frac{dL}{dt} \tag{4.8}$$

根据紊流理论得：

$$\tau=\frac{\lambda\rho}{8}v^2 \tag{4.9}$$

式中　$\lambda$——沿程阻力系数。

将式(4.9)代入式(4.8)，整理后得：

$$\frac{dv}{dt}=g-\frac{\pi\lambda d_j}{8Q_{pl}}v^3 \tag{4.10}$$

终限流速 $v_t$ 时，加速度为零，即

$$\frac{dv}{dt}=0 \tag{4.11}$$

于是终限流速为：

$$v_t=\left(\frac{8gQ_{pl}}{\pi\lambda d_j}\right)^{\frac{1}{3}} \tag{4.12}$$

λ 值由实验确定为：

$$\lambda=0.121\,2\left(\frac{K_P}{e}\right)^{\frac{1}{3}} \tag{4.13}$$

式中 $K_P$——管壁的粗糙高度，m，聚氯乙烯 $K_P=0.002\sim0.015$mm，新铸铁管 $K_P=0.15\sim0.50$ mm，旧铸铁管 $K_P=1.0\sim3.0$ mm，轻度锈蚀钢管 $K_P=0.25$ mm；

$e$——环状水流的厚度，终限流速时为 $e_t$，m。

将式(4.13)代入式(4.12)，整理后得：

$$v_t=\left[\frac{21gQ_{pl}}{d_j}\left(\frac{e_t}{K_P}\right)^{\frac{1}{3}}\right]^{\frac{1}{3}} \tag{4.14}$$

终限流速时环状水流的厚度，可按下列关系求得：

$$Q_{pl}=A_t v_t$$

$$A_t=\frac{\pi}{4}d_j^2-\frac{\pi}{4}(d_j-2e_t)^2=\pi d_j e_t-\pi e_t^2 \tag{4.15}$$

由于 $e_t^2$ 值很小，可忽略不计，则：

$$Q_{pl}=\pi d_j e_t v_t$$

$$e_t=\frac{Q_{pl}}{\pi v_t d_j} \tag{4.16}$$

将式(4.16)和 $g=9.81$ m/s$^2$ 代入式(4.14)，整理后得：

$$v_t=4.4\left(\frac{1}{K_P}\right)^{\frac{1}{10}}\left(\frac{Q_{pl}}{d_j}\right)^{\frac{2}{5}} \tag{4.17}$$

式(4.17)表明：终限流速与流量成正比，与管道粗糙高度、管径成反比。对当量粗糙高度为0.25 mm 的新铸铁管，终限流速与流量、管径的关系为：

$$v_t=10.08\left(\frac{Q_{pl}}{d_j}\right)^{\frac{2}{5}} \tag{4.18}$$

式中，$v_t$ 的单位为 m/s，$Q_{pl}$ 的单位为 m$^3$/s，$d_j$ 的单位为 m，$\frac{Q_{pl}}{d_j}$的单位为 m$^3$/(s · m)。式(4.18)还可以用曲线表示，如图 4.9 所示。

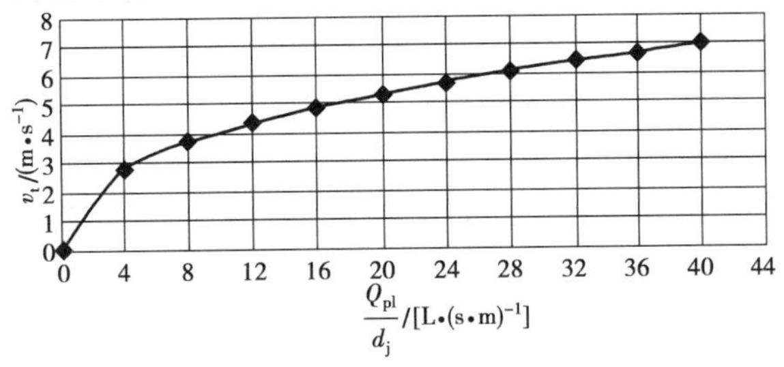


图 4.9 终限流速-流量关系图($K_P=0.25$ mm)

由图 4.9 可知,对于管径为 100 mm 的新铸铁管,当流量为 10 L/s 时,相当于约 1 250 个当量的卫生器具(或约 278 个大便器)同时排水,此时终限流速约为 4 m/s;随着流量增加,终限流速增长缓慢,即使流量为 40 L/s 时,相当于约 2.6 万个当量的卫生器具(或约 5 700 个大便器)同时排水,此时终限流速也只有 7 m/s。

根据终限长度的定义,复合函数 $v=f(L)$ 和 $L=f(t)$ 对流速求导,则:

$$\frac{dv}{dt}=\frac{dv}{dL}\cdot\frac{dL}{dt}=v\frac{dv}{dL} \tag{4.19}$$

将式(4.10)代入式(4.19),整理得:

$$dL=\frac{v\,dv}{g\left(1-\frac{\pi\lambda d_j}{8gQ_{pl}}v^3\right)} \tag{4.20}$$

对式(4.20)两边积分,运算得:

$$L_t=0.144\ 33v_t^2 \tag{4.21}$$

将式(4.17)代入式(4.21),整理得:

$$L_t=2.79\left(\frac{1}{K_P}\right)^{\frac{1}{5}}\left(\frac{Q_{pl}}{d_j}\right)^{\frac{4}{5}} \tag{4.22}$$

式(4.22)表明:终限长度与流量成正比,与管道粗糙高度、管径成反比。对当量粗糙高度为 0.25 mm 的新铸铁管,终限长度与流量、管径的关系为:

$$L_t=14.66\left(\frac{Q_{pl}}{d_j}\right)^{\frac{4}{5}} \tag{4.23}$$

式(4.23)可以用曲线表示,如图 4.10 所示。

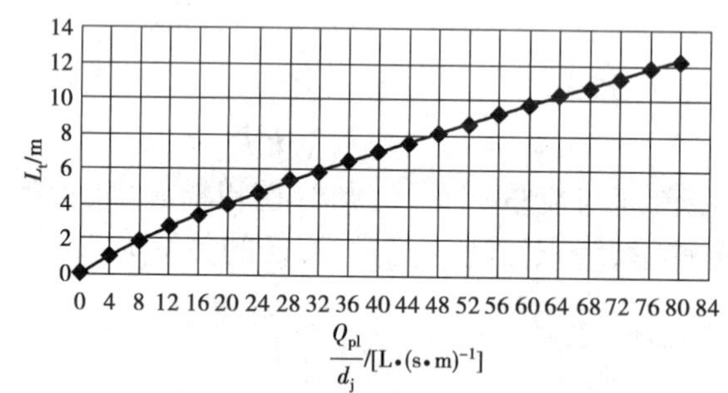


**图 4.10 终限长度-流量关系图**(管径 100 mm, $K_P$=0.25 mm)

由图 4.10 可知,对于 100 mm 的新铸铁管,当流量为 14 L/s 时,终限长度约为 3 m,即水流从支管出口进入立管后,大约经过一层楼的高度,便保持环状水流的厚度和流速不变。随着排水量的增加,终限长度的增幅也较为缓慢,即使当流量为 80 L/s,约相当于 10 万个当量的卫生器具(或约 2.4 万个大便器)同时排水,其终限长度也只有 12.26 m。

(3)立管的排水能力

将式(4.4)、式(4.17)代入式(4.3),整理得立管的排水能力为:

$$Q_{pl}=7.89\left(\frac{1}{K_P}\right)^{\frac{1}{6}}d_j^{\frac{8}{3}}\alpha^{\frac{5}{3}} \tag{4.24}$$

为保证水流流态处于水膜流阶段,一般充水率 $\alpha=1/4\sim1/3$。

# 4.3 减缓排水管内气压波动的措施

## 4.3.1 影响排水横管内气压波动的因素

当流量一定时,影响排水横管内气压波动的主要因素是存水弯的构造,排水管道的管径、坡度、长度和连接形式以及通气状况。

(1)存水弯构造的影响

S形存水弯与P形存水弯相比,较易形成自虹吸作用,水封损失通常也较P形弯更大,详见4.2节。有研究表明,存水弯构造不同,诱导虹吸作用所造成的影响也不相同。与等径存水弯相比,出口口径较小的异径存水弯具有较大的水封损失,如图4.11所示。

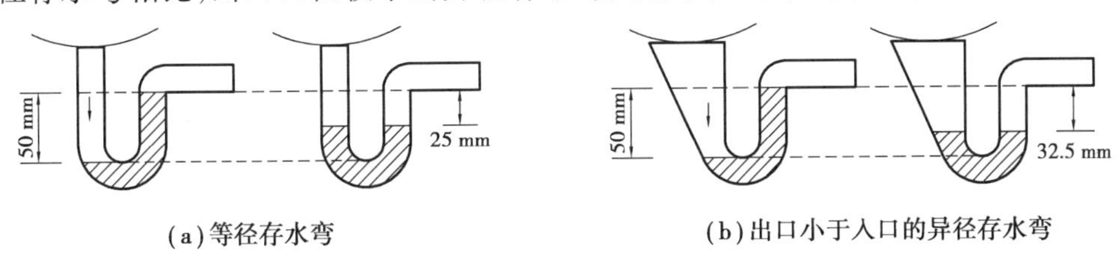


图4.11 存水弯构造与气压波动影响

(2)排水管道的管径、坡度、长度及连接方式的影响

当横支管管径、长度相同时,对不同的坡度、不同的立管管径进行实验,比较其对水封的影响程度,如图4.12所示。实验结果分析如下:

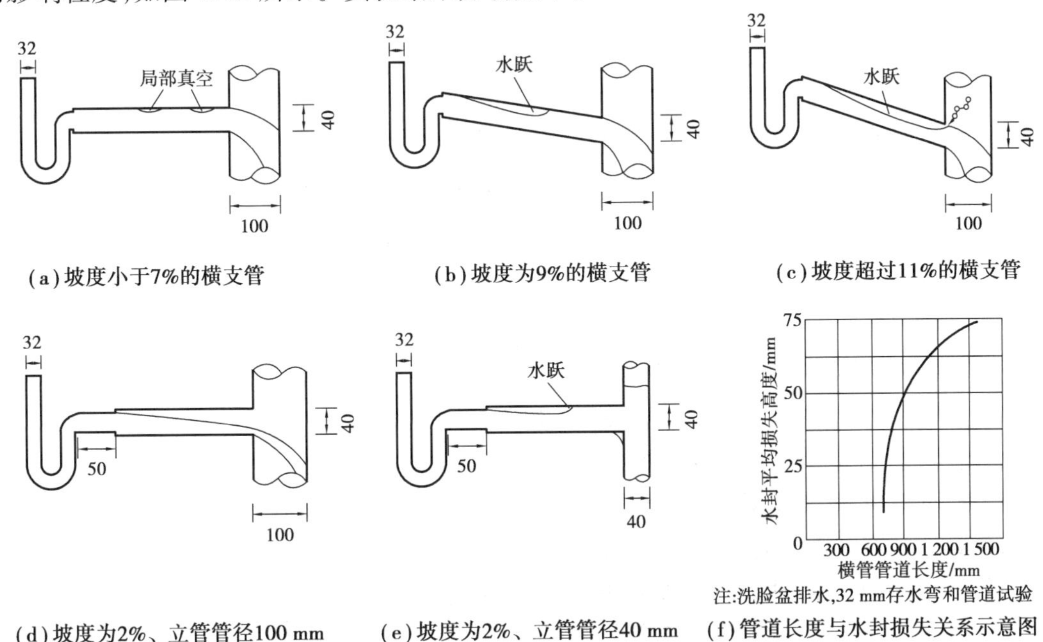


图4.12 排水横管气压波动影响因素实验结果示意图

①坡度的影响。横管坡度较小时,局部负压产生于靠近立管的位置,如图4.12(a)所示。器具排水结束后,水塞运动导致气压波动,水封略有损失。

稍稍增大坡度,在临近排水立管处发生水跃,如图4.12(b)所示。造成横管内产生50 mm的负压。器具排水结束后,水跃面在管内负压作用下向上游移动,但未能到达存水弯,负压最终上升至60 mm,水封损失较大。

继续增大坡度,同样在靠近排水立管处发生水跃。由于坡度较大,水跃缓慢向下游移动,在器具排水结束前达到立管,如图4.12(c)所示。负压得到缓解,水封没有损失。

②立管管径的影响。立管管径较大,横支管内未形成满管流,如图4.12(d)所示。此时气压稳定,水封没有损失。

立管管径较小,水流在横管与立管连接处受到阻滞。回水导致横管内首先形成40 mm以上的正压,后又发生水跃,产生60 mm以下的负压,如图4.12(e)所示。横管内气压波动剧烈,水封损失很大。当坡度非常小时,负压的作用有可能使水流重新回到存水弯,减小水封损失。

③管道长度和连接方式的影响。横管越长,管内因压力波动造成的水封损失也越大,如图4.12(f)所示。

连接方式对排水管道的气压波动也有一定影响。如与顺水管件相比,直流90°管件造成的压力波动较大。图4.12(e)中横支管和立管连接处,若采用水力条件好的顺水管件,在一定程度上能缓解回水在横支管内形成的正压和负压。

此外,对比图4.12(a)和图4.12(d)可以发现,与存水弯出口端立即放大管径相比,存水弯出口端经50 mm横管后再放大管径的连接方式不易形成满管流,横管内的压力波动较小。

(3)通气状况的影响

排水横管的气压波动主要由自虹吸和诱导虹吸作用造成。设置环形或器具通气管时,可将管内的正、负压区域与大气直接连通,减缓管内的气压波动,详见4.3.4节。

### 4.3.2 影响排水立管内气压波动的因素

#### 1)立管内最大负压影响因素分析

与正压相比,高层建筑排水立管内产生负压的绝对值更大,因此把最大负压作为研究对象,以普通伸顶通气的单立管排水系统为例进行分析,如图4.13所示。水流由横支管进入立管,在立管中呈水膜流状态挟气向下运动,空气从伸顶通气管顶端补入。

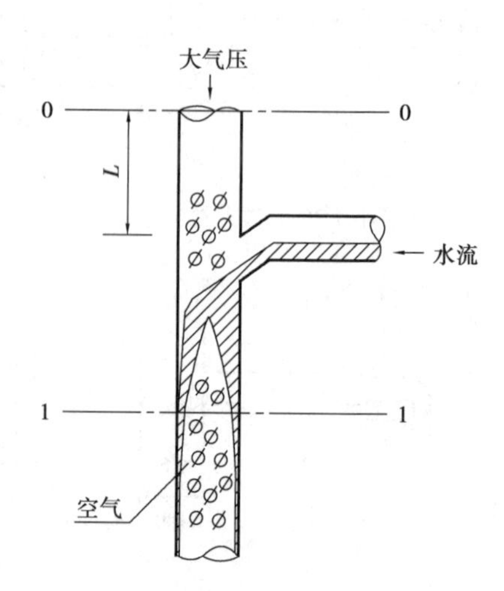

图4.13 立管内最大负压分析示意图

理想状态下,对不可压缩光滑流体,稳定流条件下的伯努力能量方程为:

$$\frac{P}{\rho g}+z+\frac{v^2}{2g}=\text{常数} \tag{4.25}$$

式中 $\frac{P}{\rho g}$——流体在某断面处的压能,Pa;

$z$——流体在某断面处的势能,Pa;

$\frac{v^2}{2g}$——流体在某断面处的动能,Pa。

以空气为对象,选取立管顶部空气入口处为基准面(0—0),另一断面(1—1)选在排水支管下最大负压形成处。根据能量守恒原理,空气在两个断面上的能量方程为:

$$\frac{P_0}{\rho g}+\frac{v_0^2}{2g}=\frac{P_1}{\rho g}+\frac{v_1^2}{2g}+\left(\xi+\lambda\frac{L}{d_j}+K\right)\frac{v_a^2}{2g} \tag{4.26}$$

式中 $P_0$——0—0 断面处空气相对压力,Pa;

$P$——空气密度,kg/m$^3$;

$v_0$——0—0 断面处空气流速,m/s;

$P_1$——1—1 断面处空气相对压力,Pa;

$v_1$——1—1 断面处空气流速,m/s;

$\xi$——管顶空气入口处的局部阻力系数,伸顶通气时 $\xi=0.5$,不通气时 $\xi\to\infty$;

$\lambda$——管壁总摩擦系数,包括沿程损失和局部损失,一般 $\lambda=0.03\sim0.05$;

$L$——从管顶到排水横支管处的长度,m;

$d_j$——管道内径,m;

$K$——进水水舌局部阻力系数,在排水立管管径一定的条件下,水舌局部阻力系数与排水量大小,横支管与立管连接处的几何形状有关,如图 4.14 所示;

$v_a$——空气在通气管内流速,m/s。

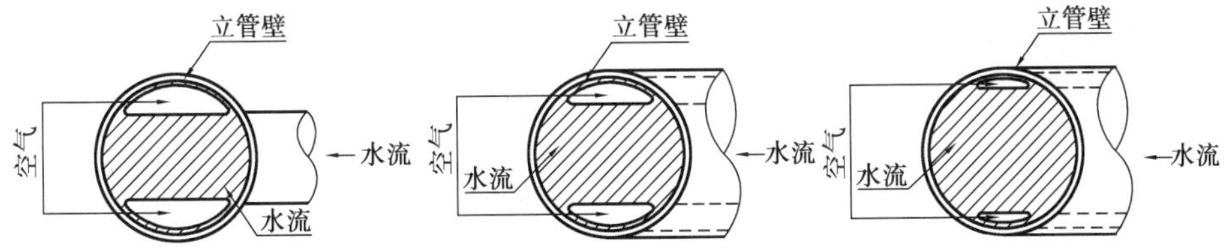


图 4.14 支管排入立管处的断面示意图

为简化计算,令 $v_0=0$,$P_0=0$,$v_1=v_a$,由于断面 1—1 为产生最大负压处,该处气核随水膜一起下落,其流速 $v_1$ 与终限流速 $v_t$ 近似相等,因此 $v_1=v_a=v_t$,整理式(4.26)得:

$$P_1=-\rho\beta\frac{v_t^2}{2} \tag{4.27}$$

式中 $\beta$——空气总阻力系数,$\beta=1+\xi+\lambda\frac{L}{d_j}+K$。

将式(4.17)代入式(4.27),整理得:

$$P_1=-9.68\rho\beta\left(\frac{1}{K_P}\right)^{\frac{1}{5}}\left(\frac{Q_{pl}}{d_j}\right)^{\frac{4}{5}} \tag{4.28}$$

式中 $P_1$——立管内最大负压值,Pa;

$\rho$——空气密度,kg/m$^3$;

$K_P$——管壁的粗糙高度,m;

$Q_{pl}$——立管的排水流量,m$^3$/s;

$d_j$——立管的内径,m。

式(4.27)和式(4.28)表明,立管内最大负压值与空气总阻力系数、终限流速和排水流量成正比,与管壁粗糙高度和管径成反比。排水立管伸顶通气时,水舌阻力系数 $K$ 对空气阻力系数的影响最大,不通气时,局部阻力 $\xi\rightarrow\infty$,在立管内形成的负压很大,水封极易破坏。因此,管径一定时,立管流速、水舌阻力系数和通气状况是影响立管压力波动的关键因素。

**2)立管偏位对管内气压波动的影响**

高层建筑排水设计中,对过长的排水立管有的设置了偏位管,认为偏位会降低立管中水流的流速,减小管内的气压波动。有试验研究表明,立管偏位增大了管内空气流动的阻力,会造成更大的气压波动。

试验装置示意如图 4.15 所示。结果表明,在偏位处(立管)和转向竖管(横管)的上方,因水流受阻,回水导致管内形成正压;在下方,因诱导虹吸作用,在管内形成负压。试验中,立管偏位处的上方横支管 3、下方横支管 2[图 4.15(a)],转向竖管的上方横支管 1、下方横支管 2[图 4.15(b)],水封均遭到了破坏。

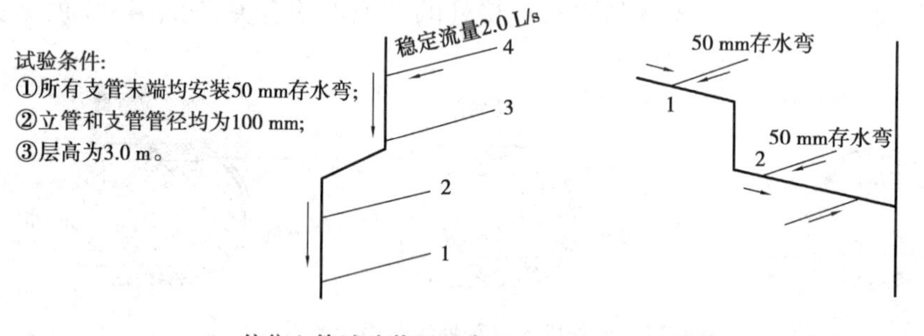


(a)偏位立管试验装置示意图　　(b)横管转向竖管试验装置实验图

图 4.15　立管偏位对管内气压影响的试验装置示意图

此外,从 4.2.3 节有关终限长度的计算中可知,对于 DN100 的新铸铁管,当流量为 14 L/s 时,约经过 3 m 即可达到终限长度和终限流速。因此,在高层建筑排水立管上若无管道转换的需要,应避免立管偏位。

**3)化学洗涤剂对管内气压波动的影响**

高层建筑排水中含有大量洗涤剂,流动过程中,洗涤剂不断与污水和空气混合,容易产生泡沫。泡沫的容重介于水和空气之间,污水很容易通过泡沫流走,但空气则被挡住。

泡沫不断压缩和积聚,会造成管道通气断面堵塞,形成气压波动。同时,洗涤剂还能降低水与管壁间的表面张力,增大污水在立管内的下降速度,也加剧了气压的波动。

### 4.3.3 排水管道的通气系统

设置通气系统,可以使排水管内的空气直接与大气相通,稳定管内压力。合理设置通气管道不但能保持卫生器具的水封高度,还有助于排出管道中的有害气体、增大管道的通水能力、减小噪声。

**1)建筑内部排水管道的通气方式**

(1)不设通气管

当底层生活排水管道单独排出且符合以下条件时,可不设通气管:住宅排水管以户排出时,公共建筑无通气的底层生活排水支管单独排出的最大卫生器具数量符合表4.1规定时,以及排水横管长度不大于12 m时。

**表4.1 公共建筑无通气的底层生活排水支管单独排出的最大卫生器具数量**

| 排水横支管/mm | 卫生器具 | 数量 |
| --- | --- | --- |
| 50 | 排水管径≤50 mm | 1 |
| 75 | 排水管径≤75 mm | 1 |
|  | 排水管径≤50mm | 3 |
| 100 | 大便器 | 5 |

注:①排水横支管接地漏时,地漏可不计数量。

②DN100管道除连接大便器外,还可连接该卫生间配置的小便器及洗涤设备。

(2)普通伸顶通气

如图4.16(a)所示,把排水立管顶部延长伸出屋顶,通气主要靠排水立管的中心空间。该通气方式适用于排水量小的10层以下多层或低层建筑,是最经济的排水系统,也称为普通单立管排水系统。

(3)专用通气立管通气

如图4.16(b)所示,设置的通气立管仅与排水立管连接,可保障排水立管内的空气畅通。该通气方式适用于横支管上卫生器具较少、横支管不长的高层建筑排水系统。

(4)环形通气管通气

如图4.16(c)所示,当排水横支管连接4个及4个以上卫生器具且横支管长度大于12 m或连接6个及6个以上大便器时,应在横支管上设置环形通气管。设置环形通气管的同时,应设置通气立管。既与环形通气管连接,又与排水立管连接的通气立管,称为主通气立管,如图4.16(c)所示;仅与环形通气管连接的通气立管,称为副通气立管,如图4.16(d)所示。

(5)器具通气管通气

如图4.16(e)所示,在卫生器具存水弯出口端设置的通气管道。设置器具通气管的同时,应设置环形通气管。这种通气方式可防止存水弯形成自虹吸,通气效果好,但造价高、施工复杂,建筑上管道隐蔽处理也比较困难,一般用于对卫生、安静要求较高的建筑。

(6)自循环通气

如图4.16(f)所示,通气立管在顶端、层间和排水立管相连,在底端与排出管连接,排水时在管道内产生的正负压通过连接的通气管道迂回补气而达到平衡的通气方式。

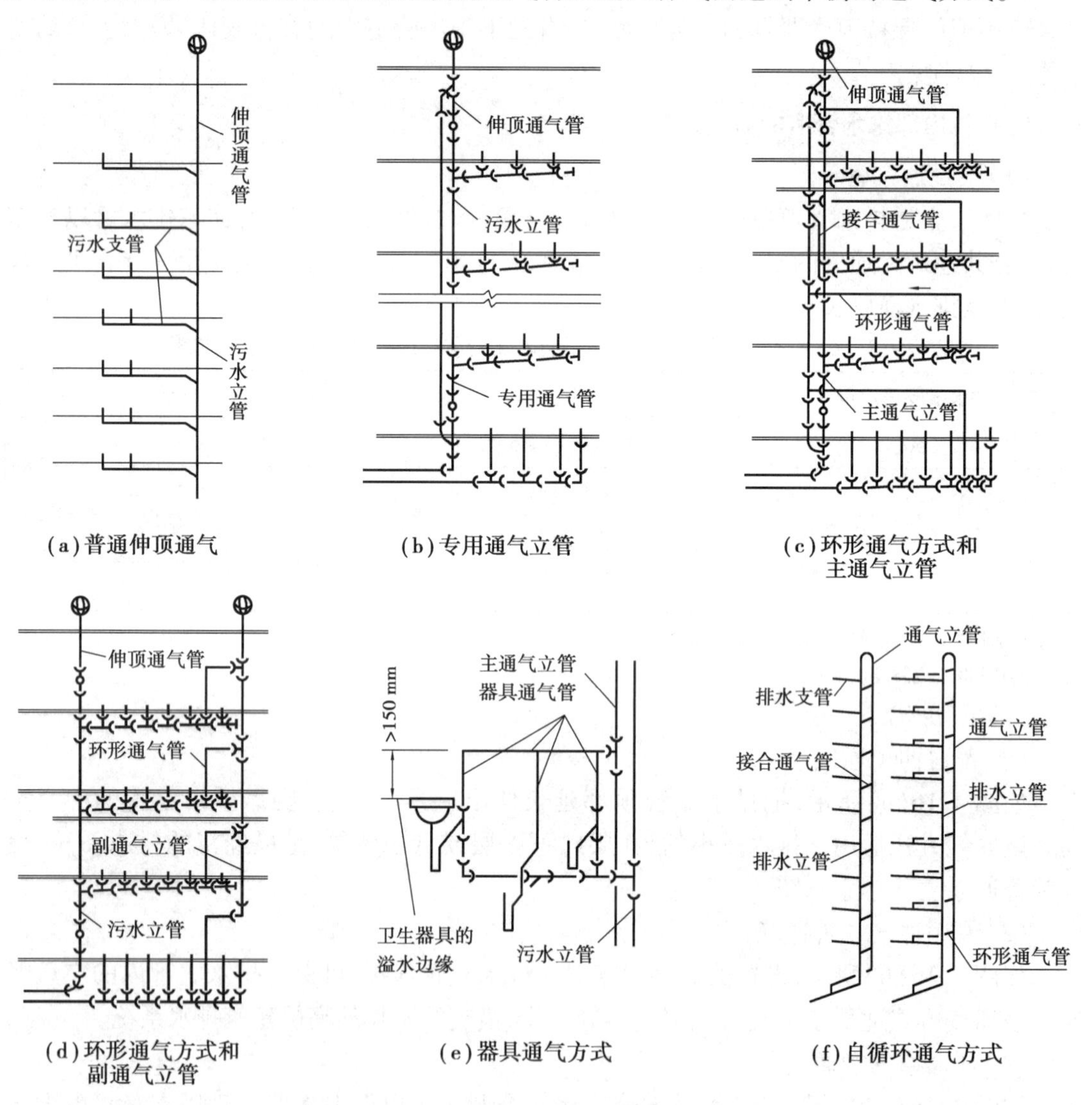


图4.16 排水管道的通气方式

**2)通气管管径**

通气管管径应根据排水管负荷、管道长度确定,原则如下:

①通气管的最小管径不宜小于排水管管径的1/2,可按表4.2确定。

表 4.2 通气管最小管径

| 通气管名称 | 排水管管径/mm | | | |
|---|---|---|---|---|
| | 50 | 75 | 100 | 150 |
| 器具通气管 | 32 | — | 50 | — |
| 环形通气管 | 32 | 40 | 50 | — |
| 通气立管 | 40 | 50 | 75 | 100 |

注:①表中通气立管系指专用通气立管、主通气立管、副通气立管;
②自循环通气立管管径应与排水立管管径相同。

②通气立管长度在 50 m 以上时,其管径应与排水立管管径相同。

③通气立管长度不大于 50 m,且两根及两根以上排水立管同时与一根通气立管相连,应以最大一根排水立管按表 4.2 确定通气立管管径,且其管径不宜小于其余任何一根排水立管管径。

④排水立管与通气立管之间的连接管,称为结合通气管。当通气立管伸顶时,其管径不宜小于与其连接的通气立管管径。

⑤伸顶通气管的管径应与排水立管管径相同。但在最冷月平均气温低于-13 ℃的地区,应在室内平顶或吊顶以下 0.3 m 处将管径放大一号。

⑥当两根或两根以上污水立管的通气管汇合连接时,汇合通气管的断面积应为最大一根通气管断面积加其余通气管断面积之和的 0.25 倍,可按式(4.29)计算:

$$D_N \geqslant \sqrt{D_{N,\max}^2 + 0.25 \sum D_{N,i}^2} \tag{4.29}$$

式中 $D_N$——汇合通气管的管径,mm;

$D_{N,\max}$——最大一根通气立管管径,mm;

$D_{N,i}$——其余通气立管管径,mm。

**3)通气管的安装要求**

①伸顶通气管:

a. 通气管高出屋面不得小于 0.3 m,同时应大于最大积雪厚度,通气管顶端应装设风帽或网罩;在经常有人停留的平屋面上,通气管口应高出屋面 2.0 m 以上。

b. 在通气管口周围 4 m 以内有门窗时,通气管应高出门、窗顶 0.6 m 或引向无门、窗一侧。

c. 最冷月平均气温低于-13 ℃的地区,应在建筑物内平顶或吊顶以下 0.3 m 处将管径放大一级。

d. 当伸顶通气管为金属管材时,应根据防雷要求设置防雷装置;当利用屋顶作花园、茶园时,可考虑采用侧墙通气、自循环通气或是设置吸气阀等方式,但必须满足相关规定。

②不伸出屋面而布置在建筑外墙面的通气管,其装饰构造不得妨碍通气能力。通气

管口不能设在建筑物挑出部分(如屋檐檐口、阳台和雨篷等)的下面。

③通气立管不得接纳器具污水、废水和雨水,不得与风道和烟道连接。通气立管的上端可在最高层卫生器具上边缘以上不小于0.15 m或检查口以上与排水立管通气部分以斜三通连接,下端应在最低排水横支管以下与排水立管以斜三通连接;或者下端应在排水立管底部距排水立管底部下游侧10倍立管直径长度距离范围内与横干管或排出管以斜三通连接。

④通气横支管:

a. 为避免造成"死端",使污物滞留,阻碍通气,环形通气管应在排水横支管最上游的第一、第二个卫生器具之间接出,接出点应高于排水横支管中心线,同时应与排水支管垂直或成45°角,如图4.17所示。

b. 器具通气管、环形通气管应在最高卫生器具上边缘以上不小于0.15 m处或检查口以上,按不小于0.01的上升坡度与通气立管连接。

图4.17 环形通气管

图4.18 结合通气管

⑤结合通气管(又称共轭通气管):

a. 结合通气管宜每层或隔层与排水立管、专用通气立管连接;结合通气管下端宜在排水横支管以下与排水立管以斜三通连接,上端可在卫生器具上边缘以上不小于0.15 m处与通气立管以斜三通连接,如图4.18所示。

b. 当采用H管件代替结合通气管时,其下端宜在排水横支管以上与排水立管连接。

c. 当污水立管与废水立管合用一根通气立管时,结合通气管配件可隔层分别与污水立管和废水立管连接;通气立管底部分别以斜三通与污废水立管连接。

⑥排水偏位立管的通气。与垂直线超过45°的偏置立管,可按下列措施之一设通气管:

a. 偏位管上部和下部分别作为单独的排水立管设置通气立管,如图4.19(a)所示。

b. 偏位管上部设结合通气管,偏位管下部的排水立管向上延长、或偏位管下部最高位排水横支管与排水立管连接点上方设置安全通气管,如图4.19(b)所示。

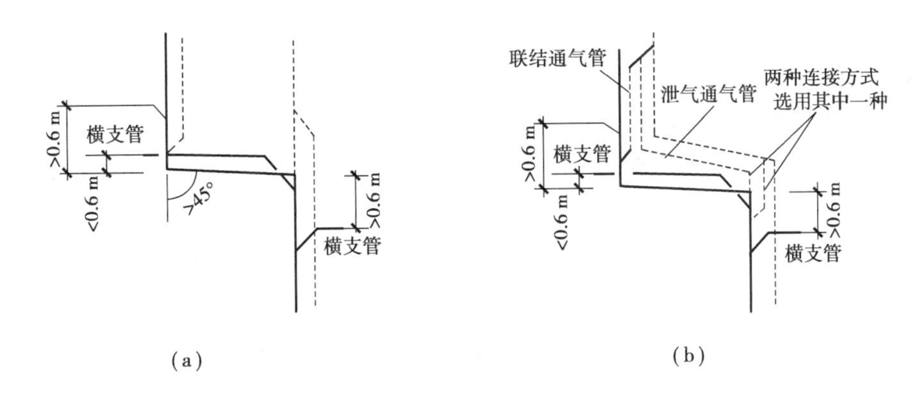


图4.19 排水立管偏位的通气

### 4.3.4 特殊单立管排水系统

空气通道被水流断面挤占或切断,是造成排水立管内气压波动的根本原因。目前,特殊单立管排水系统从两条途径解决这一问题:

一是在立管内壁设置有突起的螺旋导流槽,同时配套使用偏心三通,如图4.20所示。水流经偏心三通沿切线方向进入立管后,在螺旋突起的引导下沿立管管壁螺旋下降,流动过程中立管中心空气畅通,管内压力稳定。

二是在横支管与立管连接处、立管底部与横干管或排出管连接处设置特制配件,缓解管内的压力波动,如图4.21所示。高层建筑排水立管多,不设通气管道仅设伸顶通气管,更有利于建筑的空间利用。

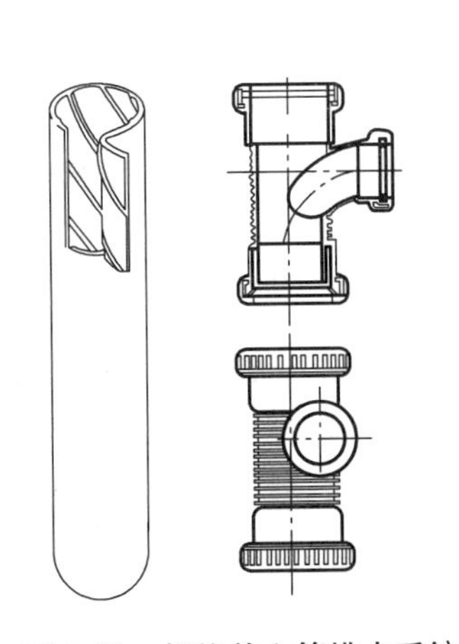

图4.20 螺旋单立管排水系统

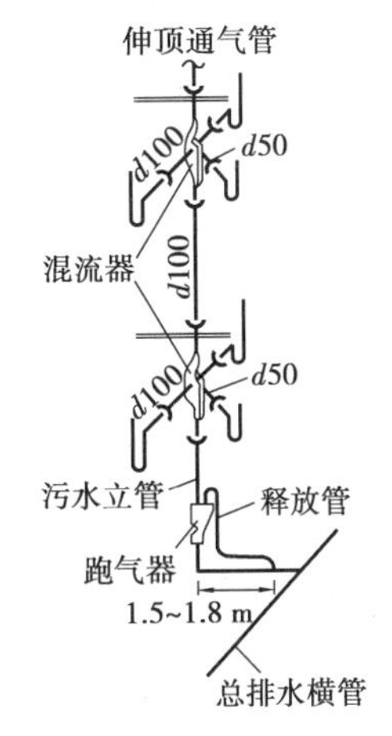


图4.21 特制配件单立管排水系统

#### 1)特制配件的形式

特制配件包括上部特制配件和下部特制配件,两者须配套使用。

(1)上部特制配件

上部特制配件用于排水横支管与立管的连接,具有气水混合,减缓立管中水流速度和消除水舌等功能。

①混合器。如图4.22(a)所示,乙字管控制立管水流速度;分离器使立管和横管水流在各自的隔间内流动,避免相互冲击和干扰;挡板上部留有缝隙,可流通空气、平衡立管和横管的气压,防止虹吸作用。混合器构造简单,维护容易,安装方便,最多可接纳3个方向的来水。

②环流器。如图4.22(b)所示,中部有一段内管,可阻挡横管水流与立管水流的相互冲击或阻截;立管水流从内管流出呈倒漏斗状,以自然扩散角下落,形成气水混合物。环流器构造简单,可接入多条横管,减少横管内排水合流而产生的水塞现象,不易堵塞,多余的接口可用作清扫口。

③环旋器。如图4.22(c)所示,其内部构造同环流器,不同点在于横管以切线方向接入,使横管水流接入环旋器后形成一定程度的旋流,有利于保持立管的空气芯。由于横管从切线方向接入,中心无法对准,给对称布置的卫生间采用旋流器带来困难。

④侧流器。如图4.22(d)所示,侧流器由主室和侧室组成,侧室消除立管水流下落时对横管的负压抽吸。立管下端装有涡流叶片,能维持排水立管的空气芯,保证立管和横管的水流同时旋转并增加支管接入数量。同时,侧流器能有效控制排水噪声,但涡流叶片构造复杂,易堵塞。

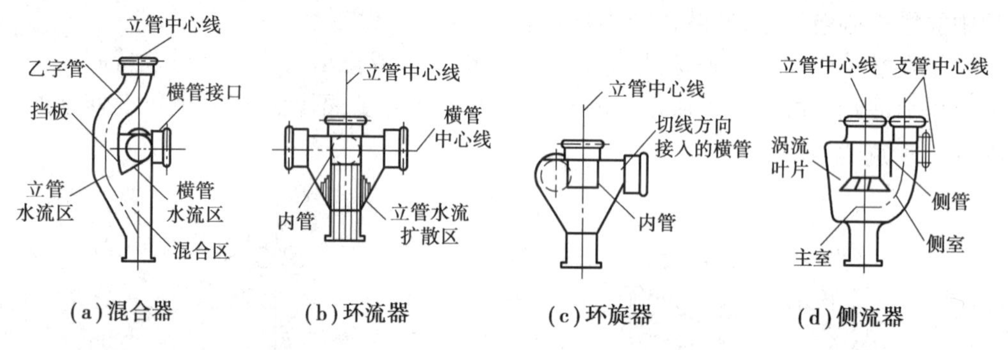


图4.22 上部特制配件

(2)下部特制配件

下部特制配件用于排水立管底部,与横干管或排出管连接,排水时能同时起到气水分离、消能等作用。

①跑气器。如图4.23(a)所示,分离室有凸块,使气水分离,释放的气体从跑气口排出,保证了排水立管底部压力恒定在大气压左右。释放出气体后的水流体积减小,从而减小横干管的充满度。跑气器通常和混合器配套使用。

②角笛式弯头和带跑气器角笛式弯头。如图4.23(b)、(c)所示,接头有足够的高度和空间,可以容纳立管带来的高峰瞬时流量,也可控制水流所引起的水跃。角笛式弯头常与环流器、环旋器配套使用。

③大曲率导向弯头。如图4.23(d)所示,弯头曲率半径加大,并设导向叶片,在叶片角度的导引下,消除了立管底部的水跃、壅水和水流对弯头底部的撞击。导向弯头常和侧流器等配套使用。

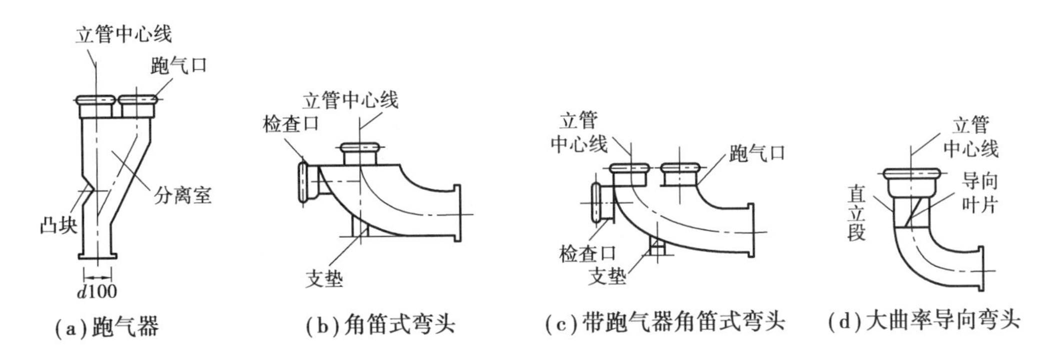


图 4.23　下部特制配件

**2)特殊单立管排水系统的管径**

生活排水系统立管采用特殊单立管管材及配件时,应根据现行行业标准《住宅生活排水系统立管排水能力测试标准》(CJJ/T 245—2016)所规定的瞬间流量法进行测试,并应以±400 Pa 为判定标准确定。

当在 50 m 及以下测试塔测试时,除苏维托排水单立管外其他特殊单立管应用于排水层数在 15 层及 15 层以上时,其立管最大设计排水能力的测试值应乘以系数 0.9。

**3)特制配件的选用**

(1)上部特制配件

①混合器。排水立管靠墙敷设,排水横支管可单向、双向或三向从侧面与立管在不同高度通过混合器与排水立管连接。

②环流器。排水立管不靠墙敷设,多根排水横支管从多个方向同一水平轴向通过环流器与排水立管连接。

③环旋器。排水立管不靠墙敷设,多根排水横支管从多个方向在非同一水平轴向通过环旋器与排水立管连接。

④侧流器。排水立管靠墙角敷设,排水横支管数量在 3 根及 3 根以上,且从不同方向与排水立管连接。

(2)下部特制配件

①下部特制配件应与上部特制配件配套选用。若上部特制配件为混合器,则配套跑气器;若上部特制配件为环流器、环旋器、侧流器,则配套角笛式弯头、大曲率导向弯头或跑气器。

②当排水立管与总排水横管连接时,连接处应设跑气器,如图 4.24(a)所示。

③当上、下排水立管之间用横管偏位连接时,上部立管与横管连接处应设跑气器,如图 4.24(b)所示。

**4)特殊单立管排水系统的安装要求**

除满足一般排水立管的要求外,所有特殊单立管排水系统的顶端必须设伸顶通气管。此外,不同类型特殊单立管排水系统的安装有其特殊要求。

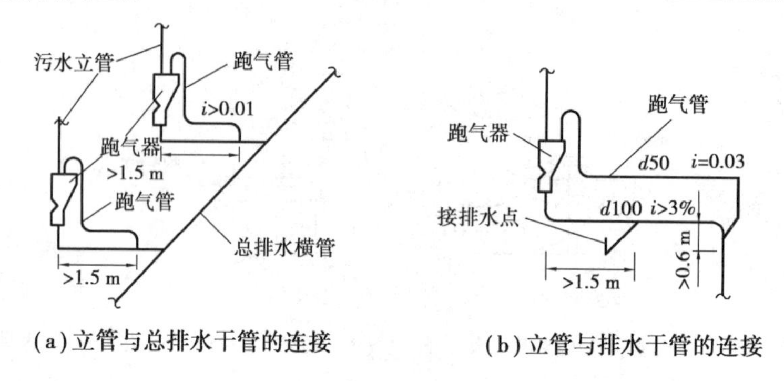


(a)立管与总排水干管的连接

(b)立管与排水干管的连接

图 4.24 跑气器的连接

(1)螺旋排水系统

该系统要求立管上不得设置转弯管段,最低排水横支管与立管连接处距立管管底的最小垂直距离应满足表 4.3 的要求。

表 4.3 螺旋排水系统最低横支管与立管连接处至立管管底的最小垂直距离

| 立管连接卫生器具的层数 | 垂直距离/m | 立管连接卫生器具的层数 | 垂直距离/m |
| --- | --- | --- | --- |
| ≤6 | 0.45 | 13 ~ 19 | 1.20 |
| 7 ~ 12 | 0.75 | ≥20 | 3.0 |

(2)特制配件排水系统

系统采用下部特制配件时,底层宜单独排水。同层不同高度的横支管接入混合器时,生活污水横支管宜从上部接入,较立管管径小 1 ~ 2 级的生活废水宜从下部接入。跑气器的跑气管管径应较排水立管小一级,其始端接自跑气器顶部,末端的连接满足以下要求:

①当与横干管或排出管连接时,跑气管应在距跑气器水平距离不小于 1.5 m 处与横干管或排出管中心线以上成 45°角连接,并应以不小于 0.01 的坡度坡向排水横干管或排出管,如图 4.24(a)所示。

②当与下游偏置的排水立管连接时,跑气管应在距该立管顶部以下不小于 0.6m 处与立管成 45°角连接,并应以不小于 0.03 的管坡坡向与排水立管的连接处,如图 4.24(b)所示。

## 4.4 卫生间与排水管道的布置与安装

在一定程度上,高层建筑卫生间的设计影响着建筑物的档次,而排水管道的布置与安装,对使用和检修又有着直接的影响。

### 4.4.1 卫生间的布置

**1) 卫生间的面积**

根据当地气候条件,生活习惯和卫生器具设置的数量确定。普通住宅、公寓和旅馆的卫生间面积以3.5 ~4.5 $m^2$ 为宜。

**2) 卫生器具的设置应根据建筑标准而定**

住宅卫生间内应设大便器、洗脸盆和沐浴设备,或预留沐浴设备的位置;旅馆卫生间应设坐便器、浴盆和洗脸盆;高级宾馆卫生间内还可设置妇女卫生盆。办公楼女卫生间应设置大便器、洗手盆、洗涤盆,男卫生间内还应设置小便器。

公共场所设置的小便器,应采用延时自闭冲洗阀或自动冲洗装置;洗手盆、大便器均应选用节水类型,公共场所可采用脚踏或光控开关。建筑物等级越高,所选器具在外形、色彩、防噪声、方便使用等方面的性能也越好,使用起来也更为舒适。

**3) 卫生间的布置形式**

卫生间应根据卫生器具的尺寸和数量合理布置,但必须考虑排水管的位置,对于室内粪便污水与生活废水分流的系统,排除生活废水的器具或设备(如浴盆、洗脸盆、洗衣机、地漏)应尽量靠近,有利于管道布置和敷设。

### 4.4.2 管道井的设计

高层建筑中,卫生间一般成对布置,以便共用给、排水管及其他立管,由于各种立管数量多,紧靠卫生间常设管道井,集中安装各种立管。管道井尺寸应根据管道数量、管径大小、排列方式、安装维修条件,结合建筑平面和结构形式等合理确定。管道井设计时,应注意以下方面:

①需人进入维修的管道井,两排管道之间要留有不宜小于0.5 m的通道。

②为检修方便,管道井应每层设检修门,检修门开向走廊。

③不超过100 m的高层建筑,管道井内至少每2层应设横向隔断;建筑物高度超过100 m时,每层应设隔断。隔断的耐火等级与楼板结构相同。

④当管井每层有楼板时,应预留通风孔,以利于井内通风良好。

⑤在矩形管井周围可设槽钢,在槽钢上设支架固定立管。

⑥管道井内靠走廊的墙壁上可设铁爬梯,以备维修时使用。

图4.25为某宾馆卫生间、管道井及其管道布置图。这种布置的优点在于卫生器具的进出管道均直接设置于管道井内,施工时减少了土建与安装单位的交叉作业,维修时可从走廊进入管井,更换管道时也无须拆走卫生器具。虽然这种布置占地面积稍大,但从长远的使用、管理、维修考虑,还是经济合理的。

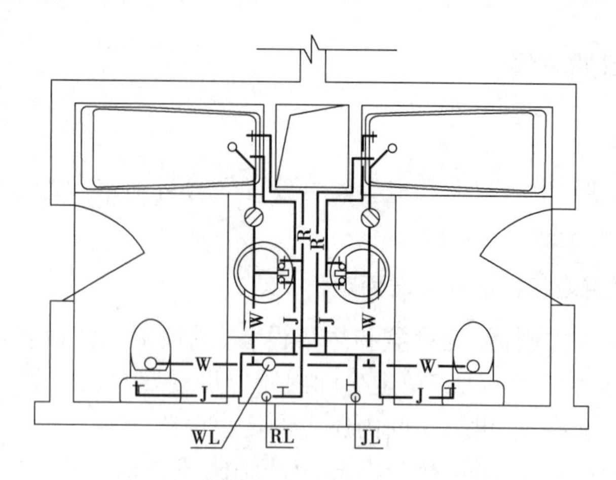


图 4.25 某宾馆卫生间与管井布置图

### 4.4.3 高层建筑排水管道的布置与敷设

高层建筑排水管道布置与敷设的基本原则与低层建筑相同。其特点主要表现在：

- 高层建筑体量大，建筑的不均匀沉降可能引起出户管平坡或倒坡。
- 暗装管道多，建筑吊顶高度有限，横管敷设坡度受到一定的限制。
- 居住人员多，若管理水平低，卫生器具使用不合理，冲洗不及时，容易造成淤积堵塞。
- 排水横支管多，流量大，立管长，排水管内的气压波动大。

因此，高层建筑排水管道在布置与敷设中面临的实际情况更为复杂，要求也更高。

**1)基本原则与一般要求**

除满足排水管道布置和敷设的基本要求外，高层建筑排水管道还应特别注意解决好以下问题：

(1)满足排水通畅，使水力条件最佳

①排水横支管不宜太长，连接的卫生器具也不宜太多。

②仅设伸顶通气管时，最低排水横支管与立管连接处距立管管底的最小垂直距离(见图 4.26 中 $h_1$)应满足表 4.4 的要求，否则应单独排出。

表 4.4 最低横支管与立管连接处至立管管底的最小垂直距离

| 立管连接卫生器具的层数 | 垂直距离/m | |
|---|---|---|
| | 仅设伸顶通气 | 设通气立管 |
| ≤4 | 0.45 | 按配件最小安装尺寸确定 |
| 5～6 | 0.75 | |
| 7～12 | 1.20 | |
| 13～19 | 底层单独排出 | 0.75 |
| ≥20 | | 1.20 |

注：单根排水立管的排出管宜与排水立管相同管径。

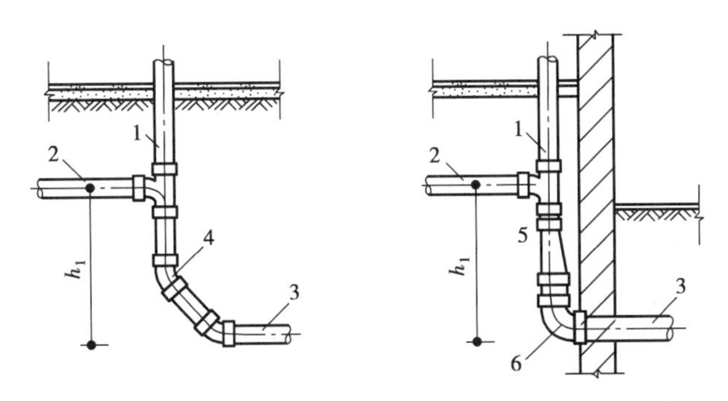


图 4.26 最低排水横支管与立管连接处距立管管底的最小垂直距离

1—立管;2—横支管;3—排出管;4—45°弯头;5—偏心异径管;6—大转弯半径弯头

③排水支管连接在排出管或排水横干管上时,连接点距立管底部下游水平距离不得小于 1.5 m(见图 4.27 中 $L$);不能满足时,需单独排出。

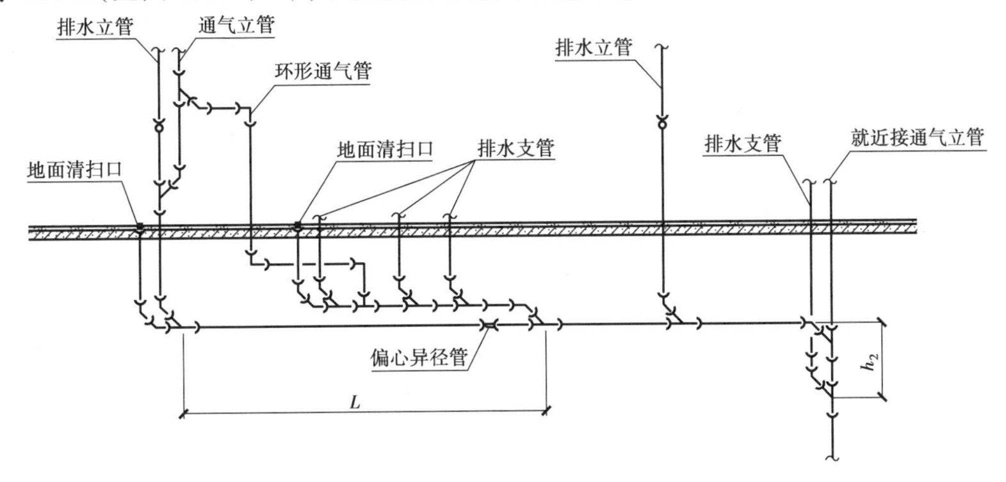


图 4.27 排水支管、排水立管与横干管的连接

④横支管排入横干管竖直转向管段时,连接点应距转向处以下不得小于 0.6 m(见图 4.27 中 $h_2$)。

⑤排水管道的连接应符合下列规定:

a. 卫生器具排水管与排水横支管垂直连接,宜采用 90°斜三通。

b. 排水管道的横管与立管连接,宜采用 45°斜三通或 45°斜四通和顺水三通或顺水四通。

c. 排水立管与排出管端部的连接,宜采用两个 45°弯头、弯曲半径不小于 4 倍管径的 90°弯头或 90°变径弯头。

d. 排水立管应避免在轴线偏置;当受条件限制时,宜用乙字弯或两个 45°弯头连接。

e. 当排水支管、排水立管接入横干管时,应在横干管管顶或其两侧 45°范围内采用 45°斜三通接入。

f. 横支管、横干管的管道变径处应管顶平接。

(2)保证建筑物的使用及安全

①排水管、通气管不得穿越住户客厅、餐厅;排水立管不宜靠近与卧室相邻的内墙,当必须靠近时,应采用低噪声管材;排水管道不得穿越卧室、客房、病房和宿舍等人员居住的房间。

②为防止火灾贯穿,塑料排水管应设置阻火装置,规定如下:

a.高层建筑中明设管径大于或等于 DN110 的排水立管,在穿越楼板处的下方,应设置阻火圈或防火套管。

b.当管道穿越防火墙时应在墙两侧管道上设置。

c.当排水管道穿管道井壁时,应在井壁外侧管道上设置。

③室内排水沟与室外排水管道连接处,应设水封。

(3)保护排水管道不受损坏

①排水管道不应布置在易受机械撞击处;当不能避免时,应采取保护措施。塑料排水管不应布置在热源附近;当不能避免并导致管道表面受热温度大于 60 ℃时,应采取隔热措施;塑料排水立管与家用灶具边净距不得小于 0. 4 m。

② 粘接或热熔连接的塑料排水立管应根据管道的伸缩量设置伸缩节,并应符合下列规定:

a.根据环境温度变化、管道布置位置及管道接口形式考虑是否设置伸缩节,但埋地或埋设于墙体、混凝土柱体内的管道可不设伸缩节。

b.排水横管应设置专用伸缩节。

c.硬聚氯乙烯管道设置伸缩节时,应符合下列规定:

• 当层高小于等于 4 m 时,污水立管和通气立管应每层设一个伸缩节。当层高大于 4 m 时,立管上伸缩节的数量应通过计算确定。

• 排水横支管、横干管、器具通气管、环形通气管和汇合通气管上无汇合管件的直线管段大于 2 m 时,应设伸缩节。伸缩节最大间距不得大于 4 m。

• 管道伸缩量计算见式(4. 30),伸缩节最大允许伸缩量见表 4. 5。

$$\Delta L=\alpha L\Delta t \tag{4.30}$$

式中 $\Delta L$——管道伸缩量,m;

$\alpha$——管道的线性膨胀系数,硬聚氯乙烯管道为 $6\times10^{-5}\sim8\times10^{-5}$ m/(m · ℃);

$L$——管道长度,m;

$\Delta t$——温差(管内排水与周围环境的最高温差),℃。

**表 4. 5 伸缩节最大允许伸缩量**

| 管 径/mm | 50 | 75 | 90 | 110 | 125 | 160 |
| --- | --- | --- | --- | --- | --- | --- |
| 最大允许伸缩量/mm | 12 | 15 | 20 | 20 | 20 | 25 |

• 伸缩节宜设置在汇合配件处,如图 4. 28 所示。

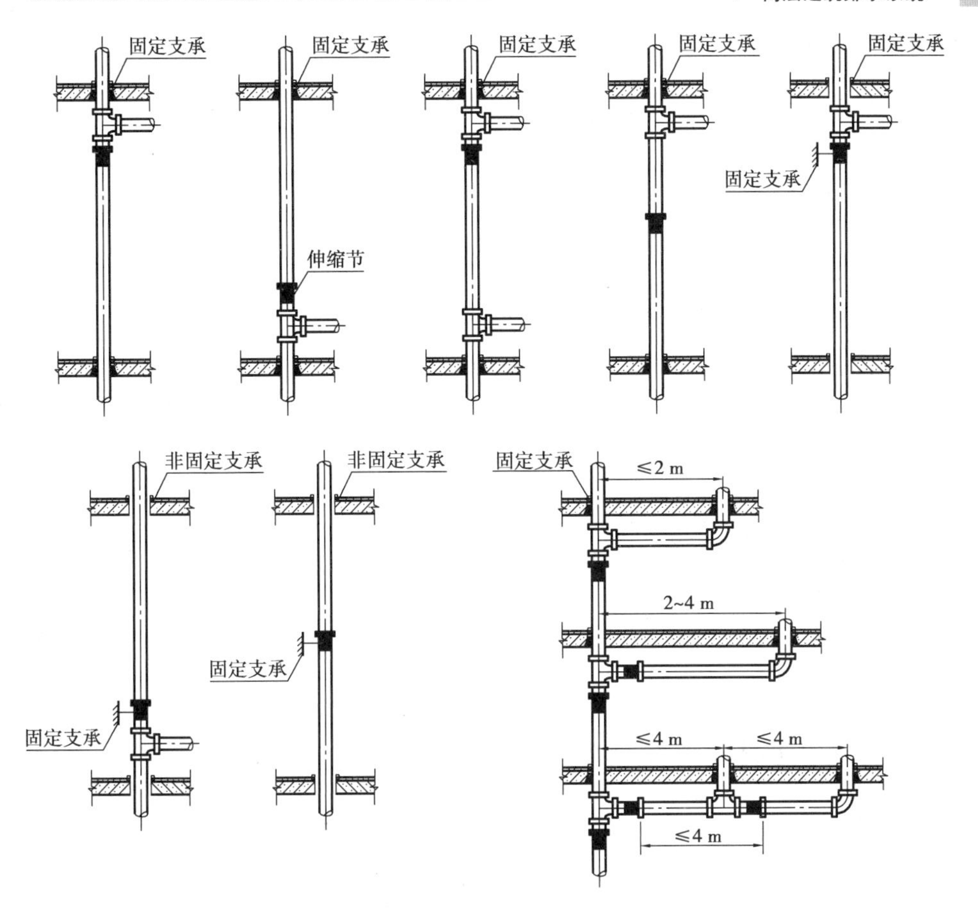


图 4.28 伸缩节设置位置示意图

- 伸缩节插口应顺水流方向。

③为防止高层建筑沉降导致出户管倒坡，可采取下列防沉降措施：

a. 可适当增加出户管的坡度；或采用图 4.29 所示的敷设方法，出户管与室外检查井不直接连接，管道敷设在地沟内，管底与沟底预留一定的下沉空间，一般不小于 0.2 m。

b. 排出管穿地下室外墙时，预埋柔性防水套管。

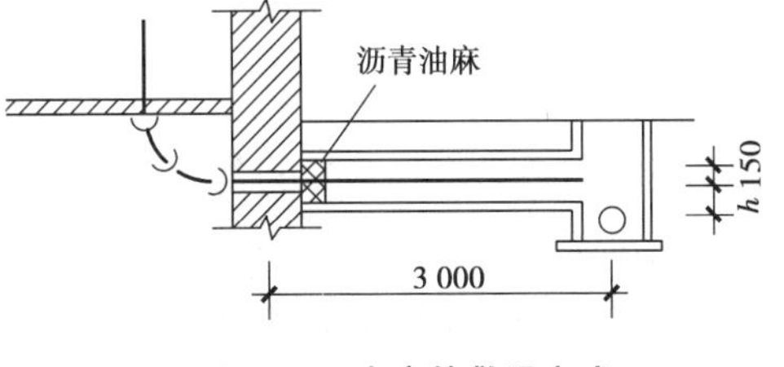


图 4.29 出户管敷设方式

c. 在建筑物沉降量大，排出管有可能产生平坡或倒坡时，在排出管的外墙一侧设置柔性接口。接入室外排水检查井的标高应考虑建筑物的沉降量。

④排水立管底部架空部位、地下室立管，以及排水管转弯处应设置支墩或固定措施。

(4)满足安装、维修及美观的要求

排水管道可在管槽、管道井、管窿、管沟或吊顶内暗设，但应便于安装和检修。

2）间接排水

为了防止水质污染，下列构筑物和设备的排水管不得与污废水管道系统直接连接，应采用间接排水的方式：

①生活饮用水贮水池（箱）的泄水管和溢流管。

②开水器、热水器排水。

③医疗灭菌消毒设备排水。

④蒸发式冷却器、空调设备冷凝水排水。

⑤贮存食品或饮料的冷藏库房的地面排水和冷风机溶霜水盘排水。

设备间接排水宜排入邻近的洗涤盆、地漏。如不可能时，可设置排水明沟、排水漏斗或容器。间接排水口最小空气隔断按表4.6确定。

表4.6 间接排水口最小空气隔断

| 间接排水管管径/mm | ≤25 | 32～50 | >50 |
|---|---|---|---|
| 排水口最小空气间隙/mm | 50 | 100 | 150 |

注：饮用水贮水箱的间接排水口最小空气间隙，不得小于150 mm。

### 4.4.4 排水管材与附件

1）排水管材

建筑内部排水管道应采用建筑排水塑料管或柔性接口机制排水铸铁管及其相应管件；通气管材宜与排水管材一致。

高层建筑、防火等级要求高的建筑以及要求环境安静的场所，排水管应采用排水铸铁管。当连续排水温度大于40 ℃时，应采用金属排水管或耐热塑料排水管。压力排水管道可采用耐压塑料管、金属管或钢塑复合管。

2）附件

我国建筑内部排水系统的常用附件，主要包括存水弯、地漏、清扫口和检查口等。

（1）存水弯

当构造内无存水弯的卫生器具或无水封的地漏，以及其他设备的排水口或排水沟的排水口与生活污水管道或其他可能产生有毒有害气体的排水管道连接时，必须在排水口以下设存水弯。

（2）地漏

地漏主要用来排除地面水。卫生间、盥洗室、淋浴间、开水间及其他需要经常从地面排水的房间，在洗衣机、直饮水设备、开水器等设备附近，以及食堂、餐饮业厨房间等均应设置地漏。

食堂、厨房和公共浴室等排水宜设置网框式地漏；不经常排水的场所应采用密闭地漏；事故排水地漏不宜设水封并且应采用间接排水；设备排水应采用直通式地漏；地下车库有消防排水时,宜采用大流量专用地漏。

地漏的泄水能力应根据地漏规格、结构和排水横支管的设置坡度等经测试确定。淋浴室地漏直径可按表 4.7 确定。当用排水沟排水时,8 个淋浴器可设置一个直径为 100 mm 的地漏。

表 4.7 淋浴室地漏直径

| 淋浴器个数/个 | 1 ~ 2 | 3 | 4 ~ 5 |
|---|---|---|---|
| 地漏直径/mm | 50 | 75 | 100 |

(3)检查口和清扫口

检查口是带有可开启检查盖的配件,装设在排水立管上,可起检查和清通的作用。清扫口是装设在排水横管上,用于清通排水管道。检查口和清扫口应按下列规定设置:

①排水立管上连接排水横支管的楼层应设检查口,且在建筑物底层必须设置。

②当立管水平拐弯或有乙字管时,在该层立管拐弯处和乙字管上部应设检查口。

③检查口中心高度距操作地面宜为 1.0 m,并应高于该层卫生器具上边缘 0.15 m;当排水立管设有 H 管时,检查口应设置在 H 管件的上边;最冷月平均气温低于-13 ℃的地区,立管还应在最高层离室内顶棚 0.5 m 处设置检查口。

④连接 2 个及 2 个以上大便器,或 3 个及 3 个以上卫生器具的铸铁排水横管上,宜设置清扫口;在连接 4 个及 4 个以上大便器的塑料排水横管上,宜设置清扫口。

⑤在水流偏转角小于 135°的排水横管上,应设清扫口,或采用带清扫口的转角配件替代;当排水横管悬吊在转换层或地下室顶板下设置清扫口有困难时,可用检查口替代清扫口。

⑥排水立管底部或排出管上的清扫口至室外检查井中心的最大长度大于表 4.8 中的数值时,应在排出管上设清扫口。

表 4.8 排水立管或排出管上的清扫口至室外检查井中心的最大长度

| 管径/mm | 50 | 75 | 100 | >100 |
|---|---|---|---|---|
| 最大长度/m | 10 | 12 | 15 | 20 |

⑦排水横管的直线管段上清扫口之间的最大距离,应符合表 4.9 的规定。

表 4.9 排水横管的直线管段上清扫口之间的最大间距

| 管道管径/mm | 距离/m | |
|---|---|---|
| | 生活废水 | 生活污水 |
| 50 ~ 75 | 10 | 8 |
| 100 ~ 150 | 15 | 10 |
| 200 | 25 | 20 |

(4)排水止回阀

当卫生器具或地漏的标高低于室外排水系统检查井井口标高时,若室外排水管段堵塞,污水就可能倒流入室内,并从卫生器具或地漏处流出。为防止室外污水倒流入室内,国外开发并设置了排水止回阀,如图 4.30 所示。

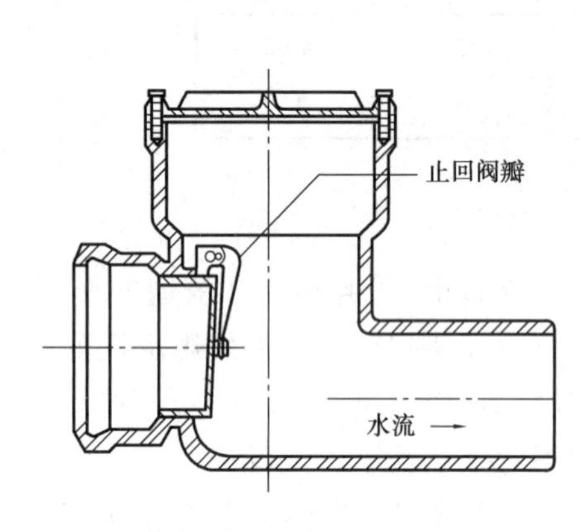


图 4.30 排水止回阀

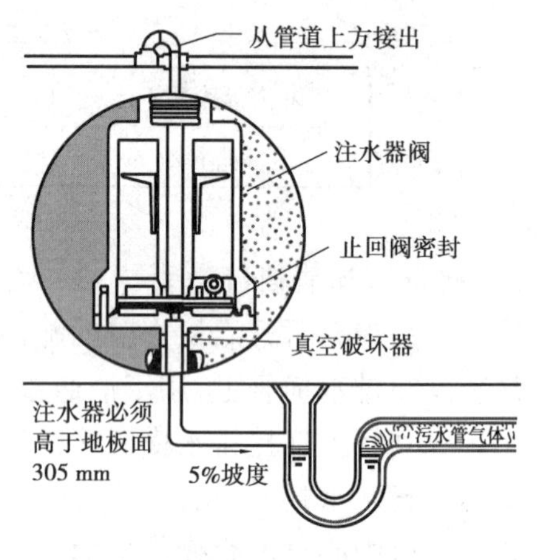


图 4.31 以自来水为水源的水力自动注水器

排水止回阀增加了水流的阻力,只应设在有倒流危险的卫生器具或地漏排水的支管上。此外,排水止回阀的工作部件也应方便经常性的维护。

(5)注水器

为了保护水封,国外污水排水系统中会使用注水器。注水器包括水力自动式注水器、电动式注水器和存水弯保护器等形式。

①水力自动式注水器。给水水源可以来自器具排水或自来水,但器具排水的杂质易堵塞注水器。图 4.31 所示是以自来水为水源的水力自动注水器。当排水管中的压力波动达到 35 ~ 70 kPa 时,自动注水阀就打开注水。为防止堵塞,通往注水器的管道应从给水管的上方接出。为防止回流污染,注水器内设有真空破坏器。通过配水器,这种注水器可同时供 4 个地漏使用。

水力自动式注水器不适用于长期无人使用卫生设备的地方。

②电动注水器。电动注水器实质上是配备定时装置的电磁阀。为防止回流污染,注水器下游也必须安装真空破坏器。一个电动注水器可同时供几十个地漏使用。

③存水弯保护器。这是一种隔断装置,如图 4.32 所示。其主要部件是一节可伸缩的塑料薄软管。当有水要流入地漏时,软管张开,水流通过。当无水流通过时,软管卷起,将污水系统与室内隔断。

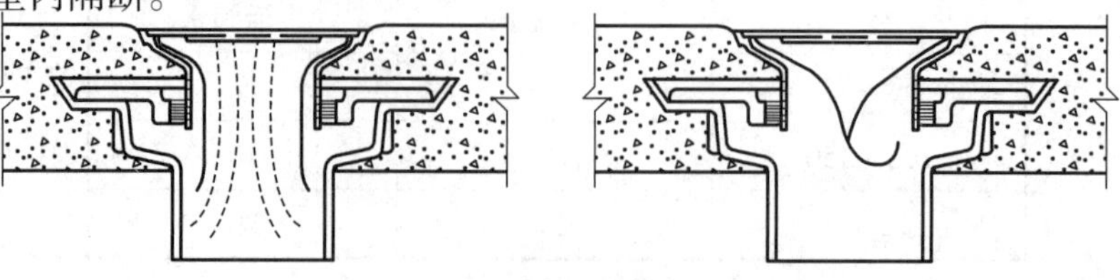

图 4.32 存水弯保护器示意图

### 4.4.5 污废水提升设备及集水池

高层建筑地下室和人防工程的生活排水、地坪排水，消防电梯底部集水坑内的污废水，若不能自流排至室外检查井时，需利用提升设备提升排出。

**1）提升设备**

建筑内部提升排水应优先采用潜水排污泵和液下排水泵，其中液下排水泵一般在重要场所使用。

（1）排水泵的流量

室内污水水泵的流量应按生活排水设计秒流量确定，当有排水构筑物调节时，可按生活排水最大时流量确定。消防电梯井底排水设施的排水泵流量应不小于10 L/s。

（2）排水泵的扬程

排水泵的扬程应按提升高度、管道水头损失计算后，再附加0.02～0.03 MPa的自由水头。排水泵吸水管和出水管的流速不应小于0.7 m/s，不宜大于2.0 m/s。

（3）排水泵的设置要求

生活排水集水池中排水泵应设置1台备用泵；地下室、车库冲洗地面的排水，如有2台及其2台以上排水泵时可不设备用泵；2台及其以上的水泵共用一根出水管时，应在每台水泵出水管上装设阀门和止回阀；压力排水管不得与重力流排水管合并排出。

污水水泵的启闭，应设置自动控制装置，多台水泵可并联交替或分段投入运行。当污废水含有大块杂质时，潜水排污泵宜带有粉碎装置；当含有较多纤维物时，宜采用大通道潜水排污泵。

**2）集水池**

（1）设置要求

对于地下室水泵房排水，可就近在泵房内设置集水池，但池壁应采取防渗漏、防腐蚀措施；对电梯井消防排水集水池，可设于电梯井邻近处，不宜直接设在电梯井内，池底低于电梯井底不小于0.7m；对收集地下车库坡道处的雨水集水井，应尽量靠近坡道尽头处，车库地面排水集水池应靠近外墙处设置，并使排水管、沟尽量简洁。

（2）容积计算

集水池的有效容积，不宜小于最大一台泵5 min的出水量，且水泵每小时启动次数不宜超过6次。除满足有效容积外，集水池容积还应满足水泵设置、水位控制器、格栅等安装和检查的需要，同时满足水泵吸水要求。消防电梯井集水池的有效容积不得小于2 $m^3$。

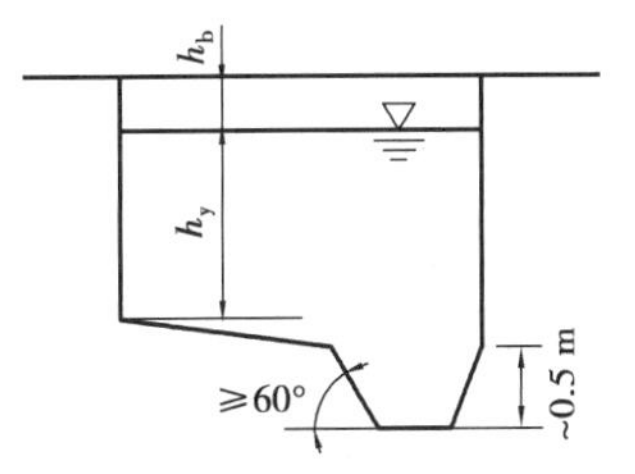


**图4.33 集水池断面示意图**

$h_y$—有效水深；$h_b$—保护高度

（3）设计要求

集水池设计断面如图4.33所示，有效水深一般取1.0～1.5 m，保护高度取0.3～0.5 m。集水池的池底应有不小于0.05的坡度坡向泵位。集水池内壁应采取防腐防渗漏措施。

室内地下室生活污水集水池的池盖应密闭，且应设置在独立设备间内并设通风、通气管道系统。地下车库坡道处的雨水集水沟，车库、泵房、空调机房等处地面排水的集水池，可以采用敞开式。敞开式集水池应设置格栅盖板。

集水池吸水坑内宜设冲洗水管，但不得利用生活饮用水管直接冲洗，可利用水泵出水管或潜水泵蜗体上安装的特制冲洗阀冲洗。

## 4.5 排水管道的计算

**1）排水量标准及设计秒流量**

①高层建筑生活污水排水量定额及小时变化系数与其生活用水标准相同。

②高层建筑生活污水的最大小时排水量与其生活用水的最大小时用水量相同。

③高层建筑生活污水排水管道设计秒流量的计算与一般单层或多层建筑相同，可按下列公式计算：

a. 住宅、宿舍（居室内设卫生间）、旅馆、宾馆、酒店式公寓、医院、疗养院、幼儿园、养老院、办公楼、商场、图书院、书店、客运中心、航站楼、会展中心、中小学教学楼、食堂或营业性餐厅等建筑生活排水系统，管段设计秒流量可按式(4.31)计算：

$$q_p = 0.12\alpha\sqrt{N_p} + q_{max} \tag{4.31}$$

式中 $q_p$——计算管段排水设计秒流量，L/s；

$N_p$——计算管段的卫生器具排水当量总数；

$a$——根据建筑物用途而定的系数，可按表4.10确定。

**表4.10 根据建筑物用途而定的系数**

| 建筑物名称 | 宿舍（居室内设卫生间）、住宅、旅馆、医院、疗养院、幼儿园、养老院的卫生间 | 旅馆和其他公共建筑的盥洗室和厕所间 |
|---|---|---|
| $\alpha$ | 1.5 | 2.0~2.5 |

注：如计算所得流量值大于该管段上按卫生器具排水流量累加值时，应按卫生器具排水流量累加值计。

b. 宿舍（设公用盥洗卫生间）、工业企业生活间、公共浴室、洗衣房、职工食堂或营业性餐厅的厨房、实验室、影剧院、体育场（馆）等建筑的生活排水系统，管段设计秒流量可按式(4.32)计算：

$$q_p = \sum q_{po} n_0 b_p \tag{4.32}$$

式中 $q_{po}$——同类型的一个卫生器具排水流量，L/s；

$n_0$——同类型卫生器具数；

$b$——卫生器具同时排水百分数，按同类建筑有关卫生器具的同时给水百分数选用，冲洗水箱大便器的同时排水百分数应按12%计算。

当计算排水流量小于一个大便器的排水流量时，应按一个大便器的排水流量计算。

**2）高层建筑排水管道的水力计算**

①高层建筑排水横管的最小坡度、最大设计充满度与一般建筑相同。生活排水铸铁管的最小坡度和最大设计充满度见表4.11。塑料排水横支管的标准坡度为0.026，最大设计充满度为0.5；排水横干管的最小坡度、通用坡度和最大设计充满度按表4.12确定。

**表4.11 建筑内部生活排水铸铁管道的最小坡度和最大设计充满度规定**

<table>
<tr><th>管径/mm</th><th>通用坡度</th><th>最小坡度</th><th>最大设计充满度</th></tr>
<tr><td>50</td><td>0.035</td><td>0.025</td><td rowspan="4">0.5</td></tr>
<tr><td>75</td><td>0.025</td><td>0.015</td></tr>
<tr><td>100</td><td>0.020</td><td>0.012</td></tr>
<tr><td>125</td><td>0.015</td><td>0.010</td></tr>
<tr><td>150</td><td>0.010</td><td>0.007</td><td rowspan="2">0.6</td></tr>
<tr><td>200</td><td>0.008</td><td>0.005</td></tr>
</table>

**表4.12 建筑内部塑料排水横干管的最小坡度和最大设计充满度规定**

<table>
<tr><th>外径/mm</th><th>通用坡度</th><th>最小坡度</th><th>最大设计充满度</th></tr>
<tr><td>110</td><td>0.012</td><td>0.004 0</td><td rowspan="2">0.5</td></tr>
<tr><td>125</td><td>0.010</td><td>0.003 5</td></tr>
<tr><td>160</td><td>0.007</td><td rowspan="4">0.003</td><td rowspan="4">0.6</td></tr>
<tr><td>200</td><td rowspan="3">0.005<br>0.005</td></tr>
<tr><td>250</td></tr>
<tr><td>315</td></tr>
</table>

②高层建筑排水横管的水力计算公式与一般建筑相同，分别见式（4.1）和式（4.2）。可根据设计秒流量，通过查相应排水管材的水力计算表，结合该管材的坡度和设计充满度规定，确定排水横管的管径和坡度。

③高层建筑生活排水立管的最大排水能力与一般建筑相同。可根据立管管径和通气状况参考表4.13确定。

表 4.13 生活排水立管最大设计排水能力

<table>
<tr><td colspan="3" rowspan="3">排水立管系统类型</td><td colspan="4">最大设计通水能力/(L·s⁻¹)</td></tr>
<tr><td colspan="4">排水立管管径/mm</td></tr>
<tr><td colspan="2">75</td><td>100(110)</td><td>150(160)</td></tr>
<tr><td colspan="3" rowspan="2">伸顶通气</td><td>厨房</td><td>1.00</td><td rowspan="2">4.0</td><td rowspan="2">6.40</td></tr>
<tr><td>卫生间</td><td>2.00</td></tr>
<tr><td rowspan="4">伸顶通气</td><td rowspan="2">专用通气管<br>75 mm</td><td>结合通气管每层连接</td><td colspan="2" rowspan="7">—</td><td>6.3</td><td rowspan="7">—</td></tr>
<tr><td>结合通气管隔层连接</td><td>5.2</td></tr>
<tr><td rowspan="2">专用通气管<br>100 mm</td><td>结合通气管每层连接</td><td>10.00</td></tr>
<tr><td>结合通气管隔层连接</td><td rowspan="2">8.00</td></tr>
<tr><td colspan="3">主通气立管+环形通气管</td></tr>
<tr><td rowspan="2">自循环通气</td><td colspan="2">专用通气形式</td><td>4.40</td></tr>
<tr><td colspan="2">环形通气形式</td><td>5.90</td></tr>
</table>

④高层建筑生活排水管道最小管径同一般建筑，见表 4.14。

表 4.14 建筑内部生活排水管道的最小管径

<table>
<tr><td colspan="2">排水管道名称</td><td>最小管径/mm</td><td>排水管道名称</td><td>最小管径/mm</td></tr>
<tr><td colspan="2">大便器排水管</td><td>100</td><td>医院洗涤盆排水管</td><td>75</td></tr>
<tr><td colspan="2">建筑物排出管</td><td>50</td><td>小便槽</td><td>75</td></tr>
<tr><td colspan="2">多层或高层住宅厨房立管</td><td>75</td><td>医院污水盆排水管</td><td>75</td></tr>
<tr><td rowspan="2">公共食堂厨房(应比计算管径大一级,但不得小于最小管径)</td><td>干管</td><td>100</td><td>3 个及 3 个以上小便器</td><td>75</td></tr>
<tr><td>支管</td><td>75</td><td>浴池的泄水管</td><td>100</td></tr>
</table>

## 思考题

4.1 高层建筑的排水系统有哪些分类？其排水体制应如何选择？

4.2 说明导致器具存水弯水封被破坏的主要原因以及美国规范明确禁止使用的存水弯的类型及原因。

4.3 说明排水横管和立管的水流状态及气压变化规律。

4.4 排水横管和立管的排水能力分别应如何确定？

4.5 影响排水管道气压波动的主要因素有哪些？可采取哪些措施减缓排水管道的气压波动？

扩展数字资源 4

4.6 高层建筑排水管道的布置与敷设有哪些特点？应如何选择排水管材？需设置哪些排水附件？

# 5　高层建筑给水排水工程配套设施

## 5.1　建筑中水系统

实现污废水资源化是防治水污染、缓解水资源紧张的重要途径之一。缺水城市和缺水地区在进行各类建筑物和集中建筑区或居住小区建设时，其总体规划设计应包括污水、废水、雨水资源的综合利用和中水设施建设的内容。

### 5.1.1　建筑中水系统的特点、组成与基本类型

**1）特点**

建筑中水是指民用建筑或集中建筑区、住宅小区等使用后的各种排水（生活污水、盥洗排水等），经适当处理后，达到规定的水质标准，可回用于建筑或小区作为非饮用的杂用水。此类用水一般不与人体直接接触，如冲厕、洗车、浇洒等，水质介于上水（生活用水）与下水（生活排水）之间，故称为中水。

工业建筑的生产废水和工艺排水的回用不属于此范围，但工业建筑内的生活污、废水的回用亦属建筑中水。

建筑是否设置中水系统，应按照所在地建设主管部门的有关规定执行。没有具体规定时，可参照表5.1确定。

**表5.1　配套建设中水设施工程举例**

<table>
<tr><th>类　别</th><th>性　质</th><th>规　模</th></tr>
<tr><td rowspan="2">区域<br>中水系统</td><td>集中建筑区<br>（院校、机关大院、产业开发区）</td><td>建筑面积>50 000 $m^2$，或综合污水量>750 $m^3/d$，<br>或回收水量>150 $m^3/d$</td></tr>
<tr><td>居住小区<br>（包括别墅区、公寓区等）</td><td>建筑面积>50 000 $m^2$，或综合污水量>750 $m^3/d$，<br>或回收水量>150 $m^3/d$</td></tr>
<tr><td rowspan="2">建筑物<br>中水系统</td><td>宾馆、饭店、公寓和高级住宅等</td><td>建筑面积>20 000 $m^2$，或回收水量>100 $m^3/d$</td></tr>
<tr><td>机关、科研单位、大专院校、<br>大型文体建筑等</td><td>建筑面积>30 000 $m^2$，或回收水量>100 $m^3/d$</td></tr>
</table>

**2)组成**

中水系统是由中水原水的收集、储存、处理和供给等工程设施组成的有机结合体,是建筑物或建筑小区的功能配套设施之一。建筑中水系统由原水系统、处理系统和供水系统3部分组成。

(1)原水系统

收集、输送原水到处理设施的管道系统和附属构筑物,包括室内生活排水管网(污、废分流或合流管网),室外原水集流管网,以及相应的分流、溢流设施和超越管等。

(2)处理系统

将原水处理为水质符合要求的中水处理设施、管道系统及附件,包括前处理、主要处理和后处理等处理设施,管道、阀件及相应的计量检测设备等。

(3)供水系统

输送中水到中水用水器具或设备的管道系统和附属构筑物,包括室内外中水供水管网,以及水泵、中水贮水池、高位水箱等增压和贮水设备。

**3)基本类型**

中水系统按供水范围的大小可分为3种类型:

(1)建筑物中水系统

中水系统的原水取自建筑物内的排水,经处理后回用于该建筑。典型的建筑物中水系统如图5.1所示。考虑到水量平衡和事故,可利用生活给水补充中水的水量。由于投资少、见效快,这种系统目前在国内外被普遍采用。

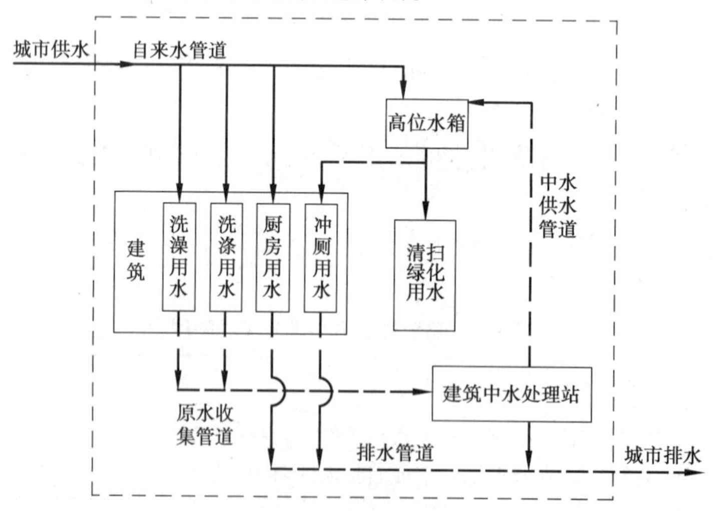


**图5.1 建筑中水系统**

(2)小区中水系统

中水系统的原水取自集中建筑区或居住小区的排水系统(或附近污水处理厂),经处理后回用于小区。为达到水量平衡,可考虑设置雨水调节池或其他水源,如图5.2所示。因供水范围稍大,可设计成不同形式的中水系统,易形成规模效益。

(3)城镇中水系统

中水系统的原水来自城镇二级生物污水处理厂的出水和部分雨水,经提升后送到中水处理站(或再生水厂),处理达标后用作城镇绿化、道路清扫、汽车冲洗、景观河湖以及工业循环冷却水系统的补水等,如图5.3所示。

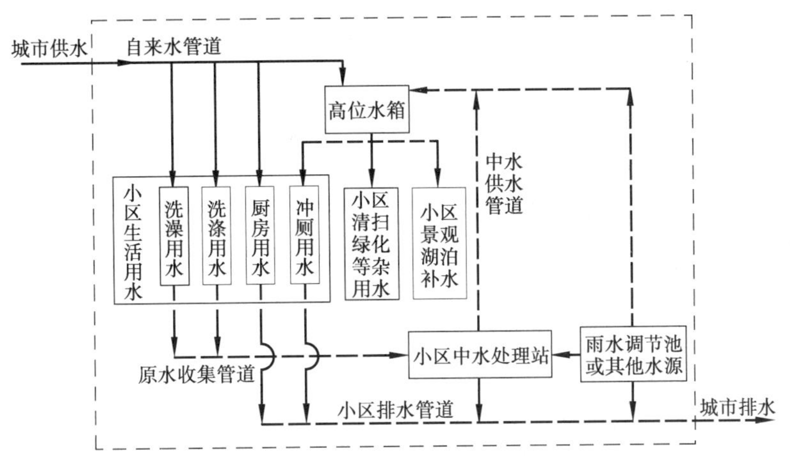


图5.2 集中建筑区或居住小区中水系统

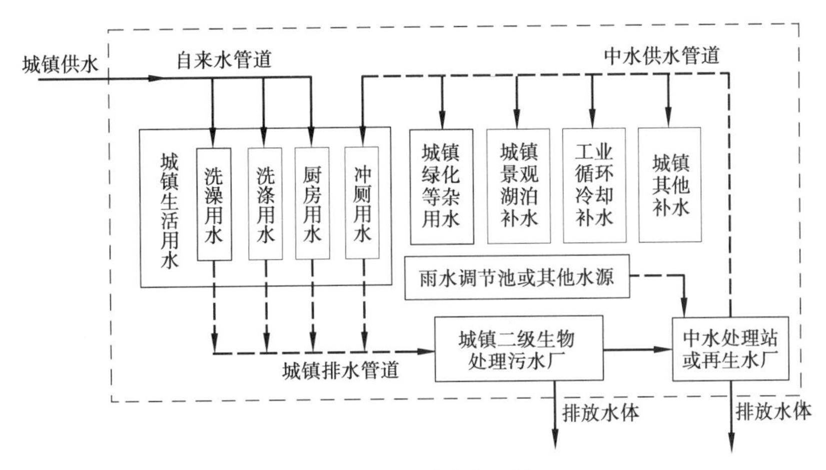


图5.3 城镇中水系统

城镇中水系统不要求室内排水必须采用污废水分流,但城镇应有污水处理厂、中水处理站或再生水厂,同时城镇及建筑内部的供水管网应分为生活饮用和杂用的双管输配水系统。

建筑中水是建筑物中水和小区中水的总称。

## 5.1.2 建筑中水水质及处理工艺

### 1)建筑物中水原水种类及水质

中水原水应根据排水的水质、水量、排水状况和中水回用的水质、水量选定。

(1)可供选择的建筑物中水原水的种类和顺序

①沐浴排水:卫生间、公共浴室的盆浴和淋浴等排水。

②盥洗排水:洗脸、洗手盆和盥洗槽的排水。

③空调循环冷却水系统排水。

④冷凝水:空调等制冷系统中冷凝器的冷却水。

⑤游泳池排水:游泳池的排水、溢流水、过滤设备的冲洗水等。

⑥洗衣排水:洗衣房排放的废水。

⑦厨房排水:住宅、食堂和餐厅等建筑内厨房排放的污水。

⑧冲厕排水:大、小便器排放的污水。

上述原水中,沐浴、盥洗和洗衣排水中有机物含量较少,皂液含量高;冷却及冷凝水水温稍高,但污染程度轻;游泳池排水中含毛发、细菌、尿素及有机物等;厨房排水中有机物、浊度和油脂含量均较高;冲厕排水中有机物含量高,细菌浓度大。

建筑物排水量少且不均匀,因此实际的中水系统很少采用单一原水,多为几种水源的组合。上述8种常用水源一般有下列3种组合:

①优质杂排水:包括淋浴、盥洗排水,冷却、冷凝排水,游泳池排水和洗衣排水。

②杂排水:包括优质杂排水和厨房排水。

③生活排水:包括杂排水和冲厕排水。

为简化中水处理流程,节约工程造价,降低运转费用,建筑中水原水应尽可能选用优质杂排水和杂排水。用作中水原水的水量宜为中水回用水量的110% ~115%。此外,屋面雨水也可作为中水原水或其补充水。

医疗污水、放射性废水、生物污染废水、重金属及其他有毒有害物质超标的排水严禁作为中水原水。

建筑中水原水的水质应以实测资料为准,无实测资料时,可参照表5.2确定。

(2)集中建筑区或居住小区中水水源

可选用的水源包括区域内建筑杂排水、附近污水处理厂出水、就近工厂相对洁净的冷却水、屋面雨水等。

小区中水水源的设计水质应以实测资料为准。无实测资料,当采用生活污水时,可按表5.2中综合水质指标取值;当采用城市污水处理厂出水为原水时,可按二级处理实际出水水质或相应标准执行。其他来源的原水水质则需实测。

**表5.2 建筑物排水污染物浓度**

单位:mg/L

| 类别 | 住宅 | | | 宾馆、饭店 | | | 办公楼、教学楼 | | | 公共浴室 | | | 餐饮业、营业餐厅 | | |
|---|---|---|---|---|---|---|---|---|---|---|---|---|---|---|---|
| | $BOD_5$ | CODcr | SS | $BOD_5$ | CODcr | SS | $BOD_5$ | CODcr | SS | $BOD_5$ | CODcr | SS | $BOD_5$ | CODcr | SS |
| 冲厕 | 300 ~ 450 | 800 ~ 1 100 | 350 ~ 450 | 250 ~ 300 | 700 ~ 1 000 | 300 ~ 400 | 260 ~ 340 | 350 ~ 450 | 260 ~ 340 | 260 ~ 340 | 350 ~ 450 | 260 ~ 340 | 260 ~ 340 | 350 ~ 450 | 260 ~ 340 |
| 厨房 | 500 ~ 650 | 900 ~ 1 200 | 220 ~ 280 | 400 ~ 550 | 800 ~ 1 100 | 180 ~ 220 | — | — | — | — | — | — | 500 ~ 600 | 900 ~ 1 100 | 250 ~ 280 |

续表

| 类别 | 住宅 | | | 宾馆、饭店 | | | 办公楼、教学楼 | | | 公共浴室 | | | 餐饮业、营业餐厅 | | |
|---|---|---|---|---|---|---|---|---|---|---|---|---|---|---|---|
| | $BOD_5$ | CODcr | SS | $BOD_5$ | CODcr | SS | $BOD_5$ | CODcr | SS | $BOD_5$ | CODcr | SS | $BOD_5$ | CODcr | SS |
| 沐浴 | 50 ~ 60 | 120 ~ 135 | 40 ~ 60 | 40 ~ 50 | 100 ~ 110 | 30 ~ 50 | — | — | — | 45 ~ 55 | 110 ~ 120 | 35 ~ 55 | | | |
| 盥洗 | 60 ~ 70 | 90 ~ 120 | 100 ~ 150 | 50 ~ 60 | 80 ~ 100 | 80 ~ 100 | 90 ~ 110 | 100 ~ 140 | 90 ~ 110 | | | | | | |
| 洗衣 | 220 ~ 250 | 310 ~ 390 | 60 ~ 70 | 180 ~ 220 | 270 ~ 330 | 50 ~ 60 | | | | | | | | | |
| 综合 | 230 ~ 300 | 455 ~ 600 | 155 ~ 180 | 140 ~ 175 | 295 ~ 380 | 95 ~ 120 | 195 ~ 260 | 260 ~ 340 | 195 ~ 260 | 50 ~ 65 | 115 ~ 135 | 40 ~ 65 | 490 ~ 590 | 890 ~ 1 075 | 255 ~ 285 |

**2)中水用途及水质标准**

①中水用作建筑杂用水和城市杂用水时,水质应符合国家现行标准《城市污水再生利用　城市杂用水水质》(GB/T 18920—2020)的规定,见附录Ⅶ。

②中水用于景观环境用水时,水质应符合国家现行标准《城市污水再生利用　景观环境用水水质》(GB/T 18921—2019)的规定,见附录Ⅷ。

③中水用于采暖系统补水等用途时,其水质应符合现行国家标准《采暖空调系统水质》(GB/T 29044—2012)的规定。

④当中水同时用于多种用途时,水质应按最高水质标准确定。

**3)中水处理工艺**

(1)中水处理阶段

①前处理:也称为预处理,主要用于截留大的漂浮物、悬浮物和杂物,处理工艺包括格栅或滤网截留、油水分离、毛发截留、调节水量以及调整 pH 值等。当主处理为膜分离时,可增加絮凝沉淀和生物处理设施。

②主处理:主要去除水中的有机物、无机物等,包括絮凝沉淀或气浮、生物处理、膜处理、土地处理等,可根据中水回用的用途选择处理工艺。

③后处理:对回用水做进一步的处理和消毒,使水质满足使用要求,包括砂滤、膜滤、活性炭吸附、消毒等深度处理单元。

(2)中水处理方法

①物理化学法:包括混凝沉淀、过滤及活性炭吸附、臭氧处理等。优点是处理设施占地小,可除磷,对水质的变化适应性强。但水的回收率低,氮及 ABS 去除效果差,污泥量大,费用高。

②生物化学法:利用微生物的分解、合成等过程,将污水中有机物和胶体变为无机物,再通过沉淀、过滤消毒,使处理水满足回用水的水质要求,适用于有机物含量较高的生活污水。优点是水的回收率较高,经常运行管理费用较高,能除去水中的氮,但不适宜间歇

运行。

③物理处理法：采用膜分离法，再经过除臭消毒，满足回用水的使用要求。优点是对原水水质变化适应性强，占地面积小，适于间歇运行，但水的回收率较低，且不能除氮。近年来，膜分离与生物处理相结合的膜生物反应器发展迅速，已应用于中水处理。

④土地处理法：利用土壤动物、微生物的代谢和植物根系的吸收作用，以及土壤颗粒的过滤、沉淀、吸附等作用处理和净化污水，包括自然和人工两种土地处理方式。优点是能与建筑或小区景观相结合，运行费用低，适用于不同浓度的污水处理。但此方法占地面积大，土壤易板结。

(3)中水处理工艺流程

中水处理流程应根据中水原水的水量，水质和中水的水质、水量，以及使用要求等因素，经技术经济比较后确定。其中原水的水质是主要依据。

①当以优质杂排水或杂排水为中水水源时，处理目的主要是去除原水中的悬浮物和少量有机物，降低水的浊度和色度。可采用物化处理为主的工艺和采用生物处理和物化处理相结合的处理工艺，如图5.4所示。

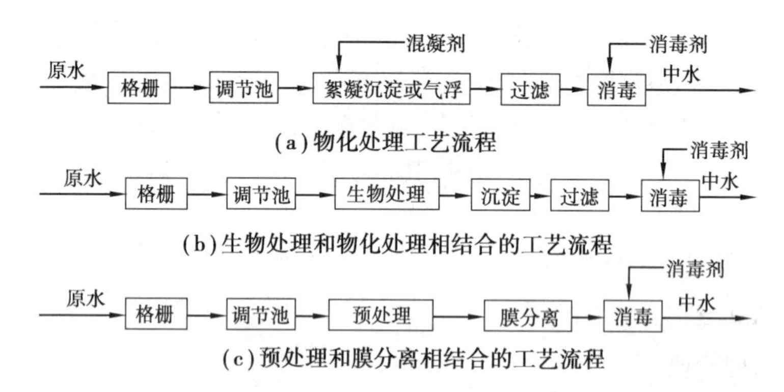


图5.4　以优质杂排水或杂排水为中水水源的常见工艺

优质杂排水或杂排水的有机物浓度很低，在已建中水工程中，以优质杂排水为原水、采用一段法生物处理的较多。

对于杂排水，因含厨房及清洗污水、水质含油，应单独设置有效的隔油装置，再与优质杂排水混合进入中水处理设备，一般也采用一段生物处理流程，但在生物反应时间上应比优质杂排水适当延长。

采用膜处理工艺时，应设计可靠的预处理单元及膜的清洗设施，以保障膜系统的长期稳定运行。

②当以含有粪便污水的排水作为中水原水时，宜采用二段生物处理与物化处理相结合的工艺。原水中有机物和悬浮物浓度都很高，水质成分相对复杂，二段法生物处理效率高、能承受较高的冲击负荷，出水水质好，且具有较高的工程可靠性。物化处理法则包括沉淀、过滤、土地渗滤、膜法等。图5.5所示为二段生物处理与物化处理相结合的处理工艺流程。

由于污水中含有固态粪便、废渣之类，易于堵塞管道和土壤，因此以含有粪便污水的排水作为中水原水时应设计可靠的预处理工艺。常用的预处理工艺有沉淀池、化粪池、水解池、发酵池等。

③利用污水处理厂(站)二级处理出水作为中水水源时,宜选用物化处理或生化处理相结合的深度处理工艺,其目的是去除水中残留的悬浮物,降低水的浊度和色度。常见工艺如图5.6所示。

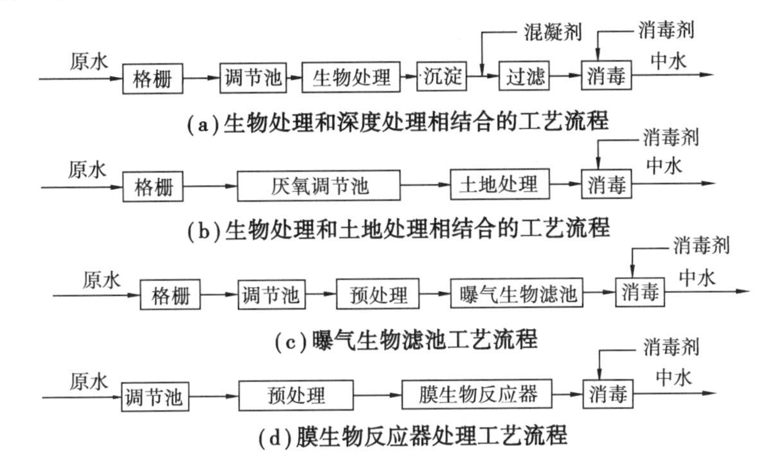


图5.5 以含粪便污水的排水为中水水源的常见工艺流程等

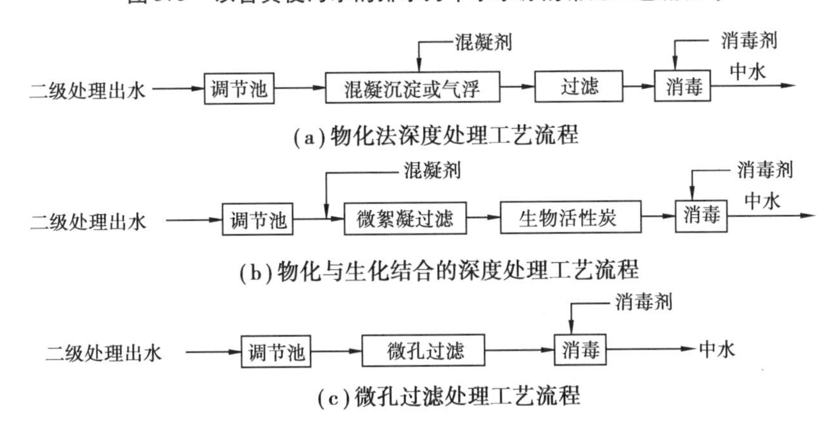


图5.6 以污水处理厂(站)二级处理出水为中水水源的常见工艺

经处理后的中水用于水景、采暖、空调冷却、建筑施工等其他用途时,如采用的处理工艺达不到相应的水质标准,应再增加深度处理工艺,如活性炭、臭氧、超滤或离子交换等。

中水处理产生的沉淀污泥、活性污泥和化学污泥,应采取妥善处理措施,当污泥量较少时可排至化粪池处理,污泥量较大的中水处理站,可采用机械脱水装置或其他方法进行处理或处置。

#### 4)中水处理设施

中水处理设施与一般生活污水处理设施基本相同,本节简要介绍几种有特殊要求的中水处理设施。

(1)格栅和格网

格栅栅条的间隙比一般生活污水处理厂的要小,宜采用机械格栅。设置1道格栅时,栅条间隙应小于10 mm;设置粗细两道格栅时,粗、细格栅栅条间隙宽度分别为10~20 mm和2.5 mm;当原水为洗浴废水时可选用12~18目的格网。

(2)毛发聚集器

以洗浴(涤)排水为原水的中水系统,污水泵吸水管上应设置毛发聚集器,其过滤筒(网)的孔径宜采用3 mm,有效过水面积应大于连接管截面积的2倍。

(3)原水调节池

建筑中水处理规模小,原水的水质水量变化大,设置调节池对水质、水量进行调节和均衡,以保证后续处理设施的稳定和高效运行。

为防止原排水在调节池内沉淀、腐化,并有利于后续的生物处理,原水调节池内宜设置预曝气管,曝气量不宜小于0.6 $m^3/(m^3 \cdot h)$。

调节池底部应设置集水坑和泄水管,池底应有不小于0.02的坡度坡向集水坑。池壁应设置爬梯和溢水管。当采用地埋式时,顶部应设置人孔和直通地面的排气管。

中小型工程的调节池可兼作提升泵的集水井。当原水为优质杂排水或杂排水时,设置调节池后可不再设置初次沉淀池。

(4)二次沉淀池和混凝沉淀池

当规模较小时,生物处理后的二沉池和物化处理后的混凝沉淀池,宜采用斜板(管)沉淀池或竖流式沉淀池。规模较大时,应参照现行国家标准《室外排水设计规范》(GB 50014—2006)设计。

斜板(管)沉淀池宜采用矩形,表面水力负荷宜采用1~3 $m^3/(m^2 \cdot h)$,斜板(管)间距(孔径)宜大于80 mm,板(管)斜长宜取1 000 mm,斜角宜为60°。斜板(管)上部清水深不宜小于0.5 m,下部缓冲层不宜小于0.8 m。竖流式沉淀池的设计表面水力负荷宜采用0.8~1.2 $m^3/(m^2 \cdot h)$,中心管流速不大于30 mm/s。

沉淀池宜采用静水压力排泥,静水头不应小于1 500 mm,排泥管直径不宜小于80 mm。沉淀池集水应设出水堰,其出水最大负荷不应超过1.70 L/(s·m)。

(5)接触氧化池

接触氧化池可采用固定填料或悬浮填料,填料体积填料容积负荷和平均日污水量计算,容积负荷宜为1 000~1 800 $gBOD_5/(m^3 \cdot d)$,采用悬浮填料时,装填体积不应小于有效池容积的25%。接触氧化法处理优质杂排水时,水力停留时间不应小于2 h;处理杂排水或生活污水时,应根据原水水质情况和出水水质要求确定水力停留时间,不宜小于3 h。接触氧化池曝气量宜为40~80 $m^3/kgBOD_5$。

(6)过滤设施

中水过滤处理宜采用过滤器。当采用新型滤器、滤料和新工艺时,可按实验资料设计。

(7)膜分离设施

中水处理系统中多采用超滤和微滤。与超滤相比,微滤的膜通量较大,近年来采用较多。

(8)消毒设施

中水系统必须设置消毒设施。消毒剂宜采用自动投加方式,并能与被消毒水充分混合接触。消毒剂宜采用次氯酸钠、二氧化氯、二氯异氰尿酸钠等。当处理规模较大并采取严格的安全措施时,可采用液氯消毒,但必须使用加氯机。采用氯化消毒时,加氯量一般为5~8 mg/L,消毒接触时间应大于30 min。当中水原水为生活污水时,应适当增大加氯量。

(9)脱臭设施

为防止中水系统散发臭气,中水处理设备宜设计成密闭系统,其内部空气最好采用强制排风方式,经脱臭处理后排至大气。脱臭处理可采用水喷淋洗涤、活性炭吸附或土壤处理等方式。

水喷淋洗涤可采用各种常用填料,淋水密度一般可取30~50 $m^3/(m^2 \cdot h)$,气水体积比可取20~30。

土壤处理是将排出的臭气通过穿孔管排至厚为800~1 000 mm的特殊土壤中。这种疏松多孔的土壤穿孔管周围为砾石层,其余为类似炉渣、木屑粉和黏土的混合物,并加入经过培养的特效细菌,臭气在土壤中经细菌的吸收和分解变为无臭气体逸出,土壤吸收的营养成分则有利于草皮及灌木的生长。

此外,中水处理也可采用一体化设备或组合装置。

### 5.1.3 中水水量平衡

水量平衡是指中水原水量、处理量、用水量、补水量(或溢流水量)之间通过计算调整达到平衡一致,以合理确定中水处理系统的规模和处理方法,使原水收集、水质处理和中水供应几部分有机结合,保证中水系统能在中水原水和中水用水很不稳定的情况下协调运作。水量平衡应保证中水原水量稍大于中水用水量。

水量平衡计算是系统设计和量化管理的一项工作,是合理设计中水处理设备、构筑物及管道的依据。水量平衡计算从两方面进行:一方面是确定可作为中水水源的污废水可集流的流量,另一方面是确定中水用水量。

**1)水量平衡的计算步骤**

①按中水系统供水范围、建筑物性质,确定中水的用水对象和原水集流对象。

②计算可集流原水量。中水系统回收排水项目的回收水量之和不低于回收排水项目给水量之和的75%,并且用作中水水源的水量宜为中水回用水量的110%~115%。中水原水量可按式(5.1)计算:

$$Q_y = \sum \beta Q_{pj} b \tag{5.1}$$

式中　$Q_y$——中水原水量,$m^3/d$;

$\beta$——建筑物按给水量计算排水量的折减系数，一般取0.85～0.95；

$Q_{pj}$——建筑物平均日生活给水量，按现行国家标准《民用建筑节水设计标准》(GB50555)中的节水用水定额计算确定，$m^3/d$；

$b$——建筑物分项给水百分率，%，各类建筑物的分项给水百分率应以实测资料为准，无实测资料时，可参照表5.3选用。

表5.3 建筑物分项给水百分数

| 类 别 | 住 宅/% | 宾馆、饭店/% | 办公楼、教学楼/% | 公共浴室/% | 餐饮业、营业餐厅/% | 宿舍 |
|---|---|---|---|---|---|---|
| 冲 厕 | 21.3～21.0 | 10.0～14.0 | 60～66 | 2～5 | 6.7～5.0 | 30.0 |
| 厨 房 | 20.0～19.0 | 12.5～14.0 | — | — | 93.3～95.0 | — |
| 沐 浴 | 29.3～32.0 | 50.0～40.0 | — | 98～95 | — | 40.0～42.0 |
| 盥 洗 | 6.7～6.0 | 12.5～14.0 | 40～34 | — | — | 12.5～14.0 |
| 洗 衣 | 22.7～22.0 | 15.0～18.0 | — | — | — | 17.5～14.0 |
| 总 计 | 100.0 | 100.0 | 100 | 100 | 100.0 | 100 |

注：沐浴包括盆浴及淋浴。

③计算中水的分项用水量和总用水量$Q_{zy}$。

④计算中水的处理水量、原水溢流水量或中水产水量、自来水补给水量。

如图5.7所示，当原水水量较多，能够满足处理设施自用水和中水的供水要求时，中水的处理水量按式(5.2)计算，溢流水量按式(5.3)计算：

$$Q_{c1}=(1+n)Q_{zy} \tag{5.2}$$

$$Q_{y1}=Q_y-Q_{c1} \tag{5.3}$$

式中 $Q_{c1}$——中水的处理水量，$m^3/d$；

$n$——中水处理设施自耗水系数，一般取5%～15%；

$Q_{zy}$——中水的总用水量，$m^3/d$；

$Q_y$——中水原水量，$m^3/d$；

$Q_{y1}$——中水溢流水量，$m^3/d$。

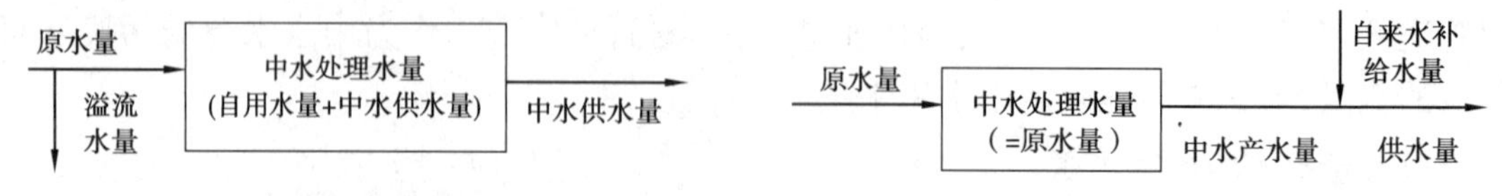


图5.7 中水的溢流水量计算图　　图5.8 自来水补给水量计算图

如图5.8所示，当原水量较小，不能够满足中水的供水要求时，中水的处理水量即为原水量。中水的产水量按式(5.4)计算，自来水补给水量按式(5.5)计算：

$$Q_{c2}=(1-n)Q_y \tag{5.4}$$

$$Q_{bj}=Q_{zy}-Q_{c2} \tag{5.5}$$

式中 $Q_{c2}$——中水产水量，$m^3/d$；

$Q_y$——中水原水量，$m^3/d$；

$Q_{bj}$——自来水补给水量，$m^3/d$。

⑤计算调节水量：

a. 在处理设施前应设原水调节池（箱）。调节池的调节容积应按原水量及处理水量的逐时变化曲线求得。在缺乏资料时，也可按下列方法计算：

- 连续运行时，调节池（箱）的调节容积可按日处理水量的35% ~50%计算；
- 间歇运行时，调节池（箱）的调节容积可按处理设备运行周期计算，见式(5.6)：

$$V_1 = 1.2Q_h \cdot T_1 \tag{5.6}$$

式中 $V_1$——原水调节池有效容积，$m^3$；

$T_1$——处理设备最大连续运行时间，h；

$Q_h$——处理系统设计处理能力，$m^3/h$。

b. 在处理设施后应设中水池（箱）。调节容积应按处理水量及中水用量的逐时变化曲线求算。缺乏资料时，也可按下列方法计算：

- 连续运行时，中水池（箱）的调节容积可按中水系统日用水量的25% ~35%计算；
- 间歇运行时，中水池（箱）的调节容积可按处理设备运行周期计算，见式(5.7)：

$$V_2 = 1.2(Q_h \cdot T_1 - Q_{zt}) \tag{5.7}$$

式中 $V_2$——中水池（箱）有效容积，$m^3$；

$q$——设施处理能力，$m^3/h$；

$Q_{zt}$——日最大连续运行时间内的中水用水量，$m^3/h$。

c. 当中水供水系统采用水泵-水箱联合供水时，其高位供水箱的调节容积不得小于中水系统最大小时用水量的50%。

⑥中水贮存池或供水箱上应设自来水补水管，管径按中水最大时供水量计算确定。

⑦绘制水量平衡图。用直观的方法将中水系统中各水量之间的关系用图示表达称为水量平衡图，如图5.9所示。水量平衡图主要包括如下内容：

a. 建筑物各用水点的总排放量（包括中水原水量和直接排放水量）；

b. 中水处理水量、原水贮存池调节水量及处理设备自用水量；

c. 中水的总供水量、各分项供水量、贮存池及高位水箱的调节水量；

d. 来水总用水量（包括各用水点的分项水量和对中水系统的补给水量）；

e. 规划范围内的污水排放量、中水回用量及自来水用量三者的比率关系。

**2）水量平衡计算及平衡图绘制**

**【例5.1】** 某新建住宅共40户，每户平均按4人计。每户设置坐式大便器、浴盆、洗脸盆、厨房洗涤盆和洗衣机水龙头各1个。若已知该住宅最高日用水定额为187.5 L/（人·d），拟采用优质杂排水作为原水，经处理后的中水用于冲洗厕所、浇洒绿地和道路，试绘制水量平衡图。设绿地和道路的浇洒用水量为4.0 $m^3/d$。

**【解】** ①根据已知条件，中水的供水对象为：冲洗厕所、浇洒绿地和道路。中水的集流对象为：浴盆排水、洗脸盆排水和洗衣机排水。

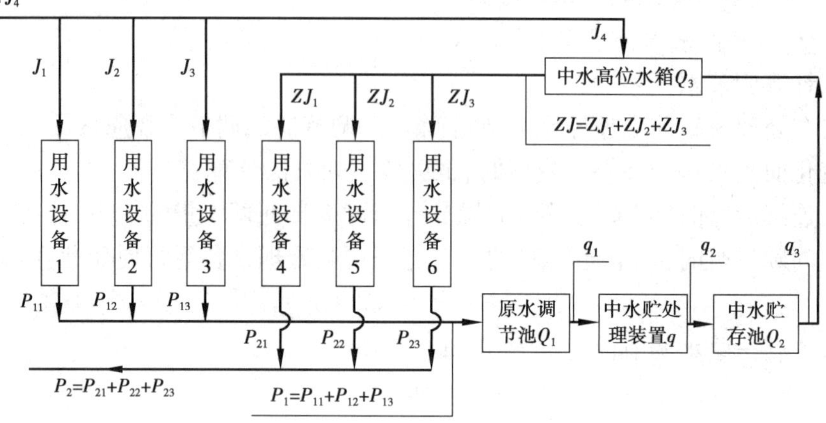


图 5.9　水量平衡图

$J,J_{1-4}$—自来水总供水量及各分项水量;$ZJ,ZJ_{1-3}$—中水供水量及各分项供水量;

$P_1,P_{11-13}$—中水原水总量及各分项水量;$P_2,P_{21-23}$—直接排放污水总量及分项水量;

$Q_1$—原水调节水量;$Q_2$—中水贮存水量;$Q_3$—中水高位水箱调节水量;$q$—中水处理设备自用水量;

$q_1$—中水处理水量;$q_2$—中水处理设备出水量;$q_3$—中水贮存池向中水高位水箱的供水量

②计算该住宅总用水量。该住宅共 40 户,每户平均按 4 人计,则该住宅最高日总用水量为:

$$187.5\times4\times40/1\ 000=30\ \text{m}^3/\text{d}$$

③计算可集流原水量。根据表 5.3,淋浴给水占总用水量的 31%,洗脸盆盥洗给水占总用水量的 6%,洗衣给水占总用水量的 22%,则根据式(5.1),取 $\alpha=0.8,\beta=0.96$,则可集流的原水量为:

$(30\times31\%\times0.8\times0.96+30\times6\%\times0.8\times0.96+30\times22\%\times0.8\times0.96)\ \text{m}^3/\text{d}=13.59\ \text{m}^3/\text{d}$

$13.59/(6.6+9.3+1.8)=76.8\%>75\%$,符合规范要求。

④计算中水供水量。

a. 冲洗厕所用水量。根据表 5.3,冲洗厕所用水量占总用水量的 21%,则:

$$30\ \text{m}^3/\text{d}\times21\%=6.3\ \text{m}^3/\text{d}$$

b. 浇洒绿地和道路用水量。由已知条件得 4 $\text{m}^3/\text{d}$。

c. 中水供水量为:$(6.3+4)\ \text{m}^3/\text{d}=10.3\text{m}^3/\text{d}$

⑤计算中水处理水量和溢流水量。根据式(5.2),取处理设施的自耗水系数为 10%,则中水的处理水量为:$10.3\ \text{m}^3/\text{d}\times1.1=11.3\ \text{m}^3/\text{d}$,根据式(5.3),溢流水量为:$(13.59-11.33)\ \text{m}^3/\text{d}=2.26\ \text{m}^3/\text{d}$。

⑥发生事故时考虑冲厕用水 6.3 $\text{m}^3/\text{d}$,暂停浇洒绿地和道路用水。

⑦绘制水量平衡图,如图 5.10 所示。

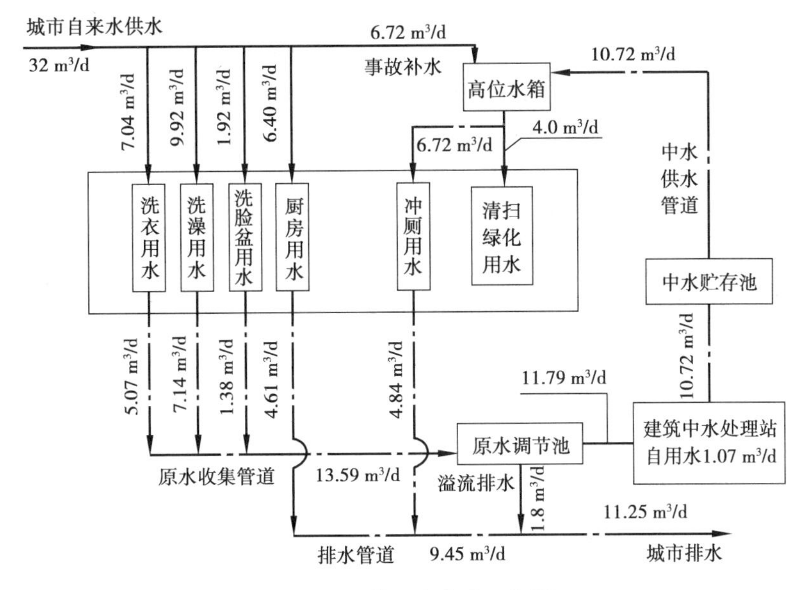


图 5.10 某住宅水量平衡图

## 5.1.4 中水管道系统及处理站设计

### 1) 中水管道系统设计

(1) 原水管道系统设计

此设计与“建筑排水”的设计原则和基本要求相同,其特殊性在于:

①管道的合流或分流,应根据中水水源的选择进行划分。

②室内外原水管道及附属构筑物均应采取防渗、防漏措施,并应有防止不符合水质要求的排水接入的措施。井盖应做“中水”标志。

③原水系统应设分流、溢流设施和超越管,以便中水处理设备检修和过载时,可将部分或全部原水直接排放。为便于管道布置,在不影响使用功能的前提下,宜尽量将排水设备集中布置(如同层相邻、上下层对应等)。

④当有厨房排水等含油废水作为原水时,需经隔油处理方可进入原水集水系统。

⑤原水应计量,宜设瞬时和累计流量的计量装置,当采用调节池容量法计量时应安装水位计。

⑥当采用雨水作为中水水源或补充水源时,应有可靠的调储容量和溢流排放设施。

(2) 中水供水管道系统设计

中水供水系统必须独立设置,严禁与生活饮用水管道直接连接,以防误用和污染生活用水。中水供水管道的设计原则类似于“建筑给水”,特殊性在于:

①中水管道不得装设取水龙头。当装有取水接口时,必须采取严格的防止误饮、误用的措施。

②中水管道宜明装敷设,不宜暗装于墙体和楼面内,以便及时检查。

③中水管路系统、阀门配件、处理设备等应有明显的标志,以便与其他系统区别。

④在处理设备发生故障时,为确保中水用水不致中断,应有应急补水(自来水)设施。

当补水管接到中水贮存池时,应设空气隔断。

⑤中水管道与生活饮用水管道、排水管道平行埋设时,水平净距不得小于0.5 m;交叉埋设时中水管道应设在生活饮用水管道下面、排水管道的上面,净距不得小于0.15 m。

⑥中水贮存池的溢流管、泄空管不得直接与下水道连接,应采用间接排水的隔断措施,以防止下水道污染中水水质。溢流管和排气管应设网罩防止昆虫进入。

⑦中水供水管道宜采用塑料给水管、塑料和金属复合管或其他给水管材,不得采用非镀锌钢管。

⑧绿化、浇洒、汽车冲洗宜采用有防护功能的壁式或地下式给水栓。

**2)中水处理站设计**

(1)位置选择

位置选择应在符合建筑总体规划、满足环境卫生和管理维护的前提下,根据中水原水的来源及用水位置等因素确定处理站位置。原则如下:

①以生活污水为原水的地面处理站与公共建筑或住宅的距离不宜小于15 m。

②建筑群(组团)的中水处理站宜设置在建筑物的地下室或裙房内,区域中水处理站应独立设置,处理构筑物宜为地下式或封闭式。

③处理站应尽量靠近中水水源和中水用户,并尽量设在通风良好、室内外进出方便的地点。区域处理站应有单独的进出口和道路,以便于进出设备、药品和排除污物。

④处理站高程上应满足中水原水的自流引入和自流排入下水道。

⑤区域中水处理站应注意隐蔽和隔离,构筑物地上部分尽量结合环境,进行美化处理。

(2)设计要点

①处理站的面积、高度应根据处理流程、最高处理构筑物高度和设备施工、安装及维修的需要确定。

②区域处理站的加药贮药间、消毒剂制备贮存间,宜与其他房间隔开,并应直通室外;建筑物内的处理站,宜设置药剂贮存间。

③中水处理站应设置值班、化验等房间。

④处理构筑物及设备应布置合理、紧凑,满足构筑物施工、设备安装与运行、管道敷设及维护的要求,并适当预留发展及设备更换的余地。

⑤处理站地面应设置集水坑,不能重力排出时需设排水泵。

⑥应满足主要处理环节的运行观察、计量、水质监测,并具备单独成本核算的条件。

⑦处理站应设置与处理工艺要求相适应的采暖、通风、照明、给水、排水设施。

⑧处理站设计中,对使用药剂而产生的污染危害应采取有效的防护措施;对处理站中机电设备应采取有效的防噪和减振措施;对处理过程产生的臭气应采取有效的除臭措施。

### 5.1.5 中水系统的设计与实例

**1)建筑中水系统的设计原则**

①在技术可靠、经济合理、保护环境卫生的条件下,尽可能使用中水,并纳入整个给排水工程规划和设计中。

②优先考虑优质杂排水作为中水水源，水量平衡后，若优质杂排水不能满足需要，再考虑利用杂排水或其他水源。

③处理后的中水水质应稍高于《建筑中水设计规范》规定的水质标准，保证安全可靠。

④做好水量平衡，原水水量应满足中水用水量要求。当发生事故或出现短时用水高峰时，有自来水或其他备用水源的补给措施，同时应防止补给水源被中水回流所污染。

⑤系统设计具有可靠的安全防护措施，保证运行安全，并能有效防止误用，防止对生活用水造成污染。

**2）建筑中水系统的设计内容**

建筑中水系统的设计内容包括原水管网、中水供水管网、中水处理站及中水系统的概算及经济分析4个部分。

**3）建筑中水系统的设计步骤**

①确定使用中水供水的范围、种类、数量和排水集流的类别（优质杂排水、杂排水和生活污水），划分建筑或区域供水系统和排水系统。

②进行水量平衡计算，绘制水量平衡图。根据平均日流量确定中水处理站的处理能力，见式（5.8）：

$$q=\frac{Q_{py}}{T} \tag{5.8}$$

式中　$q$——设施处理能力，$m^3/h$；

$Q_{py}$——经过水量平衡计算后的中水原水量，$m^3/d$；

$T$——中水设施每日设计运行时间，h/d。

③选择中水处理站的位置。

④确定中水处理工艺流程，进行处理设施的设计与计算。

⑤进行供水管网、排水管网及中水管网的设计与计算。

⑥编制工程概算，进行经济分析比较。

**4）中水工程实例**

（1）中国国际贸易中心中水工程

①建筑概况。中国国际贸易中心建于北京市，占地面积12.8 ha（1 ha=666.7 $m^2$），总建筑面积约41万$m^2$。它是由一幢39层办公楼、一幢22层高级宾馆、一幢6层办公楼及三层地下室（设有商场、车库）等组成主体建筑物部分，另外有两幢30层国际公寓，一幢8层高级宾馆、一幢8层办公楼，一幢外籍职员宿舍、一座燃油锅炉房等。

②中水用途及水质。中水水源为部分建筑的沐浴和盥洗废水，经处理后回用作部分厕所冲洗水。原水水质与处理后的中水水质如表5.4所示。

**表5.4　原水及中水水质**

| 水的种类 | SS/($mg \cdot L^{-1}$) | $BOD_5$ /($mg \cdot L^{-1}$) | $COD_{Mn}$ /($mg \cdot L^{-1}$) | 大肠杆菌 /(个$\cdot mL^{-1}$) | 余氯/($mg \cdot L^{-1}$) |
| --- | --- | --- | --- | --- | --- |
| 原　水 | 40～60 | 80～100 | 60～80 | — | — |

续表

| 水的种类 | SS/(mg·L$^{-1}$) | $BOD_5$ /(mg·L$^{-1}$) | $COD_{Mn}$ /(mg·L$^{-1}$) | 大肠杆菌 /(个·mL$^{-1}$) | 余氯/(mg·L$^{-1}$) |
|---|---|---|---|---|---|
| 中　水 | 10 | 10 | 20 | 10 | ≥0.1 |

③水量及水量平衡。中水站处理能力为596 m$^3$/d。处理后的中水贮存于中水贮水池(容积179 m$^3$),然后由水泵抽升至低层办公楼7层屋顶的高位中水箱(容积60 m$^3$),供给低层办公楼及主建筑物裙房等厕所冲洗用水。原水水量约为766 m$^3$/d,为中水水量的128.5%,多余的原水则溢流排放。厕所冲洗用水量如表5.5所示,原水和中水的水量平衡如图5.11所示。

**表5.5　厕所冲洗用水量**

| 建筑名称 | 用水对象 | 用水量 | 建筑名称 | 用水对象 | 用水量 |
|---|---|---|---|---|---|
| 宾　馆 | 客　人 | 50～60 L/(人·d) | 展览厅会议厅 | 客　人 | 10 L/(人·d) |
| | 职　工 | 50～60 L/(人·d) | | 职　工 | 50 L/(人·d) |
| 宾馆酒吧 | 客　人 | 10 L/(人·d) | 办公室 | 办公人员 | 50 L/(人·d) |
| | | | 公　寓 | 每套住宅 | 500 L/(套·d) |

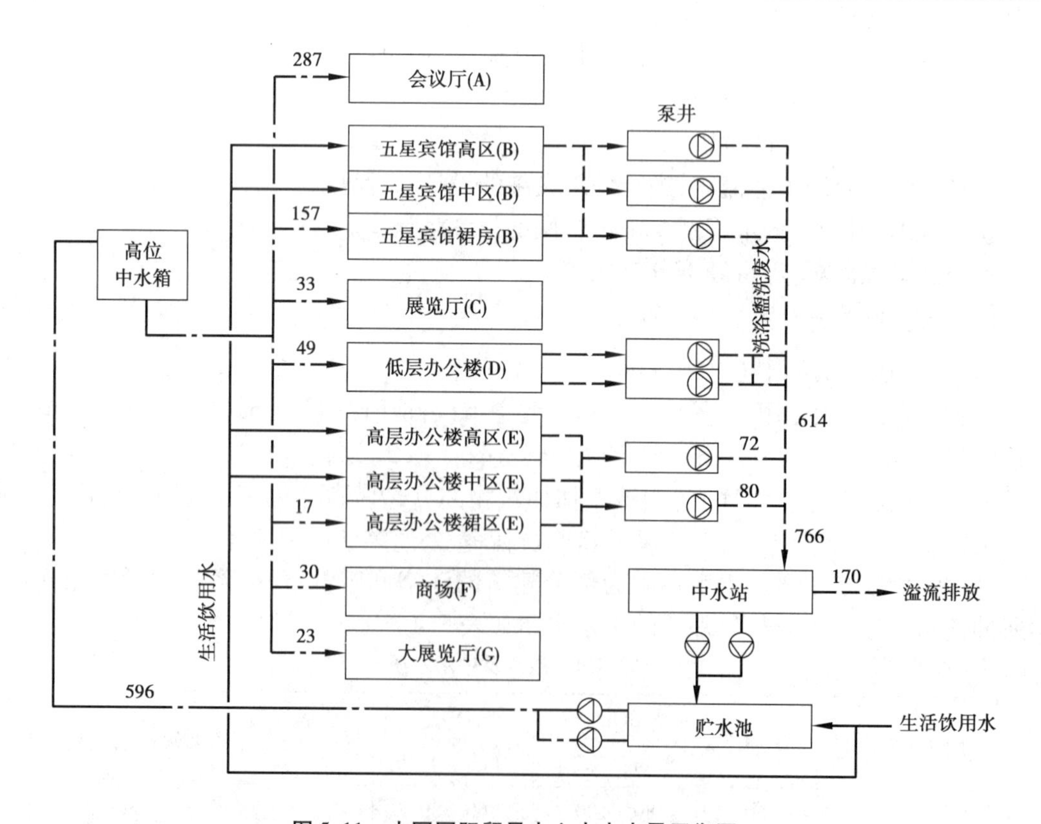


图5.11　中国国际贸易中心中水水量平衡图

④中水处理工艺流程如图5.12所示。

⑤中水处理站及主要处理设施。中水处理站采用组合式建筑,单独建于室外地下,共2层,建筑平面尺寸14×35 $m^2$。地下负一层为过滤器、鼓风机、水泵、污泥干化及操作间,负二层为各处理构筑物及中水贮水池等,相互间设有通道。中水处理采用接触氧化法,污泥采用真空过滤机浓缩干化处理。主要处理构筑物和设备见表5.6。

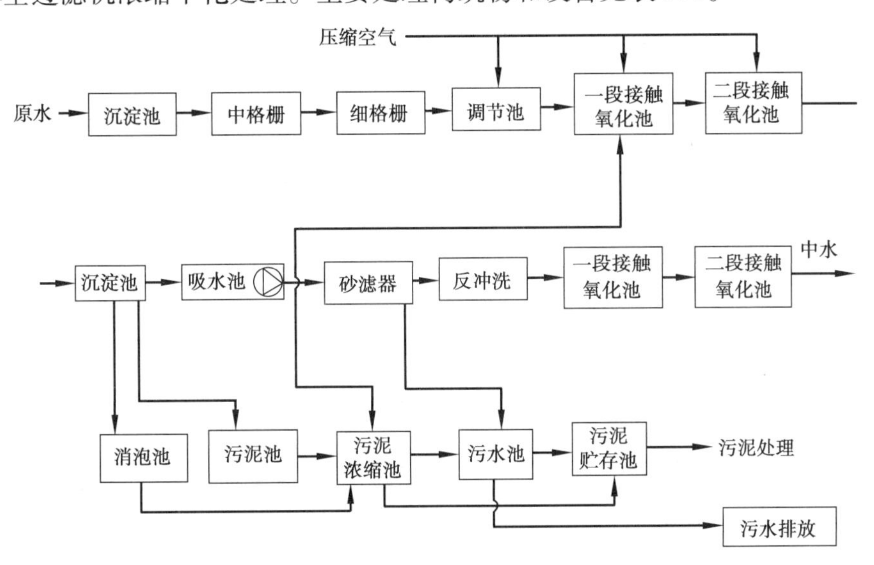


图5.12 中水处理流程图

表5.6 主要处理构筑物和设备

| 名称 | | 作用 | 主要设计参数 |
|---|---|---|---|
| 沉砂池 | | 去除原排水中较重的颗粒 | 停留时间3 min,尺寸:1.6 m×1.4 m×1.8 m,定期用压缩空气将沉淀物抽至储砂斗 |
| 格栅 | 中格栅 | 截留较大的悬浮物 | 栅条间隙30 mm,通过流量:2 000 $m^3$/d,175 $m^3$/h |
| | 细格栅 | | 栅条间隙2.5 mm,通过流量:2 000 $m^3$/d,175 $m^3$/h |
| 调节池 | | 调节流量,均化水质 | 贮水量为日均处理水量的50%,尺寸:10.3 m×6.5 m×2.6 m,共2个,采用压缩空气进行预曝气 |
| 接触氧化池 | 一段 | 去除废水中有机物的主要构筑物 | 接触时间8 h,填料高度2.9 m,气∶水=1.5∶1,尺寸:2.0 m×6.5 m×3.85 m,共4格 |
| | 二段 | | 接触时间7.5 h,填料高度2.85 m,气∶水=1.5∶1,尺寸:1.9 m×6.5 m×3.85 m,共4格 |
| 八角沉淀池 | | 去除脱落生物膜和其他沉淀物 | 停留时间7.5 h,有效水深2.55 m,表面负荷8.2 $m^3/(m^2 \cdot d)$,刮泥机转速2.15 m/min。尺寸8角形,对边6.4 m,共2个 |
| 过滤器 | | 去除非溶解性物质 | 压力式单向砂过滤器,共3台,尺寸:$\phi$1.4 m×1.5 m,滤速6 m/h。反冲洗:预洗6 m/h,15 min;反洗25 m/h,15 min |

续表

| 名　称 | 作　用 | 主要设计参数 |
|---|---|---|
| 消毒池 | 杀灭致病微生物 | 消毒剂液氯,接触时间 25 min,尺寸:2.9 m×3.1 m×1.2 m |
| 消泡池 | 消除接触氧化产生的泡沫 | 自然消泡,利用八角池的 2 个边角空间,尺寸:1.5 m×1.5 m×2.55 m |
| 污泥池 | 接受沉淀池的排泥 | 利用八角池的 2 个边角空间,尺寸:1.5 m×1.5 m×2.55 m |
| 污泥浓缩池 | 对污泥进行重力浓缩 | 尺寸:2.1 m×2.1 m×2.6 m |
| 真空过滤机 | 将污泥过滤浓缩,以便外运 | 采用连续式过滤机,滤速 2.5～3.6 m/min,生产能力 300 L/h |
| 贮水池 | 贮存中水 | 容积 179 $m^3$ |
| 高位中水箱 | 贮存中水,稳定水压 | 容积 60 $m^3$ |

中水处理站总建筑面积 1 176 $m^2$,单位处理水量占地指标为 1.96 $m^2/m^3$,用电指标为 1.25 $kW \cdot h/m^3$,装机总电量为 67.88 kW。

在控制和管理方面,对流量和 pH 值采用自动检测和打印记录,其余均为人工操作。

(2)日本芝山住宅区西区中水工程

①中水工程概况。以生活污水经三级处理后的出水为中水处理的原水。服务人口 4 700 人,污水量标准 260 L/(人·d),平均日污水量 3 470 $m^3$,建筑面积 1 167 $m^2$,其中处理构筑物占 754 $m^2$,管理楼占 413 $m^2$,各处理构筑物采用钢筋混凝土结构,半地下式。

中水服务对象为 8—11 层的租赁住宅,共 888 户,3 222 人。中水用于冲洗厕所、垃圾箱清扫和水景等用水。设计中水供给量为:冲洗厕所 40 L/(人·d),其他 10 L/(人·d),合计 50 L/(人·d)×3 222 人=161 $m^3$/d。

②中水和自来水水质标准见表 5.8。

③工艺流程。如图 5.13 所示,生活污水经预处理(格栅、曝气沉砂、悬浮固体粉碎和水质、流量的调节)、二级处理(活性污泥法)、三级处理(混凝沉淀、过滤和消毒)后,作为中水处理的原水,然后再经臭氧处理,进行脱色、除臭、灭菌,最后再经次氯酸钠消毒。为防止臭氧处理设备出水水质恶化,设有水质监控池,连续从其中抽水送 TOC 与浊度自动检测仪进行自动检测,一旦发现水质恶化(TOC 或浊度连续超标 15 min 以上),则活性炭吸附塔自动投入运行。

④各处理单元的设计运行参数见表 5.7。中水处理成本(包括电费、药剂费、水费、材料消耗费,但未包括维护管理人工费)为 42.34 日元/$m^3$。

⑤中水水质处理效果,见表 5.8。

⑥运行管理。日常运行中,水质检测项目和次数见表 5.9。

TOC 自动检测仪每 10 d 左右校正 1 次,浊度自动检测仪每 5 d 左右校正 1 次。每天除进行巡查,现场水质检测外,一般无人值班管理。

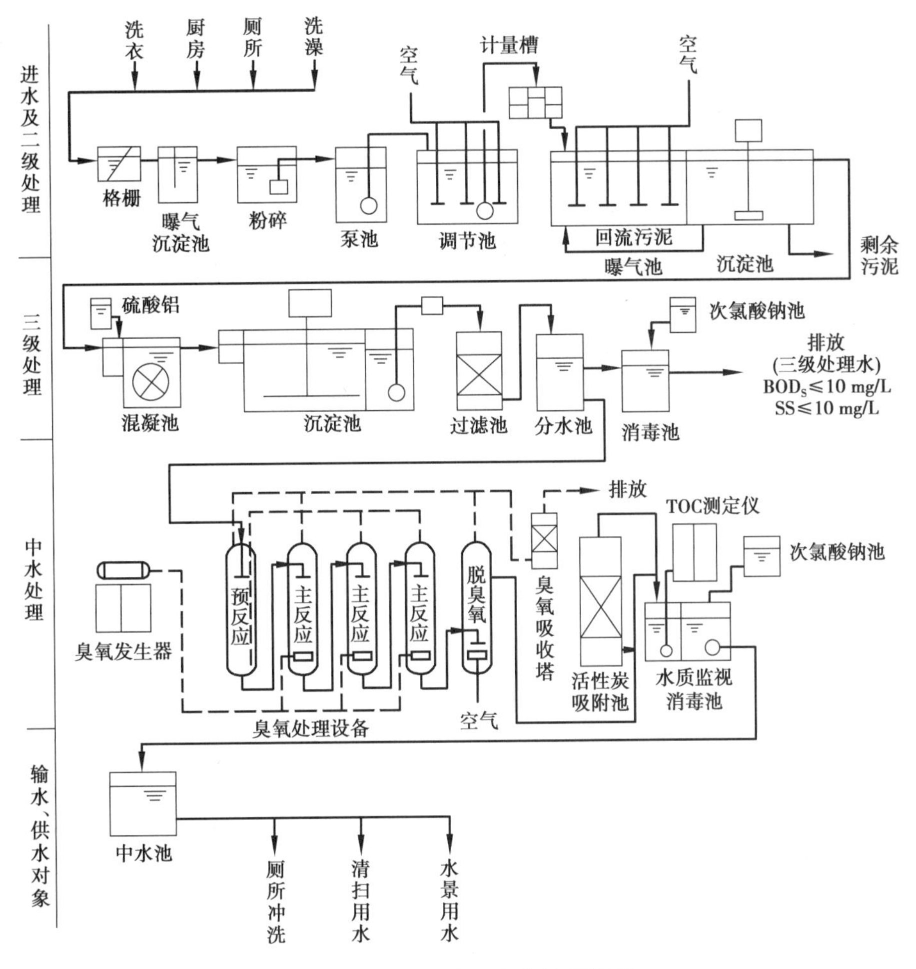


图 5.13 芝山住宅区中水处理流程

表 5.7 各处理单元的设计运行参数

| 工艺处理单元 | 项　目 | 设计值 | 运行值 | 说　明 |
| --- | --- | --- | --- | --- |
| 调节池 | 停留时间/h | 5 | ≈11 | |
| 曝气池 | 停留时间/h | 16 ~ 24 | 21 ~ 67 | |
| | BOD 负荷/[kg·(m$^3$·d)$^{-1}$] | 0.247 | 0.027 ~ 0.09 | |
| | 送气量倍数(倍) | 18.1 ~ 20.5 | 8 ~ 19 | |
| | 池内 DO/(mg·L$^{-1}$) | >1 | 1.2 ~ 4.5 | |
| | MLSS/(mg·L$^{-1}$) | 2 500 ~ 6 000 | 2 380 ~ 4 470 | |
| | SVI | — | 45 ~ 90 | |
| | 污泥回流率/% | 100 ~ 200 | 80 ~ 360 | |

续表

| 工艺处理单元 | 项 目 | 设计值 | 运行值 | 说 明 |
| --- | --- | --- | --- | --- |
| 沉淀池 | 停留时间/h | 3.6 | 7.76~18.5 | |
| | 表面负荷/[$m^3 \cdot (m^2 \cdot h)^{-1}$] | 0.69 | 0.18~0.33 | |
| | 溢流堰负荷/[$m^3/(m \cdot h)^{-1}$] | 4.55 | 1.30~2.40 | |
| 混凝池 | 硫酸铝投量/($mg \cdot L^{-1}$) | 20 | 7.9~27.1 | |
| | 氢氧化钠投量/($mg \cdot L^{-1}$) | — | 0~80 | |
| 混凝沉淀池 | 停留时间/h | 3.5 | 7.65~15.9 | |
| | 表面负荷/[$m^3 \cdot (m^2 \cdot h)^{-1}$] | 0.8 | 0.26~0.37 | |
| 过滤池 | 过滤流速/($m \cdot h^{-1}$) | 10 | 11.0~13.4 | 反洗流速以 40 m/h 为宜，泄水 3 min，空气反洗 3 min，水反洗 15 min，排水 5 min，整个反洗过程共计 26 min |
| | 反洗速度/($m \cdot h^{-1}$) | 60~70 | 28.8~43.2 | |
| | 反洗时间/min | 10 | 15 | |
| | 反洗次数/(次 · $m^{-1}$) | — | 2~22 | |
| | 工作周期/d | — | ≈3 | |
| | 无烟煤消耗率/% | — | 每年 1.4 | |
| 臭氧反应器 | 接触时间/min | 30 | 16~64 | ≈20 |
| | 臭氧($O_3$)投加量/($mg \cdot L^{-1}$) | 30 | 3.6~12.8 | ≈5 |
| | 反应效率/% | 30 | 87~94 | 主反应 65~75 |
| | 臭氧排放浓度/($mg \cdot m^{-3}$) | — | 230~640 | 折合 0.49~1.38 $g/m^3$ |
| 臭氧脱除器 | 接触时间/min | 20 | 23~43 | |
| 臭氧发生器 | 臭氧投加浓度/($g \cdot Nm^{-3}$) | 12 | 8.3~13.5 | |
| TOC 与浊度自动检测仪切换指标 | TOC/($mg \cdot L^{-3}$)<br>浊度/($mg \cdot L^{-1}$) | >15<br>>5 | 运行良好 | 大于规定值且持续 15 min 以上时，自动切换并发出信号 |

注：中水实际供给量为 54.3~102.8 L/(人 · d)，平均为 73 L/(人 · d)，其中厕所实际供水量为 50.7~65.0 L/(人 · d)，平均 58.6 L/(人 · d)。水景实际供水量为 2.3~28.7 L/(人 · d)，平均 11.3 L/(人 · d)，垃圾箱实际用水量为 0~27.5 L/(人 · d)，平均 7.2 L/(人 · d)，用水量增大是因为实行包费制，用户节水意识不强。

表5.8 水质处理效果

| 项 目 | 几 率 | 出 水 | | | | | |
|---|---|---|---|---|---|---|---|
| | | 二次<br>处理水 | 三次<br>处理水 | 监控池<br>中水 | 水龙头<br>中水 | 中水<br>标准值 | 自来水<br>标准值 |
| pH | 97.5%的值平均值 | 7.2<br>6.1 | 8.6<br>6.7 | 7.4<br>6.6 | 7.7<br>6.6 | 5.8~8.6 | 5.8~8.6 |
| 色度/度 | 97.5%的值平均值 | 82<br>33 | 25<br>11.8 | <6<br>1.6 | <6<br>0.9 | <10 | <5 |
| 浊度/度 | 97.5%的值平均值 | 145<br>21 | —<br>3.7 | <3<br>0.7 | <3<br>0.3 | <5 | <2 |
| 全蒸发残留物/(mg·$L^{-1}$) | 97.5%的值平均值 | 820<br>506 | 960<br>527 | 900<br>518 | 820<br>512 | <500 | <500 |
| 悬浮物/(mg·$L^{-1}$) | 97.5%的值平均值 | 110<br>4.2 | 7.4<br>1.7 | 3.9<br>1.4 | 2.3<br>1.0 | <5 | |
| $BOD_5$/(mg·$L^{-1}$) | 97.5%的值平均值 | 26.6<br>8.3 | 5.0<br>1.6 | 4.7<br>1.9 | 3.6<br>1.7 | <10 | |
| $COD_{Mn}$/(mg·$L^{-1}$) | 97.5%的值平均值 | 37<br>13.1 | 9.2<br>6.1 | 7.4<br>3.9 | 6.7<br>3.5 | <20 | <20 |
| P"$O_4^-$"/(mg·$L^{-1}$) | 97.5%的值平均值 | 11.6<br>7.2 | 1.3<br>0.4 | 1.3<br>0.4 | 1.8<br>0.5 | <1.0 | <0.5 |
| TOC/(mg·$L^{-1}$) | 97.5%的值平均值 | 34.8<br>11.5 | 10.2<br>5.6 | 8.5<br>4.2 | 9.2<br>4.1 | <15 | |
| ABS/(mg·L) | 97.5%的值平均值 | 1.73<br>0.31 | 0.67<br>0.15 | 0.08<br>0.04 | 0.13<br>0.04 | <1.0 | <0.5 |
| 臭气/(mg·$L^{-1}$) | 97.5%的值平均值 | | | | | 无不快臭味 | 无异味 |
| 余氧/(mg·$L^{-1}$) | 97.5%的值平均值 | | | | | <0.2 | >0.1 |
| 大肠菌群/(个·$mL^{-1}$) | 97.5%的值平均值 | 2 900<br>390 | 350<100 | 170<br>0 | 3<br>0 | 不得检出 | 不得检出 |
| 一般细菌/(个·$mL^{-1}$) | 97.5%的值平均值 | 120 000<br>14 200 | 26 000<br>160 | 170<br><100 | 30<br>0 | <100 | <100 |

注:几率97.5%的值是最大值。

表5.9 中水检测项目和次数

| 项目 | | 次数 | | | |
|---|---|---|---|---|---|
| | | 连续 | 每天1次 | 每月1次 | 每年1次 |
| 现场检测 | 浊度 | √ | | | |
| | TOC | √ | | | |
| | 臭氧 | | √ | | |
| | 色度 | | | √ | |
| | pH | | √ | | |
| | 余氯 | | √ | | |
| 检测中心检测 | 全蒸发残留物 | | | | √ |
| | 电导率 | | | √ | |
| | 大肠菌群 | | | √ | |
| | 一般细菌 | | | | √ |
| | 总硬度 | | | √ | |
| | COD | | | √ | |
| | 铁 | | | | √ |
| | 锰 | | | | √ |

注:表中项目和次数未包括二次、三次处理水的检测。

⑦讨论:

a.调节池在均衡水质和流量方面作用明显。图5.14所示为污水进、出调节池,其$COD_{MN}$负荷变化情况,从图中可以看出,进水负荷变化较大,而出水负荷却很均匀。

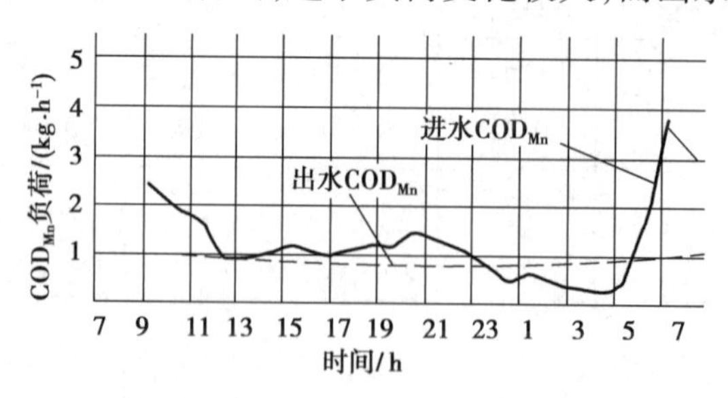


图5.14 调节池进、出水$COD_{Mn}$负荷

b.中水的全蒸发残留物的最大值和平均值超过了标准规定,但现在很多人认为标准规定的500 mg/L要求过高了,即使达到1 000 mg/L,对于冲洗厕所、清扫卫生、水景工程等用水也不会出现故障。

c.中水磷酸根离子含量超标是由于硫酸铝混凝剂投加不当造成的,适当控制后完全可以满足要求(10 mg/L左右时即可达标)。

d. 臭氧排放浓度稍高,宜适当减少臭氧的投加量,提高反应效率,降低排放浓度。实践证明臭氧投加量控制在 5 mg/L 较为适宜,接触时间以 15 min 为宜。

e. 为降低投资、节约用水和方便运行管理,最好能找出中水的 TOC 与浊度之间关系,这样就可以只进行浊度的自动连续检测并控制活性炭吸附过滤器的自动投入。

f. 如在中水池或其他位置采取自动补给自来水的措施,以自来水作为安全备用水源,则可以不设活性炭吸附过滤器,因为通过 4 年的运行,它仅运行过 2 次,用自来水备用,实际消耗自来水量不会很大。

(3)大学城中水回用工程

①建筑概况。辽宁某大学扩建搬迁到市郊,新建的校区采用中水回用工程。该校师生员工总人数约 20 000 人,人均综合排水量为 120 L/(人·d),排水总量为 2 400 $m^3$/d。确定中水回用工程规模 800 $m^3$/d,中水主要用于绿化、景观以及生活杂用等。

②水质状况和回用标准见表 5.10。

表 5.10　原水水质和设计水质

| 水　质 | SS/($mg \cdot L^{-1}$) | BOD/($mg \cdot L^{-1}$) | COD/($mg \cdot L^{-1}$) | pH | LAS/($mg \cdot L^{-1}$) |
|---|---|---|---|---|---|
| 原水水质 | 134 ~ 278 | 48 ~ 121 | 108 ~ 289 | 7.2 ~ 8.3 | 0.6 ~ 1.9 |
| 设计水质 | 180 | 90 | 240 | 6 ~ 9 | 1.0 |

③处理工艺。采用曝气生物滤池(BAF)为主体的处理工艺,流程如图 5.15 所示。

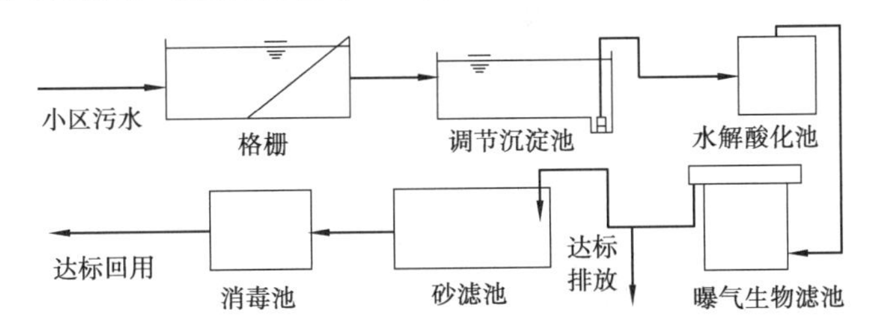


图 5.15　辽宁某大学新校区中水处理工艺流程

小区污水经粗、细两道格栅除去水中粒径较大的悬浮物、漂浮物,出水进入调节沉淀池。由于生活污水成分比较复杂,含有难降解的有机物,且出水回用要求较高,因此利用水解酸化工艺将难降解的物质分解成易生物降解的小分子物质,以提高 COD 的去除效果。经调节沉淀池后的污水由潜水泵提升至水解酸化池,由于水解酸化池的出水浊度较低,为污水进入曝气生物滤池(BAF)提供了条件。

污水由泵提升至生物滤池,生物滤池正常工作时采用升流式,反冲洗采用气-水联合反冲。滤池出水进入中间水池,内有反冲洗泵。此时中间水池中的水已经达到了排放标准,多余的部分直接排放,需回用的部分经泵提升进入砂滤池过滤后,加消毒剂进入清水池以备回用。

④运行情况。该工程经过 1 年多的连续运行,出水稳定可靠,运行结果见表 5.11。采用该工艺处理后回用中水水质达到《城市污水再生利用景观环境用水水质》中观赏性景观

环境用水标准,SS,$BOD_5$,COD,LAS 的总去除率分别达到99.6%,92.5%,94.4%,70%。

表 5.11 辽宁某大学新校区污水处理厂出水水质

| 水 质 | SS /(mg·L⁻¹) | BOD /(mg·L⁻¹) | COD /(mg·L⁻¹) | pH | LAS /(mg·L⁻¹) | 大肠杆菌数 /(个·L⁻¹) |
|---|---|---|---|---|---|---|
| 原水水质 | 180 | 240 | 90 | 6~9 | 1.0 | — |
| 设计水质 | 8 | 18 | 5 | 7.2~8.5 | 0.3 | <3 |

⑤经济分析:该工程占地 100 $m^2$,总投资 192 万元,其中土建投资 75 万元,设备及安装等投资 117 万元,运行成本为 0.98 元/$m^3$。

## 5.2 居住及公建小区给排水工程

居住小区是指含有教育、医疗、文体、经济、商业服务及其他公共建筑的城镇居民住宅建筑区,包括人口在1 000~3 000 人的居住组团以及人口在7 000~15 000 人的居住小区。公建小区是指以展馆、办公楼、教学楼等为主体,以为其服务的行业建筑为辅的公共建筑区。

居住及公建小区是现代化城市的重要组成部分,包括医院、邮局、影剧院、银行、运动场馆、中小学、幼儿园、各类商店、饮食服务业、行政管理等设施,小区内还设有广场、道路、绿化等配套设施。目前,国内的这类高层小区越来越多。本书所指小区主要为含有高层建筑的住宅或公建小区,以下简称"小区"。

小区给排水工程是指小区内部的室外给水、排水管道工程,主要起衔接建筑内部给排水管道和市政给排水管网的作用。它包括小区给水、排水及回用水工程等。其中,小区给水工程又包括生活和消防给水;排水工程包括污废水、雨水和小区污水处理工程等。

### 5.2.1 小区给水系统

#### 1)用水量计算

小区用水量包括:居民生活用水量,公共建筑用水量,绿化用水量,水景、娱乐设施用水量,道路、广场用水量,公用设施用水量,未预见水量及管网漏失水量和消防用水量。

(1)居民生活用水量

该值按小区人口和表 1.7 的住宅最高日生活用水定额计算确定。

(2)公共建筑用水量

该值按小区使用性质和规模,采用表 1.8 中用水定额计算确定。

(3)绿化和道路、广场用水量

小区绿地、道路、广场浇洒用水量和浇洒次数,可根据绿化情况和土壤性质、路面种类、气候条件按表 5.12 选用。

表 5.12 浇洒道路和绿化广场用水量及浇洒次数

| 项 目 | 用水量/($L \cdot m^{-2} \cdot 次^{-1}$) | 浇洒次数/($次 \cdot d^{-1}$) |
|---|---|---|
| 绿化用水 | 1.0~3.0 | 1~2 |
| 浇洒道路和场地 | 2.0~3.0 | 2~3 |

(4)水景、娱乐及公用设施用水量

该值由设施的管理部门提供,当无重大公用设施时,不另计用水量。

(5)未预见水量及管网漏失水量

该值可按最高日用水量的10%~15%计。

(6)消防用水量

小区消防用水量、火灾次数、火灾延续时间及水压应按现行的《建筑设计防火规范》及《消防给水及消火栓系统技术规范》确定。

**2)供水方式**

供水方式应根据小区规模及用水要求、建筑高度、市政给水管网的资用水头和水量等因素综合考虑确定。方案确定时应做到技术先进合理、供水安全可靠、投资省、节能、便于管理等,重大项目还应通过经济技术比较后综合评判。

小区供水应充分利用市政管网的供水压力。不管是以高层建筑为主的小区,还是多层和高层建筑混合的小区,建筑之间常存在较大的高度差异,因此,小区供水所需的压力差别很大,应进行竖向分区,以节省能耗。市政管网的压力一般能满足小区低层建筑和高层建筑的下部楼层供水,对高层建筑上部楼层常需要增压。增压多采用水池—水泵—水箱联合供水、水池—调速水泵(配套气压罐)供水、管网叠压供水等方式。

同一小区内不同压力的供水系统,主要有以下四种:

①单体增压:针对小区内高层建筑幢数不多或只有一幢,且供水压力与其他建筑差异很大时,应在每一幢建筑单体内单设增压给水系统。

②分片增压:小区内邻近的多幢供水压力相似的建筑共用增压系统。

③集中增压:小区内全部高层建筑共用增压系统。

④压力分区增压:小区内存在低层、高层建筑,可根据供水压力分区情况,采用多套增压设施并联给水或增压设施串联减压阀等多种给水方式。

分片增压和集中增压给水系统,便于管理、节省工程造价,但在地震区其安全可靠性较低。规划和设计时应根据高层建筑的数量、分布、高度、性质、管理和安全等情况,经技术经济比较后确定。

此外,小区供水还应考虑有无分质供水的需求:对严重缺水地区,可采用生活饮用水和中水的分质供水方式;对无合格水源地区,应考虑采用深度处理水(饮用水)和一般处理水（供洗涤、冲厕等）的分质供水方式；对一些有高标准生活用水要求的小区，需要同步建设直饮水系统。

**3）给水设计流量**

对含高层建筑的小区，室外给水管道应布置成环状，其给水设计流量根据管段服务人数、用水量标准及卫生器具设置标准等因素确定。

①居住小区室外给水管段服务人数小于等于附录Ⅸ中的数值时，其住宅应按式（1.5）~式（1.8）计算管段流量；小区内配套的文体、餐饮娱乐、商铺及市场等设施应按式（1.9）~式（1.10）计算节点流量并入管段流量。室外给水管段服务人数大于附录Ⅸ中的数值时，其住宅应按表1.5计算最大时用水量为管段流量；小区内配套的文体、餐饮娱乐、商铺及市场等设施的生活用水设计流量，应按表1.6计算最大时用水量为节点流量并入管段流量。小区内配套的文教、医疗保健、社区管理等设施，以及绿化和景观用水、道路及广场洒水、公共设施用水等，均以平均时用水量计算节点流量并入管段流量。

②公共建筑区的给水管道应按式（1.9）计算管段流量和按式（1.10）计算管段节点流量。

③小区给水引入管的设计流量应根据上述计算结果确定，并应考虑未预计水量和管网漏失量。小区室外给水管网为环状布置时，当两条及两条以上引入管中一条发生故障时，其余的连接引入管应能通过不小于70%的流量。小区室外给水管网为支状布置时，引入管的管径不应小于小区内室外给水干管的管径。

④小区的室外生活、消防合用给水管道，应按上述规定计算流量（淋浴用水量可按15%计算，绿化、道路及广场浇洒用水可不计算在内），再叠加区内一次火灾的最大消防流量（有消防贮水和专用消防管道供水的部分应扣除），对管道进行水力计算校核，管道末梢的室外消火栓从地面算起的水压，不得低于0.1 MPa。设有室外消火栓的室外给水管道，管径不得小于100 mm。

**4）管道布置和敷设**

小区给水管道分为小区干管、支管和建筑引入管三类。在布置小区给水管网时，应按照干管、支管、建筑引入管的顺序进行。

小区内给水管网应布置成环状，与市政管网的连接管不应少于两条。

小区供水干管与水源直接连接，敷设在小区道路或城市道路下面，其布置一般以最短的距离向大用户供水为原则；供水支管通常布置在小区道路、建筑物周围的人行道或绿地下，用以连接小区供水干管和建筑引入管。

小区的给水管道在小区干管和城市管道连接处、小区支管与小区干管连接处、接户管与小区支管连接处、环状管网需要检修、调节等处均应设置阀门。阀门应设在阀门井内，寒冷地区还应采取保温措施。在人行道、绿化带的阀门可采用阀门套筒。

在城镇消火栓保护不到的小区应设室外消火栓，设置数量和间距应符合《建筑设计防火规范》及《消防给水及消火栓系统技术规范》的要求。

居住区的公共绿地、道路需要浇洒时可设洒水栓，其间距不宜大于 80 m。

给水管道的埋设深度，应根据当地土壤的冰冻深度、外部荷载、管材强度和其他管线的交叉以及当地管道埋深的经验等因素确定。一般按冰冻线以下（$d$+200 mm）敷设，但管顶覆土厚度不宜小于 0.7 m。露天敷设的管道应有调节管道伸缩和防止接口脱落、被撞坏等的设施，并应根据需要采取防冻和保温措施。

金属给水管一般不做基础，但对通过回填垃圾、建筑废料、流砂层、沼泽地以及不平整的岩石层等不良地质地段，应做垫层或基础。非金属管一般应做基础或垫层。

金属给水管还应采取以下防腐措施：铸铁管外壁应涂刷沥青保护层；钢管外壁缠包纤维布并涂刷沥青保护层；管道内水流的腐蚀性较强时，应采用符合卫生标准要求的橡胶、塑料、水泥砂浆及防腐涂料等衬里。

给水管道应根据地形情况，在最高处设置排气阀，在最低处设置泄水阀或排泥阀；同时还应根据供水压力采取防治、消除或减轻水锤破坏作用的措施。

**5）增压和贮水设施**

（1）贮水池

当水源不可靠或只能定时供水，且只有 1 条进水管，外部管网所提供的水量小于设计流量时，应设贮水池。贮水池的有效容积应为小区生活用水的调节贮水量、安全贮水量和消防贮水量之和。其中，生活用水的调节贮水量无资料时，可按小区最高日用水量的 15% ~20% 确定。贮水池宜分成基本相等的两格。

（2）吸水井或转输水箱

当室外给水管网能满足小区设计流量要求，但不能满足水压要求，而供水部门又不允许水泵从外部管网直接抽水时，可设置满足水泵吸水要求的吸水井（或转输水箱）；当外网供水量只能满足小区最大时用水量，但建筑内部设有具备水量调节功能的高位水箱时，也可只设吸水井。

（3）高位水箱或水塔

当外网供水压力周期性不足，而小区不允许停水或有水压稳定要求时，应设高位水箱或水塔。

水塔和高位水箱最低水位的高程，应满足最不利配水点所需水压。水塔和高位水箱的有效容积，应根据小区生活用水的调节贮水量、安全贮水量和消防贮水量确定。其中，生活用调节贮水量无资料时，可按表 5.13 确定。

**表 5.13　水塔和高位水箱生活用水的调节贮水量**

| 小区最高日用水量/$m^3$ | ≤100 | 101 ~300 | 301 ~500 | 501 ~1 000 | 1 001 ~2 000 | 2 001 ~4 000 |
|---|---|---|---|---|---|---|
| 调蓄贮水量占最高日用水量的百分率/% | 30 ~20 | 20 ~15 | 15 ~12 | 12 ~8 | 8 ~6 | 6 ~4 |

(4)增压泵及气压给水设备

若市政管网的压力不能满足小区最不利点的用水需求时,则需设置泵或气压给水等增压措施。根据小区供水方式的不同,采用能够服务相应流量和压力范围的增压设备。增压设备的类型及选型方法与单体建筑完全相同。

### 5.2.2 小区排水系统

小区排水系统的功能是将小区内各建筑物、构筑物、户外场地排出的污水、雨水汇合收集,并及时排入市政排水管网,必要时进行处理后回用。

**1)排水体制**

新建小区应采用废水与雨水分流的排水体制。在缺水或严重缺水地区,可设置雨水贮存池。当小区内设置化粪池时,为减小化粪池的体积也应将生活污水和废水分流,生活污水进入化粪池,生活废水等杂排水直接接入市政排水管网或小区中水处理站。

当小区建筑排水包括下列排水时,应单独排放至水处理或回收构筑物:

①公共饮食业厨房含有大量油脂的洗涤废水;

②洗车台冲洗水;

③含有大量致病菌,放射性元素超过排放标准的医院污水;

④水温超过 40 ℃的锅炉、水加热器等加热设备排水;

⑤用作中水水源的生活排水。

**2)管道的布置与敷设**

①小区排水管道应根据小区总体规划、道路和建筑物位置、地形标高、污水、废水和雨水的出路等实际情况,按照管线短、埋深小,尽可能自流排放的原则布置。

②一般应沿道路或建筑物平行敷设,尽量减少与其他管线的交叉。如不可避免时,应设在给水管道下面,与其他管线的水平和垂直最小距离应符合有关规定。

③排水管道的转弯和交接处的水流转角不得小于90°,但当管径小于等于 300 mm,且跌水水头大于0.3 m时,可不受此角度限制。不同管径的排水管道在检查井内宜采用管顶平接或水面平接。

④排水管道的管顶最小覆土厚度应根据道路的行车等级与外部荷载、管材受压强度和冻土层厚度、地基承载力等因素,结合当地实际经验确定。在车行道下小区干道和小区组团道路下的管道,露土深度不宜小于0.7 m。不受冰冻和外部荷载影响时,管顶最小覆土厚度不小于0.3 m。在受冰冻影响时,生活污水接户管埋设深度不得高于土壤冰冻线以上0.15 m,且覆土厚度不宜小于0.3 m。

⑤在管道交汇、转弯、跌水、管径或坡度变化处以及直线管段上每隔一定距离处均应设置检查井,检查井井底宜设流槽。

⑥雨水口一般布置在道路交汇处和路面最低处、建筑单元出入口附近、外排水建筑物的雨水落水管附近、建筑物前后空地和绿地低洼处。雨水连接管长度不宜超过25 m,雨水

口间距宜为25～50 m。连接管串联雨水口个数不宜超过3个。一般无道牙的路面和广场、停车场可采用平箅式雨水口；有道牙的路面可采用边沟式雨水口；有道牙路面的低洼处且间隙易被树叶堵塞时采用联合式雨水口。

⑦排水管道应尽可能沿道路外侧人行道之中的地面下敷设，以保证小区内各类管道（如通信、电力电缆、燃气、给水、热力、排水等）的平面布局和埋深设计合理。设计小区内各类管道时，平面布置宜从建筑向道路按埋深由浅到深顺序排列为宜。

⑧小区室外排水管道管径为200～400 mm时，检查井间距不宜大于40 m。

⑨小区检查井的内径应根据所连接的管道管径、数量和埋设深度确定。井深小于或等于1.0 m时，井内径可小于0.7 m；井深大于1.0 m时，其内径不宜小于0.7 m。

⑩小区内排水管道，应优先采用埋地排水塑料管。

总之，排水管道的敷设原则是：便于施工和检修；当管道损坏而外泄污水时，不会冲刷和侵蚀建筑物基础和给水管道；不会因气温过低而造成管内污水冻结。

**3）水力计算**

根据市政排水管道的位置、经市政部门同意的小区污水和雨水排出口的个数和位置、小区的地形坡度等因素，在合理布置小区排水管网，确定管道排水流向后，即可进行水力计算。水力计算的内容包括确定排水管道的管径、坡度以及污水需要提升时的排水泵站设计。

（1）小区排水量

小区排水量包括生活污水量和小区雨水量。

①生活污水量。小区生活污水量为生活用水量减去不可回收的水量。一般来说，小区生活排水系统排水定额是相应给水定额的80%～90%；小时变化系数与相应的给水系统相同。

小区内生活排水的设计流量应按住宅排水最大小时流量与公共建筑排水最大小时流量之和确定。计算方法与小区生活给水流量计算式相同。

②小区雨水量。小区的雨水设计秒流量与建筑雨水设计秒流量计算公式完全相同，按式（5.9）计算：

$$q_y = \frac{q_j \psi F_w}{10\ 000} \tag{5.9}$$

式中　$q_y$——设计雨水流量，L/s；

$q_j$——设计暴雨强度，L/（s·ha）；

$\psi$——流量径流系数；

$F_w$——汇水面积，ha。

需要注意的是：

a. 用于管道设计流量计算的径流系数为流量径流系数，即形成高峰流量的历时内产生的径流量与降雨量之比。根据《建筑与小区雨水利用工程技术规范》（GB 50400—2006），汇水面积的平均径流系数应按下垫面种类加权平均计算。小区各类地面径流系数可参考表5.14。

表 5.14　地面径流系数

| 地面种类 | 径流系数 | 地面种类 | 径流系数 |
|---|---|---|---|
| 混凝土和沥青路面、各种屋面 | 1.00 | 干砌砖、石及碎石路面 | 0.50 |
| 块石铺砌、沥青表面处理的碎石路面 | 0.70 | 非铺砌的土路面 | 0.40 |
| 级配碎石路面 | 0.50 | 公园和绿地 | 0.25 |

同时需注意,各类汇水面的雨水进行利用之后,需要(溢流)外排的流量会减小,即相当于径流流量系数变小。因此,建设用地雨水外排管渠流量径流系数宜按扣损法经计算确定,资料不足时可采用 0.25 ~ 0.4。

b. 雨水的设计暴雨强度,应按当地或相邻地区暴雨强度公式计算确定。

c. 小区雨水管渠的设计重现期不宜小于 1 ~ 3 年。

d. 雨水管渠的设计降雨历时,应按式(5.10)计算:

$$t = t_1 + Mt_2 \tag{5.10}$$

式中　$t$——设计降雨历时,min;

$t_1$——地面集流时间,min,视距离长短、地形坡度和地面铺盖情况而定,一般可选用 5 ~ 10 min;

$M$——折减系数,小区支管和接户管 $M=1$,小区干管和暗管 $M=2$,明沟 $M=1.2$;

$t_2$——排水管内雨水流行时间,min。

(2)水力计算

小区生活排水管道按非满流设计,水力计算按式(4.2)进行,其中最大设计充满度、设计流速、最小管径、最小设计坡度,可按表 5.15 选用。合流制管道可用于一些不便分流的改建、扩建小区。

表 5.15　小区室外生活排水管最小管径、最小设计坡度和最大设计充满度

<table>
<tr><th colspan="2">管道类别</th><th>位　置</th><th>管　材</th><th>最小管径/mm</th><th>最小设计坡度</th><th>最大设计充满度</th></tr>
<tr><td rowspan="6">污水管</td><td rowspan="2">接户管</td><td rowspan="2">建筑物周围</td><td>埋地塑料管</td><td>160</td><td>0.005</td><td rowspan="4">0.5</td></tr>
<tr><td>混凝土管</td><td>150</td><td>0.007</td></tr>
<tr><td rowspan="2">支管</td><td rowspan="2">组团内道路下</td><td>埋地塑料管</td><td>160</td><td>0.005</td></tr>
<tr><td>混凝土管</td><td>200</td><td>0.004</td></tr>
<tr><td rowspan="2">干管</td><td rowspan="2">小区道路、<br>市政道路下</td><td>埋地塑料管</td><td>200</td><td>0.004</td><td rowspan="2">0.55</td></tr>
<tr><td>混凝土管</td><td>300</td><td>0.003</td></tr>
<tr><td rowspan="3">合流管</td><td>接户管</td><td>建筑物周围</td><td rowspan="3">埋地塑料管、<br>混凝土管</td><td>200</td><td>0.004</td><td rowspan="3">1.0</td></tr>
<tr><td>支管</td><td>组团内道路下</td><td>300</td><td>0.003</td></tr>
<tr><td>干管</td><td>小区道路、<br>市政道路下</td><td>300</td><td>0.003</td></tr>
</table>

注:表中混凝土管管径为公称直径,括号内数据为塑料管外径。

小区雨水管道按满流设计，其最小管径和横管的最小设计坡度宜按表 5.16 确定。小区内雨水检查井的最大间距可按表 5.17 确定。

表 5.16 小区雨水管道的最小管径和横管的最小设计坡度

| 管道类别 | 最小管径/mm | 横管最小设计坡度 | |
|---|---|---|---|
| | | 铸铁管、钢管 | 塑料管 |
| 小区建筑物周围雨水接户管 | 200(225) | 0.005 | 0.003 |
| 小区道路下干管、支管 | 300(315) | 0.003 | 0.001 5 |
| 13#沟头的雨水口的连接管 | 200(225) | 0.01 | 0.01 |

注：表中铸铁管管径为公称直径，括号内数据为塑料管外径。

表 5.17 小区雨水检查井的最大间距

| 管径/mm | 150(160) | 200～300(200～315) | 400(400) | ≥500(500) |
|---|---|---|---|---|
| 最大间距/m | 20 | 30 | 40 | 50 |

注：括号内数据为塑料管外径。

### 5.2.3 小区工程管线综合

**1)概 述**

(1)管线综合的目的

小区工程管线是城市工程管线的缩影，具有管线类别多、专业性强，不同类别的管线通常由不同专业、不同部门规划、设计、施工、管理的特点。

各类管线必须满足相关专业的要求，各专业当然希望本专业的管线在走向、平面定位、竖向高度上均处于管线通行空间(包括地上和地下)的最佳位置，但是，管线通行的最佳空间是有限的，如果各专业、各部门各行其是，势必造成管线重合、交叉碰撞、相互制约、无法施工等情况。

工程管线综合的目的就是在充分搜集各项资料后，在满足各类管线使用功能的前提下，统一安排、相互协调、合理解决工程管线各建设阶段中的矛盾，使各管线规划、设计、施工和建成后的管理、维护有条不紊地进行。

(2)管线分类

小区工程管线按功能可分为：

①给水管道：包括生活给水、消防给水、饮用给水等管道。

②排水管渠：包括生活污水、废水管道、雨水、小区周边的排洪、截洪等管渠。

③中水管道：包括中水原水及中水供水管道。

④电力线路：包括高压输电、生活用电等线路。

⑤弱电线路：包括电话、报警、广播、闭路电视等线路。

⑥热力管道:包括热水、蒸汽等管道,又称供热管道。

⑦燃气管道:包括人工煤气、天然气或液化石油气等管道。

⑧其他管道:网线管道等。

小区的管道一般采用地下埋设,地下埋设又可分为沟内埋设和地下直埋等。

小区管道按埋设深度分为浅埋和深埋。覆土厚度小于1.5 m的管道称为浅埋。我国南方土壤的冰冻线浅,对给水、排水、燃气等管道没有影响,而热力管,电力电缆等也不受冰冻的影响,均可浅埋。若管道覆土厚度超过1.5 m则为深埋。我国北方的土壤冰冻线较深,为避免土壤冰冻对水管和含有水分的其他管道形成冰冻威胁,必须深埋。

小区管道按管内压力情况分为压力管道和重力管道两类。给水管、燃气管、热力管等一般为压力输送,属于压力管道;排水管道大都利用重力自流方式,属于重力管道。

**2)管线综合布置**

(1)布置原则和规定

小区管线综合规划、设计时应结合城市道路网规划,在不妨碍工程管线正常运行、检修和合理占用土地的情况下,使线路短捷。工程管线应充分利用现状,当现状工程管线不能满足需要时,经技术、经济比较后,可废弃或更换。

在平原地区布置工程管线,宜避开土质松软地区、地震断裂带、沉陷区和地下水位较高的不利地带;在起伏较大的山区布置工程管线,应结合地形特点合理定线,避开滑坡危险地带和山洪峰口。

当管线竖向位置发生矛盾时,宜按下列原则处理:压力管线让重力自流管线;可弯曲管线让不易弯曲管线;分支管线让主干管线;小管径管线让大管径管线;新建管线让原有管线;临时性管道让永久性管道。

管道排列时,应注意其用途、相互关系及彼此间可能产生的影响。如污水管应远离生活饮用水管;直流电缆不应与其他金属管线靠近,以免增加后者的腐蚀。

(2)管线地下直接埋设

寒冷地区给水、排水、燃气等管线应根据土壤冰冻深度确定管线覆土厚度;热力、电信、电力等管线,以及除寒冷地区外的其他地区的工程管线应根据土壤性质、地面承受荷载的大小、管道接入要求确定管线的覆土厚度。工程管线的最小覆土厚度应符合表5.18的规定。

**表5.18 工程管线的最小覆土厚度**

| 序号 | | 1 | | 2 | | 3 | | 4 | 5 | 6 | 7 |
|---|---|---|---|---|---|---|---|---|---|---|---|
| 管线名称 | | 电力管线 | | 电信管线 | | 热力管线 | | 燃气管线 | 给水管线 | 雨水管线 | 污水管线 |
| | | 直埋 | 管沟 | 直埋 | 管沟 | 直埋 | 管沟 | | | | |
| 最小覆土厚度/m | 人行道下 | 0.50 | 0.40 | 0.70 | 0.40 | 0.50 | 0.20 | 0.60 | 0.60 | 0.60 | 0.60 |
| | 车行道下 | 0.70 | 0.50 | 0.80 | 0.70 | 0.70 | 0.20 | 0.80 | 0.70 | 0.70 | 0.70 |

注:10 kV以上直埋电力电缆管线的覆土厚度不应小于1.0 m。

工程管线宜沿道路中心线平行敷设，主干管线靠近分支管线多的一侧。工程管线应尽量布置在人行道、绿化带或非机动车道下。电信电缆、给水、燃气、污水、雨水等工程管线可布置在非机动或机动车道下。

工程管线在道路上的平面位置宜相对固定，各种工程管线不应在平面位置上重叠埋设。从道路红线向道路中心线方向平行布置的顺序，应根据工程管线的性质、埋深等确定。分支管线少、埋设深、检修周期短及可燃、易燃和损坏时对建筑物基础会造成不利影响的工程管线应远离建筑物。其布置次序宜为：电力电缆、电信电缆、燃气配气、给水配水、热力干线、燃气输气、给水输水、雨水、污水管线。

工程管线之间，工程管线与建（构）筑物之间的最小水平净距应符合表 5.19 的规定。当受某些因素限制难以满足要求时，可根据实际情况采取适当的安全措施后减少其最小水平净距。

**表 5.19 地下工程管线间最小水平间距表**

| 种类 | 给水管/m | | 污水管/m | | 雨水管/m | |
|---|---|---|---|---|---|---|
| | 水平 | 垂直 | 水平 | 垂直 | 水平 | 垂直 |
| 给水管 | 0.5～1.0 | 0.1～0.15 | 0.8～1.5 | 0.1～0.15 | 0.8～1.5 | 0.1～0.15 |
| 污水管 | 0.8～1.5 | 0.1～0.15 | 0.8～1.5 | 0.1～0.15 | 0.8～1.5 | 0.1～0.15 |
| 雨水管 | 0.8～1.5 | 0.1～0.15 | 0.8～1.5 | 0.1～0.15 | 0.8～1.5 | 0.1～0.15 |
| 低压煤气管 | 0.5～1.0 | 0.1～0.15 | 1.0 | 0.15 | 1.0 | 0.1～0.15 |
| 直埋式热水管 | 1.0 | 0.1～0.15 | 1.0 | 0.1～0.15 | 1.0 | 0.1～0.15 |
| 热力管沟 | 0.5～1.0 | — | 1.5 | 0.15 | 1.0 | — |
| 乔木中心 | 1.0 | — | 1.5 | — | 1.5 | — |
| 电力电缆 | 0.5～1.0 | 直埋 0.5 | 1.0 | 直埋 0.5 | 1.0 | 直埋 0.5 |
| | | 穿管 0.25 | | 管块 0.15 | | 穿管 0.25 |
| 通信电缆 | 1.0 | 直埋 0.5 | 1.0 | 直埋 0.5 | 1.0 | 直埋 0.5 |
| | | 穿管 0.15 | | 穿管 0.15 | | 穿管 0.15 |
| 通信及照明电缆 | 0.5 | — | 1.0 | — | 1.0 | — |

对埋深大于建（构）筑物基础的工程管线，其与建（构）筑物之间的最小水平距离，按式（5.11）计算，将计算所得的水平净距与表 5.19 的数值比较，取较大值。

$$L = \frac{H - h}{\tan\alpha} + \frac{b}{2} \tag{5.11}$$

式中 $L$——管线中心至建筑(构)物基础边水平距离,m;

$H$——管线敷设深度,m;

$h$——建(构)筑物基础底设置深度,m;

$b$——开挖管沟宽度,m;

$\alpha$——土壤内摩擦角,(°),通常取30°。

对于排水管道与建筑物水平净距,管道埋深浅于建筑物基础时,不宜小于2.5 m,管道埋深深于建筑物基础时,按计算确定,但不应小于3 m。

当工程管线交叉敷设时,自地表向下的排列顺序宜为:电力、热力、燃气、给水、雨水和污水管线。工程管线在交叉点的高程应根据排水管线的高程确定。工程管线交叉时的最小垂直净距,应符合表5.20的规定。

**表5.20 工程管线交叉时的最小垂直净距**

单位:m

| 序号 | 管线名称 | | 给水 | 排水 | 热力 | 燃气 | 电信 | | 电力 | |
|---|---|---|---|---|---|---|---|---|---|---|
| | | | | | | | 直埋 | 管沟 | 直埋 | 管沟 |
| 1 | 给水管线 | | 0.15 | — | — | — | — | — | — | — |
| 2 | 污、雨水排水管线 | | 0.40 | 0.15 | — | — | — | — | — | — |
| 3 | 热力管线 | | 0.15 | 0.15 | 0.15 | — | — | — | — | — |
| 4 | 燃气管线 | | 0.15 | 0.15 | 0.15 | 0.15 | — | — | — | — |
| 5 | 电信管线 | 直埋 | 0.50 | 0.50 | 0.15 | 0.50 | 0.25 | 0.25 | — | — |
| | | 管沟 | 0.15 | 0.15 | 0.15 | 0.15 | 0.25 | 0.25 | — | — |
| 6 | 电力管线 | 直埋 | 0.15 | 0.50 | 0.50 | 0.50 | 0.50 | 0.50 | 0.50 | 0.50 |
| | | 管沟 | 0.15 | 0.50 | 0.50 | 0.15 | 0.50 | 0.50 | 0.50 | 0.50 |
| 7 | 沟渠(基础底) | | 0.50 | 0.50 | 0.50 | 0.50 | 0.50 | 0.50 | 0.50 | 0.50 |
| 8 | 涵洞(基础底) | | 0.15 | 0.15 | 0.15 | 0.15 | 0.20 | 0.25 | 0.50 | 0.50 |
| 9 | 电车(轨底) | | 1.00 | 1.00 | 1.00 | 1.00 | 1.00 | 1.00 | 1.00 | 1.00 |
| 10 | 铁路(轨底) | | 1.00 | 1.20 | 1.20 | 1.20 | 1.00 | 1.00 | 1.00 | 1.00 |

注:大于35 kV直埋电力电缆与热力管线最小垂直净距应为1.00 m。

工程管线综合是进行小区室外管线设计的重要内容,包括管线综合平面图及管线标准横断面图两部分。前者要求表达所有工程管线的平面位置关系,新建管线与现状管线的位置、连接等也常是要求表达的重要内容;后者则要求表达管线在平面与高程两个方向的位置关系。图5.16为某高档居住小区工程管线横断面图。

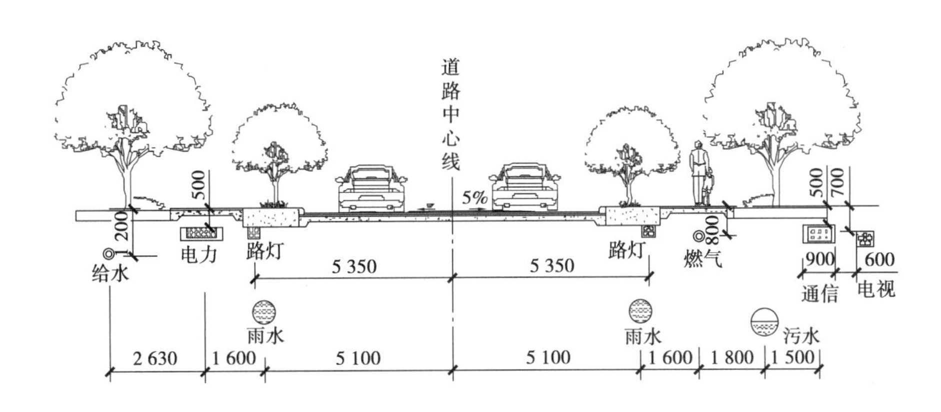


图5.16　某小区工程管线横断面图示例

3)综合管沟敷设

在交通运输繁忙或工程管线较多的机动车道、主干道,以及配合兴建地下铁道、立体交叉等工程地段,不宜开挖路面的路段,广场或主干道的交叉处,同时敷设两种以上工程管线及多回路电缆的道路,道路宽度难以满足直埋敷设多种管线的路段可采用综合管沟集中敷设。

综合管沟内宜敷设电信电缆、低压配电电缆、给水、热力、污水及雨水排水管线。对于相互无干扰的工程管线可设在管沟的同一小室;相互有干扰的工程管线应分别设置在管沟的不同小室。电信电缆与高压输电电缆必须分开设置;给水管线与排水管线可在综合管沟的同侧设置,排水管线应布置在综合管沟的底部。我国规范规定:燃气管线不能置于综合管沟内,必须另行直埋。

综合管沟应与道路中心线平行,可布置在机动车道、非机动车道或人行道下,覆土厚度根据道路施工、行车荷载、管沟结构强度及当地冰冻深度等因素综合确定。管沟内应有足够的空间供通行、检修,并有通风、照明及积水排泄等措施。

采用综合管沟可避免由于敷设和维修地下管线挖掘道路而对交通和居民出行造成影响和干扰,保持路容的完整和美观。降低了路面的翻修和工程管线的维护费用,增加了路面的完整性和工程管线的耐久性,便于各种工程管线的敷设、增设、维修和管理。由于综合管沟内工程管线布置紧凑合理,有效利用了道路下的空间,节约了城市用地,减少了道路的杆柱及各工程管线的检查井、室等,保证了小区的景观。

但综合管沟不便分期修建,一次投资较昂贵。由于各工程管线的主管单位不同,也不便管理。同时正确预测管线容量往往比较困难,易出现容量不足或过大,造成浪费或需在综合管沟附近再敷设地下管线的现象。在现有道路下建设时,将增加施工的难度和费用,各工程管线组合在一起也容易发生干扰事故。

综合管沟的形式和布置如图5.17和图5.18所示。

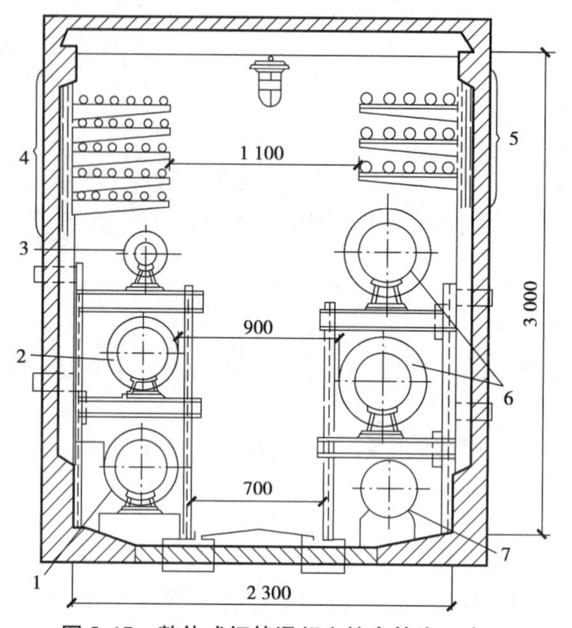


图 5.17　整体式钢筋混凝土综合管沟示意图

1,2—供水管与回水管;3—凝结水管;4—电话电缆;

5—动力电源;6—蒸汽管道;7—自来水管

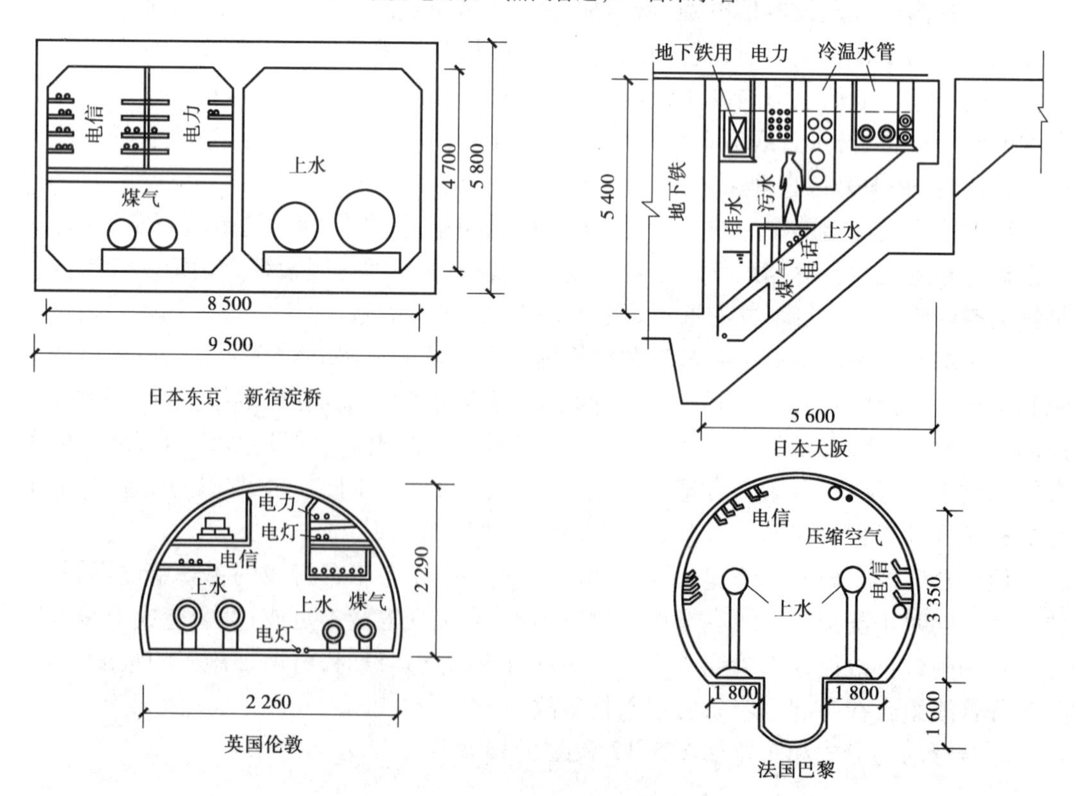


图 5.18　国外部分综合管沟示例

# 5.3 其他配套设施

## 5.3.1 游泳池

游泳池是供人们游泳、跳水等锻炼或休闲的设施，是小区或高层公共建筑常见的配套设施。游泳池按使用性质可分为比赛池、训练池、跳水池、儿童游泳池、幼儿戏水池等，按经营方式可分为公用及商业游泳池，按建造可分为人工及天然游泳池，按有无屋盖可分为室内及露天（室外）游泳池。

**1）游泳池设计基本数据**

（1）平面形状

标准游泳池的形状为矩形平面，凡比赛、训练用池均应按矩形平面建造。跳水池可为正方形，其他非比赛用游泳池可为不规则形状。

（2）尺寸设计

游泳池类型很多，对水深、场地大小也有不同的要求。标准游泳池的长度一般为12.5 m的整数倍，宽度由泳道数决定，每条泳道的宽度一般为2.0～2.5 m，边道至少应另加0.25 m；国际比赛用游泳池的泳道宽度为2.5 m，边道另加0.5 m；中小学游泳池的泳道宽度可采用1.8 m，边道另加0.25 m。各类游泳池的设计尺寸可按表5.21选用。

**表5.21 各类游泳池设计尺寸**

| 游泳池类别 | 水深/m | | 池长/m | 池宽/m | 备 注 |
|---|---|---|---|---|---|
| | 最浅端 | 最深端 | | | |
| 比赛游泳池 | 1.8～2.0 | 2.0～2.2 | 50 | 21/25 | |
| 训练游泳池<br>成人用<br>中学生用 | <br>1.2～1.4<br>≤1.2 | <br>1.4～1.6<br>≤1.4 | <br>50/33.3<br>50/33.3 | <br>21/25<br>21/25 | 含大学生 |
| 公共游泳池 | 1.8～2.0 | 2.0～2.2 | 50/25 | 25/21/12.5/10 | |
| 儿童游泳池 | 0.8～0.9 | 1.1～1.4 | 平面形状和尺寸视具体情况而定 | | |
| 幼儿戏水池 | 0.3～0.4 | 0.4～0.6 | | | |

游泳池的水面面积应根据实际使用人数计算，普通游泳池约有2/3的入场人数在水中活动，约有1/3在岸上活动。各种游泳池的水面面积指标可按表5.22选用。

**表5.22 各类游泳池的水面面积指标**

| 游泳池类别 | 比赛池 | 游泳跳水合建池 | 公共池 | 练习池 | 儿童池 | 幼儿池 |
|---|---|---|---|---|---|---|
| 面积/($m^2$·人$^{-1}$) | 10 | 10 | 2～5 | 2～5 | 2 | 2 |

(3)水质要求

游泳池水与人的皮肤、眼、耳、口、鼻直接接触,水质的好坏直接关系到泳者的健康,故对水质有严格的要求;否则,会造成疾病的迅速传播,酿成严重后果。

游泳池和水上游乐设施初次充水、重新换水和正常使用过程中的补水,及其饮水、淋浴等生活用水的水质,均应符合现行的国家《生活饮用水卫生标准》的要求。

当采用城市生活饮用水有困难时,可采用井水(含地热水)、泉水(含温泉水)或水库水,但水质仍应符合国家《生活饮用水卫生标准》要求。

(4)水温

游泳池的池水设计温度根据池体设计类型和用途按表5.23选用。为便于灵活调节供水水温,设计时应留有余地。

表5.23 游泳池和水上游乐池的池水设计温度

<table>
<tr><th>序号</th><th>场 所</th><th>池的类型</th><th colspan="2">池的用途</th><th>池水设计温度/℃</th></tr>
<tr><td>1</td><td rowspan="8">室内池</td><td rowspan="3">专用游泳池</td><td colspan="2">比赛池、花样游泳池</td><td>25~27</td></tr>
<tr><td>2</td><td colspan="2">跳水池</td><td>27~28</td></tr>
<tr><td>3</td><td colspan="2">训练池</td><td>25~27</td></tr>
<tr><td>4</td><td rowspan="2">公共游泳池</td><td colspan="2">成人池</td><td>27~28</td></tr>
<tr><td>5</td><td colspan="2">儿童池</td><td>28~29</td></tr>
<tr><td>6</td><td rowspan="3">水上游乐池</td><td rowspan="2">戏水池</td><td>成人池</td><td>27~28</td></tr>
<tr><td>7</td><td>幼儿池</td><td>29~30</td></tr>
<tr><td>8</td><td>滑道跌落池</td><td></td><td>27~28</td></tr>
<tr><td>9</td><td rowspan="2">室外池</td><td></td><td>有加热设备</td><td></td><td>26~28</td></tr>
<tr><td>10</td><td></td><td>无加热设备</td><td></td><td>≥23</td></tr>
</table>

(5)用水量及充水时间

①补水和充水。游泳池的初次充水或重新换水时间,主要根据泳池的使用性质和当地供水条件等因素确定。对正式比赛及营业性质的游泳池充水时间应短些,对于健身、娱乐、消夏为主的游泳池,充水时间可适当放长。游泳池充水时间不宜超过48 h。

影响游泳池运行过程中每日补充水量的因素主要包括池水表面蒸发损失、排污损失、过滤设备反冲洗用水消耗、游泳者带出池外的水量损失和卫生防疫要求等。游泳池的补充水量可按表5.24选取。对直流给水系统,每小时补充水量不得小于游泳池池水容积的15%。

表5.24 游泳池补充水量

| 游泳池类型 | 每日补充水量占池水容积的百分数/% | |
|---|---|---|
| | 室 内 | 室 外 |
| 竞赛池、训练池、跳水池 | 3~5 | 5~10 |
| 多功能池、公共泳池、水上游乐池 | 5~10 | 10~15 |
| 儿童游泳池、幼儿戏水池 | ≥15 | ≥20 |
| 家庭游泳池 | 3 | 5 |

②其他用水量。游泳场馆内其他用水量,可按表5.25选用。其中,消防用水按规范执行。

表5.25 游泳池其他用水量定额

| 项 目 | 单 位 | 定额 | 项 目 | 单 位 | 定额 |
|---|---|---|---|---|---|
| 强制淋浴 | L/(人·场) | 50 | 池岸和更衣室地面冲洗 | L/($m^2$·d) | 1.0 |
| 运动员淋浴 | L/(人·场) | 60 | 运动员饮用水 | L/(人·d) | 5 |
| 入场前淋浴 | L/(人·场) | 20 | 观众饮用水 | L/(人·d) | 3 |
| 工作人员用水 | L/(人·d) | 40 | 小便器冲洗用水 | L/(h·个) | 180 |
| 绿化和地面浇洒用水 | L/($m^2$·d) | 1.5 | 大便器冲洗用水 | L/(h·个) | 30 |

游泳池运行后,每天总用水量应为补充水量和其他用水量之和,但在选择给水设施时,还应满足初次充水时的用水要求。

**2)游泳池给水系统**

人工游泳池的给水系统一般有定期换水、直流供水和循环净化三种给水方式。

(1)定期换水方式

每隔一定时间将池水放空再换入新水。一般2~3 d换一次水,每天清除池底和表面污物,并投加消毒剂。由于水质不能保证,一般不推荐这种方式。

(2)直流给水方式

将符合水质标准的水按设计流量连续不断地输入游泳池,同时将使用过的池水按进水流量连续不断地排出。每天清除池底和水面污物,并消毒。优点是水质能够得到保证,系统简单、投资省、维护方便、运行费用少,但往往受到水源条件的制约。

(3)循环净化方式

将游泳池中使用过的水,按规定的流量、流速从池中抽出,经过滤使水澄清、消毒后,再送回池内重新使用。

①系统组成及设置。系统由泳池回水管路、净化工艺、加热设备和净化水配水管路组成,具有耗水量少、能保证水质卫生要求的特点,但系统较为复杂,投资大,检修麻烦。

游泳池净水系统的设置,应根据泳池的使用功能、卫生标准、使用特点来考虑。比赛用泳池、跳水池、训练池和公共池、儿童池、幼儿池等均应分别设置各自的池水循环净化系统。

②池水循环方式。池水循环是为保证游泳池的进水水流均匀分布,在池内不产生急流、涡流、死水区,且回水水流不产生短路,使池内水温和余氯保持均匀而设的水流组织方式。

由于池中给水口和回水口布置方式不同形成了不同的水流循环方式,一般有逆流式、混合式和顺流式。工程中应根据池水容量、深度、池体形状、池内设施、使用性质和技术经济等因素综合比较后确定,使净化水与池水有序混合、交换、更新,同时便于管道设备的施工安装和维修管理。

a. 顺流式循环。如图 5.19 所示,游泳池全部循环水量从两端或两侧壁上部对称的给水口进水,池底部回水口回水,经净化后送回池内继续使用。这种方式能使每个给水口的流量和流速基本保持一致,配水均匀,有利于防止水波形成涡流和死水域。其缺点是不利于池水表面排污,容易在池内产生沉淀。设计时应注意回水口位置的确定,以防短流。公共游泳池和露天游泳池可采用此种方式。

b. 逆流式循环。如图 5.20 所示,游泳池全部循环水量经设在池壁外侧的溢流槽收集至回水管,送至净化设备处理后,再通过净化配水管送至池底的给水口或给水槽而后进入池内。给水口在池底沿泳道均匀布置,能有效地去除池水表面污物和池底沉淀物,布水均匀,且可避免涡流,是目前国际泳联推荐的游泳池池水循环方式,但基建投资费用较高。

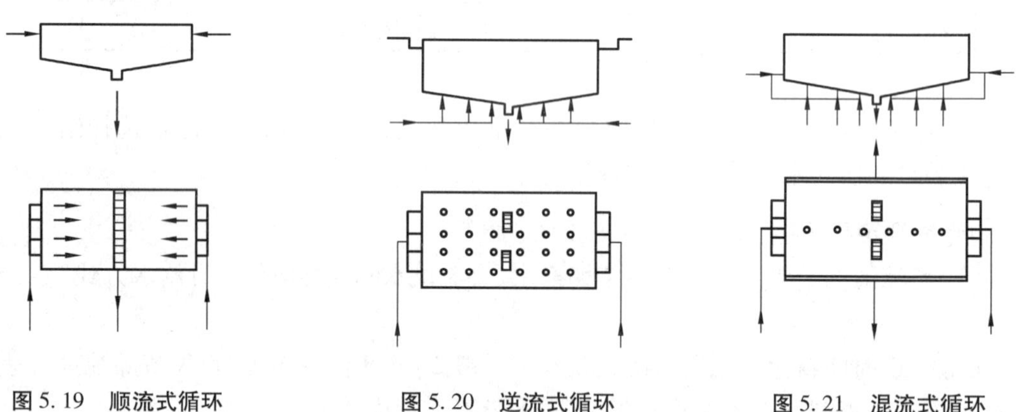

图 5.19 顺流式循环　　图 5.20 逆流式循环　　图 5.21 混流式循环

c. 混流式循环。如图 5.21 所示,游泳池循环水量的 60% ~70% 经设在池壁外侧的溢流回水槽取回,其余 30% ~40% 经设在池底的回水口取回。这两部分水量汇合后进行净化处理,然后经池底给水口送入池内继续使用。这种循环方式除具有逆流式循环方式的优点外,由于泳池高处、底处同时回水,故水流能冲击池底的积污,水流也较均匀,卫生条件较好。

**3) 池水循环系统设计参数**

(1) 循环周期

循环周期是指将池水全部净化所需的时间。合理确定循环周期关系到净化设备和管道的规模、池水卫生条件及投资,是重要的设计数据。循环周期应根据使用性质、使用状况、池身容积、消毒方式等综合考虑确定,一般可按表 5.26 选用。

表 5.26 游泳池循环周期

| 游泳池类型 | 循环周期 $T$/h | 游泳池类型 | 循环周期 $T$/h |
|---|---|---|---|
| 比赛池、训练池、花样泳池 | 4～8 | 教学池 | 8 |
| 公共游泳池、露天游泳池 | 4～6 | 大、中学校游泳池 | 6～8 |
| 儿童池 | 1～2 | 家庭游泳池 | 6～8 |
| 幼儿戏水池 | <1 | 跳水池 | 8～10 |

注：池水的循环次数按每日使用时间与循环周期的比值确定。

(2)循环流量

循环流量是选用水质净化、消毒设备和管道规格的主要依据。一般按式(5.12)计算：

$$Q_x = \frac{\alpha V}{T} \tag{5.12}$$

式中 $Q_x$——游泳池池水的循环流量，$m^3/h$；

$\alpha$——管道和过滤设备容积附加系数，一般 $\alpha = 1.1 \sim 1.2$；

$V$——游泳池的水容积，$m^3$；

$T$——游泳池水的循环周期(按表 5.27 选用)。

(3)循环水泵的选择

对于不同用途的循环水泵应单独设置，以利于控制各自的循环周期和水压。循环水泵可采用不同类型的离心清水泵，选择时应符合以下要求：

①循环泵的设计流量应不小于循环流量。

②扬程应按照不小于送水几何高度、设备和管道的阻力损失以及流出水头之和确定。

③工作主泵不宜少于两台，以保证净水系统 24 h 运行，即白天高峰期时两台泵同时运行，夜间无人游泳时只运行 1 台泵。

④循环水泵尽量靠近游泳池。水泵的吸水管内水流速度采用 1.0～1.2 m/s；出水管内的水流速度宜采用 1.5 m/s；水泵应分别设置真空表和压力表；水泵机组的设置和管道敷设要考虑减振和降噪的措施。

⑤备用水泵宜按过滤设备反冲洗时，工作泵与备用泵并联运行确定备用泵的容量。

(4)循环管道

循环管道分为循环给水管道和循环回水管道。循环给水管道内的水流速度一般采用 1.2～1.5 m/s；循环回水管道内的水流速度一般采用 0.7～1.0 m/s。出于防腐的需要，循环管道的材料可以采用塑料管、铜管和不锈钢管；采用碳钢管时，管内壁应涂刷或内衬符合饮用水要求的防腐涂料或材料。循环管道宜敷设在沿泳池周边设置的管廊或管沟内。

**4)池水的净化**

(1)预净化

为防止游泳池中夹带的固体杂质(如毛发、树叶、纤维等)损坏水泵，破坏过滤器滤料层，从而影响过滤效果和后续循环处理设备正常运转，池水应首先进入毛发聚集器进行预净化。预净化一般在水泵的进水管上进行,毛发聚集器应为耐压耐腐蚀材料,水流阻力小,过滤网眼宜为10~15目;孔眼总面积不小于连接管道截面积的两倍,以保证循环流量不受影响。

(2)过滤

①过滤器。由于游泳池回水浊度不高且水质水量稳定,一般可采用接触过滤法处理。过滤设备常用压力式过滤器。过滤器应根据池体尺寸、使用目的、使用情况统一考虑确定。一般应符合下列要求:

a. 为保证过滤设备的稳定高效运行,宜按24 h连续运行工况设计;

b. 每座游泳池的过滤器数量不宜少于两台,当其中一台发生故障时,另一台在短时间内可通过采用提高滤速的方法继续工作;

c. 压力过滤应设置进水、出水、冲洗、泄水和放气等配管,还应设检修孔、取样管、观察孔和压差计。

②滤料及滤速。滤料应具备以下特点:比表面积大、截污能力强、使用周期长;不含杂质和污泥,不含有毒有害物质;化学稳定性好;机械强度高,耐磨性好,抗压性能好。目前用于压力过滤器的滤料有石英砂、无烟煤、聚苯乙烯塑料珠等。我国目前大多采用石英砂,设计滤速为15~25 m/s。过滤设备的选用可参照给水工程相关内容。

③反冲洗。过滤器应进行反冲洗,必要时还可采用气-水组合反冲洗形式。压力过滤器采用水反冲洗时的反冲洗强度和时间可按表5.27选用。

**表5.27 压力过滤器反冲洗强度和反冲洗时间**

| 滤料类别 | 反冲洗强度/($L \cdot s^{-1} \cdot m^{-2}$) | 膨胀率/% | 反冲洗时间/min |
|---|---|---|---|
| 单层石英砂 | 12~15 | 40~45 | 7~5 |
| 双层滤料 | 13~16 | 45~50 | 8~6 |
| 三层滤料 | 16~17 | 50~55 | 7~5 |

注:①设有表面冲洗装置时,取表中下限值;
②采用城市生活饮用水时,应根据水温变化适当调整冲洗强度;
③膨胀率数值仅作为压滤器设计计算时用。

(3)消毒

由于游泳池水与人体直接接触,为防止疾病传播,保证游泳者的健康,必须进行严格的消毒杀菌处理。游泳池水的消毒需选择杀菌能力强、不污染水质,并具有极强、持续杀菌功能的消毒剂。其消毒方法应具有设备简单、运行可靠、操作方便、建设及管理费用低的特点。

消毒方式主要有氯消毒、臭氧消毒、紫外线消毒等。下面主要介绍氯消毒和臭氧消毒。

①氯消毒。娱乐性游泳池可采用液氯、氯气、次氯酸钠、二氧化氯、氯片等氯消毒剂。氯消毒具有杀菌能力强、投资小的优点,但气味对人体有刺激,对管道、池体有腐蚀作用。设计加氯量(有效氯)宜为1~3 mg/L,并按池水中游离性余氯0.4~0.6 mg/L校正。

液氯宜采用真空自动投加方式,并应设置氯与池水充分混合接触的装置;次氯酸钠宜采用重力投加方式,投加在循环水泵的吸水管上。

②臭氧消毒。臭氧消毒比氯消毒具有更强的杀菌能力。对于比赛游泳池及池水卫生要求很高的游泳池,宜采用臭氧消毒。全流量臭氧消毒系统(图5.22)中全部循环流量与臭氧充分混合、接触反应,故能保证消毒效果和池水水质,但该系统设备复杂,占地面积大,投资较高,且臭氧应边生产边使用。

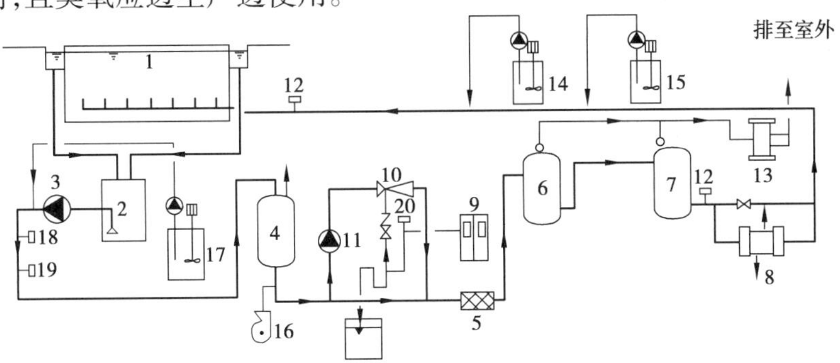


**图5.22　全流量臭氧消毒系统图**

1—游泳池;2—均衡水池;3—循环水泵;4—砂过滤器;5—臭氧混合器;6—反应罐;7—剩余臭氧吸附过滤器;8—加热器;9—臭氧发生器;10—负压臭氧投加器;11—加压泵;12—臭氧监测器;13—臭氧尾气处理器;14—长效消毒剂投加装置;15—pH值调节投加装置;16—风泵;17—混凝剂投加装置;18—pH值探测器;19—氯探测器;20—臭氧取样点

由于只有溶解于水中的臭氧才有杀菌作用,因此需要设置反应罐让臭氧与水充分混合溶解,臭氧与水的接触时间应满足式(5.13):

$$Ct \geqslant 1.6 \tag{5.13}$$

式中　$C$——臭氧投加量,mg/L,宜为0.6~1.0 mg/L,池水水面上空气中臭氧含量不得超过0.10 mg/L;

$t$——臭氧与水的接触时间,min。

(4)加热

为保持游泳池所规定的水温,延长使用时间,游泳池的补给水和循环水常需加热。游泳池水加热所需热量包括池水面蒸发和传导损失的热量、池壁和池底、管道和设备等传导热损失、补给水加热耗热量之和。

①游泳池表面蒸发损失热量

$$Q_z = \frac{crA(P_b - P_q)(0.0174v_f + 0.229)(760/B)}{3.6} \tag{5.14}$$

式中　$Q_z$——游泳池水面蒸发损失的热量,W;

$c$——水的比热容,一般取4.187 kJ/(kg·℃);

$r$——与游泳池水温相等的饱和蒸汽的蒸发汽化潜热(4.187 kJ/kg);

$P_b$——与游泳池水温相等的饱和空气的水蒸气分压(133.32 Pa);

$P_q$——游泳池的环境空气的水蒸气分压(133.32 Pa);

$v_f$——游泳池水面风速,m/s,一般室内游泳池取0.2~0.5 m/s,露天游泳池取2~3 m/s;

$A$——游泳池水面表面积,$m^2$;

$B$——当地大气压力,Pa。

②游泳池的水表面、池底、池壁、管道和设备等传导所损失的热量,应按游泳池水表面蒸发损失热量的20%计算确定。

③补充水加热所需热量

$$Q_b = \frac{iq_b\rho(t_r - t_b)}{3.6T} \tag{5.15}$$

式中 $Q_b$——游泳池补充水加热所需的热量,W;

$\rho$——水的密度,kg/L;

$t_r$——游泳池水的温度,℃;

$t_b$——游泳池补充水水温,℃;

$T$——加热时间,h,利用补充水箱或平衡水池自动补水时,$T=24$ h,对其他补水方式,按具体情况确定。

常用的加热方式和加热设备计算选用与建筑内部热水供应系统基本相同。

(5)加药

加药包括投加混凝剂、pH值调整剂及除藻剂等。

①混凝剂。由于游泳池中的污染主要来自人体的汗液等分泌物,仅使用物理性质的过滤工艺不足以去除微小污染物,因而循环水在进入过滤器之前需投加混凝剂,以便把水中的微小污染物吸附聚集在药剂的絮凝体上,形成大颗粒物质经过滤除去。混凝剂常用氯化铝、明矾或精制硫酸铝等。

②pH值调节剂。pH值对混凝效果和氯消毒有影响,故宜在消毒之前投放。

③除藻剂。当在阴天、夜间或雨天时,池水不循环,由于含氯量不足就会产生藻类,使池水呈现黄绿色或深绿色,透明度降低。此时,可投加硫酸铜药剂以消除和防止藻类产生。

### 5.3.2 建筑水景

#### 1)水景的功能和形态

(1)水景的功能

水景是小区常见的景观设施。随着城市的发展,生态环境的改善,人们审美情趣的提高,水景得到了较为广泛的应用。水景与城市总体规划和建筑艺术构思相结合,能创造自然活泼的景观,或用于在室内衬托特定环境的艺术效果和气氛,美化建筑环境。此外,水景能增加空气湿度,增大空气中负离子浓度,减少空气中粉尘含量,从而净化空气,尤其在炎热的夏季更为明显。水景还可兼作消防、绿化及冷却用水的水源。

近年来,现代科技使水景在艺术形式和规模上都得到了很大的发展。

(2)水景的基本形态

水景千姿百态,但基本形态不外乎镜池、溪流、涌泉、珠泉等。水景的形态、特点及适用场合见表5.28。水景的形态设计应与使用功能、周围环境相协调。

表 5.28　水景的基本形态、特点及适用场合

| 形态 | 特　点 | 适用场合 |
|---|---|---|
| 镜池 | 水面开阔而平静 | 公园、庭院、屋顶花园 |
| 溪流 | 蜿蜒曲折的潺潺流水 | 公园、庭院、屋顶花园 |
| 叠流 | 落差不大的跌落水流 | 有一定坡度的广场、公园、庭院,也可在室内 |
| 瀑布 | 自落差较大的悬崖上飞流而下的水流 | 开阔、热烈的场合 |
| 水幕 | 自高处垂落的宽阔水膜 | 公园、庭院、儿童戏水池 |
| 喷泉 | 直流喷头喷出的细长透明长水柱 | 适用于各种场合 |
| 冰塔 | 自吸气喷头中喷出的细长透明长水柱 | 适用于各种场合 |
| 涌泉 | 自水下涌出水面的水流 | 公园、屋顶花园、大厅 |
| 水膜 | 自成膜喷头喷出的透明膜状水流 | 广场、公园、门厅 |
| 水雾 | 自成雾喷头喷出的雾状水流 | 常与喷泉、瀑布、水幕等结合 |
| 孔流 | 自孔口或管嘴内重力流出的水流 | 适用于各种场合 |
| 珠泉 | 自水底涌出的串串气泡 | 常与镜池配合使用 |
| 壁流 | 附着陡壁流下的水流 | 常用于假山及建筑小品,室内厅堂和楼梯平台的水池 |

(3)水景类型

水景类型按能否随意移动分为移动式、半移动式和固定式三种类型。半移动式是将喷头、管道、潜水泵、水下灯具等组装成套后可以随意移动,而土建结构固定不动。移动式是将包括水池在内的整个设备一体化,可以任意移动。半移动式和移动式水景用于小型工程中。固定式水景又可分为水池式、浅碟式、楼板式和河湖式。

**2)水景设计**

(1)水景工程的组成

水景给水排水系统一般由水池、补给水管、配水管、回水管、溢流管、吸水井、循环水泵、调节阀、喷头、照明设备和水处理装置等组成。

(2)水景给水系统

①水源及水质。水景可以采用城市自来水、清洁生产用水、天然水以及再生水作为水源,水质应符合《生活饮用水卫生标准》中规定的感官性状指标,再生水水质的控制指标应符合《城市污水再生利用景观环境用水水质》要求。

②给水系统。水景有直流式和循环式两种给水系统。

a.直流式系统是将水源来水通过管道和喷头连续不断地喷出的水收集后直接排出系统。该系统简单、造价低、维护简单,但耗水大,一般用于小型水景。

b.循环式系统是将喷头射的水收集后反复使用,大中型水景由于水量较大,一般采用此种形式。将循环式系统细分又有陆上泵循环给水系统、潜水泵循环给水系统和盘式水景循环给水系统。陆上泵系统适合各种规模和形式的水景,一般用于较开阔的场所;潜水

泵系统适合各种形式的中小型喷泉、冰塔、涌泉、水膜等;盘式系统适用于公园,可设计成各种中小型喷泉、冰塔、水膜、孔流、瀑布、水幕等形式。

(3)水池的平面形状

水池的平面形状应根据水景的特点和设置环境条件确定,一般有圆形、矩形、类圆形、类矩形、多边形、不规则形等多种形式,同时应与景观设计相协调。

(4)水池的平面尺寸

水池的平面尺寸除应满足喷头、管道、水泵、进水口、泄水口、溢水口、吸水坑等布置要求外,还应防止在设计风速时使水不致被吹到池外。为防止溅水,喷水池每边一般需要加宽0.5~1.0 m,喷水池直径一般不应小于喷水高度。

(5)水池深度

水池的深度应按照管道、设备的布置要求确定。无特殊要求时,一般采用0.4~0.6 m。设有潜水泵时,应保证吸水口的淹没深度不小于0.5 m;设有水泵吸水口时,应保证吸水喇叭口的淹没深度不小于0.5 m。浅碟式水景最小深度不宜小于0.1 m。水池超高一般采用0.25~0.3 m。

水池的池底应有不小于0.01 的坡度,坡向排水口或集水坑。

如喷水池内安装水下灯具,要求水下灯具玻璃距水面高度为30~110 mm,不可使玻璃面露出水面,水池的深度为400~600 mm。

(6)水池的溢流、排水和补水装置

①溢流装置用于恒定水池水位及进行表面排污。常用的溢流形式有堰口式、漏斗式、连通管式、管口式等,如图5.23 所示。在满足流量要求的同时,溢流口的设置应不影响美观,为防止较大漂浮物堵塞通道,还应设置格栅。

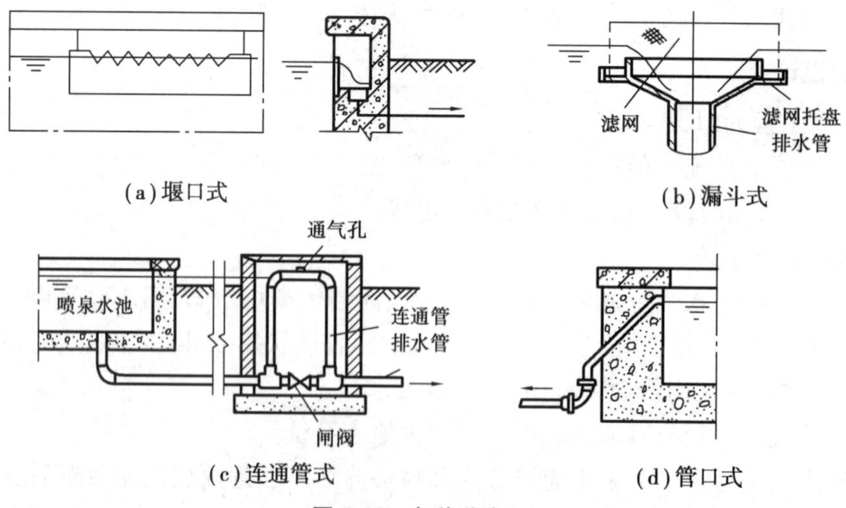


(a)堰口式　(b)漏斗式

(c)连通管式　(d)管口式

图5.23　各种溢流口

②泄水装置用于水池放空、清洁、检修等。池水排放应尽量采用重力排水方式,泄空时间一般可按24~48 h 计算。对于大型水池,应设置排水阀或水闸,小型水池可设排水塞。

③补水池或补水箱通常设在水泵房内。补水量为风吹、蒸发、溢流、排污和渗漏的水量之和,一般可取水池的循环比或水池容积的百分比。当补充水采用城市给水管网供水时,应防止回流污染,如设置空气隔断,采用倒流防止器等。

(7)水泵房的设计

水泵房多采用地下式或半地下式,同时应考虑地面排水,地面应有不小于0.005的坡度,坡向集水坑。集水坑内宜设置水位信号计和自动排水泵。

水泵房应满足水景艺术的要求,通常可采取以下措施:

①将水泵安装在水景附近建筑物的地下室内。

②将泵房或其进出口装饰成花坛、雕塑或壁画的基座、观赏或演出平台等。

③将泵房设计成造型构筑物,如亭台水榭、跌水陡坎、隐蔽在人工山崖瀑布的下边等。

④潜水泵直接安装在水景水池内,安装简单、管理方便、占地面积小。

此外,水泵房宜设机械通风装置,尤其是在电气和自控设备设在水泵房内时,更应加强通风。

(8)设备和材料的选择

①喷头。喷头的选型、数量及位置是实现水景花姿造型的重要保证,其材料应具备不易腐蚀、经久耐用、易于加工等特点。喷头种类繁多,可根据不同要求选用,见表5.29。

表5.29 常用水景喷头

| 喷头类型 | 形态 | 特点 |
|---|---|---|
| 直流式 | 水流沿筒形或渐缩形喷嘴直接喷出,形成较长水柱 | 构造简单、造价低廉、应用广泛 |
| 散射式 | 倒立圆锥形或牵牛花形,还可利用挡板形成蘑菇形、倒圆锥形 | 花形多 |
| 掺气式 | 白色粗大水柱 | 壮观、景观效果好 |
| 缝隙式 | 扇面水膜或空心圆柱 | 用水量小能形成粗大水柱,能喷出平面或曲面水膜 |
| 组合式 | 将多种形式的喷头组合 | 图案绚丽多彩 |

此外,近年来又出现了涌泉式、旋流式、环隙式、折射式、碰撞式等喷头,设计时可参照厂商样本及艺术形式选用。

②照明灯具。水景工程可采用陆上和水下照明。对于反射效果较好的水流形态(冰墙、冰柱等夹气水流)采用水上彩色探照灯照明效果较好,此方式照度较强,易于安装、控制和检修,但灯具布置不当会使观众感到眩光;对于透明水流形态(射流、水膜等),不宜采用水上照明。常用水下照明灯具主要有白炽灯和气体放电灯。白炽灯只适合水下使用;气体放电灯发热量较小,耗电少,水上水下均可使用,但有时启闭时间较长,不适合频繁启动。

**3)水景工程水力计算**

(1)喷头水力计算

$$v = \varphi\sqrt{20gH} \tag{5.16}$$

$$H = 10H_0 + \frac{v_0^2}{2g} \tag{5.17}$$

$$q = \mu f\sqrt{20gH} \times 10^{-3} \tag{5.18}$$

$$\mu = \varphi\varepsilon \tag{5.19}$$

式中 $v$——出口流速,m/s;

$\varphi$——流速系数,其值与喷嘴形式有关;

$g$——重力加速度,$m/s^2$;

$H$——喷头入口处水压,kPa;

$H_0$——喷头入口处水静压,kPa;

$v_0$——喷头入口处水流速,m/s;

$q$——喷头出流量,L/s;

$\mu$——喷头流量系数;

$f$——喷嘴断面积,$mm^2$;

$\varepsilon$——水流断面收缩系数,与喷嘴形式有关。

对于圆形喷嘴出流量,按式(5.20)计算:

$$q = 3.479\mu d^2\sqrt{10H} \times 10^{-3} \tag{5.20}$$

式中 $d$——喷嘴内径,mm。

(2)水景构筑物的水力计算

①孔口和管嘴的水力计算可按式(5.16)和式(5.17)进行。

②水平出流轨迹可按式(5.21)计算:

$$l = 2\varphi\sqrt{H + h} \tag{5.21}$$

式中 $l$——水平射程,m;

$h$——孔口或管嘴安装高度,m。

③倾斜射流轨迹按式(5.22)计算:

$$h = \frac{l^2}{\Delta\varphi^2 \cos\theta} + l\tan\theta \tag{5.22}$$

式中 $\theta$——孔口或管嘴的轴线与水平线夹角,(°)。

(3)跌流的水力计算

水盘、瀑布、叠流等的溢流量,一般是将溢水断面近似地划分成若干格溢流堰口,分别计算其流量后再叠加。各种溢流堰口的近似水力计算公式如下:

①宽顶堰:

$$q = mbH^{3/2} \tag{5.23}$$

式中 $q$——堰口流量,L/s;

$m$——宽顶堰流量系数,取决于堰流进口形式,直角 $m$=1 420,圆角 $m$=1 600,45°斜角 $m$=1 600,20°~80°斜坡 $m$=1 510~1 630;

$b$——堰口水面宽度,m;

$H$——堰前动水头,m。

②三角堰:

$$q = AH_0^{5/2} \tag{5.24}$$

式中 $A$——三角堰流量系数(与堰底夹角有关,见表5.30);

$H_0$——堰前静水头,m。

**表5.30 三角堰流量系数 $A$**

| θ/(°) | 30 | 40 | 45 | 50 | 60 | 70 | 80 | 90 |
|---|---|---|---|---|---|---|---|---|
| $A$ | 380 | 516 | 587 | 661 | 818 | 992 | 1 189 | 1 417 |
| θ/(°) | 100 | 110 | 120 | 130 | 140 | 150 | 160 | 170 |
| $A$ | 1 689 | 2 024 | 2 455 | 3 039 | 3 894 | 5 289 | 8 037 | 16 198 |

③半圆堰:

$$q = BD^{5/2} \tag{5.25}$$

式中 $B$——半圆堰流量系数(与堰前静水头 $H_0$ 和半圆堰直径 $D$ 的比值相关,见表5.31);

$D$——半圆堰直径,m。

**表5.31 半圆堰流量系数 $B$**

| $H_0/D$ | 0.05 | 0.10 | 0.15 | 0.20 | 0.25 | 0.30 | 0.35 |
|---|---|---|---|---|---|---|---|
| $B$ | 0.020 | 0.070 | 0.148 | 0.254 | 0.386 | 0.547 | 0.720 |
| $H_0/D$ | 0.40 | 0.45 | 0.50 | 0.60 | 0.70 | 0.80 | 0.90 |
| $B$ | 0.926 | 1.15 | 1.40 | 2.00 | 2.49 | 3.22 | 3.87 |

④矩形堰:

$$q = CH_0^{3/2} \tag{5.26}$$

式中 $C$——矩形堰流量系数(与堰口宽度 $b$ 有关,见表5.32)。

**表5.32 矩形堰流量系数 $C$**

| b/m | 0.05 | 0.10 | 0.15 | 0.20 | 0.25 | 0.30 | 0.35 | 0.40 | 0.45 | 0.50 |
|---|---|---|---|---|---|---|---|---|---|---|
| $C$ | 99.6 | 199.3 | 298.9 | 398.6 | 498.2 | 597.0 | 697.5 | 797.2 | 896.8 | 996.5 |
| b/m | 0.55 | 0.60 | 0.65 | 0.70 | 0.75 | 0.80 | 0.85 | 0.90 | 0.95 | 1.00 |
| $C$ | 1 096.1 | 1 195.7 | 1 295.4 | 1 395.0 | 1 494.7 | 1 594.3 | 1 694.0 | 1 793.6 | 1 893.3 | 1 992.9 |

⑤梯形堰:

$$q = A_1H_0^{3/2} + A_2H_0^{5/2} \tag{5.27}$$

$$H = H_0 + \frac{v_0^2}{2g} \tag{5.28}$$

式中 $A_1$——梯形堰流量系数(与堰底宽度 $e$ 有关,见表5.33);

$A_2$——梯形堰流量系数(与堰侧边夹角 $\theta$ 有关,见表5.34);

$v_0$——过堰流速,m/s。

**表5.33 梯形堰流量系数 $A_1$**

| $e$/m | 0.05 | 0.10 | 0.15 | 0.20 | 0.25 | 0.30 | 0.35 | 0.40 | 0.45 | 0.50 |
|---|---|---|---|---|---|---|---|---|---|---|
| $A_1$ | 66.4 | 132.9 | 199.3 | 265.7 | 332.2 | 398.6 | 465.0 | 530.4 | 597.9 | 664.3 |
| $e$/m | 0.55 | 0.60 | 0.65 | 0.70 | 0.75 | 0.80 | 0.85 | 0.90 | 0.95 | 1.00 |
| $A_1$ | 730.7 | 797.2 | 863.6 | 930.0 | 996.5 | 1 062.9 | 1 129.3 | 1 195.7 | 1 262.2 | 1 328.6 |

**表5.34 梯形堰流量系数 $A_2$**

| $\theta$/(°) | 5 | 10 | 15 | 20 | 25 | 30 | 35 | 40 | 45 |
|---|---|---|---|---|---|---|---|---|---|
| $A_2$ | 16 198.7 | 8 037.3 | 5 289.0 | 3 893.7 | 3 039.2 | 2 454.7 | 2 024.0 | 1 689.0 | 1 417.2 |
| $\theta$/(°) | 50 | 55 | 60 | 65 | 70 | 75 | 80 | 85 | 90 |
| $A_2$ | 1 189.2 | 992.3 | 818.2 | 660.9 | 515.8 | 379.7 | 249.9 | 124.0 | 0.0 |

(4)水池的水力计算

水景用水池水滴的漂移距离按式(5.29)计算:

$$L = 0.029\,6 \frac{Hv^2}{d} \tag{5.29}$$

式中 $L$——水滴在空中因风吹漂移距离,m;

$v$——设计平均风速,m/s;

$H$——水滴最大降落高度,m;

$d$——水滴直径,mm。

(5)水量损失、补充和循环流量

①水量损失估算:包括风吹、蒸发、溢流和渗漏等损失,一般按循环流量或按水容积的百分数计算,见表5.35。

**表5.35 水量损失估算数据**

| 类 型 | 风吹损失 | 蒸发损失 | 溢流、排污损失(每天排污量占池容积的百分数)/% |
|---|---|---|---|
| | 占循环流量的百分数/% | | |
| 喷泉、水膜、冰塔、孔流等 | 0.5~1.5 | 0.4~0.6 | 3~5 |
| 水雾 | 1.5~3.5 | 0.6~0.8 | 3~5 |
| 瀑布、水幕、叠流、涌泉等 | 0.3~1.2 | 0.2 | 3~5 |
| 镜池、珠泉等 | — | — | 2~4 |

②补充水流量：一般按循环水量的5%～10%选用，室外工程可按10%～15%考虑。除应满足最大水量损失外，同时还应满足运行前的充水要求。充水时间一般按24～48 h考虑。

③循环水流量：根据设计安装各种喷头的水量和每个喷头的出流量计算确定。其设计循环水流量应为计算流量的1.2倍。

④溢流计算：堰口式溢流参照前述跌流的计算方法；漏斗式溢流按式(5.30)计算。

$$q = 6\ 815DH_0^{3/2} \tag{5.30}$$

式中 $D$——漏斗上口直径，m；

$H_0$——漏斗淹没水深，m。

### 5.3.3 桑拿、洗浴中心

目前，越来越多的宾馆类高层建筑或高层商住楼建造了桑拿、洗浴设施。桑拿可分为桑拿浴、蒸汽浴、再生浴、水力按摩浴等多种形式。

#### 1）桑拿浴

现代桑拿浴是在桑拿房内设置发热器（即桑拿炉），并适时将水注入炉内，经高温烧烤的石头遇水产生达80 ℃以上的湿蒸汽，使桑拿房内保持较高温度的湿热空气环境。

桑拿炉目前使用较多的是电加热炉，炉外壳有隔热层，且有防止灼伤保护及自动熄灭等功能。桑拿房为木制，并有隔热层，条缝式木板下设有地漏，布置如图5.24所示。房内应有通风、照明设施，房外设淋浴喷头，浴房的平面尺寸根据使用人数和建筑空间条件确定。

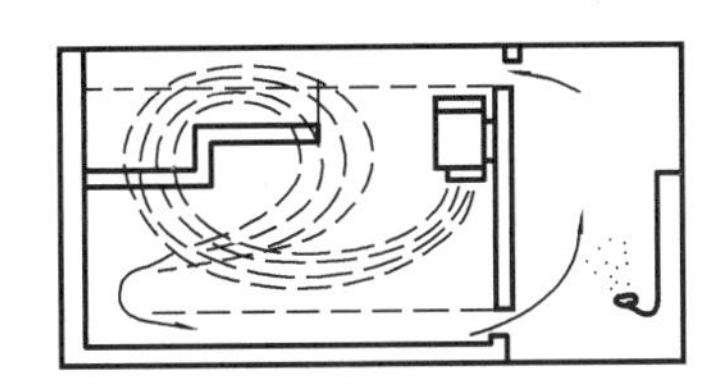
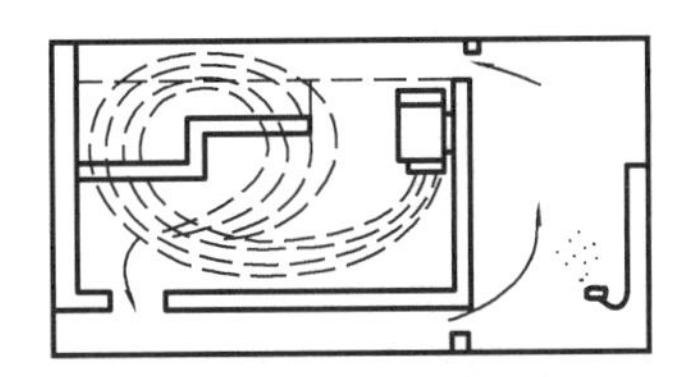

图5.24 桑拿房布置示例

桑拿浴的给排水设计：

①桑拿房内发热炉中宜设空气加湿水槽，水注入槽内可以提高室内湿度，浴房周围应设方便的补水管道。

②如需设自动喷水灭火系统，应选择141 ℃自动喷洒头。

③木地板下设排水地漏，直径不应小于DN50。

#### 2）蒸汽浴

蒸汽浴俗称“湿蒸”。现代蒸汽浴一般采用组合式玻璃钢蒸汽室，一个供12人使用的蒸汽浴室占地面积约8 m²，一天能接待约100人次。

蒸汽浴室可分为单纯的蒸汽浴室和蒸汽浴放松室。前者可向室内直接送入蒸汽或使用电热蒸汽发生器，温度控制在50～60 ℃；后者增设有淋浴喷头、立体音乐和全自动香精输送器等，其温度控制在35～40 ℃。

蒸汽浴之蒸汽炉电源，只需供应至安装蒸汽炉的地方，连接蒸汽发生器的蒸汽管不宜太长（不超过 3 m），安装时应通气流畅，避免产生过大噪声。蒸汽管上不得设阀，接至发生器的给水管宜采用铜管，且在接近发生器的给水管上安装一个过滤器和阀门，还应装设信号阀（启/停水时切断电源）。地面应设一个 DN50 地漏，用以排除凝结水。

3）再生浴

再生浴是一种适用面广的新型沐浴方式，这种浴室将加热管道嵌于瓷砖砌体的墙内，使墙身温暖。再生浴室又分为高温室和低温室两种：高温再生浴室的室内温度为 55 ~65 ℃，相对湿度 40% ~50%；低温再生浴室能制造类似人体发烧的感觉，低温再生浴室的室内温度为 37 ~39 ℃，相对湿度 40% ~50%。

4）水力按摩浴

水力按摩浴池目前常用的有成品型和土建砌筑两类。成品型按摩浴池多为玻璃钢制品，可供沐浴人数 1 ~30 人不等，具有按摩与沐浴的双重功效，可用于贵宾间或公共浴池。一个完善的桑拿浴室应备有热（40 ~45 ℃）、温（35 ~40 ℃）、冷（8 ~13 ℃）三种水温的水力按摩浴池，俗称“三温池”。其工艺流程如图 5.25 所示。

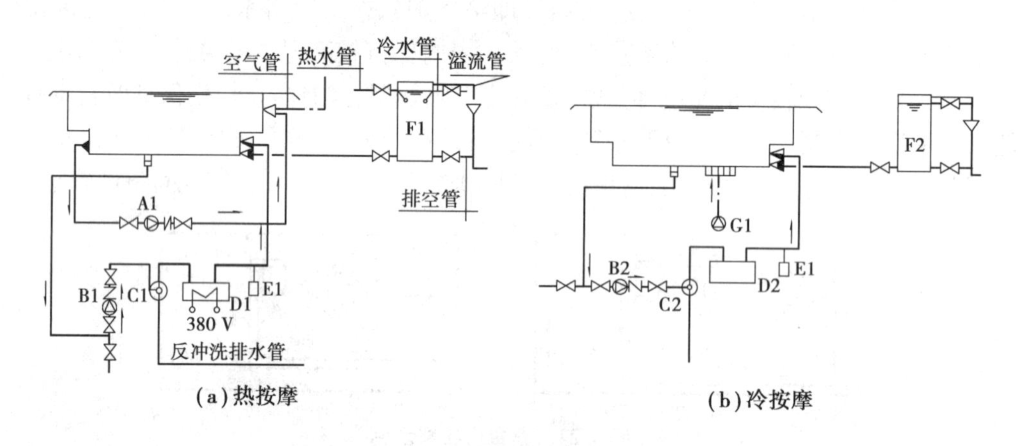


图 5.25　冷按摩池水循环图

A1—热按摩水泵；B1，B2—过滤水泵；C1，C2—过滤罐；D1—加热器；
D2—制冷机；E1—自动消毒器；F1，F2—补水箱；G1—气泵

水力按摩浴池内设有多个旋涡式高压喷射喷头，还可随意调节喷射角度、水温、水及空气混合量，使人体每个部位都能得到适宜的水力按摩。冷水池则在池底设气泡式喷嘴，制造上升的气泡，使浸浴者感受到气泡按摩的效果。

混凝土建造的大型按摩浴池需对池身采取防漏措施，水力按摩喷头的设置数量视池长、池宽而定。一般每间隔 0.4 ~0.6 m 设 1 个，每个喷头的流量为 1.0 ~2.0 L/s，循环泵扬程一般为 0.25 ~0.40 MPa。

水力按摩浴池的水处理量，应根据沐浴人数和池座位数确定：每人的沐浴时间建议不超过 20 min，水处理量宜为 3 $m^3$/h；按摩池的最高日补水量可按 20% ~25% 按摩池总容积确定，而补水的小时变化系数可取 1.5 ~1.8。

5)洗浴中心

洗浴中心通常包括不同水温、不同容积的各式浴池、按摩池,成排的各式淋浴器、脸盆,各式桑拿房等,是集中洗浴的公共场所。其给排水设计的主要内容包括水量设计、输配水及排水管网(渠)设计及加热、净化等设备的选型。

(1)水温

洗浴中心各用水点的水温各不相同,见表5.36。

表5.36 洗浴中心主要用水点水温确定

| 名 称 | 水温/℃ | 名 称 | 水温/℃ |
| --- | --- | --- | --- |
| 温水池 | 35~37 | 洗脸盆 | 35 |
| 热水池 | 40~42 | 浴盆(按摩盆) | 40 |
| 淋浴器 | 37~40 | 热水锅炉或水加热器出口 | 65~70 |

(2)热水(60 ℃)用量

①淋浴用水:

$$Q_1 = mnq \tag{5.31}$$

式中 $m$——淋浴间数;

$n$——每个淋浴间每天接待顾客数,人,取15~20人左右;

$q$——每位顾客每次淋浴用水量,L/人,取80~100 L/人(根据地区适当选取)。

②浴池补充热水(60 ℃):

$$Q_2 = kV \tag{5.32}$$

式中 $k$——每日温、热池补水百分比,可取10%~20%;

$V$——温、热水池的总容积,$m^3$。

或

$$Q_2 = mq \tag{5.33}$$

式中 $m$——浴池的座位数;

$q$——每个座位每日补充热水量,取80~110 L/(座·d)。

③电脑蒸汽房用水(电脑蒸汽房一般由特级玻璃钢制造而成,集淋浴、蒸汽浴、水力按摩及瀑布式淋浴等多种水浴功能于一身):

$$Q_3 = nwq \tag{5.34}$$

式中 $n$——电脑蒸汽房数量;

$w$——每日每台电脑蒸汽房接待人数,人,取3~5人;

$q$——每位顾客用水量,L/人,取120~130 L/人。

④总用水量:为上述3项用水量之和,由于洗浴中心还常包括其他用水,如洗脸盆用水、清洁用水等,故总用水量应在上述水量之和外附加1.15~1.20系数,即:

$$Q_z = (1.15 \sim 1.20)(Q_1 + Q_2 + Q_3) \tag{5.35}$$

(3)管网设计及设备选型

输配水管网及排水管网的设计方法与其他建筑相同,设备选型则根据不同系统下(水温不一)的水量与扬程选择合适的水泵、加热设备、蓄热设备、净化设备(如过滤砂缸、消毒设备)等。

### 5.3.4 洗衣房

在宾馆、公寓、医院等公共建筑中常附设洗衣房,用以洗涤床上用品、卫生间的织品、各种家具套和罩、窗帘、衣服、工作服、餐桌台布等。

**1)洗衣房的选址**

洗衣房常设在建筑物地下室的设备用房内,也可在建筑物附近单独设置。由于洗衣房消耗动力和热力大,所以宜设在靠近配电间、供热房、水泵房附近,且应便于被洗物的接收和发送。由于存在机械噪声和干扰,所以应远离对卫生和安静程度要求较高的场所。

**2)洗衣房的布置**

洗衣房包括生产车间、辅助用房、生活办公用房。生产车间是指洗涤、脱水、烘干、烫平、压平、干洗、整理、消毒等工作所占用的房间。辅助用房是指脏衣物分类、编号、储存,洁净衣服存放、折叠整理,织补,洗涤剂库房,水处理、水加热、配电、维修等用房。生活办公用房是指办公、会议、更衣、淋浴、卫生间等用房。

洗衣房的布置应以洗衣工艺流畅、工序完善且互不干扰、尽量减小占地面积、减轻劳动强度、改善工作环境为原则。织品的处理应按收编号、脏衣物存放、洗涤、脱水、烘干(烫平)、整理折叠、洁净发放的程序进行。未洗织品和洁净织品不得混杂,沾有有毒物质或传染病菌的织品应单独存放、消毒。干洗设备与水洗设备设置在各自独立用房,并考虑运输小车行走和停放的通道和位置。

**3)工作量计算**

(1)水洗织品的数量

水洗织品的数量应由使用单位提供数据,也可根据建筑物性质参照表5.37确定。各种水洗织品的单件重量可按表5.38采用。

**表5.37 各种建筑物中水洗织品的干织品质量**

| 民用类 | 计算单位 | 干织品/kg | 医院类 | 计算单位 | 干织品/kg | 旅馆类 | 计算单位 | 干织品/kg |
|---|---|---|---|---|---|---|---|---|
| 居民住宅 | 每人每月 | 6.0 | 100床以下综合医院 | 每床每月 | 50.0 | 六星级 | 每床每月 | 10~15 |
| 理发室 | 每名技师每月 | 40.0 | 内科和神经科 | 每床每月 | 40.0 | 四、五星级旅馆 | 每床每月 | 15~30 |
| 食堂 | 每100席每日 | 15~20 | 外科、妇科和儿科 | 每床每月 | 60.0 | 三星级旅馆 | 每床每月 | 45~75 |
| 公共浴室 | 每100席每日 | 7.5~15 | 妇产科 | 每床每月 | 80.0 | 一、二星级旅馆 | 每床每月 | 120~180 |
| 托儿所 | 每人每月 | 40.0 | 疗养院 | 每人每月 | 30.0 | 集体宿舍 | 每床每月 | 8.0 |
| 幼儿园 | 每人每月 | 30.0 | 休养院 | 每人每月 | 20.0 | | | |

表 5.38 水洗织品单件质量

| 织品名称 | 规格/(cm×cm) | 单位 | 干织品质量/kg | 织品名称 | 单位 | 干织品质量/kg |
|---|---|---|---|---|---|---|
| 床单 | 200×235 | 条 | 0.8～10 | 枕巾/浴巾 | 条 | 0.30 |
| 床单 | 133×200 | 条 | 0.50 | 地巾 | 条 | 0.3～0.6 |
| 被套 | 200×235 | 件 | 0.9～1.2 | 家具套 | 件 | 0.5～1.2 |
| 罩单 | 215×300 | 件 | 2.0～2.15 | 男衣 | 件 | 0.2～0.4 |
| 枕套 | 80×50 | 只 | 0.14 | 女罩衫、汗衫 | 件 | 0.2～0.4 |
| 线毯 | 133×135 | 条 | 0.9～1.4 | 工作服 | 套 | 0.5～0.6 |
| 毛巾 | 55×35 | 条 | 0.08～0.1 | 睡衣 | 套 | 0.3～0.6 |
| 餐巾 | 56×56 | 件 | 0.07～0.08 | 衬衣 | 件 | 0.25～0.3 |
| 毛巾被 | 200×235 | 条 | 1.5 | 短裤/围裙/衬裤 | 件 | 0.1～0.3 |
| 毛巾被 | 133×200 | 条 | 0.9～1.0 | 绒衣、绒裤 | 件 | 0.75～0.85 |
| 桌布 | 230×230 | 件 | 0.9～1.4 | 裙子 | 条 | 0.3～0.6 |
| 桌布 | 165×165 | 件 | 0.5～0.65 | 针织外衣裤 | 件 | 0.3～0.6 |

(2)干洗织品的数量

宾馆、公寓等建筑的干洗织品的数量可按0.25 kg/(床·d)计。

(3)工作量及洗衣设备

洗衣房综合洗涤量(单位为kg/d)包括客房用品洗涤量、职工工作服洗涤量、餐厅及公共场所洗涤量和客人衣物洗涤量等。宾馆内客房床位出租率可按80%～90%计,织品更换周期可按宾馆的等级标准在1～7 d内选取;客人衣物数量可按总床位的5%～10%计;职工工作服平均两天换洗1次;洗衣房工作制度按8 h/d考虑。

洗衣房设备主要有洗涤脱水机、烘干机、烫平机、各种功能的压平机、干洗机、折叠机、化学去污工作台、熨衣台及其他辅助设备。洗涤设备的容量应按洗涤量的最大值确定,工作设备数目应不少于两台(可不设备用),大小容量的设备应相互搭配。烫平、压平及烘干设备的容量应与洗涤设备的生产量相协调。

**4)洗衣房给水排水设计**

洗衣房的给水水质应符合生活饮用水水质标准,硬度超过100 mg/L($CaCO_3$)时考虑软化处理。由于用水量较大,给水管宜单独引入。管道设计流量可按每千克干衣的给水流量为6.0 L/min计算。用水时变化系数可取1.5,最小管径不得小于设备接管管径。洗衣设备的给水管、热水管、蒸汽管上应安装过滤器和阀门。给水管和热水管接入洗涤设备时必须有防止倒流污染的真空隔断装置,管道与设备之间应用软管连接。

热水用量可按冷水:热水=3:2的比例计算。以60 ℃热水用量计算,可按16～27 L/(d·kg干衣)或按0.05 $m^3$/(d·床)估算。热水制备与输送可参考第3章。

洗衣房的排水宜采用带格栅或穿孔盖板的排水沟。洗涤设备排水口下宜设集水坑,以防止泄水时外溢。排水管管径不小于100 mm。

洗衣房设计应考虑蒸汽和压缩空气供应,蒸汽量可按 1 kg/(h · kg 干衣)、无热水供应时应按 2.5 ~ 3.5 kg/(h · kg 干衣)估算,蒸汽压力以用气设备要求为准,或参照表 5.39。

**表 5.39 各种洗衣设备要求蒸汽压力**

| 设备名称 | | 洗衣机 | 熨衣机、干洗机 | 烘干机 | 烫平机 |
|---|---|---|---|---|---|
| 蒸汽压力 | MPa | 0.147 ~ 0.196 | 0.392 ~ 0.588 | 0.490 ~ 0.588 | 0.588 ~ 0.785 |
| | $kgf/cm^2$ | 1.5 ~ 2 | 4 ~ 6 | 5 ~ 7 | 6 ~ 8 |

蒸汽管、压缩空气管及洗涤液管宜采用铜管。

压缩空气压力、压缩空气量应按设备产品要求设计,也可按 0.5 ~ 1.0 MPa 压力、0.1 ~ 0.2 $m^3$/(h · kg 干衣)的用量估算。同时,应选用无润滑油型的空气压缩机,并设置在专用房间内。

## 5.4 高层建筑给排水工程的隔声与减振

### 5.4.1 概　述

**1)噪声的定义**

噪声是各种不同频率和声强的声音无规律的杂乱组合。从生理学观点讲,凡是使人烦躁的、讨厌的、不需要的声音都称为噪声。

噪声是威胁人类生活环境的重要公害之一。高层建筑物内,噪声按其来源大体可分为:外部噪声、撞击噪声、音响噪声和工程设施噪声四类。

外部噪声、撞击噪声和音响噪声主要依靠建筑设计方面的消声、隔声等技术措施加以解决。工程设施噪声则除建筑设计与安装方面的措施外,还应在有关工种的工艺设计方面采取相应的措施,才能收到良好的效果。

**2)噪声的危害**

(1)易造成职业性听力损失

由于职业原因在强噪声环境下工作,持续不断地受强噪声的刺激,日积月累,形成永久性听觉疲劳,会使内耳听觉器官发生器质性病变,导致耳聋。

(2)易引起多种疾病

噪声作用于人的中枢神经系统,使人的基本生理过程——大脑皮质的兴奋和抑制平衡失调,导致条件反射异常,累及植物性神经系统,从而诱发多种疾病。此外,噪声对人的消化系统和心血管系统也有不良影响。

(3)影响人们正常生活

噪声影响人们的正常生活,它妨碍睡眠、干扰谈话,使人心神不宁,烦恼异常。

(4)噪声降低劳动生产率

在嘈杂的环境里,人们心情烦躁,干活容易疲乏,反应也迟钝,所以工作效率降低,影响工作质量。噪声还极易引起工伤事故等。

3)高层建筑给水排水工程中噪声和振动的来源

高层建筑给水排水工程中噪声和振动的来源主要包括:

①水泵房中水泵与电机运行过程;

②冷却塔中风机与电机运行过程;

③各种卫生洁具使用过程;

④阀门快速启闭时出现水锤现象;

⑤管内水流流速过大;

⑥高峰用水时减压节流装置涡流区;

⑦高位水箱进水过程。

上述几方面产生的噪声和振动均大大超过国家环保规定中关于城市区域环境噪声的标准(如住宅区昼间为45 dB,夜间为35 dB),而一般水泵机组运转时噪声可达85 dB,从而给人们的生活和工作带来危害。特别是高层旅馆、饭店,由于消声、减振处理得不好,将大大影响周围的环境。

### 5.4.2 水泵房与水泵机组的隔声与减振

1)水泵房的隔声

有条件时,泵房应尽量远离居住和办公用房。一般来说,建筑高度小于80 m的建筑,其生活、消防水泵房可设在附属建筑内;而大于80 m的高层建筑,或因建筑平面布置关系,或因工程设备本身的需要不能远离住房或办公室时,则可设在主体建筑的地下室内。但机房位置应进行必要的选择,其上最好是门厅、小卖部等公共用房。

设在楼内和地下室的水泵房,门、窗应严密,墙体、顶板应采用隔声材料,其表面应安装吸声材料。经常出入的门宜直接通向室外,并应将水泵与其他房间相通的孔洞严密堵塞,消除声音从空气中传播的可能。

2)水泵机组的隔声与减振

水泵工作时产生的噪声主要来自振动。噪声通过两种途径向外传送:一是通过水泵进出水管道、管道支架、基础等固体向外传送;二是通过空气向外传播。前者采用隔振,后者采取隔声、吸声来防治噪声的产生和传递。一般以隔振为主,吸声、隔声为辅。

水泵机组采用的隔振装置有阻尼钢弹簧减振和橡胶隔振元件两类。橡胶隔振元件又分为橡胶减振器和橡胶隔振垫。橡胶减振器是橡胶与金属的复合制品;隔振垫则为橡胶制品。橡胶元件具有价廉、装置简单、隔振效果较好等优点,得以广泛应用。但橡胶隔振元件不宜设置在室外受紫外线辐射的场所,以及寒冷地区或热源的附近。橡胶制品存在老化问题,应定期检查并及时更换。

(1)卧式水泵的隔振

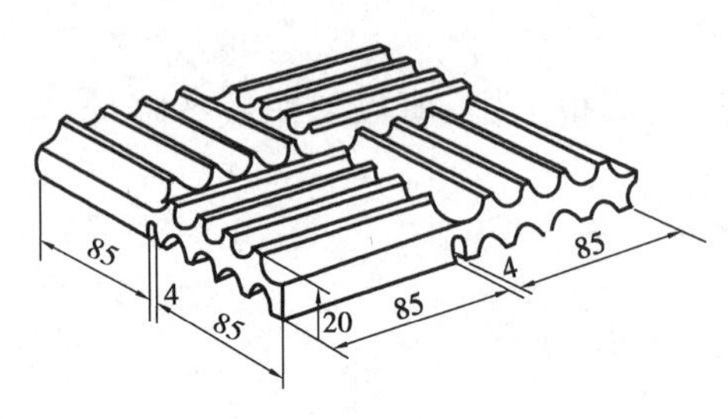

图5.26 橡胶隔振垫

卧式水泵的隔振广泛采用SD型橡胶隔振垫(图5.26),产品尺寸为352 mm×352 mm×20 mm,基本块尺寸为85 mm×85 mm×20 mm,按需要可切割成任意尺寸。橡胶隔振垫放在水泵的基础与地面之间,采取对角对称布置,不需设固定装置,如图5.27所示。重量较轻的小型水泵,一般采用单层橡胶隔振垫。重量较大的多级水泵需采用多层橡胶隔振垫。隔振垫上下之间采用5~6 mm镀锌钢板隔开,钢板尺寸每边比隔振垫大20 mm,端部各伸出10 mm,隔振垫肋部和钢板间采用黏结剂点粘,钢板用以固定橡胶垫,使橡胶垫受力均匀,目前已有组装成品供应,不需自行点粘加工。

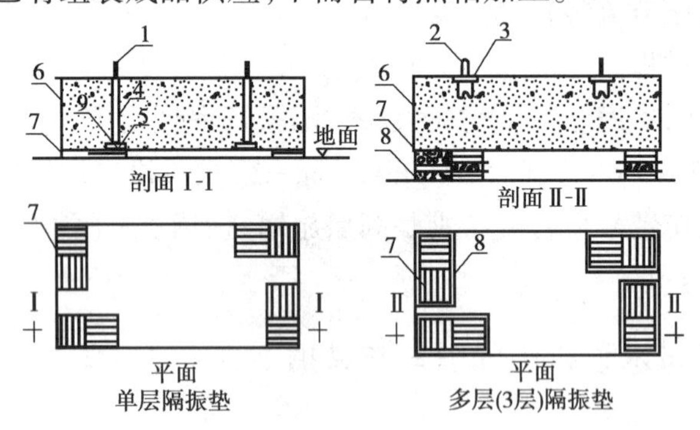

图5.27 橡胶隔振垫布置

1—地脚螺栓;2—焊接螺栓;3—锚固钢板;4—地脚螺栓孔;
5—沉头凹槽;6—水泵基础;7—橡胶隔振垫;8—钢板;9—垫片

水泵机组无隔振措施时,一般做法为:混凝土基础直接与地面相连,并高出地面0.2 m左右,混凝土基础重量大于水泵机组重量的1.5倍以上,以提供惰性阻尼,改变机组系统的自振频率,避免共振。水泵基础不起隔振作用,机组的振动通过基础传递。

水泵机组采取隔振措施后,其基础与地面完全脱开,只是水泵基础的设计稍有变化。要求基础有一定的重量及相应的厚度,以防止共振,但也不能过重,否则将增加隔振垫的面积、块数。因此,基础平面尺寸除仍按水泵机组型号的底座尺寸计算外,有隔振垫时,水泵基础的厚度可适当减薄,一般建筑中的小型水泵,基础厚度采用200 mm,大、中型水泵基础厚度采用250~300 mm,由于基础减薄,且支承在隔振垫上,基础的强度则要增加,一般采用内部配筋的钢筋混凝土基础。地面和水泵基础的下表面应平整,厚度一致,使各隔振垫与基础、地面全面接触,受力均匀。水泵机组底座与钢筋混凝土基础之间的连接,可采取在基础上预留对穿孔洞,下部留沉头凹槽,用地脚螺栓对穿基础固定的穿透式,或采取预埋锚固钢板,焊接螺栓的焊件式。

(2)立式水泵的隔振

立式水泵的隔振目前多采用橡胶与金属复合制成的橡胶隔振器,型号有BE型、WH型、GD型、JSD型。这类隔振器的共同特点是:上部可与水泵底座用螺栓连接,下部可与固定于地面的支架相固定。因此,不会因中心不稳而倾倒在上述的橡胶隔振器中,对于立式水泵隔振以 JSD 型效果最好。这是因为橡胶隔振器的隔振效率决定于设计频率比,设计频率比($n$)为水泵机组的扰动频率与橡胶隔振器的固有频率之比,设计频率比应大于$\sqrt{2}$,一般采用 2.5 ~4.5。频率比值与隔振效率成正比,在水泵型号已定的情况下,选用固有频率低的隔振元件,有助于提高隔振效率。各类橡胶隔振垫的固有频率,见表 5.40。JSD 型橡胶隔振器属于低频型,额定荷载下固有频率在橡胶隔振器中为最低,适用于转速大于 600 r/min 水泵的基础隔振。

表 5.40　橡胶隔振垫的固有频率　　单位:Hz

| 型　号 | BE | WH | CD | JSD |
|---|---|---|---|---|
| 固有频率 | 10±2 | 6±1 | 6 ~ 10 | 5 ~ 7.5 |

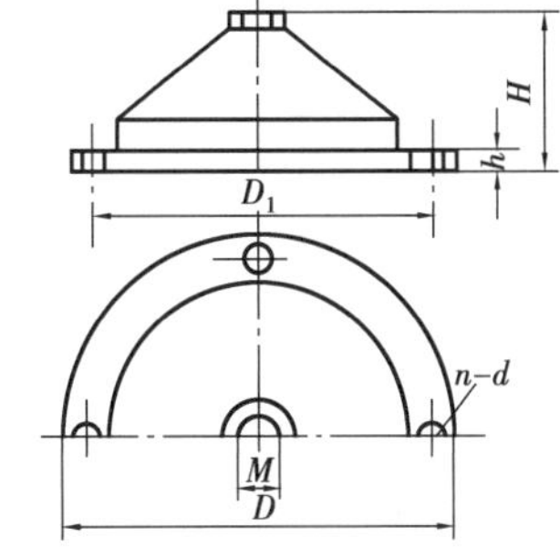


图 5.28　JSD 型低频橡胶隔振器结构示意图

JSD 型橡胶隔振器由金属与橡胶复合制成,表面全部包覆橡胶,可防止金属锈蚀。其下部为法兰,可直接固定在地面上,或镶嵌在地面内,安装方便、实用、安全可靠,如图 5.28 所示。JSD 型橡胶隔振器静态变形量为 6 ~15 mm,阻尼比超过 0.07,对共振的抑制能力强,可省去混凝土惰块。JSD 型隔振器的额定载荷、外形尺寸见表 5.41,安装示意如图 5.29 所示。

表 5.41　JSD 型橡胶隔振器外形及安装尺寸　　单位:mm

| 型　号 | 额定载荷/MPa | $M$ | $D$ | $D_1$ | $H$ | $h$ | $d$ | $n$ |
|---|---|---|---|---|---|---|---|---|
| JSD-85 | 50 ~ 85 | 14 | 200 | 170 | 75 | 9 | 12 | 4 |
| JSD-120 | 85 ~ 120 | | | | | | | |
| JSD-150 | 110 ~ 150 | 16 | 200 | 170 | 85 | 9 | 14 | 4 |
| JSD-210 | 130 ~ 210 | | | | | | | |
| JSD-330 | 210 ~ 330 | 18 | 200 | 170 | 95 | 9 | 16 | 4 |
| JSD-530 | 330 ~ 530 | | | | | | | |

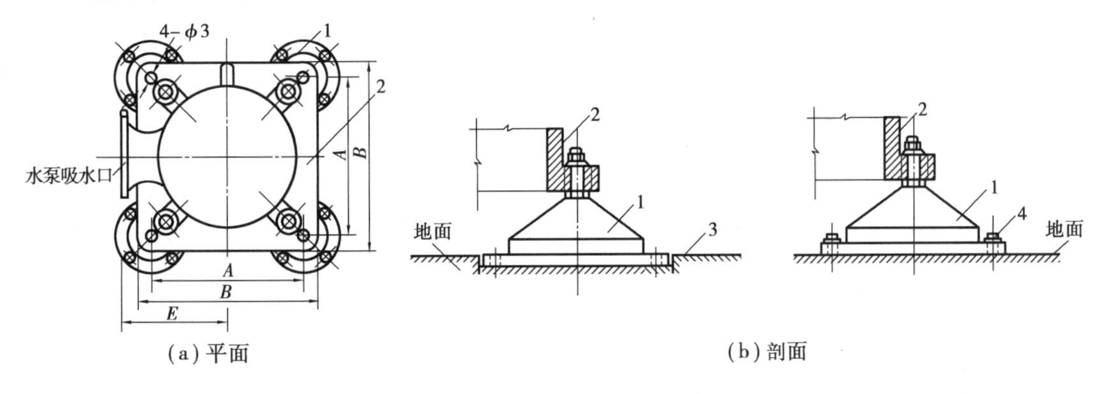


图 5.29　JSD 型隔振器安装示意图

1—水泵基础底座;2—JSD 型橡胶隔振器;3—20 mm×6 mm 钢板圈;4—地脚螺栓

(3)水泵的管道隔振和支架隔振

水泵机组设置隔振垫后会有微量垂直位移,因此水泵进、出水管上应设置可曲挠接头,以缓解水泵机组在采用隔振垫后产生振动而引起的应力,并隔绝水泵机组通过管道而传递振动噪声,可曲挠接头是隔振垫的配套产品。

图5.30所示为KXT型可曲挠橡胶接头,图5.31所示为KST型可曲挠双球体橡胶接头。后者的位移允许偏转角度比前者大。

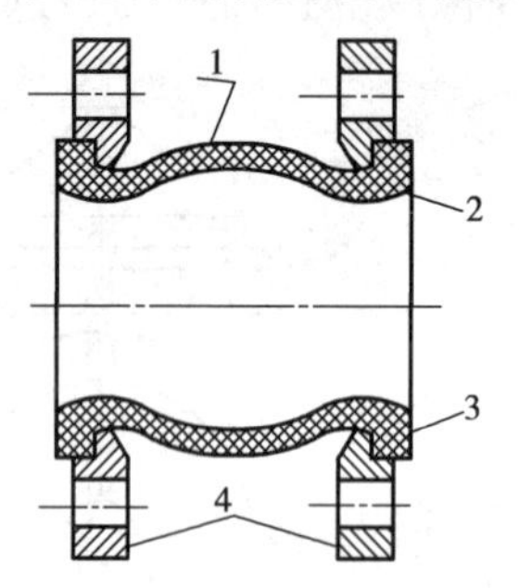


图5.30　KXT型可典挠橡胶接头
1—主体;2—内衬;3—骨架;4—法兰

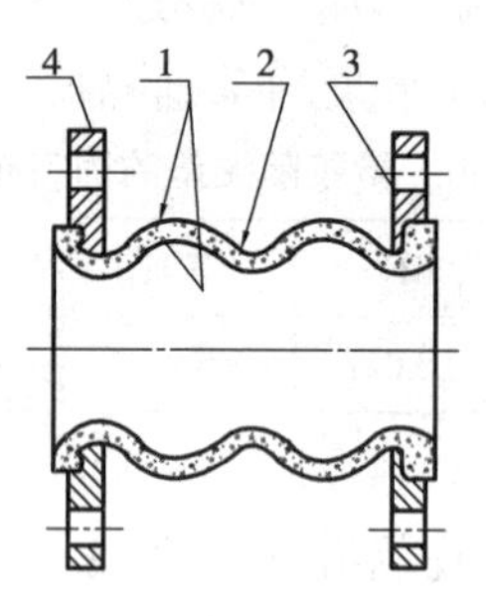


图5.31　KST型可典挠双球体橡胶接头
1—主体;2—内衬;3—骨架;4—法兰

KXT型可曲挠橡胶接头由于球形的曲线较平滑,不会造成气囊阻流现象,可用在水泵吸水管上,装置位置应靠近水泵,一般嵌装在吸水管和偏心渐缩管之间。在水泵出水管上,可曲挠橡胶接头宜嵌装在水泵和止回阀之间。如装在止回阀外侧,会产生由于水锤而致橡胶破裂的危险。图5.32为可曲挠橡胶接头在水泵进出水管上的位置。组装一套橡胶接头后一般可使系统降低噪声15~25 dB。

可曲挠橡胶接头应处在正常的自然状态下工作,既不能在安装过程中就使接头处处于极限的挠曲位移的偏差状态,也不能使管道重量压在接头上。因此,水泵吸水管、出水管应固定在刚性或弹性吊架或支架上。刚性吊、支架用于可曲挠橡胶接头外侧。弹性吊、支架用于可曲挠橡胶接头与水泵之间,以防振动噪声通过管道固定支架传递出去。图5.33所示为JXD型橡胶弹性吊架。这种弹性吊架以橡胶为隔振元件,具有动静比低、固有频率低、动载安全系数大、性能稳定、抗冲击性能好、隔振效果明显等优点。其主要性能参数见表5.42。

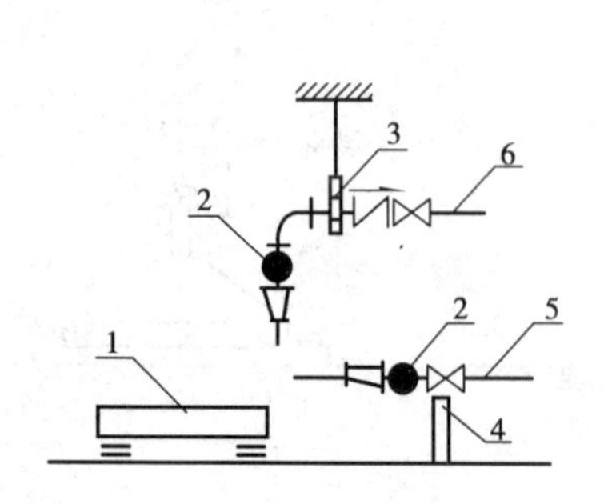


图5.32　可曲挠橡胶接头在水泵进出水管上的位置
1—水泵隔振基础;2—可曲挠橡胶接头;3—吊架;
4—支架;5—水泵吸水管;6—水泵出水管

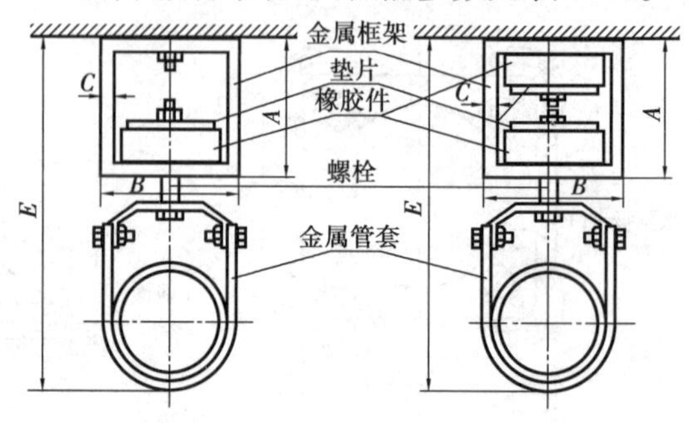


图5.33　JXD型橡胶弹性吊架

表 5.42 JXD 型橡胶弹性吊架主要性能参数

| 型 号 | 额定载荷/(N·kg) | 频率/Hz | 型 号 | 额定载荷/(N·kg) | 频率/Hz |
|---|---|---|---|---|---|
| JXD-(Ⅰ)-25 | 100(10) | 20~21 | JXD-(Ⅱ)-25 | 100(10) | 14~15 |
| JXD-(Ⅰ)-50 | 250(25) | 15~17 | JXD-(Ⅱ)-50 | 250(25) | 11~12 |
| JXD-(Ⅰ)-80 | 500(50) | 15~17 | JXD-(Ⅱ)-80 | 500(50) | 11~12 |
| JXD-(Ⅰ)-100 | 1 250(125) | 15~17 | JXD-(Ⅱ)-100 | 1 250(125) | 11~12 |
| JXD-(Ⅰ)-125 | 2 500(250) | 15~17 | JXD-(Ⅱ)-125 | 2 500(250) | 11~12 |
| JXD-(Ⅰ)-150 | 4 000(400) | 15~17 | JXD-(Ⅱ)-150 | 4 000(400) | 11~12 |

在设计和选用 JXD 型橡胶弹性吊架时,应注意在建筑物里预埋螺栓或托架,安装时将吊架上端的螺栓螺母卸掉,穿入预埋螺栓或托架并拧紧螺母,然后将架空管道穿在吊架下端内部,并调整各吊架间位置,使架空管道处在平衡状态。

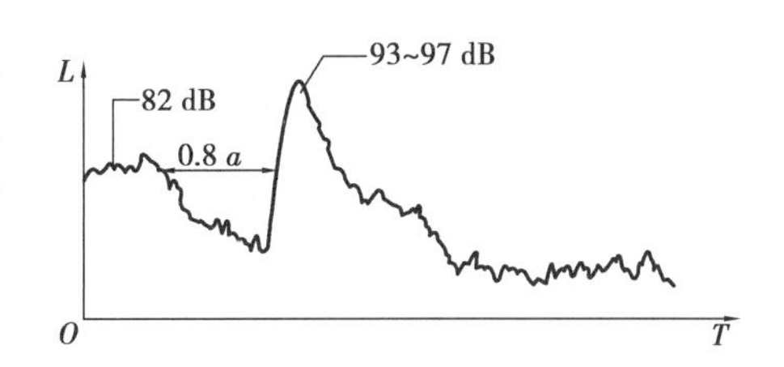


图 5.34 无阻尼升降式止回阀停泵时的撞击噪声曲线

水泵出水管上若采用无阻尼的旋启式或升降式止回阀,在停泵时由于水锤作用会发生阀瓣关闭的撞击噪声。图 5.34 所示为无阻尼升降式止回阀在水泵关闭的撞击噪声测试曲线,水泵运转时的稳态噪声为 82 dB,停泵后约 0.8 s 突发一种脉冲音,声级达 93 ~ 97 dB,以后噪声逐渐衰减。为防止上述停泵时的水锤噪声,在水泵出水管上安装消声止回阀。消声止回阀如图 5.35 所示。其工作情况是当水向前流动时,阀内弹簧被压缩,阀门即呈开启状态。

停泵时,阀瓣由于弹簧作用,在水锤未到之前迅速关闭,不会发生水锤噪声。图 5.36 所示为消声止回阀停泵时的噪声测试曲线,从水泵运转时的稳态噪声 82 ~ 83 dB 逐渐衰减。消声止回阀可以垂直或水平安装。

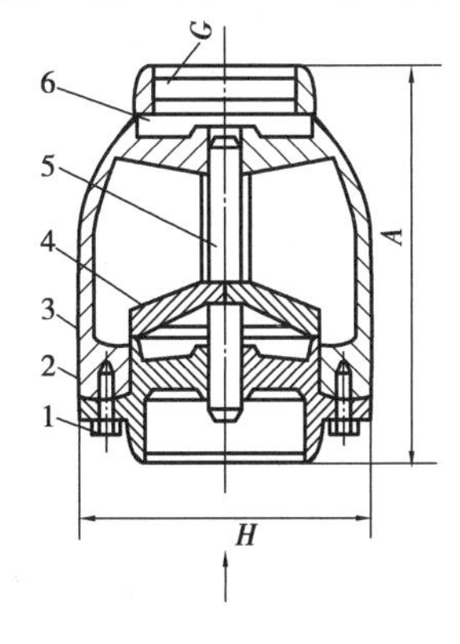


图 5.35 消声止回阀

1—螺栓;2—O 形密封圈;3—阀盖;
4—阀瓣;5—弹簧;6—阀体

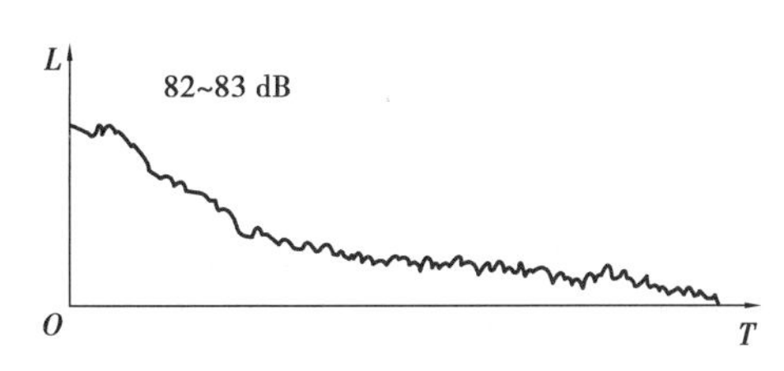


图 5.36 消声止回阀停泵时噪声曲线

### 5.4.3 卫生设备及管道系统的隔声及减振

#### 1)卫生设备和卫生间的隔声及减振

高层建筑物内,卫生设备的种类较多,数量较大,且卫生间一般均靠近居室和卧室,其噪声直接影响人们的休息和睡眠。卫生设备的噪声主要来自两个方面:一是放水时,水流入洗脸盆、浴盆、水箱等洁具时发出的溅水声及水面与洁具壁的相互撞击声;二是排水时,水流快速通过排水口,存水弯和虹吸管,当排水接近终了时,水流多呈漩涡状排出,形成负压,吸入大量空气,甚至水封被周期性破坏而发出的噪声。

为了降低卫生设备使用过程中的噪声,一般可采取以下措施:

①采用低噪声卫生洁具。尽量选用进、出水噪声小的卫生洁具,如连体式坐便器,节水消声型大便器、泡沫水嘴、减压水嘴等。

②合理布置卫生间及卫生洁具。设有卫生间的居住用房,卫生间内的卫生洁具和管井,要尽量不靠近卧室的墙体布置。各种管道应避免穿越卧室的四周墙体,以防固体传声。如果必须穿越时,应加套管,且套管间隙应填弹性材料,如矿棉、毛毡或包以软橡皮等。

孔洞和缝隙对围护结构的隔声影响很大。一般在隔声量为 30 ~ 50 dB 的围护结构上占有 1% 的开孔面积时,其隔声量不会超过 20 dB。因此,墙洞、缝隙必须用高标号水泥浆填实,以防串声。管井井壁应具有较好的耐火能力和隔声效能。为满足防火要求,同时起到隔声效果,在楼板处每层或隔层以非燃烧体封隔,在施工后应逐个检查各孔洞是否已堵塞严密。

#### 2)管道系统的消声与减振

高层建筑物内给水排水管道较多,管道既是噪声的声源,又是噪声的传播者,其影响范围远远超过其他集中产生噪声的场所。因此,处理好管道系统的消声与减振问题是总体上实现高层建筑防治噪声的一个重要方面。

管道系统产生噪声和振动的原因主要有:

①因水压过高和阀门、水嘴的快速启闭而产生水锤。

②管内水流速度过大。

③管内局部出现负压,吸入空气。

④立管的伸缩。

⑤管内水流方向和速度突然变化。

管道系统的消声与减振的主要措施有以下几方面:

①实行分区供水、限制各区的最大静水压力值。

②控制管内水流速度,一般当管径小于 50 mm 时,流速宜采用 0.6 ~ 1.0 m/s;当管径大于 50 mm 时,流速宜采用 1.0 ~ 1.2 m/s。

③管网中应尽少采用旋塞式阀门,以防产生水击。

④立管应每隔一定距离设柔性接头,或在最底层设弹簧支架防振。

⑤立管应尽量敷设在管井内,水平干管应尽量敷设在技术层内,管井位置宜靠近卫生间和走廊一侧,避免与居室、卧室合用内墙。

⑥当管网供水压力较高时,应进行减压,但宜采用多级减压方式,即在立管、支管及配水水嘴处实行逐级减压,避免一次性减压。

⑦管道变径时,应采用渐变管件,避免管径的急剧变化。连接支管时,应采用叉形连接,避免直角连接。

⑧适当加大排水管管径,尤其是加大存水弯后的排水管管径,避免负压抽吸。

⑨合理设计排水通气系统,减少存水弯两侧的压力差。

## 思考题

5.1　简述建筑中水系统的特点、组成与基本类型。

5.2　简述建筑中水水源的种类及水质特点。

5.3　中水处理主要有哪些方法?处理工艺应如何选择?

5.4　简述中水水量平衡的含义及计算步骤。

5.5　中水系统设计包括哪几部分?在设计中有哪些特殊要求?

# 附　录

## 附录Ⅰ　高层建筑给水排水工程设计计算实例

### Ⅰ.1　设计任务及设计资料

#### Ⅰ.1.1　设计任务

根据上级有关部门批准的设计任务书，在某市拟建一幢16层——集宾馆、商贸、娱乐、餐饮为一体的综合服务性大楼。大楼建筑面积25 290 $m^2$，建筑高度61.5 m，建筑总高度68.6 m，地上16层，地下1层。

要求设计该建筑的给水排水工程，该工程设计包括：建筑给水工程、建筑热水工程、消火栓给水及自动喷水灭火系统和建筑排水工程。

#### Ⅰ.1.2　设计文件及设计资料

**1）设计主要文件**

①上级主管部门批准的设计任务书或初步设计文件；

②《建筑给水排水设计标准》（GB 50015—2019）；

③《建筑设计防火规范》（GB 50016—2018）；

④《消防给水及消火栓系统技术规范》（GB50974—2014）

⑤《自动喷水灭火系统设计规范》（GB 50084—2017）。

**2）设计资料**

（1）城市给水排水设计资料

①给水水源。该建筑以城市市政两路消防供水环状管网作为水源，大楼南面和西面分别有一条DN500和DN400的市政干管，接管点比该处公路低1.3 m，常年可资用水头350 kPa。最冷月平均气温7 ℃，总硬度月平均值130 mg/L。城市管网不允许直接抽水。

②排水条件。该地有生活污水处理厂，城市排水管道为污、废水合流，雨水单独排放。室内粪便污水须经化粪池处理后才允许排入城市下水管道。本建筑东侧有一DN500钢筋

混凝土合流制市政污水排水管道和一根 DN700 的雨水管道,该建筑污水、雨水分别接入上述管道内。

③热源情况。本地区无城市热力管网。

(2)建设单位资料

①对用水及加热设备的要求。除卫生洁具、厨房等用水外,空调冷冻机补充水 1.5 $m^3/h$,水景绿化用水按总水量的 10% 计,其他未预见水量按上述用水量之和的 10% 计。

②对热水的要求。大楼客房部分全天供应热水,热水系统最不利点设计水温不低于 55 ℃。裙楼卫生间考虑局部热水供应系统。

③给水要求安全可靠,管道暗敷。

④热源要求。该大楼拟采用天然气或电加热器作为热源,设计时作出方案比选说明后,以备建设方作出适当的选择。

(3)其他专业提供资料

①建筑设计资料:建筑所在地总平面图、建筑分层平面图、立面图、剖面图以及卫生间大样图。

负 1 层为设备用房(变配电间、水池、水泵间、空调机房等);1—3 层有公共卫生间(内设蹲便器 6 个、洗脸盆 2 个、小便斗 4 个);4—16 层为普通客房,共有床位 446 张。每套客房内均带有卫生间,内设浴盆、洗脸盆、坐式大便器各 1 个。公共服务用房为厨房、餐厅、多功能房、商场、会议室等。其中:1 层有大堂、门厅,大堂中间为直接到 2 层的中庭;2 层为餐厅包房、健身房等;3 层为多功能厅和餐厅;屋顶层以上分别为电梯机房和水箱间。

②结构设计资料。采用现浇框架-剪力墙结构,6 度抗震设防,主梁高 800 mm;施工现场无地下水。

## Ⅰ.2 设计说明

### Ⅰ.2.1 室内给水系统

#### 1)系统选择

本建筑高度 61.5 m,城市管网常年可资用水头为 350 kPa,不能满足用水要求,故须考虑二次加压。根据建筑高度、功能布局和用水水压要求,将该建筑分为低、中、高 3 个供水区域:-1—3 层为低区,4—9 层为中区,10—16 层为高区。

经技术、经济比较,室内给水系统采用如下供水方式:

低区由市政管网直接供水,即市政给水管网→水表节点→倒流防止器→室外给水环网→低区各层用水点;高区采用低位生活水箱—工频泵—高位水箱联合供水,上行下给,给水横干管设于 16 层吊顶内;中区采用低位生活水箱—工频泵—屋顶水箱—减压阀供水,上行下给,给水横干管设于 9 层吊顶内。

2）系统组成

高区系统包括引入管、水表节点、低位生活水箱、加压泵、屋顶水箱、给水管网及附件；中区系统则在高区供水系统组成的基础上，增加屋顶生活水箱出水管上的减压阀；低区由引入管、水表节点、倒流防止器、给水管网、阀门及附件组成。

3）主要设备

不锈钢低位生活水箱设于-1层泵房内，水箱有效容积42.2 $m^3$，选择水箱3 m×5.5 m×3 m，总容积为49.5 $m^3$。不锈钢屋顶水箱设于屋顶水箱间，水箱有效容积8.2 $m^3$，选择水箱2.5 m×2.0 m×2.0 m，总容积10 $m^3$。生活泵2台，65DL-5，流量$Q$=9.14 $m^3$/h，扬程$H$=0.8 MPa，功率$N$=15.0 kW，一用一备。中区配置比例式减压阀为Y-13X-16T，DN100，减压比为1.5∶1。

### Ⅰ.2.2 室内热水系统

1）系统选择

本工程采用24 h、立管循环集中热水供应系统。根据水源的硬度数据，可不进行水质软化处理。通过经济与环保效益的比较，结合本工程实际情况，设计采用天然气为热源，中高区分别设置两台热水机组+密闭式贮热水罐提供热水，系统水压由高位冷水箱提供，中区设置减压阀，机械循环。系统供应热水范围限于客房部分。

热水机组出口水温60℃，最不利点水温55℃。为保证同一用水点的冷、热水供应压力接近一致，热水系统分区与冷水系统完全相同，管路也保持基本一致。

热水循环管道采用单立管回水、同程布置的机械循环方式，在-1层设备层内分别设置中高区循环泵。高、中区的循环泵由泵前回水管上的温控阀控制启动。

4—9层为中区，由高位冷水箱经减压后进入-1层的热水机组，再通过密闭式贮水罐，进入上行下给式热水供水管网；9层横干管最高处设置膨胀排气管，回水管道在3层吊顶内敷设。10—16层为高区，由高位水箱经过热水机组及贮水罐，向上采用上行下给式供水，供水横干管设于16层天棚内，回水横干管敷设于9层吊顶内，16层横干管最高处设置膨胀排气管。为保证热水罐出水温度，在中、高区热水机组和贮热水罐之间分别设置机组循环泵。系统流程如下：

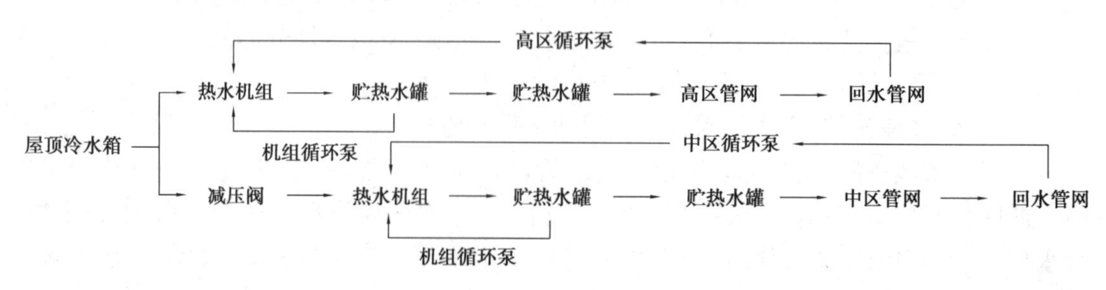


2）系统组成

该系统由屋顶冷水箱（与给水系统合用）、加热机组、贮热水罐、热水管网和附件、减压阀、控制阀门、回水管网、循环泵(管网循环泵、机组循环泵)等组成。

3)主要设备

STZR0.23-Ⅱ型真空式间接加热热水机组4台,中高区各两台,均设于-1层设备间内,不考虑备用,单台供热量不小于设计小时供热量的60%。

热水中区可调式减压阀为Y42X,DN100,出口压力调压范围0.2~1.0 MPa。

中、高区管网循环泵分别选用两台IS50-32-125型热水管网循环泵,流量$Q$=3.75 m³/h,扬程$H$=5.4 m,一用一备。

高、中区机组循环泵均选用两台IS50-32-160B型循环泵,流量$Q$=10.8 m³/h,扬程$H$=3.0 m,一用一备。

### Ⅰ.2.3 消火栓系统

1)系统设计

该建筑属一类高层公共建筑,室外消火栓系统用水量40 L/s,室内消火栓系统用水量40 L/s,每根竖管最小流量15 L/s,每支水枪最小流量5 L/s,充实水柱长度不小于13 m。

根据室外消防要求,结合本工程实际情况,室外消防环网(与生活给水合用)为DN150,在室外环网上设置3个室外消火栓,每个消火栓的流量为10~15 L/s,均采用地上式消火栓,每个消火栓有1个DN150和2个DN65的栓口。考虑到该大楼南面与西面均沿市政道路,故在大厦的西面和南面分别设置1个和2个室外消火栓,并按室外消火栓距建筑外墙不小于5.0 m,距路边不大于2.0 m设置,保护半径不大于150 m,间距不大于120 m。

对于室内消火栓系统,因消火栓栓口处最大工作压力不大于1.2 MPa,故采取不分区的消火栓给水系统,横向、竖向成环。由于水箱最低水位距离最不利消火栓栓口距离小于10 m,因此火灾初期由高位水箱+增压稳压设备供水,对栓口出水压力大于0.5 MPa的楼层消火栓,采用减压稳压消火栓。系统流程如下:

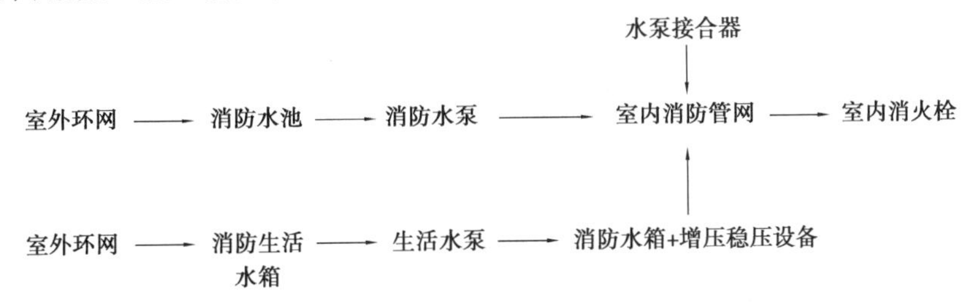


本建筑塔楼每层设置4个消火栓,裙楼每层消火栓数量详见附图Ⅰ.6。为定期检查室内消火栓系统的供水能力,在屋顶设置试验消火栓。本建筑室内消火栓口径65 mm,水枪喷嘴口径为$\phi$19 mm,麻织水龙带口径为65 mm,长度为25 m。采用单阀单出口消火栓,消火栓箱内均设消防水喉。

消防水箱出水管上设置流量开关,消防泵出水管上设置压力开关,以自动启动消防泵。

距室外消火栓或消防车取水口 15～40 m 的位置设水泵接合器共 4 套，以便消防车就近取水，加强室内消防力量。

**2）系统组成**

系统由室外给水环网、室外消火栓、消防水池、消防水泵、消防管道、室内消火栓（含消防水喉）、水枪、水带、消防水箱、水泵接合器、控制阀门等组成。

**3）主要设备**

钢筋混凝土消防水池一座，总有效容积 762.59 $m^3$，等容积分成 2 格，单池有效容积为 381.29 $m^3$，单池尺寸 $L×B×H$=14.0 m×10.2 m×3.2 m。不锈钢高位消防水箱，有效容积 36 $m^3$，尺寸为 $L×B×H$=6.0 m×4.0 m×2.0 m，箱底标高 66 m，出水管设置旋流防止器。

由于高位消防水箱最低水位距离最不利点消火栓高度 66 m−58.8 m=7.2 m<10 m，因此选择 XW（L）-I-1.0-20-ADL 型消防增压稳压给水设备，稳压泵流量 1.0 L/s，扬程 20 m，功率 0.37 kW。

消火栓泵 XBD10/60-SLH 型 2 台，一用一备，流量 $Q$=60 L/s，扬程 $H$=100 m，功率 $N$=110 kW。

经计算，11 层消火栓栓口压力为 52 m>50 m，12 层消火栓栓口压力为 48.6 m<50 m，故本设计 11 层及以下楼层消火栓采用 SNW65-Ⅲ型减压稳压阀，调节阀后压力为 0.35～0.45 MPa；12 层及以上楼层采用 SN65 型消火栓。

根据室内消火栓流量，地上式水泵接合器 SQS150 共 4 套。室外消火栓 3 套，型号为 SS100/65-1.0。

### Ⅰ.2.4 自动喷水灭火系统

**1）系统设计**

采用湿式自动喷水灭火系统，建筑内宾馆客房及其余部位属于中危险级Ⅰ级，喷水强度 6 L/（min·$m^2$），作用面积 160 $m^2$；而中庭部分的喷头喷水强度为 12 L/（min·$m^2$），作用面积 160 $m^2$。

由于湿式报警阀组及配水管道的工作压力不超过 1.20 MPa 时可不分区，每个报警阀组控制的喷头数不宜超过 800 只，且每个报警阀组供水的最高与最低位置喷头，高差不宜大于 50 m，故本建筑在−1 层共设置 4 组报警阀：−1—2 层属 A 阀组、3—6 层属 B 阀组、负 7—11 层属 C 阀组，12—16 层为 D 阀组。由于轻、中危险级场所中，规范要求各防火分区供水干管入口的压力均不宜大于 0.40 MPa，故经过计算，−1—11 层供水干管入口处设置减压孔板，以保证各防火分区的喷水强度不致过大。

火灾初期系统由高位水箱供水，通过增压稳压设备保证最不利喷头处压力不低于 0.05 MPa。

系统流程图如下：

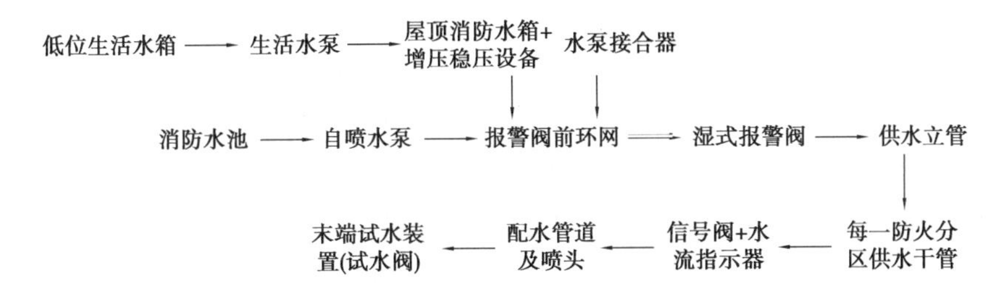


该建筑各层均设自动喷水灭火系统。厨房喷头动作温度 93 ℃外,其他喷头动作温度为 68 ℃。1—16 层采用吊顶型喷头,-1 层采用直立型喷头。喷头按中危险级Ⅰ级布置:3.6 m×3.6 m,喷头距墙不小于 0.5 m,不大于 1.8 m,同时根据实际情况调整喷头距离。

为定期检查喷头系统是否能正常工作,在各报警阀组控制的水力条件最不利喷头管道末端设末端试水装置、其余各层则设泄水阀,废水排入专设(或就近)废水管道,有组织进入室外雨水系统。

距室外消火栓 15 ~ 40 m 的位置设 3 套 SQS150 型水泵接合器,以便消防车就近取水,加强室内喷水力量。

**2) 系统组成**

该系统由消防水池、自喷消防水泵、湿式报警阀组、供水管道、减压孔板、信号阀门、水流指示器、喷洒配水管道、喷头、末端试水装置、屋顶消防水箱、增压稳压设备、水泵接合器、控制阀门等组成。

**3) 主要设备**

消防水池、屋顶消防水箱及增压稳压设备同消火栓系统(共用),自动喷水灭火系统水泵 150DLS150-30 型 2 台,一用一备,水泵流量 30 L/s,扬程 94.5 m,电机功率 75 kW。

## Ⅰ.2.5 排水系统

**1) 生活排水系统**

(1) 系统设计

根据相关部门规定,本工程所处区域粪便污水须经化粪池处理后才允许排入城市下水道。

该建筑采用污、废水合流制排水系统,设置通气立管。塔楼通气立管在 16 层吊顶内汇合后伸出屋面。低区公共卫生间也采用污、废合流系统,伸顶通气,部分通气管道汇合后伸至 4 楼屋面,远离客房窗户设置。室内污水排至室外污水检查井,经干管收集后进入化粪池处理。

厨房及餐厅含油污水单独排至室外隔油池,预处理后进入化粪池。

美容美发废水在本层内设置毛发聚集器,进入废水立管、室外合流制管道。

地下室消防电梯井旁和设备房内的集水坑废水通过污水泵抽升排出,进入室外雨水检查井。

(2)系统组成

排水系统由卫生器具、排水管道、检查口、清扫口、检查井、隔油池、毛发聚集器、集水坑、潜污泵、化粪池等组成。通气系统包括伸顶通气管以及汇合通气管等。

(3)主要设备

泵房及消防电梯井旁集水坑尺寸均为1.5 m×1.5 m×3.0m,有效容积3.0 $m^3$,各设潜污泵2台,型号均为JYWQ80-40-1600-3,流量40 $m^3$/h,扬程为9.0 m,电机功率为3 kW,一用一备。

砖砌隔油池3座,型号均为GG-1F,有效容积0.9 $m^3$。

钢筋混凝土化粪池G12-75QF,有效容积为75 $m^3$。

**2)雨水排水系统**

采用某市暴雨强度公式,设计重现期取5年,屋面集水时间按5 min计。

建筑屋面采用87式雨水斗,外排水系统,局部采用内排水系统。超过重现期的雨水量采用溢流口方式排放。

雨水排水系统由87式雨水斗、雨水管道、检查口、室外雨水检查井等组成。

### Ⅰ.2.6 管道及设备安装要求

**1)给水管道及设备安装要求**

①室外给水采用DN200衬塑钢管,环状布置,法兰连接,管道平均埋深-1.20 m。管道上设置水表井及给水阀门井,接市政管道的引入管上设置倒流防止器。室内生活给水立管、横干管、泵房及水箱间内管道均采用衬塑钢管,法兰连接,客房及本层内配水管采用PP-R塑料给水管,热熔连接。给水管道工作压力不小于1.0 MPa。

②大于DN50的管道上设闸阀,不大于DN50的管道上设置截止阀。

③立管明装于管道井内,横干管敷设于吊顶内,支管以0.002的坡度坡向泄水装置。管道施工时还应注意防漏、结露等。

④给水管与排水管平行、交叉时,距离分别大于0.5 m和0.15 m,交叉处给水管在上。室内冷、热水管平行敷设时,冷水管应在热水管下方;垂直平行敷设时,冷水管应在热水管右侧。

⑤管道穿越墙壁时,需预留孔洞,孔洞尺寸一般采用$d$+50 mm ~ $d$+100 mm,管道穿过楼板时应预埋金属套管。

⑥管道外壁之间的最小间距,管径不大于DN32时,不小于0.1 m;管径大于DN32时,不小于0.15 m。

⑦为不破坏管道的整体性,防止泄漏,可不设伸缩器,采用两端固定自然补偿器或⎍字型弯曲。

⑧金属给水管道、支架和设备必须做防腐处理,先将管道及设备表面除锈,刷防锈漆(红丹漆等)两道。

⑨屋顶水箱的水位由水位继电器控制。

**2)热水管道及设备安装要求**

①热水及回水干管和立管采用薄壁不锈钢管道,加热间内的管道采用法兰连接,其他采用快速卡压连接,明装于管道井内或吊顶内。客房内支管采用 PP-R 热水管,热熔连接,暗敷于墙内。热水管道工作压力不小于 1.6 MPa。

②热水立管与水平干管相连时,立管上应加弯管,形成自然补偿。

③热水立管起端与回水立管的起端均设置阀门进行流量调节。

④热水直管上每隔 20 m 设置 1 个波纹管伸缩器。

⑤钢制管道及蓄热水箱、加热器等均应保温,采用橡塑保温材料。

⑥热水管道及设备安装未尽之处,详见给水管道及设备安装要求。

**3)消防管道及设备安装要求**

①消火栓及自动喷水灭火系统给水管均采用内外热浸镀锌钢管,卡箍、丝扣或法兰连接,管道工作压力不小于 1.6 MPa,管道及设备安装与生活给水管基本相同。

②自动喷水灭火系统充水管道应有 4‰的坡度,坡向泄水阀。管道设置的吊架和支架位置以不妨碍喷头喷水为原则,吊架距喷头的距离应大于 0.3 m,距末端喷头的距离小于 0.7 m。

③湿式报警阀设在距地面 1.2 m 处,且便于管理的地方,警铃应靠近报警阀安装于明显位置,水平距离不超过 15 m,垂直距离不大于 2 m。

④装置喷头的场所,应注意防止腐蚀气体的侵蚀,不得受外力碰击,定期消除尘土。

⑤每个防火分区管道入口处均设置信号阀和水流指示器。

⑥每个报警阀管网末端的试水装置以及各个楼层设置的试水阀,规格为 DN25,排水管采用不小于 DN75 的 UPVC 管,其顶部设置伸顶通气管。

**4)排水系统管道及设备安装要求**

①室外埋地排水管道采用 HDPE 双壁波纹管,橡胶圈连接。雨水管道平均埋深 1.8 m,污水管道平均埋深 2.4 m。管道转弯和连接,以及变径、变坡等处均设置检查井,检查井内管顶平接。室内雨、污水管、立管以及压力流排水管道采用柔性机制排水铸铁管,卡箍连接,同层内排水支管采用 UPVC 双壁消音塑料排水管,粘接。对铸铁管及管件应除锈,并刷防锈漆 2 道。

②器具排水管与排水横支管垂直连接,采用 90°TY 三通;排水横管与立管连接,采用 45°斜三通或斜四通、顺水三通或顺水四通。

③排水立管与横干管或排出管的连接,采用 2 个 45°弯头或弯曲半径不小于 4 倍管径的 90°弯头,排水管避免在轴线偏置,条件限制时宜用乙字弯或 2 个 45°弯头连接。

④排水支管接入横干管、立管接入横干管时,宜在横干管管顶或其两侧 45°范围内接入。

⑤排水立管穿楼板应预留孔洞,DN=75~100 mm 时,孔洞 250 mm×250 mm,安装时设金属防水套管。

⑥立管沿墙敷设时,其轴线与墙面距离($L$)不得小于如下规定:DN = 50 mm,$L$ = 100 mm;DN = 75 mm 或 100 mm,$L$ = 150 mm;DN = 150 mm,$L$ = 200 mm。

⑦排水检查井中心线与建筑外墙距离不得小于3.0 m。

⑧排水立管上设置检查口,离地面1.0 m,设有排水横支管的楼层均须设置。排水管起端设置清扫口,当用堵头代替清扫口时,堵头与墙面应有不小于0.4 m的距离。

⑨排水检查井采用塑料检查井,检查井、隔油池、化粪池做法分别详见现行《塑料排水检查井》《小型排水构筑物》以及《钢筋混凝土化粪池》等图集。化粪池与建筑外墙距离不得小于5.0 m。

### Ⅰ.2.7 主要材料和设备

本项目的主要材料和设备表详见附表Ⅰ.1。

附表Ⅰ.1 主要材料和设备表

| 序号 | 名称 | 规格 | 材料 | 单位 | 数量 | 备注 |
|---|---|---|---|---|---|---|
| 1 | 生活泵 | 65DL-5 | | 台 | 2 | 一用一备 |
| 2 | 消火栓泵 | XBD10/60-SLH | | 台 | 2 | 一用一备 |
| 3 | 热水循环泵 | IS50-32-125 | | 台 | 4 | 中高区各一用一备 |
| 4 | 喷淋泵 | 150DLS150-30 | | 台 | 2 | 一用一备 |
| 5 | 热水机组 | STZR0.23-Ⅱ | | 台 | 4 | 中、高区各两台 |
| 6 | 水泵接合器 | SQS150 | | 套 | 7 | |
| 7 | 水表 | LXL-150N | | 个 | 2 | |
| 8 | 消火栓 | SN65/SNW65-III | 铸铁 | 个 | 20/72 | |
| 9 | 室外消火栓 | SS100/65-1.0 | 铸铁 | 个 | 3 | |
| 10 | 水龙带 | DN65、$L$=25 | m | 个 | 92 | |
| 11 | 试验消火栓 | DN65 | 铸铁 | 个 | 1 | |
| 12 | 湿式报警阀 | ZSFZ150 | | 套 | 4 | |
| 13 | 水流指示器 | SLEDN150 | | 个 | 17 | |
| 14 | 下垂型闭式喷头 | ZSTX | | 个 | 3000 | 备用30个 |
| 15 | 直立型喷头 | ZSTZ | | 个 | 40 | 备用10个 |
| 16 | 信号阀 | ZSXF-D-1.6 | | 个 | 17 | DN150 |
| 17 | 淋浴器 | | | 个 | 207 | |
| 18 | 坐式大便器 | 690×310 | 白瓷 | 个 | 208 | |
| 19 | 洗脸盆 | 560×140 | 白瓷 | 个 | 207 | |
| 20 | 洗手盆 | 560×140 | 白瓷 | 个 | 18 | |
| 21 | 蹲式大便器 | 500×312 | 白瓷 | 个 | 33 | |

续表

| 序号 | 名称 | 规格 | 材料 | 单位 | 数量 | 备注 |
|---|---|---|---|---|---|---|
| 22 | 小便器 | 3# | 白瓷 | 个 | 12 | |
| 23 | 拖把池 | | 白瓷 | 个 | 3 | |
| 24 | 厨房用洗涤盆 | 560×140 | 白瓷 | 个 | 12 | |
| 25 | 地漏 | De50 | 塑料 | 个 | 420 | |
| 26 | 检查口 | De110 | 塑料 | 个 | 42 | |
| 27 | 清扫口 | De125 | 塑料 | 个 | 4 | |
| 28 | 通气帽 | De125 | 塑料 | 个 | 3 | |
| 29 | 检查井 | 700 | 混凝土 | 座 | 20 | |
| 30 | 水表井 | | 混凝土 | 座 | 2 | |
| 31 | 消防水池 | 有效容积=762.59m$^3$ | 钢混凝土 | 座 | 1 | 每格(14.0m×10.2m×3.2m),共两格 |
| 32 | 低位生活水箱 | 有效容积=42.2m$^3$ | 不锈钢 | 座 | 1 | 3.0m×5.5m×3.0m |
| 33 | 屋顶生活水箱 | 有效容积=8.2m$^3$ | 不锈钢 | 座 | 1 | 2.5m×2.0m×2.0m |
| 34 | 屋顶消防水箱 | 有效容积=36m$^3$ | 不锈钢 | 座 | 1 | 6.0m×4.0m×2.0m |
| 35 | 消防管 | DN150 | 热浸镀锌钢管 | m | 486 | |
| | | DN200 | | m | 68 | |
| | | DN65 | | m | 按需 | |
| 36 | 喷淋管 | DN32 | 热浸镀锌钢管 | m | 205 | |
| | | DN40 | | m | 1340 | |
| | | DN50 | | m | 589 | |
| | | DN70 | | m | 369 | |
| | | DN80 | | m | 271 | |
| | | DN100 | | m | 186 | |
| | | DN150 | | m | 169 | |
| 37 | 排水管 | De50 | 柔性接口机制铸铁管 | m | 1920 | |
| | | De65 | | m | 15 | |
| | | De90 | | m | 15 | |
| | | De110 | | m | 2163 | |
| | | De125 | | m | 75 | |
| | | DN225 | HDPE 双壁波纹管 | m | 50 | |
| | | DN300 | | m | 136 | |

续表

| 序号 | 名称 | 规格 | 材料 | 单位 | 数量 | 备注 |
|---|---|---|---|---|---|---|
| 38 | 热水管 | De25 | 塑料 | m | 160 | |
| | | De32 | 薄壁不锈钢管 | m | 184 | |
| | | De40 | | m | 80 | |
| | | De50 | | m | 130 | |
| | | DN70 | | m | 85 | |
| | | DN80 | | m | 183 | |
| | | DN100 | | m | 89 | |
| 39 | 给水管 | De25 | PP-R | m | 160 | |
| | | De32 | 衬塑钢管 | m | 184 | |
| | | De40 | | m | 80 | |
| | | De50 | | m | 116 | |
| | | De70 | | m | 145 | |
| | | De80 | | m | 122 | |
| | | DN100 | | m | 25 | |
| | | DN125 | | m | 38 | |
| | | DN200 | | m | 189 | |
| 40 | 压力表 | DN25 | | 个 | 13 | |

# Ⅰ.3 设计计算

## Ⅰ.3.1 给水系统计算

### 1)用水量标准及水量计算

根据原始资料、建筑物性质和卫生设备情况,依据《建筑给水排水设计标准》(GB 50015—2019),低区用水量标准及水量计算详见附表Ⅰ.2;中高区用水量标准及水量计算详见附表Ⅰ.3。

**附表Ⅰ.2 低区用水量计算表**

| 编号 | 用水单位 | 最高日用水量标准 /[L·(人·d)$^{-1}$]或[L·(床·d)$^{-1}$] | 用水人数或面积 | 最高日用水量 /(m$^3$·d$^{-1}$) | 小时变化系数 $K_h$ | 用水时间/h | 最大小时用水量 /(m$^3$·h$^{-1}$) |
|---|---|---|---|---|---|---|---|
| 1 | 商场 | 6 | 263.14 | 1.58 | 1.4 | 12 | 0.18 |

续表

| 编号 | 用水单位 | 最高日用水量标准/[L·(人·d)$^{-1}$]或[L·(床·d)$^{-1}$] | 用水人数或面积 | 最高日用水量/($m^3$·$d^{-1}$) | 小时变化系数 $K_h$ | 用水时间/h | 最大小时用水量/($m^3$·$h^{-1}$) |
|---|---|---|---|---|---|---|---|
| 2 | 办公 | 40 | 17 | 0.68 | 1.4 | 10 | 0.10 |
| 3 | 餐厅 | 50 | 1500 | 75.00 | 1.3 | 12 | 8.13 |
| | 工作人员 | 50 | 148 | 7.40 | 1.4 | 8 | 1.30 |
| 4 | 酒吧 | 10 | 312 | 3.12 | 1.4 | 14 | 0.31 |
| 5 | 会议厅 | 7 | 348 | 2.44 | 1.4 | 4 | 0.85 |
| 6 | 多功能厅 | 7 | 950 | 6.65 | 1.4 | 12 | 0.78 |
| 7 | 美容美发 | 70 | 102 | 7.14 | 1.7 | 12 | 1.01 |
| 8 | 健身中心 | 40 | 44 | 1.76 | 1.4 | 10 | 0.25 |
| 9 | 棋牌娱乐 | 12 | 240 | 2.88 | 1.5 | 12 | 0.36 |
| 10 | 水景绿化用水 | 上述各项之和的10% | | 10.86 | | | 0.45 |
| 11 | 空调补充水 | | | 36.00 | | | 1.50 |
| 12 | 未预见水量 | 上述各项之和的10% | | 17.93 | | | 0.75 |
| 13 | 消防补充水量 | | | 572.26 | | | 190.75 |
| | 合计 | | | 745.70 | | | 206.71 |

注:①商场用水按每平方米营业厅面积员工及顾客人数确定;

②办公人员数按有效面积6 $m^2$/人,有效面积按60%建筑面积估算;

③餐厅每日就餐人数1 500人,工作人员按20%席位数计算,其中2.5人/座;

④酒吧按有效面积1.4 $m^2$/座,2.5人/(座·d)计,有效面积按80%建筑面积估算;

⑤会议厅按有效面积1.6 $m^2$/座,2人/(座·d)计,有效面积按80%建筑面积估算;

⑥功能厅按有效面积1.6 $m^2$/座,2人/(座·d)计,有效面积按80%建筑面积估算;

⑦美容美发按有效面积1.3 $m^2$/座计,有效面积按80%建筑面积估算;

⑧健身中心按有效面积5 $m^2$/人计,有效面积按80%建筑面积估算;

⑨乐室按有效面积1.3 $m^2$/座,3人/(座·d)计,有效面积按80%建筑面积估算;

⑩绿化用水取①~⑨水量总和的10%;

⑪取循环水量的2%,本设计按类似设计取1.5 $m^3$/h;

⑫①~⑪最高日用水量总和的8%~10%;

⑬规范规定要在48 h内将消防水池(包括3 h室内室外消火栓和1 h自动喷水灭火系统用水量)补满水,火灾时需补充水量为室外消防用水量。

附表Ⅰ.3 中、高区用水量计算表

| 编号 | 用水单位 | 最高日用水量标准/[L·(人·d)$^{-1}$]或[L·(床·d)$^{-1}$] | 用水人数/或面积 | 最高日用水量/(m$^3$·d$^{-1}$) | 小时变化系数$K_h$ | 用水时间/h | 最大小时用水量/(m$^3$·h$^{-1}$) |
|---|---|---|---|---|---|---|---|
| 1 | 宾馆客房 | 400 | 446 | 178.40 | 2 | 24 | 14.87 |
| 2 | 客房工作人员 | 100 | 39 | 3.90 | 2 | 24 | 0.33 |
| 3 | 其他工作人员 | 100 | 13 | 1.30 | 2 | 24 | 0.11 |
| 4 | 未预见水量 | | | 27.54 | | | 1.15 |
| 5 | 合计 | | | 211.14 | | | 16.45 |

注：客房工作人员每层配3人，维修人员平均每层配1人。

**2）冷水管网水力计算**

（1）公式及参数说明

①给水管设计秒流量计算公式

$$q_g = 0.2\alpha\sqrt{N_g}$$

式中 $q_g$——计算管段设计秒流量，L/s；

$\alpha$——根据建筑物用途而定的系数，中、高区宾馆$\alpha=2.5$，低区商场$\alpha=1.5$；

$N_g$——计算管段的卫生器具给水当量总数。

②客房内坐便器采用冲洗水箱浮球阀，公共卫生间采用延时自闭式冲洗阀。

（2）水力计算

①高区水力计算。高区管网上行下给，计算草图如附图Ⅰ.1所示。立管JL-1、JL-2相同，立管JL-3、JL-5、JL-9相同，其余立管JL-4、JL-6、JL-7、JL-8、JL-10各不相同。以最不利管道JL-9水力计算为例，详见附表Ⅰ.4；高区干管水力计算见附表Ⅰ.5。其余立管计算表不再一一列出。表格中水头损失为沿程与局部水头损失之和，其中局部水头损失为沿程水头损失的30%。

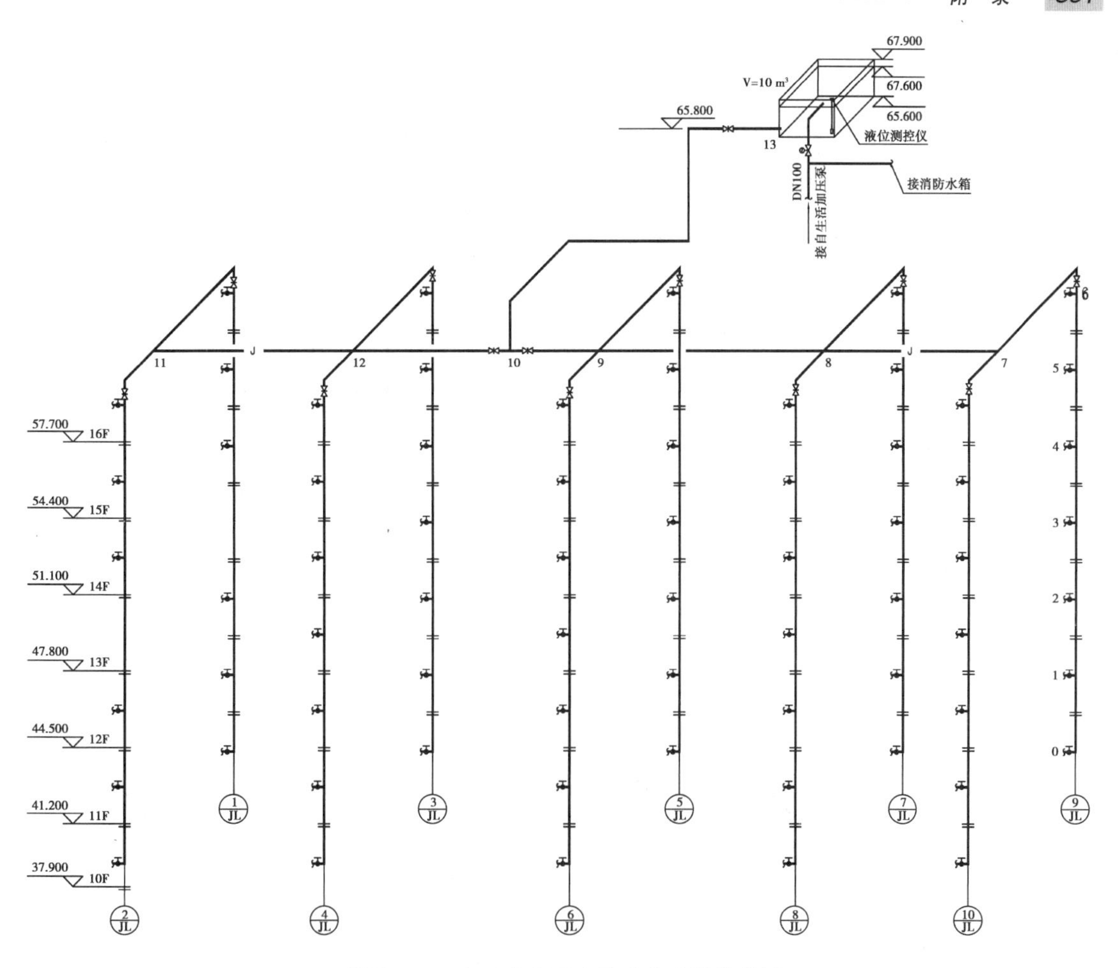


附图Ⅰ.1 高区冷水配水管道水力计算草图

附表Ⅰ.4 高区冷水立管 JL-9 水力计算表(按开 1 个阀求 $N_g$)

| 管段编号 | 卫生器具数量 | | | | 总当量 | 设计秒流量 $q/(\mathrm{L\cdot s^{-1}})$ | 管径 DN /mm | 流速 $v$ /$(\mathrm{m\cdot s^{-1}})$ | 单阻 $i/(\mathrm{mm\cdot m^{-1}})$ | 管长 $L$/m | 水损 $\sum h$ /mm |
|---|---|---|---|---|---|---|---|---|---|---|---|
| | 淋浴器 | 洗手盆 | 坐便器 | 浴盆 | | | | | | | |
| 0—1 | 2 | 2 | 2 | 2 | 5 | 1.00 | 40 | 0.80 | 19.09 | 3.3 | 81.91 |
| 1—2 | 4 | 4 | 4 | 4 | 10 | 1.58 | 50 | 0.81 | 15.10 | 3.3 | 64.77 |
| 2—3 | 6 | 6 | 6 | 6 | 15 | 1.94 | 50 | 0.99 | 21.97 | 3.3 | 94.25 |
| 3—4 | 8 | 8 | 8 | 8 | 20 | 2.24 | 50 | 1.14 | 28.67 | 3.3 | 122.99 |
| 4—5 | 10 | 10 | 10 | 10 | 25 | 2.50 | 50 | 1.27 | 35.24 | 3.3 | 151.18 |
| 5—6 | 12 | 12 | 12 | 12 | 30 | 2.74 | 50 | 1.40 | 41.71 | 3.3 | 178.95 |
| 6—7 | 14 | 14 | 14 | 14 | 35 | 2.96 | 65 | 0.89 | 13.48 | 1.5 | 26.28 |

附表Ⅰ.5 高区冷水干管水力计算表

| 管段编号 | 卫生器具数量 | | | | | 总当量 | 设计秒流量 $q/(\mathrm{L\cdot s^{-1}})$ | 管径 DN /mm | 流速 $v$ $/(\mathrm{m\cdot s^{-1}})$ | 单阻 $i/(\mathrm{mm\cdot m^{-1}})$ | 管长 $L$/m | 水损 $\sum h$ /mm |
|---|---|---|---|---|---|---|---|---|---|---|---|---|
| | 淋浴器 | 洗手盆 | 坐便器 | 浴盆 | 洗涤盆 | | | | | | | |
| 7—8 | 27 | 27 | 28 | 26 | | 67 | 4.09 | 65 | 1.23 | 24.57 | 8.6 | 274.71 |
| 8—9 | 47 | 48 | 49 | 47 | | 119 | 5.45 | 80 | 1.09 | 15.27 | 8.6 | 170.72 |
| 9—10 | 72 | 72 | 72 | 72 | 1 | 183.7 | 6.78 | 80 | 1.35 | 22.82 | 4.3 | 127.55 |
| 11—12 | 24 | 24 | 24 | 24 | | 60 | 3.87 | 65 | 1.17 | 22.19 | 17.2 | 496.11 |
| 12—10 | 50 | 50 | 50 | 50 | 1 | 125.7 | 5.61 | 80 | 1.12 | 16.06 | 4.3 | 89.80 |
| 10—13 | 122 | 125 | 125 | 122 | 2 | 309.4 | 8.79 | 100 | 1.12 | 12.52 | 15.96 | 259.81 |

②中区水力计算。中区给水管网也采用上行下给供水方式;为保证用水舒适性,接水箱的供水干管在11层设置减压阀。计算草图如附图Ⅰ.2所示。立管JL-1、JL-2、JL-3、JL-4、JL-5、JL-6、JL-8、JL-9、JL-10相同。以最不利管道JL-9水力计算为例,详见附表Ⅰ.6;中区干管水力计算见附表Ⅰ.7。其余立管计算表不再一一列出。

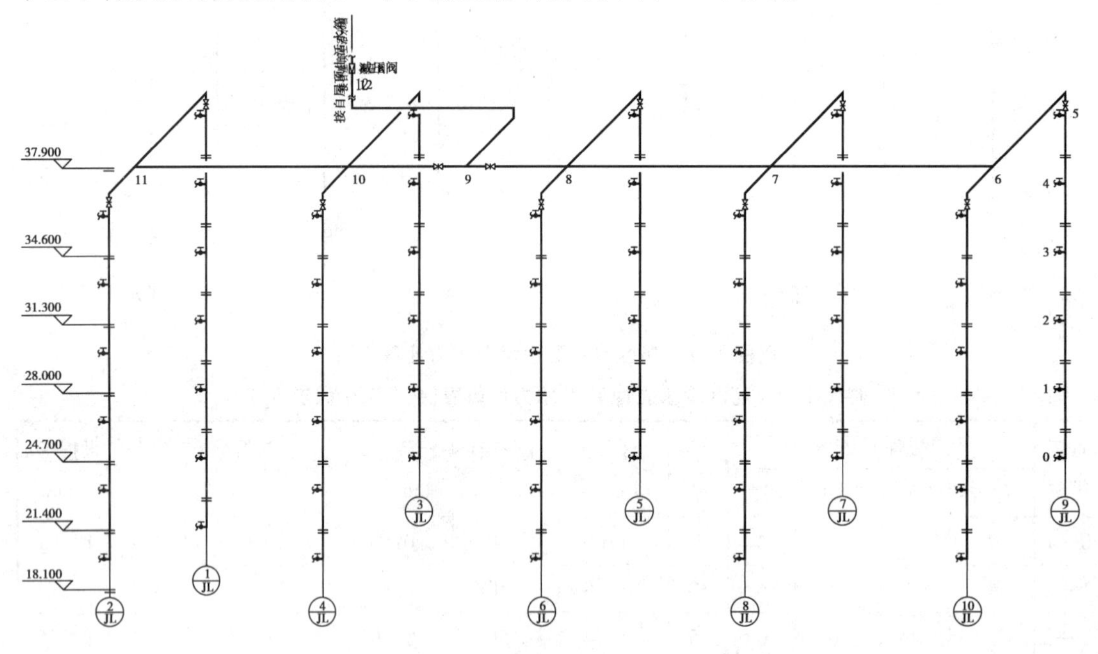


附图Ⅰ.2 中区冷水配水管道水力计算草图

附表Ⅰ.6 中区冷水立管JL-9水力计算表(按开1个阀求 $N_g$)

| 管段编号 | 卫生器具数量 | | | | 总当量 | 设计秒流量 $q/(\mathrm{L\cdot s^{-1}})$ | 管径 DN /mm | 流速 $v$ $/(\mathrm{m\cdot s^{-1}})$ | 单阻 $i/(\mathrm{mm\cdot m^{-1}})$ | 管长 $L$/m | 水损 $\sum h$ /mm |
|---|---|---|---|---|---|---|---|---|---|---|---|
| | 淋浴器 | 洗手盆 | 坐便器 | 浴盆 | | | | | | | |
| 0—1 | 2 | 2 | 2 | 2 | 5 | 1.00 | 40 | 0.80 | 19.09 | 3.3 | 81.91 |
| 1—2 | 4 | 4 | 4 | 4 | 10 | 1.58 | 50 | 0.81 | 15.10 | 3.3 | 64.77 |
| 2—3 | 6 | 6 | 6 | 6 | 15 | 1.94 | 50 | 0.99 | 21.97 | 3.3 | 94.25 |

续表

| 管段编号 | 卫生器具数量 | | | | 总当量 | 设计秒流量 $q/(L\cdot s^{-1})$ | 管径 DN /mm | 流速 $v$ $/(m\cdot s^{-1})$ | 单阻 $i/(mm\cdot m^{-1})$ | 管长 $L$/m | 水损 $\sum h$ /mm |
|---|---|---|---|---|---|---|---|---|---|---|---|
| | 淋浴器 | 洗手盆 | 坐便器 | 浴盆 | | | | | | | |
| 3—4 | 8 | 8 | 8 | 8 | 20 | 2.24 | 50 | 1.14 | 28.67 | 3.3 | 122.99 |
| 4—5 | 10 | 10 | 10 | 10 | 25 | 2.50 | 50 | 1.27 | 35.24 | 1.8 | 82.76 |
| 5-6 | 12 | 12 | 12 | 12 | 30 | 2.74 | 50 | 1.40 | 41.71 | 1.6 | 86.76 |

附表Ⅰ.7　中区冷水干管水力计算表

| 管段编号 | 卫生器具数量 | | | | 总当量 | 设计秒流量 $q/(L\cdot s^{-1})$ | 管径 DN /mm | 流速 $v$ $/(m\cdot s^{-1})$ | 单阻 $i/(mm\cdot m^{-1})$ | 管长 $L$/m | 水损 $\sum h$ /mm |
|---|---|---|---|---|---|---|---|---|---|---|---|
| | 淋浴器 | 洗手盆 | 坐便器 | 浴盆 | | | | | | | |
| 6—7 | 24 | 24 | 24 | 24 | 60 | 3.87 | 65 | 1.17 | 22.19 | 17.2 | 496.11 |
| 7—8 | 48 | 48 | 48 | 48 | 120 | 5.48 | 80 | 1.09 | 15.39 | 4.3 | 86.02 |
| 8—9 | 24 | 24 | 24 | 24 | 60 | 3.87 | 65 | 1.17 | 22.19 | 8.6 | 248.06 |
| 11—10 | 42 | 42 | 42 | 42 | 105 | 5.12 | 80 | 1.02 | 13.60 | 8.6 | 152.06 |
| 10—9 | 66 | 66 | 66 | 66 | 165 | 6.42 | 80 | 1.28 | 20.66 | 4.3 | 115.49 |
| 9—12 | 114 | 114 | 114 | 114 | 285 | 8.44 | 80 | 1.68 | 34.25 | 60 | 2671.69 |

③低区水力计算。低区水力条件最不利管段的水力计算草图见附图Ⅰ.3,水力计算见附表Ⅰ.8。经计算,低区设计秒流量总计为6.14 L/s。

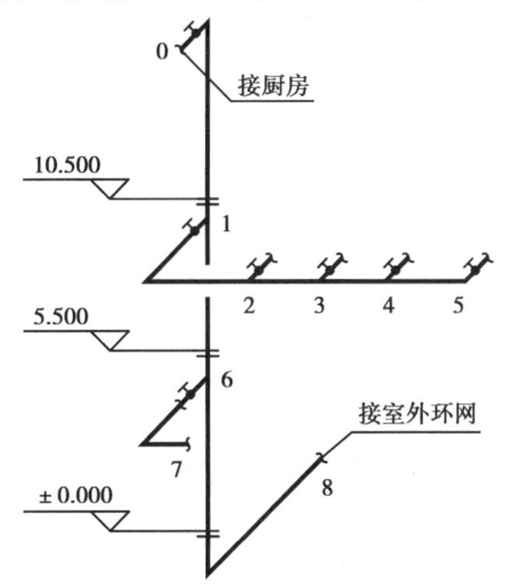


附图Ⅰ.3　低区冷水配水管道水力计算草图

附表Ⅰ.8 低区最不利冷水管道水力计算表

| 管段编号 | 卫生器具数量 | | | 总当量 | 设计秒流量 $q/(L\cdot s^{-1})$ | 管径 DN /mm | 流速 $v$ $/(m\cdot s^{-1})$ | 单阻 $i/(mm\cdot m^{-1})$ | 管长 $L$/m | 水损 $\sum h$ /mm |
|---|---|---|---|---|---|---|---|---|---|---|
| | 洗手盆 | 冲洗水箱坐便器 | 自闭式冲洗小便器 | | | | | | | |
| 0-1 | | | | 0 | 0.36 | 25 | 0.74 | 28.70 | 11.2 | 417.84 |
| 5-4 | 2 | 2 | | 2 | 0.40 | 25 | 0.82 | 34.25 | 8.8 | 391.81 |
| 4-3 | 4 | 4 | | 4 | 0.60 | 32 | 0.75 | 21.90 | 0.6 | 17.08 |
| 3-2 | 6 | 6 | | 6 | 0.73 | 40 | 0.59 | 10.80 | 6.5 | 91.24 |
| 2-1 | 7 | 7 | | 7 | 0.79 | 40 | 0.63 | 12.45 | 12.3 | 199.11 |
| 1-6 | 7 | 7 | | 7 | 1.16 | 50 | 0.59 | 8.48 | 5 | 55.09 |
| 7-6 | 6 | 8 | 3 | 8.5 | 0.87 | 40 | 0.70 | 14.90 | 5.6 | 108.49 |
| 6-8 | 13 | 15 | 3 | 15.5 | 1.54 | 50 | 0.79 | 14.46 | 15.42 | 289.87 |

④室外给水环网水力计算。接市政管道的引入管的设计流量应为低区的生活用水设计秒流量与生活低位水箱的设计补水量(45 $m^3$)之和,其中补水量不宜大于建筑物最高日最大时用水量,且不得小于建筑物最高日平均时用水量。设补水量为最高日最高时流量,则引入管流量为(45 $m^3$/4h+6.14 L/s)= 9.265 L/s(生活水箱补水时间为 4 h)。

设置 2 根引入管,每根流量不小于总流量的 70%,即为(0.7×9.265)L/s=6.5 L/s,选择衬塑钢管 DN150,水表型号 LXL-150N。

室外环网选用 DN200 衬塑钢管。

考虑火灾发生时生活、消防设计秒流量之和不超过水表的过载流量值,室外消防流量 40 L/s,则(9.265÷2+40)L/s=44.633 L/s=160.67 $m^3$/h<水表过载流量。

另外,通过计算水表正常供水时的水头损失,对低区最不利用水点到引入管水表处以及火灾时距离引入管最不利室外消火栓所需压力的校核,市政管道压力均能满足要求。

**3)主要设备计算及选型**

(1)低位生活水箱

贮水池(箱)的有效容积按建筑物最高日用水量的 20% ~25% 确定。低位生活水箱有效容积取中高区日用水量的 20%。

即 $V$=211.14 $m^3$×20% =42.228 $m^3$,水箱尺寸为:3 m×5.5 m×3 m。

(2)生活水泵选型

水泵流量 $Q_b \geq Q_h$(中、高区)= 16.45 $m^3$/h;

水泵扬程:$H_b = H_z + \sum h + h + h_{站} = 70\ m + 1.78\ m + 5\ m + 2\ m = 78.8\ m$

式中 $H_b$——水泵扬程,kPa;

$H_z$——贮水池最低水位与最高供水水位差产生的位置水头;

$\sum h$——泵房至最高供水水位之间管道总水头损失；

$h$——水箱进水管的流出水头，按 50 kPa 计；

$h_{站}$——泵房内的水头损失，按 20 kPa 计。

选用型号 65DL-5，一用一备，流量 9.14 $m^3/h$，扬程 80 m，电机功率 $N$=15 kW。

(3)屋顶生活水箱

由水泵联动提升进水的水箱的生活用水调节容积，不宜小于最大用水时水量的 50%。本次建筑低位生活水箱的容积，为中高区最大用水时水量的 50%，即 $V$=16.45×50% = 8.23 $m^3$，取容积为 10 $m^3$。水箱尺寸为：$L$×$B$×$H$=2.5 m×2.0 m×2.0 m。

通过对高区最不利用水点即距离水箱出水管与供水横干管接入点最远立管 16 楼用水点压力的校核，水箱高度能满足用水点水压的要求。

(4)中区减压阀计算

本设计中区配水最不利点为 9 层 JL-9 处淋浴器给水点，位置标高为 35.75 m；减压阀设于 11 层，则阀前压力为水箱最高水位至减压阀的高差，67.6 m−43.1 m=24.5 m，由于管道水损较小，忽略此段水损；减压阀后至最不利用水点水损 1.4 m，最不利点淋浴器给水点最低压力为 5 m，减压阀到最不利点的高差为 43.1 m−35.75 m=7.35 m。选择固定式比例减压阀，型号为 Y-13X-16T，减压比为 2∶1，阀体动压损失系数按 1.1 计，则阀后出口动压为(1.1÷2)×24.5 m=13.5 m，最不利用水点水压为 13.5 m+7.35 m−1.4−5 m=14.45 m。

为保证宾馆供水安全，中区给水管道采用两个减压阀并联设置，一用一备工作。减压阀采用垂直安装，阀前设阀门和过滤器，减压阀节点处的前后装设压力表。

## Ⅰ.3.2 热水系统计算

### 1)耗热量及热水量计算

(1)耗热量计算

$$Q_h = K_h \frac{mq_r C(t_r - t_l)\rho_r}{T} C_r$$

式中 $Q_h$——设计小时耗热量，kJ/h；

$K_h$——小时变化系数，取 $K_h$=3.12；

$m$——用水单位数(人数或床位数)；

$q_r$——热水用水定额，L/(人·d)或 L/(床·d)，取 152L/(床·d)；

$C$——水的比热，$C$=4.187 J/(kg·℃)；

$t_r$——热水温度，$t_r$=60 ℃；

$t_l$——冷水温度，$t_l$=7 ℃；

$\rho_r$——热水密度，取 0.983 kg/L。

$C_r$——热水系统热损失系数，1.1～1.15，取 1.1。

中区设计小时耗热量：中区床位数 216 床，$Q_h$=1 012 181.0 kJ/h=281.16 kW；

高区设计小时耗热量：高区床位数 230 床，$Q_h$=1 077 785.32 kJ/h=299.38 kW。

(2)热水用量计算

$$q_{rh}=\frac{Q_h}{(t_r-t_l)C\rho_r C_r}$$

式中 $q_{rh}$——设计小时热水量,L/h;

$t_r$——设计热水温度,$t_r=55$ ℃;

$t_l$——冷水计算温度,$t_l=7$ ℃。

热水机组出口热水温度为60 ℃,到达最不利用水点水温55 ℃。

中区设计小时热水量:$q_{rh}=4\ 587.72$ L/h$=4.66$ m$^3$/h。

高区设计小时热水量:$q_{rh}=4\ 958.54$ L/h$=4.96$ m$^3$/h。

(3)加热设备设计小时供热量计算

设计拟采用真空式间接加热机组,具有半容积式水加热器的运行工况,故供热量按设计小时耗热量计,即中、高区 $Q_g$ 分别为1 012 181.0kJ/h 和1 077 785.32 kJ/h。

**2)加热设备选型及热水箱容积计算**

(1)加热设备的选择

中、高区分别采用STZR0.23型真空式间接式热水机组2台,机组产热量233 kW,热水产量4.01 m$^3$/h。设于加热机房内,单台热水机组供热能力大于各分区设计小时供热量的60%。

(2)贮热水罐

由于所选热水机组不具有贮热容积,中高区分别选用密闭式贮水罐调节热水容积。

贮水罐设置在地下室的热水机房内,贮水罐的容积按下式计算:

$$V=\frac{60TQ_h}{(t_r-t_l)C}$$

式中 $V$——贮水罐的贮水容积,L;

$T$——加热时间,min,取30 min;

$Q_h$——设计小时耗热量,W;

$C$——水的比热,$C=4187$ J/(kg·℃);

$t_r$——热水温度,$t_r=60$ ℃;

$t_l$——冷水温度,$t_l=7$ ℃。

则中区贮热水罐有效容积为2.28 m$^3$,高区贮热水罐有效容积为2.43 m$^3$。

因此,中、高区均选择型号为SGL-3.0-1.0立式贮水罐,容积3.0 m$^3$,$H=3\ 480$ mm,$\varphi=1\ 200$ mm,进出水管管径为DN65。

**3)热水配水管网水力计算**

热水配水管网计算的主要设计参数及计算公式同冷水,详见附录Ⅰ.3.1节。

(1)高区水力计算

高区管网上行下给,计算草图见附图Ⅰ.4。本区最不利热水管道为RJL-9,其水力计算表如附表Ⅰ.9所示,热水干管水力计算表见附表Ⅰ.10。其余热水立管计算相同,水力计算表不再一一列出。

(2)中区水力计算

中区采用上行下给式供水方式,最不利供水管道同冷水,其管道水力计算参见高区。

(3)校核冷水箱高度(以高区为例)

管网最不利点为16层的淋浴器给水点,标高为58.85 m。热水从屋顶生活冷水箱到达热水机组的水头损失为0.71 m,从热水机组到最不利点的水头损失为0.75 m,通过热水机组及贮热水罐的水损取为0.5 m。

66-58.85-0.75-0.71-0.5=5.19 m>5 m,水箱高度满足要求。

(4)冷热水压力平衡(以高区为例)

管网最不利点为16层的淋浴器给水点,标高为58.85 m;冷水从水箱到最不利点的水头损失为1.08 m。计算得到最不利点的冷水水压为:66-58.85-1.08=6.07 m。

冷热水的压力差值为6.07-5.19=0.88 m<1 m,满足冷热水压力平衡要求。

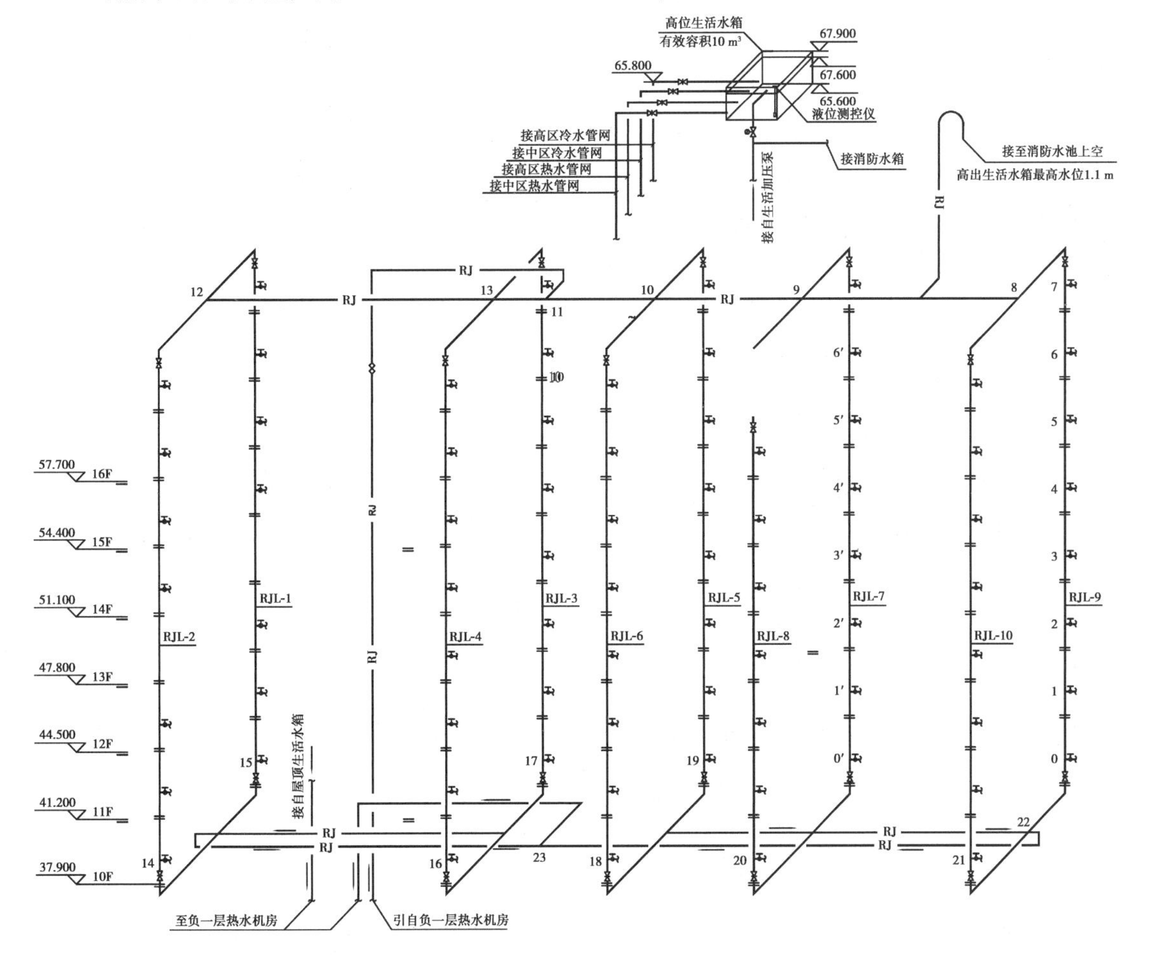


附图Ⅰ.4 高区热水配水管道水力计算草图

附表Ⅰ.9　高区最不利热水立管水力计算表

| 计算管段编号 | 管长 $L$/m | 卫生器具 | | | | 总当量 | 总额定流量 /(L·s$^{-1}$) | 设计秒流量 $q$ /(L·s$^{-1}$) | 管径 $DN$ /mm | 流速 $v$ /(m·s$^{-1}$) | 单阻 $i$ /(mm·m$^{-1}$) | 水损 $\sum h$ /mm |
|---|---|---|---|---|---|---|---|---|---|---|---|---|
| | | 淋浴器 | 洗手/脸盆 | 冲洗水箱大便器 | 浴盆 | | | | | | | |
| 0-1 | 1.9 | 2 | 2 | | 2 | 4 | 0.8 | 0.80 | 32 | 1.00 | 42.77 | 105.64 |
| 1-2 | 3.3 | 2 | 2 | | 2 | 4 | 0.8 | 0.80 | 32 | 1.00 | 42.77 | 183.48 |
| 2-3 | 3.3 | 4 | 4 | | 4 | 8 | 1.6 | 1.41 | 50 | 0.72 | 14.09 | 60.44 |
| 3-4 | 3.3 | 6 | 6 | | 6 | 12 | 2.4 | 1.73 | 50 | 0.88 | 20.50 | 87.94 |
| 4-5 | 3.3 | 8 | 8 | | 8 | 16 | 3.2 | 2.00 | 50 | 1.02 | 26.75 | 114.75 |
| 5-6 | 3.3 | 10 | 10 | | 10 | 20 | 4 | 2.24 | 50 | 1.14 | 32.88 | 141.06 |
| 6-7 | 3.3 | 12 | 12 | | 12 | 24 | 4.8 | 2.45 | 65 | 0.74 | 10.90 | 46.77 |
| 7-8 | 1.5 | 13 | 13 | 1 | 12 | 25.5 | 5.1 | 2.52 | 65 | 0.76 | 11.53 | 22.49 |

附表Ⅰ.10　高区热水干管水力计算表

| 计算管段编号 | 管长 $L$/m | 卫生器具 | | | | | 总当量 | 总额定流量 /(L·s$^{-1}$) | 设计秒流量 $q$ /(L·s$^{-1}$) | 管径 $DN$ /mm | 流速 $v$ /(m·s$^{-1}$) | 单阻 $i$ (mm·m$^{-1}$) | 水损 $\sum h$ /mm |
|---|---|---|---|---|---|---|---|---|---|---|---|---|---|
| | | 淋浴器 | 洗手/脸盆 | 冲洗水箱大便器 | 浴盆 | 洗涤盆 | | | | | | | |
| 8-9 | 8.6 | 27 | 27 | 1 | 26 | | 53.5 | 10.7 | 3.66 | 80 | 0.73 | 8.36 | 93.47 |
| 9-10 | 8.6 | 47 | 48 | 2 | 46 | | 94.5 | 18.9 | 4.86 | 80 | 0.97 | 14.15 | 158.20 |
| 10-11 | 6 | 72 | 75 | 2 | 71 | 1 | 146.2 | 29.24 | 6.05 | 80 | 1.20 | 21.19 | 165.26 |
| 12-13 | 17.2 | 24 | 24 | | 24 | | 48 | 9.6 | 3.46 | 80 | 0.69 | 7.56 | 169.09 |
| 13-11 | 3 | 50 | 50 | | 50 | 1 | 100.7 | 20.14 | 5.02 | 80 | 1.00 | 15.01 | 58.53 |
| 11-机房 | 114 | 122 | 125 | 2 | 121 | 2 | 246.9 | 49.38 | 7.86 | 125 | 0.64 | 3.95 | 585.34 |

(5)热水中区减压阀选型计算

中区热水系统同冷水系统一致,在11层的水箱出水管道上设置减压阀。其计算方法参照冷水中区减压阀的计算。

#### 4)热水循环管网水力计算

(1)中区循环管网水力计算

计算草图按附图Ⅰ.5进行,水力计算详见附表Ⅰ.11。表中以管段0—7—8—9—10—13为计算管路即正向管段,其余管段为侧向。表中除了RJL-7,其余立管均相同。

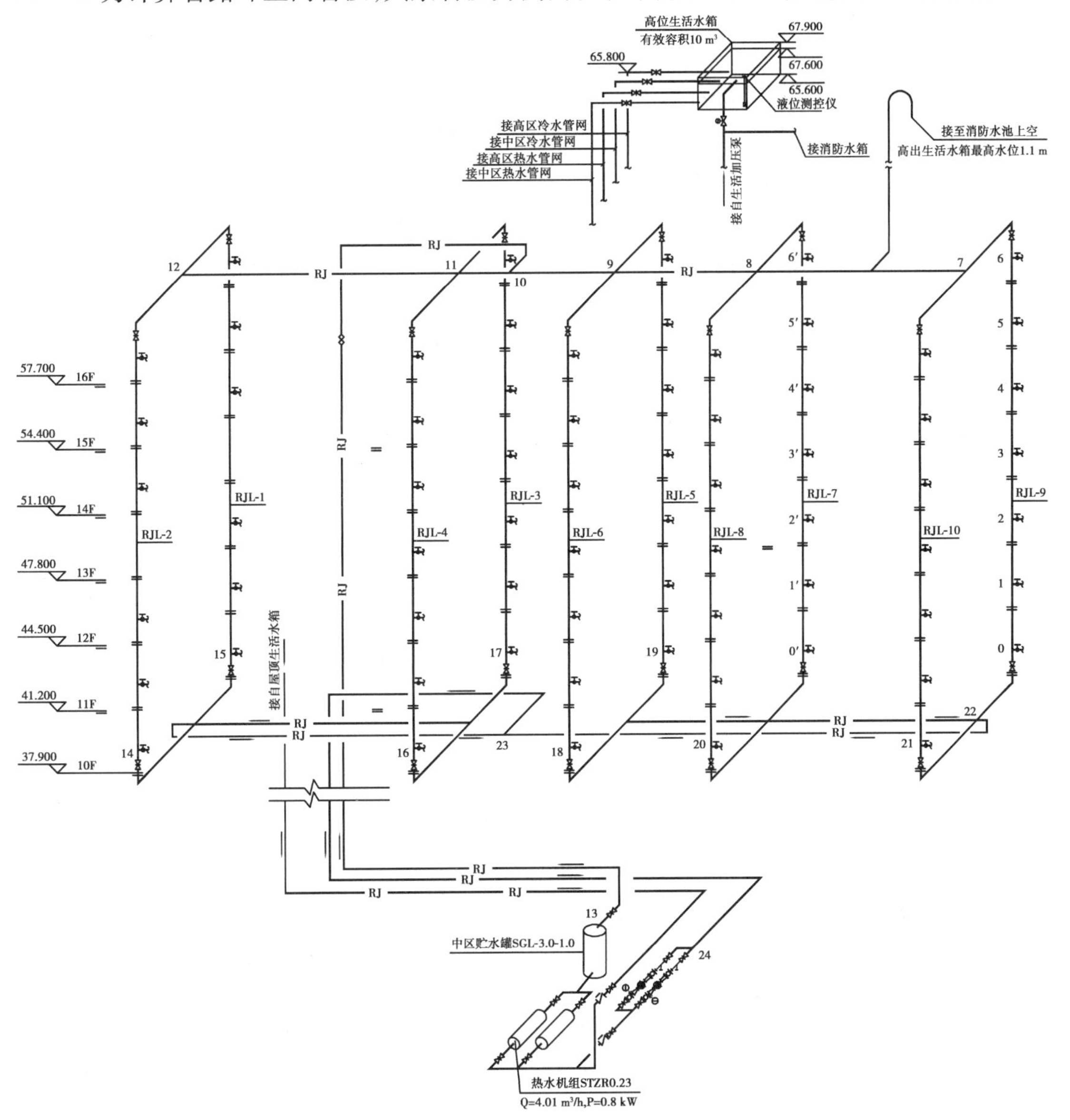


附图Ⅰ.5　中区热水循环管网水力计算草图

①按温降因素法计算各管段终点水温。

$$M_i = \frac{l_i(1-\eta)}{D_i}$$

式中 $M_i$——计算管段的温降因素,℃;

$l_i$——计算管端的长度,m;

$\eta$——保温系数,本设计采用较好的保温材料,$\eta$ 取 0.7;

$D_i$——计算管段外径,m。

$$\Delta t = M_i \frac{\Delta T}{\sum M_i}$$

式中 $\Delta t$——计算管段的温度降,℃;

$\Delta T$——配水管网最大设计温度降,本系统贮热水罐出口温度取 60 ℃,水温最不利点取 55 ℃,故 $\Delta T$=5 ℃;

$\sum M_i$—— 配水管网中计算管路各管段温降因素的总和。

②计算配水管网各管段的热损失。配水管网中任一计算管段的热损失可按下式计算:

$$W = \pi D_i l_i K(1-\eta)(t_m - t_k) = l_i(1-\eta)\Delta W$$

式中 $W$——计算管段的热损失,W;

$K$——无保温时管道的传热系数,本设计取 $K$=12 W/(m$^2$ · h · ℃);

$t_m$——计算管段的平均水温,℃;

$t_k$——计算管段周围的空气温度,本设计取为 20℃;

$\Delta W$——无保温时单位长度管道的热损失,W/(m · h)。

③计算配水管网总的热损失。将各管段的热损失相加便得到配水管网总的热损失。

④计算总循环流量。

$$\sum q_x = \frac{\sum q_s}{c\Delta T \rho_r}$$

式中 $\sum q_x$——配水管网中总的循环流量,L/s;

$\sum q_s$——循环管网中配水管网的总热损失,W;

$c$——水的比热,$c$=4.187 J/(kg · ℃);

$\Delta T$——配水管网最大设计温度降,取 5 ℃;

$\rho_r$——热水密度,kg/L,60 ℃时 $\rho_r$=0.983 kg/L。

经过第一次计算(见附表Ⅰ.11),中区热水总循环流量为:

$$\frac{33\ 408.78}{4.187\ 1 \times (60-55) \times 0.983\ 2} = 1\ 623.102\ \text{L/h}$$

由于表中部分 $\Delta t'$的绝对值大于 0.5 ℃,因此需进行第二次计算。经过第二次校核计算(见附表Ⅰ.11-1),中区热水总循环流量为 33 546.01/[4.1871×(60−55)×0.9832]=1 629.769 L/h=0.45 L/s。

## 附表Ⅰ.11　中区热水管网热损失及循环流量计算表

| 节点编号 | 管段编号 | 管段长度 $l$/m | 管径 $DN$ /mm | 外径 $D$ /mm | 保温系数 $\eta$ | 温降因素 $M$ | | 节点水温 $t_z$/℃ | 管段平均水温 $t_m$/℃ | 气温 $t_k$/℃ | 温差 $\Delta t$/℃ | 管段热损失 | | | 循环流量 $q$ /(L·h$^{-1}$) | 节点水温 $t_L{}'$/℃ | $\Delta t'$ |
|---|---|---|---|---|---|---|---|---|---|---|---|---|---|---|---|---|---|
| | | | | | | 正向 | 侧向 | | | | | 正向 $W$ | 侧向 $W'$ | 累计 $\sum W$ | | | |
| 1 | 2 | 3 | 4 | 5 | 6 | 7 | 8 | 9 | 10 | 11 | 12 | 13 | 14 | 15 | 16 | 17 | 18 |
| 0 | | | | | | | | 55.0 | | | | | | | | 54.6 | 0.4 |
| 1 | 0—1 | 3.3 | 32 | 42.25 | | 0.023 | | 55.2 | 55.1 | | 35.1 | 150.92 | | 150.92 | 183.51 | 54.8 | 0.4 |
| 2 | 1—2 | 3.3 | 32 | 42.25 | | 0.023 | | 55.5 | 55.4 | | 35.4 | 151.93 | | 302.85 | 183.51 | 55.0 | 0.5 |
| 3 | 2—3 | 3.3 | 50 | 60 | | 0.017 | | 55.6 | 55.6 | | 35.6 | 238.75 | | 541.60 | 183.51 | 55.3 | 0.3 |
| 4 | 3—4 | 3.3 | 50 | 60 | | 0.017 | | 55.8 | 55.7 | | 35.7 | 239.87 | | 781.47 | 183.51 | 55.6 | 0.2 |
| 5 | 4—5 | 3.3 | 50 | 60 | | 0.017 | | 56.0 | 55.9 | | 35.9 | 240.99 | | 1022.46 | 183.51 | 55.9 | 0.0 |
| 6 | 5—6 | 3.3 | 50 | 60 | | 0.017 | | 56.1 | 56.1 | | 36.1 | 242.11 | | 1264.56 | 183.51 | 56.3 | -0.1 |
| 7 | 6—7 | 2.9 | 70 | 75.5 | | 0.012 | | 56.3 | 56.2 | | 36.2 | 299.04 | | 1563.60 | 183.51 | 56.7 | -0.4 |
| 7 | 21—7 | 22.7 | | | | | 0.124 | 55.0 | 55.6 | | 35.6 | | 1563.60 | 1563.60 | 183.51 | 54.6 | 0.4 |
| 1′ | 0′—1′ | 1.9 | 25 | 33.5 | | | 0.017 | 55.3 | 55.2 | | 35.2 | | 68.12 | 68.12 | 109.40 | 54.7 | 0.6 |
| 2′ | 1′—2′ | 3.3 | 25 | 33.5 | | | 0.030 | 55.6 | 55.5 | | 35.5 | | 119.11 | 187.23 | 109.40 | 55.0 | 0.6 |
| 3′ | 2′—3′ | 3.3 | 32 | 42.25 | 0.7 | | 0.023 | 55.9 | 55.7 | 20 | 35.7 | | 153.61 | 340.84 | 109.40 | 55.4 | 0.5 |
| 4′ | 3′—4′ | 3.3 | 40 | 48 | | | 0.021 | 56.1 | 56.0 | | 36.0 | | 193.20 | 534.04 | 109.40 | 55.8 | 0.3 |
| 5′ | 4′—5′ | 3.3 | 50 | 60 | | | 0.017 | 56.2 | 56.2 | | 36.2 | | 242.77 | 776.80 | 109.40 | 56.3 | -0.1 |
| 6′ | 5′—6′ | 3.3 | 50 | 60 | | | 0.017 | 56.4 | 56.3 | | 36.3 | | 243.88 | 1020.69 | 109.40 | 56.9 | -0.5 |
| 8 | 6′—8 | 2.9 | 50 | 60 | | | 0.015 | 56.6 | 56.5 | | 36.5 | | 215.25 | 1235.94 | 109.40 | 57.3 | -0.8 |
| 8 | 7—8 | 8.6 | 80 | 88.5 | | 0.029 | | 56.6 | 56.4 | | 36.4 | 1019.24 | | 4146.44 | 367.02 | 57.3 | -0.8 |
| 20 | 20—8 | 22.7 | | | | | 0.124 | 55.3 | 55.9 | | 35.9 | | 1563.60 | 1563.60 | 138.40 | 54.6 | 0.7 |
| 0′ | 0′—8 | 22.7 | | | | | 0.138 | 55.2 | 55.9 | | 35.9 | | 1235.94 | 1235.94 | 109.40 | 54.6 | 0.6 |
| 9 | 8—9 | 8.6 | 80 | 88.5 | | 0.029 | | 56.8 | 56.7 | | 36.7 | 1027.49 | | 6945.98 | 614.82 | 57.7 | -0.9 |
| 18 | 18—9 | 22.7 | | | | | 0.124 | 55.6 | 56.2 | | 36.2 | 0.00 | 1563.60 | 1563.60 | 138.40 | 55.0 | 0.6 |
| 19 | 19—9 | 22.7 | | | | | 0.124 | 55.6 | 55.6 | | 35.6 | 0.00 | 1563.60 | 1563.60 | 138.40 | 55.0 | 0.6 |

续表

| 节点编号 | 管段编号 | 管段长度 $l$/m | 管径 $DN$/mm | 外径 $D$/mm | 保温系数 $\eta$ | 温降因素 $M$ |  | 节点水温 $t_z$/℃ | 管段平均水温 $t_m$/℃ | 气温 $t_k$/℃ | 温差 $\Delta t$/℃ | 管段热损失 |  |  | 循环流量 $q$/(L·h$^{-1}$) | 节点水温 $t_L'$/℃ | $\Delta t'$ |
|---|---|---|---|---|---|---|---|---|---|---|---|---|---|---|---|---|---|
|  |  |  |  |  |  | 正向 | 侧向 |  |  |  |  | 正向 $W$ | 侧向 $W'$ | 累计 $\sum W$ |  |  |  |
| 10 | 9—10 | 5 | 80 | 88.5 | 0.7 | 0.017 |  | 57.0 | 56.3 | 20 | 36.3 | 590.94 |  | 10664.12 | 891.62 | 57.9 | -0.9 |
| 14 | 14—12 | 22.7 |  |  |  |  | 0.124 | 55.0 | 55.7 |  | 35.7 |  | 1563.60 | 1563.60 | 228.00 | 55.0 | 0.0 |
| 15 | 15—12 | 22.7 |  |  |  |  | 0.124 | 55.0 | 55.7 |  | 35.7 |  | 1563.60 | 1563.60 | 228.00 | 55.0 | 0.0 |
| 12 | 12—11 | 17.2 | 80 | 88.5 |  | 0.058 |  | 56.3 | 56.6 |  | 36.6 |  | 2049.22 | 5176.42 | 456.00 | 56.7 | -0.4 |
| 16 | 16—11 | 22.7 |  |  |  |  | 0.124 | 55.6 | 56.3 |  | 36.3 |  | 1563.60 | 1563.60 | 137.74 | 55.0 | 0.6 |
| 17 | 17—11 | 22.7 |  |  |  |  | 0.124 | 55.6 | 56.3 |  | 36.3 |  | 1563.60 | 1563.60 | 137.74 | 55.0 | 0.6 |
| 11 | 11—10 | 3.7 | 80 | 88.5 |  |  | 0.013 | 56.9 | 57.0 |  | 37.0 |  | 445.13 | 8748.75 | 731.48 | 57.8 | -0.9 |
| 13 | 10—13 | 90 | 100 | 114 |  | 0.237 |  | 59.4 | 58.2 |  | 38.2 | 13995.91 |  | 33408.78 | 1623.10 | 60.0 | -0.6 |

**附表Ⅰ.11-1　中区热水管网热损失及循环流量校核计算表**

| 节点编号 | 管段编号 | 节点水温 $t_z$/℃ | 管段平均水温 $t_m$/℃ | 气温 $t_k$/℃ | 温差 $\Delta t''$/℃ | 管段热损失 |  |  | 循环流量 $q$/(L·h$^{-1}$) | 节点水温 $t_L'$/℃ | $\Delta t'''$ |
|---|---|---|---|---|---|---|---|---|---|---|---|
|  |  |  |  |  |  | 正向 $W$ | 侧向 $W'$ | 累计 $\sum W$ |  |  |  |
| 1 | 2 | 8 | 9 | 10 | 11 | 13 | 14 | 15 | 16 | 17 | 18 |
| 0 |  | 54.8 |  |  |  |  |  |  |  | 54.6 | 0.2 |
| 1 | 0—1 | 55.0 | 54.9 | 20 | 35.6 |  | 1560.42 | 1560.42 | 184.36 | 54.6 | 0.2 |
| 2 | 1—2 | 55.2 | 55.1 |  | 34.9 | 150.00 |  | 150.00 | 184.36 | 54.8 | 0.2 |
| 3 | 2—3 | 55.5 | 55.4 |  | 35.1 | 150.94 |  | 300.95 | 184.36 | 55.0 | 0.2 |
| 4 | 3—4 | 55.7 | 55.6 |  | 35.4 | 237.39 |  | 538.34 | 184.36 | 55.3 | 0.2 |
| 5 | 4—5 | 56.0 | 55.8 |  | 35.6 | 239.02 |  | 777.36 | 184.36 | 55.6 | 0.1 |
| 6 | 5—6 | 56.2 | 56.1 |  | 35.8 | 240.65 |  | 1018.00 | 184.36 | 55.9 | 0.0 |
| 7 | 6—7 | 56.5 | 56.3 |  | 36.1 | 242.28 |  | 1260.28 | 184.36 | 56.3 | 0.0 |
| 7 | 21—7 | 54.8 | 55.6 |  | 36.3 | 300.14 |  | 1560.42 | 184.36 | 56.6 | 0.2 |

| | | | | | | | | | | | |
|---|---|---|---|---|---|---|---|---|---|---|---|
| 1′ | 0′—1′ | 55.0 | 55.0 | 20 | 35.0 | | 67.57 | 67.57 | 109.72 | 54.7 | 0.3 |
| 2′ | 1′—2′ | 55.3 | 55.2 | | 35.2 | | 118.10 | 185.67 | 109.72 | 55.0 | 0.3 |
| 3′ | 2′—3′ | 55.6 | 55.5 | | 35.5 | | 152.39 | 338.06 | 109.72 | 55.3 | 0.3 |
| 4′ | 3′—4′ | 55.9 | 55.8 | | 35.8 | | 192.12 | 530.19 | 109.72 | 55.8 | 0.2 |
| 5′ | 4′—5′ | 56.3 | 56.1 | | 36.1 | | 242.41 | 772.60 | 109.72 | 56.3 | 0.0 |
| 6′ | 5′—6′ | 56.6 | 56.5 | | 36.5 | | 244.78 | 1017.38 | 109.72 | 56.8 | 0.2 |
| 8 | 6′—8 | 56.9 | 56.8 | | 36.8 | | 217.08 | 1234.46 | 109.72 | 57.3 | 0.4 |
| 8 | 7—8 | 56.9 | 56.7 | | 36.7 | 1027.59 | | 4148.43 | 368.73 | 57.3 | 0.4 |
| 20 | 20—8 | 54.9 | 55.9 | | 35.9 | | 1560.42 | 1560.42 | 138.70 | 54.6 | 0.4 |
| 0′ | 0′—8 | 54.9 | 55.9 | | 35.9 | | 1234.46 | 1234.46 | 109.72 | 54.6 | 0.3 |
| 9 | 8—9 | 57.3 | 57.1 | | 37.1 | 1039.28 | | 6943.31 | 617.15 | 57.7 | 0.4 |
| 18 | 18—9 | 55.3 | 56.3 | | 36.3 | | 1560.42 | 1560.42 | 138.70 | 55.0 | 0.3 |
| 19 | 19—9 | 55.3 | 55.3 | | 35.3 | | 1560.42 | 1560.42 | 138.70 | 55.0 | 0.3 |
| 10 | 9—10 | 57.5 | 56.4 | | 36.4 | 592.15 | | 10656.30 | 894.54 | 57.9 | 0.4 |
| 14 | 14—12 | 55.0 | 55.8 | | 35.8 | | 1560.42 | 1560.42 | 229.53 | 55.0 | 0.0 |
| 15 | 15—12 | 55.0 | 55.8 | | 35.8 | | 1560.42 | 1560.42 | 229.53 | 55.0 | 0.0 |
| 12 | 12—11 | 56.5 | 56.9 | | 36.9 | | 2066.45 | 5187.29 | 459.05 | 56.7 | 0.2 |
| 16 | 16—11 | 55.3 | 56.3 | | 36.3 | | 1560.42 | 1560.42 | 138.09 | 55.0 | 0.3 |
| 17 | 17—11 | 55.3 | 56.3 | | 36.3 | | 1560.42 | 1560.42 | 138.09 | 55.0 | 0.3 |
| 11 | 11—10 | 57.3 | 57.4 | | 37.4 | | 450.42 | 8758.55 | 735.23 | 57.7 | 0.4 |
| 13 | 10—13 | 59.7 | 58.6 | | 38.6 | 14131.16 | | 33546.01 | 1629.77 | 60.0 | 0.3 |

⑤计算循环管路各管段通过的循环流量。

$$q_{n+1} = q_n \frac{\sum W}{\sum W_{n+1} + \sum W'_n}$$

式中 $q_n$——流向节点 n 的循环流量,L/h;

$q_{n+1}$——流离节点 n 的正向分支管段的循环流量,L/h;

$\sum W_{n+1}$——正向分支管段及其以后各循环配水管段热损失之和,W;

$\sum W'_n$——侧向分支管段及其以后各循环配水管段热损失之和,W。

⑥复核各管段的终点水温

$$t'_2 = t_2 - \frac{W}{C\rho_r q'_x}$$

式中 $t'_2$——各管段终点水温,℃;

$q'_x$——各管段的循环流量,L/s。

经过第一次计算,附表Ⅰ.11 中最大 $\Delta t'=0.7$ ℃,最小 $\Delta t'=-0.9$ ℃,其结果绝对值>0.5 ℃,则需将 $t'_z$ 代替 $t_z$,重新计算(见附表Ⅰ.11-1),直到 $\Delta t'''_z \leqslant 0.5$ ℃。

⑦热水回水水力计算。中区循环管道水力计算表如附表Ⅰ.12 所示。

附表Ⅰ.12 中区循环管道水力计算表

| 管段 | 管长/m | 管径/mm | 循环流量/(L·h⁻¹) | 流速/(m·s⁻¹) | 沿程水损/mm | |
|---|---|---|---|---|---|---|
| | | | | | 每米 | 管段 |
| 13—10 | 90 | 100 | 1629.77 | 0.06 | 0.06 | 5.60 |
| 10—9 | 5 | 80 | 894.54 | 0.05 | 0.06 | 0.30 |
| 9—8 | 8.6 | 80 | 617.15 | 0.03 | 0.03 | 0.26 |
| 8—7 | 8.6 | 80 | 368.73 | 0.02 | 0.01 | 0.10 |
| 7—6 | 2.9 | 70 | 184.36 | 0.01 | 0.01 | 0.02 |
| 6—5 | 3.3 | 50 | 184.36 | 0.03 | 0.03 | 0.11 |
| 5—4 | 3.3 | 50 | 184.36 | 0.03 | 0.03 | 0.11 |
| 4—3 | 3.3 | 50 | 184.36 | 0.03 | 0.03 | 0.11 |
| 3—2 | 3.3 | 50 | 184.36 | 0.03 | 0.03 | 0.11 |
| 2—1 | 3.3 | 32 | 184.36 | 0.06 | 0.28 | 0.94 |
| 1—22 | 3.6 | 32 | 184.36 | 0.06 | 0.25 | 0.89 |
| 22—23 | 21.9 | 40 | 894.54 | 0.20 | 1.55 | 33.93 |
| 23—13 | 70 | 40 | 1 629.77 | 0.36 | 5.39 | 377.34 |
| 总计 | | | | | | 419.80 |

⑧中区循环泵选型。由以上计算可知,中区循环流量(1 629.77/3 600) L/s=0.45 L/s,扬程为循环水量通过配水管道及回水管道的总水头损失,加上热水机组水头损失(本设计取2 m),则扬程为2+0.419=2.42 m。选用型号为IS50-32-125 热水循环泵两台,一用一备,泵的扬程为5.4 m,流量为3.75 $m^3/h$。

机组循环泵的设计流量按机组热水产量的2.5 倍计算,其扬程为循环系统的水头损失加富余水头。则流量为4.01×2.5 $m^3/h$=10.03 $m^3/h$,水头损失约为2 m,选择IS50-32-160B 型水泵两台,一用一备,泵的扬程为3 m,流量10.8 $m^3/h$。

(2)高区循环管网水力计算

高区循环管网水力计算同中区一致,参见中区计算。

### Ⅰ.3.3 消火栓系统计算

#### 1)消火栓保护半径

高层建筑中,消火栓的栓口直径应为65 mm,水带长度不应超过25 m,本设计中取25 m,采用麻质水带,水枪喷嘴口径为19 mm,充实水柱长度 $H_m$=13 m。

则消火栓保护半径 $R=L_p+L_k=(0.8\times25+13\times\cos 45°)$ m=29.2 m,取29 m。

#### 2)消防管道水力计算

消火栓系统计算草图见附图Ⅰ.6。

考虑最不利消防立管(XL-9)上出水枪3 支,相邻立管(XL-7)上出水枪3 支,立管(XL-5)上出水枪2 支。考虑到规范要求,高层建筑消火栓栓口动压不小于0.35 MPa,且水枪充实水柱按13 m 计算。因此,水枪实际出水量计算如附表Ⅰ.13 所示。

附表Ⅰ.13 消火栓水力计算表

| 编号 | 水枪喷嘴压力 $H_q$/m | 栓口水压 $H_{xh}$/m | 水带水损 $H_d$/m | 水枪喷嘴出流量 $q_{xh}$ /(L·s$^{-1}$) | 流量 /(L·s$^{-1}$) | 管径 $D$ /mm | 流速 $v$ /(m·s$^{-1}$) | 单阻 $m$ /m | 管长 /m | 水损 /m |
|---|---|---|---|---|---|---|---|---|---|---|
| 1 | 28.22 | 35.00 | 4.78 | 6.67 | 6.67 | 150 | 0.38 | 0.001 4 | 3.3 | 0.005 3 |
| 2 | 31.04 | 38.31 | 5.26 | 7.00 | 13.67 | 150 | 0.77 | 0.005 5 | 3.3 | 0.019 8 |
| 3 | 33.88 | 41.63 | 5.74 | 7.31 | 20.98 | 150 | 1.19 | 0.012 1 | 3.3 | 0.043 8 |
| 3—4 | | | | 20.98 | 20.98 | 150 | 1.19 | 0.012 1 | 34 | 0.451 5 |

相邻立管、次相邻立管与最不利立管在发生火灾时其水枪出流数分别为3 支、3 支及2 支,且三根立管出流量分别为20.98 L/s、20.98 L/s 和13.67 L/s,因此得出总室内消火栓用水量为55.63 L/s>40 L/s,单根立管流量为20.98 L/s>15 L/s;为控制流速<2.5 m/s,环网上横干管管径统一取为200 mm。

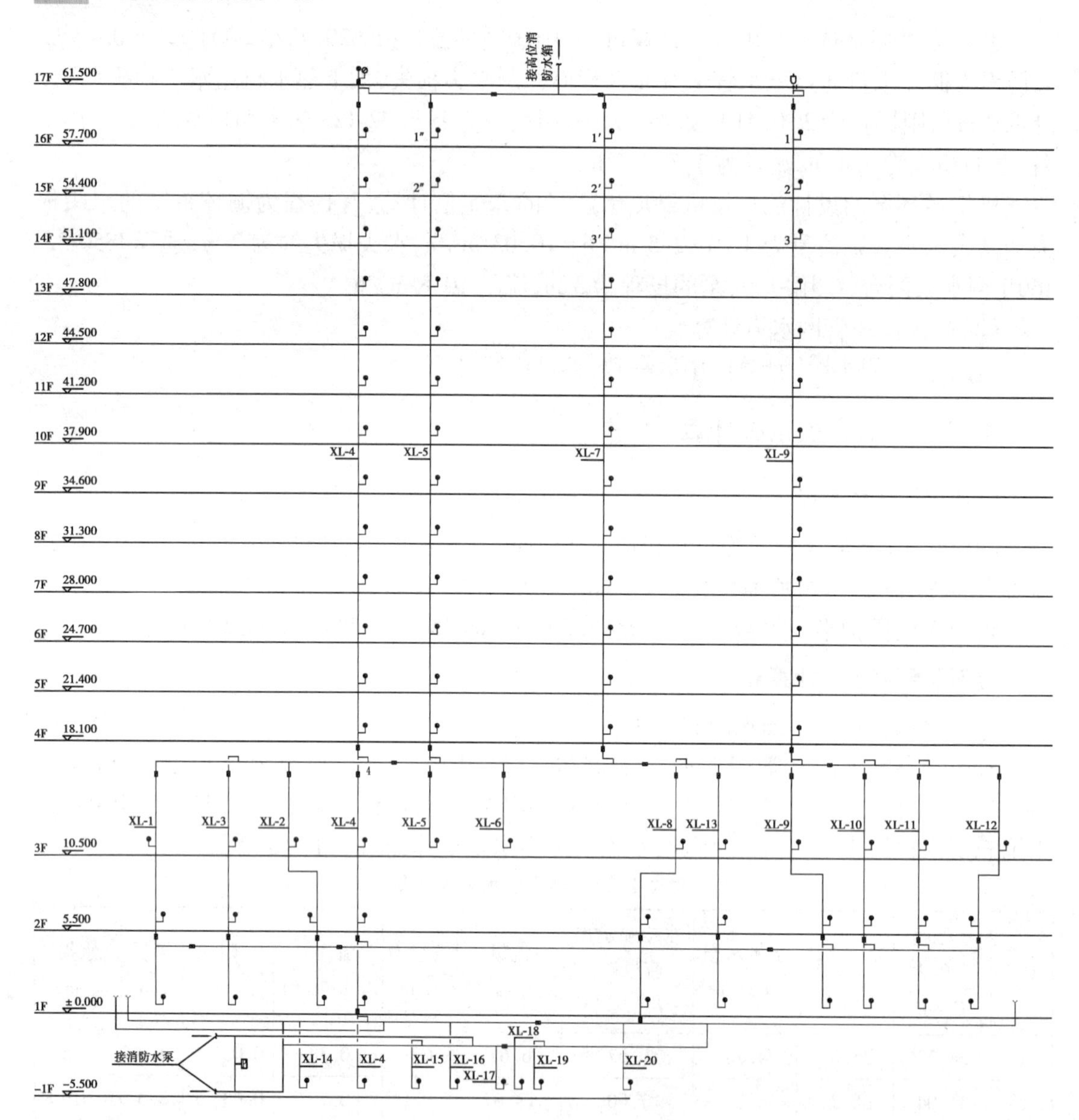

附图Ⅰ.6 消火栓系统水力计算简图

3)消防泵扬程和流量

根据《消防给水及消火栓系统技术规范》(GB50974—2014),高层建筑、厂房、库房和室内净空高度超过8 m的民用建筑等场所,消火栓栓口动压不应小于0.35 MPa,且消防水枪充实水柱应按13 m计算。本设计为高层建筑,因此消火栓栓口动压不得小于0.35 MPa,故栓口动压采用0.35 MPa。

选择最不利管线,则消防泵扬程 $H_b = H_z + \sum h + H_{xh} = (4.5 + 57.7 + 1.1) + 2.52 + 35 = 99.92\ mH_2O$;消防泵流量:$Q = 55.62$ L/s。

选用消防水泵XBD10/60-SLH型两台,一用一备;最大流量为60 L/s(流量按规范规定的室内消火栓设计流量确定),扬程为100 m,电机型号Y315S-2,功率110 kW。

4)减压计算

根据《消防给水及消火栓系统技术规范》(GB50974—2014)的规定:消火栓栓口动压力不应大于0.50 MPa;当大于0.70 MPa时必须设置减压装置。为了使各层消火栓出水流量接近设计值,防止消火栓在大压力下流量过大致使消防水量快速用完,须在超压消火栓栓口前装设减压孔板或采取减压稳压消火栓,以降低消火栓处压力,保证各层消火栓正常使用。各层消火栓出口压力见附表Ⅰ.14(表中总水头损失包含泵房内损失2 m)。

由表Ⅰ.14中数据可知,11层及以下楼层消火栓需要减压。因此本设计11层及其以下楼层采用SNW65-III型减压稳压阀,调节阀后压力为0.35~0.45 MPa。

5)消防水池和消防水箱容积确定

(1)消防水池容积计算

该建筑为集宾馆、商贸、娱乐等为一体的综合大楼,按一类公共建筑进行消防给水设计,室内消火栓用水量55.63 L/s,火灾延续时间3 h;室外消防水量40 L/s,火灾延续时间按3 h计。喷淋最大灭火用水量为44.94 L/s,火灾延续时间按1 h计。

考虑到市政管道能够在火灾时补充一定量的消防用水,因此消防水池仅储存室内消防用水,则消防水池有效容积为:

$$V=\frac{55.63\times3\times3\ 600}{1\ 000}\text{m}^3+\frac{44.94\times1\times3\ 600}{1\ 000}\text{m}^3=762.59\ \text{m}^3$$

由于在火灾延续时间内,市政管网能保证连续补水,市政引入管为两根DN150的管道,其补水流量为$q=A\cdot v$,取$v=1.5$ m/s,则单根进水管补水量为:

$$V_{补}=(1.5\times3.14\times0.15^2\times3\times3\ 600/4)\text{m}^3=286.13\ \text{m}^3$$

从计算结果可知,补水总量为286.13 m$^3\times2>$室外消防在火灾延续时间内的消防水量$(40\times3\times3.6)\text{m}^3=432\ \text{m}^3$。

附表Ⅰ.14 各层消火栓栓口压力计算表

| 楼层 | 最低水位/m | 各层引入管的标高/m | Z标高差/m | 泵到各层引入管的长度/m | 坡降$i$ | 泵到各层引入管的水损/m | 局部水损/m | 总水损$\sum h$/m | 需要扬程/m | 水泵扬程/m | 剩余水头/m | 是否需要减压 |
|---|---|---|---|---|---|---|---|---|---|---|---|---|
| -1 | -4.5 | -4.4 | 0.1 | 28 | 0.012 | 0.336 | 0.100 8 | 2.436 8 | 2.536 8 | 100 | 47.463 2 | 需要 |
| 1 | -4.5 | 1.1 | 5.6 | 33.5 | 0.012 | 0.402 | 0.120 6 | 2.522 6 | 8.122 6 | 100 | 41.877 4 | 需要 |
| 2 | -4.5 | 6.6 | 11.1 | 39 | 0.012 | 0.468 | 0.140 4 | 2.608 4 | 13.708 4 | 100 | 36.291 6 | 需要 |
| 3 | -4.5 | 11.6 | 16.1 | 44 | 0.012 | 0.528 | 0.158 4 | 2.686 4 | 18.786 4 | 100 | 31.213 6 | 需要 |
| 4 | -4.5 | 19.2 | 23.7 | 51.6 | 0.012 | 0.619 2 | 0.185 76 | 2.804 96 | 26.504 96 | 100 | 23.495 04 | 需要 |
| 5 | -4.5 | 22.5 | 27 | 54.9 | 0.012 | 0.658 8 | 0.197 64 | 2.856 44 | 29.856 44 | 100 | 20.143 56 | 需要 |
| 6 | -4.5 | 25.8 | 30.3 | 58.2 | 0.012 | 0.698 4 | 0.209 52 | 2.907 92 | 33.207 92 | 100 | 16.792 08 | 需要 |
| 7 | -4.5 | 29.1 | 33.6 | 61.5 | 0.012 | 0.738 | 0.221 4 | 2.959 4 | 36.559 4 | 100 | 13.440 6 | 需要 |
| 8 | -4.5 | 32.4 | 36.9 | 64.8 | 0.012 | 0.777 6 | 0.233 28 | 3.010 88 | 39.910 88 | 100 | 10.089 12 | 需要 |

续表

| 楼层 | 最低水位/m | 各层引入管的标高/m | Z标高差/m | 泵到各层引入管的长度/m | 坡降 $i$ | 泵到各层引入管的水损/m | 局部水损/m | 总水损 $\sum h$/m | 需要扬程/m | 水泵扬程/m | 剩余水头/m | 是否需要减压 |
|---|---|---|---|---|---|---|---|---|---|---|---|---|
| 9 | -4.5 | 35.7 | 40.2 | 68.1 | 0.012 | 0.817 2 | 0.245 16 | 3.062 36 | 43.262 36 | 100 | 6.737 64 | 需要 |
| 10 | -4.5 | 39 | 43.5 | 71.4 | 0.012 | 0.856 8 | 0.257 04 | 3.113 84 | 46.613 84 | 100 | 3.386 16 | 需要 |
| 11 | -4.5 | 42.3 | 46.8 | 74.7 | 0.012 | 0.896 4 | 0.268 92 | 3.165 32 | 49.965 32 | 100 | 0.034 68 | 需要 |
| 12 | -4.5 | 45.6 | 50.1 | 78 | 0.012 | 0.936 | 0.280 8 | 3.216 8 | 53.316 8 | 100 | -3.316 8 | 不需要 |
| 13 | -4.5 | 48.9 | 53.4 | 81.3 | 0.012 | 0.975 6 | 0.292 68 | 3.268 28 | 56.668 28 | 100 | -6.668 28 | 不需要 |
| 14 | -4.5 | 52.2 | 56.7 | 84.6 | 0.012 | 1.015 2 | 0.304 56 | 3.319 76 | 60.019 76 | 100 | -10.019 76 | 不需要 |
| 15 | -4.5 | 55.5 | 60 | 87.9 | 0.012 | 1.054 8 | 0.316 44 | 3.371 24 | 63.371 24 | 100 | -13.371 24 | 不需要 |
| 16 | -4.5 | 58.8 | 63.3 | 91.2 | 0.012 | 1.094 4 | 0.328 32 | 3.422 72 | 66.722 72 | 100 | -16.722 72 | 不需要 |

消防水池需要分两格，每格的有效容积为381.3 m$^3$，考虑到水池顶部要设人孔及通气管，故水池顶部与楼板间距大于1.0 m，本设计水泵吸水采用吸水坑吸水，故最低水位可取为-4.5 m。单池尺寸为：$L \times B \times H$=14.0 m×10.2 m×3.2 m。其中保护高度取0.5 m，有效水深2.7 m，两水池并排布置，中间共壁，池底与泵房室内地坪相平。

消防水池补水时间按48 h考虑，水池按24 h之内排空，则每格水池放空管流量为5.28 L/s，选择管径为*De*110的UPVC管。

由于消防水池没有贮存室外消防水量，因此不需设置消防水池取水井。

（2）消防水箱容积计算

《消防给水及消火栓系统技术规范》（GB50974—2014）中规定，临时高压消防给水系统的高位消防水箱的有效容积应满足初期火灾消防用水量的要求，而且一类高层公共建筑，有效容积不应小于36 m$^3$。本设计消防水箱有效容积取36 m$^3$，尺寸为$L \times B \times H$=6 m×4.5 m×2 m，其中水箱底距离最低水位0.35 m（安装旋流防止器），水箱最高水位距离水箱顶0.3 m。

（3）校核消防水箱高度

最不利点的消火栓高度为58.8 m，水箱间楼板标高65.3 m，水箱最低水位取66 m，则水箱与最不利消火栓静压为7.2 m<10 m，因此本设计消火栓系统水箱出水需设增压稳压设备。

**6）增压稳压设备计算**

稳压泵启泵压力应保持系统最不利点消火栓准工作状态时的静水压力大于15 m，所以$P_{s1} \geqslant 15-H_1=15-(65.3-58.8)=8.5$ m，且$\geqslant H_2+7=(67.6-65.3)+7=9.3$ m，按照《消防给水稳压设备选用与安装》的规定，要求气压罐充气压力不应小于15 m，$P_0$取16 m。稳压泵启泵压力$P_{s1}=P_0+2=16+2=18$ m，$P_{s2}=(P_{s1}+10)/0.8-10=28/0.8-10=25$ m。

$H_1$：稳压泵所处位置与最不利消火栓的高度差；

$H_2$：水箱最高水位与稳压泵所处位置高差；

$H$：最不利消火栓到压力开关的高差；

$P$：消防泵启泵压力；

$P_{s1}$：稳压泵启泵压力；

$P_{s2}$ 消防泵停泵压力。

消防泵启泵压力 $P=P_{s1}+H_1+H-(7\sim10)=18+(65.3-58.8)+[58.8-(-3)]-7=79.3$ m，此处即为消防水泵出水管上压力开关的启动压力。

稳压泵流量应大于消防给水系统管网正常泄流量和系统自动启动流量，该两部分流量在室内消火栓系统中取 1 L/s。

选用型号：XW(L)-I-1.0-20-ADL 增压稳压设备。

**7）水泵接合器**

水泵接合器的水量应按室内消防用水量经计算确定。每个水泵结合器的流量应按 10～15 L/s 计算，室内消防水量为 55.62 L/s，需设 4 套水泵接合器，选用 SQ150 型地上式消防水泵接合器。

**8）室外消火栓设计**

根据规范，室外消防用水量为 40 L/s，每个室外消火栓用水量为 10～15 L/s。故设 3 套 SS100/65-1.0 型室外消火栓，连接在室外给水环网上。

### Ⅰ.3.4 自动喷水灭火系统计算

本建筑自动喷水灭火系统根据喷头数量设置 4 组湿式报警阀，其中 A 组报警阀控制区域为 12—16 层，该区域所需水压决定了自喷水泵的扬程，B 组（7—11 层）、C 组（3—6 层）以及 D 组（-1—2 层）报警阀控制区域则通过干管设置减压孔板减压后达到合理的设计喷水强度。除-1 层喷头采用直立型喷头外，其余楼层均采用吊顶型喷头。流量通过计算，比较 A 组客房与 D 组一层中庭的作用面积内的流量，以决定自喷泵的流量是否满足要求。

本建筑自动喷水灭火系统按中危险 I 级设计，喷水强度为 6 L/(min·m$^2$)，作用面积 160 m$^2$，系统最不利点处洒水喷头的工作压力不应低于 0.05 MPa；而中庭部分最大净空 8 m$<h\leqslant$12 m 范围内，其喷水强度为 12 L/(min·m$^2$)，作用面积 160 m$^2$。本例以 A 组报警阀控制的客房区域进行计算示例。

**1）自动喷水灭火系统水力计算**

（1）喷头出流量计算

第一只喷头的流量：

$$q=DA$$

式中 $q$——喷头流量，L/min；

$D$——喷水强度，本设计危险等级喷水强度为 6 L/(min·m$^2$)；

$A$——1 只喷头的保护面积，m$^2$；根据最不利点为 16 楼的最远点喷头布置情况，最不利点房间的面积及喷头间距计算得最不利喷头保护面积为 9.5 m$^2$。

计算得第一只喷头流量为：

$$q=DA=6\times9.5=57\ \text{L/(min}\cdot\text{m}^2)=0.95\ \text{L/s}$$

$$q=K\sqrt{10P}$$

式中 $q$——喷头流量，L/min；

$P$——喷头工作压力，MPa；

$K$——喷头流量系数。

系统最不利点处喷头的工作压力应计算确定：

$$P=0.1\left(\frac{q}{K}\right)^2=0.1\times\left(\frac{0.95}{80}\right)^2=0.051\ \text{MPa}>0.05\ \text{MPa}$$

(2)调整流量的计算

当来自不同方向计算至同一点的流量出现不同压力时，应通过计算进行流量调整，调整后的流量应通过下式计算：

$$Q_1=Q_2\sqrt{\frac{H_2}{H_1}}$$

式中 $H_1,H_2$——从不同方向计算至同一点的压力，MPa；

$Q_1,Q_2$——从不同方向计算至同一点的流量，L/min。

(3)16层客房区域(A组报警阀)的最不利作用面积水力计算

选定16层为最不利层，保护面积160 m²，划定保护区域面积线，选取距离本层水流指示器最远的大流量点为最不利点，计算草图见附图Ⅰ.7。作用面积位于距离16层水流指示器最远端的套房，其长边需大于作用面积平方根的1.2倍。A组报警阀自喷系统作用面积的水力计算表及流量调整详见附表Ⅰ.15。经计算，自水泵经湿式报警阀A，通过立管至最不利作用面积的流量为27.4 L/s。

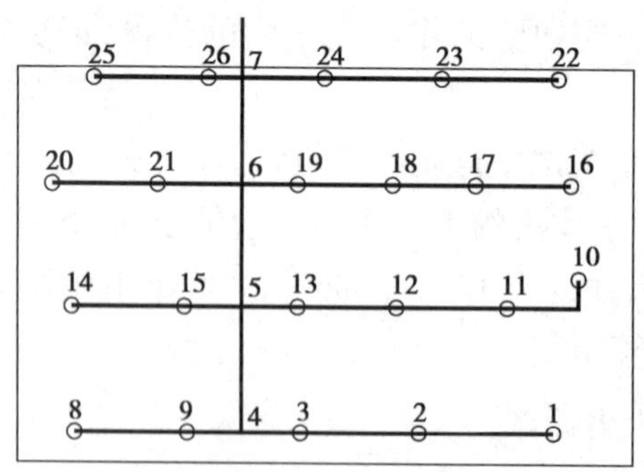


附图Ⅰ.7 16层最不利作用面积水力计算简图

①泵房内水损按20 kPa计，最不利喷头工作压力51 kPa。

②湿式报警阀比阻值 $S=0.003\ 02$，水头损失为 $H_{kp}=SQ^2=0.003\ 02\times27.4^2\times10\ \text{kPa}=22.67\ \text{kPa}$，为安全考虑也可直接取0.04 MPa，水流指示器水损取0.02 MPa。

③最不利作用面积到泵房自喷加压水泵的水损(1—2—3—4—5—6—7—8—9—10—11—12—13—水泵)158 kPa，详附表Ⅰ.15。表中水头损失包括沿程和局部水头损失，其中

局部水头损失按沿程水头损失的30%计。

④最不利点喷头出口与贮水池最低水位标高差为64.5 m。

附表Ⅰ.15 16层最不利作用面积自喷水力计算

| 节点编号 | 管段编号 | 起点压力/MPa | 终点压力/MPa | 管段长度/m | 喷头流量/L( · $min^{-1}$) | 管段流量/(L · $s^{-1}$) | 管径/mm | 流速/(m · $s^{-1}$) | 水头损失/MPa |
|---|---|---|---|---|---|---|---|---|---|
| 1 | 1—2 | 0.051 | 0.072 | 3.4 | 57 | 0.95 | 25 | 1.94 | 0.023 |
| 2 | 2—3 | 0.072 | 0.095 | 3 | 67.71 | 2.08 | 32 | 2.59 | 0.026 |
| 3 | 3—4 | 0.095 | 0.104 | 1.45 | 78.06 | 3.38 | 40 | 2.69 | 0.010 |
| 8 | 8—9 | 0.051 | 0.069 | 2.85 | 57.13 | 0.95 | 25 | 1.94 | 0.019 |
| 9 | 9—4 | 0.069 | 0.079 | 1.4 | 66.25 | 2.06 | 32 | 2.56 | 0.012 |
| 调整 | 9—4 | | | 1.4 | | 2.36 | 32 | 2.93 | 0.016 |
| 4 | 4—5 | 0.104 | 0.121 | 3.07 | | 5.74 | 50 | 2.92 | 0.019 |
| 14 | 14—15 | 0.051 | 0.069 | 2.85 | 57.13 | 0.95 | 25 | 1.94 | 0.019 |
| 15 | 15—5 | 0.069 | 0.072 | 1.4 | 66.25 | 2.06 | 40 | 1.64 | 0.004 |
| 10 | 10—11 | 0.051 | 0.055 | 2.5 | 57.13 | 0.95 | 32 | 1.18 | 0.004 |
| 11 | 11—12 | 0.055 | 0.074 | 2.8 | 59.39 | 1.94 | 32 | 2.42 | 0.021 |
| 12 | 12—13 | 0.074 | 0.088 | 2.5 | 68.96 | 3.09 | 40 | 2.46 | 0.014 |
| 13 | 13—5 | 0.088 | 0.102 | 1.4 | 74.84 | 4.34 | 40 | 3.45 | 0.016 |
| 调整 | 15—5 | | | 1.4 | | 2.67 | 40 | 2.13 | 0.006 |
| 调整 | 13—5 | | | 1.4 | | 4.73 | 40 | 3.77 | 0.019 |
| 5 | 5—6 | 0.121 | 0.128 | 3 | | 13.14 | 80 | 2.62 | 0.008 |
| 20 | 20—21 | 0.051 | 0.067 | 2.66 | 57.13 | 0.95 | 25 | 1.94 | 0.018 |
| 21 | 21—6 | 0.067 | 0.084 | 2.14 | 65.68 | 2.05 | 32 | 2.55 | 0.018 |
| 16 | 16—17 | 0.051 | 0.066 | 2.4 | 57.13 | 0.95 | 25 | 1.94 | 0.016 |
| 17 | 17—18 | 0.066 | 0.082 | 2.1 | 64.90 | 2.03 | 32 | 2.53 | 0.017 |
| 18 | 18—19 | 0.082 | 0.097 | 2.64 | 72.26 | 3.24 | 40 | 2.58 | 0.017 |
| 19 | 19—6 | 0.097 | 0.103 | 1.66 | 78.74 | 4.55 | 50 | 2.32 | 0.006 |
| 调整 | 21—6 | | | 2.14 | | 2.54 | 32 | 3.15 | 0.028 |
| 调整 | 19—6 | | | 1.66 | | 5.09 | 50 | 2.59 | 0.008 |
| 6 | 6—7 | 0.128 | 0.133 | 2.6 | | 20.77 | 100 | 2.65 | 0.005 |
| 25 | 25—26 | 0.051 | 0.056 | 2.9 | 57.13 | 0.95 | 32 | 1.18 | 0.005 |
| 26 | 26—7 | 0.056 | 0.062 | 0.84 | 59.75 | 1.95 | 32 | 2.42 | 0.006 |
| 22 | 22—23 | 0.051 | 0.069 | 2.95 | 57.13 | 0.95 | 25 | 1.94 | 0.020 |

续表

| 节点编号 | 管段编号 | 起点压力/MPa | 终点压力/MPa | 管段长度/m | 喷头流量/$L(\cdot min^{-1})$ | 管段流量/$(L\cdot s^{-1})$ | 管径/mm | 流速/$(m\cdot s^{-1})$ | 水头损失/MPa |
|---|---|---|---|---|---|---|---|---|---|
| 23 | 23—24 | 0.069 | 0.092 | 2.95 | 66.55 | 2.06 | 32 | 2.56 | 0.025 |
| 24 | 24—7 | 0.092 | 0.105 | 2.08 | 76.73 | 3.34 | 40 | 2.66 | 0.014 |
| 调整 | 26—7 | | | 0.84 | | 2.87 | 32 | 3.56 | 0.014 |
| 调整 | 24—7 | | | 2.08 | | 3.77 | 40 | 3.00 | 0.018 |
| 7 | 7—8 | 0.133 | 0.135 | 0.6 | | 27.40 | 100 | 3.49 | 0.002 |
| 8 | 8—9 | 0.135 | 0.150 | 15 | | 27.40 | 125 | 2.23 | 0.016 |
| 9 | 9—10 | 0.150 | 0.152 | 2.17 | | 27.40 | 125 | 2.23 | 0.002 |
| 10 | 10—11 | 0.152 | 0.155 | 9.16 | | 27.40 | 150 | 1.55 | 0.004 |
| 11 | 11—12 | 0.155 | 0.156 | 2.22 | | 27.40 | 150 | 1.55 | 0.001 |
| 12 | 12—13 | 0.156 | 0.157 | 2.4 | | 27.40 | 150 | 1.55 | 0.001 |
| 13 | 13—泵 | 0.157 | 0.193 | 100 | | 27.40 | 150 | 1.55 | 0.041 |

(4)中庭区域(D组报警阀)最不利作用面积水力计算

中庭净空为8~12 m,按照上述(3)的计算方法与步骤,最不利喷头取0.1 MPa压力,计算得出该区域流量为44.94 L/s。从作用面积最不利喷头到泵房自喷加压水泵的水头损失为217 kPa,最不利点喷头出口与贮水池最低水位标高差为9.7-(-4.5)=14.2 m。则该区域从水泵开始计算所需压力为14.2+2+10+4+2+21.7=53.9 m。

**2)自动喷水灭火系统水泵的选择**

以16层最不利作用面积所需流量和压力为水泵扬程,以中庭最不利作用面积所需的流量和压力进行校核。

则水泵扬程为$H$=64.5+2+5.1+4+2+15.8=93.4 m,流量为27.4 L/s。

选择150DLS150-30型水泵两台,一用一备,水泵流量30 L/s,扬程94.5 m,电机功率75 kW。经校核,该水泵也同时满足中庭流量及扬程的要求。

**3)减压孔板计算**

中危险级场所中,要求自喷系统各配水管入口压力均不宜大于0.4 MPa,故在配水管入口压力超过0.4 MPa处设置减压孔板。

(1)各层引入管处剩余水头

$$H_0 = H_{pb} - (H_Z + \sum h + H_{xh})$$

式中 $H_0$——各层引入管处剩余水头,$mH_2O$;

$H_{xh}$——各层引入管入口至最不利作用面积所需要的水压,$mH_2O$;

$H_{pb}$——水泵扬程,m;

$H_Z$——某层与贮水池最低水位标高差，m；

$\sum h$ ——某层引入管入口至加压泵的管路水头损失，$mH_2O$。

(2)换算剩余水头

$$H' = \frac{H_0}{v^2} \times 1$$

式中 $H'$——修正后的剩余水头，$mH_2O$；

$v$——水流通过孔板后实际流速，m/s；

$H_0$——设计的剩余水头，$mH_2O$。

其中引入处管径为 150 mm，$v = 27.4 \times 10^{-3} / (3.14 \times 0.150^2 / 4) = 1.55$ m/s，则 $H' = H_0 / 1.55^2$。

各楼层减压孔板设置见附表Ⅰ.16。

**4)校核消防水箱高度**

确定水箱高度，可以按最不利面积内 4 个喷头的流量来进行校核，且保证最不利点有 0.05 MPa 的压力。通过选择高区最不利处 4 个喷头并进行计算(计算过程同前，此处省略)，得出最不利点至水箱的水头损失为 11.58 m>水箱最低水位与最不利喷头高差 6 m，因此，需设置增压稳压设备(增压设备选型计算过程参见消火栓系统，此处省略)。

**5)增压稳压设备**

**附表Ⅰ.16 减压孔板计算**

| 楼层 | 各层引入管的标高/m | 各层引入管距离水池最低水位的高差 Z/m | 泵到报警阀水损/m | 报警阀到各层引入管长度/m | 坡降 $i$ /(m·m$^{-1}$) | 报警阀到各层引入管水损/m | Z+总水损+报警阀水损 /m | 水泵扬程 /m | 到达各层引入管剩余水压/m | 修正后剩余水压/m | 减压孔板孔径 /mm |
|---|---|---|---|---|---|---|---|---|---|---|---|
| 16 | 60.5 | 65 | 2.5 | 99.5 | 0.038 | 4.92 | 76.415 | 94.5 | −21.915 | — | — |
| 15 | 57.2 | 61.7 | 2.5 | 96.2 | 0.038 | 4.75 | 66.452 | 94.5 | −11.952 | — | — |
| 14 | 53.9 | 58.4 | 2.5 | 92.9 | 0.038 | 4.59 | 62.989 | 94.5 | −8.489 | — | — |
| 13 | 50.6 | 55.1 | 2.5 | 89.6 | 0.038 | 4.43 | 59.526 | 94.5 | −5.026 | — | — |
| 12 | 47.3 | 51.8 | 2.5 | 86.3 | 0.038 | 4.26 | 56.063 | 94.5 | −1.563 | — | — |
| 11 | 44 | 48.5 | 2.5 | 83 | 0.038 | 4.10 | 52.600 | 94.5 | 1.900 | 0.791 | 85 |
| 10 | 40.7 | 45.2 | 2.5 | 79.7 | 0.038 | 3.94 | 49.137 | 94.5 | 5.363 | 2.232 | 69 |
| 9 | 37.4 | 41.9 | 2.5 | 76.4 | 0.038 | 3.77 | 45.674 | 94.5 | 8.826 | 3.674 | 62 |
| 8 | 34.1 | 38.6 | 2.5 | 73.1 | 0.038 | 3.61 | 42.211 | 94.5 | 12.289 | 5.115 | 57 |
| 7 | 30.8 | 35.3 | 2.5 | 69.8 | 0.038 | 3.45 | 38.748 | 94.5 | 15.752 | 6.556 | 54 |

续表

| 楼层 | 各层引入管的标高/m | 各层引入管距离水池最低水位的高差 Z/m | 泵到报警阀水损/m | 报警阀到各层引入管长度/m | 坡降 i /(m·m$^{-1}$) | 报警阀到各层引入管水损/m | Z+总水损+报警阀水损/m | 水泵扬程/m | 到达各层引入管剩余水压/m | 修正后剩余水压/m | 减压孔板孔径/mm |
|---|---|---|---|---|---|---|---|---|---|---|---|
| 6 | 27.5 | 32 | 2.5 | 66.5 | 0.038 | 3.29 | 35.285 | 94.5 | 19.215 | 7.998 | 52 |
| 5 | 24.2 | 28.7 | 2.5 | 63.2 | 0.038 | 3.12 | 31.822 | 94.5 | 22.678 | 9.439 | 50 |
| 4 | 20.9 | 25.4 | 2.5 | 59.9 | 0.038 | 2.96 | 28.359 | 94.5 | 26.141 | 10.881 | 48 |
| 3 | 17.1 | 21.6 | 2.5 | 56.1 | 0.038 | 2.77 | 24.371 | 94.5 | 30.129 | 12.541 | 46 |
| 2 | 9.5 | 14 | 2.5 | 48.5 | 0.038 | 2.40 | 16.396 | 94.5 | 38.104 | 15.860 | 44 |
| 1 | 5 | 9.5 | 2.5 | 44 | 0.038 | 2.17 | 11.674 | 94.5 | 42.826 | 17.826 | 43 |
| -1 | -0.5 | 4 | 2.5 | 38.5 | 0.038 | 1.90 | 5.902 | 94.5 | 48.598 | 20.228 | 41 |

注:水池最低水位-4.5 m,泵本身水损 2 m,泵到报警阀管路水损 0.5 m,报警阀水损 4 m。

经计算,可选择 XW(L)-I-1.0-20-ADL 型增压稳压设备(计算过程同消火栓系统),因此,自喷系统可以和消防系统合用一套增压稳压设备。

**6)水泵接合器**

水泵接合器按自动喷水灭火系统最大用水量确定,每个水泵接合器的流量也按 10 ~ 15 L/s 计算。室内自动喷水灭火系统最大用水量为 44.94 L/s,故设置 3 个水泵接合器。

## Ⅰ.3.5 排水系统计算

**1)室内污废水排水系统计算**

①室内排水管道流量计算:

$$q_p = 0.12\alpha\sqrt{N_p} + q_{max}$$

式中 $q_p$——计算管段排水设计秒流量,L/s;

$N_p$——计算管段的卫生器具排水当量总数;

$\alpha$——根据建筑物用途而定的系数,本设计中裙楼取 1.5,塔楼取 2.5;

$q_{max}$——计算管段上最大一个卫生器具的排水流量,L/s。

②排水横支管管径:采用经验法确定能够满足设计要求。

③排水立管计算:预先按经验法设定管径(管径不得小于横支管),根据立管最底端的排水设计秒流量数据,再对照设有专用通气立管系统的铸铁排水立管最大排水能力表中数据,若设计值小于"排水立管最大排水能力",则预定管径合理;否则,放大一号管径,再进行对照。

④排水横干管计算:预先按经验法设定管径(管径不得小于所接纳立管),通常选用相

应管材、管径下的标准坡度，查《给排水设计手册》上“建筑内部排水铸铁管水力计算表”，得到管径在设计坡度，设计充满度下的流量与流速；再根据设计横干管段所接纳立管的当量总数计算管段排水设计秒流量，进行对比，当计算流量能满足小于最大设计充满度和大于自清流速的要求时，该管径的设定就是合理的。

⑤经转换层汇合后的总排水立管（在合理的情况下，尽量分散排放，设置多根汇合排水立管，以减少空间占用和堵塞机会）与排出管计算，管径按不小于连接的排水横干管确定，一般能满足设计要求。

**2）室外污水排水管道计算**

考虑到室外污水管道容易造成堵塞，拟采用 $D300$ 的 HDPE 高密度聚乙烯双壁波纹塑料排水管，充满度和坡度均能够满足室外排水的要求。

**3）通气管系统计算**

本设计的排水系统中，共设有伸顶通气管、专用通气立管（三管制）、结合及汇合通气管 4 类。

①伸顶通气管管径同与之连接的排水管道管径。

②专用通气立管管径按最大一根排水立管（与大便器直接连接的污水管）管径确定。

③结合通气管与专用通气立管管径相同。

④汇合通气管则采用下式计算：

$$d=\sqrt{d_{\max}^{2}+0.25\sum d_{n}^{2}}$$

式中　$d$——汇合通气管管径，mm；

$d_{\max}$——与汇合通气管连接的最大一根通气立管管径，mm；

$d_{n}$——其余通气立管管径，mm。

上述计算多为查表和经验确定，较为简单，本书从略。

**4）集水坑及潜污泵选择**

（1）污水泵选择

本建筑内负一层设有两个集水井，一个设置在消防电梯旁，用以收集消防时排至地面的消防出水；另一个设置在水泵房，用以收集泵房内水泵、湿式报警阀的漏水量以及消防水池或生活水箱清洗时的排放流量。

火灾发生 1 h 内，按$\frac{1}{5}Q_{消火栓+自喷}$流入集水坑计，$Q_1=(55.63+44.94)/5$ L/s = 20.11 L/s，污水泵的设计流量取 20.11 L/s。本设计中，考虑集水井容积不宜过大，故消防电梯井潜污泵流量按 10 L/s = 36 m³/h 考虑。

地下水泵房的排水考虑消防水池的泄空和水池进水管上阀门损坏时的溢流量。经比较，泄水量大于溢流量。考虑消防水池卸空时间 11 h，每次只卸空一格，最大泄空的水量为 381.3 m³。按照 $Q=2V/t$ 进行计算，得流量 $Q=9.63$ L/s。按泄空管的流速为 1 m/s 考虑，选择泄空管为 DN150 的铸铁管。排水沟连接集水沟的管径选用 DN150 的金属管，坡度为2%。

经过水力计算,两个集水坑均各采用两台 JYWQ80-40-9-1600-3 型潜污泵,流量为 40 $m^3$/h,扬程9 m,功率3 kW。经计算,两个集水井管路水损均小于0.5 m,污水提升高度为6.0 m,附加水头2.0 m,则所需水泵扬程为(6+0.5+2)m=8.5 m,各水泵扬程均满足需要。

(2)集水坑尺寸确定

集水池有效容积不宜小于最大一台污水泵5 min的出水量,且污水泵每小时启动次数不宜超过6次。本设计中消防电梯井底集水井有效容积为(40/3.6×5×60)/1 000=3.3 $m^3$;泵房集水池的有效容积与消防电梯集水井相同。消防电梯井底集水池尺寸为1.5 m×1.5 m×3.0 m(考虑电梯井底距离本层地坪高度为1.5 m,集水坑有效高度1.5 m);泵房集水坑尺寸为1.5 m×1.5 m×3.0 m。泵房内设排水沟,排水沟宽度为0.3 m,高0.35 m,以0.01的坡度坡向集水井。

**5)化粪池和隔油池的选择计算**

(1)化粪池的计算

$$V=V_W+V_n$$

$$V_W=\frac{m\cdot b_f\cdot q_w\cdot t_w}{24\times1\ 000}$$

$$V_n=\frac{m\cdot b_f\cdot q_w\cdot t_n\cdot(1-b_x)\cdot M_s\times1.2}{(1-b_n)\times1\ 000}$$

式中 $V_w$——化粪池污水部分容积,$m^3$;

$V_n$——化粪池污泥部分容积,$m^3$;

$q_w$——每人每日计算污泥量,L/人·d;

$t_w$——污水在池中停留时间,h,应根据污水量确定,宜采用12~24 h;

$q_n$——每人每日计算污泥量,L/(人·d);

$t_n$——污泥清掏周期,应根据污水温度和当地气候条件确定,采用3~12个月;

$b_x$——新鲜污泥含水率,可按95%计算;

$b_n$——发酵浓缩后的污泥含水率,可按90%计算;

$M_s$——污泥发酵后体积缩减系数,宜取0.8;

1.2——清掏后遗留20%的容积系数;

$m$——化粪池服务总人数;

$b_f$——化粪池实际使用人数占总人数的百分数。

经计算,$V=V_w+V_n$=(34.96+16.956)$m^3$=51.916 $m^3$,根据计算所得有效容积,选择型号为G12-75QF的化粪池(该型号含义为钢筋混凝土化粪池7号、有效容积为75 $m^3$、无地下水、可过汽车、有覆土的钢筋混凝土化粪池),尺寸为12 000 mm×3 200 mm×3 200 mm。

(2)隔油池计算

隔油池的设计计算可按下列公式进行:

$$V=60Q_{max}t$$

式中 $V$——隔油池有效容积,$m^3$;

$Q_{max}$——含油污水设计流量,按设计秒流量计,$m^3/s$;

$t$——污水在隔油池中停留时间,min,含食用油污水的停留时间为 2～10 min,本设计中取 $t=5$ min。

为了防止厨房废水由于在管道中长距离的转输而凝固堵塞管道,本设计需设 3 个隔油池,以保证厨房废水及时进入隔油池。

取每人每天 45 L 污水量,本建筑有 3 个厨房,其隔油池有效容积计算见附表Ⅰ.17。

附表Ⅰ.17 隔油池有效容积计算表

| 隔油池型号 | 用水定额/[L/(人·d)$^{-1}$] | 用水人数/人 | 含油污水设计流量/($m^3 \cdot h^{-1}$) | 有效容积/$m^3$ |
|---|---|---|---|---|
| 1# | 45 | 418 | 0.784 | 0.065 |
| 2# | 45 | 242 | 0.454 | 0.038 |
| 3# | 45 | 840 | 1.575 | 0.131 |

根据隔油池的有效容积,1#、2#、3#隔油池均选择 GG-1F 型钢筋混凝土隔油池,有效容积为 0.9 $m^3$,隔油池尺寸为 1 860 mm×1 360 mm×2 000 mm。

### Ⅰ.3.6 雨水排水系统计算

**1)雨水设计参数**

雨量计算公式:

$$q_y=\frac{q_j\psi F_w}{10\ 000}$$

式中 $q_y$——设计雨水流量,L/s。

$q_j$——设计降雨强度,L/(s·ha),选用重庆某地区暴雨强度公式:

$$q_j=\frac{1\ 563.609(1+0.633)\lg P}{(t+6.947)^{0.624}}$$

屋面设计重现期 $P=5$ a,屋面雨水集流时间 $t=5$ min;

$\Psi$——径流系数,屋面径流系数为 0.9;

$F_w$——汇水面积,$m^2$,屋面按水平投影面积计算,高出屋面的侧墙应按最大投影面积的 1/2 计入总的屋面汇水面积。

**2)汇水面积及立管计算**

对高层建筑的雨水立管最小管径为 DN100,按重力流设计。根据立管服务的汇水面积,计算每根雨水立管通过的流量,确定雨水立管的管材为加厚型 UPVC 塑料排水管,对

照规范 $DN100$ 雨水立管,重力流时最大承载流量为 15.98 L/s。当计算的雨水流量超过 15.98 L/s 时,可通过增加立管根数或加大管径、更改管材等方式重新设计。

由于高层建筑的雨水总排水能力不应小于 50a 重现期的雨水量,因此,需要设计溢流设施,并校核使雨水排水管道和溢流设施的排水能力能够满足要求。

### Ⅰ.3.7 室外管道计算

本工程室外管道计算包括室外生活污水管道和雨水管道的计算,省略计算过程。

# 附录Ⅱ 高层建筑给水排水工程实例

## Ⅱ.1 某酒店给水排水方案设计实例

某酒店位于深圳市旅游区,是具有现代化设施的五星级涉外酒店。建筑面积约 6 万 $m^2$,客房 530 套。地上部分 17 层,地下 2 层。地上部分的总高度为 72.8 m,地下部分的深度为-6.5 m(车库部分为-8.0 m)。

结构形式为框架-剪力墙体系。

裙房负 1 层、负 2 层南侧为车库,北侧为机电设备用房(包括冷冻机房、空调机房、水泵房、热交换间、锅炉房、游泳池水处理机房等),主楼负 1 层、负 2 层为公共娱乐(桑拿等)及变配电间等,并设有物业管理及办公用房。首层有一个 22 m×40 m 的大空间,设有宴会厅、酒店大堂、小餐厅、西餐厅、厨房等;2 层南侧有面积为 1 400 $m^2$,水深 1.5 m 的室外游泳池,还有水池面积为 270 $m^2$,水深 1.5 m 的室内游泳池。北侧为食街,3 层为多功能厅,4～15 层为标准客房,16 层为总统套房,17 层为高标准套房。

**1)设计内容**

本工程设计的内容包括以下几个方面:

①给水系统及管道直饮水系统;

②热水给水系统;

③排水系统;

④消火栓给水系统、自动喷水灭火系统、水喷雾灭火系统、气体灭火系统;

⑤冷却循环水系统;

⑥游泳池净化水循环系统。

**2)给水设计**

①水源:供水来自市政水源,分别由两条来自不同方向的市政给水管道引入 DN200 和 DN150 的给水管,各自经水表井后,在红线内成环。市政给水管道的供水压力为 0.45 MPa。深圳市政管网的水质指标能满足五星级酒店除直饮水系统外的各系统的要求,无须另外进行水质深化处理。

②用水量及耗热量：

a. 最高日用水量：1 343 $m^3/d$，最大小时用水量：142 $m^3/h$。其中：生活用水量：789 $m^3/d$；空调冷却补水量：324 $m^3/d$；室内、外游泳池补水量：230 $m^3/d$；绿化等杂用水量：130 $m^3/d$。

b. 消防用水量。室内外消防用水量分别为 40 L/s 和 30 L/s，火灾延续时间 3 h。自动喷水灭火系统用水量：建筑为中危险Ⅱ级（按地下车库计），设计喷水强度 8.0 L/(min·$m^2$)，作用面积 160 $m^2$，设计秒流量：26 L/s，火灾延续时间 1 h。水喷雾灭火用水量：水喷雾灭火系统用于柴油发电机房，设计喷雾强度 20 L/(min·$m^2$)，设计秒流量根据保护对象面积确定：16.4 L/s，持续时间 0.5 h。

③热水设计小时耗热量(3 397 kW)：生活热水设计小时耗热量 2 467 kW；洗衣房设计小时耗热量 930 kW。

④管道直饮水最高日用水量(6 $m^3/d$)。

**3）给水系统**

(1) 系统竖向分区及给水方式

Ⅰ区：负 2 层~3 层，由市政给水管直接供水。

Ⅱ区：4 层~15 层，由屋顶水箱、水泵、水池联合供水。其中，Ⅱ下区：4~9 层，屋顶水箱减压阀供水；Ⅱ上区：10~15 层，由屋顶水箱直接供水。Ⅱ区上、下均采用下行上给给水方式，供水干管分别设在 3 层和 9 层。

Ⅲ区：16~17 层，为总统套房及高标准套房，独立供水区，由屋顶水箱、变频调速水泵联合供水。Ⅲ区采用上行下给供水方式，供水干管设于 17 层。

(2) 给水加压设备

负 2 层泵房设有 260 $m^3$ 生活水池 1 座，生活水池只考虑客房及空调补充水部分的储水量。屋顶水箱容积 25 $m^3$，由水池-水泵-屋顶水箱。水泵两台（一用一备），水泵出水量按客房及空调补充水部分的最大小时用水量考虑。屋顶水箱间设两台变频调速水泵供Ⅲ区用水，水泵出水量按Ⅲ区卫生器具最大秒流量计，水泵的启停由水泵出水管上的压力控制器控制。

**4）热水系统**

(1) 热源

由负 2 层的锅炉房提供饱和蒸汽，蒸汽压力为 0.8 MPa，用于生活热水制备的蒸汽压力为 0.4 MPa。

(2) 系统竖向分区

热水系统竖向分区与给水系统完全相同。

(3) 热交换器

Ⅰ，Ⅱ区热交换器集中设在负 2 层的热交换间内，Ⅰ区两台，Ⅱ区 4 台（Ⅱ上、Ⅱ下各两台），Ⅲ区 1 台，设水箱间。热交换器均采用 DFHRV 系列高效导流浮动盘管半容积式换热器。

(4) 供水方式

Ⅰ区热交换器出水经分水缸后按使用功能的要求，分别接出热水供水管，不同使用功能的热水管网相对独立；Ⅱ区热水管网采用下行上给供水方式；Ⅲ区热水供水管网采用上行下给供水方式。循环管网均采用同程布置。全楼热水回水均采用机械循环，各区循环泵由设在各区回水管上的电接点温度计控制启停。

**5）空调冷却水系统**

空调用冷却水由超低噪声冷却塔冷却后循环使用。冷却塔补水由屋顶水箱供给。

**6）游泳池给排水系统**

游泳池采用循环净化给水系统。设计参数为：室外游泳池水温22 ℃，循环周期为6 h，循环次数为4 次/d；室内游泳池水温26 ℃，循环周期为8 h，循环次数为3 次/d。室内外游泳池补水均由市政管网直接补水。室内游泳池设池水加热设备，采用快速式汽-水换热器。

**7）管道直饮水系统**

酒店厨房设管道直饮水系统，饮用水量标准根据就餐人数，按6 L/（人·d）计。水处理机房设在屋顶水箱间内，处理设备采用反渗透膜过滤及臭氧消毒技术，设备处理能力0.6 $m^3$/h。

管道系统设循环回水管，回水到处理设备内。

**8）节水、节能措施**

①在浴室、食堂等用水集中的地方加设水表，做到计量用水。

②淋浴采用节水调温淋浴装置，一次调好水温，可反复使用，避免了使用者随用随调水温所造成的浪费。

③负1层，负2层，4层，5层采用节水龙头。

④空调用冷却水采用冷却塔冷却后，循环使用。

⑤游泳池水采用循环过滤，重复使用。

⑥卫生洁具及五金配件采用节水型产品。

**9）消防系统设计**

本工程设有室内、外消火栓系统，自动喷水灭火系统，水喷雾灭火系统，气体灭火系统和手提灭火器共6类建筑消防设施。

室外消防用水由市政管网提供，在室外给水环网上设6个地上式室外消火栓。室内消火栓用水、自动喷洒用水由2层的室外游泳池供给，消防储水量540 $m^3$。水喷雾用水由市政管网提供。负2层水泵房内设消防水泵吸水池1座，容积为60 $m^3$。吸水池有两条进水管：一条从2层的室外游泳池接入，管径为300 mm，在进入吸水池前设置毛发聚集器；另一条从市政管网接入，管径为150 mm。

（1）消火栓系统

消火栓系统竖向为一个区，消火栓系统的静水压满足最大静水压的要求。系统管网水平、竖向均成环，上环设于17层，下环设于负2层。

系统前10 min的消防用水储存在屋顶水箱内，水量为18 $m^3$。水箱底距最不利消火栓栓口的高差大于7 m，为临时高压系统。水箱出水管与上环相连，水泵出水管与下环相连。

为防止消火栓系统在小流量时超压,在系统下环设置泄压阀。为保证消火栓系统下部的栓口压力小于等于0.5 MPa,下部消火栓采用减压稳压消火栓。除消防电梯前室和屋顶试验用的消火栓外,其他消火栓均配有自救卷盘小水喉。

消火栓泵由启泵按钮控制,也可在消防控制中心和水泵房启动。消火栓处用红色指示灯显示消火栓加压泵运转情况,消火栓加压泵的运转情况用灯光信号显示在消防控制中心和泵房控制柜上。消火栓系统设室外地上式水泵接合器两套,供消防车向系统补水。

(2)自动喷水灭火系统

按中危险级设置,除水泵房、热交换间、冷冻机房、变配电房、电话机房、游泳池水处理间、水箱间、淋浴间、消防控制中心、电梯机房等不设自动喷洒喷头以外,其余房间均设有喷洒头保护。

自动喷洒系统竖向为一个区,采用稳高压制,负 2 层泵房内设加压泵两台(一用一备),屋顶水箱间设专用增压稳压装置 1 套:包括稳压泵两台(一用一备),隔膜式气压罐 1 个。报警阀集中设在消防控制中心附近的报警阀室内,报警阀前的管道与自动喷洒加压泵及增压稳压装置出口相连接,并延伸至室外与两套自动喷洒系统水泵接合器相接。水流指示器及电触点信号阀门按防火分区设置。

(3)水喷雾灭火系统

在负 2 层柴油发电机房设置,采用常高压系统,由市政给水管网直接供水。设置一套雨淋控制阀,发生火灾时,火灾探测器动作(温感及烟感探头动作),向消防中心发出信号,电磁阀动作,雨淋阀打开,水喷雾喷头出水。

水喷雾灭火系统设有三种控制方式:自动控制、手动控制和应急控制。柴油发电机房水雾喷头的布置分为上、下两层,上层保护柴油发电机,下层保护柴油发电机集油坑。

(4)气体灭火系统

采用七氟丙烷洁净气体灭火系统,在负 2 层燃油蒸汽锅炉房设置。设计参数:灭火设计浓度为8.3%,灭火浸渍时间大于等于 1 min,喷放时间小于等于 10 s。控制方式三种:自动控制、手动控制和机械应急操作。

(5)手提式灭火器

各层均按规范配置手提式磷酸铵盐灭火器。

**10)排水系统**

最高日污水排放量:710 $m^3$/d。

室外排水采用雨、污水分流制系统。深南路南侧有 DN1200 的雨水管,小区内有 DN400 的污水管,雨水、污水分别接入上述管道内。

生活污水经室外化粪池简单处理,厨房污水经室外隔油池处理后排入市政污水管,由市政污水处理厂统一处理后排放到大海。室内雨水和道路雨水在室外用管道汇集,排入市政雨水管。

(1)污水系统

室内采用污、废水合流系统。地形从北向南由高向低变化,除南侧负一层及 1 层以上污水、废水直接排出室外,其余负 1 层和负 2 层的排水分别设置集水坑,用潜水泵提升排出室外。

为保证排水通畅,改善卫生条件,客房卫生间设器具通气,公共卫生间设环形通气,排水立管设置主通气立管。集水坑内每组排水泵各两台,按集水坑水位要求依次启动。

(2)雨水系统

雨水设计重现期 $P$:屋面,$P$=5 a;室外,$P$=1 a。室外雨水量约 350 L/s。

屋面雨水采用内排水系统,排至室外雨水检查井;道路雨水由雨水口收集后排入雨水管道。负 1 层车库出入口处由雨水沟截流雨水,暂存于集水坑,后用潜水泵提升排出。道路雨水径流时间 $t$=10 min,暴雨强度 $q$=3.17 L/(s · 100 $m^2$),室外地面综合径流系数$\Psi$=0.7。

## Ⅱ.2 某医院建筑给水排水工程

某医院位于北京市,新医疗楼建于大院的北面,总建筑面积为 53 000 $m^2$,建筑高度 53 m。整个建筑由 A,B 段组成。A 段地上 14 层、B 段地上 13 层,地下 1 层,局部设有地下室夹层。

医疗楼内设有病床 1 077 张,护理单元 33 个。其中师干级 8 个,普通级 25 个,手术室 20 间,9 个医技科室单元和中心供应室。

该工程共分 9 个系统,包括生活给水、生活热水、开水供应、蒸汽、蒸馏水及冷却、污水、雨水、消火栓给水、自动喷水灭火和卤代烷气体灭火系统。

各管道系统图详见附图Ⅱ.1 ~ 附图Ⅱ.5。

### 1)给水排水工程

(1)生活给水系统

①水源:由市政管网引入 2 根 DN200 给水管,接入地下室的 2 座 $V$=450 $m^3$ 生活消防贮水池,经水泵提升至屋顶生活贮水箱,供 3 层以上用水。3 层及 3 层以下楼层用水由市政管网直接供给。

②生活用水量:2 400 $m^3$/d。

③水质:总硬度 8.5 德国度,故不需进行软化处理。只有中心供应室洗涤机用水需软化,单独从原门诊楼软化室引入。

④为保证水箱出水水质,设紫外线消毒器进行消毒。

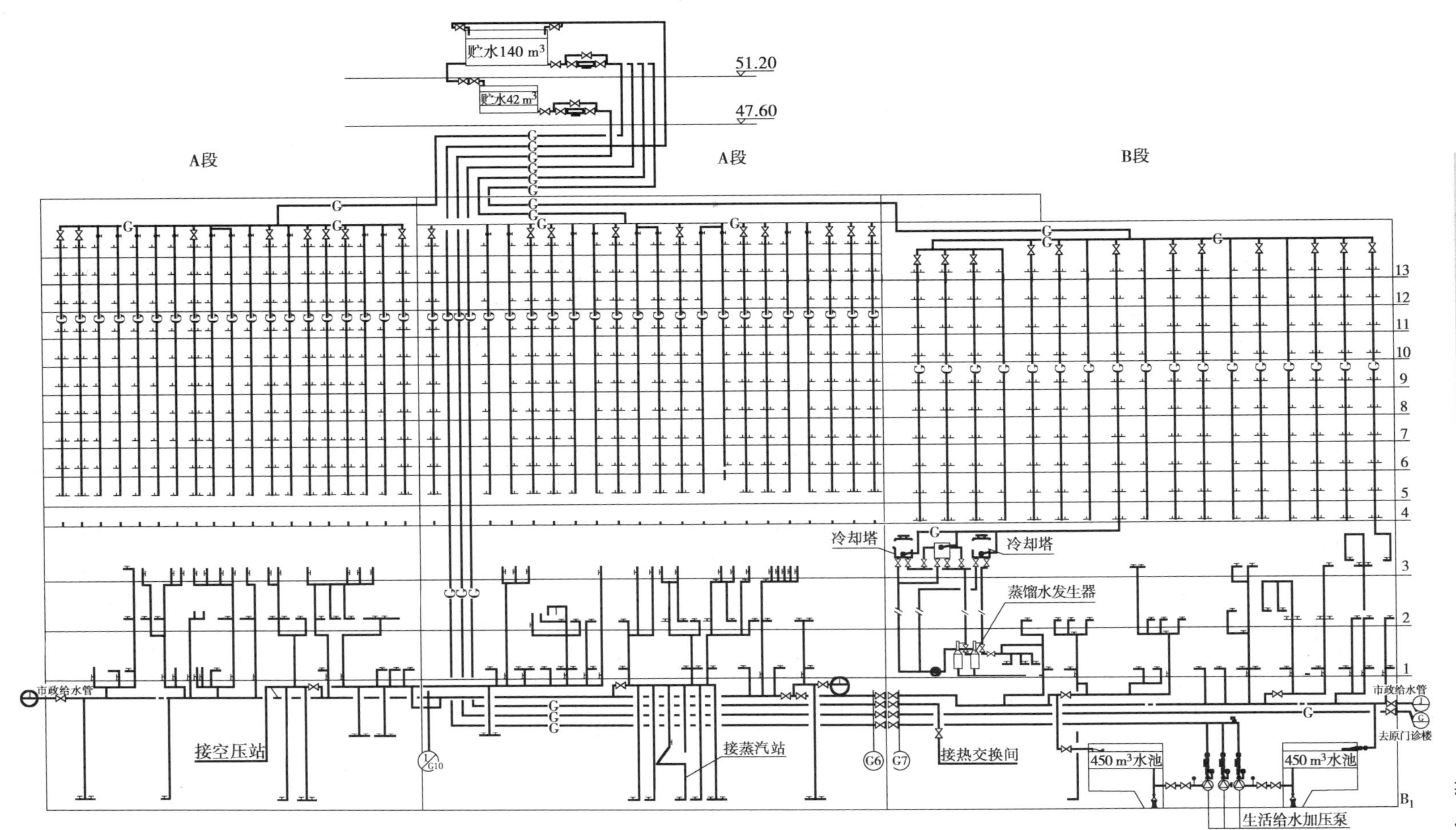


附图Ⅱ.1 给水管道系统原理图

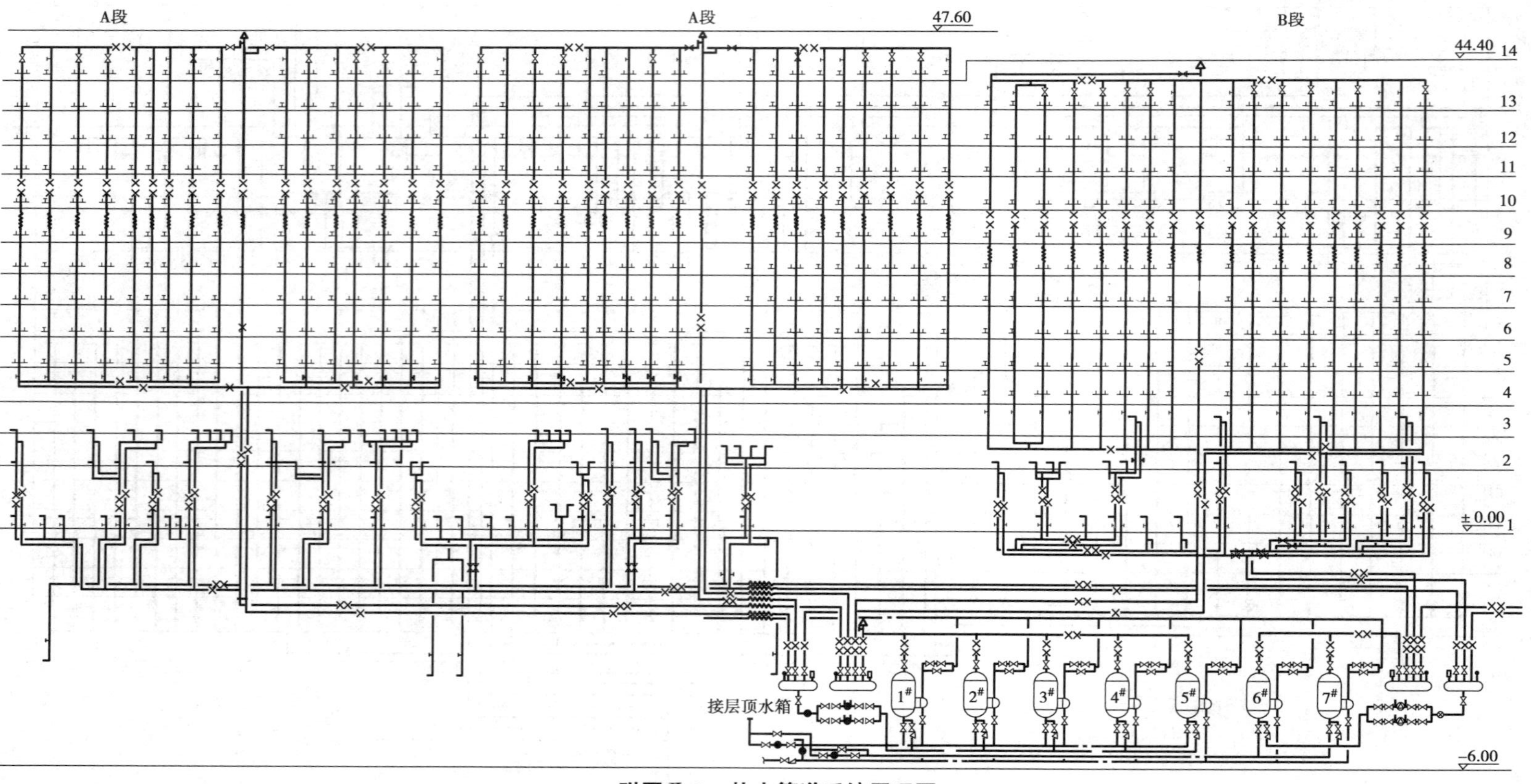


附图Ⅱ.2 热水管道系统原理图

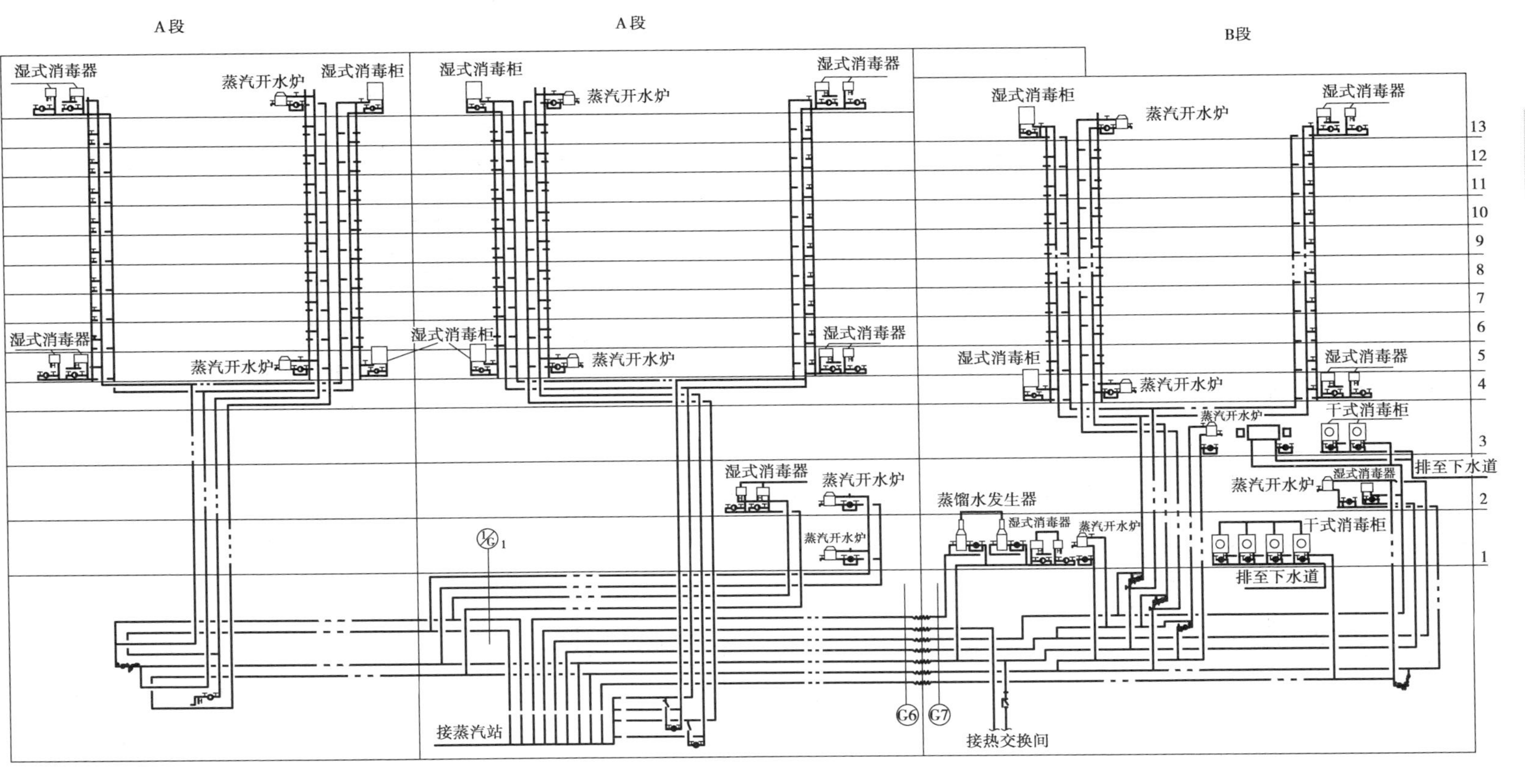


附图 II.3 蒸汽管道系统原理图

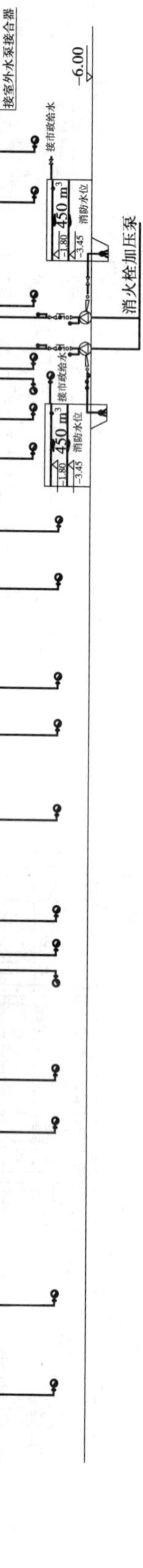


附图Ⅱ.4　消火栓管道系统原理图

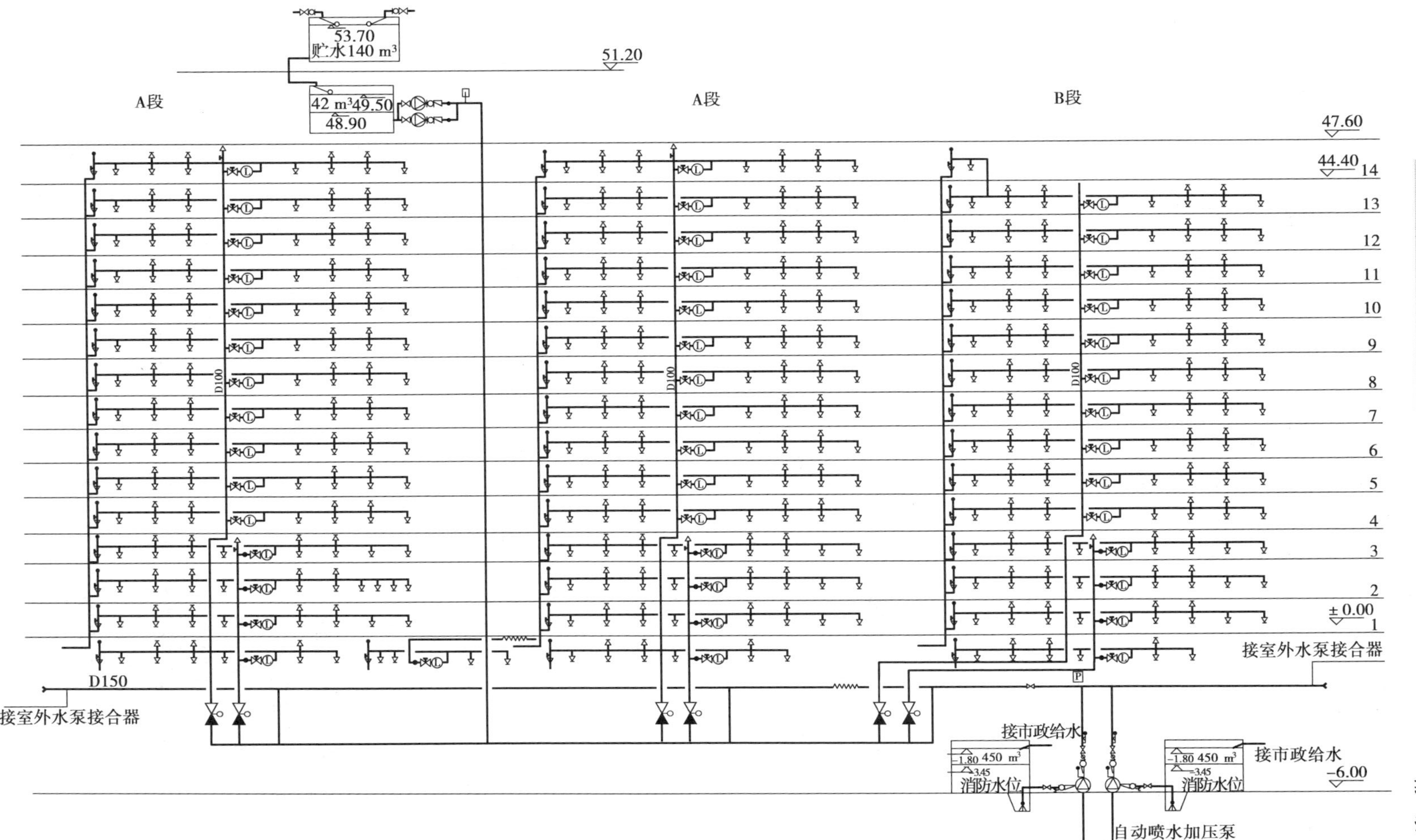


附图Ⅱ.5 自动喷水管道系统原理图

(2)生活热水系统

①耗热量:4 170 kW。

②热水水源:由锅炉房供蒸汽作热源,经热交换器交换后供给,供水温度 55 ~ 60 ℃。

③供水分区:分区同生活给水系统。

④系统循环:系统采用全日制机械循环,热水供水、回水管路为同程设计。

(3)饮用水系统

开水供应由各层设置的蒸汽开水炉供给。

(4)蒸汽供应系统

蒸汽由原锅炉房引出蒸汽管接入医疗楼,减压后供至各用汽点。

(5)蒸馏水供应及冷却系统

蒸馏水由中心供应室的蒸馏器制备,供洗瓶消毒使用。

该系统为机械循环系统。在裙房 2 层屋顶设两台蒸馏水发生器,并设有两台冷却塔。

(6)排水系统

①冲厕污水由管道汇集排至室外,经化粪池处理后排至医院内的污水处理站。

②地下层生活污水排入污水泵井,由污水潜水泵提升后排至室外化粪池。

③厨房排水单独排出,由室外隔油池处理后排至院内污水处理站。

④屋面雨水采用内落水方式,汇合后排至室外雨水管道。

⑤空调冷凝废水在室内自成系统,排至室外雨水管道。

⑥公共卫生间设辅助通气系统,病房卫生间设洁具支管通气,开水炉和干、湿消毒器设专用通气管,地下室污水泵井设单独通气管。

**2)消防工程**

室外消防用水由市政供水管两路 DN200 管道接入,并在室外形成环状。室内消防用水由地下室 2 座 450 $m^3$ 消防水池供给,满足 1 h 自动喷洒用水和 3 h 室内消火栓用水。

消防用水量:室内消火栓系统:30 L/s,火灾延续时间 3.0 h;

室外消火栓系统:30 L/s,火灾延续时间 3.0 h;

自动喷水灭火系统:30 L/s 火灾延续时间:1.0 h。

(1)消火栓灭火系统

①消火栓系统采用临时高压制。屋顶设消防贮水箱和增压泵,在负 1 层泵房设消防加压泵。消火栓管道横向、竖向均成环。3 层以下的消火栓设减压孔板。消火栓系统设置两套 DN150 墙壁式水泵接合器。

②消火栓箱采用了两种形式:双出口消火栓箱和单出口带自救卷盘消火栓箱。

③消防泵控制:自动控制和手动控制,可在消防控制中心和水泵房执行。

(2)自动喷水灭火系统

①按中危险级设置自动喷水灭火系统。

②系统采用临时高压制。屋顶设消防贮水箱和增压泵,在负 1 层泵房设消防加压泵。喷洒系统设置两套 DN150 墙壁式水泵接合器。

③系统由贮水池、加压泵、增压泵、报警阀、水流指示器、信号阀、喷头及末端试水装置组成。

④喷头选用:机房及吊顶内上喷喷头采用易熔合金喷头,其他部位采用玻璃球喷头,建筑装修部位采用装饰型喷头。

⑤消防泵控制:自动控制和手动控制,可在消防控制中心和水泵房执行。

⑥试验装置:每层设置系统检验装置:压力表和泄水阀。

(3)卤代烷灭火系统

该系统设置于计算机房和控制室。系统控制采用自动控制、手动控制和机械应急操作三种方式(此系统设计安装时,国家有关部门尚未禁止使用,此处仅参考)。

(4)灭火器设置

楼道、走廊等处按灭火器配置规范适当配置。

**3)管材及接口**

①生活给水管、热水管采用钢塑复合管,丝扣式法兰连接。空调冷凝废水管、自动喷水管道采用热浸镀锌钢管,丝扣或法兰连接。

②消火栓管道采用焊接钢管,焊接连接,阀门及需拆卸处采用法兰连接。

③蒸汽管采用无缝钢管,焊接连接,阀门及需拆卸处采用法兰连接。

④污水管、通气管、废水管采用柔性抗震排水铸铁管,橡胶圈柔性接口。

⑤雨水内排水管道采用镀锌钢管,焊接连接。

## Ⅱ.3 某综合楼建筑给水排水工程

某写字楼位于北京市,占地面积11 054 $m^2$。工程性质为办公及配套项目,包括金融营业、办公及商业、餐饮、停车、后勤设备用房等,是一栋智能型5A综合写字楼。总建筑面积12.3万$m^2$(其中:地上9.9万$m^2$,地下2.4万$m^2$),地上22层,地下3层,建筑高度83.30 m。

**1)设计范围**

①建筑红线以内的建筑给水排水及消防管道。

②中水处理站、水景循环系统、园林灌溉系统由设计院提供设计要求,承包商二次设计,并负责安装、调试、试运转、验收等。

③热交换站由热力公司负责设计。

④厨房预留上、下水总管,由厨具公司二次设计。

**2)系统说明**

写字楼设有生活给水、热水、中水、生活排水、雨水排水系统、冷却水循环及水系统、消火栓系统,湿式自动喷洒和预作用自动喷洒灭火系统(防火分区的卷帘采用耐火极限4 h的特级防火卷帘)。

(1)生活给水系统

详见附图Ⅱ.6。

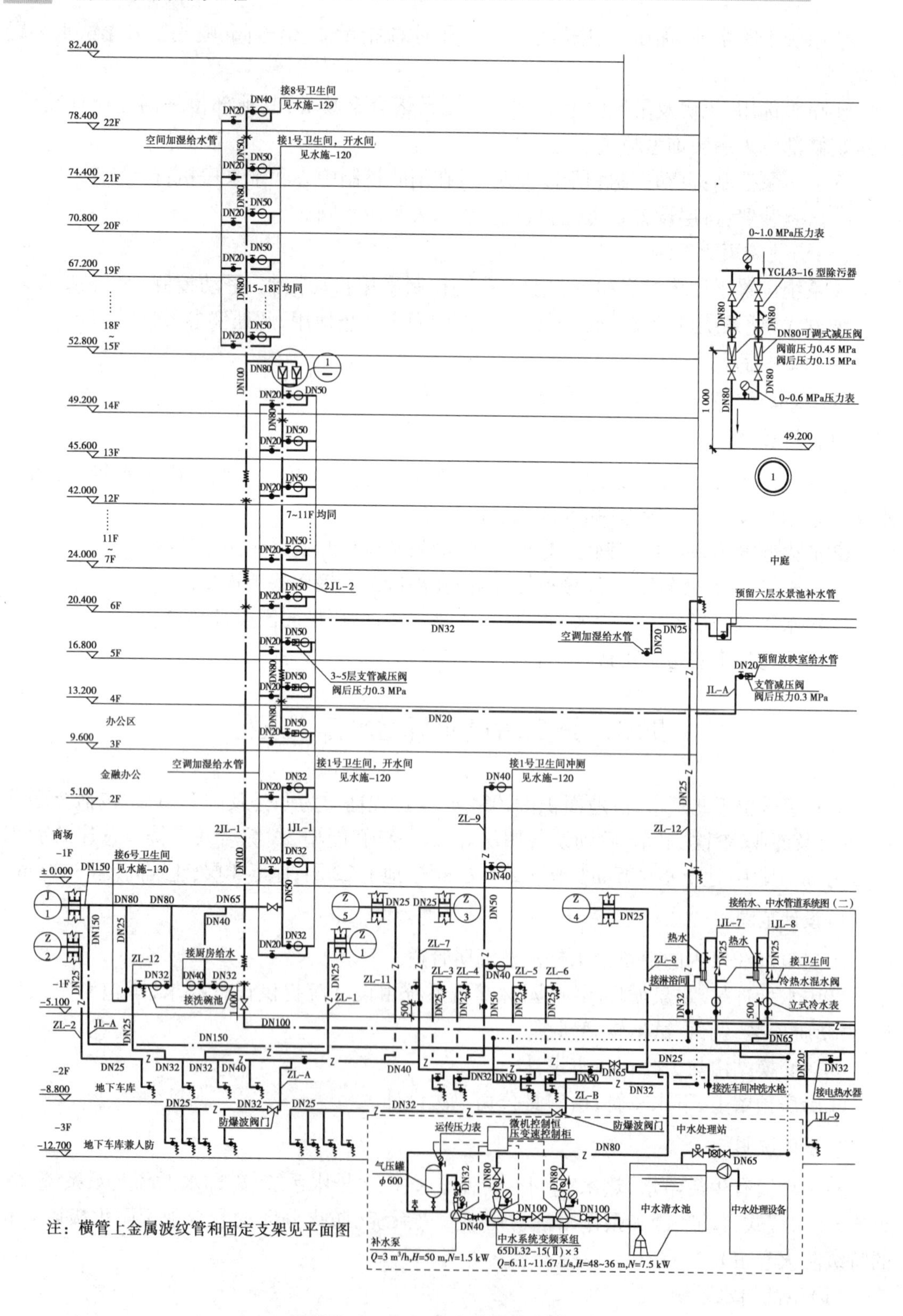

注：横管上金属波纹管和固定支架见平面图

附图Ⅱ.6　给水、中水管道系统原理图

①水源:供水水源为城市自来水,据甲方提供的设计资料,从用地南侧某街的 DN600 的给水管和用地东侧的某街 DN400 的给水管上分别接出 DN200 的给水管,经总水表后接入用地红线,在红线内以 DN200 的管道构成环状供水管网,水压为 0.18 ~0.20 MPa。

②水量:最高日生活用水量 367.05 $m^3$/d,最大时 101.18 $m^3$/h;最高日冷却补水量 284.40 $m^3$/d,最大时 35.55 $m^3$/h。此用水量不包括中水回用水部分。

③竖向分区及供水方式:Ⅰ区,负 3 ~2 层,由市政给水管直接供水;Ⅱ区,3 ~14 层,变频加压后设可调式减压阀减压后供水;Ⅲ区,15 ~22 层,变频加压直接供水。

负 3 层设 300 $m^3$ 不锈钢生活水箱,有 1 套恒压(恒压值为 1.10 MPa)变频供水装置。该设置包括:1 台小泵,$Q$=3 $m^3$/h,$H$=110 m;1 台隔膜气压罐;3 台大泵;二用一备,1 台变频,1 台工频运行,每台流量 $Q$=13.89 ~20.28 L/s,$H$=96 ~129 m;变频控制柜,流量、压力、液位传感器。该供水装置供全楼 3 层以上生活用水和屋顶冷却塔补水。

晚间低峰用水时,由小泵和气压罐供给;高峰用水时,启动大泵,根据用水量采用变频或工频工作。变频泵组的运行由系统上设置的远传压力表和流量计控制。

供水分区内最大静水压按 0.45 MPa 控制。

④每层南、北楼分设水表,单独计量。厨房冷却补水单设水表计量。

⑤水泵吸水管上安装的紫外线消毒器要求能承受负压,消毒设备必须采用北京市卫生局颁发的《获批准的供水设备及用品目录》中的产品。

⑥屋顶消防水箱由生活变频供水装置补水,浮球阀控制进水。水箱和地下(生活和消防)水池溢流信号报警至消防中心。

(2)生活热水系统

①热水供应部位。Ⅰ区:负 1 层淋浴间,厨房和 1,2 层备餐间,卫生间洗手盆;Ⅱ区:3 层以上写字楼洗手盆。

表Ⅱ.1 设备选型负荷

| 水量(50 ℃)/($m^3 \cdot h^{-1}$) | 耗热量/kW |
| --- | --- |
| Ⅰ区:8.05 | 350 |
| Ⅱ区:9.6 | 395 |

②设备选型负荷见表Ⅱ.1。

③热水系统竖向分区同给水系统。高区水源压力 1.1 MPa;低区水源压力 0.18 ~0.20 MPa。

④热源及生活热水的制备。热源为城市热力,热交换设备由热力公司设计。要求二次水水温不低于 50 ℃。城市热力检修期,采用电热水器制备淋浴用水。

⑤生活热水为机械循环系统。Ⅱ区循环泵的扬程按管路损失 5 ~7 m 加系统减压阀的压降 0.3 MPa 计算,出口压力不低于 0.37 MPa;Ⅰ区循环泵出口压力不低于 0.05 MPa(此参数按容积式换热器计算)。

⑥卫生间洗手盆每层南、北楼分设热水表,厨房单设热水表。

(3)中水系统

①根据北京市"三委"第 2 号文《关于加强中水设施建设管理的通告》和《建筑中水设计规范》(GB 50336—2002),本工程设中水处理设施和中水管道系统。

②原水:写字楼盥洗废水、职工淋浴废水作为每天固定的中水原水。空调冷凝水、屋顶水箱泄水及冷却塔的排污水也一并作为中水处理站的补充原水。

原水量:82.53 $m^3/d$,中水处理设备一天运行 16 h,处理规模 5 $m^3/h$。处理工艺为:调节池→毛发聚集器→提升泵→一级接触氧化池→二级接触氧化池→中间水箱→加压泵→石英砂过滤→消毒→中水池。

③处理设施出现故障的情况下,中水原水通过事故超越管排至室外污水管道。

④根据水量平衡,处理后的中水用于洗车、车库地面冲洗、绿化及 2 层以下冲厕。中水的供水量为 88.80 $m^3/d$。中水原水的不足由市政自来水向中水清水池补水。水量平衡图如附图Ⅱ.7 所示。

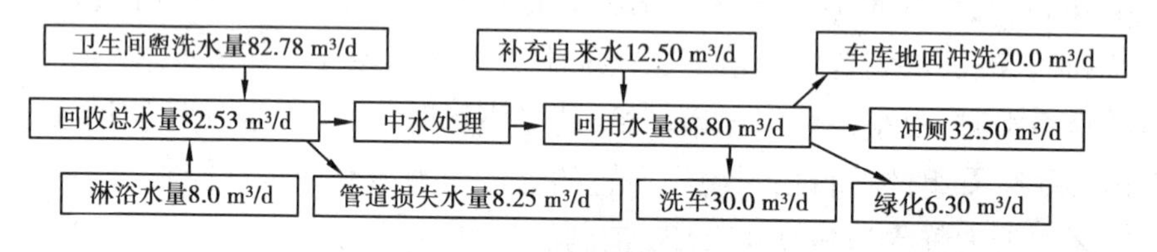


附图Ⅱ.7 水量平衡图

⑤中水供水系统采用专用恒压变频供水装置供水,恒压值 0.45 MPa。变频供水装置包括:一台小泵,$Q=3$ $m^3/h$,$H=50$ m;1 台隔膜气压罐;两台大泵,互为变频、工频、备用。每台泵流量 $Q=6.11 \sim 11.67$ L/s,扬程 $H=48 \sim 36$ m,以及变频控制柜,流量、压力、液位传感器。

⑥室内洒水栓壁龛门和室外洒水栓井盖上标明“中水”字,防止误用。

(4)开水供应

写字楼南北楼各层均设电开水器供应开水。厨房开水供应由厨房工艺设计时统一考虑。

(5)空调冷却水循环系统

①空调用冷却水由 3 台 750 $m^3/h$ 的超低噪声变频风机冷却塔冷却后循环使用。3 台冷却塔和 3 台冷冻机及冷却水泵为一一对应关系。冷却塔的补水由生活变频供水装置供水。

②冬季用 1 台 750 $m^3/h$ 冷却塔供冷,其塔体水盘和供回水管道及补水管均用电伴热带保温,自动保持水温不低于 5 ℃。在寒冷季节,用热水冲洗塔体百叶处,另两台塔屋面以上的供回水管和底盘存水冬季放空。

③在进入冷冻机的冷却水管上安装高频电子水处理仪,稳定水质。

(6)水景水循环系统

①古树庭院有一水景池,水池内的水经溢流沟流到集水槽内,经细格栅过滤去除漂浮物后,由潜水泵循环至水池内,使水池内形成一平缓水面。

② 6 层大堂有一水景池,设计预留循环泵及补水管、泄水管。水景效果由专业厂商设

计,并根据产生的水景效果校核循环泵参数及确定采取的水质处理措施。

③水景池的蒸发、损耗补水由自来水补给。

(7)生活排水系统

①污、废水排水系统为分流制,2 层以上污水自流排至室外(底部污水立管管径放大一号,故仅 1 层污水单独排出)。南、北楼各经西侧的 80 $m^3$ 化粪池后排入市政污水管网。盥洗废水,淋浴废水和空调冷凝水排入中水处理站,经处理后回用。屋顶水箱泄水及冷却塔的排污水也一并纳入中水处理的原水量。处理设备出现故障情况下,废水经事故排出口排至室外,不经化粪池直接排至市政污水管道。

②±0.00 以下污废水汇集至集水坑,用潜水泵提升排出。每一集水坑设两台潜水泵,一用一备,交替运行,潜水泵由集水坑水位控制自动控制,当 1 台泵来不及排水使水位达到报警水位时,两台泵同时工作并报警。卫生间、厨房采用带切割无堵塞自动搅匀污水潜污泵,配冲洗阀;其他废水坑潜水泵采用自动搅匀无堵塞大通道潜水泵。

③卫生间排水管设专用通气立管,每隔两层设结合通气管与污水立管相连。

④为防止潜水泵被油污堵塞,油污较多的洗肉池、洗碗机排水均经过地面上器具隔油器(由厨房公司二次设计)后排入排水沟。厨房内所有用水器具排水均排入排水沟,含油污水进集水坑前先经室内隔油器隔油后再由潜水泵提升至室外污水管道。

(8)雨水排水系统

①屋面雨水设计重现期 $P=5$ a。屋顶女儿墙设溢流口,屋面雨水排水与溢流口总排水能力按 50 a 重现期的雨水量设计。

②屋面雨水采用内排水系统,经室内雨水管排至室外雨水管道;室外雨水管经入渗用于绿化。

③地下车库出入口处设雨水沟,将截流的雨水排至室外雨水管道。

(9)消防系统

消防用水量:室外消防水量 30 L/s,火灾延续时间 3 h;室内消火栓水量 40 L/s,火灾延续时间 3 h;自动喷水灭火系统(中危险Ⅱ级),设计流量 28 L/s,火灾延续时间 1 h。

室外消防系统为低压制,由建筑周围的室外给水管网上的室外消火栓解决;自动喷水灭火系统按各部分危险等级的最大值(车库为中危险Ⅱ级)和作用面积(160 $m^2$)取值。

①室内消火栓系统:

a. 室内消防用水全部存于负 3 层消防水池内,容积 532.8 $m^3$,22 层设 18 $m^3$ 消防水箱和两套增压稳压设备(消火栓系统和自动喷洒系统各一套)。

b. 系统分高、低区,高区 9~22 层,低区 8 层以下。高、低区共用一组消火栓系统加压泵,高区由加压泵直接供水,低区经减压后供水。高区平时由屋顶水箱和增压稳压装置稳压;低区由屋顶水箱通过比例式减压阀稳压。系统最大静压不大于 0.8 MPa,消火栓栓口动压大于 0.5 MPa 者采用减压稳压消火栓。

c. 高、低区消火栓系统各设 3 套地下式消防水泵接合器,分别设在东侧南、北角。

d. 消火栓设备：地下层部分（地下一层餐饮除外）和试验消火栓采用白色烤漆钢板小箱体，地下一层餐饮部分和地上各层均采用铝合金柜式箱（图中注明者除外）。箱内配DN65消火栓（或SNJ65减压稳压消火栓）1个，DN65、长25 m衬胶水龙带1条，DN19水枪1支，DN25消防水喉设备1套（DN25，20 m胶带1盘，DN6小水枪1支），以及消防按钮和指示灯各1个。地下一层柜式箱内配2具4 kg磷酸铵盐贮压式干粉灭火器，地上各层柜式箱内配两具2 kg磷酸铵盐贮压式干粉灭火器。

e. 消火栓箱的进水方向均为下进水。

f. 负3～5层、9～17层均采用减压稳压消火栓（可减静压和动压）。

g. 装修时应将消火栓做明显标志，不得封包隐蔽。箱体厚度大于墙体厚度的地方，箱体向房间内凸出。

h. 消火栓系统控制：高区稳压泵由气压罐连接管道上的压力控制器控制。当管网压力达到0.44 MPa时，稳压泵停止；当压力下降至0.39 MPa时，稳压泵启动；当管网压力继续下降至0.36 MPa时，负3层消防泵房内的一台消火栓泵启动，同时稳压泵停止运转。

消火栓处启泵按钮启动任一台消火栓加压泵，消火栓加压泵启动后，水泵运转信号反馈至消防中心及消火栓处，消火栓指示灯闪亮。消火栓加压泵也可在消防中心和地下消防泵房中手动控制启停。消防结束后手动停泵。

消火栓泵均为两台，一用一备，备用泵自动投入。稳压泵一用一备，交替运行。

②自动喷水灭火系统：

a. 设置范围。地下车库，库房，走道，负1至负2层的办公室，商场、厨房、餐饮等公共部分，3层以上办公区，电梯厅均设自动喷洒头保护。由于地上室内排风进入负1、负2层，能保证室内不冻温度，故仅负3层汽车库设预作用式自动喷洒系统，其余部位设置湿式自动喷洒系统。

b. 危险等级。地下车库为中危险Ⅱ级，其他部位均为中危险Ⅰ级。

c. 系统竖向分为高、低区。高区6～22层，低区5层以下。高、低区共用1组自动喷洒系统加压泵，高区由加压泵直接供水，低区经减压后供水。在负3层水泵房内设两台自动喷水灭火系统加压泵（一用一备），平时系统压力由设在22层的水箱间内的自动喷洒系统稳压装置维持。高区由屋顶消防水箱和增压稳压装置稳压，低区由屋顶消防水箱通过比例式减压阀稳压。屋顶消防水箱出水管与加压泵出水管在报警阀前相连。18组湿式报警阀，1组预作用式报警阀，集中设在2层报警阀间内。水力警铃引到1层消防中心附近。每个报警阀控制的喷头数不超过800个。

d. 在每个防火分区均设水流指示器和电触点信号阀，每个报警阀所带的最不利点处，设末端试水装置，其他每个水流指示器所带的最不利点处，均设DN25的试水阀。

e. 高、低区自动喷洒系统各设两套地下式消防水泵接合器，分设在东侧南、北角。

f. 喷头选用。车库内采用74 ℃温级的易熔合金直立型喷头（$K$=80），自动扶梯下采用装饰隐蔽型喷头（$K$=80），机械停车位的托板下采用易熔合金快速反应边墙型喷头，温级74 ℃,并加集热板。其他均采用玻璃球喷头,吊顶下为装饰型,吊顶上为直立型,1层大堂及8层、9层、19层绿化平台侧墙加装快速反应水平侧墙式喷头,并加集热板。温级:厨房内灶台上93 ℃,厨房内其他地方79 ℃,其余均为68 ℃。接喷头的短立管为DN25,喷头接管直径DN15。车库内风管下和风管两侧加设的喷头采用干式下垂形喷头。风管两侧加设的喷头装集热板,集热板面积大于或等于0.12 $m^2$。

g. 每种喷头的备用量大于或等于同类型喷头总数的1%,且不应少于10个。

h. 喷头布置。喷头间距如与其他工种发生矛盾或装修中需改变喷头位置时,必须满足以下要求:

车库内喷头之间距离在2.4~3.4 m(矩形布置长边小于3.6 m)、喷头与边墙之间距离在0.6~1.7 m,以及大于1.2 m宽的风道下应加设喷头;其他地方喷头间距在2.4~3.6 m(矩形布置长边<4.0 m),喷头距墙的距离在0.6~1.8 m。喷头距灯具和风口距离不得小于0.4 m。直立上喷喷头溅水盘与楼板底面的距离在75~150 mm。

i. 湿式自动喷洒系统的控制。稳压泵由气压罐连接管道上的压力控制器控制。当管网压力达到0.42 MPa时,稳压泵停止;当压力下降至0.37 MPa时,稳压泵启动;当管网压力继续下降至0.34 MPa时,负3层消防泵房中的任一台自动喷洒系统加压泵启动,同时稳压泵停止。

喷头喷水,水流指示器动作,反映到区域报警盘和总控制盘,同时相对应的报警阀动作,敲响水力警铃,压力开关报警,反映到消防中心,自动或手动启动相对应的任一台自喷加压泵。消防中心能自动和手动启动自喷加压泵,也可在泵房内就地控制。其运行情况反映到消防中心和泵房控制盘上。

自动喷洒系统加压泵为两台,一用一备,备用泵自动投入。稳压泵一用一备,交替运行。各层水流指示器,电触点信号阀和报警阀动作,均应向消防控制中心发出声光信号。报警阀前后的电触点信号阀动作,均应向消防控制中心发出声光信号。

j. 预作用式自动喷洒系统的控制:每套预作用阀组包括两个电触点信号阀,一台空压机和一台空气维护装置,一个气路压力控制器,一个低气压报警开关,一个水路报警压力开关。

平时阀组后管道内充低压气体:$0.03\ MPa<P<0.05\ MPa$。阀组前水压由屋顶消防水箱保证,阀组后管道内气压由压力控制器和空气维护装置组成的连锁装置控制。当管路发生破损或大量泄漏时,空压机的排气量不能使管路系统中的气压保持在规定范围内,低气压报警开关发出故障报警信号。火灾时,安装在保护区的火灾探测器(车库为双路温感探测器)发出火灾报警信号,火灾报警控制器在接到报警信号后发出指令信号,打开预作用阀上的电磁阀(常闭)和快速排气阀前的电磁阀,使阀前压力水进入管路内,同时水路报警压力开关接通声光显示盒,显示管网中已充水,同时空压机停机,系统转为湿式系统。系统继续充水过程中,消防中心接到报警阀上压力开关的报警信号后,自动启动自动喷洒加压泵,向系统快速充水,同时水力警铃报警。在喷头未动作之前,如消防中心确认是误报警,则手动停泵。

水流指示器动作,反映到区域报警盘和总控制盘,表明着火部位。

电触点信号阀和报警阀动作,均应向消防控制中心发出声光信号。

预作用阀处的电磁阀及手动放水阀可分别由消防控制中心手动和人员现场手动打开。预作用阀组的手动操作装置应设在有人值班的地方。

预作用系统每个防火分区管网上设电磁阀和快速排气阀。电磁阀(常闭)应在接到火灾探测信号后开启。

③所有消防泵均设自动巡检控制功能。为了保证消防水泵的工作状态良好,由控制柜内可编程控制器(PLC)实时控制功能对消防主泵进行定时巡检。设定状态使消防泵1~30 d(运转周期可设定)以300 r/min的低速运转一次(功耗约为泵额定功率的1%),一次运转时间为5~15 min。逐台自动开启消防水泵检查其运行情况,以使消防水泵的故障得到及时处理,从而保证收到火灾信号时消防水泵能及时地无故障运行。

④移动式灭火器。车库按中危险级B类配置贮压式磷酸铵盐干粉灭火器;负1层厨房、餐厅、机房、走道,1层以上各层均按中危险级A类配置灭火器,每点配置2 kg或4 kg贮压式磷酸铵盐干粉灭火器;除图中注明者外,其余放置在消火栓箱内。高、低压配电室按中危险级B类配置推车式$CO_2$灭火器,个别电气房间配置手提式$CO_2$灭火器。

⑤所有消防器材与设备需经中国消防产品质量检测中心,消防建审部门的认可。

(10)卫生洁具

卫生洁具选型由甲方自定。甲方应在施工预留洞前确定产品。

所有卫生洁具均配建设部推荐的节水型、节能型五金配件。

(11)管材和接口

①生活给水管、热水管:采用冷拉薄壁铜管,加压泵及换热器出口至高区的立管管材和管件的工作压力1.6 MPa,其余部分的工作压力不小于1.0 MPa。管径小于DN25的明装支管,采用软钎焊接或封压连接;管径大于DN25者及暗装铜管,采用硬钎焊接;嵌墙铜管采用塑覆铜管。

②铜管与阀门、水表、水嘴等的连接应采用卡套连接或法兰连接,严禁在铜管上套丝。所采用的铜管及管件必须使用同一厂家的管材和配套管件,并应具备建材部门的认证文件。

③水景循环管、冷却塔补水管和中水管:采用内衬塑钢管(内衬PP-R,外热浸镀锌),小于DN100者螺纹连接,大于DN100者沟槽连接。其与阀门,给水龙头等配件的连接采用黄铜制内衬塑料专用内螺纹管接头,与其他管材的连接,采用专用过渡接头。加压泵出口至冷却塔的立管管材和管件的工作压力1.6 MPa;其余部分的工作压力1.0 MPa。

④消火栓管道采用无缝钢管,焊接接口。阀门及需拆卸部位采用法兰连接。建筑外墙以外的埋地管采用内衬水泥砂浆球墨给水铸铁管(转换接头在室内)。

⑤自动喷洒管采用热浸镀锌钢管,加压泵出口至立管的管道采用厚壁热镀锌钢管,工作压力为:高区,2.0 MPa;低区,1.6 MPa。管径不超过DN100者,螺纹连接;管径大于

DN100 者,采用沟槽柔性连接。沟槽式管接头的工作压力应与管道工作压力相匹配。建筑外墙以外的埋地管,采用内衬水泥砂浆球墨给水铸铁管(转换接头在室内),承插接口,橡胶圈密封。

⑥冷却水管道采用无缝钢管,焊接连接,阀门及需拆卸部位采用法兰连接。

⑦泵房内管道:自动喷洒管管径不超过 DN100 者,采用热镀锌无缝钢管法兰连接;管径小于 DN100 者同⑤条。中水加压泵的吸水管采用热浸镀锌钢管,丝扣法兰连接,其他均同各系统管材。

⑧自动喷洒管分段采用法兰或沟槽连接件连接。水平管道上法兰间的管道长度不宜大于 20 m;立管上法兰间的距离,不应跨越 3 个及其以上楼层。净空高度大于 8 m 的场所,立管上应有法兰。

⑨排水管道:

a. 污、废水管、通气管采用白色硬聚氯乙烯(UPVC)塑料管,粘接。出屋面通气管采用柔性接口机制排水铸铁管,立管底部的弯头和横管采用国标承压排水 UPVC 管或柔性接口机制排水铸铁管。

b. 雨水排水系统采用钢制 87 型雨水斗,热镀锌钢管。大于 DN150 者,采用热镀锌无缝钢管,均为沟槽连接。地下室外墙以外的埋地管采用给水铸铁管,水泥捻口(转换接头在室内)。

c. 绿地排水管采用软式透水管,绑扎连接。

d. 与潜水泵连接的管道采用焊接钢管,焊接或法兰连接。地下室外墙以外的埋地管采用给水铸铁管,水泥捻口(转换接头在室内)。

e. 水池,水箱溢、泄水管采用管内外及管口端涂塑钢管。溢水管排出口应装设网罩,网罩构造长度为 200 mm 短管,管壁开设孔径为 10 mm,孔距为 20 mm,且一端管口封堵,外用 18 目铜或不锈钢丝网包扎牢固。

(12)阀门及附件

①阀门:

a. 给水管、中水管:管径小于 DN50 者,采用铜截止阀;不小于 DN50 者,采用闸阀(中水管采用蝶阀)。工作压力同相应管材的工作压力。水泵压水管上采用工作压力 2.0 MPa 的闸阀,吸水管上采用工作压力 1.0 MPa 的闸阀。

b. 热水管上均采用铜制截止阀,工作压力同相应管材,适用温度不低于 90 ℃。

c. 消火栓系统采用工作压力 1.6 MPa,有明显启闭标志的蝶阀;自动喷洒管道上采用工作压力 1.6 MPa 的电触点信号蝶阀;试水装置上采用工作压力 1.6 MPa 的铜截止阀;消防泵出水管上采用工作压力 2.0 MPa 明杆闸阀;水泵吸水管上采用工作压力 1.0 MPa 闸阀。

d. 潜水泵上采用工作压力 1.0 MPa 的闸阀和污水专用球形止回阀。

e. 冷却塔进出水管上采用工作压力为 1.0 MPa 的蝶阀。

f. 人防临空墙内侧的防爆波阀门采用工作压力不小于1.6 MPa的闸阀，或抗力不小于1.0 MPa的防爆波阀门。

g. 生活泵、中水泵、消防泵出水管上采用防水锤消声止回阀，工作压力2.0 MPa。其他采用旋启式止回阀，水泵接合器处的止回阀工作压力2.0 MPa，其余工作压力为1.6 MPa。要求消防水箱出水管上的止回阀最小开启压力小于或等于0.3 m。

②减压阀：

a. 减压阀均要求能减静压和动压，减压阀工作压力同各部位阀门的压力一致。

b. 安装减压阀前全部管道必须冲洗干净，减压阀前过滤器需定期清洗和去除杂物。热水系统上的减压阀垫圈要求耐高温。

c. 消防系统的减压阀，至少每3个月打开泄水阀运行一次，以免水中杂质沉积而堵塞或损坏阀座。水平安装的减压阀出气孔应向下。

③附件：

a. 地漏均采用防返溢地漏，镀铬箅子，水封高度不低于50 mm。地漏箅子表面应低于该处地面5~10 mm。厨房，浴室采用带网框不带存水弯的地漏，下接P形存水弯。

b. 地面清扫口采用铜制品，清扫口表面与地面平。排水沟采用侧墙地漏。

c. 地下车库采用DN25节水型皮带水嘴冲洗龙头，洗车台采用节水冲洗水枪。其余均采用与卫生洁具配套的节水型镀铬配件。洗面器采用单把混合龙头，蹲便器、小便器均采用自闭冲洗阀，职工淋浴间采用脚踏开关淋浴器。

d. 水池、水箱人孔采用加锁井盖；集水泵坑采用密封型防臭铸铁或铸铝井盖，车行道下采用重型铸铁井盖；非车行道下采用铸铝井盖。特殊要求处采用镶嵌密封井盖，外饰面同建筑地面。

# 附录Ⅲ 根据建筑物用途而定的给水系数α值

| 建筑名称 | 幼儿园、托儿所、养老院 | 门诊部、诊疗所 | 办公楼、商场 | 图书馆 | 书店 | 学 校 |
|---|---|---|---|---|---|---|
| α值 | 1.2 | 1.4 | 1.5 | 1.6 | 1.7 | 1.8 |

| 建筑名称 | 医院、疗养院、休养所 | 酒店式公寓 | 宿舍(居室内设卫生间)、旅馆、招待所、宾馆 | 客运站、会展中心、公共厕所 |
|---|---|---|---|---|
| α值 | 2.0 | 2.2 | 2.5 | 3.0 |

# 附录Ⅳ 工业企业生活间、公共浴室等卫生器具同时给水百分数

| 卫生器具名称 | 同时给水百分数/% | | | | |
|---|---|---|---|---|---|
| | 宿舍(Ⅲ,Ⅳ) | 工业企业生活间 | 公共浴室 | 影剧院 | 体育场馆 |
| 洗涤盆(池) | — | 33 | 15 | 15 | 15 |
| 洗手盆 | — | 50 | 50 | 50 | 70(50) |
| 洗脸盆、盥洗槽水嘴 | 5~100 | 60~100 | 60~100 | 50 | 80 |
| 浴盆 | — | — | 50 | — | — |
| 无间隔淋浴器 | 20~100 | 100 | — | 100 | |
| 有间隔淋浴器 | 5~80 | 80 | 60~80 | (60~80) | (60~100) |
| 大便器冲洗水箱 | 5~70 | 30 | 20 | 50(20) | 70(20) |
| 大便器自动冲洗水箱 | 100 | 100 | — | 100 | 100 |
| 大便器自闭式冲洗阀 | 1~2 | 2 | 2 | 10(2) | 15(2) |
| 小便器自闭式冲洗阀 | 2~10 | 10 | 10 | 50(10) | 70(10) |
| 小便器(槽)自动冲洗水箱 | — | 100 | 100 | 100 | 100 |
| 净身盆 | — | 33 | — | — | — |
| 饮水器 | — | 30~60 | 30 | 30 | 30 |
| 小卖部洗涤盆 | — | — | 50 | 50 | 50 |

注:①表中括号内的数值系电影院、剧院的化妆间,体育场馆的运动员休息室使用。

②健身中心的卫生间,可采用本表体育场馆运动员休息室的数据。

# 附录Ⅴ 职工食堂、营业餐馆厨房设备同时给水百分数

| 厨房设备名称 | 洗涤盆(池) | 煮锅 | 生产性洗涤机 | 器皿洗涤机 | 开水器 | 蒸汽发生器 | 灶台水嘴 |
|---|---|---|---|---|---|---|---|
| 同时给水百分数/% | 70 | 60 | 40 | 90 | 50 | 100 | 30 |

注:职工或学生食堂的洗碗台水嘴,按100%计算,但不与厨房用水叠加。

# 附录Ⅵ　实验室化验水嘴同时给水百分数

| 化验水嘴名称 | 同时给水百分数/% | |
|---|---|---|
| | 科学研究实验室 | 生产实验室 |
| 单联化验水嘴 | 20 | 30 |
| 双联或三联化验水嘴 | 30 | 50 |

# 附录Ⅶ　城镇杂用水水质标准

| 序号 | 项目 | | 冲厕、车辆冲洗 | 城市绿化、道路清扫、消防、建筑施工 |
|---|---|---|---|---|
| 1 | pH | | 6.0～9.0 | 6.0～9.0 |
| 2 | 色度、铂钴色度单位 | ≤ | 15 | 30 |
| 3 | 嗅 | | 无不快感 | 无不快感 |
| 4 | 浊度/NTU | ≤ | 5 | 10 |
| 5 | 五日生化需氧量($BOD_5$)/($mg \cdot L^{-1}$) | ≤ | 10 | 10 |
| 6 | 氨氮/($mg \cdot L^{-1}$) | ≤ | 5 | 8 |
| 7 | 阴离子表面活性剂($mg \cdot L^{-1}$) | ≤ | 0.5 | 0.5 |
| 8 | 铁/($mg \cdot L^{-1}$) | ≤ | 0.3 | — |
| 9 | 锰/($mg \cdot L^{-1}$) | ≤ | 0.1 | — |
| 10 | 溶解性总固体/($mg \cdot L^{-1}$) | ≤ | 1 000(2 000) | 1 000(2 000) |
| 11 | 溶解氧/($mg \cdot L^{-1}$) | ≥ | 2.0 | 2.0 |
| 12 | 总氮/($mg \cdot L^{-1}$) | ≥ | 1.0(出厂),<br>0.2(管网末端) | 1.0(出厂),<br>0.2(管网末端) |
| 13 | 大肠埃希氏菌/(MPN/100 mL 或 CFU/100 mL) | | 无 | 无 |

注:①本表引自国家标准《城市污水再生利用　城市杂用水水质》(GB/T 18921);

②混凝土拌和用水还应符合《混凝土拌和用水标准》(JGJ 63)的有关规定。

# 附录Ⅷ 景观环境用水的再生水水质标准

| 序号 | 项目 | 观赏性景观环境用水 | | | 娱乐性景观环境用水 | | | 景观湿地环境用水 |
|---|---|---|---|---|---|---|---|---|
| | | 河道类 | 湖泊类 | 水景类 | 河道类 | 湖泊类 | 水景类 | |
| 1 | 基本要求 | 无漂浮物，无不令人不愉快的嗅和味 | | | | | | |
| 2 | pH 值(无量纲) | 6.0~9.0 | | | | | | |
| 3 | 五日生化需氧量($BOD_5$)/($mg \cdot L^{-1}$) | ≤10 | ≤6 | | ≤10 | ≤6 | | ≤10 |
| 4 | 浊度/NTU | ≤10 | ≤5 | | ≤10 | ≤5 | | ≤10 |
| 5 | 总磷(以 P 计)/($mg \cdot L^{-1}$) | ≤0.5 | ≤0.3 | | ≤0.5 | ≤0.3 | | ≤0.5 |
| 6 | 总氮(以 N 计)/($mg \cdot L^{-1}$) | ≤15 | ≤10 | | ≤15 | ≤10 | | ≤15 |
| 7 | 氨氮(以 N 计)/($mg \cdot L^{-1}$) | ≤3 | ≤3 | | ≤5 | ≤3 | | ≤5 |
| 8 | 粪大肠菌群/(个$\cdot L^{-1}$) | ≤1 000 | | | ≤1 000 | | ≤3 | ≤1 000 |
| 9 | 余氯/($mg \cdot L^{-1}$) | — | | | | | 0.05~0.1 | — |
| 10 | 色度/度 | ≤20 | | | | | | |

注：①未采用加氯消毒方式的再生水，其补水点无余氯要求。

②"—"表示对此项无要求。

# 附录Ⅸ 居住小区室外给水管道设计流量计算人数规模

| 每户 $N_g$ / $q_oK_h$ | 3 | 4 | 5 | 6 | 7 | 8 | 9 | 10 |
|---|---|---|---|---|---|---|---|---|
| 350 | 10 200 | 9 600 | 8 900 | 8 200 | 7 600 | | | |
| 400 | 9 100 | 8 700 | 8 100 | 7 600 | 7 100 | 6 650 | | |
| 450 | 8 200 | 7 900 | 7 500 | 7 100 | 6 650 | 6 250 | 5 900 | |
| 500 | 7 400 | 7 200 | 6 900 | 6 600 | 6 250 | 5 900 | 5 600 | 5 350 |
| 550 | 6 700 | 6 700 | 6 400 | 6 200 | 5 900 | 5 600 | 5 350 | 5 100 |
| 600 | 6 100 | 6 100 | 6 000 | 5 800 | 5 550 | 5 300 | 5 050 | 4 850 |
| 650 | 5 600 | 5 700 | 5 600 | 5 400 | 5 250 | 5 000 | 4 800 | 4 650 |
| 700 | 5 200 | 5 300 | 5 200 | 5 100 | 4 950 | 4 800 | 4 600 | 4 450 |

注：表内数据可用内插法。

高层建筑项目案例

# 参考文献

[1] 杨文玲.高层建筑给水排水工程[M].重庆:重庆大学出版社,1996.
[2] 陈金华,龙莉莉,李天荣.建筑消防设备工程[M].5版.重庆:重庆大学出版社,2023.
[3] 王增长,岳秀萍.建筑给水排水工程[M].8版.北京:中国建筑工业出版社,2021.
[4] 李天荣.城市工程管线系统[M].2版.重庆:重庆大学出版社,2005.
[5] 陈方肃.高层建筑给水排水设计手册[M].2版.长沙:湖南科学技术出版社,2001.
[6] 中国建筑设计研究院.建筑给排水工程设计实例3[M].北京:中国建筑工业出版社2006.
[7] 郭汝艳.建筑工程设计编制深度实例范本--给水排水[M].2版.北京:中国建筑工业出版社,2017.
[8] 卢安坚.美国建筑给水排水设计[M].北京:经济日报出版社,2007.
[9] A. F. E. Wise and John Swaffield. Water, Sanitary and Waste Services for Buildings(fifth edition)[M]. UK: Butterworth Heinemann Press, UK:2002.
[10] 李亚峰,张克峰.建筑给水排水工程[M].4版.北京:机械工业出版社,2023.
[11] 中国建筑设计研究院有限公司.建筑给水排水设计手册[M].3版.北京:中国建筑工业出版社,2018.
[12] 黄晓家,姜文源.建筑给水排水工程技术与设计手册[M].北京:中国建筑工业出版社,2010.
[13] 付婉霞.建筑节水技术与中水回用[M].北京:化学工业出版社,2004.
[14] 核工业第二研究设计院.给水排水设计手册:第2册建筑给水排水册[M].2版.北京:中国建筑工业出版社,2001.
[15] 住房和城乡建设部工程质量安全监管司.全国民用建筑工程设计技术措施:给水排水(2009年版)[M].北京:中国计划出版社,2009.
[16] 中华人民共和国住房和城乡建设部.建筑设计防火规范:GB 50016-2014[S].北京:中国计划出版社,2018.
[17] 中华人民共和国住房和城乡建设部.建筑防火通用规范:GB 55037-2022[S].北京:中国计划出版社,2022.
[18] 中华人民共和国住房和城乡建设部.消防设施通用规范:GB 55036-2022[S].北京:中国计划出版社,2022.

[19] 中华人民共和国住房和城乡建设部. 消防给水及消火栓系统技术规范：GB 50974-2014[S]. 北京：中国计划出版社，2014.

[20] 中华人民共和国住房和城乡建设部. 自动喷水灭火系统设计规范：GB 50084-2017[S]. 北京：中国计划出版社 2017.

[21] 中华人民共和国住房和城乡建设部. 自动跟踪定位射流灭火系统技术标准：GB 51427-2021[S]. 北京：中国计划出版社,2021.

[22] 中华人民共和国建设部，国家质量监督检验检疫总局. 建筑灭火器配置设计规范：GB 50140-2005[S]. 北京：中国计划出版社,2005.

[23] 中华人民共和国住房和城乡建设部. 建筑给水排水与节水通用规范：GB 55020-2021[S]. 北京：中国建筑工业出版社,2021.

[24] 中华人民共和国住房和城乡建设部.建筑给水排水设计标准:GB50015-2019[S].北京:中国计划出版社,2019.

[25] 中华人民共和国住房和城乡建设部.建筑中水设计标准:GB50336-2018[S].北京:中国建筑工业出版社,2018.

[26] Swaffield J A, Galowin L S. The engineered design of building drainage systems[M]. Aldershot, Hants, England: Ashgate, 1992.